U0171652

冯　康（1920—1993）

冯 康 文 集
（第一卷）

中国科学院数学与系统科学研究院
计算数学与科学工程计算研究所 编

曹礼群 唐贻发 审校

科 学 出 版 社
北 京

内 容 简 介

《冯康文集》包括两卷，本书是第一卷，主要收集了冯康教授关于广义函数、有限元方法、广义 Mellin 变换、基于变分原理的差分格式、边界元方法和弹性力学等方面的论文.

《冯康文集》第二卷，主要收集了冯康教授关于数学物理反演问题，辛几何与流体动力学中的数值方法，线性哈密尔顿系统的辛差分格式，辛算法、切触算法和保体积算法，常微分方程多步法的步进算子，欧拉型差分格式，动力系统的保结构算法，哈密尔顿系统的辛算法等方面的论文.

本书可作为计算数学及其相关专业的教师和科研人员的参考用书，也可供高年级本科生和研究生阅读参考.

图书在版编目(CIP)数据

冯康文集 / 中国科学院数学与系统科学研究院计算数学与科学工程计算研究所编. —北京：科学出版社，2020.7
ISBN 978-7-03-065620-9

Ⅰ. ①冯… Ⅱ. ①中… Ⅲ. ①数学-文集 Ⅳ. ①O1-53

中国版本图书馆 CIP 数据核字 (2020) 第 119153 号

责任编辑：李静科 / 责任校对：彭珍珍
责任印制：吴兆东 / 封面设计：无极书装

科学出版社 出版
北京东黄城根北街 16 号
邮政编码：100717
http://www.sciencep.com
北京建宏印刷有限公司 印刷
科学出版社发行 各地新华书店经销
*
2020 年 7 月第 一 版 开本：787×1092 1/16
2021 年 5 月第二次印刷 印张：29
字数：683 000
定价：468.00 元 (含 2 卷)
(如有印装质量问题，我社负责调换)

再 版 前 言

《冯康文集》共两卷, 由中国科学院计算数学与科学工程计算研究所前身中国科学院计算中心整理编辑. 第一、二卷由国防工业出版社分别于 1994 年和 1995 年首次出版. 《冯康文集》收录了冯先生公开出版的研究工作, 是非常珍贵的文献.

时逢冯康先生诞辰 100 周年, 为缅怀冯康先生为中国计算数学事业作出的巨大贡献, 计算数学与科学工程计算研究所再版《冯康文集》.

中国科学院数学与系统科学研究院

计算数学与科学工程计算研究所

2020 年 7 月

前　　言

冯康教授于 1993 年 8 月 17 日与世长辞了. 他作为著名的数学和物理学家, 作为中国计算数学的奠基人和开拓者, 为发展我国计算数学和科学与工程计算事业, 倾注了毕生心血, 立下了不朽的功勋; 他培养了一批计算数学人才, 创建了我国现代计算数学队伍; 他开辟一个个新兴的学科方向, 给我们留下了极为丰富和宝贵的科学遗产; 他发表了许多论文、专著, 并留下了大量珍贵的手稿.

为了使更多的学者, 特别是年轻的计算数学家, 能够分享到冯康教授的科学遗产, 促进计算数学的发展, 我们除了把冯康教授的手稿整理出来, 陆续在有关杂志上发表外, 决定收集出版《冯康文集》.

本书是第一卷, 主要收集了冯康教授关于广义函数、有限元方法、边界元方法和弹性力学等方面的论文, 已经出版的专著没有收入.

在此, 我们敬告读者, 如果您处珍藏有冯康教授尚未发表的论文或报告手稿, 请复印一份给我们, 并欢迎您协助整理, 尽早发表.

让我们以冯康教授的科学成就为起点, 开创我国计算数学繁荣昌盛的未来.

在此, 向为《冯康文集》出版做出了贡献的所有人员表示感谢, 感谢他们辛勤和卓有成效的工作.

《冯康文集》整理编辑组

1994 年 3 月

《冯康文集》整理编辑组

组　　长：石钟慈

副组长：崔俊芝

王烈衡　余德浩　秦孟兆

汪道柳　李旺尧　史智广

冯康教授生平

冯康, 中国科学院学部委员, 中国科学院计算中心名誉主任, 数学和物理学家, 计算数学家, 中国计算数学的奠基人和开拓者; 1920 年 9 月 9 日出生于江苏省南京市; 因患脑蛛网膜下腔出血, 经多方抢救无效, 于 1993 年 8 月 17 日 13 时 45 分逝世, 享年 73 岁.

冯康于 1939 年春考入福建协和学院数理系; 同年秋又考入重庆中央大学电机工程系, 两年后转物理系学习直到 1944 年毕业. 1945 年到 1951 年, 他先后在复旦大学物理系、清华大学物理系和数学系任助教; 1951 年调到刚组建的中国科学院数学研究所任助理研究员; 1951 年到 1953 年在苏联斯捷克洛夫数学研究所工作. 从 1945 年到 1953 年他曾先后在当代著名数学大师陈省身、华罗庚和庞特利亚金等人指导下工作. 1957 年根据国家十二年科学发展计划, 他受命调到中国科学院计算技术研究所, 参加了我国计算技术和计算数学的创建工作, 成为我国计算数学和科学工程计算学科的奠基者和学术带头人. 1978 年调到中国科学院计算中心任中心主任, 1987 年改任计算中心名誉主任直到逝世. 冯康教授事业心极强, 刻苦工作, 成就卓著, 受到了党和人民的尊敬, 以及国内外学者的赞誉. 1959 年被评为全国先进工作者, 1964 年被选为第三届全国人大代表, 1979 年被评为全国劳动模范, 1980 年当选为中国科学院学部委员. 曾任全国计算机学会副主任委员; 全国计算数学会理事长、名誉理事长, 国际计算力学会创始理事, 英国伦敦凯莱计算与信息力学研究所科技顾问、国际力学与数学交互协会名誉成员、英国爱丁堡国际数学研究中心科学顾问等多个学会、协会职务. 他是全国四种计算数学杂志的主编, 先后担任美国《计算物理》、日本《应用数学》、荷兰《应用力学与工程的计算方法》、美国《科学与工程计算》、《中国科学》等杂志的编委, 并任《中国大百科全书·数学卷》副主编.

冯康的科学成就是多方面的和非常杰出的, 1957 年前他主要从事基础数学研究, 在拓扑群和广义函数理论方面取得了卓越的成就. 1957 年以后他转向应用数学和计算数学研究, 由于其具有广博而扎实的数学、物理基础, 使得他在计算数学这门新兴学科上做出了一系列开创性和历史性的贡献.

50 年代末与 60 年代初, 冯康在解决大型水坝计算问题的集体研究实践的基础上, 独立于西方创造了一套求解偏微分方程问题的系统化、现代化的计算方法, 当时命名为基于变分原理的差分方法, 即现时国际通称的有限元方法. 有限元方法的创立是计算数学的一项划时代成就, 它已得到国际上的公认.

70 年代, 冯康建立了间断有限元函数空间的嵌入理论, 并将椭圆方程的经典理论推广到具有不同维数的组合流形, 为弹性组合结构提供了严密的数学基础, 在国际上为首创.

与此同时, 冯康对传统的椭圆方程归化为边界积分方程的理论作了重要的贡献, 提出自然边界元方法, 这是当今国际上边界元方法的三大流派之一. 1978 年以来, 冯康先后应邀赴法国、意大利、日本、美国等十多所著名的科研机构及大学主讲有限元和自然边界元方法, 受到高度评价.

1984 年起冯康将其研究重点从以椭圆方程为主的稳态问题转向以哈密顿方程和波动方程为主的动态问题. 他于 1984 年首次提出基于辛几何计算哈密顿体系的方法, 即哈密顿体系的保结构算法, 从而开创了哈密顿体系计算方法这一富有活力及发展前景的新领域. 冯康指导和带领了中国科学院计算中心一个研究组投入了此领域的研究, 取得了一系列优秀成果. 新的算法解决了久悬未决的动力学长期预测计算方法问题, 正在促成天体轨道、高能加速器、分子动力学等领域计算的革新, 具有更为广阔的发展前景. 冯康多次应邀在国内及西欧、苏联、北美等多国讲学或参加国际会议作主题报告, 受到普遍欢迎及高度评价, 国际和国内已兴起了许多后继研究. 1995 年国际工业与应用数学大会已决定邀请冯康就此主题作一小时大会报告.

由于他在科学上的突出贡献, 曾先后获得 1978 年全国科学大会重大成果奖、国家自然科学二等奖、国家科技进步二等奖及科学院自然科学一等奖等.

冯康除了本人的研究工作外, 还承担了众多的行政工作. 他花了大量的心血做了大量学术指导工作. 早在 60 年代, 他亲自为当时中国科学院计算技术研究所三室 200 多人讲授现代计算方法和具体指导科学研究, 他们中的许多人已成为我国计算数学的业务骨干. 冯康费尽心血, 大力培养年轻优秀人才, 他亲自培养的研究生目前已遍布国内外, 有的已成为国际知名学者.

冯康非常关心全国计算数学学科的发展及队伍的建设, 多次提出重要的指导性意见, 他曾向中央领导提出建议并呼吁社会各方重视科学与工程计算, 倡议将科学与工程计算列入国家基础研究重点项目, 等等. 冯康用极大的热情, 从科学技术发展的战略高度上阐明了科学与工程计算的地位和作用, 有力地促进了计算数学在我国 “四化” 建设中发挥其应有的作用. “科学与工程计算的方法和理论” 已列为 “八五” 期间国家基础性研究重大关键项目, 冯康任首席科学家.

冯康的一生, 是为科学事业奋斗不息的一生, 是为祖国繁荣昌盛无私奉献的一生. 他在研究工作中, 积极倡导理论联系实际, 并身体力行, 自觉运用辩证法, 把握住事物的本质, 成功地开创了科学的新方向、新道路、新领域, 带领一批又一批人在新方向上做出卓越的贡献. 他从不满足, 具有强烈的进取心和为国争光的使命感, 这使他一直走在世界计算数学队伍前列. 在他年已古稀之时, 仍经常废寝忘食、通宵达旦地工作. 就在冯康患病住院的前一个小时, 他还在为一项新的工作奔波、伏案疾书, 在他从昏迷中清醒的片刻, 首先询问的是 1993 年 “华人科学与工程计算青年学者会议” 的准备工作, 关心着下一代的成长. 他心里只有科学事业. 他是 “将军”, 总是运筹帷幄; 他又是士兵, 一直在冲锋陷阵. 他是导师, 总是开辟方向, 指导我们前进; 他又是益友, 总和我们研究人员在一起. 他是老一代知识分子的优秀代表, 是我们学习的榜样.

中国科学院计算中心

1993 年 8 月 18 日

纪念冯康先生

P. Lax[①]

(原载 SIAM NEWS 26 卷 (93 年)11 期)

Feng Kang, China's leading applied mathematician, died suddenly on August17, in his 73rd year, after a long and distinguished career that had shown no sign of slowing.

Feng's early education was in electrical engineering, physics, and mathematics, a background that subtly shaped his later interests. He spent the early 1950s at the Steklov Institute in Moscow. Under the influence of Pontryagin, he began by working on problems of topological groups and Lie groups. On his return to China, he was among the first to popularize the theory of distributions.

In the late 1950s, Feng turned his attention to applied mathematics, where his most important contributions lie. Independently of parallel developments in the West, he created a theory of the finite element method. He was instrumental in both the implementation of the method and the creation of its theoretical foundation using estimates in Sobolev spaces. He showed how to combine boundary and domain finite elements effectively, taking advantage of integral relations satisfied by solutions of partial differential equations. In particular, he showed how radiation conditions can be satisfied in this way. He oversaw the application of the method to problems in elasticity as they occur in structural problems of engineering.

In the late 1980s, Feng proposed and developed so-called symplectic algorithms for solving evolution equations in Hamiltonian form. Combining theoretical analysis and computer experimentation, he showed that such methods, over long times, are much superior to standard methods. At the time of his death, he was at work on extensions of this idea to other structures.

Feng's significance for the scientific development of China cannot be exaggerated. He not only put China on the map of applied and computational mathematics, through his own research and that of his students, but he also saw to it that the needed resources were made available. After the collapse of the Cultural Revolution, he was ready and able to help the country build again from the ashes of this selfinflicted conflagration. Visitors to China were deeply impressed by his familiarity with new developments everywhere.

Throughout his life, Feng was fiercely independent, utterly courageous, and unwilling

---

① 美国科学院院士, 柯朗研究所教授, 原美国总统科学顾问, 原美国数学会会长, 原柯朗研究所所长.

to knuckle under to authority. That such a person did survive and thrive shows that even in the darkest days, the authorities were aware of how valuable and irreplaceable he was.

In Feng's maturity the well-deserved honors were bestowed upon him—member-ship in the Academia Sinica, the directorship of the Computing Center, the editorship of important journals, and other honors galore.

By that time his reputation had become international. Many remember his small figure at international conferences, his eyes and mobile face radiating energy and intelligence. He will be greatly missed by the mathematical sciences and by his numerous friends.

目　录

1. On the Minimally Almost Periodic Topological Groups[①]

最小几乎周期拓扑群

摘　要

在拓扑群上如果对任意二不同元素必定有一个几乎周期函数在这二元素上取不等值, 这个群就叫做最大几乎周期群. 如果群上所有的几乎周期函数都是常数, 它就叫做最小几乎周期群. Freudenthal 及 Weil 解决了最大几乎周期群的问题, 它就是一个封闭群和一个向量加群的直接乘积. 本文系致力于最小几乎周期群的问题, 阐明一些最小几乎周期性的特征, 知道它们相当于根本上不封闭和不可换的群. 主要的结果是: 线性 (或单连通) 连通李群是最小几乎周期群的充要条件是 (一) 它与它的换位群相重合, (二) 它的最大半单李代数不包含相当于封闭群的直接因子. 由此可见, 对线性李群而言, 最小几乎周期性可由局部完全决定. 此外还列举若干最小几乎周期群的实例, 并应用最小几乎周期性证明一个关于复数李群的定理.

The theory of almost periodic (a.p.) functions in arbitrary groups was first established by von Neumann[1]. In the following we shall confine ourselves to the case of topological groups, thus the a.p. functions and the representations are required to be continuous. The a.p. functions are intimately related with the representations by unitary matrices, in fact, a representation is equivalent to a unitary one if and only if all its matrix coefficients are a.p. functions, and every a.p. function generates a unitary representation[1],[2]. As to the admissibility of the a.p. functions, i.e., of the unitary representations, we have, after von Neumann, the following two extreme classes of groups: 1. A topological group is called maximally almost periodic if to each pair of distinct elements there is an a.p. function which takes different values at these two elements, or equivalently, to each non-identity element there is a unitary representation which carries it into a matrix different from the unit matrix. 2. A topological group is called minimally almost periodic if every a.p. function is a constant, or equivalently, every unitary representation is trivial. The maximally a.p. case

① *Science Record*, Vol. 3, No. 2-4, pp161-166, 1950.

was characterized by Freudenthal and Weil: *a connected locally compact group is maximally a.p. if and only if it is a direct product of a compact group and an Euclidean vector group*[2],[3]. The present note is devoted to the characterization of the minimally a.p. groups. We obtain conditions, some necessary, some sufficient, for a connected Lie group to be minimally a.p., and in particular, a necessary and sufficient condition for a connected linear Lie group to be minimally a.p. We see that the minimal case, in contradistinction to the maximal one, corresponds to the "essentially" non-compact and non-abelian groups.

Let G be a topological group, and K be the subset of G which consists of all the elements a such that $f(a)$ is the unit matrix for every unitary representation f of G. K is called the unitary kernel of G and is a closed normal subgroup of G (this was first introduced by Weil[4], cf. also [5]). With this in view, the maximal and minimal cases correspond to $K = (e)$ and $K = G$ respectively. The factor group (here and henceforth the factor groups are understood in the topologico-group-theoretic sense) G/K is obviously maximally a.p., and every closed normal subgroup H of G such that G/H is maximally a.p. contains K. Thus it follows immediately that a topological group is minimally a.p. if and only if it has no proper closed normal subgroup whose corresponding factor group is maximally a.p. It is also evident that the direct product of a finite number of minimally a.p. topological groups is minimally a.p. and every factor group of a minimally a.p. topological group is minimally a.p.

Lemma 1 *Every connected semi-simple Lie group whose Lie algebra contains no simple ideal corresponding to a compact group is minimally a.p. Thus, in particular, all semi-simple complex Lie groups are minimally a.p.*

Proof. Let G be a non-compact, non-abelian, simple Lie group. All possible proper closed normal subgroups of G are discrete. Thus all possible non-trivial factor groups are locally isomorphic to G; they are also non-compact, non-abelian, simple Lie groups for which the Freudenthal-Weil decompositions are impossible. Therefore G is minimally a.p. Every connected semi-simple Lie group whose Lie algebra contains no simple ideal corresponding to a compact group is a factor group of a direct product of groups of the above type modulo a discrete normal subgroup. Therefore it is also minimally a.p.

Lemma 2 *Let G be a connected Lie group which coincides with its commutator subgroup, and G_1 be the maximal semi-simple subgroup of G which corresponds to the maximal semi-simple subalgebra of a Levi decomposition of the Lie algebra of G. Then every closed connected normal subgroup of G containing G_1 coincides with G.*

Proof. Let A be the Lie algebra of G, $A = A_1 + A_2$ be a Levi decomposition of A, where A_1 is a semi-simple subalgebra of A and A_2 is the maximal solvable ideal of A, and G_1 be the subgroup of G which corresponds to the subalgebra A_1. Let G' be a closed connected normal subgroup of G containing G_1, A' be an ideal of A corresponding to G'. Since G' is itself a connected Lie group, so the factor group G/G' has a Lie algebra isomorphic with A/A'. Let ϕ be the natural homomorphism of G onto G/G', ϕ induces a homomorphism ψ of A onto A/A'. It is easily seen that the contraction of ψ on the ideal A_2 is a homomorphism of A_2 onto A/A'. Thus A/A' is solvable, and so is G/G'. Suppose $G \neq G'$, then G/G' has a nontrivial abelian abstract homomorph, and the group G has also a non-trivial abelian abstract homomorph. This leads to a contradiction.

Theorem 3 *If G is a connected Lie group satisfying the following conditions*:

（Ⅰ）*G coincides with its commutator subgroup.*

（Ⅱ）*the maximal semi-simple subalgebra of the Lie algebra of G contains no simple direct factor which corresponds to a compact group, then G is minimally a.p.*

Proof. We keep the notations in the proof of lemma 2. In view of (II) and lemma 1, we see that the subgroup G_1 is minimally a.p. with respect to its intrinsic topology. The contraction of any continuous mapping of G on the subset G_1 is also a continuous mapping of G_1 with respect to its intrinsic topology. Thus every unitary representation of G is trivial on the subset G_1. Therefore G_1 is contained in the unitary kernel K of G. Since G_1 is connected, so it is contained in the closed identity-component of K. Then it follows from lemma 2 that G is minimally a.p.

As further examples of minimally a.p. groups we now enumerate all the complex Lie groups which coincide with their own commutator subgroups, since then the condition (II) is automatically satisfied. Furthermore, let G be one of the following linear Lie groups: the special linear groups $SL(n, R), SL(n, C), n \geqslant 2$; the special complex-orthogonal groups $SO(n, C), n \geqslant 3$; the symplectic groups $Sp(2n, R), Sp(2n, C), n \geqslant l; R$ and C denote the fields of real and of complex numbers respectively. Let E_pG be the group of all the matrices of the form

$$\left\| \begin{array}{cc} A & P \\ 0 & I_p \end{array} \right\|,$$

where A is an arbitrary matrix of the group G (of degree, say, m), P is an arbitrary matrix of m rows and p columns over the appropriate field, and I_p is the unit matrix of degree p. It can be verified that E_pG is a connected Lie group satisfying the conditions (I) and (II), so it is minimally a.p. Also the Lie group locally isomorphic to a direct product of groups of the type E_pG and the type G is minimally a.p.

Lemma 4 *The Lie algebra of a minimally a.p. connected semi-simple Lie group contains no simple ideal which corresponds to a compact group.*

Proof. We have $G = G'/N$, where G' is the universal covering group of the group G in question, and N is a discrete normal subgroup of G' which is contained in the center Z of G'. We may write

$$G' = G_1 \times G_2 \times \cdots \times G_p,$$

$$Z = Z_1 \times Z_2 \times \cdots \times Z_p,$$

where $G_i(i = 1, 2, \cdots, p; p \geqslant 1)$ are non-abelian, simple, connected Lie groups, and Z_i is the center of G_i. Suppose, say $G_j(j = 1, 2, \cdots, q; q \geqslant 1)$ are compact and the remaining G_k are not compact. Let $f_j(j = 1, \cdots, q)$ be the adjoint representation of G_j; without loss of generality, they may be assumed to be unitary. Let $f_k(k = q + 1, \cdots, p)$ be the trivial representation of G_k. Then the "sum" representation f, defined by

$$f \equiv f_1 + f_2 + \cdots + f_p,$$

is a unitary representation of G' such that $f(a)$ is the unit matrix if and only if a belongs to the subset

$$Z_1 \times \cdots \times Z_q \times G_{q+1} \times \cdots \times G_p.$$

Since N is contained in the above subset, so f induces a non-trivial unitary representation of G, this leads to a contradiction.

Theorem 5 *If G is a minimally a.p. connected non-solvable Lie group, then every maximal semi-simple subalgebra of the Lie algebra of G contains no simple direct factor which corresponds to a compact group.*

Proof. Let S be the maximal solvable normal subgroup of G. According to Malcev, S is a closed subgroup of $G^{[6]}$. Then the factor group G/S is minimally a.p. and has a Lie algebra isomorphic with every maximal semi-simple subalgebra of the Lie algebra of G. Then our assertion follows from lemma 4.

Theorem 6 *Let G be a minimally a.p. connected Lie group which is a covering group of some Lie group whose commutator subgroup is closed. Then G coincides with its own commutator subgroup.*

Proof. Let G be a covering group of G' whose commutator subgroup C' is closed. Since G' is also minimally a.p., it coincides with its unitary kernel which is contained in C'. Then $C' = \overline{C'} = G'$. Thus the common Lie algebra of G and G' coincides with its derived algebra. Therefore G coincides with its own commutator subgroup.

The commutator subgroup of a simply-connected Lie group is closed. The linear Lie groups also enjoy the same property, as was shown by Malcev[6]. Thus the above theorem holds for the Lie groups which are covering groups of linear Lie groups (this includes the simply-connected case, as is easily seen from the well-known theorem of Ado on the representability of Lie algebra by matrices). In view of this we may deduce the following.

Corollary 7 *Every connected solvable Lie group is not minimally a.p.*

Proof. We may assume that the group G is not abelian. The center Z of G is properly contained in G, thus the adjoint group G/Z is a non-trivial connected linear Lie group. Since

G/Z is also solvable, it does not coincide with its own commutator subgroup. Therefore G/Z is not minimally a.p. and so is G.

In view of theorems $3, 5, 6$ and corollary 7, we obtain:

Theorem 8 *A linear connected Lie group, or more generally, a comected Lie group which is a covering group of some linear Lie group, is minimally a.p. if and only if its Lie algebra satisfies the following conditions:*

(I) *it coincides with its derived algebra,*

(II) *all its maximal semi-simple subalgebra contains no simple direct factor which corresponds to a compact group.*

It is highly probable that conditions (I) and (II) suffice to characterize the minimal almost periodicity of arbitray connected Lie groups. This amounts to say that mininal almost periodicity is an invariant under local isomorphism; but we are unable to prove this at present. However, in a weaker form, the minimal almost periodicity is an invariant of the equivalent classes introduced by Malcev [7] within a family of local isomorphic groups (two connected Lie groups are said to be equivalent if they are finite-multiple covering groups of a third group). Our assertion is justified by the following.

Theorem 9 *The finite-multiple covering groups of a minimally a.p. connected Lie group are minimally a.p.*

Proof. Let $G' = G/N$, where N is a finite central subgroup of G. Suppose G is not minimally a.p. Let K be the unitary kernel of G, then G/K is a non-trivial maximally a.p. connected group and assumes the form $G/K = H_1 \times H_2$, where H_1 is a compact group, and H_2 is an Euclidean vector group. Let ϕ be the natural homomorphism of G onto $G/K = \phi(G)$. Then $\phi(N)$ is a finite central subgroup of $\phi(G)$, and it is easily seen that $\phi(N)$ is contained in H_1. Thus we have $\phi(G)/\phi(N) = (H_1/\phi(N)) \times H_2$, and $\phi(G)/\phi(N)$ is maximally a.p. and admits a non-trival unitary representation f. Let ψ be the natural homomorphism of $\phi(G)$ onto $\phi(G)/\phi(N)$. Then the unitary representation f' of G defined by $f' \equiv f \cdot \psi \cdot \phi$ is non-trivial and having a kernel containing N. Thus f' induces a non-trivial and having a kernel containing N. Thus f' induces a non-trivial unitary representation of G', so G' is not minimally a.p.

It may be of some interest to remark that the minimal almost periodicity may serve to prove a well-known theorem to the effect that every compact complex Lie group is necessarily abelian (cf. for example[8]). It is a consequence of the following.

Theorem 10 *A connected complex Lie group G is solvable if and only if it contains a proper closed normal solvable subgroup S (not necessarily a complex subgroup) such that G/S is compact.*

Proof. Let G be solvable. In view of corollary $7, G$ is not minimally a.p. Let K be the unitary kernel of G, then G/K is of the form $G/K = H_1 \times H_2$, where H_1 is a compact group, H_2 is an Euclidean vector group, and H_1 and H_2 do not reduce to the trival groups simultaneously. Evidently G/K has a non-trivial compact factor group, thus G has a proper closed normal solvable subgroup S such that G/S is compact. Conversely, let S be the subgroup in question. As G/S is compact, it admits a faithful unitary representation. Then the natural homomorphism of G onto G/K carries the unitary kernel K into the identity element of G/S, *i.e.*, the solvable subgroups contains K, which, in turn, contains all the maximal semi-simple subgroups of G. Thus the semi-simple part of G necessarily reduces to the trivial group. Therefore G is solvable.

If, furthermore, G is itself compact, then, in view of theorem 10, it is solvable. According to a theorem of Chevalley[9] and Malcev[7], G can be written in the form $A \cdot E$, where A is a compact abelian subgroup of G, and E is a subset of G, homeomorphic to an Euclidean space, and every element of G has a unique decomposition. Now, since G is compact, the Euclidean part vanishes, therefore G is abelian.

REFERENCES

[1] von Neumann, 1934, Almost periodic functions in a group. I. Trans. Amer. Math. Soc. **36**, 445-492.

[2] Weil, 1940, L'intégration dans les groupes topologiques et ses applications, Paris.

[3] Freudenthal, 1936 . Topologische Gruppen mit genuegend vielen fastperiodischen Funktionen, Ann. of Math. **37**, 57-77.

[4] Weil, 1936, Sur les fonctions presque-périodiques, C. R. Paris, **200**, 38-40.

[5] von Neumann, and Wigner, 1940, Minimally almost periodic groups, Ann. of Math. **41**, 746-750.

[6] Malcev, 1942, On subgroups of Lie groups in the large, Dokalady, Acad. des Sci U. R. S. S. **36**, 5-8.

[7] ——, 1945, On the theory of Lie groups in the large, Mat. Sbor. **16**, 163-189.

[8] Bochner, and Montgomery, 1945. Groups of differentiable and real or complex analytic transformations, Ann. of Math. **46**, 685-694.

[9] Chevalley, 1942, Topological structure of solvable Lie groups, Ann. of Math. **43**, 668-675.

2. 广义函数论 [①]

On the Theory of Distributions

目　　录

[①] 本文载于《数学进展》, Vol. 1, No. 3, pp405-590, 1955.

引 言

函数是数学分析里的基本概念. 按照古典的定义, 所谓函数就是对空间内或其中某点集内每一个点赋予一个数值的对应关系. 几个世纪以来它是数学分析的主题, 到了十九世纪末叶以后, 由于实际的需要及数学科学自身的发展, 有必要把函数的概念加以推广. 人们开始提出和研究集合的函数以及函数的函数. 函数的变元不仅是点而且可以是集合, 甚至于也可以是函数. 于是在这样的概念的基础上产生和发展了近代的实函数论、积分论以及泛函分析理论.

另一方面, 函数以及以函数为主题的数学分析是描述和研究客观世界的最有效的数学工具. 但是自然科学尤其是物理科学的发展表明古典的函数的概念是不够用的或不完全合适的. 同时数学分析中所必要的严格的、细致的、甚至是繁琐的条件的考虑, 有时也限制了数学方法的灵活应用. 例如温度是一个宏观的概念, 要说某一点的温度实际上是无意义的, 有意义的只是某一区域的平均温度. 在量子力学里广泛应用着 "δ 函数" 的概念, 即一个 "函数" 除在原点外到处为 0, 在原点则等于无穷而整个的积分值为 1. 有时还应用 δ 函数的 "微商". 这从数学的观点而论是不可理解的. 在电工学里经常运用同样没有严格数学基础的运算微积方法. 这些以及其他的一些概念或方法所以用之有效, 自然是因为它们是符合物理世界的客观过程的, 尽管它们并未具备严格的数学基础. 因此这也表示了古典的函数的概念以及与之相关的如微分等概念对自然科学的研究说来并不是完善的.

如所周知, 斯蒂尔杰斯 (Stieltjes) 积分论可以给 δ 函数以合理的基础, 但那些对象所本有的直观明确性与运算灵活性往往被掩蔽, 并且对 δ 函数的 "微商" 等即不能掌握. 同样, 拉普拉斯 (Laplace) 变换论也给运算微积以严格的基础而使它成为确切的数学工具. 但这样它却失去了本来的特征, 即灵活的算子被解析函数代替. 另一方面也带来了一定的解析局限性使其应用范围受到限制. 因此问题在于适当地推广函数的概念及其运算, 使它成为更灵活, 更合适, 更一般的数学工具来表述和研究物理世界.

我们要介绍的广义函数论是面对这个问题的一种尝试. 它在由无穷可微函数组成并具有强的解析结构的函数空间的基础上用泛函分析的方法把古典的函数、微分以及其他的概念推广了. 除古典的函数外它包括了 δ 函数以及其他的奇异的 "函数", 它给运算微积以新的合理的基础, 为多变数运算微积的发展创造了新的条件, 扩大了傅里叶变换理论的范围, 在数学分析的不同领域内的一些问题在这里得到概念上的统一. 它一方面具有严格的理论基础, 另一方面也具有灵活的运算性质.

广义函数及其基本运算的理论是苏联数学家索伯列夫 (Соболев)(见 [1], [2]) 首先建立的. 他利用这个概念给双曲型微分方程柯西问题一个新的解法并研究一系列的数学物理方程的问题. 后来施瓦兹 (Schwartz)(见 [3]) 改进和发展了广义函数理论, 并指出它和数学各部门的联系与可能的应用. 盖力方特 (Гельфанд) 及希洛夫 (Шилов) (见 [6]) 又推广了已有的理论, 主要是建立了古典方法所不能处理的急增函数的傅里叶变换理论, 从而扩大了广义函数论的应用范围. 应该指出, 广义函数论并不是孤立地形成和发展的. 在其前后或同时的许多数学工作里也在不同的程度上含有广义函数论的概念或方法.

关于广义函数的理论和应用的文献已经很多. 在理论基础方面, 除上述的基本工作以外还可以指出米古辛斯基 (Mikusinski) (见 [7]) 的工作, 系以所谓弱收敛的概念为基础. 关于广义函数论的应用范围, 最重要的是偏微分方程理论以及与之相关的积分方程, 差分方程论等. 此外对场位论及动力系统也有应用. 广义函数论也是研究微分流形的有效的工具, 例如, 对调和积分、李氏群表示论以及一些多复变函数论的问题等; 也有用广义函数来研究概率论的随机过程, 研究量子电动力学等.

关于广义函数论发展中的问题: 需要大大地充实与发展现有的广义函数理论, 使它更有效更广泛地为数学其他部门以及物理、工程服务 (从实用的观点来看也有需要把这套工具具体化使它更容易被掌握运用). 另一方面, 广义函数论本导源于微分方程的研究, 并且用以处理一些问题的方法比用古典的方法为简捷自然. 虽然所得本质上新的结果还不很多, 但应该认为广义函数论在这方面是有潜能的. 因此深入地应用广义函数论到偏微分方程和数学物理问题的研究是具有现实意义的问题.

本文是广义函数理论的一个系统的介绍, 关于广义函数论的应用, 则因牵涉面过广, 故除对微分方程外, 介绍较少, 而对微分方程应用的介绍也不是系统的, 散在有关各章. 本文基本上取材于盖力方特、希洛夫及施瓦兹的著作 (见 [3], [6]), 但组织与推演有所变更. 也有部分材料系作者所补充, 散在各处. 除较重要者外, 一般的概念、定义、命题、方法等均不再注明出处. 我们对读者要求已经熟悉实变函数、复变函数、线性空间、拓扑空间以及矩阵论的一些基本知识, 此外也引用了个别的泛函分析理论的结果.

记　　号

我们以 R^n 表示 n 维实欧几里得空间, 其中每一点 x 由 n 个实变数坐标 $\{x_1, \cdots, x_n\}$ 决定. 约定记号如下:

$$x + y = \{x_1 + y_1, \cdots, x_n + y_n\};$$
$$kx = \{kx_1, \cdots, kx_n\}, \quad k \text{ 为任意实数};$$
$$x \geqslant 0 \text{ 表示 } x_1 \geqslant 0, \cdots, x_n \geqslant 0;$$
$$x \geqslant y \text{ 表示 } x_1 \geqslant y_1, \cdots, x_n \geqslant y_n.$$

$|x| = \sqrt{x_1^2 + \cdots + x_n^2}$, 有时也用 r 表示, $|x - y|$ 就是点 x 与 y 的欧几里得距离.

$$x \cdot y = x_1 y_1 + \cdots + x_n y_n;$$
$$dx = dx_1 \cdots dx_n, \text{ 即 } R^n \text{ 内的体积单元}.$$
$$p \text{ 表示一组非负整数 } \{p_1, \cdots, p_n\};$$
$$|p| = p_1 + \cdots + p_n;$$
$$p + q = \{p_1 + q_1, \cdots, p_n + q_n\};$$

$$p \geqslant q \text{ 表示 } p_1 \geqslant q_1, \cdots, p_n \geqslant q_n;$$
$$p! = p_1! \cdots p_n!.$$
$$C_p^q = C_{p_1}^{q_1} \cdots C_{p_n}^{q_n}, \text{ 此处 } C_{p_i}^{q_i} = \frac{p_i!}{q_i!(p_i - q_i)!};$$
$$x^p = x_1^{p_1} \cdots x_n^{p_n};$$
$$D^p = \frac{\partial^{p_1 + \cdots + p_n}}{\partial x_1^{p_1} \cdots \partial x_n^{p_n}}.$$

设 $f(x) = f(x_1, \cdots, x_n)$ 为 n 个实变数的复数值的函数. 如果直到某级的连续偏微商存在, 则用下式表示

$$D^p f(x) = \frac{\partial^{p_1 + \cdots + p_n}}{\partial x_1^{p_1} \cdots \partial x_n^{p_n}} f(x_1, \cdots, x_n).$$

以后为方便, 约定函数 $f(x)$ 的 0 级微商就是函数自己, 即

$$D^0 f(x) = f(x).$$

设函数 $f(x)$ 可以用麦克劳林展式表示, 则此展式可以简写为

$$f(x) = \sum_p D^p f(0) \frac{x^p}{p!},$$

此处对所有可能的 $p = \{p_1, \cdots, p_n\}$ 求和, $D^p f(0)$ 表示微商 $D^p f(x)$ 在 $x = 0$ 点之值, 又如函数 $f(x)$ 对整个空间 R^n 为可积的, 则此积分简写为

$$\int f(x)dx = \int_{-\infty}^{+\infty} \cdots \int_{-\infty}^{+\infty} f(x_1, \cdots, x_n) dx_1 \cdots dx_n.$$

我们以 $\mathbf{C}^n$ 表示 n 维复欧几里得空间, 其中每一点 z 由 n 个复变数坐标 $(z_1, \cdots, z_n)$ 确定.

$$z = \{z_1, \cdots, z_n\} = \{x_1 + iy_1, \cdots, x_n + iy_n\}$$
$$= x + iy = \{x_1, \cdots, x_n\} + i\{y_1, \cdots, y_n\}.$$

符号 $|z|$ 由下式界定:

$$|z|^2 = |x|^2 + |y|^2 = x_1^2 + \cdots + x_n^2 + y_1^2 + \cdots + y_n^2.$$

关于空间 R^n 内的点集我们采用下列记号: 设 $A, B, \cdots$ 为 R^n 内的点集: $a \in A$ 表示点 a 属于集 A.

$A \bigcup B$ 表示集 A 与 B 之和集或并集, 即由所有至少属于集 A, B 之一的点组成.

$A \bigcap B$ 表示集 A 与 B 之交集, 即由所有同属于集 A 及 B 的点组成.

$A \setminus B$ 表示集 A 与 B 之差集, 即由所有属于集 A 而不属于集 B 之点组成.

$A + B$ 表示集 A 与 B 之向量和集, 即由所有作 $a + b (a \in A, b \in B)$ 形式之点组成.

$A - B$ 表示集 A 与 B 之向量差集, 即由所有作 $a - b(a \in A, b \in B)$ 形式之点组成. $\overline{A}$ 表示集 A 的闭包.

第一章 基本空间

广义函数理论本质上以某种特殊类型的函数空间叫做基本空间为基础的泛函分析. 基本空间是由无穷可微函数组成的并满足一些较强的解析构造条件的函数, 而所谓广义函数就是基本空间上的线性算子或线性连续泛函. 关于广义函数的基本运算、性质及概念都是从基本空间自然地诱导得来. 因此我们首先要研究作为广义函数论的基础的基本空间.

§1.1 基本空间的概念

定义 1 定义在空间 R^n 上的函数 $\varphi = \varphi(x)$ 的集合 Φ 叫做基本空间, 如果它满足下列条件:

1. 函数 φ 都是无穷可微函数;

2. 集合 Φ 是一个复数域上的线性拓扑空间, 其拓扑结构系由一个固定的极限 (收敛) 定义所导出①;

3. 设 $\varphi \in \Phi$, 则 $x_k \varphi \in \Phi$, $\dfrac{\partial \varphi}{\partial x_k} \in \Phi$ $(k = 1, 2, \cdots, n)$;

4. 设对空间 Φ 的极限定义而言, 序列 $\varphi_j \to 0$ $(j = 1, 2, \cdots \to \infty)$, 则同样地 $x_k \varphi_j \to 0$, $\dfrac{\partial \varphi_j}{\partial x_k} \to 0$ $(k = 1, 2, \cdots, n)$.

基本空间 Φ 的元素 φ 叫做基本函数.

因为基本空间 Φ 是线性的 (即设 $\varphi_1, \varphi_2 \in \Phi, a_1, a_2$ 为复数常数, 则 $a_1 \varphi_1 + a_2 \varphi_2 \in \Phi$), 所以在它里面要下极限序列 $\varphi_j \to \varphi$ 的定义时只须下零序列 $\varphi_j \to 0$ 的定义即可, 盖极限 $\varphi_j \to \varphi$ 即由零极限 $\varphi_j - \varphi \to 0$ 决定. 设序列 φ_j 在基本空间 Φ 内收敛于极限 φ, 我们就简写为 $\varphi_j \to \varphi(\Phi)$, 或 $\lim\limits_j \varphi_j = \varphi(\Phi)$.

条件 3 表示基本空间对作用于其元素的微分运算及用多项式相乘的运算是封闭的. 盖设 $P_1(x) = \sum\limits_{p \leqslant p_1} a_p x^p$ 为复系数的多项式, $P_2(D) = \sum\limits_{p \leqslant p_2} b_p D^p$ 为复系数的微商符号多项式, $\varphi \in \Phi$, 于是 $P_1(x)\varphi \in \Phi$, $P_2(D)\varphi \in \Phi$, $P_1(x)P_2(D)\varphi \in \Phi$. 条件 4 更要求基本空间 Φ 内的收敛定义必须保证基本空间内的微分运算和用多项式相乘的运算是连续的.

这个定义表示, 加于基本空间的个别元素即基本函数的解析条件是很强的, 它们都是无穷可微函数. 同时加于整个空间的解析结构条件也是很强的. 正因如此, 在基本空间基础上建立起来的广义函数的性质和运算具有高度的、可以掌握的、解析的规律性, 这在以后逐步可以明了.

---

① 此处我们借用拓扑空间的名称, 实际上基本空间的拓扑结构一般地并不满足通常的拓扑空间的公理.

基本空间的同态映射

设 Φ 为基本空间, $\mathbf{V}$ 为复数域上的线性拓扑空间[①]. 我们将来经常要考虑映 Φ 入 $\mathbf{V}$ 的同态映射 L. 换言之, 即映射

$$\varphi \in \Phi \Rightarrow L\varphi \in \mathbf{V},$$

满足下列二条件:

1. 线性: 设 $\varphi_1, \varphi_2 \in \Phi, a_1, a_2$ 为复数, 则

$$L(a_1\varphi_1 + a_2\varphi_2) = a_1 L\varphi_1 + a_2 L\varphi_2;$$

2. 连续性: 设 $\varphi_j \to 0(\Phi)$, 则 $L\varphi_j \to 0(\mathbf{V})$.

实际上我们将只考虑下列几种特殊的同态映射:

(a) $\mathbf{V} = \Phi$, 即 L 为基本空间 Φ 的自同态映射;

(b) $\mathbf{V} = \Psi, \Psi$ 为另一个基本空间, 即 L 为映基本空间 Φ 入另一基本空间的同态映射 (从第 2 章起将见到这种实例);

(c) $\mathbf{V} = \mathbf{C}, \mathbf{C}$ 为复数域 (其极限定义就是普通的复数的极限定义), 即 L 为映基本空间 Φ 入复数域的同态映射, 这种同态映射叫做 Φ 广义函数或 Φ 泛函. 它们就是广义函数论的主题. 我们从第 2 章起将详加论述.

基本空间 Φ 内的序列 φ_j 叫做柯西 (Cauchy) 序列, 如果序列组 $\varphi_j - \varphi_{j+h}(h = 1, 2, 3, \cdots)$ 在空间 Φ 内对 $h = 1, 2, 3 \cdots$ 一致地 $\to 0$. 基本空间 Φ 叫做完备的, 如果对空间 Φ 的每一个柯西序列 φ_j 而言必存在一个 $\varphi \in \Phi$ 使得 $\varphi_j \to \varphi(\Phi)$. 对以后几节所举的基本空间的实例我们都可以证明它们的完备性.

在广义函数论里要用到各种不同类型的基本空间. 在以下 §1.2, §1.3, §1.4, §1.5 中将介绍理论上和应用上最重要的基本空间 $\mathbf{K}, \mathbf{S}, \mathbf{E}, \mathbf{K}_p$. 而其中尤为重要的是空间 $\mathbf{K}$ 及 $\mathbf{S}$. 在一般的情形我们将只用空间 $\mathbf{K}$. 在牵涉到傅里叶 (Fourier) 变换的问题时则以空间 $\mathbf{S}$ 为基础. 在讨论个别的特殊问题时有时须选择配合问题的特质的特殊的基本空间, 有时还要对基本空间的定义作适当的改变.

自然也可以设想对基本空间内的函数不仅要求无穷可微性, 而且还要求解析性. 即可展为幂级数. 在讨论傅里叶变换时将有必要考虑这种解析的基本空间. 我们在第 7 章将介绍解析的基本空间 $\mathbf{Z}^p(p \geqslant 1)$ 及 $\mathbf{Z}_p^p(p > 1)$.

我们对欧几里得空间 R^n 所界定的基本空间的概念也可以推广到无穷可微的微分流形 M^n 上去. 这时以无穷可微的微分形式为基本函数, 微商则应了解为微分形式的外微商. 兹不赘述.

我们提出几种最重要的基本空间的自同态映射如下:

微分运算

$$\varphi \in \Phi \Rightarrow D^p\varphi \in \Phi, \tag{1}$$

[①] 此处我们了解为具有由一定的极限定义导出的拓扑结构的线性空间.

由基本空间的定义知, 微分运算为任意基本空间 Φ 的自同态映射. 同样, 设 $P(D) = \sum_{|p|\leqslant m} a_p D^p$ 为常系数的微分多项式, 则

$$\varphi \in \Phi \Rightarrow P(D)\varphi \in \Phi \tag{2}$$

也是自同态映射.

乘子运算

定义 2 空间 R^n 上的复数值的无穷可微函数 $\alpha(x)$ 叫做基本空间 Φ 的乘子或 Φ 乘子, 如果 $\varphi \in \Phi$ 蕴涵乘积 $\alpha\varphi \in \Phi$, 并且

$$\varphi \in \Phi \Rightarrow \alpha\varphi \in \Phi \tag{3}$$

为基本空间 Φ 的自同态映射.

由定义 1,2 可知多项式 $P(x)$ 都是任意基本空间的乘子. 以后可以见到各种基本空间可以有多项式以外的乘子.

设 $a_p(x)$ 为 Φ 乘子, 则显见

$$\varphi \in \Phi \Rightarrow \sum_{|p|\leqslant m} a_p(x)D^p\varphi \in \Phi \tag{4}$$

也为基本空间 Φ 的自同态映射.

由线性变换导来的自同态映射

设有空间 R^n 内的线性变换

$$x' = Ax + h, \tag{5}$$

此处用矩阵写法, $\{x'_1,\cdots,x'_n\}, \{x_1,\cdots,x_n\}, \{h_1,\cdots,h_n\}$ 了解为竖向量 (又称列向量), $A = (a_{jk})$ 为 n 阶矩阵. 设 $\varphi \in \Phi$, 我们界定

$$\tau\varphi(x) = \varphi(x') = \varphi(Ax+h) \tag{6}$$

对我们将来应用的基本空间 Φ (见 §1.2, §1.3, §1.4, §1.5) 而言都容易复验, 映射 $\varphi \Rightarrow \tau\varphi$ 为空间 φ 的自同态映射.

特别当 $A = I$ (单位矩阵) 时, 则得 "平移运算":

$$\tau_h\varphi(x) = \varphi(x+h), \quad h \in R^n. \tag{7}$$

当 $A = -I, h = 0$ 时, 则得 "反射运算":

$$\check{\varphi}(x) = \varphi(-x). \tag{8}$$

当 $h = 0$ 时, 则得一般的 "齐性变换运算":

$$A\varphi(x) = \varphi(Ax). \tag{9}$$

平移运算、反射运算与微分运算、乘子运算之间不难证明有下列交换关系:

$$D^p \tau_h \varphi = \tau_h D^p \varphi; \tag{10}$$

$$D^p \check{\varphi} = (-1)^{|p|} (D^p \varphi)^{\check{}}; \tag{11}$$

$$(\alpha \varphi)^{\check{}} = \check{\alpha} \check{\varphi}^{①}. \tag{12}$$

又我们有时也用下列 "复共轭运算", 即

$$\bar{\varphi}(x) = \overline{\varphi(x)}, \tag{13}$$

注意它不是同态映射.

§1.2 基本空间 K

设 $f(x)$ 为界定在 R^n 上的连续函数. 所有令 $f(x) \neq 0$ 的点 x 组成的点集的闭包 F 叫做连续函数 f 的支集. 另一方面, 显然在 R^n 内有一个最大的开集 Ω, 在其上 $f(x) \equiv 0$. 不难验证, $F = R^n \setminus \Omega$.

例如, 在单变数的情形, 连续函数 $f(x) = x(x \geqslant 0); f(x) = 0(x < 0);$ 则其支集 F 为闭半直线 $[0, +\infty]$.

界定在 R^n 上的连续函数 f 叫做紧密的, 如果其支集是紧密集 (又称紧致集, 即有界闭集), 亦即 $f(x)$ 在 R^n 的一个有界区域以外恒等于 0.

定义 1 由空间 R^n 上所有的紧密的无穷可微复数值函数 φ 所组成的线性空间叫做空间 **K**. 我们说序列 $\varphi_j \to 0(\mathbf{K})$, 如果它满足下列条件:

1. 在一个固定的有界区域以外, 所有的 φ_j 都恒等于 0;

2. 对每一个 $p = \{p_1, \cdots, p_n\}$ 而言 $D^p \varphi_j$ 在 R^n 上一致收敛于 0 (注意此处并不要求对不同的 p 的一致收敛性).

显然可见, 空间 **K** 是一个基本空间. 这是施瓦兹首先界定的.

相当于这个极限定义, 我们可以界定线性空间 **K** 的拓扑结构, 即界定零元素以邻域组 $V(m, \varepsilon, K)$ 如下: 设 K 为空间 R^n 的一个有界区域, m 为自然数, $\varepsilon > 0$, 我们说 $\varphi \in V(m, \varepsilon, K)$ 如果它满足下列条件:

1. 函数 φ 在集 K 以外恒等于 0;

2. $|D^p \varphi| \leqslant \varepsilon \quad (|p| \leqslant m)$.

不难复验, $\varphi_j \to 0(\mathbf{K})$ 的充要条件为存在一个有界集 $K \subset R^n$ 使得对任意的 m, ε 而言, 除有限个项以外, 所有的 $\varphi_j \in V(m, \varepsilon, K)$.

定理 1 空间 **K** 是一个完备空间.

---

① 不难证明, 设反射运算 $\check{}$ 为基本空间 Φ 的自同态运算, α 为 Φ 乘子, 则 $\check{\alpha}$ 亦为 Φ 乘子.

证 设 φ_j 是空间 **K** 的一个柯西序列, 亦即序列组 $\varphi_j - \varphi_{j+h}(h = 1, 2, \cdots)$ 自 j 大于某数 j_0 起都在 R^n 的一个有界集 K 以外恒等于 0, 并且对每一个 p 而言序列 $D^p(\varphi_j - \varphi_{j+h}) = D^p\varphi_j - D^p\varphi_{j+h}$ 都对 R^n 及 h 一致收敛于 0. 我们首先证明: φ_j 必定在 R^n 的某一个有界集以外恒等于 0. 盖设不然, 则 φ_j 必有一个子序列, 不妨仍命之为 φ_j, 和一个点列 x_j 使得 $\varphi_j(x_j) \neq 0, |x_i| > j, \varphi_j(x_k) = 0(j < k)$. 因此 $\varphi_j(x_{j+1}) - \varphi_{j+1}(x_{j+1}) \neq 0(j = 1, 2, \cdots)$, 即对序列 $\varphi_j - \varphi_{j+1}$ 不能在一个有界集之外恒等于 0, 故得一矛盾. 因此我们得知序列 φ_j 在一个有界集以外恒等于 0. 序列 $D^p\varphi_j(x)$ 对每一个 $x \in R^n$ 而言都是柯西序列, 因此极限 $\lim\limits_{j\to\infty} D^p\varphi_j(x)$ 都存在, 并且若命 $\varphi(x) = \lim\limits_{j\to\infty} \varphi_j(x)$ 则 $D^p\varphi(x) = \lim\limits_{j\to\infty} D^p\varphi_j(x)$, 即 φ 为紧密的无穷可微函数即 $\varphi \in \mathbf{K}$. 最后并显然可见 $\varphi_j \to \varphi(\mathbf{K})$, 由此可见 **K** 是完备的. 证完.

空间 **K** 要有意义, 必须它确含有不恒为 0 的函数. 为此有下述定理:

定理 2 对任意的 $\varepsilon > 0$ 必存在函数 $\rho_\varepsilon \in \mathbf{K}$ 满足下列条件:

1. $\rho_\varepsilon(x) > 0 \quad (|x| < \varepsilon)$;

2. $\rho_\varepsilon(x) = 0 \quad (|x| \geqslant \varepsilon)$;

3. $\int \rho_\varepsilon(x)dx = 1$.

证 我们取

$$\rho_\varepsilon(x) = \begin{cases} 0 & (|x| \geqslant \varepsilon), \\ \dfrac{k}{\varepsilon^n} e^{\frac{-\varepsilon^2}{\varepsilon^2 - |x|^2}} & (|x| < \varepsilon), \end{cases} \tag{1}$$

此处 n 为空间 R^n 的维数, k 为常数, 由下式决定:

$$\frac{1}{k} = \int_{|x| \leqslant 1} e^{\frac{-1}{1 - |x|^2}} dx.$$

不难直接验证函数 $\rho_\varepsilon(x)$ 满足 $1, 2, 3$ 并 $\in \mathbf{K}$.

这样界定的函数 ρ_ε 可以称为半径为 ε 的球形函数. 它是一个很有效的工具. 利用它可以作出空间 **K** 的一系列的函数.

定理 3 设 $f(x)$ 为具有紧密支集 F 的连续函数, 函数 $\rho_\varepsilon(x)$ 满足定理 2 的条件. 于是函数

$$f_\varepsilon(x) = \int f(y)\rho_\varepsilon(x - y)dy \tag{2}$$

属于 **K**, 它的支集含在 F 的 ε 闭邻域之内; 并且当 $\varepsilon \to 0$ 时函数 f_ε 在 R^n 上一致 $\to f$.

如更设 $f(x)$ 为 m 级连续可微, $|p| \leqslant m$. 于是

$$D^p f_\varepsilon(x) = \int D^p f(y)\rho_\varepsilon(x - y)dy, \tag{3}$$

并且当 $\varepsilon \to 0$ 时, 微商 $D^p f_\varepsilon$ 在 R^n 上一致 $\to D^p f$.

证 因 $\int \rho_\varepsilon(y)dy = 1$, 故有

$$f_\varepsilon(x) - f(x) = \int [f(y) - f(x)]\rho_\varepsilon(x-y)dy$$

$$= \int_{|y-x|\leqslant\varepsilon} [f(y) - f(x)]\rho_\varepsilon(x-y)dy,$$

$$|f_\varepsilon(x) - f(x)| \leqslant M(x,\varepsilon) \int_{|y-x|\leqslant\varepsilon} \rho_\varepsilon(x-y)dy = M(x,\varepsilon),$$

此处 $M(x,\varepsilon)$ 为以 y 为自变数的函数 $|f(y) - f(x)|$ 在区域 $|y-x| \leqslant \varepsilon$ 内的极大值. 设点 x 与 f 的支集 F 的距离 $> \varepsilon$, 则 $M(x,\varepsilon) = 0$, 故得 $f_\varepsilon(x) = 0$. 因此 f_ε 的支集在紧密集 F 的 ε 闭邻域之内, 用式 (2) 积分号下的微分显然可见 f_ε 是无穷可微函数. 因此 $f_\varepsilon \in \mathbf{K}$. 又因 $f(x)$ 是一致连续函数, 所以当 $\varepsilon \to 0$ 时, $M(x,\varepsilon)$ 一致 $\to 0$, 因此 f_ε 一致 $\to f$.

经过变数代换后, 积分 (2) 可以写为

$$f_\varepsilon(x) = \int f(x-y)\rho_\varepsilon(y)dy. \tag{4}$$

设 $f(x)$ 为 m 级连续可微, $|p| \leqslant m$; 则可得

$$D^p f_\varepsilon(x) = \int D^p f(x-y)\rho_\varepsilon(y)dy$$

$$= \int D^p f(y)\rho_\varepsilon(x-y)dy.$$

于是由以前已经证明的立即可知: 当 $\varepsilon \to 0$ 时 $D^p f_\varepsilon$ 在 R^n 上一致 $\to D^p f$. 证完.

按: 如果在定理不假定函数 $f(x)$ 具有紧密支集, 则由证明可见 $f_\varepsilon(x)$ 为无穷可微函数, 并且当 $\varepsilon \to 0$ 时函数 f_ε 在 R^n 的每一个紧密集上一致 $\to f$.

这个由连续函数 $f(x)$ 通过满足定理 2 的条件的基本函数 ρ_ε 用积分界定的函数 f_ε 叫做函数 f 的 ρ_ε 中值函数. 这个中值逼近法在今后的理论分析里是很有作用的. 函数 f_ε 有时也用符号 $f * \rho_\varepsilon$ 表之, 实际上就是两个函数 f, ρ_ε 的卷积. 以后可以看到, 卷积的概念是广义函数论中很重要的概念 (见第 5 章).

定理 4 设 K 为 R^n 内的闭集, $\varepsilon > 0$, 则必有无穷可微函数 φ 满足下列条件:

(a) $0 \leqslant \varphi(x) \leqslant 1, \quad x \in R^n$;

(b) $\varphi(x) = 1, \quad x \in K$;

(c) $\varphi(x) = 0, \quad x \bar{\in} K_\varepsilon$ (即集 K 的 ε 闭邻域). 如果 K 为有界闭集, 则显然 $\varphi \in \mathbf{K}$.

证 作 K 的闭邻域 $K_{\frac{\varepsilon}{2}}$ 及闭邻域 $K_{\frac{5}{8}\varepsilon}$. 于是闭集 $K_{\frac{\varepsilon}{2}}$ 及 $R^n \backslash K_{\frac{5}{8}\varepsilon}$ 不相交, 界定

$$f(x) = \frac{d\left(x, R^n \backslash K_{\frac{5}{8}\varepsilon}\right)}{d\left(x, K_{\frac{\varepsilon}{2}}\right) + d\left(x, R^n \backslash K_{\frac{5}{8}\varepsilon}\right)}, \tag{5}$$

此处 $d(x, A)$ 表示点 x 与闭集 A 的距离. 不难复验, $f(x)$ 是连续函数并满足下列条件:

(a') $0 \leqslant f(x) \leqslant 1, \quad x \in R^n$;

(b') $f(x) = 1, \quad x \in K_{\frac{\varepsilon}{8}}$;

(c') $f(x) = 0, \quad x \notin K_{\frac{5}{8}\varepsilon}$.

取函数 $\rho_{\frac{\varepsilon}{4}}$ 满足定理 2 的条件, 作积分

$$\varphi(x) = \int f(y)\rho_{\frac{\varepsilon}{4}}(x-y)dy.$$

因当 $|x-y| > \dfrac{\varepsilon}{4}$ 时, $\rho_{\frac{\varepsilon}{4}}|x-y| \equiv 0$, 所以

$$\varphi(x) = \int_{|x-y| \leqslant \frac{\varepsilon}{4}} f(y)\rho_{\frac{\varepsilon}{4}}(x-y)dy.$$

函数 $\varphi(x)$ 显然无穷可微.

设 $x \in K$, 于是 $|x-y| \leqslant \dfrac{\varepsilon}{4}$ 蕴涵 $y \in K_{\frac{\varepsilon}{2}}, f(y) = 1$. 因此 $\varphi(x) = 1$.

设 $x \notin K_\varepsilon$, 于是 $|x-y| \leqslant \dfrac{\varepsilon}{4}$ 蕴涵 $y \notin K_{\frac{5}{8}\varepsilon}, f(y) = 0$. 因此 $\varphi(x) = 0$.

又显然可见 $0 \leqslant \varphi(x) \leqslant 1 \quad (x \in R^n)$. 证完.

空间 K 的乘子

所有的无穷可微函数 α 都是空间 K 的乘子, 因为定义 2 的条件 1, 2 都满足 (容易证明), 因此可以说它们组成的空间 E 是空间 K 的乘子域. 显然, 设 $\varphi_1, \varphi_2 \in \mathbf{K}$, 则 $\varphi_1\varphi_2 \in \mathbf{K}$, 因此空间 K 对加法和乘法而言形成一个代数.

§1.3 基本空间 S

定义 1 由定义在 R^n 上所有的复数值无穷可微的急减函数 $\varphi(x)$ 所组成的线性空间叫做空间 S. 所谓急减函数 φ 者就是对任意的 $p = \{p_1, \cdots, p_n\}$ 及自然数 q 必存在正常数 C_{pq} 使得

$$|D^p\varphi(x)| \leqslant \frac{C_{pq}}{(1+|x|^2)^q}. \tag{1}$$

设序列 $\varphi_j \in \mathbf{S}$, 我们说 $\varphi_j \to 0(\mathbf{S})$, 如果各级微商 $D^p\varphi_j(x)$ 在 R^n 的每一个紧密集上分别一致收敛于 0, 并且对任意的 $p = \{p_1, \cdots, p_n\}$ 及自然数 q 必存在一个与 j 无关的正常数 C_{pq} 使得

$$|D^p\varphi_j(x)| \leqslant \frac{C_{pq}}{(1+|x|^2)^q}. \tag{2}$$

显然空间 S 是一个基本空间, 并且 $\mathbf{K} \subset \mathbf{S}$. 这是施瓦兹引进的.

由此定义可见, 急减基本函数 φ 的意义就是当 $|x| \to \infty$ 时各微商都比 $\dfrac{1}{|x|}$ 的任意正数幂更快地 $\to 0$.

对应于空间 S 的极限定义, 我们可以界定空间 S 的拓扑结构, 即零元素的邻域组 $V(m, q, \varepsilon)$ 如下: 设 m, q 为自然数, $\varepsilon > 0$, 我们说 $\varphi \in V(m, q, \varepsilon)$, 如果

$$\left(1+|x|^2\right)^q |D^p\varphi(x)| \leqslant \varepsilon \quad (|p| \leqslant m). \tag{3}$$

可以证明, $\varphi_j \to 0(\mathbf{S})$ 的充要条件为对任意的 m, q, ε 而言, 除有限多个项外, 所有 $\varphi_j \in V(m, q, \varepsilon)$.

空间 $\mathbf{S}$ 内的极限定义还可以改写为下述的形式:

定理 1 $\varphi_j \to 0(\mathbf{S})$ 的充要条件为对任意的多项式 $P_1(x)$ 及微分多项式 $P_2(D)$ 而言, $P_1(x)P_2(D)\varphi_j(x)$ 在空间 R^n 上一致 $\to 0$.

证 充分条件: 从定义 1 立即可得.

必要条件: 显然有 $q \geqslant 0, A > 0$ 使得

$$|P_1(x)| \leqslant A \left(1 + |x|^2\right)^q. \tag{4}$$

因 $\varphi_j \to 0(\mathbf{S})$, 于是根据定义 1 必有一个与 j 无关的 $B > 0$ 使得

$$|P_2(D)\varphi_j(x)| \leqslant \frac{B}{(1 + |x|^2)^{q+1}}. \tag{5}$$

由式 (4), (5) 即得

$$|P_1(x)P_2(D)\varphi_j(x)| \leqslant \frac{BA}{(1 + |x|^2)}. \tag{6}$$

今设 $\varepsilon > 0$. 于是存在 $C > 0$ 使得对任意的 j 而言

$$|P_1(x)P_2(D)\varphi_j(x)| \leqslant \frac{\varepsilon}{2} \quad (|x| \geqslant C). \tag{7}$$

在紧密集 $|x| \leqslant C$ 上多项式 $P_1(x)$ 有界, 并由定义 1 知 $P_2(D)\varphi_j(x)$ 在此集上一致 $\to 0$. 因此存在 $N > 0$ 使得

$$|P_1(x)P_2(D)\varphi_j(x)| \leqslant \frac{\varepsilon}{2} \quad (|x| \leqslant C, j \geqslant N). \tag{8}$$

合并 (7), (8) 即得

$$|P_1(x)P_2(D)\varphi_j(x)| \leqslant \varepsilon \quad (x \in R^n, j \geqslant N),$$

即 $P_1(x)P_2(D)\varphi_j(x)$ 在 R^n 上一致 $\to 0$. 证完.

定理 2 空间 $\mathbf{S}$ 是一个完备拓扑空间.

证 设 φ_j 为空间 $\mathbf{S}$ 的一个柯西序列, 亦即对任意的 $m \geqslant 0, q \geqslant 0, \varepsilon > 0$ 而言存在 $N > 0$ 使得

$$\left(1 + |x|^2\right)^q |D^p\varphi_j(x) - D^p\varphi_{j+h}(x)| \leqslant \varepsilon \quad (|p| \leqslant m, j > N, h = 1, 2, \cdots, x \in R^n). \tag{9}$$

因此 $D^p\varphi_j(x)$ 是 R^n 内的一致收敛序列. 根据柯西定理及一致收敛序列的微分定理, 可知必存在一个无穷可微函数 $\varphi(x)$ 使得 $D^p\varphi(x) = \lim\limits_{j \to \infty} D^p\varphi_j(x)$.

在式 (9) 内命 $h \to \infty$. 于是

$$\left(1 + |x|^2\right)^q |D^p\varphi_j(x) - D^p\varphi(x)| \leqslant \varepsilon.$$

因此可见 $\varphi_j - \varphi \in \mathbf{S}$, 因此 $\varphi \in \mathbf{S}$. 同时这不等式也表明 $\varphi_j \to \varphi(\mathbf{S})$. 证完.

显然可见, 空间 $\mathbf{K}$ 是空间 $\mathbf{S}$ 的子空间; 并且显然可见, $\varphi_j \to 0(\mathbf{K})$ 蕴涵 $\varphi_j \to 0(\mathbf{S})$. 反之, 设 $\varphi_j \in \mathbf{K}, \varphi_j \to 0(\mathbf{S})$, 则 $\varphi_j \to 0(\mathbf{K})$ 可以不成立. 例如, 命 $\varphi_j(x) = e^{-|x|^2} \rho_\varepsilon (x + a_j)$, 此处 ρ_ε 为 §1.2 定理 2 内的函数, $a_j \in R^n, |a_j| \to \infty$; 于是不难验证 $\varphi_j \to 0(\mathbf{S})$, 但 φ_j 不能在一个公共的有界区域外为 0, 因此在空间 $\mathbf{K}$ 内 φ_j 不 $\to 0$. 由此可见, 空间 $\mathbf{K}$ 本身的拓扑结构强于空间 $\mathbf{S}$ 在其子空间 $\mathbf{K}$ 上所导出的拓扑结构.

定理 3 空间 $\mathbf{K}$ 为空间 $\mathbf{S}$ 的稠密子空间.

证 根据 §1.2 定理 3, 4 可以作序列 $\psi_j \in \mathbf{K}$ 满足

$$\psi_j(x) = 1, \quad |x| \leqslant j,$$
$$\psi_j(x) = 0, \quad |x| > j + 1,$$

并且对每一个 p 存在一个与 j 无关的正数 M_p 使得

$$|D^p \psi_j(x)| \leqslant M_p. \tag{10}$$

设 $\varphi \in \mathbf{S}$, 则显然 $\psi_j \varphi \in \mathbf{K}$. 又由空间 $\mathbf{S}$ 的定义, 乘积微分的莱布尼茨公式及式 (10) 不难直接验证 $\psi_j \varphi \to \varphi(\mathbf{S})$.

空间 S 的乘子

定理 4 设界定在 R^n 上的无穷可微函数 $\alpha(x)$ 满足下列条件: 对任意的 $p = \{p_1 \cdots p_n\}$ 而言必有正数 C_p, t_p 使得

$$|D^p \alpha(x)| \leqslant C_p \left(1 + |x|^2\right)^{t_p}, \tag{11}$$

于是 $\alpha(x)$ 为空间 $\mathbf{S}$ 的乘子.

按: 显然这个条件也可以改写为对任意的 $m \geqslant 0$ 必有正数 C_m, t_m 使得

$$|D^p \alpha(x)| \leqslant C_m \left(1 + |x|^2\right)^{t_m} \quad (|p| \leqslant m). \tag{12}$$

这个条件表示函数 $\alpha(x)$ 和它的各级微商当 $|x| \to \infty$ 时分别比 $|x|$ 的某个幂更为缓慢地增长.

证 设 $\varphi \in \mathbf{S}, m \geqslant 0, q > 0$. 于是, 设 $|p| \leqslant m$, 则

$$D^p[\alpha(x)\varphi(x)] = \sum_{r, S \leqslant p} a_{rS} D^r \alpha(x) D^S \varphi(x).$$

因 α 满足假设的条件, 故有正数 C_m, t_m 使得

$$|D^r \alpha(x)| \leqslant C_m \left(1 + |x|^2\right)^{t_m} \quad (r \leqslant p).$$

因 $\varphi \in \mathbf{S}$, 故对 $m, q' = q + t_m$ 而言存在常数 $C_{mq'}$ 使得

$$|D^S \varphi(x)| \leqslant \frac{C_{mq'}}{(1 + |x|^2)^{q+t_m}} \quad (S \leqslant p).$$

因此显然有正数 C_{mq} 使得

$$|D^p[\alpha(x)\varphi(x)]| \leqslant \frac{C_{mq}}{(1+|x|^2)^q},$$

即 $\alpha\varphi \in \mathbf{S}$.

设 $\varphi_j \to 0(\mathbf{S})$. 用同样的推理容易证明, 设 q 为任意正数, 则

$$\left(1+|x|^2\right)^q D^p[\alpha(x)\varphi(x)]$$

在空间 R^n 内一致收敛于 0. 因此 $\alpha\varphi_j \to 0(\mathbf{S})$, 所以 α 是空间 $\mathbf{S}$ 的乘子. 证完.

所有的满足定理 3 的条件的函数组成一个线性空间 $\mathbf{M}, \mathbf{M} \subset \mathbf{E}, \mathbf{M}$ 是空间 $\mathbf{S}$ 的一个乘子域, 显然 $\mathbf{S} \subset \mathbf{M}$, 因此设 $\varphi_1, \varphi_2 \in \mathbf{S}$, 则 $\varphi_1\varphi_2 \in \mathbf{S}$. 因此空间 $\mathbf{S}$ 对加法和乘法而言形成一个代数.

§1.4 基本空间 E

定义 1 由定义在空间 R^n 所有的无穷可微的复数值的函数组成的线性空间叫做空间 $\mathbf{E}$. 设序列 $\varphi_j \in \mathbf{E}$ 我们说 $\varphi_j \to 0(\mathbf{E})$, 如果对每一个 p 而言, 序列 $D^p\varphi_j$ 在 R^n 的每一个有界集上一致收敛于 0.

显然可见, $\mathbf{E}$ 是一个基本空间, 并且 $\mathbf{K} \subset \mathbf{S} \subset \mathbf{E}$.

对应于空间 $\mathbf{E}$ 的极限定义, 我们可以界定空间 $\mathbf{E}$ 的拓扑结构, 即零元素的邻域组 $V(m, \varepsilon, K)$ 如下:

设 K 为 R^n 的一个紧密集, $m \geqslant 0, \varepsilon > 0$, 我们说 $\varphi \in V(m, \varepsilon, K)$, 如果

$$|D^p\varphi(x)| \leqslant \varepsilon \quad (|p| \leqslant m, x \in K). \tag{1}$$

不难复验, $\varphi_j \to 0(\mathbf{E})$ 的充要条件是对每一个 $V(m, \varepsilon, K)$ 而言, 除有限多个项以外, 所有的 $\varphi_j \in V(m, \varepsilon, K)$.

定理 1 空间 $\mathbf{E}$ 是一个完备拓扑空间.

证 设 φ_j 为空间 $\mathbf{E}$ 的一个柯西序列, 亦即对任意的有界集 $K, m \geqslant 0, \varepsilon > 0$, 必定存在 $N > 0$ 使得

$$|D^p[\varphi_j(x) - \varphi_{j+h}(x)]| \leqslant \varepsilon \quad (|p| \leqslant m, j > N, h = 1, 2, \cdots, x \in K). \tag{2}$$

因此对每一个有界集 K 而言 $D^p\varphi_j(x)$ 是一个一致收敛序列, 因此得一个函数 $\varphi \in \mathbf{E}$, $D^p\varphi(x) = \lim\limits_{j\to\infty} D^p\varphi_j(x)$. 在不等式 (2) 中, 命 $h \to \infty$, 于是

$$|D^p[\varphi_j(x) - \varphi(x)]| \leqslant \varepsilon \quad (j \geqslant N, x \in K, |p| \leqslant m),$$

此即表示 $\varphi_j \to \varphi(\mathbf{E})$.

显然可见, 设 $\varphi_j \to 0(\mathbf{S})$, 则 $\varphi_j \to 0(\mathbf{E})$, 反之, 设 $\varphi_j \in \mathbf{S}, \varphi_j \to 0(\mathbf{E})$, 则 $\varphi_j \to 0(\mathbf{S})$ 不一定成立, 例如取 $\varphi_j(x) = e^{-|x+x_j|^2}$, 此处 $|x_j| \to \infty$, 容易证明 $\varphi_j \to 0(\mathbf{E})$, 但 $\varphi_j \nrightarrow 0(\mathbf{S})$.

由此可见, 空间 **S** 本身的拓扑结构强于空间 **E** 在 **S** 上所导出的拓扑结构. 不难验证, 空间 **K** 是空间 **E** 的稠密子空间, 证明与 §1.3 定理 3 相似.

空间 E 的乘子

显然空间 **E** 就是它自己的乘子域, 空间 **E** 对其加法与乘法而言形成一个代数.

§1.5 基本空间 $\mathbf{K}_p$

定义 1 由定义在 R^n 上的所有的复数值的、无穷可微的按指数阶 $\geqslant p(p>1)$ 急减的函数 $\varphi(x)$ 所组成的线性空间叫做空间 $\mathbf{K}_p(p>1)$. 所谓按指数阶 $\geqslant p>1$ 急减的无穷可微函数 φ 者, 就是对任意的 $q=\{q_1,\cdots,q_n\}$ 必存在正常数 A,C (依赖于 q) 使得

$$|D^q\varphi(x)| \leqslant Ae^{-C|x|^p}. \tag{1}$$

设序列 $\varphi_j\in\mathbf{K}_p$, 我们说 $\varphi_j\to 0(\mathbf{K}_p)$, 如果各级微商 $D^q\varphi_j(x)$ 在 R^n 的每一个紧密集上分别一致收敛于 0, 并且对任意的 $q=\{q,\cdots,q_n\}$ 必存在一个仅依赖于 q 而与 j 无关的正常数 A,C 使得

$$|D^q\varphi_j(x)| \leqslant Ae^{-C|x|^p}. \tag{2}$$

显然可见, $\mathbf{K}_p$ 是基本空间, 并且 $\mathbf{K}\subset\mathbf{K}_p\subset\mathbf{S}$. 这是盖力方特、希洛夫引进的.

空间 $\mathbf{K}_p$ 内的极限定义可以改写为下列形式:

定理 1 $\varphi_j\to 0(\mathbf{K}_p)$ 的充要条件为对任意的 $q=\{q_1,\cdots,q_n\}$ 而言存在 $B>0$ 使得 $e^{B|x|^p}D^q\varphi_j(x)$ 在空间 R^n 上一致 $\to 0$.

证 充分条件: 设有 $B>0$, 使得 $e^{B|x|^p}D^q\varphi_j(x)$ 在 R^n 上一致 $\to 0$. 于是显然 $D^q\varphi_j(x)$ 在 R^n 的每一个紧密集上一致 $\to 0$. 又显然存在 $A_1>0,N>0$ 使得

$$\left|e^{B|x|^p}D^q\varphi_j(x)\right| \leqslant A_1 \quad (j\geqslant N), \tag{3}$$

亦即

$$|D^q\varphi_j(x)| \leqslant A_1 e^{-B|x|^p} \quad (j\geqslant N). \tag{4}$$

将常数 A_1 作适当的修改后, 即可得对任意的 j 而言

$$|D^q\varphi_j(x)| \leqslant Ae^{-B|x|^p}. \tag{5}$$

因此 $\varphi_j\to 0(\mathbf{K}_p)$.

必要条件: 设 $\varphi_j\to 0(\mathbf{K}_p)$, 于是存在与 j 无关的 $A>0,C>0$ 使得

$$|D^q\varphi_j(x)| \leqslant Ae^{-C|x|^p}. \tag{6}$$

今取 $0<B=C-\sigma,\sigma>0$. 于是对任意的 j 而言

$$\left|e^{B|x|^p}D^q\varphi_j(x)\right| \leqslant Ae^{-\sigma|x|^p} \quad (x\in R^n). \tag{7}$$

设 $\varepsilon > 0$. 显然有 $M > 0$ 使得

$$\left| e^{B|x|^p} D^q \varphi_j(x) \right| \leqslant \frac{\varepsilon}{2} \quad (|x| \geqslant M). \tag{8}$$

又因 $D^q \varphi_j(x)$ 在每一个紧密集上一致 $\to 0$, 故有 $N > 0$ 使得

$$\left| e^{B|x|^p} D^q \varphi_j(x) \right| \leqslant \frac{\varepsilon}{2} \quad (|x| \leqslant M, j \geqslant N). \tag{9}$$

合并式 (8), (9), 即知 $e^{B|x|^p} D^q \varphi_j(x)$ 在 R^n 上一致 $\to 0$. 证完.

定理 2 空间 $\mathbf{K}_p$ 是一个完备拓扑空间.

证 设 φ_j 为 $\mathbf{K}_p$ 的一个柯西序列, 亦即对任意的 $q, \varepsilon > 0$, 存在 $N > 0$ 使得当 $j > N$ 时

$$|D^q [\varphi_j(x) - \varphi_{j+h}(x)]| \leqslant \varepsilon \quad (h = 1, 2, \cdots, x \in R^n), \tag{10}$$

并且存在常数 A_q, C_q 使得

$$|D^q [\varphi_j(x) - \varphi_{j+h}(x)]| \leqslant A_q e^{-C_q |x|^p} \quad (x \in R^n). \tag{11}$$

仿前得一无穷可微函数 $\varphi(x)$ 使得在 R^n 内 $D^q \varphi_j(x)$ 一致地 $\to D^q \varphi(x)$.

在式 (11) 内命 $h \to \infty$. 于是

$$|D^q \varphi_j(x) - D^q \varphi(x)| \leqslant A_q e^{-C_q |x|^p}. \tag{12}$$

因为 $\varphi_j \in \mathbf{K}_p$, 所以有正常数 A, C 使得

$$|D^q \varphi_j(x)| \leqslant A e^{-C|x|^p}.$$

于是 $\qquad |D^q \varphi(x)| \leqslant A_q e^{-C_q |x|^p} + A e^{-C|x|^p} \leqslant 2A' e^{-C'|x|^p},$

此处 $A' = \max \{A_q, A\}$, $C' = \min \{C_q, C\}$, 所以 $\varphi \in \mathbf{K}_p$. 又从式 (12) 可知 $\varphi_j \to \varphi (\mathbf{K}_p)$. 所以 $\mathbf{K}_p$ 是一个完备空间. 证完.

空间 $\mathbf{K}_p$ 是空间 $\mathbf{S}$ 的子空间, 设 $\varphi_j \to 0 (\mathbf{K}_p)$, 则 $\varphi_j \to 0 (\mathbf{S})$, 为之只须证对任意的 q 及自然数 s 而言 $(1 + |x|^2)^s D^q \varphi_j$ 在空间 R^n 内一致 $\to 0$. 证明如下:

据假设 $D^q \varphi_j$ 在空间 R^n 内一致 $\to 0$, 并且存在常数 A, C 使得不等式成立, 即

$$(1 + |x|^2)^s |D^q \varphi_j(x)| \leqslant A e^{-C|x|^p} (1 + |x|^2)^s.$$

因此对 $\varepsilon > 0$ 必有 $k > 0$ 使得

$$(1 + |x|^2)^s |D^q \varphi_j(x)| \leqslant \varepsilon \quad (|x| > k, j = 1, 2, \cdots),$$

在有界域 $|x| \leqslant k$ 内, $(1 + |x|^2)^s D^q \varphi_j(x)$ 显然一致 $\to 0$, 因此存在 $N > 0$ 使得

$$(1 + |x|^2)^s |D^q \varphi_j(x)| \leqslant \varepsilon \quad (|x| \leqslant k, j \geqslant N).$$

合并这两个不等式即得 $(1+|x|^2)^s D^q \varphi_j(x)$ 在 R^n 内一致收敛于 0. 因此 $\varphi_j \to 0(\mathbf{S})$. 又设 $p_1 > p_2$, 则 $\mathbf{K}_{p_1} \subset \mathbf{K}_{p_2}$; 并且不难证明, 设 $\varphi_j \to 0(\mathbf{K}_{p_1})$, 则 $\varphi_j \to 0(\mathbf{K}_{p_2})$. 设 $\varphi_j \to 0(\mathbf{K})$, 则 $\varphi_j \to 0(\mathbf{K}_p)$. 又仿照 §1.3 定理 3 不难证明空间 $\mathbf{K}$ 是空间 $\mathbf{K}_p$ 的稠密子空间.

空间 $\mathbf{K}_p$ 的乘子

定理 3 设界定在 R^n 上的无穷可微函数 $\alpha(x)$ 满足下列条件: 对任意的 $q = \{q_1, \cdots, q_n\}$ 及 $\varepsilon > 0$ 必存在常数 C (依赖于 α, q, ε), 使得

$$|D^q \alpha(x)| \leqslant C e^{\varepsilon |x|^p}. \tag{13}$$

于是 $\alpha(x)$ 为空间 $\mathbf{K}_p$ 的乘子.

证 设 α 为满足所设条件的函数, $\varphi \in \mathbf{K}_p$. 设 $q = \{q_1, \cdots, q_n\}$, 于是.

$$D^q[\alpha(x)\varphi(x)] = \sum_{r,s \leqslant q} a_{rs} D^r \alpha(x) D^s \varphi(x).$$

因 $\varphi \in \mathbf{K}_p$, 故存在常数 $A, B > 0$ 使得

$$|D^s \varphi(x)| \leqslant A e^{-B|x|^p} \quad (s \leqslant q).$$

因 α 是满足所设条件的函数, 故对 $\varepsilon > 0$ 而言有常数 C_1 使得

$$|D^r \alpha(x)| \leqslant C_1 e^{\varepsilon |x|^p} \quad (r \leqslant q).$$

所以

$$|D^q[\alpha(x)\varphi(x)]| \leqslant C e^{-C'|x|^p},$$

此处取 $C = (\Sigma |a_{rs}|) \cdot A C_1, C' = B - \varepsilon$. 因此 $\alpha \varphi \in \mathbf{K}_p$.

仿此也容易证明: 设 $\varphi_j \to 0(\mathbf{K}_p)$, 则 $\alpha \varphi_j \to 0(\mathbf{K}_p)$.

所有的满足定理 3 的条件的函数组成线性空间 $\mathbf{M}_p \cdot \mathbf{M} \subset \mathbf{M}_p \subset \mathbf{E}, \mathbf{M}_p$ 是 $\mathbf{K}_p$ 的一个乘子域, 显然 $\mathbf{K}_p \subset \mathbf{M}_p$, 因此设 $\varphi_1, \varphi_2 \in \mathbf{K}_p$, 则 $\varphi_1 \varphi_2 \in \mathbf{K}_p$. 因此空间 $\mathbf{K}_p$ 对加法和乘法而言形成一个拓扑代数.

§1.6 m 级基本空间与局部基本空间

m 级基本空间

在广义函数论里有时要用到较基本空间更为广泛的函数空间, 其函数可以不是无穷可微, 而仅是 m 级可微, 而在发展的历史上它们出现得更早, 最初索伯列夫考虑的就是这种空间. 我介绍它的概念如下:

定义 1 定义在空间 R^n 上的函数 $\varphi = \varphi(x)$ 的集合 $\Phi^{(m)}$ 叫做 m 级基本空间, 如果它满足下列条件:

1. 函数 φ 都是 m 级连续可微函数 (即 φ 具有全部级数 $\leqslant m$ 的连续微商);

2. 集合 $\Phi^{(m)}$ 是一个复数域上的线性的、由一个极限定义导出的拓扑空间;

3. 设 $\varphi \in \Phi^{(m)}$, 则 $x_k\varphi \in \Phi^{(m)}$ $(k=1,\cdots,n)$;

4. 设 $\varphi_j \to 0\,(\Phi^{(m)})$, 则 $x_k\varphi_j \to 0\,\big(\Phi^{(m)}\big)$ $(k=1,\cdots,n)$.

于是对于基本空间 $\mathbf{K},\mathbf{S},\mathbf{E},\mathbf{K}_p$ 作适当的修正后即可得对应的 m 级基本空间, 我们将各定义中无穷可微条件改为 m 级连续可微并对极限的定义中的条件, 仅限于 $\leqslant m$ 级微商, 即得对应的 m 级基本空间 $\mathbf{K}^{(m)},\mathbf{S}^{(m)},\mathbf{E}^{(m)},\mathbf{K}_p^{(m)}$. 由 §1.2 定理 3 可知空间 $\mathbf{K}$ 是空间 $\mathbf{K}^{(m)}$ 的稠密子空间. 又 $\varphi_j \to 0(\mathbf{K})$ 显然蕴涵 $\varphi_j \to 0\,(\mathbf{K}^{(m)})$.

对 m 级基本空间 $\Phi^{(m)}$ 自然地也界定乘子. 为此只须将无穷可微的条件改为 m 级连续可微的条件. 在对空间 $\mathbf{K},\mathbf{S},\mathbf{E},\mathbf{K}_p$ 以乘子函数的增长的限制条件仅限于 $\leqslant m$ 级微商, 即得对应的 $\mathbf{K}^{(m)},\mathbf{S}^{(m)},\mathbf{E}^{(m)},\mathbf{K}_p^{(m)}$ 的乘子.

注意微分运算并非 m 级基本空间 $\Phi^{(m)}$ 的自同态映射, 但却是映 $\Phi^{(m)}$ 入 $\Phi^{(m-1)}$ 的同态映射. 因此讨论微分运算时通常将一系列的 m 级基本空间并列.

局部基本空间

设 A 为空间 R^n 内的一个集. 我们用 $\mathbf{K}(A)$ 表示由所有支集含在集 A 之内的 $\mathbf{K}$ 基本函数所组成的线性空间. 显然, $\mathbf{K}(A) \subset \mathbf{K}$. 同样地也界定 $\mathbf{E}(A) \subset \mathbf{E}$.

设 $A = \Omega$ 为空间 R^n 内的一个开集. 我们在局部基本空间 $\mathbf{K}(\Omega)$ 内界定极限如下:

定义 2 设 $\varphi_j \in \mathbf{K}(\Omega)$, 我们说 $\varphi_j \to 0(\mathbf{K}(\Omega))$, 如果 φ_j 的支集都在开集 Ω 内的一个固定的紧密子集之内, 并且各级微商 $D^p\varphi_j(x)$ 在 Ω 内都一致 $\to 0$.

同样也在局部基本空间 $\mathbf{E}(\Omega)$ 内界定极限如下:

定义 3 设 $\varphi_j \in \mathbf{E}(\Omega)$, 我们说 $\varphi_j \to 0(\mathbf{E}(\Omega))$, 如果各级微商 $D^p\varphi_j(x)$ 都在 Ω 的任意紧密子集上一致 $\to 0$.

显然可见, 设 $\varphi_j \to 0(\mathbf{K}(\Omega))$ 或 $(\mathbf{E}(\Omega))$, 则 $\varphi_j \to 0(\mathbf{K})$ 或 $(\mathbf{E})$.

同样也可以界定局部 m 级基本空间 $\mathbf{K}^{(m)}(\Omega),\mathbf{E}^{(m)}(\Omega)$.

以后在讨论局部的问题的时候, 基本空间恒了解为 $\mathbf{K}(\Omega)$.

第二章　广义函数的概念

§2.1　广义函数的定义

在基本空间的基础上我们建立一套泛函分析, 即广义函数论.

定义 1 在基本空间 Φ 上界定的复数值的连续线性泛函 T 叫做 Φ *广义函数*或 Φ *泛函*, 换言之, 用 (T,φ) 表示泛函 T 对基本函数 $\varphi \in \Phi$ 的值或数积, 则它满足下列二条件:

1. 线性: 设 $\varphi_1,\varphi_2 \in \Phi, a_1,a_2$ 为复数常数, 则

$$(T, a_1\varphi_1 + a_2\varphi_2) = a_1(T,\varphi_1) + a_2(T,\varphi_2);\tag{1}$$

2. 连续性: 设序列 $\varphi_j \to 0(\Phi)$, 则复数列 $(T, \varphi_j) \to 0$.

抽象地说: 所谓 Φ 广义函数就是映基本空间 Φ 入复数域 $\mathbf{C}$ 的同态映射 (见 §1.1).

广义函数的加法与数乘

我们自然地界定广义函数的加法与数乘如下:

定义 2　设 T_1, T_2 为 Φ 广义函数, a_1, a_2 为复数常数, 我们界定线性组合 $a_1 T_1 + a_2 T_2$ 如下:

$$(a_1 T_1 + a_2 T_2, \varphi) = a_1 (T_1, \varphi) + a_2 (T_2, \varphi) \quad (\varphi \in \Phi). \tag{2}$$

容易复验, 这样界定的泛函 $a_1 T_1 + a_2 T_2$ 是一个 Φ 广义函数.

广义函数空间及其极限定义

根据上述 Φ 广义函数的线性组合的定义, 显然可见: 所有的 Φ 广义函数自然地组成一个线性空间.

定义 3　对基本空间 Φ, 所有的 Φ 广义函数组成的线性空间 $\overset{\circ}{\Phi}$, 叫做 Φ *广义函数空间*. 在线性空间 $\overset{\circ}{\Phi}$ 内给极限定义如下:

我们说 Φ 广义函数序列 $T_j \to 0(\overset{\circ}{\Phi})$, 如果对每一个 $\varphi \in \Phi$ 而言, 复数列 $(T_j, \varphi) \to 0$.

因为空间 $\overset{\circ}{\Phi}$ 是线性的, 所以 $T_j \to T(\overset{\circ}{\Phi})$ 的定义自然就是对每一个 $\varphi \in \Phi$ 而言, 复数列 $(T_j, \varphi) \to (T, \varphi)$.

显然可见: 空间 $\overset{\circ}{\Phi}$ 内的线性组合运算对此极限定义而言是连续的. 因此 $\overset{\circ}{\Phi}$ 是一个线性拓扑空间.

注意我们界定的广义函数空间内的收敛概念, 就是一般泛函分析中的 "弱收敛" 的概念.

如果将基本空间 Φ 改为 m 级基本空间 $\Phi^{(m)}$, 则得完全平行于前的 $\Phi^{(m)}$ 广义函数及其线性组合运算, $\Phi^{(m)}$ 广义函数空间及其极限定义. 以后在所有不牵涉到高级微分的概念的时候, 我们将默认基本空间包括所有的 m 级基本空间, 因为在此情形之下两种概念与方法是完全统一的.

基本空间与广义函数空间的共轭联系

定理 1　设 Φ, Ψ 为基本空间, $\overset{\circ}{\Phi}, \overset{\circ}{\Psi}$ 为对应的广义函数空间. 设 L 为映 Φ 入 Ψ 的同态映射, $T \in \overset{\circ}{\Psi}$. 于是对于 $\varphi \in \Phi, (T, L\varphi)$ 决定一个 Φ 广义函数, 与 T 相关, 表为 $L^* T \in \overset{\circ}{\Phi}$:

$$(L^* T, \varphi) = (T, L\varphi), \quad \varphi \in \Phi. \tag{3}$$

L^* 为映 $\overset{\circ}{\Psi}$ 入 $\overset{\circ}{\Phi}$ 的同态映射, 称为映射 L 的*共轭同态映射*.

证　首先证明当 $T \in \overset{\circ}{\Psi}$ 固定时, $L^* T$ 为 Φ 广义函数. 由式 (3) 及 T 及 L 的线性得

$$
\begin{aligned}
(L^* T, a_1 \varphi_1 + a_2 \varphi_2) &= (T, L(a_1 \varphi_1 + a_2 \varphi_2)) \\
&= (T, a_1 L\varphi_1 + a_2 L\varphi_2) \\
&= a_1 (T, L\varphi_1) + a_2 (T, L_{\varphi_2}) \\
&= a_1 (L^* T, \varphi_1) + a_2 (L^* T, \varphi_2).
\end{aligned}
$$

又设 $\varphi_j \to 0(\Phi)$, 于是 $L\varphi_j \to 0(\Psi), (T, L\varphi_j) \to 0, (L^*T, \varphi_j) \to 0$. 因此 $L^*T \in \Phi$. 其次证明 L^* 是同态映射映 $\overset{\circ}{\Psi}$ 入 $\overset{\circ}{\Phi}$. 当 $\varphi \in \Phi$ 固定时, 显然有

$$(L^*(a_1T_1 + a_2T_2), \varphi) = (a_1T_1 + a_2T_2, L\varphi)$$
$$= (a_1T_1, L\varphi) + (a_2T_2, L\varphi)$$
$$= (a_1L^*T_1, \varphi) + (a_2L^*T_2, \varphi)$$
$$= (a_1L^*T_1 + a_2L^*T_2, \varphi).$$

又设 $T_j \to 0(\overset{\circ}{\Phi})$. 于是 $(T_j, L\varphi) \to 0$, 故 $(L^*T_j, \varphi) \to 0$, 由此可见映射 L^* 为线性连续.

我们考虑这个普遍原理的重要特例, 即 $\Phi = \Psi, L$ 为基本空间 Φ 的自同态映射, 于是式 (3) 界定了广义函数空间 $\overset{\circ}{\Phi}$ 的自同态映射 L^*. 准此原理, 我们界定广义函数空间 $\overset{\circ}{\Phi}$ 内的特殊的自同态映射如下 (参看 §1.1):

定义 4 *广义函数的微分运算*

$$\left(\frac{\partial}{\partial x_k}T, \varphi\right) = -\left(T, \frac{\partial \varphi}{\partial x_k}\right), \tag{4}$$

$$(D^pT, \varphi) = (-1)^{|p|}(T, D^p\varphi). \tag{5}$$

广义函数空间 $\overset{\circ}{\Phi}$ 内的微分运算就是基本空间 Φ 内的微分运算的共轭同态映射, D^pT 称为广义函数 T 的 $p = \{p_1, \cdots, p_n\}$ 级微商. 我们在第 3 章中将详加讨论.

定义 5 *广义函数的乘子积* 设 α 为 Φ 乘子, 则界定

$$(\alpha T, \varphi) = (T, \alpha\varphi). \tag{6}$$

αT 称为广义函数 T 与乘子 α 的乘积. 我们在 §2.2 中将再加讨论.

定义 6 设有空间 R^n 的线性变换 $\tau x = Ax + h$, 并且 $\varphi \Rightarrow \tau\varphi$ 为空间 Φ 的自同态映射 (见 §1.1 末). 我们界定 Φ 广义函数 T 的 τ 变换 τT 如下:

$$(\tau T, \varphi) = (T, \tau\varphi) = (T, \varphi(Ax + h)). \tag{7}$$

作为特例则有

平移: $\qquad\qquad (\tau_h T, \varphi) = (T, \tau_h\varphi);$ $\tag{8}$

反射: $\qquad\qquad (\check{T}, \varphi) = (T, \check{\varphi});$ $\tag{9}$

齐性变换: $\qquad (AT, \varphi) = (T, A\varphi).$ $\tag{10}$

由 §1.1 关系 (10), (11) 立即得

$$D^p\tau_h T = \tau_h D^p T, \tag{11}$$

$$D^p\check{T} = (-1)^{|p|}(D^pT)^{\check{}}. \tag{12}$$

设 α 为 Φ 乘子, 于是因

$$((\alpha T)^{\vee}, \varphi) = (\alpha T, \check{\varphi}) = (T, \alpha \check{\varphi}) = (T, (\check{\alpha}\varphi)^{\vee})$$

$$= (\check{T}, \check{\alpha}\varphi) = (\check{\alpha}\check{T}, \varphi).$$

故得

$$(\alpha T)^{\vee} = \check{\alpha}\check{T}. \tag{13}$$

不同基本空间内的广义函数的关系

定理 2 设基本空间 $\mathbf{A} \subset \mathbf{B}$, 并设 $\varphi_j \to 0(\mathbf{A})$ 蕴涵 $\varphi_j \to 0(\mathbf{B})$, 于是每一个 $\mathbf{B}$ 广义函数 T 看作 $\mathbf{A}$ 上的泛函也是 $\mathbf{A}$ 广义函数.

证 设 T 为 $\mathbf{B}$ 广义函数, 即为 $\mathbf{B}$ 上的线性连续泛函, 显然 T 为 $\mathbf{B}$ 的部分空间 $\mathbf{A}$ 的线性泛函. 设 $\varphi_j \to 0(\mathbf{A})$, 于是 $\varphi_j \to 0(\mathbf{B})$, 故 T 在 $\mathbf{B}$ 上的连续性即决定它在 $\mathbf{A}$ 上的连续性, 因此 T 可以看作 $\mathbf{A}$ 广义函数.

根据第一章的结果 $\mathbf{S}, \mathbf{K}_p, \mathbf{E}, \mathbf{S}^{(m)}, \mathbf{K}_p^{(m)}, \mathbf{E}^{(m)}, \mathbf{K}^{(m)}$ 广义函数都是 $\mathbf{K}$ 广义函数. $\mathbf{S}$ 广义函数都是 $\mathbf{K}_p$ 广义函数.

§2.2 广义函数作为函数的推广

在实变数函数论中我们知道, 界定在空间 R^n 上的取复数值的函数 $T(x)$ 叫做局部绝对可求和函数, 如果对 R^n 的任意紧密集 K 而言积分 $\int_K |T(x)| dx$ 存在. 注意, 局部绝对可求和函数可以不是在空间 R^n 上到处界定, 而仅是在 R^n 上 "几乎到处" 界定, 即可以在一个勒贝格测度为 0 的集上未被界定.

定义 1 设 Φ 广义函数用下列积分

$$(T, \varphi) = \int T(x)\varphi(x)dx, \quad \varphi \in \Phi \tag{1}$$

界定, 此处 $T(x)$ 为局部绝对可求和函数, 则 T 称为*函数型的 Φ 广义函数*.

取 $\Phi = \mathbf{K}$, 设 $T(x)$ 为局部绝对可求和函数, 于是对任意的 $\varphi \in \mathbf{K}$ 而言, 积分 (1) 存在, 并当 $\varphi_j \to 0(\mathbf{K})$ 时 $(T, \varphi_j) \to 0$. 它决定一个 $\mathbf{K}$ 广义函数 T. 因此广义函数是局部绝对可求和函数的直接推广. 在 R^n 上界定的连续函数都是局部绝对可求和, 因此它们都是 $\mathbf{K}$ 广义函数.

如取比 $\mathbf{K}$ 更为广义的基本空间 Φ, 如要函数 $T(x)$ 能界定一个函数型的 Φ 广义函数, 则必须对 $T(x)$ 当 $|x| \to \infty$ 时增长率有适当的限制, 即必须保证对任意的 $\varphi \in \Phi$ 而言积分 (1) 收敛.

定理 1 设局部绝对可求和函数 $T(x)$ 为*缓增函数*, 换言之, 即存在正数 C, m 使得

$$|T(x)| \leqslant C\left(1 + |x|^2\right)^m, \tag{2}$$

则它界定一个函数型的 **S** 广义函数.

证: 对 $\varphi \in \mathbf{S}$ 而言积分显然存在, 因此它决定了一个线性泛函, 我们现在证明 T 对 **S** 的连续性. 设 $\varphi_j \to 0(\mathbf{S})$, 则对任意的 q 而言 $(1 + |x|^2)^{m+q} \varphi_j(x)$ 在 R^n 内一致 $\to 0$. 因此有 $\varepsilon_j \to 0$(依赖于 q) 使得

$$|\varphi_j(x)| \leqslant \frac{\varepsilon_j}{(1 + |x|^2)^{m+q}}$$

于是

$$|(T, \varphi_j)| = \left| \int_{-\infty}^{\infty} T(x) \varphi_j(x) dx \right| \leqslant \varepsilon_j C \int_{-\infty}^{\infty} \frac{dx}{(1 + |x|^2)^q}.$$

显然存在 q 使得最后一个积分收敛, 因此 $(T, \varphi_j) \to 0$.

定理 2 设局部绝对可求和函数 $T(x)$ 在无穷远处比指数 p 幂更为缓慢地增长, 换言之, 即对任意的 $\varepsilon > 0$ 而言必有常数 C_1 存在使得

$$|T(x)| \leqslant C_1 e^{\varepsilon |x|^p}, \tag{3}$$

则它界定一个函数型的 $\mathbf{K}_p$ 广义函数.

证 对 $\varphi \in \mathbf{K}_p$ 而言, 积分显然存在, 因此它决定了一个线性泛函. 我们现在证明 T 对 $\mathbf{K}_p$ 的连续性. 设 $\varphi_j \to 0(\mathbf{K}_p)$, 于是存在正常数 B 及正数列 $\varepsilon_j \to 0$ 使得

$$|\varphi_j(x)| \leqslant \varepsilon_j e^{-B|x|^p}.$$

取 $\sigma > 0$ 使得 $B - \sigma > 0$, 于是对此 $B - \sigma > 0$ 而言必有 $C_1 > 0$ 使得

$$|T(x)| \leqslant C_1 e^{(B-\sigma)|x|^p}.$$

因此

$$|(T, \varphi_j)| = \left| \int_{-\infty}^{\infty} T(x) \varphi_j(x) dx \right| \leqslant \varepsilon_j C \int_{-\infty}^{\infty} e^{-\sigma |x|^p} dx \to 0 \quad (j \to \infty).$$

故 $(T, \varphi) \to 0$.

按: 定理 1, 2 所揭示的只是界定函数型的广义函数的充分条件, 但不是必要条件.

显然可见, 设 $\Phi = \mathbf{K}, \mathbf{S}, \mathbf{K}_p$, 则 Φ 的基本函数 φ_0 本身也可界定函数型的 Φ 广义函数: $(\varphi_0, \varphi) = \int \varphi_0(x) \varphi(x) dx$.

定理 3 设基本空间 Φ 包含 **K**, 局部绝对可求和函数 $T(x)$ 界定一个 0Φ 泛函, 即

$$(T, \varphi) = \int T(x) \varphi(x) dx = 0, \quad \varphi \in \Phi, \tag{4}$$

则几乎到处 $T(x) = 0$, 即 $T(x) \neq 0$ 的实集的勒贝格测度为 0.

证 我们只须证明, 对任意点 $a \in R^n$ 及任意 $k > 0$ 而言

$$\int_{|x-a| \leqslant k} T(x) dx = 0. \tag{5}$$

显然我们不妨假定 a 就是原点 0. 根据 §1.3 定理 3, 对任意的 $\varepsilon > 0$, 必有 $\varphi_\varepsilon \in \mathbf{K} \subset \Phi$ 使得

$$
\begin{aligned}
&0 \leqslant \varphi_\varepsilon(x) \leqslant 1, &&x \in R^n; \\
&\varphi_\varepsilon(x) = 1, &&|x| \leqslant k; \\
&\varphi_\varepsilon(x) = 0, &&|x| \geqslant k + \varepsilon.
\end{aligned}
\tag{6}
$$

于是, 根据假设及 (6) 可知

$$
0 = \int T(x)\varphi_\varepsilon(x)dx = \int_{|x| \leqslant k} T(x)\varphi_\varepsilon(x)dx + \int_{k \leqslant |x| \leqslant k+\varepsilon} T(x)\varphi_\varepsilon(x)dx. \tag{7}
$$

又由 (6) 可知

$$
\left| \int_{k \leqslant |x| \leqslant k+\varepsilon} T(x)\varphi_\varepsilon(x)dx \right| \leqslant \int_{k \leqslant |x| \leqslant k+\varepsilon} |T(x)|dx \to 0, (\varepsilon \to 0). \tag{8}
$$

但当 $|x| \leqslant k$ 时

$$
T(x)\varphi_\varepsilon(x) = T(x). \tag{9}
$$

因此由 (7), (8), (9) 可知

$$
\int_{|x| \leqslant k} T(x) = 0. \qquad\qquad 证完.
$$

推论 设基本空间 Φ 包含 $\mathbf{K}$, 则产生函数型的 Φ 广义函数 T 的局部绝对可求和函数 $T(x)$ 几乎到处被唯一地决定, 因此可以视二者为一.

证 盖设函数 $T_1(x), T_2(x)$ 产生同一个 Φ 广义函数. 于是

$$
\int (T_1(x) - T_2(x))\, \varphi(x)dx = 0.
$$

于是 $T_1(x) - T_2(x)$ 几乎到处为 0.

据此我们就可以把函数型的广义函数与产生它的函数本身视为同一.

由上可见, 在广义函数论里, 我们用两种不同的角度来考虑函数: 第一, 是用普通的概念来考虑函数, 例如基本函数等; 第二, 用泛函的概念来考虑函数, 两个几乎到处相等的函数即视为相等. 广义函数的概念就是在这个意义之下的函数概念的推广.

函数型广义函数的收敛判断

在 §2.1 中已给了广义函数的收敛定义. 设广义函数为函数型, 则用普通解析的方法很容易判断收敛性.

定理 4 设 $\mathbf{K}$ 广义函数序列 T_j 为局部绝对可求和函数 $T_j(x)$, 并设在 R^n 的任意紧密集 K 上

$$
\int_K |T_j(x)|\, dx \to 0, \tag{10}
$$

则 $T_j \to 0(\overset{\circ}{\mathbf{K}})$.

证 设 $\varphi \in \mathbf{K}$, 命 K 为 φ 的支集, 它是紧密的, 命 M 为 $\max |\varphi(x)|$, 于是

$$|(T_j, \varphi)| = \left| \int_K T_j(x)\varphi(x)dx \right|$$

$$\leqslant M \int_K |T_j(x)|\, dx \to 0.$$

根据 §2.1 定义 3 知 $T_j \to 0(\overset{\circ}{\mathbf{K}})$.

推论 设 $T_j(x)$ 为在 R^n 的任意紧密集上一致收敛于 0 的连续函数序列, 于是 $T_j \to 0(\overset{\circ}{\mathbf{K}})$.

证 在此假设之下, 显然在 R^n 的任意紧密集 K 上

$$\int_K |T_j(x)|\, dx \to 0.$$

广义函数的乘积

在 §2.1 定义 4 中已经界定广义函数的乘子积, 即设 $T \in \overset{\circ}{\Phi}, \alpha$, 为 Φ 乘子, 则

$$(\alpha T, \varphi) = (T, \alpha\varphi), \quad \varphi \in \Phi. \tag{11}$$

它决定了空间 $\overset{\circ}{\Phi}$ 的一个自同态映射.

今设 T, S 为 Φ 广义函数, S 为函数型的, 并且此函数为 Φ 乘子. 于是由上式界定了 Φ 广义函数 ST, 称为 Φ 广义函数 S, T 的乘积. 我们不妨约定 $TS = ST$. 将此推广, 设 $T_1, \cdots, T_k$ 为 k 个 Φ 广义函数, 其中有 $k-1$ 个为函数型的并为 Φ 乘子, 则可以界定乘积 $T_1 \cdots T_k$. 根据我们的约定, 这个乘积是可交换的.

注意我们在第 1 章中界定的基本空间 $\mathbf{K}, \mathbf{S}, \mathbf{K}_p$ (空间 $\mathbf{E}$ 除外) 所有的乘子 α 显然都决定函数型的广义函数.

广义函数的乘积是普通函数的普通意义的乘积的推广. 盖设 $T(x)$ 是函数型的 Φ 广义函数, $\alpha(x)$ 是 Φ 乘子, 于是

$$(\alpha T, \varphi) = (T, \alpha\varphi) = \int T(x)(\alpha(x)\varphi(x))dx$$

$$= \int (\alpha(x)T(x))\varphi(x)dx.$$

因此广义函数乘积 αT 由函数 $\alpha(x)T(x)$ 产生.

按: 施瓦兹 [4] 曾证明在广义函数论中不可能界定一般的任意两个广义函数的乘积.

§2.3   广义函数作为测度的推广

测度

在古典分析里有测度的概念. 在 R^n 内界定的测度 μ 就是一个完全可加的集的复数值函数, 即对 R^n 内每一个有界博雷尔 (Borel) 集 A 有一复数值 $\mu(A)$ 相应 (叫集 A 的测

度) 并满足下列条件: 设 $A = \bigcup\limits_{m=1}^{\infty} A_m$, 此处 A_m 是互不相交的博雷尔集, 则和 $\sum\limits_{m=1}^{\infty} \mu(A_m)$ 绝对收敛并且等于 $\mu(A)$.

设 φ 是 R^n 上的紧密连续函数, μ 是测度, 显然 φ 是对测度 μ 的可求和函数. 于是可以界定斯蒂尔杰斯 (Stieltjes) 积分:

$$(\mu, \varphi) = \int \cdots \int\limits_{R^n} \varphi d\mu. \tag{1}$$

这个积分具有下列性质:

(a) 设 φ_1, φ_2 都是紧密连续函数, a_1, a_2 是复数常数, 则

$$(\mu, a_1\varphi_1 + a_2\varphi_2) = a_1(\mu, \varphi_1) + a_2(\mu, \varphi_2); \tag{2}$$

(b) 设序列 φ_j 有公共的紧密支集, 并且 φ_j 一致 $\to 0$, 则 $(\mu, \varphi_j) \to 0$.

于是测度根据积分 (1) 在紧密连续函数空间, 即 0 级基本空间 $\mathbf{K}^{(0)}$ 上决定一个连续线性泛函, 即 $\mathbf{K}^{(0)}$ 广义函数 (参看空间 $\mathbf{K}^{(0)}$ 的定义).

反之, 黎施 (F. Riesz) 曾证明下述定理[1]: 对空间 $\mathbf{K}^{(0)}$ 的任意连续线性泛函 L 必定有唯一的测度 μ 与之相应, 使得斯蒂尔杰斯积分

$$(\mu, \varphi) = \int \varphi(x)d\mu = (L, \varphi), \tag{3}$$

换言之, 每一个 $\mathbf{K}^{(0)}$ 广义函数都可由测度产生.

由此可见, 测度的概念与 $\mathbf{K}^{(0)}$ 广义函数的概念等价.

函数与测度

根据实变数函数论, 我们知道, 测度 μ 叫做绝对连续的, 如果在勒贝格测度 μ_0 为 0 的集上测度 μ 亦为 0. 与此等价的定义为: 任给 $\varepsilon > 0$, 必有 $\delta > 0$ 使得对所有的有界博雷尔集 A 而言 $|\mu_0(A)| < \delta$ 蕴涵 $|\mu(A)| < \varepsilon$.

根据拉东–尼可丁 (Radon-Nikodym) 定理[2]可知: 测度 μ 为绝对连续的充要条件为存在唯一的局部绝对可求和函数 $f(x)$, 叫做测度 μ 的密度, 使得

$$\mu(A) = \int_A f(x)dx, \tag{4}$$

亦即 $d\mu = f(x)dx$. 因此, 设 $\varphi \in \mathbf{K}^{(0)}$, 则

$$(\mu, \varphi) = \int \varphi d\mu = \int f(x)\varphi(x)dx = (f, \varphi). \tag{5}$$

由此可见局部绝对可求和函数与绝对连续测度等价. 我们不妨把绝对连续测度与其相应的密度函数视为同一, 因此测度是局部绝对可求和函数的推广. 这个推广是实质的, 因为有不绝对连续的测度.

---

[1] 参看, 例如, Люстернпк-Соболев, Элементы Функцпонального анализа.

[2] 参看, 例如, Saks, Theory of the integral.

我们界定 δ 测度如下: 设 $a \in R^n$:

$$\delta_{(a)}(A) = \begin{cases} 0, & a \notin A; \\ 1, & a \in A. \end{cases} \tag{6}$$

测度 $\delta_{(a)}$ 可以看做由位于点 $a \in R^n$ 的质量 $+1$ 所产生的测度.

测度 $\delta_{(a)}$ 决定 $\mathbf{K}^{(0)}$ 广义函数如下:

$$(\delta_{(a)}, \varphi) = \int \varphi d\mu_{(a)} = \varphi(a), \quad \varphi \in K^{(0)}. \tag{7}$$

它也可以称为 $\delta_{(a)}$ 函数. 设 $a = (0, \cdots, 0)$, 则 $\delta_{(0)}$ 就以 δ 表之.

$$(\delta, \varphi) = \varphi(0), \quad \varphi \in \mathbf{K}^{(0)}. \tag{8}$$

有时也用 δ 函数概括所有的 $\delta_{(a)}$ 函数.

δ 函数是一个测度, 但显见其不为绝对连续, 因此实际上它不是一个函数, 即广义函数 $\delta_{(a)}$ 不能由局部绝对可求和函数产生. 由此可见, 测度比函数在实质上是推广了, 而广义函数又是测度的推广. 事实上, 这个推广也是实质的, 即有不能由测度产生的广义函数. 下面就要讨论.

注意, 事实上 δ 函数在任意基本空间 Φ 都界定:

$$(\delta_{(a)}, \varphi) = \varphi(a), \quad \varphi \in \Phi, a \in R^n. \tag{9}$$

它在广义函数论中占有重要的地位. 显然我们有

$$\delta_{(a)} = \tau_a \delta. \tag{10}$$

测度概念的推广

物理学家在场位理论中早就应用比质量更为复杂的 "偶极子" 的概念, 只有把测度的概念加以实质的推广才可以阐明它.

所谓位于实数直线 R^1 的原点 0 上数值为 1 的 "偶极子" 就是由位于坐标为 ε 之点的质量 $\frac{1}{\varepsilon}$ 和于原点的质量 $-\frac{1}{\varepsilon}$ 所组成的系统当 $\varepsilon \to +0$ 时的 "极限". 因此它是测度的 "极限" 而本身却不是测度. 盖我们应用测度的泛函的定义得上述两个质量所组成的系统 T_ε 为泛函:

$$(T_\varepsilon, \varphi) = \frac{\varphi(\varepsilon) - \varphi(0)}{\varepsilon}, \quad \varphi \in \mathbf{K}^{(0)}.$$

因此, 设 φ 在原点 0 为可微的, 则命 $\varepsilon \to 0$ 便能界定偶极子作为一个泛函,

$$(T, \varphi) = \lim_{\varepsilon \to 0} \frac{\varphi(\varepsilon) - \varphi(0)}{\varepsilon} = \varphi'(0). \tag{11}$$

由此可见, 作为 "偶极子" 的泛函 $T(\varphi)$ 只是界定在空间 $\mathbf{K}^{(0)}$ 内由所有在原点 0 为可微的函数 φ 所组成的部分空间上. 我们知道当函数序列 $\varphi_j(x)$ 一致 $\to 0$ 时, $\varphi'(0)$ 可以

不 → 0. 因此对 $\mathbf{K}^{(0)}$ 的极限定义而言, 线性泛函 T 是不连续的, 即不是测度. 因此要处理 "偶极子" 以及更为高级的 "多极子" 必须: (a) 对基本空间 $\mathbf{K}^{(0)}$ 加以限制; (b) 在新的基本空间内要有较强的拓扑结构. 我们自然而然取基本空间为 $\mathbf{K}$, 注意 $\mathbf{K} \subset \mathbf{K}^{(0)}$, 并且当 $\varphi_j \to 0(\mathbf{K})$ 时所有的 $D^p\varphi(x)$ 都一致 $\to 0$ (在任意有界集上).

因此, 在基本空间 $\mathbf{K}(n = 1)$ 上, 由下式

$$(T, \varphi) = \varphi'(0) \tag{12}$$

界定的线性泛函是连续的, 即是一个 $\mathbf{K}$ 广义函数, 叫做位于原点偶极子. 更为广泛地, 对 R^n 而言, $a \in R^n$, 界定

$$(T, \varphi) = \frac{\partial}{\partial x_k}\varphi(a). \tag{13}$$

但 $\dfrac{\partial}{\partial x_k}\varphi(a) = \left(\delta_{(a)}, \dfrac{\partial\varphi}{\partial x_k}\right) = -\left(\dfrac{\partial}{\partial x_k}\delta_{(a)}, \varphi\right)$, 因此 $T = -\dfrac{\partial}{\partial x_k}\delta_{(a)} \in \overset{\circ}{\mathbf{K}}$. 也可以界定

$$(T, \varphi) = D^p\varphi(a), \tag{14}$$

但 $D^p\varphi(a) = \left(\delta_{(a)}, D^p\varphi\right) = (-1)^{|p|}\left(D^p\delta_{(a)}, \varphi\right)$, 因此 $T = (-1)^{|p|}D^p\delta_{(a)} \in \overset{\circ}{\mathbf{K}}$, 叫做位于点 a 的 $p = \{p_1, \cdots, p_n\}$ 级多极子, 它们都不能由测度产生. 由此可见, 广义函数的概念是测度概念的实质的推广.

由以上的讨论里可以见到, 我们对基本空间加很强的解析条件不是枉然的. 我们取的基本函数都是无穷可微函数, 并且当函数在基本空间内趋于极限时, 不仅要函数本身收敛, 而且还要它的各级微商收敛. 于是在这个基础上的广义函数的概念就把普通数学分析里的若干概念推广了.

§2.4 广义函数的直积

我们将限于基本空间 $\mathbf{K}$.

设有两个欧几里得空间 $R_x^n = [x], R_y^m = [y]$, 其自变数各为 $x_1, \cdots, x_n$ 及 $y_1, \cdots, y_m$. 作其积空间 $R_x^n \times R_y^m = [x, y]$, 其自变数为 $x_1, \cdots, x_n, y_1, \cdots, y_m$. 以 $\mathbf{K}[x], \mathbf{K}[y], \mathbf{K}[x, y]$ 表示相应的基本空间 $\mathbf{K}$. 相应的广义函数空间则为 $\overset{\circ}{\mathbf{K}}[x], \overset{\circ}{\mathbf{K}}[y], \overset{\circ}{\mathbf{K}}[x, y]$. 以 D_x^p 及 D_y^p 分别表示对自变数 $x_1, \cdots, x_n$, 及 $y_1, \cdots, y_m$ 的微分.

今对 $S_x \in \overset{\circ}{\mathbf{K}}[x], T_y \in \overset{\circ}{\mathbf{K}}[y]$, 我们要界定直积 $S_x \times T_y \in \overset{\circ}{\mathbf{K}}[x, y]$.

引理 1 设 $\varphi \in \mathbf{K}[x]$, 作差分商

$$\varphi_h(x) = \frac{\varphi(x_1 + h, x_2, \cdots, x_n) - \varphi(x_1, \cdots, x_n)}{h} \in \mathbf{K}, \quad (h \neq 0). \tag{1}$$

于是当 $h \to 0$ 时 $\varphi_h \to \dfrac{\partial\varphi}{\partial x_1}(\mathbf{K})$.

证 当 $|h|$ 相当小时函数 $\varphi_h(x)$ 显然在一个公共的紧密集外均恒等于 0. 又

$$\varphi(x_1 + h, \cdots, x_n) = \varphi(x_1, \cdots, x_n) + h\frac{\partial\varphi}{\partial x_1}(x_1, \cdots, x_n) + h^2\theta(x_1, \cdots, x_n).$$

由函数 φ 的无穷可微性及紧密性知上式中函数 $\theta(x_1, \cdots, x_n)$ 一致有界, 因此函数 $\varphi_h(x)$ 当 $h \to 0$ 时在 R^n 上一致 $\to \dfrac{\partial}{\partial x_1}\varphi(x)$. 同样地证明函数 $D^p\varphi_h(x)$ 当 $h \to 0$ 时在 R^n 上一致 $\to D^p\left(\dfrac{\partial}{\partial x_1}\varphi(x)\right)$. 因此 $\varphi_h \to \dfrac{\partial\varphi}{\partial x_1}(\mathbf{K})$.

按: 当此证明作适当的修正后可知此引理对基本空间 $\mathbf{S}, \mathbf{E}, \mathbf{K}_p$ 亦成立.

引理 2 设 $S_x \in \overset{\circ}{\mathbf{K}}[x], \varphi(x, y) \in \mathbf{K}[x, y]$. 于是 $(S_x, \varphi(x, y)) \in \mathbf{K}[y]$, 并且

$$D_y^p(S_x, \varphi(x, y)) = (S_x, D_y^p\varphi(x, y)). \tag{2}$$

证 显然可见, 如视 y 为参数, 则函数 $\varphi(x, y) \in \mathbf{K}[x]$. 因此数积 $(S_x, \varphi(x, y))$ 有意义, 它决定一个 $[y]$ 上的函数 $\psi(y)$. 作差分商

$$\frac{1}{h}\{\psi(y_1 + h, \cdots, y_m) - \psi(y_1, \cdots, y_m)\}$$
$$= \frac{1}{h}\{(S_x, \varphi(x, y_1 + h, \cdots, y_m)) - (S_x, \varphi(x, y_1, \cdots, y_m))\}$$
$$= \left(S_x, \frac{1}{h}\{\varphi(x, y_1 + h, \cdots, y_m) - \varphi(x, y_1, \cdots, y_m)\}\right).$$

由引理 1 可知当 y 固定, $h \to 0$ 时有 $\dfrac{1}{h}\{\varphi(x, y_1 + h, \cdots, y_m) - \varphi(x, y_1, \cdots, y_m)\} \to \dfrac{\partial}{\partial y_1}\varphi(x, y)(\mathbf{K}[x])$, 因此 $\left(S_x, \dfrac{1}{h}\{\varphi(x, y_1 + h, \cdots, y_m) - \varphi(x, y_1, \cdots, y_m)\}\right) \to \left(S_x, \dfrac{\partial}{\partial y_1}\varphi(x, y)\right)$. 因此得知函数 $(S_x, \varphi(x, y))$ 对 y_1 可微, 并且

$$\frac{\partial}{\partial y_1}(S_x, \varphi(x, y)) = \left(S_x, \frac{\partial}{\partial y_1}\varphi(x, y)\right).$$

由此继续类推得知函数 $(S_x, \varphi(x, y))$ 对 y 无穷可微, 并且式 (2) 成立.

又由函数 $\varphi(x, y)$ 在空间 $[x, y]$ 上的紧密性导致函数 $(S_x, \varphi(x, y))$ 在空间 $[y]$ 上的紧密性, 所以函数 $(S_x, \varphi(x, y)) \in \mathbf{K}[y]$.

引理 3 设 $S_x \in \overset{\circ}{\mathbf{K}}[x]$. 于是

$$\varphi(x, y) \in \mathbf{K}[x, y] \Rightarrow (S_x, \varphi(x, y)) \in \mathbf{K}[y], \tag{3}$$

决定一个同态映射映基本空间 $\mathbf{K}[x, y]$ 入基本空间 $\mathbf{K}[y]$.

证 显然可见映射是线性的, 故只待证明其连续性. 设 $\varphi_j \to 0(\mathbf{K}[x, y])$. 因 $\varphi_j(x, y)$ 在空间 $[x, y]$ 的一个公共紧密集以外恒等于 0, 因此函数 $(S_x, \varphi_j(x, y))$ 在空间 $[y]$ 的一个公共紧密集以外恒等于 0. 函数 $(S_x, \varphi_j(x, y))$ 在空间 $[y]$ 上必一致 $\to 0$. 盖设不然, 则 φ_j

必有一个子序列 (不妨仍以 φ_j 表之) 及点列 $y_j \in [y]$, 使得 $(S_x, \varphi_j(x, y_j))$ 不 $\to 0$. 但根据 $\varphi_j(x, y) \to (\mathbf{K}[x, y])$, 不难验证 $\varphi_j(x, y_j) \to 0(\mathbf{K}[x])$, 因此 $(S_x, \varphi_j(x, y_j)) \to 0$, 得一矛盾. 所以函数 $(S_x, \varphi(x, y))$ 在空间 $[y]$ 上一致 $\to 0$. 再由引理 2 得

$$D_y^p(S_x, \varphi_j(x, y)) = (S_x, D_y^p \varphi_j(x, y)).$$

更因 $\varphi_j(x, y) \to 0(\mathbf{K}[x, y])$ 蕴涵 $D_y^p \varphi_j(x, y) \to 0(\mathbf{K}[x, y])$, 故由方才证明的可以推断函数 $D_y^p(S_x, \varphi_j(x, y))$ 在 $[y]$ 上也一致 $\to 0$. 因此 $(S_x, \varphi_j(x, y)) \to 0(\mathbf{K}[y])$. 证完.

定义 1 设 $S_x \in \overset{\circ}{\mathbf{K}}[x], T_y \in \overset{\circ}{\mathbf{K}}[y]$, 我们界定直积 $S_x \times T_y \in \overset{\circ}{\mathbf{K}}[x, y]$ 如下:

$$(S_x \times T_y, \varphi(x, y)) = (T_y, (S_x, \varphi(x, y))), \quad \varphi(x, y) \in \mathbf{K}[x, y]. \tag{4}$$

根据引理 1, 及 §2.1 定理 1 显然可见这样的确界定了一个广义函数 $\in \overset{\circ}{\mathbf{K}}[x, y]$.

这样界定的直积显然有下列性质: 设 $u(x) \in \mathbf{K}[x], v(y) \in \mathbf{K}[y]$, 显见 $u(x)v(y) \in \mathbf{K}[x, y]$. 于是

$$(S_x \times T_y, u(x)v(y)) = (S_x, u(x))(T_y, v(y)). \tag{5}$$

又设广义函数 S_x, T_y 均为函数 $S(x), T(y)$. 则上述直积就和函数的普通意义的直接积一致, 盖

$$
\begin{aligned}
(S_x \times T_y, \varphi(x, y)) &= (T_y, (S_x, \varphi(x, y))) = \left(T_y, \int S(x)\varphi(x, y)dx\right) \\
&= \iint S(x)T(y)\varphi(x, y)dxdy.
\end{aligned}
\tag{6}
$$

并行于定义 1, 显然也可以界定直积 $T_y \times S_x \in \overset{\circ}{\mathbf{K}}[x, y]$:

$$(T_y \times S_x, \varphi(x, y)) = (S_x, (T_y, \varphi(x, y))), \quad \varphi(x, y) \in \mathbf{K}[x, y]. \tag{7}$$

我们以后将证明, 两个定义相重合, 即 $S_x \times T_y = T_y \times S_x$.

定理 1 空间 $\mathbf{K}[x, y]$ 内所有作有限和 $\sum_\nu u_\nu(x)v_\nu(y)$ 型 $(u_\nu(x) \in \mathbf{K}[x], v_\nu(y) \in \mathbf{K}[y])$ 的函数组成一个在空间 $\mathbf{K}[x, y]$ 内稠密的子空间.

证 设 $\varphi(x, y) \in \mathbf{K}[x, y]$, 根据古典的魏尔斯特拉斯 (Weierstrass) (见 §3.4 定理 2) 定理必可找到一个多项式序列

$$P_j(x, y) = P_j(x_1, \cdots, x_n, y_1, \cdots, y_m),$$

使得在空间 $[x, y]$ 内函数 $\varphi(x, y)$ 的支集的一个邻域上, $D^p P_j(x, y)$ 一致地 $\to D^p \varphi(x, y)$. $P_j(x, y)$ 显然作 $\sum_\nu u_\nu(x)v_\nu(y)$ 型式, 但此处 $u_\nu(x), v_\nu(y)$ 不是紧密的. 设 K 为 $\varphi(x, y)$ 的支集, 我们恒可取 $\alpha(x) \in \mathbf{K}[x], \beta(y) \in \mathbf{K}[y]$, 使得在集 K 上 $\alpha(x)\beta(y) \equiv 1$, 而在 K 的一个邻域外 $\equiv 0$, 于是在空间 $[x, y]$ 上 $D^p[\alpha(x)\beta(y)P_j(x, y)]$ 一致 $\to \alpha(x)\beta(y)\varphi(x, y) \equiv \varphi(x, y)$. 注意, 此时 $\alpha(x)\beta(y)P_j(x, y) = \sum_\nu u_\nu(x)v_\nu(y), u_\nu \in \mathbf{K}[x], v_\nu \in \mathbf{K}[y]$. 证完.

以后可以见到, 利用这个结果可以证明若干直积的性质, 由此定理立刻可以得到下述推论:

定理 2 设对 $S_x \in \overset{\circ}{\mathbf{K}}[x], T_y \in \overset{\circ}{\mathbf{K}}[y]$, 不论用何种方式界定广义函数 $V(S_x, T_y) \in \overset{\circ}{\mathbf{K}}[x, y]$ 并满足下列关系:

$$(V(S_x, T_y), u(x)v(y)) = (S_x, u(x))(T_y, v(y)), u \in \mathbf{K}[x], v \in \mathbf{K}[y], \tag{8}$$

则 $V(S_x, T_y)$ 为唯一的.

由此定理可以直接界定直积, 同时由此又立即可以得到下述重要定理:

定理 3 富比尼 (Fubini) 定理:

$$S_x \times T_y = T_y \times S_x, \tag{9}$$

$$(S_x \times T_y, \varphi(x, y)) = (S_x, (T_y, \varphi(x, y))) = (T_y, (S_x, \varphi(x, y))). \tag{10}$$

我们显然可以推广两个广义函数的直积到有限多个广义函数的直积. 它满足交换律和结合律

$$(S_x \times T_y) \times U_z = (S_x \times (T_y \times U_z)). \tag{11}$$

也可用下式直接界定:

$$(S_x \times T_y \times U_z, u(x)v(y)w(z)) = (S_x, u(x))(T_y, v(y))(U_z, w(z)). \tag{12}$$

关于乘子积与直积, 有下列分配律成立:

定理 4 设 $\alpha(x), \beta(y)$ 各为空间 $\mathbf{K}(x), \mathbf{K}(y)$ 的乘子, $S_x \in \overset{\circ}{\mathbf{K}}[x], T_y \in \overset{\circ}{\mathbf{K}}[y]$, 于是

$$\alpha(x)\beta(y)[S_x \times T_y] = \alpha(x)S_x \times \beta(y)T_y. \tag{13}$$

证 根据定理 1, 显然只须对 $\varphi(x, y) = u(x)v(y), u \in \mathbf{K}[x], v \in \mathbf{K}[y]$ 加以证明即可, 但后者是显然的.

§2.5 广义函数的支集

在本节中将假定基本空间 $\varPhi$ 包含空间 $\mathbf{K}$, 并且 $\varphi_j \to 0(\mathbf{K})$ 蕴涵 $\varphi_j \to 0(\varPhi)$. 因此 $\varPhi$ 广义函数都可以视为 $\mathbf{K}$ 广义函数.

定义 设 T 为 $\varPhi$ 广义函数. U 为 R^n 内的开集. 我们说 T 在开集 U 上为 0, 如果对任意的 $\varphi \in \mathbf{K}(U)$ 而言 $(T, \varphi) = 0$. 我们界定广义函数 T 的**支集** F 如下: $x \in F$ 的充要条件为 T 在点 x 的任意的开邻域 U 上不为 0, 亦即必有 $\varphi \in \mathbf{K}(U)$ 使得 $(T, \varphi) \neq 0$.

是否有一个最大的开集 $\varOmega$. 在其上 T 为 0 并且 T 的支集 $F = R^n \backslash \varOmega$? 为此先证明一个具有一般意义的单位分解定理 (定理 1).

设集 $A \subset R^n$, 集组 $\{A_\lambda\}, \lambda \in A, A_\lambda \subset R^n$. 集组 $\{A_\lambda\}$ 叫做集 A 的局部有限开 (闭) 覆盖, 如果满足下列两条件:

1. 集 A_λ 都是开 (闭) 集;

2. 集 A 内每一个紧密集至少和一个, 至多和有限多个集 A_λ 相交.

定理 1 单位分解定理. 设 $\{\Omega_\lambda\}\,(\lambda \in \Lambda)$ 是空间 R^n 的局部有限开覆盖. 于是存在函数 $\alpha_\lambda \in \mathbf{E}\,(\Omega_\lambda)$, 使得

$$\sum_{\lambda \in \Lambda} \alpha_\lambda(x) \equiv 1 \quad (x \in R^n). \tag{1}$$

如果 Ω_λ 都是有界集, 则函数 $\alpha_\lambda \in \mathbf{K}\,(\Omega_\lambda)$.

证 利用点集拓扑学的结果, 我们可以作 R^n 内的闭集 $F_\lambda \subset \Omega_\lambda$, $\bigcup_{\lambda \in \Lambda} F_\lambda = R^n$, $\{F_\lambda\}$ 显然为空间 R^n 的局部有限闭覆盖.

因 $F_\lambda \subset \Omega_\lambda$, 故集 F_λ 与集 $R^n \backslash \Omega_\lambda$ 的距离 $\rho_\lambda > 0$. 于是根据 §1.3 定理 3 可得函数 $\beta_\lambda \in \mathbf{E}\,(\Omega_\lambda)$.

$$\beta_\lambda(x) = 1, \quad x \in F_\lambda. \tag{2}$$

因 $\{F_\lambda\}$ 为 R^n 的局部有限覆盖, 所以

$$0 < \sum_{\nu \in \Lambda} \beta_\nu(x) < +\infty, \quad x \in R^n. \tag{3}$$

我们界定

$$\alpha_\lambda(x) = \frac{\beta_\lambda(x)}{\sum\limits_{\nu \in \Lambda} \beta_\nu(x)}, \tag{4}$$

显然 $\alpha_\lambda \in \mathbf{E}\,(\Omega_\lambda)$, $\sum\limits_{\lambda \in \Lambda} \alpha_\lambda(x) \equiv 1$. 如果 Ω_λ 有界, 则 $\alpha_\lambda \in \mathbf{K}\,(\Omega_\lambda) \subset \mathbf{K}$. 证完.

定理 2 设 $\{\Omega_\lambda\}$ 为闭集 K 的局部有限开覆盖. 于是存在函数 $\alpha_\lambda \in E\,(\Omega_\lambda)$ 使得

$$\sum_{\lambda \in \Lambda} \alpha_\lambda(x) \equiv 1, \quad x \in K. \tag{5}$$

如果 Ω_λ 都是有界集, 则 $\alpha_\lambda \in \mathbf{K}\,(\Omega_\lambda)$.

证 我们引进 $\Omega_0 = R^n \backslash K$, 于是 $\{\Omega_0, \Omega_\lambda\}$ 为 R^n 的局部有限开覆盖. 应用定理 1 即能得相应的结论.

定理 3 设 $\{\Omega_\nu\}\,(\nu \in N)$ 为空间 R^n 内的开集组, $\Omega = \bigcup_{\nu \in N} \Omega_\nu$. 设 T 为广义函数, T 在 Ω_ν 上均为 0. 于是 T 在 Ω 上亦为 0.

证 任取 $\varphi \in \mathbf{K}(\Omega)$, 命 K 为函数 φ 的支集. 因 K 为紧密, 故必存在有限多个 $\Omega_{\nu_i}, \cdots, \Omega_{\nu_k}$ 使得 $K \subset \bigcup_{i=1}^{k} \Omega_{\nu_i}$. 根据定理 2, 必定有函数 $\alpha_i \in \mathbf{E}\,(\Omega_{\nu_i})$ 使得 $\sum\limits_{i=1}^{k} \alpha_i(x) \equiv 1(x \in K)$. 因此

$$\varphi(x) = \varphi(x) \sum_{i=1}^{k} \alpha_i(x) = \sum_{i=1}^{k} \alpha_i(x)\varphi(x);$$

$$(T, \varphi) = \left(T, \sum_{i=1}^{k} \alpha_i \varphi\right) = \sum_{i=1}^{k} (T, \alpha_i \varphi).$$

但 $\alpha_i \varphi \in \mathbf{K}(\Omega_{\nu_i})$, 故 $(T, \alpha_i \varphi) = 0$, 即 $(T, \varphi) = 0$, 即 T 在 Ω 上为 0.

根据定理 3 可见, 所有使 T 为 0 的开集之和 Ω 仍使 T 为 0. 因此 Ω 为使 T 为 0 的最大的开集, 它的余集 $F = R^n \setminus \Omega$ 显然就是 T 的支集, 它必为闭集.

不难证明, 设 T 为函数型的广义函数, 则函数 $T(x)$ 的支集与广义函数 T 的支集是一致的. δ 函数的支集为一个点, 即原点. 设 $\alpha \in \mathbf{K}, T \in \overset{\circ}{\mathbf{K}}$, 则乘积 αT 具有紧密支集.

根据支集的定义, 我们直接可以导出下述定理:

定理 4 设广义函数 T 的支集和基本函数 φ 的支集不相交, 则 $(T, \varphi) = 0$. 因此, 设在 T 的支集的一个开邻域上 $\varphi_1 \equiv \varphi_2$, 则 $(T, \varphi_1) = (T, \varphi_2)$.

以后 (见第 7 章) 我们还可以证明更为精密的定理, 即设基本函数 φ 及其各级微商在广义函数 T 的支集上为 0, 则 $(T, \varphi) = 0$.

设 T 为广义函数, α 为乘子, 满足 $\alpha T = T$, 我们就说 α 是 T 的一个等价乘子. 显然可见, 任意在 T 的支集的一个邻域上恒等于 1 的乘子 α 都是 T 的等价乘子.

前面已经说过, 每一个 $\mathbf{E}$ 广义函数 T 自然地决定一个 $\mathbf{K}$ 广义函数. 反之则不必成立. 我们有下述定理:

定理 5 每一个局限于空间 $\mathbf{K}$ 上的 $\mathbf{E}$ 泛函必具有紧密支集. 每一个具有紧密支集的 $\mathbf{K}$ 泛函必定可以唯一地推广为一个 $\mathbf{E}$ 泛函.

证 1. 设 T 为 $\mathbf{E}$ 泛函, 局限 T 于空间 $\mathbf{K}$ 上得一 $\mathbf{K}$ 泛函仍用 T 表之. 设 T 的支集不为紧密的, 则必存在一个点列 $x_j \in R^n, |x_j| \to \infty$, 每一点有一个小邻域 $U(x_j)$, T 在 $U(x_j)$ 上不为 0, 即有 $\varphi_j \in \mathbf{K}(U(x_j)), (T, \varphi_j) = \varepsilon_j \neq 0$. 我们不妨假定各 $U(x_j)$ 互不相交, 命 $\psi_j = \dfrac{\varphi_j}{\varepsilon_j}$, 于是 $\psi_j \to 0(\mathbf{E})$. 但 $(T, \psi_j) = 1$, 故 $(T, \psi_j) \to 1 \neq 0$. 此与 T 在空间 $\mathbf{E}$ 上的连续性相矛盾.

2. 设 T 为具有紧密支集 F 的 $\mathbf{K}$ 泛函, 显然可取 T 的等价乘子 $\alpha \in \mathbf{K}$. 设 $\varphi \in \mathbf{E}$, 则显然 $\alpha \varphi \in \mathbf{K}$. 因此我们界定 $\mathbf{E}$ 泛函 T^0 如下:

$$(T^0, \varphi) = (T, \alpha \varphi), \quad \varphi \in \mathbf{E}.$$

当 $\varphi_j \to 0(\mathbf{E})$ 时, 显然 $\alpha \varphi_j \to 0(\mathbf{K})$, 故 $(T^0, \varphi_j) \to 0$, 即 T^0 确为 $\mathbf{E}$ 广义函数, 并且在空间 $\mathbf{K}$ 上 $T = T^0$. 这个推广是唯一的, 因为空间 $\mathbf{K}$ 在空间 $\mathbf{E}$ 内稠密.

根据这个定理, 我们可以把 $\mathbf{E}$ 广义函数与具有紧密支集的 $\mathbf{K}$ 广义函数视为同一.

定理 6 设 T 为广义函数, F 为其支集, 设 $\{\Omega_\lambda\}$ 为集 F 的一个局部有限开覆盖, 则 T 可以写为

$$T = \sum_{\lambda \in \Lambda} T_\lambda, \tag{6}$$

此处 T_λ 的支集 $F_\lambda \subset F \bigcap \Omega_\lambda$.

证 由定理 2 得函数 $\alpha_\lambda \in \mathbf{E}(\Omega_\lambda), \sum\limits_{\lambda\in\Lambda}\alpha_\lambda(x) \equiv 1$. 于是命 $T_\lambda = \alpha_\lambda T$, 则 $T = \sum\limits_{\lambda\in\Lambda}T_\lambda, T_\lambda$ 的支集 $F_\lambda \subset F\bigcap\Omega_\lambda$. 注意此处和 $\sum\limits_{\nu\in\Lambda}T_\nu$ 对任意的 φ 是界定了的, 因为 φ 的支集为紧密, 因此只和有限多个 Ω_λ 相交, 故和 $\sum\limits_{\nu\in\Lambda}$ 中只有有限多项不为 0.

§2.6 局部广义函数

设 Ω 为空间 R^n 内的开集, 在 §1.6 我们已经界定局部基本空间 $\mathbf{K}(\Omega)$. 定在局部基本空间 $\mathbf{K}(\Omega)$ 上的连续线性泛函 T 叫做 $\mathbf{K}(\Omega)$ 广义函数, 或简称为 Ω 广义函数.

同样也可以界定局部 $\mathbf{E}(\Omega)$ 广义函数.

相对于局部广义函数时, 则普通的 $\mathbf{K}$ 广义函数就称为全局广义函数. 所有关于全局广义函数的概念、定义或运算等, 除开个别的显然的例外 (即牵涉到基本函数在全空间的性质时) 都可以直接地或作应有的适当的修改后移植于局部的广义函数, 兹不赘述.

显然可见, 每一个全局广义函数, 即界定在 $\mathbf{K}$ 上的连续线性泛函, 当局限于子空间 $\mathbf{K}(\Omega)$ 时, 即为 $\mathbf{K}(\Omega)$ 上的连续线性泛函, 即为 $\mathbf{K}(\Omega)$ 广义函数, 反之若干局部广义函数亦可并合为一个全局的广义函数. 我们说广义函数 T_1, T_2 在 Ω 上相等, 如果对任意的 $\varphi \in \mathbf{K}(\Omega)$ 而言 $(T_1, \varphi) = (T_2, \varphi)$.

定理 设开集组 $\{\Omega_\nu\}(\nu \in N)$ 为空间 R^n 的一个开覆盖: T_ν 为 Ω_ν 广义函数, 满足下列条件: 若 $\Omega_{\nu_1}\bigcap\Omega_{\nu_2} \neq 0$, 则在集 $\Omega_{\nu_1}\bigcap\Omega_{\nu_2}$ 上 $T_{\nu_1} = T_{\nu_2}$, 于是存在一个唯一的全局的 R^n 广义函数 T 使得在每一个 Ω_ν 上 $T = T_\nu$.

证 根据点集拓扑学的知识, 可以找到 R^n 的一个局部有限开覆盖 $\{\Omega_\lambda\}$, 使得每一个 Ω_λ 包含在一个适当的 $\Omega_{\nu(\lambda)}$ 之内.

根据 §2.5 定理 1, 存在函数 $\alpha_\lambda \in \mathbf{E}(\Omega_\lambda), \sum\limits_{\lambda\in\Lambda}\alpha_\lambda(x) \equiv 1$. 我们界定全局广义函数 T_λ 如下:

$$(T_\lambda, \varphi) = (T_{\nu(\lambda)}, \alpha_\lambda\varphi), \quad \varphi \in \mathbf{K}. \tag{1}$$

注意, 因 $\alpha_\lambda\varphi \in \mathbf{K}(\Omega_\lambda) \subset \mathbf{K}(\Omega_{\nu(\lambda)})$, 故此式右端已定, 并当 $\varphi_j \to 0(\mathbf{K})$ 时 $\alpha_\lambda\varphi_j \to 0(\mathbf{K}(\Omega_{\nu(\lambda)}))$. 因此 T_λ 确是 $\mathbf{K}$ 广义函数. 我们界定 $\mathbf{K}$ 广义函数 T:

$$T = \sum_{\lambda\in\Lambda}T_\lambda, \tag{2}$$

即

$$(T, \varphi) = \sum_{\lambda\in\Lambda}(T_\lambda, \varphi) = \sum_{\lambda\in\Lambda}(T_{\nu(\lambda)}, \alpha_\lambda\varphi). \tag{3}$$

因 φ 的支集为紧密的, 故只与有限多个 Ω_λ 相交, 故实际上无穷和 $\sum\limits_{\lambda\in\Lambda}$ 中只有有限个项不为 0. 这样显然就界定了一个全局广义函数 T.

我们复验: 设 $\varphi \in \mathbf{K}\left(\Omega_\nu\right)$, 则 $(T, \varphi) = (T_\nu, \varphi)$.

命 F 为 φ 的支集, $F \subset \Omega_\nu$. 只有有限多个指数 $\lambda_1, \cdots, \lambda_m$ 使得 $F \bigcap \Omega_{\lambda_i} \neq 0$ $(i = 1, \cdots, m)$. 于是 $\alpha_\lambda \varphi = 0 \,(\lambda \neq \lambda_1, \cdots, \lambda_m)$. 因此

$$(T, \varphi) = \sum_{i=1}^m \left(T_{\nu(\lambda_i)}, \alpha_{\lambda_i} \varphi\right).$$

但对每一个 i 而言 $a_{\lambda_i} \varphi$ 的支集 $\subset \Omega_{\nu(\lambda_i)}, \bigcap \Omega_\nu$. 因此根据假设得

$$\left(T_{\nu(\lambda_i)}, \alpha_{\lambda_i} \varphi\right) = \left(T_\nu, \alpha_{\lambda_i} \varphi\right),$$

故

$$(T, \varphi) = \sum_{i=1}^m \left(T_\nu, \alpha_{\lambda_i} \varphi\right) = \left(T_\nu, \sum_{i=1}^m \alpha_{\lambda_i} \varphi\right),$$
$$\sum_{i=1}^m \alpha_{\lambda_i} \varphi = \sum_{\lambda \in \Lambda} \alpha_\lambda \varphi = \varphi,$$
$$(T, \varphi) = (T_\nu, \varphi).$$

最后我们证明扩张 T 的唯一性. 设 T^0 为 $\{T_\nu\}$ 的另外一个扩张. 仍取上述函数组 α_λ, 则得

$$\left(T^0, \varphi\right) = \left(T^0, \sum_{\lambda \in \Lambda} \alpha_\lambda \varphi\right) = \sum_{\lambda \in \Lambda} \left(T^0, \alpha_\lambda \varphi\right).$$

但 $\Omega_\lambda \subset \Omega_{\nu(\lambda)}$ 蕴涵 $\left(T^0, \alpha_\lambda \varphi\right) = \left(T_{\nu(\lambda)}, \alpha_\lambda \varphi\right)$, 故

$$\left(T^0, \varphi\right) = (T, \varphi), \quad \varphi \in \mathbf{K}. \qquad \text{证完}.$$

设在定理的假设中仅为 $\bigcup_{\nu \in N} \Omega_\nu = \Omega \subset R^n$, 则对证明作适当修改即可把局部广义函数 $\{T_\nu\}$ 唯一地拓展为一个较大的 Ω 广义函数.

第三章　广义函数的微分

§3.1　微分的定义及其基本性质

设 T 为 Φ 广义函数, 我们在 §2.1 定义 4 中界定 Φ 广义函数 $\dfrac{\partial T}{\partial x_k}$,

$$\left(\frac{\partial T}{\partial x_k}, \varphi\right) = -\left(T, \frac{\partial \varphi}{\partial x_k}\right), \quad \varphi \in \Phi, k = 1, 2, \cdots, n \tag{1}$$

叫做广义函数 T 对自变数 x_k 的一级偏微商. 同样, 设 $p = \{p_1, \cdots, p_n\}$, 我们也界定了 Φ 广义函数 $D^p T$,

$$(D^p T, \varphi) = (-1)^{|p|}(T, D^p \varphi), \quad \varphi \in \Phi \tag{2}$$

叫做广义函数 T 的 $p = \{p_1, \cdots, p_n\}$ 级微商或广义微商. 显然有 $D^{p+q} T = D^p D^q T$.

微分运算 $T \in \overset{\circ}{\Phi} \Rightarrow D^p T \in \overset{\circ}{\Phi}$ 是空间 $\overset{\circ}{\Phi}$ 的自同态映射.

广义函数的微分的概念是普通函数微分概念的推广, 盖设 $f(x)$ 为连续可微函数, 它和它的微商 $\dfrac{\partial f(x)}{\partial x_k}$ 在空间 $\mathbf{K}$ 上产生函数型的广义函数. 于是设 $\varphi \in \mathbf{K}$, 则有

$$\left(\frac{\partial f(x)}{\partial x_k}, \varphi\right) = \int \cdots \int \frac{\partial}{\partial x_k} f(x_1, \cdots, x_n) \varphi(x_1, \cdots, x_n) dx_1, \cdots, dx_n$$

$$= \int \cdots \int dx_1, \cdots, dx_{k-1} dx_{k+1}, \cdots, dx_n \int_{-\infty}^{\infty} \frac{\partial f}{\partial x_k} \varphi dx_k.$$

因 φ 在无穷远处为 0, 故由分部积分得

$$\int_{-\infty}^{\infty} \frac{\partial f}{\partial x_k} \varphi dx_k = -\int_{-\infty}^{\infty} f \frac{\partial \varphi}{\partial x_k} dx_k.$$

因此

$$\left(\frac{\partial f(x)}{\partial x_k}, \varphi\right) = -\int f \frac{\partial \varphi}{\partial x_k} dx = -\left(f(x), \frac{\partial \varphi}{\partial x_k}\right). \tag{3}$$

因此, 从泛函的观点来看, 普通可微函数的微商与其作为广义函数的微商是一致的. 这样的广义微分是索伯列夫首先提出的.

广义微分的基本性质

1. 无穷可微性 根据定义每一个广义函数 T 都有广义微商 $\dfrac{\partial T}{\partial x_k}$, 它仍为广义函数. 因此无穷可微. 这个性质是由基本函数的无穷可微性和基本空间的强收敛结构导致而来.

这个性质是普通函数所不必具有的. 如果函数 $f(x)$ 决定广义函数 $T = f$, 函数 $f(x)$ 的普通意义的微商 $D^p f(x)$ 可以不存在. 而它作为广义函数的微商 $D^p f$ 则存在. 这个微商可能已经不是普通的函数而具有较高的奇异性.

2. 微分与次序无关性 因基本函数 φ 为无穷可微, 故它的微商与次序无关, $\dfrac{\partial^2 \varphi}{\partial x_k \partial x_l} = \dfrac{\partial^2 \varphi}{\partial x_l \partial x_k}$, 因此按定义可知广义函数的微商也与次序无关, $\dfrac{\partial^2 T}{\partial x_k \partial x_l} = \dfrac{\partial^2 T}{\partial x_l \partial x_k}$. 这个性质也是普通函数所不必具有的. 我们知道, 即当函数 f 的二级偏微商存在但不为连续的时候可以有 $\dfrac{\partial^2 f}{\partial x_1 \partial x_2} \neq \dfrac{\partial^2 f}{\partial x_2 \partial x_1}$, 但如把 f 看作广义函数, 则广义微商 $\dfrac{\partial^2 f}{\partial x_1 \partial x_2} = \dfrac{\partial^2 f}{\partial x_2 \partial x_1}$. 这个矛盾只是表面的, 盖两个广义微商相等的意义就是对任意的基本函数 φ 而言

$$\int \frac{\partial^2 f}{\partial x_1 \partial x_2} \cdot \varphi dx = \int \frac{\partial^2 f}{\partial x_2 \partial x_1} \cdot \varphi dx. \tag{4}$$

这表示尽管在某些点函数 $\dfrac{\partial^2 f}{\partial x_1 \partial x_2}, \dfrac{\partial^2 f}{\partial x_2 \partial x_1}$ 可以不相等, 但上述的积分等式永远成立, 即它们实际上是几乎到处相等.

3. **微分运算的连续性** 因微分运算是空间 $\overset{\circ}{\Phi}$ 内的自同态映射, 所以 $T_j \to T(\overset{\circ}{\Phi})$ 蕴涵 $D^p T_j \to D^p T$, 即微分运算与极限运算可交换.

这个性质也是普通函数所不必具有的. 我们知道, 当函数序列 $f_j(x)$ 在 R^n 内一致收敛于 0 时, 其微商序列可以不收敛于 0. 如将 f_j 看作 **K** 广义函数, 则根据 §2.2 定理 4 可知 $f_j \to 0(\overset{\circ}{\mathbf{K}})$. 因此广义函数 $\dfrac{\partial f_j}{\partial x_k} \to 0(\overset{\circ}{\mathbf{K}})$ 与上面 1, 2 中的情形类似. 这个矛盾也仅是表面的.

这个性质容许我们在广义函数的收敛无穷和号或积分号下微分而不必多顾虑, 这是非常方便的.

广义微分的这些重要性质表明, 广义函数的运算具有高度的可以掌握的解析规律性, 根据这些规律性, 我们运用广义函数时, 往往可以免去许多古典数学分析里常遇到的顾虑和困难.

根据广义微分运算的连续性, 可以把 §2.2 定理 4 关于函数型广义函数的收敛判断加以显易的推广如下:

定理 1 设 $T_j(x)$ 为局部绝对可求和函数序列, 在 R^n 的任意紧密集 K 上,

$$\int_K |T_j(x)| \to 0,$$

又设 $P(D) = \displaystyle\sum_{|p| \leqslant m} a^p D^p$ 为任意微分符号多项式. 于是 **K** 广义函数序列 $P(D) T_j \to 0(\overset{\circ}{\mathbf{K}})$.

推论 设 $T_j(x)$ 为在 R^n 的任意紧密集上一致收敛的连续函数序列, $P(0)$ 为任意微分符号多项式, 则 $P(D) T_j \to 0(\overset{\circ}{\mathbf{K}})$.

乘积与直积的微分运算

广义函数乘积与直积的微分运算都服从很简单的规律:

定理 2
$$\frac{\partial}{\partial x_k}(\alpha T) = \frac{\partial \alpha}{\partial x_k} T + \alpha \frac{\partial T}{\partial x_k}. \tag{5}$$

证
$$\left(\frac{\partial}{\partial x_k}(\alpha T), \varphi \right) = -\left(\alpha T, \frac{\partial \varphi}{\partial x_k} \right) = \left(T, -\alpha \frac{\partial \varphi}{\partial x_k} \right),$$

$$\left(\frac{\partial \alpha}{\partial x_k} T + \alpha \frac{\partial T}{\partial x_k}, \varphi \right) = \left(T, \frac{\partial \alpha}{\partial x_k} \varphi \right) + \left(\frac{\partial T}{\partial x_k}, \alpha \varphi \right)$$

$$= \left(T, \frac{\partial \alpha}{\partial x_k} \varphi \right) - \left(T, \frac{\partial \alpha}{\partial x_k} \varphi + \alpha \frac{\partial \varphi}{\partial x_k} \right)$$

$$= \left(T, -\alpha \frac{\partial \varphi}{\partial x_k} \right).$$

由此显然可以推广得莱布尼茨 (Leibnitz) 公式如下:

$$D^p \alpha T = \sum_{0 \leqslant q \leqslant p} C_p^q D^q \alpha D^{p-q} T. \tag{6}$$

定理 3   设 D_x^p 为空间 $[x]$ 内的微分符号, D_y^q 为空间 $[y]$ 内的微分符号, 于是

$$D_x^p D_y^q [S_x \times T_y] = D_x^p S_x \times D_y^q T_y. \tag{7}$$

证   根据 §2.4 定理 3 显然只须对 $\varphi(x,y) = u(x)v(y), (u \in \mathbf{K}[x], v \in \mathbf{K}[y])$ 加以证明即可, 但后者是显然的.

依赖于参数的广义函数族及其微商

设有依赖于参数组 $t = \{t_1, \cdots, t_m\}$ 的 $\Phi[x]$ 广义函数族 $T(t), t$ 在某参数域 M 内变.

设 $t_0 \in M, T_0 \in \overset{\circ}{\Phi}$, 我们说极限 $\lim\limits_{t \to t_0} T(t) = T_0$, 如果对 M 内任意的参数序列 $t_j \to t_0$ 而言, $T(t_j) \to T_0(\overset{\circ}{\Phi})$, 我们说 Φ 广义函数族 $T(t)$ 在 $t = t_0$ 处连续, 如果 $\lim\limits_{t \to t_0} T(t)$ 存在并且等于 $T(t_0)$.

给参数 $t = \{t_1, \cdots, t_k, \cdots, t_m\}$ 以增量 $\Delta_k t = \{0, \cdots, 0, \Delta t_k, 0, \cdots, 0\}$. 作 "差分商" $\dfrac{1}{\Delta t_k}(T(t + \Delta_k t) - T(t)) \in \overset{\circ}{\Phi}$. 如果极限 $\lim\limits_{\Delta t_k \to 0} \dfrac{1}{\Delta t_k}(T(t_0 + \Delta_k t) - T(t_0))$ 存在, 我们就说广义函数族 $T(t)$ 在 $t = t_0$ 处对参数 t_k 可微, 此时界定广义函数族 $T(t)$ 对参数 t_k 在 $t = t_0$ 处的偏微商 $\dfrac{\partial}{\partial t_k} T(t)$ 为

$$\left(\frac{\partial}{\partial t_k} T(t)\right)_{t=t_0} = \lim_{\Delta t_k \to 0} \frac{1}{\Delta t_k}(T(t_0 + \Delta_k t) - T(t_0)). \tag{8}$$

如果 $T(t)$ 对 t 到处可微, 则就写为

$$\frac{\partial}{\partial t_k} T(t) = \lim_{\Delta t_k \to 0} \frac{1}{\Delta t_k}(T(t + \Delta_k t) - T(t)). \tag{9}$$

另一方面, 取定 $\varphi \in \Phi$, 于是数积 $(T(t), \varphi)$ 是变数 t 的函数. 这种数积函数对 t 的连续及可微性自然与广义函数族 $T(t)$ 对参数 t 的连续性及可微性有关.

定理 4   广义函数族 $T(t)$ 对参数 t 为连续的充要条件为对任意的 $\varphi \in \Phi$ 而言, 数积函数 $(T(t), \varphi)$ 对 t 为连续. 广义函数族 $T(t)$ 对参数 t_k 为可微的充要条件为对任意的 $\varphi \in \Phi$ 而言, 数积函数 $(T(t), \varphi)$ 对 t_k 为可微, 并且其微商决定一个广义函数; 在此情况下有

$$\left(\frac{\partial}{\partial t_k} T(t), \varphi\right) = \frac{\partial}{\partial t_k}(T(t), \varphi). \tag{10}$$

证   从 Φ 广义函数的收敛定义及依赖于参数 t 的广义函数族的收敛定义及对 t_k 的微商定义直接可得公式 (10), 则从下式可见

$$\begin{aligned}
\left(\frac{\partial}{\partial t_k} T(t), \varphi\right) &\leftarrow \left(\frac{1}{\Delta t_k}(T(t + \Delta_k t) - T(t)), \varphi\right) \\
&= \frac{1}{\Delta t_k}\{(T(t + \Delta_k t), \varphi) - (T(t), \varphi)\} \\
&\to \frac{\partial}{\partial t_k}(T(t), \varphi).
\end{aligned}$$

广义函数族对参数 t 的微分和广义函数对自变数 x 的微分是概念上不同的东西, 不能相混. 但广义函数对自变数 x 的微分可以用一定的广义函数族对参数 t 的微分来表示.

设 $t = \{t_1, \cdots, t_n\} \in R^n$, 我们有空间 $\Phi, \overset{\circ}{\Phi}$ 的平移 τ_t:

$$\tau_t \varphi(x_1, \cdots, x_n) = \varphi(x_1 + t_1, \cdots, x_n + t_n),$$
$$(\tau_t T, \varphi) = (T, \tau_t \varphi).$$

于是从一个 Φ 广义函数 T 得到一个依赖于参数 t 的 Φ 广义函数族 $T(t) = \tau_t T$. 我们作数积函数 $(\tau_t T, \varphi)$ 的差分商

$$\frac{1}{\Delta t_k} \left\{ (\tau_{t + \Delta_k t} T, \varphi) - (\tau_t T, \varphi) \right\}$$
$$= \frac{1}{\Delta t_k} \left\{ (T, \tau_{t + \Delta_k t} \varphi) - (T, \tau_t \varphi) \right\}$$
$$= \left(T, \frac{1}{\Delta t_k} (\tau_{t + \Delta_k t} \varphi - \tau_t \varphi) \right)$$
$$= \left(T, \frac{1}{\Delta t_k} (\varphi(x_1 + t_1, \cdots, x_k + t_k + \Delta t_k, \cdots, x_n + t_n) \right.$$
$$\left. - \varphi(x_1 + t_1, \cdots, x_n + t_n)) \right).$$

由 §2.4 引理 1 及其按语知在空间 Φ 内 ($\Phi = \mathbf{K}, \mathbf{S}, \mathbf{E}, \mathbf{K}_p$) 当 $\Delta t_k \to 0$ 时有

$$\frac{1}{\Delta t_k} (\varphi(x_1 + t_1, \cdots, x_k + t_k + \Delta t_k, \cdots, x_n + t_n) - \varphi(x_1 + t_1, \cdots, x_n + t_n))$$
$$\to \frac{\partial}{\partial x_k} \varphi(x_1 + t_1, \cdots, x_n + t_n) = \tau_t (\frac{\partial}{\partial x_k} \varphi(x)). \tag{11}$$

因此数积函数 $(\tau_t T, \varphi)$ 对 t_k 可微, 并且

$$\frac{\partial}{\partial t_k} (\tau_t T, \varphi) = \left(T, \tau_t \frac{\partial \varphi}{\partial x_k} \right) = \left(\tau_t T, \frac{\partial \varphi}{\partial x_k} \right) = - \left(\frac{\partial}{\partial x_k} (\tau_t T), \varphi \right). \tag{12}$$

因此由定理 4 及 §2.1 式 (10) 即得下述定理:

定理 5 设 $\Phi = \mathbf{K}, \mathbf{S}, \mathbf{E}, \mathbf{K}_p; T \in \overset{\circ}{\Phi}$. 于是

$$\tau_t \frac{\partial T}{\partial x_k} = \frac{\partial}{\partial x_k} (\tau_t T) = -\frac{\partial}{\partial t_k} (\tau_t T), \tag{13}$$

$$\frac{\partial T}{\partial x_k} = - \left[\frac{\partial}{\partial t_k} (\tau_t T) \right]_{t=0}, \tag{14}$$

$$\tau_t D^p T = D^p (\tau_t T) = (-1)^p D_t^p (\tau_t T), \tag{15}$$

$$D^p T = (-1)^{|p|} [D_t^p (\tau_t T)]_{t=0}. \tag{16}$$

最后, 关于乘积对参数的微分有下述容易验证的规律:

定理 6　设 Φ 广义函数 T_t 对 t 可微, Φ 乘子 α_t 也对 t 可微, 并且 $\dfrac{\partial}{\partial t_k}\alpha_t$ 也是 Φ 乘子, 于是乘积 $\alpha_t T_t$ 也对 t 可微, 并且

$$\frac{\partial}{\partial t_k}\left(\alpha_t T_t\right) = \frac{\partial}{\partial t_k}\left(\alpha_t\right)T_t + a_t\left(\frac{\partial}{\partial t_k}T_t\right).\tag{17}$$

§3.2　不变广义函数

设 $\mathbf{G}$ 是空间 R^n 内的一个线性变换群, 即它的元素都是空间 R^n 内的线性变换 τ,

$$\tau x = Ax + h.\tag{1}$$

我们说 Φ 广义函数 T 对群 $\mathbf{G}$ 不变, 如果对每一个 $\tau \in \mathbf{G}$ 而言 $\tau T = T$.

最简单的线性变换群为由所有的沿 x_k 轴的平移 τ_{h_k} 组成的群:

$$\tau_{h_k}x = x + h_k, h_k = \{0, \cdots, 0, h_k, 0, \cdots, 0\}.\tag{2}$$

我们说 Φ 广义函数 T 与自变数 x_k 无关, 如果 T 对沿 x_k 轴的平移群不变, 亦即对每一个 h_k 而言 $\tau_{h_k}T = T$.

在本节 (§3.2) 中以下恒假定 $\Phi = \mathbf{K}, \mathbf{S}, \mathbf{E}, \mathbf{K}_p$.

定理 1　Φ 广义函数 T 与自变数 x_k 无关的充要条件为 $\dfrac{\partial T}{\partial x_k} = 0$. 因此 T 与自变数 $x_1, \cdots, x_k$ 无关的充要条件为 $\dfrac{\partial T}{\partial x_1} = \cdots = \dfrac{\partial T}{\partial x_k} = 0$.

证　考虑依赖于参数 h_k 的广义函数族 $\tau_{hk}T$. 由上述定义显见 T 与 x_k 无关的充要条件为对每一个 φ 而言 $(\tau_{h_k}T, \varphi) =$ 常数, 与 h_k 无关, 即对所有的 h_k 而言 $\dfrac{\partial}{\partial h_k}(\tau_{h_k}T) = 0$, 亦即 $\tau_{h_k}\dfrac{\partial T}{\partial x_k} = 0$, 亦即 $\dfrac{\partial T}{\partial x_k} = 0$ (参看 §3.1, 定理 4, 5).

设 $\mathbf{G} = \{A\}$ 为连通矩阵李群[①], 它的元素为 R^n 内的齐性非异线性变换 $x \Rightarrow Ax, A = (a_{jk})$ 为 n 阶非异实数矩阵. 根据李群理论的知识, 我们知道有一个矩阵李代数 $\mathbf{L} = \{B\}$ 与群 $\mathbf{G}$ 相配, 此处 B 为 n 阶矩阵. $\mathbf{L}$ 称为群 $\mathbf{G}$ 的李代数. 对矩阵 B 作矩阵

$$e^B = I + B + \frac{1}{2!}B^2 + \cdots + \frac{1}{k!}B^k + \cdots.\tag{3}$$

设视 $\mathbf{L}$ 内的元素为空间 R^{n^2} 内的点, 于是我们知道: 李代数 $\mathbf{L}$ 的零元素 0 有一个球形邻域 $\mathbf{L}_0$, 群 $\mathbf{G}$ (视为拓扑空间) 的单位元素 I 有一个邻域 $\mathbf{G}_0$ 使得

1. 变换 $B \Rightarrow e^B$ 是一个拓扑映射映 $\mathbf{L}_0$ 成 $\mathbf{G}_0$,

2. $\mathbf{G}$ 的任意元素可以表为有限多个 $\mathbf{G}_0$ 的元素之积.

设群 $\mathbf{G}$ 的矩阵 A 的行列式 $|A|$ 均为 1, 则其对应李代数 $\mathbf{L}$ 的矩阵 B 的迹数 $\sum\limits_{k=1}^{n}b_{kk}$ 均为 0.

[①] 有关李群的知识可以参考 Понтрягин, Непрерывные группы, 1954.

设群 $\mathbf{G}$ 的维数为 m, 则其李代数 $\mathbf{L}$ 的维数亦为 m, 于是在 $\mathbf{L}$ 内有一个基 $\{B^{(1)}, \cdots, B^{(m)}\}$, 而 $\mathbf{L}$ 的任意元素 B 可以唯一地表为

$$B = \sum_{k=1}^{m} t_k B^{(k)} \quad (t_k \text{为任意实数}). \tag{4}$$

定理 2 设 $\mathbf{G} = \{A\}$ 为作为空间 R^n 的齐性线性变换群的连通矩阵李群. Φ 广义函数 T 对群 $\mathbf{G}$ 为不变的充要条件为: 对群 $\mathbf{G}$ 的李代数 $\mathbf{L} = \{B\}$ 的任意矩阵 $B = (b_{jk})$ 而言

$$\sum_{j,k=1}^{n} b_{jk} x_k \frac{\partial T}{\partial x_j} + \sum_{k=1}^{n} b_{kk} T = 0. \tag{5}$$

证 因群 $\mathbf{G}$ 的任意元素 A 可以表为 $\mathbf{G}_0$ 的有限多个元素之积, 故 T 对 $\mathbf{G}$ 不变的充要条件为对 $\mathbf{G}_0$ 不变.

设 $A \in \mathbf{G}_0$, 于是有 $B \in \mathbf{L}_0, A = e^B$. 作矩阵

$$A_t = I + Bt + \frac{1}{2!} t^2 B + \cdots + \frac{1}{k!} t^k B^k + \cdots, \tag{6}$$

显然有 $A_{t_1+t_2} = A_{t_1} A_{t_2} = A_{t_2} A_{t_1}, A_0 = I, A_1 = A$; 并且当 $|t| \leqslant 1$ 时 $tB \in \mathbf{L}_0, A_t = e^{tB} \in \mathbf{G}_0$.

显然可见, T 对 $\mathbf{G}_0$ 不变的充要条件为对每一个 $\varphi \in \Phi, A \in \mathbf{G}_0$ 而言 t 的函数

$$(A_t, \varphi) = (T, A_t \varphi) = (T, \varphi(A_t, x)) = \text{常数}, \quad |t| \leqslant 1. \tag{7}$$

亦即

$$\frac{d}{dt}(T, \varphi(A_t x)) = 0, \quad |t| \leqslant 1.$$

我们作函数 $(T, \varphi(A, x))$ 的差分商

$$\frac{1}{\Delta t}\{(T, \varphi(A_{t+\Delta t} x)) - (T, \varphi(A_t x))\} = \left(T, \frac{1}{\Delta t}\{\varphi(A_{t+\Delta t} x) - \varphi(A_t x)\}\right)$$
$$= \left(T, \frac{1}{\Delta t}\{\varphi(A_{\Delta t} A_t x) - \varphi(A_t x)\}\right).$$

注意

$$A_{\Delta t} A_t x = \left(I + B\Delta t + \frac{1}{2} B^2 (\Delta t)^2 + \cdots\right) A_t x$$
$$= A_t x + \Delta t B A_t x + (\Delta t)^2 (\cdots).$$

于是仿照 §2.4 引理 1 不难验证, 当 $\Delta t \to 0$ 时

$$\frac{1}{\Delta t}\{\varphi(A_{\Delta t} A_t x) - \varphi(A_t x)\} \to \sum_{j,k=1}^{n} b_{jk} x_k \frac{\partial}{\partial x_j} \varphi(A_t x), (\Phi).$$

因此

$$\frac{d}{dt}(T, \varphi(A,x)) = \left(T, \sum_{j,k=1}^{n} b_{jk}x_k \frac{\partial}{\partial x_j}\varphi\left(A_t x\right)\right)$$

$$= \sum_{j,k=1}^{n} \left(b_{jk}x_k T, \frac{\partial}{\partial x_j}\varphi\left(A_t x\right)\right)$$

$$= -\sum_{j,k=1}^{n} \left(\frac{\partial}{\partial x_j}\left(b_{jk}x_k T\right), \varphi\left(A_t x\right)\right)$$

$$= -\left(\left(\sum_{j,k=1}^{n} b_{jk}x_k \frac{\partial T}{\partial x_j} + \sum_{k=1}^{n} b_{kk}T\right), \varphi\left(A_t x\right)\right).$$

当 $\varphi(x)$ 在整个 $\varPhi$ 内变时, $\varphi(A_t x)$ 也在整个 $\varPhi$ 内变. 因此 $\frac{d}{dt}(T, \varphi(A_t x)) = 0$ 的充要条件为

$$\sum_{j,k=1}^{n} b_{jk}x_k \frac{\partial T}{\partial x_j} + \sum_{k=1}^{n} b_{kk}T = 0. \qquad\qquad 证完.$$

按: 如更设群 **G** 的矩阵 A 均满足 $|A| = 1$, 于是其李代数 **L** 的矩阵 B 均满足 $\sum_{k=1}^{n} b_{kk} = 0$, 因此 T 对群 **G** 不变的充要条件为

$$\sum_{j,k=1}^{n} b_{jk}x_k \frac{\partial T}{\partial x_j} = 0. \qquad\qquad (8)$$

推论 设 **G** 同前, $B^{(1)}, \cdots, B^{(m)}$ 为群 **G** 的李代数 **L** 的基, $B^{(i)} = \left(b_{jk}^{(i)}\right)$, 于是 $\varPhi$ 广义函数对群 **G** 不变的充要条件为

$$\sum_{j,k=1}^{n} b_{jk}^{(i)}x_k \frac{\partial T}{\partial x_j} + \sum_{k=1}^{n} b_{kk}^{(i)}T = 0, \quad i = 1, \cdots, m. \qquad (9)$$

例 1 **G** 为 3 维空间的旋转群, 即由令二次形式

$$x_1^2 + x_2^2 + x_3^2$$

不变而行列式为 $+1$ 的线性变换组成. 所有的变号对称 3 阶矩阵即组成其李代数 **L**, 因此矩阵

$$B^{(1)} = \begin{bmatrix} 0 & -1 & 0 \\ 1 & 0 & 0 \\ 0 & 0 & 0 \end{bmatrix}, \quad B^{(2)} = \begin{bmatrix} 0 & 0 & 0 \\ 0 & 0 & -1 \\ 0 & 1 & 0 \end{bmatrix}, \quad B^{(3)} = \begin{bmatrix} 0 & 0 & -1 \\ 0 & 0 & 0 \\ 1 & 0 & 0 \end{bmatrix},$$

即为 **L** 的一个基. 于是广义函数 T 对 3 维旋转群不变的充要条件为

$$
\begin{cases}
\left(x_1\dfrac{\partial}{\partial x_2} - x_2\dfrac{\partial}{\partial x_3}\right)T = 0, \\[2mm]
\left(x_2\dfrac{\partial}{\partial x_3} - x_3\dfrac{\partial}{\partial x_1}\right)T = 0, \\[2mm]
\left(x_3\dfrac{\partial}{\partial x_1} - x_1\dfrac{\partial}{\partial x_2}\right)T = 0.
\end{cases}
\tag{10}
$$

例 2 4 维空间的洛伦兹 (Lorentz) 群, 即由令二次形式

$$
x_1^2 + x_2^2 + x_3^2 - x_4^2
$$

不变而行列式为 +1 的线性变换组成. 所有满足下列条件的 4 阶矩阵 $B = (b_{ij})$ 组成其李代数 **L**.

$$
\begin{aligned}
b_{ii} &= 0 && (i = 1, 2, 3, 4); \\
b_{ij} &= b_{ji} && (i, j = 1, 2, 3); \\
b_{i4} &= b_{4i} && (i = 1, 2, 3).
\end{aligned}
\tag{11}
$$

因此矩阵

$$
B^{(1)} = \begin{bmatrix} 0 & -1 & 0 & 0 \\ 1 & 0 & 0 & 0 \\ 0 & 0 & 0 & 0 \\ 0 & 0 & 0 & 0 \end{bmatrix}, \quad
B^{(2)} = \begin{bmatrix} 0 & 0 & 0 & 0 \\ 0 & 0 & -1 & 0 \\ 0 & +1 & 0 & 0 \\ 0 & 0 & 0 & 0 \end{bmatrix}, \quad
B^{(3)} = \begin{bmatrix} 0 & 0 & -1 & 0 \\ 0 & 0 & 0 & 0 \\ 1 & 0 & 0 & 0 \\ 0 & 0 & 0 & 0 \end{bmatrix},
$$

$$
B^{(4)} = \begin{bmatrix} 0 & 0 & 0 & 1 \\ 0 & 0 & 0 & 0 \\ 0 & 0 & 0 & 0 \\ 1 & 0 & 0 & 0 \end{bmatrix}, \quad
B^{(5)} = \begin{bmatrix} 0 & 0 & 0 & 0 \\ 0 & 0 & 0 & 1 \\ 0 & 0 & 0 & 0 \\ 0 & 1 & 0 & 0 \end{bmatrix}, \quad
B^{(6)} = \begin{bmatrix} 0 & 0 & 0 & 0 \\ 0 & 0 & 0 & 0 \\ 0 & 0 & 0 & 1 \\ 0 & 0 & 1 & 0 \end{bmatrix}
$$

即为 **L** 的一个基. 因此广义函数 T 对 4 维洛伦兹群不变的充要条件为:

$$
\begin{cases}
\left(x_i\dfrac{\partial}{\partial x_j} - x_j\dfrac{\partial}{\partial x_i}\right)T = 0, & i \neq j, i, j = 1, 2, 3; \\[2mm]
\left(x_i\dfrac{\partial}{\partial x_4} + x_4\dfrac{\partial}{\partial x_i}\right)T = 0, & i = 1, 2, 3.
\end{cases}
\tag{12}
$$

§3.3 组合广义函数及其微分

在本节所论基本空间为 **K**.

运用广义函数的变换理论, 我们可以界定组合广义函数. 设有一一对应的, 两个方向都是无穷可微的变换

$$
\begin{cases}
x \in R^n[x] \Rightarrow \tau(x) = u(x) \in R^n[u]; \\
u \in R^n[u] \Rightarrow \tau^{-1}(u) = x(u) \in R^n[u].
\end{cases}
\tag{1}
$$

$$
\begin{cases}
u_k = u_k(x_1, \cdots, x_n), \quad k = 1, \cdots, n; \\
x_k = x_k(u_1, \cdots, u_n), \quad k = 1, \cdots, n.
\end{cases}
\tag{2}
$$

我们有

$$
\frac{\partial(u_1, \cdots, u_n)}{\partial(x_1, \cdots, x_n)} \neq 0,
\tag{3}
$$

$$
\frac{\partial(x_1, \cdots, x_n)}{\partial(u_1, \cdots, u_n)} = \left(\frac{\partial(u_1, \cdots, u_n)}{\partial(x_1, \cdots, x_n)} \right)^{-1} \neq 0.
\tag{4}
$$

变换 τ 把空间 $R^n[x]$ 的紧密集变为空间 $R^n[x]$ 的紧密集. 因此 $\varphi(u) \in \mathbf{K}[u]$ 蕴涵 $\varphi(u(x)) \in \mathbf{K}[x]$. 又不难验证, $\varphi_j(u) \to 0(\mathbf{K}[u])$ 蕴涵 $\varphi_j(u(x)) \to 0(\mathbf{K}[x])$. 因此映射

$$
\varphi(u) \in \mathbf{K}[u] \Rightarrow \tau\varphi(x) = \varphi(u(x)) \in \mathbf{K}[x],
\tag{5}
$$

$$
\varphi(x) \in \mathbf{K}[x] \Rightarrow \tau^{-1}\varphi(u) = \varphi(x(u)) \in \mathbf{K}[u]
\tag{6}
$$

为一对互逆的同构映射. 又我们界定

$$
T \in \overset{\circ}{\mathbf{K}}[x] \Rightarrow \tau T \in \overset{\circ}{\mathbf{K}}[u], (\tau T, \varphi(u)) = (T, \varphi(u(x))),
\tag{7}
$$

$$
T \in \overset{\circ}{\mathbf{K}}[u] \Rightarrow \tau^{-1}T \in \overset{\circ}{\mathbf{K}}[x], \left(\tau^{-1}T, \varphi(x)\right) = (T, \varphi(x(u))),
\tag{8}
$$

则它们也是一对互逆的同构映射.

函数 $\left| \dfrac{\partial(u_1, \cdots, u_n)}{(\partial x_1, \cdots, x_n)} \right|, \left| \dfrac{\partial(x_1, \cdots, x_n)}{\partial(u_1, \cdots, u_n)} \right|$ 各在空间 $R^n[x], R^n[u]$ 内无穷可微, 因此它们各为空间的 $\mathbf{K}[x], \mathbf{K}[u]$ 的乘子, 因此各别界定空间 $\overset{\circ}{\mathbf{K}}[x], \overset{\circ}{\mathbf{K}}[u]$ 的乘积 (也是同态映射).

根据上面所述, 我们界定组合广义函数如下:

定义 设 τ, τ^{-1} 如上, 界定 $x \to \tau x = u(x), u = \tau^{-1}x = x(u), T_u$ 为 $\mathbf{K}[u]$ 广义函数, 于是 $\mathbf{K}[x]$ 广义函数 $T_{u(x)}$:

$$
T_{u(x)} = \tau^{-1}(JT_u), \quad J = \left| \frac{\partial(x_1, \cdots, x_n)}{\partial(u_1, \cdots, u_n)} \right|,
\tag{9}
$$

叫做空间 $R^n[x]$ 内的**组合广义函数**. 这个定义实质上就是

$$
(T_{u(x)}, \varphi(x)) = \left(T_u, \left| \frac{\partial(x_1, \cdots, x_n)}{\partial(u_1, \cdots, u_n)} \right| \varphi(x(u)) \right), \quad \varphi(x) \in \mathbf{K}[x].
\tag{10}
$$

组合广义函数就是普通意义的组合函数的推广. 如果可微函数 $T(u)$ 产生函数型的广义函数 T_u, 则组合函数 $T(u(x))$ 产生组合函数型的组合广义函数 $T_{u(x)}$:

$$
(T_{u(x)}, \varphi(x)) = \left(T_u, \left| \frac{\partial(x_1, \cdots, x_n)}{\partial(u_1, \cdots, u_n)} \right| \varphi(x(u)) \right)
$$

$$= \int T_u \varphi(x(u)) \left| \frac{\partial (x_1, \cdots, x_n)}{\partial (u_1, \cdots, u_n)} \right| du$$

$$= \int T(u(x)) \varphi(x) dx. \tag{11}$$

组合广义函数服从下列简单的微分法则:

定理

$$\frac{\partial}{\partial x_k} T_{u(x)} = \sum_{i=1}^{n} \frac{\partial u_i}{\partial x_k} \left(\frac{\partial T_u}{\partial u_i} \right)_{u(x)}, \quad k = 1, \cdots, n. \tag{12}$$

证

$$\left(\frac{\partial}{\partial x_k} T_{u(x)}, \varphi \right) = - \left(T_{u(x)}, \frac{\partial \varphi}{\partial x_k} \right) = - \left(T_u, J \left(\frac{\partial \varphi}{\partial x_k} \right)_{x(u)} \right), \tag{13}$$

$$\left(\sum_{i=1}^{n} \frac{\partial u_i}{\partial x_k} \left(\frac{\partial T_u}{\partial u_i} \right)_{u(x)}, \varphi \right)$$

$$= \left(\sum_{i=1}^{n} \frac{\partial T_u}{\partial u_i}, \varphi(x(u)) \cdot \frac{\partial u_i}{\partial x_k} \cdot J \right)$$

$$= - \left(T_u, \sum_{i=1}^{n} \frac{\partial}{\partial u_i} \left(\varphi(x(u)) \cdot \frac{\partial u_i}{\partial x_k} \cdot J \right) \right)$$

$$= - \left(T_u, \sum_{i=1}^{n} \frac{\partial \varphi(x(u))}{\partial u_i} \cdot \frac{\partial u_i}{\partial x_k} \cdot J \right)$$

$$\quad - \left(T_u, \varphi(x(u)) \sum_{i=1}^{n} \frac{\partial}{\partial u_i} \left(\frac{\partial u_i}{\partial x_k} J \right) \right), \tag{14}$$

$$\sum_{i=1}^{n} \frac{\partial \varphi(x(u))}{\partial u_i} \cdot \frac{\partial u_i}{\partial x_k} \cdot J = \sum_{ij=1}^{n} \frac{\partial \varphi}{\partial x_j} \frac{\partial x_j}{\partial u_i} \frac{\partial u_i}{\partial x_k} J = J \left(\frac{\partial \varphi}{\partial x_k} \right)_{x(u)}, \tag{15}$$

又设 J_{ki} 为函数行列式 $\dfrac{\partial (x_1, \cdots, x_n)}{\partial (u_1, \cdots, u_n)}$ 的 ki 代数余因子, 于是

$$\frac{\partial u_i}{\partial x_k} \cdot J = \varepsilon J_{ki}, \tag{16}$$

此处按照 $\dfrac{\partial (x_1, \cdots, x_n)}{\partial (u_1, \cdots, u_n)} = \pm J, \varepsilon = \pm 1.$ 我们不难直接复验下列普遍成立的恒等式:

$$\sum_{i=1}^{n} \frac{\partial J_{ki}}{\partial u_i} = 0, k = 1, \cdots, n. \tag{17}$$

因此

$$\varphi(x) \sum_{i=1}^{n} \frac{\partial}{\partial u_i} \left(\frac{\partial u_i}{\partial x_k} J \right) = \varepsilon \varphi(x) \sum_{i=1}^{n} \frac{\partial J_{ki}}{\partial u_i} \equiv 0. \tag{18}$$

由式 (14), (15), (18) 得

$$\left(\sum_{i=1}^{n} \frac{\partial u_i}{\partial x_k} \left(\frac{\partial T_u}{\partial u_i} \right)_{u(x)}, \varphi \right) = - \left(T_u, J \left(\frac{\partial \varphi}{\partial x_k} \right)_{x(\nu)} \right). \tag{19}$$

又由式 (13), (19) 即得式 (12). 证完.

组合广义函数的微分法则显然就是普通组合函数微分法则

$$\frac{\partial}{\partial x_k} T(u(x)) = \sum_{i=1}^{n} \frac{\partial u_i}{\partial x_k} \frac{\partial T_{(u)}}{\partial u_i} \tag{20}$$

的直接推广.

§3.4 单阶函数, δ 函数及其微商

本节中除个别情形外恒假定基本空间 $\Phi \subset \mathbf{S}$. 单变数函数

$$Y(x) = \begin{cases} 0, & x < 0, \\ 1, & x \geqslant 0 \end{cases} \tag{1}$$

叫做单阶函数, 或海维赛 (Heaviside) 函数, 它决定一个函数型的广义函数:

$$(Y, \varphi) = \int_{-\infty}^{\infty} Y(x)\varphi(x)dx = \int_{0}^{\infty} \varphi(x)dx, \tag{2}$$

它的微商就是 δ 函数:

$$\left(\frac{dY}{dx}, \varphi \right) = - \left(Y, \frac{d\varphi}{dx} \right) = - \int_{0}^{\infty} \frac{d\varphi}{dx} dx = -[\varphi(x)]_{0}^{\infty} = \varphi(0) = (\delta, \varphi). \tag{3}$$

δ 函数 $\delta_{(a)}$ 的微商显然可见为

$$\left(\delta_{(a)}^{(p)}, \varphi \right) = (-1)^p \varphi^{(p)}(a); \tag{4}$$

$$D^{p+1} Y = D^p \delta_{(0)}; \tag{5}$$

$$\alpha \delta' = \alpha(0)\delta' - \alpha'(0)\delta. \tag{6}$$

我们再考虑多变数的情形.

设 Y_{x_k} 为单变数 x_k 的单阶函数, 即 $Y_{x_k} = Y(x_k)$. 于是乘积

$$Y(x) = Y(x_1) \cdots Y(x_n) = \begin{cases} 1, & x_1 \geqslant 0, x_2 \geqslant 0, \cdots, x_n \geqslant 0, \\ 0, & \text{在别处} \end{cases} \tag{7}$$

决定函数型的广义函数

$$(Y, \varphi) = \int_{0}^{\infty} \cdots \int_{0}^{\infty} \varphi(x_1, x_2, \cdots, x_n) \, dx_1 \cdots dx_n, \tag{8}$$

即为直积

$$Y(x) = Y_{x_1} \times Y_{x_2} \times \cdots \times Y_{x_n}. \tag{9}$$

将此推广, 我们界定下列广义函数

$$Y_{(k)} = Y_{x_1} \times \cdots \times Y_{x_k} \times \delta_{x_{k+1}} \times \cdots \times \delta_{x_n}, \tag{10}$$

此处 δ_{x_k} 表示空间 $[x_k]$ 内的 δ 函数, 显然可见

$$\left(Y_{(k)}, \varphi\right) = \int_0^\infty \cdots \int_0^\infty \varphi\left(x_1, \cdots, x_k, 0, \cdots, 0\right) dx_1 \cdots dx_k; \tag{11}$$

$$Y_{(n)} = Y(x); \tag{12}$$

$$Y_{(0)} = \delta; \tag{13}$$

$$\frac{\partial Y_{(k)}}{\partial x_k} = Y_{(k-1)}; \tag{14}$$

$$\frac{\partial^{n-k}}{\partial x_{k+1} \cdots \partial x_n} Y_{(n)} = Y_{(k)}; \tag{15}$$

$$\frac{\partial^k}{\partial x_1 \cdots \partial x_k} Y_{(k)} = \delta = \frac{\partial^n}{\partial x_1 \cdots \partial x_n} Y_{(n)}; \tag{16}$$

$$(D^p \delta, \varphi) = (-1)^{|p|} D^p \varphi(0). \tag{17}$$

关于 δ 函数的微商的乘积运算有下列公式:

$$\alpha D^p \delta = \sum_{q=0}^p (-1)^{|p+q|} C_q^p D^{p-q} \alpha(0) D^q \delta. \tag{18}$$

证

$$(\alpha D^p \delta, \varphi) = (-1)^{|p|} (\delta, D^p \alpha \varphi)$$

$$= (-1)^{|p|} \left(\delta, \sum_{q \leqslant p} C_q^p D^{p-q} \alpha D^q \varphi\right)$$

$$= (-1)^{|p|} \sum_{q \leqslant p} C_q^p D^{p-q} \alpha(0) D^q \varphi(0)$$

$$= \left(\sum_{q \leqslant p} (-1)^{|p+q|} C_q^p D^{p-q} \alpha(0) D^q \delta, \varphi\right).$$

作为特例则有: 设

$$\alpha(x) = x^s = x_1^{s_1} x_2^{s_2} \cdots x_n^{s_n}, \tag{19}$$

则因为

$$D^q x^s(0) = \begin{cases} s_1! s_2! \cdots s_n! = s!, & q = s, \\ 0, & q \neq s, \end{cases} \tag{20}$$

所以

$$x^s D^p \delta = \begin{cases} (-1)^{|s|} \dfrac{p!}{(p-s)!} D^{p-s} \delta, & (s \leqslant p), \\ 0, & (s \not\leqslant p), \end{cases} \tag{21}$$

$$x^p D^p \delta = (-1)^{|p|} p! \delta. \tag{22}$$

设 δ_x 表示空间 $[x]$ 的 δ 函数, T_y 表示空间 $[y]$ 的广义函数, 则有

$$x^s (D_x^p \delta_x \times T_y) = \begin{cases} (-1)^{|s|} \dfrac{p!}{(p-s)!} D_x^{p-s} \delta_x \times T_y, & (s \leqslant p), \\ 0, & (s \not\leqslant p). \end{cases} \tag{23}$$

δ 函数的逼近表示

我们知道, δ 函数实际上是一个测度而不是一个函数型的广义函数 (见 §2.3); 但它可以用各种形式表为普通函数的极限.

定理 1 设 R^n 上的连续函数 $f_j(x) \geqslant 0 (j = 1, 2, \cdots)$, 产生函数型的 Φ 广义函数, 并满足下列条件:

1. 对每一个 $\varphi \in \Phi$ 而言, 无穷积分 $\displaystyle\int f_j(x) \varphi(x) dx$ 对 j 一致收敛;

2. 无穷积分 $\displaystyle\int f_j(x) dx$ 对 j 一致收敛并且 $\displaystyle\lim_{j \to \infty} \int f_j(x) dx = 1$;

3. 在每一个不含原点 0 的紧密集上 $f_j(x)$ 一致 $\to 0$;

于是 $f_j \to \delta(\overset{\circ}{\Phi})$.

证 取 $\varphi \in \Phi, \varepsilon > 0$.

$$(f_j, \varphi) = \int f_j(x) \varphi(x) dx = \int f_j(x)(\varphi(x) - \varphi(0)) dx + \int f_j(x) \varphi(0) dx. \tag{24}$$

$$\int f_j(x)(\varphi(x) - \varphi(0)) dx = \int_{|x| \geqslant b} + \int_{a \leqslant |x| \leqslant b} + \int_{|x| \leqslant a} . \tag{25}$$

由条件 1, 2 知存在 $b > 0$ 使得

$$\left| \int_{|x| \geqslant b} f_j(x)(\varphi(x) - \varphi(0)) dx \right| \leqslant \varepsilon. \tag{26}$$

因 $\varphi(x)$ 连续, 故存在 $a > 0$ 使得

$$|\varphi(x) - \varphi(0)| \leqslant \varepsilon, \quad |x| \leqslant a.$$

因此

$$\left| \int_{|x| \leqslant a} f_j(x)(\varphi(x) - \varphi(0)) dx \right| \leqslant \varepsilon \int_{|x| \leqslant a} f_j(x) dx \leqslant \varepsilon. \tag{27}$$

由条件 3 知存在 $N > 0$ 使得

$$\left| \int_{a \leqslant |x| \leqslant b} f_j(x)(\varphi(x) - \varphi(0))dx \right| \leqslant \varepsilon \quad (j \geqslant N). \tag{28}$$

故由 (25), (26), (27), (28) 知

$$\int f_j(x)(\varphi(x) - \varphi(0))dx \to 0 \quad (j \to \infty). \tag{29}$$

另一方面,

$$\int f_j(x)\varphi(0)dx = \varphi(0) \int f_j(x)dx \to (\delta, \varphi) \quad (j \to \infty). \tag{30}$$

因此由 (24), (29), (30) 得 $f_j \to \delta(\overset{\circ}{\varPhi})$. 证完.

利用这个定理可以直接推导下列渐近表示式.

例 1 设 R^n 的维数 $n = 1$. 柯西函数 $(\lambda, \varepsilon > 0)$:

$$\lim_{\lambda \to \infty} \frac{\lambda}{\pi \left(\lambda^2 x^2 + 1 \right)} = \lim_{\varepsilon \to 0} \frac{\varepsilon}{\pi \left(x^2 + \varepsilon^2 \right)} = \delta \quad (\dot{\mathbf{K}}, \dot{\mathbf{S}}, \dot{\mathbf{K}}_p). \tag{31}$$

这是 δ 函数在历史上最早的出现.

例 2 空间 R^n 内的克希荷夫 (Kirchhoff) 函数:

$$\lim_{\lambda \to \infty} \lambda^n \pi^{-\frac{n}{2}} e^{-\lambda^2 |x|^2} = \delta \quad \left(\dot{\mathbf{K}}, \dot{\mathbf{S}}, \dot{\mathbf{K}}_p \right). \tag{32}$$

例 3 空间 R^n 内的凯尔文 (Kelvin) 热源函数 $(t > 0, \mu > 0)$:

$$\lim_{t \to 0} (4\pi\mu t)^{-\frac{n}{2}} - e^{\frac{|x|^2}{4\mu t}} = \delta \quad \left(\dot{\mathbf{K}}, \dot{\mathbf{S}}, \dot{\mathbf{K}}_p \right). \tag{33}$$

例 4 空间 R^n 内的球形函数 $\rho_\varepsilon \in \mathbf{K}$ (见 §1.2 定理 2):

$$\lim_{\varepsilon \to 0} \rho_\varepsilon = \delta \quad \left(\dot{\mathbf{E}}, \dot{\mathbf{K}}, \dot{\mathbf{S}}, \dot{\mathbf{K}}_p \right). \tag{34}$$

例 5 空间 R^n 内的伐莱泊桑–朗道–托乃利 (Valle-Poussin, Landau, Tonelli) 函数 $(a > 0)$:

$$P_j(x, a) = \begin{cases} 0, & |x| \geqslant a, \\ \dfrac{\Gamma \left(\dfrac{n}{2} + j + 1 \right)}{\pi^{\frac{n}{2}} j!} a^n \left(1 - \dfrac{|x|^2}{a^2} \right)^j, & |x| < a. \end{cases} \tag{35}$$

$$\lim_{j \to \infty} P_j(x, a) = \delta \quad (\dot{\mathbf{E}}, \dot{\mathbf{K}}, \dot{\mathbf{S}}, \mathbf{K}_p). \tag{36}$$

注意, 函数 $P_j(x, a)$ 具有下列性质:

1) 在域 $|x| \leqslant a$ 内 $P_j(x, a)$ 为多项式;

2) 设 Ω 为含有原点 0 的开集, 则在集 $R^n \backslash \Omega$ 上 $P_j(x,a)$ 一致 $\to 0$, 而

$$\int_\Omega P_j(x,a)dx \to 1. \tag{37}$$

利用这个函数序列我们可以证明古典的魏尔斯特拉斯 (Weierstrass) 逼近定理:

定理 2　设 $\varphi \in \mathbf{K}$ 任给 $b > 0$, 则必有多项式序列 $\varphi_j(x)$ 使得对每一个 $p = \{p_1, \cdots, p_n\}$ 而言 $D^p \varphi_j(x)$ 在域 $|x| \leqslant b$ 上一致 $\to D^p \varphi(x)$.

证(概要): 设 φ 的支集在域 $|x| \leqslant c$ 之内. 取正数 a_1, a 满足 $b + c < a_1 < a$. 作函数

$$\varphi_j(x) = \int_{|t| \leqslant a_1} \varphi(t) P_j(x-t,a)dt$$

$$= \int_{|x-u| \leqslant a_1} \varphi(x-u) P_j(u,a)du. \tag{38}$$

根据函数 P_j 的性质 1) 及式 (37) 可见函数 $\varphi_j(x)$ 在域 $|x| \leqslant b$ 内为多项式. 又根据函数 P_j 的性质 2) 及式 (38) 仿照定理 1 不难证明在域 $|x| \leqslant b$ 上 $\varphi_j(x)$ 一致 $\to \varphi(x)$. 又因

$$D^p \varphi_j(x) = \int_{|x-u| \leqslant a_1} D^p \varphi(x-u) P_j(u,a)du, \tag{39}$$

同样也可以证明在域 $|x| \leqslant b$ 上 $D^p \varphi_j(x)$ 一致 $\to D^p \varphi(x)$.

除定理 1 外尚有其他形式的 δ 函数的逼近表示. 例如在 R^n 的维数 $n = 1$ 时有

$$\lim_{\lambda \to \infty} \frac{\sin 2\pi \lambda x}{\pi x} = \delta \quad (\mathbf{K}, \mathbf{S}, \mathbf{K}_p) \tag{40}$$

(证见 §6.1).

§3.5　间断函数的微分

本节中所论基本空间为 $\mathbf{K}$.

单变数具有间断点的函数及其微商

设 $x_\nu(\nu = 0, \pm1, \pm2, \cdots)$ 为实数直线 R^1 上的一组顺列的孤立点, $\lim\limits_{\nu \to \pm\infty} x_\nu = \pm\infty$. 设函数 $f(x)$ 在各开间隔 $(x_{\nu-1}, x_\nu)$ 内均无穷可微; 而函数 $f(x)$ 及其各级微商 $f^{(p)}(x)$ 在各点 x_ν 都具有第一种间断性, 即 $\lim\limits_{x \to x_\nu + 0} f^{(p)}(x), \lim\limits_{x \to x_\nu - 0} f^{(p)}(x)$ 都存在. 显然函数 $f(x)$ 及其微商函数 $f^{(p)}(x)$ 都是局部绝对可求和的, 它们都是在 R^1 上几乎到处界定的函数 (仅在点列 x_ν 上未界定). 因此它们都决定了广义函数, 以 $[f][f^{(p)}]$ 表之. 命 $f_\nu^{(p)}$ 表示函数 $f^{(p)}(x)$ 在点 x_ν 的 "间断". 即

$$f_\nu^{(p)} = \lim_{x \to x_\nu + 0} f^{(p)}(x) - \lim_{x \to x_\nu - 0} f^{(p)}(x) = f^{(p)}(x_\nu + 0) - f^{(p)}(x_\nu - 0). \tag{1}$$

又我们用 $[f]^{(p)}$ 表示广义函数 $[f]$ 的 p 级微商. 我们有下述定理:

定理 1

$$[f]' = [f'] + \sum_\nu f_\nu \delta_{(x_\nu)}, \tag{2}$$

$$[f]^{(p)} = \left[f^{(p)}\right] + \sum_\nu \sum_{r+s=p-1} f_\nu^{(r)} \delta_{(x_\nu)}^{(s)}. \tag{3}$$

证 先用分部积分法证明式 (2).

$$
\begin{aligned}
([f]', \varphi) &= -([f], \phi') = -\int_{-\infty}^{\infty} f(x)\varphi'(x)dx \\
&= -\sum_\nu \int_{x_{\nu-1}}^{x_\nu} f(x)\varphi'(x)dx \\
&= -\sum_\nu \left\{ f(x_\nu - 0)\varphi(x_\nu) - f(x_\nu + 0)\varphi(x_\nu) \right\} + \int_{-\infty}^{\infty} \varphi(x)f'(x)dx \\
&= \sum_\nu \left\{ f(x_\nu + 0) - f(x_\nu - 0) \right\} \varphi(x_\nu) + \int_{-\infty}^{\infty} \varphi(x)f'(x)dx \\
&= \sum_\nu \left\{ f(x_\nu + 0) - f(x_\nu - 0) \right\} \left(\delta_{(x_\nu)}, \varphi \right) + \left([f'], \varphi\right) \\
&= \left([f'] + \sum_\nu f_\nu \delta_{(x_\nu)}, \varphi \right).
\end{aligned}
$$

然后用归纳法立即可以导出式 (3).

由此可见, 第一种间断函数的广义微商有两个组成部分, 第一部分就是函数的普通微商, 第二部分是一个异测度, 即为 δ 函数的微商的线性组合, 这一部分表示函数的间断性.

多变数具有间断面的函数及其微商

设 R^n 有区域 V, 其边界为 S. 设函数 $f(x)$ 在 V 内为无穷可微函数, 在 V 外为 0. 并以曲面 S 为其间断面. 我们并假定为第一种间断性, 即沿 S 的切面方向各级微商都连续, 沿 S 的法线方向由内向外各级微商都趋于定限, $f(x)$ 及其各级微商显然为局部绝对可微函数, 因此决定广义函数, 用 $[f]$ 或 $[D^p f]$ 表之.

定理 2
$$\left(\frac{\partial}{\partial x_k}[f], \varphi \right) = \left(\left[\frac{\partial f}{\partial x_k}\right], \varphi \right) + \int_S f(x) \cos \theta_k \varphi(x) d\sigma, \tag{4}$$
此处 θ_k 为曲面 S 的内向法线与 Ox_k 轴的交角.

证

$$
\begin{aligned}
\left(\frac{\partial}{\partial x_k}[f], \varphi \right) &= -\left([f], \frac{\partial \varphi}{\partial x_k} \right) \\
&= -\int \cdots \int_V f(x) \frac{\partial \varphi}{\partial x_k} dx_1 \cdots dx_k \cdots dx_n \\
&= -\int \cdots \int_S f(x)\varphi(x) dx_1 \cdots dx_{k-1} dx_{k+1} \cdots dx_n \\
&\quad + \int \cdots \int_V \frac{\partial f(x)}{\partial x_k} \varphi(x) dx_1 \cdots dx_n
\end{aligned}
$$

$$= \left(\left[\frac{\partial f}{\partial x_k} \right], \varphi \right) + \int_S f(x) \cos \theta_k \varphi(x) d\sigma.$$

设 $\mathbf{f}(x)$ 为 R^n 内的向量函数, $\mathbf{f}(x) = \{f_1(x), \cdots, f_n(x)\}$, 此处 $f_k(x)$ 都是上述类型的间断函数, 命其相应的向量广义函数为 $[\mathbf{f}]$, 命

$$\operatorname{div} \mathbf{f}(x) = \sum_{k=1}^{n} \frac{\partial f_k(x)}{\partial x_k}, \tag{5}$$

$$\operatorname{div}[\mathbf{f}] = \sum_{k=1}^{n} \frac{\partial}{\partial x_k} [f_k]. \tag{6}$$

于是由定理 2 可得下列推论:

$$-\int_V \mathbf{f} \cdot \operatorname{grad} \varphi dx = \int_V (\operatorname{div} \mathbf{f}) \varphi dx + \int_S \varphi \mathbf{f} \cdot \mathbf{d\sigma}, \tag{7}$$

$$(\operatorname{div}[\mathbf{f}], \varphi) = ([\operatorname{div} \mathbf{f}], \varphi) + \int \varphi \mathbf{f} \cdot \mathbf{d\sigma}, \tag{8}$$

此处 "·" 表示向量的数积, $\operatorname{grad} \varphi$ 为向量 $\left\{ \dfrac{\partial \varphi}{\partial x_1}, \cdots, \dfrac{\partial \varphi}{\partial x_n} \right\}$.

如取 $\varphi \in \mathbf{K}, \varphi$ 在集 V 的一个邻域上恒等于 1, 则因

$$(\operatorname{div}[\mathbf{f}], \varphi) = \left(\sum_{k=1}^{n} \frac{\partial [f_k]}{\partial x_k}, \varphi \right) = - \sum_{k=1}^{n} \left([f_k], \frac{\partial \varphi}{\partial x_k} \right) = 0, \tag{9}$$

所以得高斯 (Gauss) 公式

$$\int_V \operatorname{div} \mathbf{f} \, dx = - \int_S \mathbf{f} \cdot \mathbf{d\sigma}. \tag{10}$$

这个定理及其推论表示, 具有间断面的第一种间断函数的广义微商有两个组成部分, 第一部分就是函数的普通微商, 第二部分是一个载在间断面上的异测度, 它具有面积密度 $f(x) \cos \theta_k$.

我们用符号 Δ 代表调和微分算子, 即

$$\Delta = \frac{\partial^2}{\partial x_1^2} + \cdots + \frac{\partial^2}{\partial x_n^2}.$$

定理 3 设函数 f 仍为上述类型, 于是

$$(\Delta[f], \varphi) = ([\Delta f], \varphi) + \int_S \varphi \frac{\partial f}{\partial n} d\sigma - \int_S f \frac{\partial \varphi}{\partial n} d\sigma, \tag{11}$$

此处 $\dfrac{\partial}{\partial n}$ 表示内向法线微商.

证 因

$$\frac{\partial^2}{\partial x_k^2} [f] = \frac{\partial}{\partial x_k} \left(\frac{\partial}{\partial x_k} [f] \right).$$

故由定理 2 得

$$
\left(\frac{\partial^2}{\partial x_k^2}[f], \varphi\right) = \left(\frac{\partial}{\partial x_k}[f], -\frac{\partial \varphi}{\partial x_k}\right)
$$

$$
= \left(\frac{\partial}{\partial x_k}\left[\frac{\partial f}{\partial x_k}\right], \varphi\right) - \int_S f(x)\cos\theta_k \frac{\partial \varphi}{\partial x_k} d\sigma
$$

$$
= \left(\left[\frac{\partial f}{\partial x_k^2}\right], \varphi\right) + \int_S \frac{\partial f}{\partial x_k}\cos\theta_k \varphi d\sigma - \int_S f(x)\cos\theta_k \frac{\partial \varphi}{\partial x_k} d\sigma.
$$

$$
([f], \Delta\varphi)(\Delta[f], \varphi) = \sum_{k=1}^n \left(\frac{\partial^2}{\partial x_k^2}[f], \varphi\right)
$$

$$
= ([\Delta f], \varphi) + \int_S \frac{\partial f}{\partial n}\varphi d\sigma - \int_S f\frac{\partial \varphi}{\partial n} d\sigma.
$$

如果用积分形式写出, 即得格林公式

$$
\int_V f\Delta\varphi dx - \int_V \varphi\Delta f dx = \int_S \varphi\frac{\partial f}{\partial n}d\sigma - \int_S f\frac{\partial \varphi}{\partial n}d\sigma. \tag{12}
$$

上列结果说明, 场位论中的积分变换公式都在某种意义上表示间断函数的广义微分性质.

幂函数 r^m 及其微分

我们用符号

$$
r = |x| = \sqrt{x_1^2 + \cdots + x_n^2}
$$

表示空间 R^n 由点 x 到原点 0 的欧几里得距离, 我们将讨论幂函数 r^m, m 为任意复数. 函数 r^m 除在原点 $x = 0$ 外到处无穷可微.

设 $r \neq 0$, 则不难验证下列公式成立:

$$
\Delta f(r) = \left(\frac{d^2}{dr^2} + \frac{n-1}{r}\frac{d}{dr}\right)f(r), \tag{13}
$$

$$
\Delta(f(r)g(r)) = f\Delta g + g\Delta f + 2\frac{df}{dr}\frac{dg}{dr}, \tag{14}
$$

$$
\Delta r^m = m(m+n-2)r^{m-2}, \tag{15}
$$

$$
\Delta^k r^m = \underbrace{m(m-2)\cdots(m-2(k-1))}_{k\uparrow}\underbrace{(m+n-2)(m+n-4)\cdots(m+n-2k)}_{k\uparrow}r^{m-2k}, \tag{16}
$$

$$
\Delta \log r = (n-2)r^{-2}, \tag{17}
$$

$$
\Delta(r^m \log r) = m(m+n-2)r^{m-2}\log r + (2m+n-2)r^{m-2}, \tag{18}
$$

$$
\Delta^k(r^m \log r)
$$

$$
\overbrace{= m(m-2)\cdots(m-2(k-1))}^{k\text{个}}\overbrace{(m+n-2)(m+n-4)\cdots(m+n-2k)}^{k\text{个}}r^{m-2k}\log r
$$
$$
+ \text{ const. } r^{m-2k}. \tag{19}
$$

此处 Δ^k 表示调和微分算子 Δ 连续运用 k 次, 称为 k 级调和算子.

设 $\varphi \in \mathbf{K}$, 积分 $\int r^m \varphi(x)dx$ 当 $\Re(m) > -n$ 时收敛, 当 $\Re(m) \leqslant -n$ 时一般为发散. 并且容易复验当 $\Re(m) > -n$ 时函数 r^m 决定一个广义函数, 以 $[r^m]$ 表之, 即

$$
([r^m], \varphi) = \int r^m \varphi(x)dx, \quad \Re(m) > -n. \tag{20}
$$

同样也容易复验, 积分 $\int r^m \log r \varphi(x)dx$ 当 $\Re(m) > -n$ 时收敛, 并且界定广义函数 $[r^m \log r]$:

$$
([r^m \log r], \varphi) = \int r^m \log r \varphi(x)dx, \quad \Re(m) > -n. \tag{21}
$$

平行于函数 $r^m, r^m \log r$, 广义函数 $[r^m], [r^m \log r]$ 也满足类似于式 (15), (18) 的微分关系:

定理 4 设 $\Re(m) - 2 > -n$, 则

$$
\Delta[r^m] = [\Delta r^m] = m(m+n-2)[r^{m-2}], \tag{22}
$$

$$
\Delta[r^m \log r] = [\Delta(r^m \log r)] = m(m+n-2)[r^{m-2}\log r] + (2m+n-2)[r^{m-2}]. \tag{23}
$$

证 如以 $[f]$ 表示由函数 f 产生的广义函数, 则我们以 $[f]_\varepsilon$ 表示由函数 f_ε 产生的广义函数:

$$
f_\varepsilon(x) = \begin{cases} f(x), & r \geqslant \varepsilon; \\ 0, & r < \varepsilon. \end{cases}
$$

亦即

$$
([f]_\varepsilon, \varphi) = \int_{r \geqslant \varepsilon} f(x)\varphi(x)dx.
$$

于是由定理 3 即得

$$
(\Delta[r^m]_\varepsilon, \varphi) = ([\Delta r^m]_\varepsilon, \varphi) + \int_{r=\varepsilon} \varphi \frac{\partial r^m}{\partial r}d\sigma - \int_{r=\varepsilon} r^m \frac{\partial \varphi}{\partial r}d\sigma
$$
$$
= ([\Delta r^m]_\varepsilon, \varphi) + m\varepsilon^{m-1}\int_{r=\varepsilon} \varphi d\sigma - \varepsilon^m \int_{r=\varepsilon} \frac{\partial \varphi}{\partial r}d\sigma.
$$

我们研究当 $\varepsilon \to 0$ 时的情况.

显然有

$$
\int_{r=\varepsilon} \varphi d\sigma = O\left(\varepsilon^{n-1}\right), \quad \int_{r=\varepsilon} \frac{\partial \varphi}{\partial r}d\sigma = O\left(\varepsilon^{n-1}\right),
$$

因此

$$m\varepsilon^{m-1}\int_{r=\varepsilon}\varphi d\sigma = O(\varepsilon^{R(m)+n-2}), \quad \varepsilon^m\int_{r=\varepsilon}\frac{\partial\varphi}{\partial r}d\sigma = O(\varepsilon^{R(m)+n-1}).$$

于是当 $\Re(m) > 2 - n$ 而 $\varepsilon \to 0$ 时,

$$m\varepsilon^{m-1}\int_{r=\varepsilon}\varphi d\sigma \to 0, \quad \varepsilon^m\int_{r=\varepsilon}\frac{\partial\varphi}{\partial r}d\sigma \to 0.$$

另一方面, 当 $\Re(m) > 2 - n$ 时显然成立下列极限: $\varepsilon \to 0$,

$$(\Delta\left[r^m\right]_\varepsilon, \varphi) \to (\Delta\left[r^m\right], \varphi), \quad (\left[\Delta r^m\right]_\varepsilon, \varphi) \to (\left[\Delta r^m\right], \varphi).$$

因此

$$\Delta\left[r^m\right] = \left[\Delta r^{m-2}\right] = m(m+n-2)\left[r^{m-2}\right], (\Re(m) > 2 - n).$$

同样的方法对 $r^m \log r$ 即得

$$(\Delta\left[r^m\log r\right]_\varepsilon, \varphi) = (\left[\Delta\left(r^m\log r\right)\right]_\varepsilon, \varphi) + \varepsilon^{m-1}(m\log\varepsilon + 1)$$
$$\times \int_{r=\varepsilon}\varphi d\sigma - \varepsilon^m\log\varepsilon\int_{r=\varepsilon}\frac{\partial\varphi}{\partial r}d\sigma.$$

当 $\Re(m) > 2 - n$ 而 $\varepsilon \to 0$ 时, 同样也得类似于前的各个极限, 于是

$$\Delta\left[r^m\log r\right] = \left[\Delta\left(r^m\log r\right)\right] = m(m+n-2)\left[r^{m-2}\log r\right] + (2m+n-2)\left[r^{m-2}\right],$$
$$(\Re(m) > 2 - n).$$

证完.

推论 设 $\Re(m) - 2k > -n$, 则

$$\Delta^k\left[r^m\right] = m\underbrace{(m-2)\cdots(m-2(k-1))}_{k\uparrow}\underbrace{(m+n-2)(m+n-4)\cdots(m+n-2k)}_{k\uparrow}\left[r^{m-2k}\right], \quad (24)$$

$$\Delta^k\left[r^m\log r\right]$$
$$= m\overbrace{(m-2)\cdots(m-2(k-1))}^{k\uparrow}\overbrace{(m+n-2)(m+n-4)\cdots(m+n-2k)}^{k\uparrow}\left[r^{m-2k}\log r\right]$$
$$+ \text{const.}\left[r^{m-2k}\right]. \quad (25)$$

定理 5

$$\Delta\left[r^{2-n}\right] = \frac{(2-n)2\pi^{\frac{\pi}{2}}}{\Gamma\left(\frac{n}{2}\right)}\delta, \quad (26)$$

$$\Delta[\log r] = \begin{cases} (2-n)\left[r^{-2}\right], & (n > 2), \\ 2\pi\delta, & (n = 2). \end{cases} \quad \begin{matrix} (27) \\ (28) \end{matrix}$$

证　式 (26): 当 $r \neq 0$ 时显然有

$$\Delta r^{2-n} = (2-n)(2-n+n-2)r^{-n} = 0.$$

沿用定理 4 的证明内的方法立即得

$$\left(\Delta\left[r^{2-n}\right]_\varepsilon, \varphi\right) = (2-n)\varepsilon^{1-n}\int_{r=\varepsilon}\varphi d\sigma - \varepsilon^{2-n}\int_{r=\varepsilon}\frac{\partial\varphi}{\partial r}d\sigma.$$

当 $\varepsilon \to 0$ 时显然有

$$\left(\Delta\left[r^{2-n}\right]_\varepsilon, \varphi\right) \to \left(\Delta\left[r^{2-n}\right], \varphi\right),$$

$$(2-n)\varepsilon^{1-n}\int_{r=\varepsilon}\varphi d\sigma \to \frac{(2-n)2\pi^{\frac{n}{2}}}{\Gamma\left(\frac{n}{2}\right)}-\varphi(0) = \frac{(2-n)2\pi^{\frac{n}{2}}}{\Gamma\left(\frac{n}{2}\right)}(\delta, \varphi),$$

$$\varepsilon^{2-n}\int_{r=\varepsilon}\frac{\partial\varphi}{\partial r}d\sigma \to 0.$$

因此得式 (26).

式 (28): 当 $n = 2, r \neq 0$ 时显然有

$$\Delta\log r = (n-2)r^{-2} = 0.$$

同前法可得

$$\left(\Delta[\log r]_\varepsilon, \varphi\right) = \varepsilon^{-1}\int_{r=\varepsilon}\varphi d\sigma - \log\varepsilon\int_{r=\varepsilon}\frac{\partial\varphi}{\partial r}d\sigma.$$

当 $\varepsilon \to 0$ 时显然有

$$\left(\Delta[\log r]_\varepsilon, \varphi\right) \to \left(\Delta[\log r], \varphi\right),$$

$$\varepsilon^{-1}\int_{r=\varepsilon}\varphi d\sigma \to 2\pi\varphi(0) = 2\pi(\delta, \varphi),$$

$$\log\varepsilon\int_{r=\varepsilon}\frac{\partial\varphi}{\partial r}d\sigma \to 0.$$

因此得式 (28).

式 (27): 当 $n > 2, r \neq 0$ 时有

$$\Delta\log r = (n-2)r^{-2}.$$

同前法可得

$$\left(\Delta[\log r]_\varepsilon, \varphi\right) = \left([\Delta\log r]_\varepsilon, \varphi\right) + \varepsilon^{-1}\int_{r=\varepsilon}\varphi d\sigma - \log\varepsilon\int_{r=\varepsilon}\frac{\partial\varphi}{\partial r}d\sigma.$$

当 $\varepsilon \to 0$ 时显然有

$$(\Delta[\log r]_\varepsilon, \varphi) \to (\Delta[\log r], \varphi),$$

$$([\Delta \log r]_\varepsilon, \varphi) = (n-2)\left([r^{-2}]_\varepsilon, \varphi\right) \to (n-2)\left([r^{-2}], \varphi\right),$$

$$\varepsilon^{-1} \int_{r=\varepsilon} \varphi d\sigma \to 0,$$

$$\log \varepsilon \int_{r=\varepsilon} \frac{\partial \varphi}{\partial r} d\sigma \to 0.$$

因此得 (27). 证完.

定理 6

$$\Delta^k\left[r^{2k-n}\right] = (-1)^k 2^{2k} \pi^{\frac{n}{2}} (k-1)! \frac{1}{\Gamma\left(\frac{n}{2}-k\right)} \delta \tag{29}$$

(注意, 此处当 n 为偶数并且 $2k-n \geqslant 0$ 时, 右边的系数即为 0).

又当 n 为偶数并且 $2k-n \geqslant 0$ 时,

$$\Delta^k\left[r^{2k-n}\log r\right] = (-1)^{\frac{n}{2}+1} 2^{2k-1} \pi^{\frac{n}{2}} (k-1)! \left(k-\frac{n}{2}\right)! \delta. \tag{30}$$

证 根据定理 4 推论

$$\Delta^{k-1}\left[r^{2k-n}\right] = \{\underbrace{(2k-n)(2k-n-2)\cdots(4-n)}_{(k-1)\text{个}}\}\{\underbrace{(2k-2)(2k-4)\cdots 2}_{(k-1)\text{个}}\}\left[r^{2-n}\right].$$

又根据定理 5 得

$$\Delta^k\left[r^{2k-n}\right] = \Delta\left\{\Delta^{k-1}\left[r^{2k-n}\right]\right\}$$

$$= \{(2k-n)(2k-n-2)\cdots(2-n)\}\{(2k-2)(2k-4)\cdots 2\}\frac{2\pi^{\frac{n}{2}}}{\Gamma\left(\frac{n}{2}\right)}\delta$$

$$= 2^{2k-1}(-1)^k\left\{\left(\frac{n}{2}-k\right)\left(\frac{n}{2}-(k-1)\right)\cdots\left(\frac{n}{2}-1\right)\right\}(k-1)!\frac{2\pi^{\frac{n}{2}}}{\Gamma\left(\frac{n}{2}\right)}\delta$$

$$= (-1)^k 2^{2k} \pi^{\frac{n}{2}} (k-1)! \frac{1}{\Gamma\left(\frac{n}{2}-k\right)}\delta.$$

注意此处得最后一式时系假定 $\frac{n}{2}-k$ 不为负整数或 0. 但 $\frac{n}{2}-k$ 为负整数或 0 时, 即 $2k-n = 2p \geqslant 0$ (此处 p 为整数 $\geqslant 0$), 如认 $\dfrac{1}{\Gamma\left(\frac{n}{2}-k\right)} = 0$, 则上式仍旧成立. 盖显然易见, 此时 $\Delta^k\left[r^{2p}\right] = 0$. 因此式 (29) 成立.

次证公式 (30): 设 n 为偶数并且 $2k-n \geqslant 0$, 即

$$2k-n = 2p \geqslant 0 \quad (p \geqslant 0).$$

先将算子 $\Delta^p = \Delta^{k-\frac{n}{2}}$ 作用于 $\left[r^{2k-n}\log r\right]$. 由定理 4 的推论得:

$$\Delta^{k-\frac{n}{2}}\left[r^{2k-n}\log r\right]$$
$$= (2k-n)(2k-n-2)\cdots 2(2k-2)(2k-4)\cdots n[\log r] + \text{const}$$
$$= 2^{2k-n}\left(k-\frac{n}{2}\right)!\frac{(k-1)!}{\left(\frac{n}{2}-1\right)!}[\log r] + \text{const}.$$

再将算子 Δ 作用于此, 得

$$\Delta^{k-\frac{n}{2}+2}\left[r^{2k-n}\log r\right] = 2^{2k-n}\left(k-\frac{n}{2}\right)!\frac{(k-1)!}{\left(\frac{n}{2}-1\right)!}\Delta[\log r].$$

根据定理 5 得

$$\Delta[\log r] = \begin{cases} 2\pi\delta, & (n=2), \\ (n-2)\left[r^{-2}\right], & (n>2). \end{cases}$$

设 $n = 2$. 于是 $k - \frac{n}{2} + 1 = k$, 于是得

$$\Delta^k\left[r^{2k-n}\right] = 2^{2k-n}\left(k-\frac{n}{2}\right)!(k-1)!2\pi\delta, \quad (n=2).$$

此即公式 (30).

设 $n > 2$ 则得

$$\Delta^{k-\frac{n}{2}+1}\left[r^{2k-n}\log r\right] = 2^{2k-n}\left(k-\frac{n}{2}\right)!\frac{(k-1)!}{\left(\frac{n}{2}-1\right)!}(n-2)\left[r^{-2}\right]$$
$$= 2^{2k-n+1}\left(k-\frac{n}{2}\right)1\frac{(k-1)!}{\left(\frac{n}{2}-1\right)!}\left[r^{-2}\right].$$

再将算子 $\Delta^{\frac{n}{2}-1}$ 作用于此, 注意因 $n > 2$, 故 $\frac{n}{2}-1 \geqslant 1$, 并且 $\left(\frac{n}{2}-1\right)+\left(k-\frac{n}{2}+1\right) = k$. 得

$$\Delta^k\left[r^{2k-n}\log r\right] = 2^{2k-n+1}\left(k-\frac{n}{2}\right)!\frac{(k-1)!}{\left(\frac{n}{2}-2\right)!}\Delta^{\frac{n}{2}-1}\left[r^{-2}\right]. \tag{31}$$

如命 $k' = \frac{n}{2} - 1$, 于是 $\Delta^{\frac{n}{2}-1}\left[r^{-2}\right] = \Delta^{k'}\left[r^{2k'-n}\right]$, 又 $2k' - n = -2 < 0$, 故可以应用已经证明了的公式 (29) 得

$$\Delta^{\frac{n}{2}-1}\left[r^{-2}\right] = (-1)^{\frac{n}{2}+1}2^{n-2}\pi^{\frac{n}{2}}\left(\frac{n}{2}-2\right)!\delta,$$

以此代入式 (31), 即得

$$\Delta^k\left[r^{2k-n}\log r\right] = (-1)^{\frac{n}{2}+1}2^{2k-1}\pi^{\frac{n}{2}}(k-1)!\left(k-\frac{n}{2}\right)!\delta \quad (2k-n=2p\geqslant 0). \qquad \text{证完.}$$

设 $A = \sum\limits_{|p| \leqslant m} a_p D^p$ 为常系数的微分算子. 我们说广义函数 E 为微分算子 A 的原始解, 如果

$$AE = \delta. \tag{32}$$

注意原始解通常不是唯一的 (参考以后 §4.2).

由定理 6 立即可求得调和算子 Δ 及高级调和算子 Δ^k 的原始解.

定理 7 设界定下列广义函数:

$$E_{n,k} = \begin{cases} \dfrac{(-1)^k \Gamma\left(\dfrac{n}{2} - k\right)}{2^{2k} \pi^{\frac{n}{2}} (k-1)!} \left[r^{2k-n}\right] & (2k-n \neq \text{正偶数或 } 0), \tag{33} \\ \dfrac{(-1)^{\frac{n}{2}+1}}{2^{2k-1} \pi^{\frac{n}{2}} (k-1)! \left(k-\dfrac{n}{2}\right)!} \left[r^{2k-n} \log r\right] & (2k-n = \text{正偶数或 } 0). \tag{34} \end{cases}$$

则 $E_{n,k}$ 为 k 级调和算子 Δ^k 的原始解, 即

$$\Delta^k E_{n,k} = \delta. \tag{35}$$

作为特例, 则广义函数

$$E_{n,1} = \begin{cases} \dfrac{\Gamma\left(\dfrac{n}{2}\right)}{2\pi^{\frac{n}{2}} (2-n)} \left[r^{2-n}\right] & (n > 2), \tag{36} \\ \dfrac{1}{2\pi} [\log r] & (n = 2) \tag{37} \end{cases}$$

为调和算子 Δ 的原始解, 即

$$\Delta E_{n,1} = \delta. \tag{38}$$

证 当 $2k - n \neq$ 正偶数或 0, 则定理 6 公式 (29) 右端系数不为 0. 当 $2k - n =$ 正偶数或 0 则定理 6 公式 (30) 右端系数不为 0. 故可以解得 δ.

以后当空间 R^n 不特别标明时, 就简写 $E_k = E_{n,k}$. 这个原始解在以后的讨论中, 特别是有关高级调和方程的讨论中有重要的意义 (见 §6.4).

§3.6 发散积分的有限部分

哈达玛 (Hadamard) 介绍了发散积分的有限部分的概念 (见 [8]). 后来黎希 (M. Riesz) 又用解析扩张的方法来处理它 (见 [9]). 这个概念在二级偏微分方程特别是双曲型方程的研究中有重要的意义. 我们利用这个概念来界定一些特殊型式的广义函数, 并且研究它们的性质, 主要是微分性质. 基本空间恒假定为 **K**, 而且只讨论单变数的情形.

广义函数 Pfx_+^m.

设 m 为任意固定的复数, 取函数 x_+^m:

$$x_+^m = \begin{cases} x^m & (x > 0), \\ 0 & (x < 0). \end{cases} \tag{1}$$

设 $\varphi \in \mathbf{K}$, 考虑积分

$$\int_{-\infty}^{+\infty} x_+^m \varphi(x) dx = \int_0^\infty x^m \varphi(x) dx. \tag{2}$$

当实部 $\Re(m) > -1$ 时此积分收敛, 当 $\Re(m) \leqslant -1$ 时则此积分一般地为发散. 又当 $\Re(m) > -1$ 时, 极易复验, 设 $\varphi_j \to 0(\mathbf{K})$, 则相应的积分 $\int_0^\infty x^m \varphi_j(x) dx \to 0$. 因此当 $\Re(m) > -1$ 时函数 x_+^m 界定了广义函数, 以 $[x_+^m]$ 表之:

$$([x_+^m], \varphi) = \int_0^\infty x^m \varphi(x) dx, (\Re(m) > -1). \tag{3}$$

根据 §3.5 的结果 (或直接由分部积分法) 不难复验, 广义函数 $[x_+^m]$ 服从下列极简单的微分法则:

$$\frac{d^p}{dx^p} [x_+^{m+p}] = (m+p)(m+p-1)\cdots(m+1) [x_+^m]$$
$$= \frac{\Gamma(m+p+1)}{\Gamma(m+1)} [x_+^m] \quad (\Re(m) > -1). \tag{4}$$

此式也可以改写为

$$\frac{d^p}{dx^p} \left\{ \frac{1}{\Gamma(m+p+1)} [x_+^{n+p}] \right\} = \frac{1}{\Gamma(m+1)} [x_+^m] \quad (\Re(m) > -1). \tag{5}$$

设取定 $\varphi \in \mathbf{K}$. 视复数 m 为变数, 不难复验 $([x_+^m], \varphi)$ 在复数 m 平面之域 $\Re(m) > -1$ 内为解析函数. 我们的课题即在于把这个函数向域 $\Re(m) \leqslant -1$ 内作解析扩张. 如果可能, 则积分 (2) 本身当 $\Re(m) \leqslant -1$ 时虽然发散但却可以用一定的步骤赋以唯一的有限值.

设 $m \neq$ 负整数, 我们界定广义函数 Pfx_+^m 如下: 任取非负整数 p 满足 $\Re(m)+p > -1$. 于是广义函数 $[x_+^{m+p}]$ 及其微商 $\frac{d^p}{dx^p} [x_+^{m+p}]$ 有意义, 命

$$Pfx_+^m = \frac{1}{(m+p)\cdots(m+1)} \frac{d^p}{dx^p} [x_+^{m+p}]$$
$$= \frac{\Gamma(m+1)}{\Gamma(m+p+1)} \frac{d^p}{dx^p} [x_+^{m+p}] \quad (m \neq \text{负整数}). \tag{6}$$

根据微分法则 (4) 显然可见这个定义与满足条件 $\Re(m)+p > -1$ 的非负整数 p 的选择无关. 因此式 (6) 单义地界定了广义函数 Pfx_+^m. 设 $\Re(m) > -1$, 我们可取 $p = 0$, 于是得

$$Pfx_+^m = [x_+^m] \quad (\Re(m) > -1), \tag{7}$$

取定 $\varphi \in \mathbf{K}$, 视 m 为变数, 得复变数 m 的函数 (Pfx_+^m, φ). 由式 (7) 即得当 $\Re(m) > -1$ 时

$$(Pfx_+^m, \varphi) = ([x_+^m], \varphi). \tag{8}$$

因此函数 (Pfx_+^m, φ) 为定在域 $\Re(m) > -1$ 的函数 $([x_+^m], \varphi)$ 在复数平面 (除 m 为负整数之点外) 的扩张. 又由定义式 (6) 可知

$$(Pfx_+^m, \varphi) = (-1)^p \frac{\Gamma(m+1)}{\Gamma(m+p+1)} \int_0^\infty x^{m+p} \varphi^{(p)}(x) dx. \tag{9}$$

由此不难复验当 $m \neq$ 负整数时, 函数 (Pfx_+^m, φ) 为复变数 m 的解析函数, 而以 $m =$ 负整数之点为一级极点. 由此可见函数 (Pfx_+^m, φ) 为半纯函数, 它是定在域 $\Re(m) > -1$ 内的函数 $[x_+^m, \varphi]$ 的解析扩张, 它以 $m =$ 负整数即 $m = -1, -2, \cdots$ 为一级极点.

上面从函数 $([x_+^m], \varphi)$ 扩张得到具有一级极点 ($m = -1, -2, \cdots$) 的解析函数 (Pfx_+^m, φ). 我们可以用一因子 $\dfrac{1}{\Gamma(m+1)}$ 乘之消去这些极点而得整函数, 为此我们界定广义函数 Y_m 如下:

设 m 为复数, $\Re(m) > 0$, 我们界定广义函数 Y_m:

$$Y_m = \frac{1}{\Gamma(m)} \left[x_+^{m-1} \right], \quad (\Re(m) > 0). \tag{10}$$

注意因此时 $\Re(m-1) > 1$, 故 $\left[x_+^{m-1} \right]$ 有意义. 根据式 (5) 立即可得 Y_m 的微分关系:

$$\frac{d^p}{dx^p} Y_{m+p} = Y_m \quad (\Re(m) > 0, p \geqslant 0). \tag{11}$$

今设 m 为任意复数. 取任意非负整数 p 满足 $\Re(m) + p > 0$, 于是 Y_{m+p} 已经界定, 我们界定

$$Y_m = \frac{d^p}{dx^p} Y_{m+p}, \quad \Re(m+p) > 0. \tag{12}$$

由式 (11) 立即可见此定义与 p 的选择无关, 并且当 $\Re(m) > 0$ 时新的定义与原来已经界定的 Y_m 一致. 因此这样便单义地界定了广义函数 Y_m, 而当 $\Re(m) > 0$ 时 Y_m 由式 (10) 表示.

现取定 $\varphi \in \mathbf{K}$, 考虑复变数 m 的函数 (Y_m, φ). 显然有

$$(Y_m, \varphi) = \frac{1}{\Gamma(m)} \left(\left[x_+^{m-1} \right], \varphi \right) \quad (\Re(m) > 0), \tag{13}$$

$$(Y_m, \varphi) = \frac{1}{\Gamma(m+p)} \left(\frac{d^p}{dx^p} \left[x_+^{m+p-1} \right], \varphi \right)$$

$$= \frac{(-1)^p}{\Gamma(m+p)} \left(\left[x_+^{m+p-1} \right], \varphi^{(p)} \right) \quad (\Re(m) + p > 0). \tag{14}$$

设 U 为复数 m 平面上的一个邻域. 显然恒可取适当大的 $p \geqslant 0$ 使得对任意的 $m \in U$ 而

言 $\Re(m) + p > 0$. 因此式 (14) 成立, 而函数 $\dfrac{1}{\Gamma(m+p)}$ 及 $\left([x_+^{m+p-1}], \varphi\right)$ 均在域 U 内为 m 的解析函数. 因域 U 可以任意取, 所以函数 (Y_m, φ) 为整函数, 即在整个复数 m 平面上为解析函数.

广义函数 Y_m 满足下列简单的微分关系:

$$\frac{d^p}{dx^p} Y_{m+p} = Y_m \quad (m \text{ 为任意复数}, p \geqslant 0). \tag{15}$$

要证此只须证明

$$(-1)^p \left(Y_{m+p}, \varphi^{(p)}\right) = (Y_m, \varphi). \tag{16}$$

我们前面已经证明, 当 $\Re(m) > 0$ 时式 (15) 亦即式 (16) 成立. 但式 (16) 两端都是 m 的整函数, 它们既然当 $\Re(m) > 0$ 恒等, 则必对任意的复数 m 亦恒等. 因此式 (15) 普遍成立.

最后指出, 根据广义函数 Y_m 及 $Pf x_+^m$ 的定义可知, 当 $m \neq$ 负整数或 0 时, $Y_m = \dfrac{1}{\Gamma(m)} Pf x_+^{m-1}$; 当 $m = 1$ 时, 显然可见 $Y_1 = Y$, 即单阶函数. 因此当 m 为 0 或负整数时 $(m = -p, p \geqslant 0$ 整数), $Y_{-p} = \delta^{(p)}$. 总结以上所述即得下述定理:

定理 1 设 m 为任意复数, 广义函数 Y_m 界定如下:

$$Y_m = \begin{cases} \dfrac{1}{\Gamma(m)} Pf x_+^{m-1}, & m \neq \text{负整数或 } 0; \\ \delta^{(l)}, & m = -l = \text{负整数或 } 0. \end{cases} \tag{17}$$

于是成立下列微分关系:

$$\frac{d^p}{dx^p} Y_{m+p} = Y_m \quad (m \text{为任意复数}), \tag{16}$$

$$\frac{d^p}{dx^p} Y_p = \delta. \tag{17}$$

设取定 $\varphi \in \mathbf{K}$, 视 m 为复变数, 则数积 (Y_m, φ) 为整函数, 它就是在域 $\Re(m) > 0$ 内的由收敛积分界定的解析函数

$$(Y_m, \varphi) = \frac{1}{\Gamma(m)} \int_0^\infty x^{m-1} \varphi(x) dx \quad (\Re(m) > 0) \tag{18}$$

在整个复数域上的解析扩张.

按: 广义函数 Y_m 的定义中因子 $\dfrac{1}{\Gamma(m)}$ 有三重功用: 1. 使得解析扩张之后得到整函数, 如果不用此因子则解析扩张之后得到具有异点的半纯函数; 2. 将微分关系 (4) 变为极简明的微分关系 (16); 3. 能够导出极简单的卷积关系 $Y_{m_1} * Y_{m_2} = Y_{m_1+m_2}$ (详见后 §5.5).

我们也可以用求极限的方法直接计算数积 $(Pf x_+^m, \varphi)$, 这就归结于哈达玛的发散积分的有限部分的概念.

考虑积分 $\int_\varepsilon^\infty x^m \varphi(x)dx, (\varepsilon > 0)$, 此处 m 为任意复数, $\varphi \in \mathbf{K}$. 命 $\varepsilon \to +0$: 设 $\Re(m) > -1$, 则积分序列 $\int_\varepsilon^\infty x^m \varphi(x)dx$ 收敛于 $\int_0^\infty x^m \varphi(x)dx$; 设 $\Re(m) \leqslant -1$, 则积分序列 $\int_\varepsilon^\infty x^m \varphi(x)dx$ 一般地为发散. 我们任意取定 $a > 0, 0 < \varepsilon < a$, 于是

$$\int_\varepsilon^\infty x^m \varphi(x)dx = \int_\varepsilon^a x^m \varphi(x)dx + \int_a^\infty x^m \varphi(x)dx \quad (m \text{ 任意复数}). \tag{19}$$

取整数 $p \geqslant 0$ 满足不等式 $\Re(m) + p + 1 > -1$, 即

$$\Re(m) + p + 2 > 0, \tag{20}$$

界定多项式

$$\varphi_p(x) = \sum_{k=0}^p \frac{\varphi^{(k)}(0)}{k!} x^k. \tag{21}$$

于是

$$\int_\varepsilon^a x^m \varphi(x)dx = \int_\varepsilon^a x^m \left(\varphi(x) - \varphi_p(x)\right) dx + \int_\varepsilon^a x^m \varphi_p(x)dx. \tag{22}$$

由于不等式 (20), 故当 $\varepsilon \to +0$ 时

$$\int_\varepsilon^a x^m \left(\varphi(x) - \varphi_p(x)\right) dx \to \lim_{\varepsilon \to 0} \int_\varepsilon^a x^m \left(\varphi(x) - \varphi_p(x)\right) dx$$
$$= \int_0^a x^m \left(\varphi(x) - \varphi_p(x)\right) dx, \tag{23}$$

$$\int_\varepsilon^a x^m \varphi_p(x)dx$$
$$= \int_\varepsilon^a \sum_{k=0}^p \frac{\varphi^{(k)}(0)}{k!} x^{m+k} dx$$
$$= \begin{cases} \sum_{k \leqslant p} \frac{\varphi^{(k)}(0)}{k!} \frac{a^{m+k+1}}{m+k+1} - \sum_{k \leqslant p} \frac{\varphi^{(k)}(0)}{k!} \frac{\varepsilon^{m+k+1}}{m+k+1} (m \neq \text{负整数}), \\ \sum_{\substack{k \leqslant p \\ k \neq -m-1}} \frac{\varphi^{(k)}(0)}{k!} \frac{a^{m+k+1}}{m+k+1} + \frac{\varphi^{(-m-1)}(0)}{(-m-1)!} \log a - \sum_{\substack{k \leqslant p \\ k \neq -m-1}} \frac{\varphi^{(k)}(0)}{k!} \frac{\varepsilon^{m+k+1}}{m+k+1} \\ \quad - \frac{\varphi^{(-m-1)}(0)}{(-m-1)!} \log \varepsilon (m = \text{负整数}). \end{cases} \tag{24}$$

注意, 当 $k \neq -m-1, \varepsilon \to 0$ 时, $\frac{\varepsilon^{m+k+1}}{m+k+1} \to 0$ 或 $\to \infty$, 但无其他可能.

对任意的复数 m, 我们界定积分 $\displaystyle\int_0^\infty x^m \varphi(x) dx$ 的有限部分 (Pf) 如下:

$$Pf \int_0^\infty x^m \varphi(x) dx$$

$$= \begin{cases} \displaystyle\int_a^\infty x^m \varphi(x) dx + \int_0^a x^m \left(\varphi(x) - \varphi_p(x)\right) dx + \sum_{k \leqslant p} \frac{\varphi^{(k)}(0)}{k!} \frac{a^{m+k+1}}{m+k+1} & (m \neq \text{负整数}), \\[3mm] \displaystyle\int_a^\infty x^m \varphi(x) dx + \int_0^a x^m \left(\varphi(x) - \varphi_p(x)\right) dx + \sum_{\substack{k \leqslant p \\ k \neq -m-1}} \frac{\varphi^{(p)}(0)}{k!} \frac{a^{m+k+1}}{m+k+1} \\[5mm] \qquad\qquad + \dfrac{\varphi^{(-m-1)}(0)}{(-m-1)!} \log a & (m = \text{负整数}), \end{cases} \tag{25}$$

此处整数 $p \geqslant 0$ 满足 $\Re(m) + p + 2 > 0$.

命 k_m 为满足 $\Re(m) + p + 2 > 0$ 之非负整数 p 中之最小者, 于是当 $k > k_m$, $\varepsilon \to 0$ 时, $\dfrac{\varepsilon^{m+k+1}}{m+k+1} \to 0$. 又当 m 为负整数时, 显然 $k_m = -m - 1$. 于是由式 (19), (22), (24), (25) 可知

$$Pf \int_0^\infty x^m \varphi(x) dx$$

$$= \begin{cases} \displaystyle\lim_{\varepsilon \to 0} \left[\int_\varepsilon^\infty x^m \varphi(x) dx + \sum_{k=0}^{k_m} \frac{\varphi^{(k)}(0)}{k!} \frac{\varepsilon^{m+k+1}}{m+k+1} \right] & (m \neq \text{负整数}), \\[5mm] \displaystyle\lim_{\varepsilon \to 0} \left[\int_\varepsilon^\infty x^m \varphi(x) dx \sum_{k=0}^{k_m-1} \frac{\varphi^{(k)}(0)}{k!} \frac{\varepsilon^{m+k+1}}{m+k+1} + \frac{\varphi^{(k_m)}(0)}{k_m!} \log \varepsilon \right] & (m = \text{负整数}). \end{cases} \tag{26}$$

由此可见, 有限部分 $Pf \displaystyle\int_0^\infty x^m \varphi(x) dx$ 之定义与 p, a 的选择无关, 仅依赖于复数 m 自己.

设 $\Re(m) > -1$, 则当 $\varepsilon \to 0$ 时 $\dfrac{\varepsilon^{m+k+1}}{m+k+1} \to 0$, 因此

$$Pf \int_0^\infty x^m \varphi(x) dx = \int_0^\infty x^m \varphi(x) dx = \left([x_+^m], \varphi\right) \quad (\Re(m) > -1), \tag{27}$$

换言之, 当 $\Re(m) > -1$ 时, 有限部分就是收敛积分本身, 此时有限部分符号 Pf 可以略去.

取定 $\varphi \in \mathbf{K}$, 视 m 为复变数. 取相当大的 p 后由式 (25) 不难复验, 函数 $Pf \displaystyle\int_0^\infty x^m \varphi(x) dx$ 在 m 平面上 $m \neq$ 负整数之点都是解析的, 因此它和函数 $(Pf x_+^m, \varphi)$ 一样都是函数 $\left([x_+^m], \varphi\right)$ 在 m 平面 ($m \neq$ 负整数) 上的解析扩张, 故由解析扩张的唯一性即得

$$\left(Pf x_+^m, \varphi\right) = Pf \int_0^\infty x^m \varphi(x) dx \quad (m \neq \text{负整数}). \tag{28}$$

本节的理论可推广到多变数的情形, 即界定欧几里得距离函数 $r^m = (x_1^2 + \cdots + x_n^2)^{\frac{m}{2}}$ 或双曲距离函数 $s^m = (x_n^2 - x_1^2 - \cdots - x_{n-1}^2)^{\frac{m}{2}}$ 的有限部分 Pfr^m, Pfs^m 等 (见 [3]), 它们对调和方程与波动方程各具重要的意义.

第四章 广义函数的微分方程与乘积方程

对广义函数界定了微分及乘子运算后自然引起逆运算的问题 —— 积分和除法. 更一般地也引起了解广义函数的微分方程的问题.

§4.1 广义函数的积分

设 B 为已知 $\varPhi$ 广义函数, 我们说 $\varPhi$ 广义函数 T 是广义函数 B 对自变数 x_k 的一个原函数, 如果 T 满足方程

$$\frac{\partial T}{\partial x_k} = B. \tag{1}$$

以下只讨论 $\mathbf{K}$ 广义函数的积分.

单变数广义函数的原函数

定理 1 每一个单变数的 $\mathbf{K}$ 广义函数具有无穷多个原函数, 它们彼此相差一个常数①.

定理的第二部就等于说微商为 0 的广义函数必为常数.

证 空间 $\mathbf{K}$ 内所有作 $\frac{d\psi}{dx}, (\psi \in \mathbf{K})$ 型的函数 ξ 组成一个子空间 $\mathbf{H}$. $\xi \in \mathbf{H}$ 的充要条件为

$$\int_{-\infty}^{+\infty} \xi(t)dt = 0. \tag{2}$$

必要条件是显然的: 盖 $\int_{-\infty}^{\infty} \xi dt = \int_{-\infty}^{\infty} \frac{d\psi}{dt}dt = \psi(\infty) - \psi(-\infty) = 0.$ 充分条件也很容易: 盖命

$$\psi(x) = \int_{-\infty}^{x} \xi(t)dt, \tag{3}$$

于是 $\frac{d\psi}{dx} = \xi.$ ξ 为无穷可微, 故 ψ 也无穷可微. 又由此式可看出 ψ 具有紧密支集, 所以 $\psi \in \mathbf{K}, \xi \in \mathbf{H}$.

取定一个 $\beta \in \mathbf{K}, \beta \notin \mathbf{H}$, 满足

$$\int_{-\infty}^{\infty} \beta(t)dt = 1. \tag{4}$$

---

① 此处常数意即函数型的广义函数, 其产生函数为一常数. 以后在相应之处均系如此了解.

于是 $\mathbf{K}$ 中的任意函数 φ 必可唯一地分解为

$$\varphi(x) = \varphi^0 \beta(x) + \xi(x), \tag{5}$$

此处常数 φ^0 及函数 ξ 界定如下:

$$\varphi^0 = \int_{-\infty}^{\infty} \varphi(t)dt, \tag{6}$$

$$\xi = \varphi - \beta \varphi^0 \in \mathbf{H}, \quad \xi = \frac{d\psi}{dx}, \quad \psi = \int_{-\infty}^{x} \xi(t)dt \tag{7}$$

$\left(\text{因} \int_{-\infty}^{\infty} \xi(t)dt = 0, \text{故} \xi \in \mathbf{H} \right)$. 注意, 当 $\varphi^0 \neq 0$ 时, $\varphi^0 \beta \notin \mathbf{H}$.

设序列 $\varphi_j \to 0(\mathbf{K})$, 则不难复验, 数列 $\varphi_j^0 \to 0$, 函数序列 $\xi_j = \varphi_j - \beta \varphi_j^0 = \dfrac{d\psi_j}{dx} \to 0(\mathbf{K})$, $\psi_j \to 0(\mathbf{K})$.

设 T 为任意广义函数, $\varphi \in \mathbf{K}$ 则

$$(T, \varphi) = \varphi^0 (T, \beta) + \left(T, \frac{d\psi}{dx} \right) = \varphi^0 (T, \beta) - \left(\frac{dT}{dx}, \psi \right). \tag{8}$$

因此 T 满足方程 $\dfrac{dT}{dx} = B$ 的充要条件为对任意 $\varphi \in \mathbf{K}$ 而言

$$(T, \varphi) = \varphi^0 (T, \beta) - (B, \psi). \tag{9}$$

现任意取定常数 C, 界定广义函数 T_0 如下:

$$(T_0, \varphi) = \varphi^0 C - (B, \psi), \quad (\varphi \in \mathbf{K}). \tag{10}$$

于是不难复验 $(T_0, \beta) = C$. 因此 T_0 满足式 (9), 即 $\dfrac{dT_0}{dx} = B$. 其次讨论 $\dfrac{dS}{dx} = 0$ 的普遍解. 显然常数 C 为此方程之解. 反之设 S 满足 $\dfrac{dS}{dx} = 0$, 于是由 (9) 得

$$(S, \varphi) = \varphi^0 (S, \beta) = (S, \beta) \int_{-\infty}^{\infty} \varphi(x)dx$$

$$= \int_{-\infty}^{\infty} C\varphi(x)dx = (C, \varphi),$$

此处 $C = (S, \beta)$ 为常数. 因此 $S = C$. 于是原函数 $T = T_0 + C$. 证完.

推论 设 S 为已知的一个变数的广义函数, 则存在无穷多个广义函数 T 满足 $D^p T = B$, 它们彼此相差一个次数 $\leqslant p - 1$ 的多项式[①].

证 第一部分用定理 1 逐步可得, 对第二部分只需证明: 设 $D^p T = 0$, 则 T 为次数 $\leqslant p - 1$ 的多项式.

---

① 此处多项式意即函数型的广义函数, 其产生函数为一多项式. 以后在相应之处均系如此了解.

我们用归纳法证之. 设 $D^pT = 0$, 即 $D\left(D^{p-1}T\right) = 0$, 则用根据定理得

$$D^{p-1}T = k = D^{p-1}\left(k'x^{p-1}\right)(k, k' \text{为常数}).$$

于是由归纳假设即知 $T - k'x^{p-1}$ 为次数 $\leqslant p-2$ 的多项式, 即为次数 $\leqslant p-1$ 的多项式.

多变数广义函数的积分

上面的结果很容易推广到多变数的情形. 为方便计, 以 $[x_2, \cdots, x_n]$ 表变数 $x_2, \cdots, x_n$ 的 $(n-1)$ 维欧几里得空间, 它是空间 R^n 的子空间. 类似地, 有符号 $[x_{p+1}, \cdots, x_n]$. 以 $\mathbf{K}$ 表对空间 R^n 的基本空间, $\mathbf{K}[x_{k+1}, \cdots, x_n]$ 表对空间 $[x_{k+1}, \cdots, x_n]$ 的基本空间.

定理 2 设 S 为已知 $\mathbf{K}$ 广义函数, 则方程

$$\frac{\partial T}{\partial x_1} = B \tag{11}$$

有无穷多个广义函数解 T, 它们互相差一个与变数 x_1 无关的广义函数, 与变数 x_1 无关的广义函数即齐性方程

$$\frac{\partial S}{\partial x_1} = 0 \tag{12}$$

的解, S 的一般形式为

$$S = 1_{x_1} \times V, \tag{13}$$

此处 1_{x_1} 为空间 $[x_1]$ 上的常数 1, V 为空间 $[x_2, \cdots, x_n]$ 上的任意广义函数.

证 空间 $\mathbf{K}$ 内所有作 $\dfrac{\partial \psi}{\partial x_1}(\psi \in \mathbf{K})$ 型的函数 ξ 组成一个子空间 $\mathbf{H}_1$. 我们很容易证明 $\xi \in \mathbf{H}_1$ 的充要条件为: 对所有的 $x_2, \cdots, x_n$ 而言

$$\int_{-\infty}^{\infty} \xi(t_1, x_2, \cdots, x_n)\, dt_1 = 0, \tag{14}$$

并且设 $\xi \in \mathbf{H}_1$, 则

$$\psi(x_1, x_2, \cdots, x_n) = \int_{-\infty}^{x_1} \xi(t_1, x_2, \cdots, x_n)\, dt_1 \in \mathbf{K}, \xi = \frac{\partial \psi}{\partial x_1}. \tag{15}$$

取定一个仅依赖于变数 x_1 的基本函数 $\beta(x_1) \in \mathbf{K}[x_1]$ 满足

$$\int_{-\infty}^{\infty} \beta(t_1)\, dt_1 = 1, \tag{16}$$

于是, 不难证明, $\mathbf{K}$ 中的任意函数 φ 必可唯一地分解为

$$\varphi(x_1, \cdots, x_n) = \beta(x_1)\varphi^1(x_2, \cdots, x_n) + \xi(x_1, \cdots, x_n), \tag{17}$$

此处函数 φ^1 及 ξ 界定如下:

$$\varphi^1(x_2, \cdots, x_n) = \int_{-\infty}^{+\infty} \varphi(t_1, x_2, \cdots, x_n)\, dt_1 \in \mathbf{K}[x_2, \cdots x_n], \tag{18}$$

$$\xi = \varphi - \beta\varphi^1 \in \mathbf{H}_1, \quad \xi = \frac{\partial\psi}{\partial x_1} \in \mathbf{H}_1, \tag{19}$$

$$\psi(x_1, \cdots, x_n) = \int_{-\infty}^{x_1} \xi(t_1, x_2, \cdots, x_n)\, dt_1. \tag{20}$$

设序列 $\varphi_j \to 0(\mathbf{K})$, 则不难复验, 序列 $\varphi_j^1 \to 0(\mathbf{K}[x_2, \cdots, x_n])$, $\xi_j = \varphi_j - \beta\varphi_j^1 = \frac{\partial\psi_j}{\partial x_1} \to 0(\mathbf{K})$, $\psi_j \to 0(\mathbf{K})$.

设 T 为任意广义函数, $\varphi \in \mathbf{K}$, 则

$$\begin{aligned}(T, \varphi) &= (T, \beta\varphi^1) + \left(T, \frac{\partial\psi}{\partial x_1}\right) \\ &= (T, \beta\varphi^1) - \left(\frac{\partial T}{\partial x_1}, \psi\right).\end{aligned} \tag{21}$$

因此 T 满足方程 $\frac{\partial T}{\partial x_1} = B$ 的充要条件为: 对任意 $\varphi \in \mathbf{K}$ 而言

$$(T, \varphi) = (T, \beta\varphi^1) - (B, \psi). \tag{22}$$

任取空间 $[x_2, \cdots, x_n]$ 上的任意广义函数 V, 我们界定广义函数 T_0 如下:

$$(T_0, \varphi) = (V, \varphi^1) - (B, \psi), \quad (\varphi \in \mathbf{K}). \tag{23}$$

于是不难复验 $(T_0, \beta\varphi^1) = (V, \varphi^1)$. 因此 T_0 满足式 (22), 即 $\frac{\partial T_0}{\partial x_1} = B$.

设 $\frac{\partial S}{\partial x_1} = 0$, 于是由式 (22) 知

$$(S, \varphi) = (S, \beta\varphi^1), \tag{24}$$

显然 $\varphi^1 \Rightarrow \beta\varphi^1$ 是一个同态映射映 $\mathbf{K}[x_2, \cdots, x_n]$ 入 $\mathbf{K}[x_1, x_2, \cdots, x_n]$. 因此可以界定一个空间 $[x_2, \cdots, x_n]$ 上的广义函数 V:

$$(V, \varphi^1) = (S, \beta\varphi^1), \tag{25}$$

于是

$$(S, \varphi) = (V, \varphi^1) = (1_{x_1} \times V, \varphi). \tag{26}$$

因此 $S = 1_{x_1} \times V$. 反之, 设 V 为 $[x_2, \cdots, x_n]$ 上的任意的广义函数, 则显然 $\frac{\partial}{\partial x_1}(1_{x_1} \times V) = 0$. 因此 $\frac{\partial S}{\partial x_1}$ 的普遍解为 $S = 1_{x_1} \times V$, 而 $\frac{\partial S}{\partial x_1} = B$ 的普遍解则为

$$T = T_0 + 1_{x_1} \times V. \tag{27}$$

上述定理更可推广到简单的一级微分方程组的问题:

定理 3 设 $B_1, \cdots, B_k (k \leqslant n)$ 为已知广义函数, 方程组

$$\frac{\partial T}{\partial x_i} = B_i, \quad i = 1, \cdots, k \tag{28}$$

有解的充要条件为

$$\frac{\partial B_i}{\partial x_j} = \frac{\partial B_j}{\partial x_i} \quad (i, j = 1, \cdots, k), \tag{29}$$

并且如果有解, 则必有无穷多个解, 它们互相差一个与变数 $x_1, \cdots, x_k$ 无关的广义函数, 与变数 $x_1, \cdots, x_k$ 无关的广义函数即方程组

$$\frac{\partial S}{\partial x_i} = 0, \quad i = 1, \cdots, k \tag{30}$$

的解, S 的普遍形式为

$$S = 1_{x_1, \cdots, x_k} \times V_{x_{k+1}, \cdots, x_n}, \tag{31}$$

此处 $1_{x_1, \cdots, x_k}$ 为空间 $[x_1, \cdots, x_k]$ 上的常数 1, $V_{x_{k+1}, \cdots, x_n}$ 为空间 $[x_{k+1}, \cdots, x_n]$ 上的任意广义函数. 在 $k = n$ 的情形, 则 $S = C$, 常数.

证 必要条件不证自明, 我们用归纳法证明充分条件. 设 $k = 1$, 则就是定理 1 的情形, 故已经证明. 现设当方程式个数为 k 时定理成立, 求证当方程式个数为 $k + 1$ 时定理也成立.

当方程式个数为 $k + 1$ 时, 我们得新方程组

$$\frac{\partial T}{\partial x_i} = B_i, \quad i = 1, \cdots, k, k+1, \tag{32}$$

及新条件

$$\frac{\partial B_i}{\partial x_j} = \frac{\partial B_j}{\partial x_i}, \quad i, j = 1, \cdots, k, k+1. \tag{33}$$

根据归纳假设方程组 $\{i = 1, \cdots, k\}$ 有解 T^k, 其普遍解为 $T = T^k + U^k$, T^k 为特解, U^k 为与 $x_1, \cdots, x_k$ 无关的任意广义函数, 即

$$T = T^k + 1_{x_1, \cdots, x_k} \times V^k, \tag{34}$$

此处 V^k 为空间 $[x_{k+1}, \cdots, x_n]$ 上的任意广义函数. 将此普遍解代入第 $k + 1$ 个方程, 即

$$1_{x_1, \cdots, x_k} \times \frac{\partial V^k}{\partial x_{k+1}} = B_{k+1} - \frac{\partial T^k}{\partial x_{k+1}}. \tag{35}$$

利用关系 $\dfrac{\partial B_i}{\partial x_{k+1}} = \dfrac{\partial B_{k+1}}{\partial x_i}$ 及 $\dfrac{\partial T^k}{\partial x_i} = B_i (i = 1, \cdots, k)$ 可得

$$\frac{\partial}{\partial x_i} \left(B_{k+1} - \frac{\partial T^k}{\partial x_{k+1}} \right) = \frac{\partial B_{k+1}}{\partial x_i} - \frac{\partial T^k}{\partial x_i \partial x_{k+1}} = \frac{\partial B_i}{\partial x_{k+1}} - \frac{\partial B_i}{\partial x_{k+1}} = 0.$$

故已知量 $B_{k+1} - \dfrac{\partial T^k}{\partial x_{k+1}}$ 与变数 $x_1, \cdots, x_k$ 无关. 根据归纳假设知必有空间 $[x_{k+1}, \cdots, x_n]$ 上的广义函数 B^{k+1} 使得

$$B_{k+1} - \frac{\partial T^k}{\partial x_{k+1}} = 1_{x_1, \cdots, x_k} \times B^{k+1}. \tag{36}$$

因此由式 (35), (36) 得空间 $[x_{k+1}, \cdots, x_n]$ 上的方程

$$\frac{\partial V^k}{\partial x_{k+1}} = B^{k+1}. \tag{37}$$

根据定理 2 知 (37) 有解 T_{k+1}, 其普遍解为

$$V^k = T_{k+1} + \left(1_{x_{k+1}} \times V^{k+2}\right),$$

此处 V^{k+2} 为空间 $[x_{k+2}, \cdots, x_n]$ 上的广义函数. 因此方程组 (32) 的普遍解为

$$\begin{aligned}
T &= T^k + \left(1_{x_1, \cdots, x_k} \times V^k\right) \\
&= T^k + \left(1_{x_1, \cdots, x_k} \times T_{k+1}\right) + \left(1_{x_1, \cdots, x_{k+1}} \times V^{k+2}\right).
\end{aligned}$$

证完.

推论 设广义函数 T 的所有的 m 级偏微商为 0, 则 T 为一个次数 $\leqslant m-1$ 的多项式.

证 用归纳法, 当 $m = 0$ 时为显然. 设当 $m = k$ 时成立, 求证对 $m = k+1$ 时也成立. 设 T 的所有的 $k+1$ 级偏微商为 0, 则 $\dfrac{\partial T}{\partial x_i}, i = 1, \cdots, n$ 的各 k 级偏微商为 0, 即 $\dfrac{\partial T}{\partial x_i} = C_i, C_i$ 为常数. 因 $\dfrac{\partial C_i}{\partial x_k} = \dfrac{\partial C_k}{\partial x_i}(i, k = 1, \cdots, n)$, 显然可求得次数 $\leqslant k$ 的多项式 P, 使得 $\dfrac{\partial P}{\partial x_i} = C_i$, 故 $\dfrac{\partial}{\partial x_i}(T - P) = 0(i = 1, \cdots, n)$, 即 $T = P + C$.

直积的积分

关于直积的积分显然易证下述定理:

定理 4 设已知广义函数 $B = B_x \times B_y$, 于是空间 $[x, y]$ 上的方程

$$D_x^p D_y^q T = B_x \times B_y$$

有解, 其普遍解为

$$T = T_x^0 \times T_y^0 + S,$$

此处 $D_x^p T_x^0 = B_x, D_y^q T_y^0 = B_y, S$ 为方程 $D_x^p D_y^q S = 0$ 的普遍解.

§4.2 广义微分方程

设有基本空间 Φ, 无穷可微函数 $a_p(x)(|p| \leqslant m)$ 为 Φ 乘子. B 为已知的 Φ 广义函数, T 为未知 Φ 广义函数, 于是方程

$$\sum_{|p| \leqslant m} a_p(x) D^p T = B \tag{1}$$

叫做级数 $\leqslant m$ 的 Φ 微分方程或广义微分方程, 或更简称为微分方程, 在 $B = 0$ 的情形叫做齐性广义微分方程. 设 Φ 广义函数 T 满足方程 (1), 称为方程 (1) 的解, 或为更清楚计, 可以称为广义解或 Φ 广义解.

算子 $\sum\limits_{|p| \leqslant m} a_p(x) D^p$ 为空间 $\overset{\circ}{\Phi}$ 的线性连续运算 (见 §2.1), 我们以 A 表之, 则方程 (1) 可以写为

$$AT = B, \quad A = \sum_{|p| \leqslant m} a_p(x) D^p. \tag{2}$$

如果最高的 m 级微商的系数 $a_p(x)$ 不恒为 0, 则我们说方程为 m 级.

我们也可讨论 Φ 广义微分方程组

$$\sum_{k=1}^{N} \sum_{|p| \leqslant m} a_{p,jk}(x) D^p T_k = B_j \quad (j = 1, \cdots, N'), \tag{3}$$

这个方程组包含 N 个未知 Φ 广义函数 $T_1, \cdots, T_N$ 的 N' 个 Φ 广义微分方程, $B_1, \cdots, B_{N'}$ 为已知的 N' 个 Φ 广义函数, $a_{p,jk}(x)$ 为乘子. 方程组 (3) 可以形式地写为向量方程

$$AT = B,$$
$$A = (A_{jk}) = \sum_{|p| \leqslant m} a_{p,jk}(x) D^p, \tag{4}$$

此处 $T = \{T_1, \cdots, T_N\}$ 为具有 N 个分量的未知 Φ 广义向量函数 [①](竖向量), $B = \{B_1, \cdots, B_{N'}\}$ 为具有 N 个分量的已知 Φ 广义向量函数 (竖向量), $A = \{A_{jk}\}$ 为具有 N 横 N' 竖的矩阵 (注意其元素为空间 $\overset{\circ}{\Phi}$ 内的算子), 我们通常只讨论未知数的个数与方程的个数相等的情形, 即 $N = N'$.

当基本空间 Φ 的维数 (即其所属的欧几里得空间 R^n 的维数)$n = 1$ 时, 即得常微分方程; 当维数 $n > 1$ 时, 则得偏微分方程.

我们也可以局部地讨论广义微分方程. 设 Ω 为空间 R^n 的一个开域, 方程 (1) 应了解为局部基本空间 $\mathbf{K}(\Omega)$ 内的方程, 已知函数 B 及未知函数 T 都是局部 Ω 广义函数.

广义微分方程与普遍微分方程

取基本空间 $\Phi = \mathbf{K}$. 设广义微分方程 (1) 中已知右项为连续函数, 即 $B = b(x)$, 设限定广义函数 T 为普通的 m 级连续可微函数, 即 $T = u(x)$, 于是方程 (1) 就变为

$$\sum_{|p| \leqslant m} a_p(x) D^p u = b(x), \tag{5}$$

这就是普通意义下的级数 $\leqslant m$ 的变系数 (系数 a_p 为无穷可微函数) 的线性微分方程. 因此广义微分方程就是普通的线性微分方程的直接推广. 反之, 设给了微分方程 (5) [注意: 以后所谓微分方程都应了解为系数为无穷可微函数的线性微分方程], 于是如果视 u 为未

---

① 读者不妨先读 §8.1 首段, 那里系统地介绍广义向量函数的概念.

知广义函数, 则微分方程 (5) 就是一个广义微分方程, 它对应于原来的微分方程. 这个广义微分方程的解称为原来的微分方程 (5) 的广义解.

显然可见, 设对应于方程 (5) 的广义微分方程的解 T 为 m 级连续可微函数 $u(x)$, 则函数 $u(x)$ 就是微分方程 (5) 的普通意义下的解. 微分方程 (5) 的普通解自然也是广义解. 微分方程的广义解的概念是普遍的解的概念的推广. 以后可以见到 (见 §6.4) 对一系列的微分方程, 如调和方程、泊松方程以及一般的椭圆型方程而言, 广义解就是普通解, 因此没有得到推广. 但一般双曲型方程而言, 则可以有不为普通解的广义解. 例如取广义函数

$$T = f(x_1) + g(x_2),$$

此处 $f(x_1)$ 与 x_2 无关, $g(x_2)$ 与 x_1 无关, 并且都不为可微, 于是 T 为双曲型方程

$$\frac{\partial^2 T}{\partial x_1 \partial x_2} = 0$$

的广义解而不为普通解. 在有些情形不为普通解的广义解仍然具有实际的物理的意义. 因此对双曲方程而言, 广义函数的概念更特别有意义. 所以不是偶然的, 索伯列夫正是从双曲微分方程的研究中提出广义函数的概念. 同样在哈达玛 [8]、勒瑞 (Leray)[10]、黎希 [9]、古朗特–希尔伯特 (Courant-Hilbert)[13] 等关于双曲方程的工作中也都隐含着广义函数的概念.

由上可见研究微分方程时可以先研究其相应的广义的微分方程, 寻求或研讨其广义解. 这一步骤有时比直接研究原来的微分方程更为容易, 又如果能复验所得的广义解为足够多次的连续可微函数, 则它就是原来的微分方程的解. 又可以从广义解的唯一性推断普通解的唯一性. 又如要研究微分方程在某些满足一定条件的函数类内的解, 则可以取适当的基本空间 Φ 而研究在空间 $\overset{\circ}{\Phi}$ 内的广义微分方程, 例如要研究微分方程在缓增函数类内的解的问题, 则可取基本空间为 $\mathbf{S}$, 如要研究在无穷处增长 $\leqslant e^{\varepsilon|x|^p}$ 的函数类时, 则可取基本空间为 $\mathbf{K}_p, \mathbf{Z}_p^p$ 等 (见第 7, 8 章). 当讨论微分方程的局部的解的问题时, 则恒取局部基本空间 $\mathbf{K}(\Omega)$ 而研究 $\mathbf{K}(\Omega)$ 广义微分方程.

因为 $\mathbf{K}$ 广义函数空间的内涵最广, 最适宜于讨论一般的情形, 因此今后当没有特别标明时, 基本空间应了解为 $\mathbf{K}$.

广义微分方程的原始解

定义 设 Φ 广义函数 $E_{(a)}$ 满足方程

$$AE_{(a)} = \delta_{(a)}, \tag{6}$$

此处 $\delta_{(a)}$ 为在点 $a \in R^n$ 的 δ 函数; 于是 $E_{(a)}$ 叫做 Φ 广义微分方程 $AT = B$ *在点 a 的一个原始解*. 注意此处原始解显然只与线性算子 A 有关, 因此 $E_{(a)}$ 也可以叫做线性算子 A 的原始解.

在讨论常系数的广义微分方程时通常只须讨论在原点 O 的原始解, 简称*原始解*, 即广义函数 E 满足方程

$$AE = \delta. \tag{7}$$

盖因此时线性算子 A 与平移算子 τ_a 为可交换的, 故 $\delta_{(a)} = \tau_a \delta = \tau_a(AE) = A(\tau_a E)$, 即广义函数 $\tau_a E$ 为在点 a 的原始解.

原始解显然不是唯一的, 因为一个原始解加上一个齐性方程 $AU = 0$ 的解后仍为一个原始解.

利用局部基本空间 $\mathbf{K}(\Omega)$, 我们自然可以界定局限于开域 $\Omega \subset R^n$ 的原始解的概念.

仿前对一个方程的情形, 我们可以界定方程组 $(3)(N = N')$, 在点 a 的原始解为一个 N 行 N 列的广义函数矩阵 $E_{(a)} = (E_{(a),jk})$ 满足

$$\sum_{k=1}^{N} \sum_{|p| \leqslant m} a_{p,jk}(x) D^p E_{(a),kl} = \begin{cases} 0 & (j \neq l), \\ \delta_{(a)} & (j = l), \end{cases} \tag{8}$$

或简写为

$$AE_{(a)} = I\delta_{(a)}, \tag{9}$$

此处 I 为 N 行 N 列的单位矩阵.

原始解的寻求和探讨在微分方程理论中有重要的意义. 一方面它能帮助阐明微分方程的解许多定性的性质, 另一方面通过原始解可以解决微分方程的许多定解问题的存在性与唯一性. 因为这个方法带有算符的特质, 所以容易被掌握运用 (见 §5.4, §6.4, §8.3, §8.4).

广义解的一般性质

定理 1 Φ 广义方程组 (4) $AT = B$ 的解 T 组成空间 $\overset{\circ}{\Phi}$ 内的一个线性闭流形. 换言之:

(a) 设 T_j 为解, $T_j \to T(\overset{\circ}{\Phi})$, 则 T 亦为解;

(b) 齐性方程组 $AS = 0$ 的解组成空间 $\overset{\circ}{\Phi}$ 内的一个线性子空间;

(c) 设方程组 (4) 有解, 则方程组的普遍解为 $T = T_0 + S$, 此处 T_0 为方程组 (4) 的一个特解, S 为对应于组 (4) 的齐性方程组的普遍解.

证 (a) 因为算子 A 是空间 $\overset{\circ}{\Phi}$ 内的线性运算, 所以当 $T_j \to T(\overset{\circ}{\Phi})$ 时, $B = AT_j \to AT = B$;

(b) 由于方程组 (4) 的线性, 故可见, 设 $AS_1 = 0 = AS_2, \alpha_1, \alpha_2$ 为常数, 则 $A(\alpha_1 S_1 + \alpha_2 S_2) = 0$;

(c) 设 $AT_0 = B, AS = 0$, 则 $A(T_0 + S) = B$. 反之设 $AT_0 = B = AT$, 则 $A(T - T_0) = 0$.

按: 在普通微分方程理论中这个定理有时成立, 有时不成立. 例如调和方程则此定理成立: 设调和函数 u_j 一致收敛于函数 u, 则 u 仍为调和函数, 又对一般的椭圆型方程 (调和方程为其特例) 相似的定理也成立 (见 §6.4). 但对一般的双曲型方程而言, 这个定理不成立. 当双曲方程的解 u_j 一致收敛于函数 u 时, 函数 u 可以不可微分或非足够多次的可微分, 因此函数 u 可以不是原来方程的解. 注意此处和我们的定理矛盾仅是表面的, 因为 u 虽然不是方程的普通解, 但它是方程的广义解.

将有关广义微分方程的定理 1 应用于普通微分方程即得如下推论:

定理 2 设有 m 级微分方程组

$$Au = b. \tag{10}$$

设 u_j 为其解, 并且在空间 R^n 的每一个紧密集上 $u_j(x)$ 一致收敛于函数 $u(x)$. 设函数 $u(x)$ 为 m 级连续可微, 则它是方程组 (10) 的解.

证 我们取 $\varPhi = \mathbf{K}$, 视 u_j, u 为 $\mathbf{K}$ 广义函数, 于是根据假设及空间 $\overset{\circ}{\mathbf{K}}$ 内的极限判断法则知 $u_j \to u(\overset{\circ}{\mathbf{K}})$. 因此由定理 1 知 u 为方程组 (10) 的广义解. 但 u 为 m 级连续可微函数, 因此它就是方程组 (10) 的普通意义的解.

柯西问题

设有 m 级微分方程

$$\frac{\partial^m u}{\partial x_n^m} + \sum_{\substack{|p| \leqslant m \\ p_n < m}} a_p(x) D^p u = b(x). \tag{11}$$

所谓柯西问题就是求界定在半空间 $x_n \geqslant 0$ 上的 m 级连续可微函数 $u = u(x_1, \cdots, x_n)$ 满足方程 (11) 及初始条件

$$\begin{cases} u(x_1, \cdots, x_{n-1}, 0) = u_0(x_1, \cdots, x_{n-1}), \\ \dfrac{\partial^k}{\partial x_n^k} u(x_1, \cdots, x_{n-1}, 0) = u_k(x_1, \cdots, x_{n-1}), k = 1, \cdots, m-1, \end{cases} \tag{12}$$

此处 $u_0, u_1, \cdots, u_{m-1}$ 为界定在超越平面 $x_n = 0$ 上的已知函数.

要从广义函数的角度来处理柯西问题, 我们需利用具有间断面的可微函数的普通微商与广义微商的关系.

设 $u(x) = u(x_1, \cdots, x_n)$ 为界定在空间 R^n 上的函数, 它在半空间 $x_n \geqslant 0$ 内为 m 级连续可微函数, 在半空间 $x_n < 0$ 内恒等于 0 (注意 $u(x)$ 在平面 $x_n = 0$ 内亦为 m 级连续可微). 这个函数 u 以平面 $x_n = 0$ 为间断面. 命

$$\begin{aligned} u_0 &= u_0(x_1, \cdots, x_{n-1}) = u(x_1, \cdots, x_n, 0), \\ u_k &= u_k(x_1, \cdots, x_{n-1}) = \frac{\partial^k}{\partial x_n^k} u(x_1, \cdots, x_{n-1}, 0), \\ & \qquad k = 1, \cdots, m-1. \end{aligned} \tag{13}$$

我们沿用 §3.5 内的记号, 以 $[v]$ 代表由间断函数 v 所产生的广义函数, 于是根据 §3.5 定理 2 不难求得

$$\frac{\partial}{\partial x_k}[u] = \left[\frac{\partial u}{\partial x_k}\right], \quad k = 1, \cdots, n-1; \tag{14}$$

$$\frac{\partial}{\partial x_n}[u] = \left[\frac{\partial u}{\partial x_n}\right] + u_0 \times \delta_{x_n}, \tag{15}$$

此处 $u_0 = u_0(x_1, \cdots, x_{n-1})$ 为空间 $[x_1, \cdots, x_{n-1}]$ 上的广义函数, δ_{x_n} 为空间 $[x_n]$ 上的 δ 函数. 连续运用式 (14), (15) 即得一般的

$$D^p[u] = [D^p u] + \sum_{v=1}^{p_n} \left\{ \frac{\partial^{|p|-p_n}}{\partial x_1^{p_1} \cdots \partial x_{n-1}^{p_{n-1}}} u_{v-1} \times \delta_{x_n}^{(p_n-v)} \right\}. \tag{16}$$

今设界定在半空间 $x_n \geqslant 0$ 上的函数 $u(x)$ 为柯西问题 (11), (12) 的解. 于是, 命 $u(x)$ 在半空间 $x_n < 0$ 为 0, 得间断函数 u. 又界定间断函数

$$b_+(x) = \begin{cases} b(x), & x_n \geqslant 0, \\ 0, & x_n < 0. \end{cases} \tag{17}$$

于是显然有

$$\left[\frac{\partial^m}{\partial x_n^m} u \right] + \sum a_p(x) [D^p u] = [b_+]. \tag{18}$$

利用公式 (16) 得关系

$$\frac{\partial^m}{\partial x_n^m}[u] + \sum a_p(x) D^p[u] = \left[\frac{\partial^m}{\partial x_n^m} u \right] + \sum a_p(x) [D^p u] + H, \tag{19}$$

此处 H 为支集在平面 $x_n = 0$ 上而仅依赖于初始条件 $u_0, \cdots, u_{m-1}$ 的广义函数:

$$H = \sum_{v=1}^m u_{v-1} \times \delta_{x_n}^{(m-v)} + \sum_{\substack{|p| \leqslant m \\ p_n < m}} a_p(x) \left\{ \sum_{v=1}^{p_n} \frac{\partial^{|p|-p_n}}{\partial x_1^{p_1} \cdots \partial x_{n-1}^{p_{n-1}}} u_{v-1} \times \delta_{x_n}^{(p_n-1)} \right\}. \tag{20}$$

因此广义函数 $[u]$ 满足下列广义微分方程:

$$\frac{\partial^m}{\partial x_n^m}[u] + \sum_{\substack{|p| \leqslant m \\ p_n < m}} a_p(x) D^p[u] = [b_+] + H. \tag{21}$$

于是可见, 对应于微分方程 (11) 及初始条件 (12) 的柯西问题, 我们自然而然得到广义微分方程

$$\frac{\partial^m}{\partial x_n^m} T + \sum_{\substack{|p| \leqslant m \\ p_n < m}} a_p(x) D^p T = B, \tag{22}$$

$$B = [b_+] + H,$$

此处 B 为已知广义函数, 由式 (17) 及 (20) 决定. 所谓对应于柯西问题 (11), (12) 的广义柯西问题就是求支集在半空间 $x_n \geqslant 0$ 内的广义函数 T 满足方程 (22). 为区别计, 我们称本来的柯西问题 (11), (12) 为古典柯西问题.

无论就唯一性或存在性而言, 古典柯西问题与其对应的广义柯西问题都是密切相关的. 盖设函数 $u(x)$ 为古典意义的解, 于是广义函数 $[u]$ 的支集在半空间 $x_n \geqslant 0$ 内并满足广义方程 (22), 因此 $[u]$ 为广义柯西问题的解. 因此, 如果广义柯西问题的解具有唯一

性, 则古典柯西问题的解也必具有唯一性. 换句话说, 广义柯西问题解的唯一性保证古典柯西问题解的唯一性. 以后还可以见到 (§8.3) 取适当的不同的基本空间, 则从广义柯西问题的唯一性可以导致在不同的函数类中的古典柯西问题的唯一性.

关于存在性问题则比较复杂. 我们有:

定理 3 设广义函数 T 为广义柯西问题 (22) 的解, 并且满足下列附加条件:

1. T 由函数 $u(x_1, \cdots, x_n)$ 产生, $u(x)$ 在半空间 $x_n > 0$ 内为 m 级连续可微;

2. 在半空间 $x_n > 0$ 内当 $x_n \to +0$ 时, 函数 $u(x), \dfrac{\partial}{\partial x_n} u(x), \cdots, \dfrac{\partial^{m-1}}{\partial x_n^{m-1}} u(x)$ 均有极限, 命为 $u_0^*(x_1, \cdots, x_{n-1}), \cdots, u_{m-1}^*(x_1, \cdots, x_{n-1})$. 于是函数 $u(x)(x_n > 0)$ 就是柯西问题 (11), (12) 的古典解, 即

$$\frac{\partial^m}{\partial x_n^m} u + \sum a_p(x) D^p u = b(x) \quad (x_n > 0), \tag{23}$$

$$u_0^* = u_0, \cdots, u_{m-1}^* = u_{m-1}. \tag{24}$$

证 因 $T = [u]$ 的支集在半空间 $x_n \geqslant 0$ 内, 故当 $x_n < 0$ 时 $u(x) \equiv 0$. 函数 $u(x)$ 以平面 $x_n = 0$ 为间断面, 根据以前的讨论得

$$\frac{\partial^m}{\partial x_n^m} [u] + \sum a_p(x) D^p [u] = \left[\frac{\partial^m}{\partial x_n^m} u \right] + \sum a_p(x) [D^p u] + H^*, \tag{25}$$

此处广义函数 H^* 与 H 同样由式 (20) 界定, 但将该处 u_k 改为 u_k^*. 因 $T = [u]$ 满足方程 (22), 故由 (22), (25) 即得

$$\left[\frac{\partial^m}{\partial x_n^m} u \right] + \sum a_p(x) [D^p u] - [b_+] = H - H^*. \tag{26}$$

此式左端为由积分产生的连续函数型的广义函数, 而右端为一支集在平面 $x_n = 0$ 上的奇异测度及其微商, 因此等式 (26) 两端必须同为 0, 即

$$\left[\frac{\partial^m u}{\partial x_{n-1}^m} \right] + \sum a_p(x) [D^p u] - [b_+] = 0, \tag{27}$$

$$H - H^* = 0. \tag{28}$$

由 (27) 立即得式 (23), 由 (28) 及 H 与 H^* 的表示式 (20) 也不难依次证明 $u_0 - u_0^* = 0, u_1 - u_1^* = 0, \cdots, u_{m-1} - u_{m-1}^* = 0$, 即式 (24) 成立. 于是函数 $u(x_1, \cdots, x_n)$ 为古典柯西问题的解.

由此可见广义柯西问题的存在性附加条件 1, 2 后便保证古典柯西问题的存在性. 在一般的情形, 广义柯西问题的存在性单独地不能保证古典柯西问题的存在性. 在实践上要验证广义解满足附加条件往往是比较困难的问题.

这个研究柯西问题的方法是索伯列夫首先提出的, 其特点是把初始条件吸收在方程的右边, 然后去解这个新的广义微分方程. 索伯列夫利用这个方法解决变系数二级双曲型方程的柯西问题 (见 [1]). 我们在第 8 章中还要介绍另一种利用广义函数来研究柯西问题的方法.

§4.3 广义函数的除法

设 Φ 为基本空间, A 为已知的 Φ 乘子, B 为已知 Φ 广义函数, 于是可以考虑乘积方程

$$AT = B, \tag{1}$$

此处 T 为未知的 Φ 广义函数. 解乘积方程的问题自然也可以称为除法问题.

显然可见, 乘积方程可以归入 §4.2 首段所界定的一般的广义微分方程的范畴, 即为 0 级的微分方程. 不过实际上因方程中不含有微商, 故方程的性质和解法是不同的, 故应单独讨论. 在 §7.6 中可以见到, 通过傅里叶变换后, 常系数的微分方程可以变为多项式的乘积方程. 因此除法问题尤其是多项式 (即乘积方程中乘子 A 为多项式) 的除法问题是有重要意义的. 但目前仅少数简单情形的除法问题能够解决.

以下我们只讨论空间 $\mathbf{K}$ 内的除法.

定理 1 设 B 为已知广义函数, 函数 $A(x)$ 为乘子, 并且在空间 R^n 内没有零点, 则乘积方程 $AT = B$ 有唯一的广义函数解 $T = \dfrac{1}{A} B$.

证 因 $A(x)$ 无零点, 所以 $\dfrac{1}{A(x)}$ 仍为乘子, 故 $T = \dfrac{1}{A} S$ 为广义函数, 显然就是方程 $AT = B$ 的解. 要证解的唯一性就是要证方程 $AT = 0$ 的解必为 0. 这也是显然的, 因为 $AT = 0$ 即相当于 $(T, A\psi) = 0 (\psi \in \mathbf{K})$, 又因 $A(x)$ 无零点, 故每一个 $\varphi \in \mathbf{K}$ 必可写为 $A\psi$, 而 $(T, \varphi) = 0$, 即 $T = 0$.

由此可见, 问题在于函数 $A(x)$ 有零点时的除法.

我们说乘子 $A(x)$ 为可除的, 如果对任意广义函数 B 而言乘积方程 $AT = B$ 有解. 我们说乘子 $A(x)$ 在空间 R^n 的开域 Ω 上为局部可除的, 如果在局部基本空间 $\mathbf{K}(\Omega)$ 上方程 $AT = B$ 有解.

乘积方程 $AT = B$ 可以没有解, 例如取 A 具有紧密支集, 而 B 没有紧密支集.

定理 2 设乘子 $A_1, A_2, \cdots, A_k$ 均为可除, 则其乘积 $A_1 A_2 \cdots A_k$ 亦为可除.

证 只须将除法连续运用 k 次即可.

定理 3 设 $\{\Omega_\nu\}$ 为空间 R^n 的一个局部有限开覆盖, 乘子 $A(x)$ 在每一个 Ω_ν 上为局部可除的, 则 A 为 (全部) 可除的.

证 设 S 为已知广义函数, 于是根据 §2.5 定理 6, S 可分解为无穷级数 $S = \Sigma S_\nu, S_\nu$ 的支集在 Ω_ν 内, 根据假设, 故存在广义函数 T_ν 使得在 Ω_ν 内 $AT_\nu = S_\nu$. 我们不妨假定 T_ν 的支集在 Ω_ν 内 (盖如果不然则必可取函数 $a_\nu \in \mathbf{K}(\Omega)$. 在 S_ν 的支集的一个邻域上 $a_\nu(x) \equiv 1$, 取 $a_\nu T_\nu$ 以代 T_ν). 于是命 $T = \Sigma T_\nu$, 显然它是收敛的, 并且 $AT = S$.

读者可以自己证明下述简单的定理.

定理 4 设广义函数 T 为乘积方程 $AT = 0$ 的解, 则 T 的支集必含在函数 $A(x)$ 的零点集, 即由方程 $A(x) = 0$ 界定的曲面之内.

单变数广义函数的除法

定理 5 设 B 为已知一个变量的广义函数, 则方程

$$xT = B \tag{2}$$

有无穷多个解, 它们互相差一个 $C\delta$, 此处 C 为任意复数常数, δ 即 δ 函数.

证 空间 $\mathbf{K}$ 内所有作 $x\psi(x), \psi \in \mathbf{K}$ 型的函数 ξ 组成一个子空间 $\mathbf{H}$. $\xi \in \mathbf{H}$ 的充要条件为

$$\xi(0) = 0. \tag{3}$$

必要条件是显然的. 兹证充分条件. 我们界定函数

$$\psi(x) = \begin{cases} \dfrac{\xi(x)}{x}, x \neq 0; \\ \xi'(0), x = 0. \end{cases} \tag{4}$$

当 $x \neq 0$ 时 ψ 为无穷可微, 又因 $\xi(0) = 0$, 所以 $\psi(0) = \lim\limits_{x \to 0} \dfrac{\xi(x)}{x}$, 故 $x = 0$ 点为连续. 又容易复验: $\psi_{(0)}^{(p)} = \dfrac{\xi_{(0)}^{(p+1)}}{p+1} = \lim\limits_{x \to 0} \psi^{(p)}(x)$, 因此在 $x = 0$ 点函数 $\psi(x)$ 也无穷可微. 又 $\psi(x)$ 显然有紧密支集, 所以 $\psi \in \mathbf{K}, \xi = x\psi \in \mathbf{H}$.

取定一个函数 $\beta \in \mathbf{K}, \beta \notin \mathbf{H}$, 满足 $\beta(0) = 1$. 于是 $\mathbf{K}$ 中任意函数 φ 可以唯一地分解为

$$\varphi(x) = \varphi(0)\beta(x) + \xi(x), \tag{5}$$
$$\xi(x) = \varphi(x) - \varphi(0)\beta(x), \quad \xi \in \mathbf{H}, \xi = x\psi, \psi \in \mathbf{K}.$$

设序列 $\varphi_j(0) \to 0(\mathbf{K})$, 则 $\varphi_j(0) \to 0$, 于是 $\xi_j = \varphi_j - \varphi(0)\beta \to 0(\mathbf{K})$. 但 $\psi(x) = \dfrac{\xi(x)}{x}$, 根据泰勒 (Taylor) 展式可求得

$$|D^p \psi(x)| \leqslant k_p \max_{|t| \leqslant |x|} |D^{p+1}\xi(t)|.$$

因此序列 $\psi_j \to 0(\mathbf{K})$.

设 T 为任意广义函数, $\varphi \in \mathbf{K}$ 则

$$\begin{aligned} (T, \varphi) &= \varphi(0)(T, \beta) + (T, x\psi) \\ &= \varphi(0)(T, \beta) + (xT, \psi). \end{aligned} \tag{6}$$

因此 T 满足方程 $xT = B$ 的充要条件为: 对任意 $\varphi \in \mathbf{K}$ 而言

$$(T, \varphi) = \varphi(0)(T, \beta) + (B, \psi). \tag{7}$$

今任意取定常数 C, 界定广义函数 T_0 如下:

$$(T_0, \varphi) = \varphi(0)C + (B, \psi)(\varphi \in \mathbf{K}). \tag{8}$$

于是 $(T_0, \beta) = C$, 因此 T_0 满足式 (7), 即 $xT_0 = B$.

设 $xT = 0$, 则得

$$(T, \varphi) = \varphi(0)(T, \beta) = C(\delta, \varphi),$$

此处常数 $C = (T, \beta)$, 因此方程 $xT = B$ 的任意两个解相差一个 $C\delta$. 设 T_1 为此方程的一个特解, 则此方程的普遍解 T 可以表为 $T_1 + C\delta$. 证完.

定理 6 设 B 为已知一个变数的广义函数, 则方程

$$x^l T = B \tag{9}$$

有无穷多个广义函数解. 它们互相之差, 即方程

$$x^l T = 0 \tag{10}$$

的普遍解为 $\displaystyle\sum_{p=0}^{l-1} C_p D^p \delta$, C_p 为复数常数.

证 根据前定理将 B 连除 l 次即得解 T. 定理的第二部分用归纳法证明. 当 $l = 1$ 业已证明. 设对 $m = l$ 时成立. 今设 $x^{l+1} T = 0$, 即 $x^l(xT) = 0$. 于是由归纳假设

$$xT = \sum_{p=0}^{l-1} A_p D^p \delta. \tag{11}$$

利用 §3.4 公式 (21) 可知 $T_1 = \displaystyle\sum_{p=0}^{l-1} (-1) \frac{A_p}{p+1} D^{p+1} \delta$ 是方程 (12) 的一个解. 因此

$$T = T_1 + C\delta = \sum_{p=0}^{l} C_p D^p \delta.$$

定理 7 设 B 为已知单变数的广义函数, $A(x)$ 为无零点的乘子, 则方程

$$x^l A T = B \tag{12}$$

有无穷多个解, 它们彼此相差为

$$\sum_{p=0}^{l=1} C_p D^p \delta. \tag{13}$$

此处 C_p 为常数.

具有孤立的有限阶零点的函数 $A(x)$ 的除法

定理 8 设 B 为已知一个变数的广义函数, $A(x)$ 为乘子, $A(x)$ 的零点都是孤立的, 命为 $a_\nu(\nu = 1, 2, \cdots)$, 并且零点都是有限阶数的, 阶数命为 l_ν, 则方程 $AT = B$ 有无穷多个解, 它们之差即方程 $AS = 0$ 的普遍解为

$$S = \sum_\nu \left(\sum_{p=0}^{l_\nu - 1} C_{p,\nu} D^p \delta_{(a_\nu)} \right). \tag{14}$$

证 取相当小的互不相交的开集 $\Omega_\nu(\nu = 1, 2, \cdots)$, 使得 $a_\nu \in \Omega_\nu$, 并且在 Ω_ν 内,

$$A(x) = (x - a_\nu)^{l_\nu}\beta_\nu(x), \quad x \in \Omega_\nu, \tag{15}$$

此处 $\beta_\nu(x)$ 为集 Ω_ν 内没有零点的无穷可微函数. 根据定理 2 可知在 $\Omega_\nu(\nu = 1, 2, \cdots)$ 内 $A(x)$ 为局部可除. 另取开集 Ω_0, 使得 $a_\nu \bar\in \overline{\Omega}_0, \nu = 1, 2, \cdots$, 并且 $\Omega_0 \bigcup \Omega_1 \bigcup \cdots = R^1$. 函数 $A(x)$ 在集 Ω_0 内无零点, 因此局部可除, 故由定理 3 知 A 为可除的.

兹求方程 $AS = 0$ 的普遍解, 显然在集 Ω_0 内 $A(x)$ 无零点, 故其普遍解 S_0 为 0. 在域 Ω_ν 内 $(\nu = 1, 2, \cdots)$ 其普遍解为

$$S_\nu = \sum_{p=0}^{l_\nu - 1} C_{p,\nu} D^p \delta_{(a_\nu)}, \tag{16}$$

因此在整个空间 R^n 内普遍解为

$$T = \sum_\nu S_\nu = \sum_\nu \sum_{p=1}^{l_\nu - 1} C_{p,\nu} D^p \delta_{(a_\nu)}.$$

证完.

注意, 如果 $A(x)$ 有无穷阶的零点, 则 $A(x)$ 未必可除. 例如 $A(x)$ 以点 0 为唯一的零点, 并且 $A^{(p)}(0) = 0, p = 1, 2, \cdots$ (例如 $A(x) = e^{-1/x^2}$), 则方程 $AT = \delta$ 没有解. 盖设不然, 则解 T 必为以原点为支集的广义函数. 将来可以证明 (见 §6.2 定理 4), (T, φ) 之值仅依赖于 φ 在 0 点的有限个微商之值. 取 $\varphi(0) \ne 0$, 于是 $(\delta, \varphi) = \varphi(0) = (AT, \varphi) = (T, A\varphi) = 0$, 得一矛盾.

多变数广义函数的除法

定理 9 设 B 为已知广义函数, 则方程

$$x_1 T = B \tag{17}$$

有无穷多个解, 它们彼此之差为直积

$$\delta_{x_1} \times V_{x_1, \cdots, x_n}, \tag{18}$$

此处 δ_{x_1} 为空间 $[x_1]$ 上的 δ 函数, $V_{x_1, \cdots, x_n}$ 为空间 $[x_2, \cdots, x_n]$ 上的任意广义函数.

证 仿照定理 6 的证法而加以推广, 读者可以自行证明. 根据定理 2, 9 可知单项式 x^p 恒为可除. 下述定理不证自明.

定理 10 设已知广义函数 $B = B_x \times B_y$, 乘子 $A(x, y) = A_x(x) \cdot A_y(y)$. 设 A_x, A_y 分别在空间 R_x, R_y 内可除, 则方程

$$AT = B_x \times B_y \tag{19}$$

有解. 其普遍解为

$$T = T_x^0 \times T_y^0 + S, \tag{20}$$

此处 $A_x T_x^0 = B_x, A_y T_y^0 = B_y, S$ 为方程 $AS = 0$ 的普遍解.

第五章　广义函数的卷积

§5.1　卷积的概念

设 S 为 Φ 广义函数, 我们以 $\tau_y (y \in R^n)$ 表示平移算子. 于是当 $\varphi \in \Phi$ 固定时, 数积 $(S, \tau_y \varphi)$ 为界定在 $R^n(= R^n[y])$ 上的函数, 根据 §3.1 定理 5 知

$$D_y^p(S, \tau_y \varphi) = D_y^p(\tau_y S, \varphi) = (-1)^{|p|}(\tau_y D^p S, \varphi)$$
$$= (S, D^p \tau_y \varphi) = (S, \tau_y D^p \varphi).$$

因此函数 $(S, \tau_y \varphi) \in \mathbf{E}$, 即无穷可微, 并且

$$D_y^p(S, \tau_y \varphi) = (S, \tau_y D^p \varphi). \tag{1}$$

定义 1　设 S 为 Φ 广义函数, 如果对每一个 $\varphi \in \Phi$ 而言, 函数 $(S, \tau_y \varphi) \in \Phi[y]$, 并且

$$\varphi \in \Phi \Rightarrow (S, \tau_y \varphi) \in \Phi[y] \tag{2}$$

是空间 Φ 的一个自同态映射, 我们就说 S 是一个 Φ 卷子. 因此, 设 S 为 Φ 卷子, 则 Φ 的自同态映射 (2) 自然导出空间 $\overset{\circ}{\Phi}$ 的自同态映射 (见 §2.1):

$$T \in \overset{\circ}{\Phi} \Rightarrow S * T \in \overset{\circ}{\Phi}, \tag{3}$$

此处 Φ 广义函数 $S * T$ 系由下式界定:

$$(S * T, \varphi) = (T_y, (S, \tau_y \varphi)), \quad \varphi \in \Phi, \tag{4}$$

称为 S 与 T 的卷积.

我们不妨把卷积的定义更清楚地写为

$$(S * T, \varphi) = (T_y, (S_x, \varphi(x + y))), \tag{5}$$

卷积运算是连续的, 即设 S 为 Φ 卷子, $T_j \to 0(\overset{\circ}{\Phi})$, 于是 $S * T_j \to 0(\overset{\circ}{\Phi})$. 这从定义 1 直接可得.

广义函数的卷积就是普通函数卷积的直接推广. 盖设 $f(x), g(x)$ 为连续函数, $f(x)$ 具有紧密支集. 普通的卷积函数 $f(x) * g(x)$ 的定义就是

$$f(x) * g(x) = \int f(y)g(x - y)dy = \int g(y)f(x - y)dy. \tag{6}$$

另一方面, 视 $f(x), g(x)$ 为函数型的 $\mathbf{K}$ 广义函数 f, g, 因 f 具有紧密支集, 我们不难验证 (或见后 §5) f 为 $\mathbf{K}$ 卷子, 于是, 设 $\varphi \in \mathbf{K}$ 则有

$$(f * g, \varphi) = (g_y, (f_x, \varphi(x + y)))$$

$$= (g_y, \int f(x)\varphi(x+y)dx)$$

$$= \int g(y)f(x)\varphi(x+y)dxdy$$

$$= \int \varphi(x)dx \int g(y)f(x-y)dy$$

$$= \int (f(x) * g(x))\varphi(x)dx,$$

即广义函数卷积 $f * g$ 由卷积函数 $f(x) * g(x)$ 产生.

设 S 为 Φ 卷子, 不难验证 $D^p S, \tau_a S$ 也都是 Φ 卷子. 又显然 δ 为任意空间 Φ 的卷子, 因此 $D^p\delta, \delta_{(a)}, D^p\delta_{(a)}$ 也都是 Φ 卷子. 我们有下列简单的运算规律:

定理 1

$$\delta * T = T, \tag{7}$$

$$\delta_{(a)} * T = \tau_a T, \tag{8}$$

$$\frac{\partial}{\partial x_k}\delta * T = \frac{\partial}{\partial x_k}T, \tag{9}$$

$$D^p\delta * T = D^pT. \tag{10}$$

证 我们只须证明 (8) 及 (9):

(8) :
$$(\delta_{(a)} * T, \varphi) = (T_y, (\delta_{(a)}, \tau_y\varphi))$$
$$= (T_y, \varphi(a+y)) = (\tau_a T, \varphi);$$

(9) :
$$(D^p\delta * T, \varphi) = (T_y, (D^p\delta, \tau_y\varphi))$$
$$= (T_y, (\delta, (-1)^{|p|}\tau_y D^p\varphi)) = -(1)^{|p|}(T, D^p\varphi)$$
$$= (D^pT, \varphi).$$

定理 2 设 S 为 Φ 卷子, 于是

$$\tau_a(S * T) = \tau_a S * T = S * \tau_a T, \tag{11}$$

$$D^p(S * T) = D^p S * T = S * D^pT. \tag{12}$$

证
$$(\tau_a(S * T), \varphi) = (S * T, \tau_a\varphi) = (T_y, (S, \tau_y\tau_a\varphi));$$
$$(\tau_a S * T, \varphi) = (T_y, (\tau_a S, \tau_y\varphi)) = (T_y, (S, \tau_a\tau_y\varphi));$$
$$(S * \tau_a T, \varphi) = (\tau_a T_y, (S, \tau_y\varphi)) = (T_y, \tau_a(S, \tau_y\varphi)) = (T_y, (S, \tau_{a+y}\varphi)).$$

因 $\tau_y\tau_a = \tau_a\tau_y = \tau_{a+y}$, 故式 (11) 成立.

$$(D^p(S * T), \varphi) = (-1)^{|p|}(S * T, D^p\varphi) = (-1)^{|p|}(T_y, (S, \tau_y D^p\varphi));$$

$$(D^p S * T, \varphi) = (T_y, (D^p S, \tau_y\varphi)) = (-1)^{|p|}(T_y, (S, D^p\tau_y\varphi));$$

$$(S * D^pT, \varphi) = (D^pT_y, (S, \tau_y\varphi)) = (T_y, (-1)^{|p|}D_y^p(S, \tau_y, \varphi))$$

$$= (-1)^{|p|}(T_y, \tau_y D^p\varphi).$$

因 $D^p\tau_y = \tau_y D^p$ 故式 (12) 成立.

定理 1, 2 表示 δ 函数及其微商在卷积运算中占有特别的地位. 广义函数的微分运算及平移运算均可表为对 δ 函数及其微商的卷积运算. 又卷积运算与微分运算平移运算之间存在极简单的交换关系.

设基本空间 Φ 容纳反射运算 $\vee$, 即反射运算为 Φ 的自同态映射; 于是反射运算与卷积运算之间有下列简单关系:

定理 3 设 $S, T \in \overset{\circ}{\Phi}, S$ 为 Φ 卷子, 于是

$$(S * T)^\vee = \check{S} * \check{T}. \tag{13}$$

证

$$
\begin{aligned}
(\check{S} * \check{T}, \varphi) &= (\check{T}_y, (\check{S}_x, \varphi(x + y))) \\
&= (\check{T}_y, (S_x, \varphi(-x + y))) \\
&= (T_y, (S_x, \varphi(-x - y))) \\
&= (T_y, (S_x, \check{\varphi}(x + y))) \\
&= (S * T, \check{\varphi}) \\
&= ((S * T)^\vee, \varphi).
\end{aligned}
$$

§5.2　空间 K 内的卷积

取基本空间为 **K**, 我们将进一步讨论其中卷积界定的方法及运算规律.

定理 1 设 S 为 **K** 广义函数, 于是

$$\varphi \in \mathbf{K} \Rightarrow (S, \tau_y \varphi) \tag{1}$$

为同态映射, 映空间 **K** 入空间 **E**, 更设 S 具有紧密支集 (即 $S \in \overset{\circ}{\mathbf{E}}$), 于是式 (1) 为空间 **K** 的自同态映射. 因此具有紧密支集的 **K** 广义函数都是 **K** 卷子.

证 我们知道函数 $(S, \tau_y \varphi) \in \mathbf{E}[y]$, 并且

$$D_y^p(S, \tau_y \varphi) = (S, \tau_y D^p \varphi) = (S_x, D^p \varphi(x + y)). \tag{2}$$

用类似于 §2.4 引理 3 的证法不难复验, 当 $\varphi_j \to 0(\mathbf{K})$ 时, 函数 $D_y^p(S, \tau_y \varphi_j)$ 在 $R^n[y]$ 的每一个紧密集上一致 $\to 0$. 因此函数 $(S, \tau_y \varphi_j) \to 0(\mathbf{E}[y])$. 因此式 (1) 是一个同态映射映 **K** 入 **E**.

现设 S 具有紧密支集. 于是取 $\alpha(x) \in \mathbf{K}[x]$ 使得 $\alpha(x)$ 在 S 的支集上恒等于 1, 在 S 的支集的一个开邻域以外恒等于 0. 于是

$$(S, \tau_y \varphi) = (\alpha S, \tau_y \varphi) = (S_x, \alpha(x) \varphi(x + y)). \tag{3}$$

设 $\alpha(x)$ 的支集在集 $\{|x| < a\}$ 之内, $\varphi(x)$ 的支集在集 $\{|x| \leqslant b\}$ 之内. 于是当 $|y| > a + b$ 时函数 $\alpha(x) \varphi(x + y) \equiv 0$, 故此时 $(S_x, \tau_y \varphi) = 0$, 即函数 $(S, \tau_y \varphi)$ 在空间 $R^n[y]$ 上有紧密支集, 即 $(S, \tau_y \varphi) \in \mathbf{K}[y]$. 证完.

由此可见, 设 $S \in \mathbf{\mathring{K}}$, 并且具有紧密支集 (即 $S \in \mathbf{\mathring{E}}$), 则对任意 $T \in \mathbf{\mathring{K}}$ 界定了卷积

$$(S * T, \varphi) = (T_y, (S, \tau_y \varphi)). \tag{4}$$

另一方面, 设 $T \in \mathbf{\mathring{K}}$. 于是由定理知

$$\varphi \in \mathbf{K} \Rightarrow (T, \tau_y \varphi) \in \mathbf{E}[y] \tag{5}$$

为映 $\mathbf{K}$ 入 $\mathbf{E}$ 的同态映射, 故由 §2.1 定理 1 必导出一个映 $\mathbf{\mathring{E}}$ 入 $\mathbf{\mathring{K}}$ 的同态映射.

$$S \in \mathbf{\mathring{E}} \Rightarrow T * S \in \mathbf{\mathring{K}}, \tag{6}$$

$$(T * S, \varphi) = (S_y, (T, \tau_y \varphi)). \tag{7}$$

因此设 $T \in \mathbf{\mathring{K}}$, 则对任意具有紧密支集的 $S \in \mathbf{\mathring{K}}$ (即 $S \in \mathbf{\mathring{E}}$) 界定了 $\mathbf{K}$ 广义函数 $T * S$ 如式 (7), 也叫做 T 与 S 的卷积.

显然由定义可得卷积的连续性定理:

定理 2 设 $S, S_j \in \mathbf{\mathring{E}}, T, T_j \in \mathbf{\mathring{K}}$, 于是当 $T_j \to 0(\mathbf{\mathring{K}})$ 时有 $S * T_j \to 0(\mathbf{\mathring{K}})$; 当 $S_j \to 0(\mathbf{\mathring{E}})$ 时有 $S_j * T \to 0(\mathbf{\mathring{K}})$.

定理 3 设 $S, T \in \mathbf{\mathring{K}}$, 并且两者间至少有一个具有紧密支集, 于是 $S * T = T * S$. 如更设 α, β 各为 S, T 的等价乘子, S 及其对应的 α 具有紧密支集. 于是

$$(S * T, \varphi) = (T * s, \varphi) = (S_x \times T_y, \alpha(x)\beta(y)\varphi(x + y)). \tag{8}$$

证 由式 (4) 得

$$\begin{aligned}(S * T, \varphi) &= ((\beta T)_y, (\alpha S, \tau_y \varphi)) = (T_y, \beta(y)(S_x, \alpha(x)\varphi(x + y))) \\ &= (T_y, (S_x, \alpha(x)\beta(y)\varphi(x + y))).\end{aligned}$$

同样由式 (7) 得

$$\begin{aligned}(T * S, \varphi) &= (S_y, (T_x, \alpha(y)\beta(x)\varphi(x + y))) \\ &= (S_x, (T_y, \alpha(x)\beta(y)\varphi(x + y))).\end{aligned}$$

注意函数 $\varphi(x) \in \mathbf{K}$ 虽在 $R^n[x]$ 上具有紧密支集, 但函数 $\varphi(x + y)$ 在 $R^{2n}[x, y]$ 上不具有紧密支集. 但因函数 $\alpha(x)$ 具有紧密支集, 故按定理 1 的证明的末段的推理可知乘积函数 $\alpha(x)\beta(y)\varphi(x + y)$ 在 $R^{2n}[x, y]$ 上具有紧密支集, 即 $\in \mathbf{K}[x, y]$. 因此由 §2.4 定理 5 得

$$\begin{aligned}(T_y, (S_x, \alpha(x)\beta(y)\varphi(x + y))) &= (S_x \times T_y, a(x)\beta(y)\varphi(x + y)) \\ &= (S_x, (T_y, \alpha(x)\beta(y)\varphi(x + y))).\end{aligned}$$

因此式 (8) 成立, 并且 $S * T = T * S$. 证完.

定理 4 设 $S, T \in \mathbf{\mathring{K}}$, 其支集各为 A, B, 于是卷积 $S * T$ 的支集含在集 $A + B$ 之内.

证 显然只须求证: 设 $\varphi \in \mathbf{K}$, 其支集 F 与集 $A + B$ 不相交, 则 $(S * T, \varphi) = 0$.

因 $A + B$ 为闭集, 故必存在 $\varepsilon > 0$ 使得 $F \bigcap (A_\varepsilon + B_\varepsilon) = 0$, 此处 $A_\varepsilon, B_\varepsilon$ 各为 A, B 的 ε 闭邻域. 于是 S, T 必有等价乘子 α, β, 其支集各在 $A_\varepsilon, B_\varepsilon$ 之内. 我们有

$$(S * T, \varphi) = (T_y, (S_x, \alpha(x)\beta(y)\varphi(x + y))).$$

当 $x \notin A_\varepsilon$ 或 $y \notin B_\varepsilon$ 时, $\alpha(x)\beta(y) = 0$; 但当 $x \in A_\varepsilon, y \in B_\varepsilon$ 时, $\varphi(x + y) = 0$. 因此 $\alpha(x)\beta(y)\varphi(x + y) \equiv 0$, 因此 $(S * T, \varphi) = 0$. 证完.

推论 设 S, T 均具有紧密支集, 则 $S * T$. 亦具有紧密支集.

定理 5 卷积的结合律. 设有三个 $\mathbf{K}$ 广义函数, 其中至少有两个具有紧密支集. 于是 $(S * T) * U = S * (T * U)$. 因此可以单义地界定 $S * T * U \in \overset{\circ}{\mathbf{K}}$.

设 α, β, γ 各为 S, T, U 的等价乘子, 设 S, T 及其对应的 α, β 均具有紧密支集, 则

$$(S * T * U, \varphi) = (S_x \times T_y \times U_z, \alpha(x)\beta(y)\gamma(z)\varphi(x + y + z)). \tag{9}$$

证 因 S, T 具有紧密支集, 故由定理推论知 $S * T$ 亦有紧密支集, 因此 $(S * T) * U$ 有意义. 另一方面 $S * (T * U)$ 自然有意义. 我们有

$$
\begin{aligned}
(S * (T * U), \varphi) &= (\alpha S * (\beta T * \gamma U), \varphi) \\
&= ((\beta T * \gamma U)_y, (S_x, \alpha(x)\varphi(x + y))) \\
&= ((\gamma U)_z, ((\beta T)_y, (S_x, \alpha(x)\varphi(x + y + z)))) \\
&= ((\gamma U)_z, (T_y, (S_x, \alpha(x)\beta(y)\varphi(x + y + z)))) \\
&= (U_z, (T_y, (S_x, \alpha(x)\beta(y)\gamma(z)\varphi(x + y + z)))).
\end{aligned}
$$

另一方面, 我们有

$$
\begin{aligned}
((S * T) * U, \varphi) &= ((\alpha S * \beta T) * \gamma U, \varphi) \\
&= ((\gamma U)_z, ((\alpha S * \beta T)_y, \varphi(y + z))) \\
&= (U_z, \gamma(z)(T_y, (S_x, \alpha(x)\beta(y)\varphi(x + y + z)))) \\
&= (U_z, (T_y, (S_x, \alpha(x)\beta(y)\gamma(z)\varphi(z + y + z)))).
\end{aligned}
$$

不难验证 $\alpha(x)\beta(y)\gamma(z)\varphi(x + y + z)$ 在 $R^{3n}[x, y, z]$ 上具有紧密支集, 即 $\in \mathbf{K}[x, y, z]$. 因此有

$$
\begin{aligned}
&(U_z, (T_y, (S_x, \alpha(x)\beta(y)\gamma(z)\varphi(x + y + z)))) \\
&\qquad = (S_x \times T_y \times U_z, \alpha(x)\beta(y)\gamma(z)\varphi(x + y + z)).
\end{aligned}
$$

于是 $(S * T) * U = S * (T * U)$, 并界定它为 $S * T * U \in \overset{\circ}{\mathbf{K}}$. 于是式 (9) 成立.

总结卷积的交换律、结合律, 我们立即得下述定理:

定理 6 设有 k 个 **K** 广义函数 $T_1, \cdots, T_k$, 其中至少有 $k-1$ 个具有紧密支集, 我们恒可单义地界定满足交换律及结合律的卷积 $T_1 * \cdots * T_k \in \mathbf{K}$. 设 $\alpha_1, \cdots, \alpha_k$, 各为 $T_1, \cdots, T_k$ 的等价乘子, 并且当 T_i 具有紧密支集时 α_i 亦具有紧密支集. 于是

$$
\begin{aligned}
(T_1 * T_2 * \cdots * T_k, \varphi) &= (T_k, (\cdots (T_1, \alpha_1(s_1) \cdots \alpha_k(s_k)\varphi(s_1 + \cdots + s_k)) \cdots)) \\
&= (T_1 \times \cdots \times T_k, \alpha_1(s_1) \cdots \alpha_k(s_k)\varphi(s_1 + \cdots + s_k))
\end{aligned}
\tag{10}
$$

(注意此处每一个 s_i 代表 n 个自变数 $x_1 \cdots x_n$).

§5.1 定理 2 显然可以推广如下:

定理 7 设有 k 个 **K** 广义函数 $T_1, \cdots, T_k$, 其中至少有 $k-1$ 个具有紧密支集. 于是

$$
D^p(T_1 * \cdots * T_i * \cdots * T_k) = T_1 * \cdots * D^p T_k * \cdots * T_k; \tag{11}
$$

$$
\tau_a(T_1 * \cdots * T_i * \cdots * T_k) = T_1 * \cdots * \tau_a T_k * \cdots * T_k, \tag{12}
$$

$$
i = 1, \cdots, k.
$$

或更进一层

$$
\tau_a(T_1 * \cdots * T_i * \cdots * T_k) = \tau_{a^{(1)}} T_1 * \cdots * \tau_{a^{(i)}} T_i * \cdots * \tau_{a^{(k)}} T_k, \tag{13}
$$

$$
(a^{(i)} \in R^n, i = 1, \cdots, k; \quad a^{(1)} + \cdots + a^{(i)} + \cdots + a^{(k)} = a);
$$

$$
D^p(T_1 * \cdots * T_i * \cdots * T_k) = D^{p^{(1)}} T_1 * \cdots * D^{p^{(i)}} T_i * \cdots * D^{p^{(k)}} T_k, \tag{14}
$$

$$
(p^{(i)} = \{p_1^{(i)}, \cdots, p_n^{(i)}\}, i = 1, \cdots, k; \quad p^{(1)} + \cdots + p^{(i)} + \cdots + p^{(k)} = p).
$$

证 根据 §5.1 定理 1 知

$$
\tau_a T = \tau_a^{(1)} \cdots \tau_a^{(k)} T = \delta_{(a^{(1)})} * \cdots * \delta_{(a^{(k)})} T;
$$

$$
D^p T = D^{p^{(1)}} \cdots D^{p^{(k)}} T = D^{p^{(1)}} \delta * \cdots * D^{p^{(k)}} \delta * T.
$$

再由卷积的结合律、交换律即得式 (13) 及 (14). 而式 (11), (12) 则为特例.

为方便计, 在卷积理论不妨以 $\dfrac{\partial}{\partial x_k}$ 代表广义函数 $\dfrac{\partial \delta}{\partial x_k}$, 以 D^p 代表 $D^p \delta$, 以 D^0 代表 δ, 以 $P(D) = \Sigma a_p D^p (a_p$ 为常数) 代表 $p(D)\delta$. 因此

$$
\frac{\partial}{\partial x_k} * T = \frac{\partial T}{\partial x_k} = T * \frac{\partial}{\partial x_k}; \tag{15}
$$

$$
D^p * T = D^p T = T * D^p; \tag{16}
$$

$$
p(D) * T = p(D)T = T * p(D); \tag{17}
$$

$$
\left(\sum_p a_p D^p\right) * \left(\sum_q b_q D^q\right) = \sum_{p,q} a_p b_q D^{p+q}. \tag{18}
$$

作 $p(D)\delta$ 型的 **K** 广义函数都以原点为支集, 反之将来在 §6.2 中可以证明以原点为支集的 **K** 广义函数都作 $p(D)\delta$ 型. 因此所有以原点为支集的 **K** 广义函数所组成的向量空间以卷乘为乘法形成一个代数, 它和多项式代数同构.

卷积与直积的混合运算

定理 8 设 $A_x, B_x \in \overset{\circ}{\mathbf{K}}[x], C_y, D_y \in \overset{\circ}{\mathbf{K}}[y]$, 并且 A_x, C_y, 具有紧密支集, 于是

$$(A_x \times C_y) * (B_x \times D_y) = (A_x * B_x) \times (C_y * D_y). \tag{19}$$

证 根据空间 $\mathbf{K}[x, y]$ 的逼近定理, 显然只须对 $\varphi(x, y) = u(x)v(y) \in \mathbf{K}[x, y], u(x) \in \mathbf{K}[x], v(y) \in \mathbf{K}[y]$ 加以证明即可, 取 $\alpha(x) \in \mathbf{K}[x], \gamma(y) \in \mathbf{K}[y]$ 各为 A_x, C_y 的等价乘子, 并具有紧密支集, 于是

$$
\begin{aligned}
&((A_x \times C_y) * (B_x * D_y), u(x)v(y)) \\
&= (A_x \times B_\xi \times C_y \times D_\eta, \alpha(x)u(x + \xi)\gamma(y)v(y + \eta)) \\
&= ((A_x * B_x) \times (C_y * D_y), u(x)v(y)).
\end{aligned}
$$

故定理成立.

卷积与乘积的混合运算

关于卷积与乘积之混合运算, 我们在讨论傅里叶变换时可见有明确的规律性 (见后第六章). 但在一般情形之下没有简单规律, 盖由定义, 设 $\alpha(x)$ 为乘子, 则

$$
\begin{aligned}
(\alpha(x)(S * T), \varphi) &= ((S * T), \alpha\varphi) \\
&= (T_y, (S_x, \alpha(x + y)\varphi(z + y))), \tag{20}
\end{aligned}
$$

此处 $\alpha(\xi + \eta)$ 与 $\alpha(x)$ 的关系可以是很复杂的. 但当乘子 $\alpha(x)$ 取某些特殊的形式时, 则有简单的规律.

命 $a \cdot x = \sum_{k=1}^{n} a_k x_k$, 于是对乘子 $a \cdot x$ 或 $e^{a \cdot x}$ 而言, 显然有下列简单关系:

$$a \cdot (x + y) = a \cdot x + a \cdot y, e^{a \cdot (x+y)} = e^{a \cdot x} \cdot e^{a \cdot y}.$$

我们有下述定理:

定理 9

$$e^{a \cdot x}(S * T) = e^{a \cdot x} S * e^{a \cdot x} T; \tag{21}$$

$$(a \cdot x)(S * T) = (a \cdot x)S * T + S * (a \cdot x)T. \tag{22}$$

证

$$
\begin{aligned}
(e^{a \cdot x}(S * T), \varphi) &= (T_y, (S_x, e^{a \cdot (x+y)})\varphi(x + y))) \\
&= (T_y, (S_x, e^{a \cdot x} e^{a \cdot y} \varphi(x + y))) \\
&= (e^{a \cdot y} T_y, (e^{a \cdot x} S_x, \varphi(x + y))) \\
&= (e^{a \cdot x} S * e^{a \cdot x} T, \varphi);
\end{aligned}
$$

$$((a \cdot x)(S * T), \varphi) = (T_y, (S_x, (a \cdot (x+y)\varphi(x+y))))$$
$$= (T_y, (S_x, (a \cdot x)\varphi(x+y) + (a \cdot y)\varphi(x+y)))$$
$$= ((a \cdot y)T_y, (S_x, \varphi(x+y))) + (T_y, ((a \cdot x)S_x, \varphi(x+y)))$$
$$= ((a \cdot x)S * T, \varphi) + (S * (a \cdot x)T, \varphi).$$

卷积值的局部决定性

定理 10 设 $S_1, S_2, T \in \overset{\circ}{\mathbf{K}}, A$ 为 T 的支集, Ω 为空间 R^n 的一个开集. 设在开集 $\Omega - A$ 上 $S_1 = S_2$, 则在开集 Ω 上 $S_1 * T = S_2 * T$.

证 我们用 M^ε 表示集 M 的 ε 开邻域.

设 $\varphi \in K$, 其支集为 $F, F \subset \Omega$. 显然 $F - A$ 仍为闭集, 而 $F - A \subset \Omega - A$. 于是存在 $\varepsilon > 0$ 使得

$$(F - A)_\varepsilon \cap (R^n \setminus (\Omega - A))_\varepsilon = 0.$$

取 T 的等价乘子 α, 其支集在 A_ε 之内. 于是

$$(S_1 * T, \varphi) = (S_{1y}, (T_x, \alpha(x)\varphi(x+y))),$$
$$(S_2 * T, \varphi) = (S_{2y}, (T_x, \alpha(x)\varphi(x+y))).$$

当 $y \in (R^n \setminus (\Omega - A))_\varepsilon$ 时, $y \notin (F-A)_\varepsilon = F - A_\varepsilon$. 于是不难验证, 此时 $\alpha(x)\varphi(x+y) \equiv 0$. 故函数 $(T_x, \alpha(x)\varphi(x+y))$ 的支集在开集 $\Omega - A$ 之内. 但因在开集 $\Omega - A$ 上 $S_1 = S_2$, 所以 $(S_1 * T, \varphi) = (S_2 * T, \varphi)$. 证完.

推论 1 设有开集 Ω, Ω', A 为 T 的支集, 并且 $\Omega - A \subset \Omega'$. 于是设在开集 Ω' 上 $S_1 = S_2$, 则在开集 Ω 上 $S_1 * T = S_2 * T$.

推论 2 设 T 的支集 A 含在原点的 ε 邻域之内, S 以支集为 B, 于是 $S * T$ 的支集含在 B 的 ε 邻域 B_ε 之内.

§5.3 广义函数的中值函数

在第 1 章 §1.3 中我们用过卷积来作连续函数的中值函数, 由此可以得到许多逼近定理, 可以简明函数的构造. 这个概念也可以推广到广义函数而得到关于广义函数的逼近定理, 可以阐明广义函数的构造.

定义 1 设 $T \in \overset{\circ}{\mathbf{K}}$. 我们界定映射

$$\alpha(x) \in \mathbf{K} \Rightarrow (\check{T}_t, \tau_x \alpha(t)). \tag{1}$$

于是由 §5.2 定理 1 (为了方便, 我们将该处变数 x 改写为 t, 该处变数 y 则改写为 x) 知这是一个同态映射映 $\mathbf{K}$ 入 $\mathbf{E}$. 换言之, 定义在 $R^n[x]$ 上的函数 $(\check{T}_t, \tau_x \alpha(t))$ 是一个无穷可微函数, 叫做 $\mathbf{K}$ 广义函数 T 对基本函数 α 的中值函数. 显然可见,

$$(\check{T}_t, \tau_x \varphi(t)) = (T_t, \alpha(x-t)). \tag{2}$$

定理 1 设 $T \in \mathring{\mathbf{K}}, a \in \mathbf{K}$. 于是卷积 $\alpha * T$ 为无穷可微函数型广义函数, 即由 T 对 α 的中值函数产生

$$(\alpha * T)_x = (T_t, \alpha(x - t)). \tag{3}$$

它的微商即由下式表示:

$$D^p(\alpha * T)_x = (T_t, D^p\alpha(x - t)). \tag{4}$$

证

$$(\alpha * T, \varphi) = (T_y, (\alpha(x), \varphi(x + y)))$$

$$= \left(T_y, \int \alpha(x)\varphi(x + y)dx\right)$$

$$= \left(T_y, \int \varphi(x)\alpha(x - y)dx\right)$$

$$= (T_y, (\varphi(x), \alpha(x - y)))$$

$$= (\varphi(x), (T_y, \alpha(x - y)))$$

$$= \int (T_t, \alpha(x - t)) \varphi(x)dx.$$

因此式 (3) 成立. 更由 §5.1 式 (1) 即得式 (4).

按: 同样的定理对 $T \in \mathring{\mathbf{E}}, \alpha \in \mathbf{E}$ 也成立. 又如设 $T \in \mathring{\mathbf{K}}^{(m)}, \alpha \in \mathbf{K}^{(m')}, m' \geqslant m$ (或 $T \in \mathring{\mathbf{E}}^{(m)}, \alpha \in \mathbf{E}^{(m')}$); 于是式 (3)$(\alpha * T)_x = (T_t, \alpha(x - t))$ 也成立, 它是 $m' - m$ 级连续可微函数, 而式 (4) 当 $|p| \leqslant m' - m$ 时也成立.

由基本空间, 广义函数空间的极限定义, 定义 1, 以及卷积的连续性, 显然立即可得关于中值运算的连续性的定理:

定理 2 设 $T, T_j \in \mathring{\mathbf{K}}, \alpha, \alpha_j \in \mathbf{K}$, 于是

1. 设 $T_j \to 0(\mathring{\mathbf{K}})$, 则 $\alpha * T_j \to 0(\mathring{\mathbf{K}})$;
2. 设 $\alpha_j \to 0(\mathbf{K})$, 则 $(\alpha_j * T)_x \to 0(\mathbf{E}), \alpha_j * T \to 0(\mathring{\mathbf{K}})$.

广义函数的逼近定理

根据卷积的连续性即中值函数的无穷可微性, 可以证明任意的 $\mathbf{K}$ 广义函数都可以用无穷可微函数来逼近.

定理 3 设 T 为 $\mathbf{K}$ 广义函数. 于是存在紧密的无穷可微函数 $\psi_j \in \mathbf{K}$ 使得当视 ψ_j 为 $\mathbf{K}$ 广义函数时有 $\psi_j \to T(\mathring{\mathbf{K}})$. 换言之, 空间 $\mathbf{K}$ 为空间 $\mathring{\mathbf{K}}$ 的稠密子空间.

证 根据 §3.4 定理 1 的例 4 知存在 $\alpha_j \in \mathbf{K}, \alpha_j \to \delta(\mathring{\mathbf{K}})$. 因此, 设 $T \in \mathring{\mathbf{K}}$, 则由 §5.2 定理 2 知 $\alpha_j * T \to \delta * T = T(\mathring{\mathbf{K}})$. 注意此时 $\alpha_j * T$ 为无穷可微函数 $\in \mathbf{E}$. 因此, 我们已经证明了空间 $\mathbf{E}$ 在空间 $\mathring{\mathbf{K}}$ 内稠密. 更取具有紧密支集的 $\mathbf{K}$ 乘子序列, 即函数序列 $\beta_j \in \mathbf{K}$ 满足 $\beta_j(x) \equiv 1, (|x| \leqslant j)$. 于是 $\psi_j = \beta_j(\alpha_j * T) \in \mathbf{K}, \psi_j \to T(\mathring{\mathbf{K}})$. 证完.

定理 4 设 $T \in \mathring{\mathbf{E}}, \alpha \in \mathbf{E}$.

(a) 设 $\alpha(x) = p(x)$ 为次数 $\leqslant m'$ 的多项式, 则 $T * \alpha = Q(x)$ 亦为次数 $\leqslant m$ 的多项式;

(b) 设 $\alpha(x) = e^{a \cdot x}$ 线性指数函数, 则 $T * \alpha = ke^{a \cdot x}$ 线性指数函数;

(c) 设 $\alpha(x) = e^{a \cdot x} p(x), p(x)$ 为次数 $\leqslant m$ 的多项式, 则 $T * \alpha = e^{a \cdot x} Q(x), Q(x)$ 为次数 $\leqslant m$ 的多项式;

(d) 设 $\alpha(x)$ 为作 $e^{a \cdot x} p(x)$ 型的函数的有限线性组合, 则 $T * \alpha$ 亦为同样类型的函数的有限线性组合;

(e) 设 $\alpha(x)$ 为三角多项式, 即为作 $e^{ia \cdot x}$ 型函数的有限线性组合, 此处 a 为实数, 则 $T * \alpha$ 亦为三角多项式.

证

(a) 设 $p(x)$ 为次数 $\leqslant m$ 的多项式. 于是

$$P(x-t) = \sum_{|p| \leqslant m} \frac{x^p}{p!} [D^p P(-t)], \tag{5}$$

$$T * P = (T_t, p(x-t)) = \sum_{|p| \leqslant m} (T_t, D^p P(-t)) \frac{x^p}{p!}. \tag{6}$$

(b) $e^{a \cdot (x-t)} = e^{a \cdot x} e^{-a \cdot t}$, 于是

$$T * e^{a \cdot x} = (T_t, e^{a \cdot x} e^{-a \cdot t}) = (T_t, e^{-a \cdot t}) e^{a \cdot x} = k e^{a \cdot x}.$$

(c) $e^{a \cdot (x-t)} P(x-t) = e^{a \cdot x} e^{-a \cdot t} \sum_{|p| \leqslant m} \frac{x^p}{p!} D^p P(-t)$. 于是

$$T * e^{a \cdot x} P(x) = e^{a \cdot x} \sum_{|p| \leqslant m} (T_t, e^{-a \cdot t} D^p P(-t)) \frac{x^p}{p!}.$$

(d) 直接从 (c) 推导.

(e) 直接从 (b) 推导.

我们可以将 $\mathbf{K}$ 广义函数 T 与基本函数 φ 的数积表为其中值函数 (即卷积) 在 $x = 0$ 点的值:

定理 5 设 $T \in \overset{\circ}{\mathbf{K}}, \varphi \in \mathbf{K}$. 于是

$$(T, \varphi) = (T * \check{\varphi})_{x=0} = (\check{T} * \varphi)_{x=0}. \tag{7}$$

证 $\quad (T * \check{\varphi})_x = (T_t, \check{\varphi}(x-t)) = (T_t, \varphi(-(x-t))) = (T_t, \varphi(t-x)); \tag{8}$

$$(\check{T} * \varphi)_x = (\check{T}_t, \varphi(x-t)) = (T_t, \varphi(x+t)). \tag{9}$$

在此二式中命 $x = 0$ 即得式 (7).

推论 设有一个数积 (T, φ). T 及 φ 各可表为卷积 $T = A_1 * \cdots * A_p, \varphi = B_1 * \cdots B_q$, 此处 A_i, B_j 均为 $\mathbf{K}$ 广义函数或基本函数 $\in \mathbf{K}$ (亦视为广义函数). 如将一个数积内的一个因子, 例如 A_1 提出改为 $\check{A}_1$ 而乘入另一卷积则数积仍不变. 例如;

$$(A_1 * A_2 * \cdots * A_p, B_1 * \cdots * B_q) = (A_2 * \cdots * A_p, \check{A}_1 * B_1 * \cdots * B_q). \tag{10}$$

证

$$(A_1*A_2*\cdots*A_p, B_1*\cdots*B_q) = ((A_1*\cdots*A_p)*(B_1*\cdots*B_q)^\vee)_{x=0}$$
$$= ((A_2*\cdots*A_p)*(A_1*(B_1*\cdots*B_q)^\vee))_{x=0}$$
$$= ((A_2*\cdots*A_p)*(\check{A}_1*B_1*\cdots*B_q)^\vee)_{x=0}$$
$$= (A_2*\cdots*A_p, \check{A}_1*B_1*\cdots*B_q).$$

注意此处我们利用了定理 5, 卷积的交换律、结合律以及 §5.1 定理 3.

作为特例, 我们有

$$(A*B*C, D*E*\varphi*\psi) = (A*B*\check{\varphi}, \check{C}*D*E*\psi). \tag{11}$$
$$(S*T, \varphi) = (T, \check{S}*\varphi) = (S, \check{T}*\varphi). \tag{12}$$

§5.4 卷积方程及其原始解

设 A, B 为已知 Φ 广义函数, A 为 Φ 卷子, T 为未知 Φ 广义函数, 则方程

$$A*T = B \tag{1}$$

称为空间 Φ 内的卷积方程, 广义函数 A 可以称为方程的系数. 如果 $B = 0$, 则卷积方程叫做齐性的.

我们也讨论卷积方程组. 设 $B = \{B_1, \cdots, B_N\}$ 为已知 Φ 广义函数"向量", $T = \{T_1, \cdots, T_N\}$ 为未知 Φ 广义函数"向量", $A = (A_{jk})$ 为已知 Φ 广义函数矩阵 (N 横, N 竖), A_{jk} 都是 Φ 卷子. 我们有卷积方程组

$$\sum_{k=1}^{N} A_{jk}*T_k = B_j, \quad j = 1, \cdots, N. \tag{2}$$

为简便计, 我们恒用向量表示法, 即以 (1) 表示方程组 (2). 设 $B = 0$, 则方程组称为齐性的.

卷积方程把数学分析里常见各种不同类型的方程包括微分、差分、积分方程等从形式上统一起来了:

1° 设

$$A = \sum_{|p|\leqslant m} a_p D^p \delta \tag{3}$$

为一微分符号多项式, 其系数 a_p 为复数常数, 于是方程 (1) 即为

$$A*T = \sum_{|p|\leqslant m} a_p D^p T = B, \tag{4}$$

因此常系数的偏微分方程可以表为卷积方程.

2° 设 $A = \sum_{\nu} a_\nu \delta_{(h_\nu)}$, 于是方程 (1) 即为

$$A * T = \sum_{\nu} a_{\nu} \tau_{h_{\nu}} T = B, \tag{5}$$

因此常系数的一般差分方程可以表为卷积方程.

3° 设 A 为函数 $K(x)$ 或 $\delta + K(x)$, B 为函数 $g(x)$, T 为函数 $f(x)$, 则得

$$A * f = \int f(t) K(x - t) dt = g(x) \tag{6}$$

或

$$A * f = f(x) + \int K(x - t) f(t) dt = g(t). \tag{7}$$

此即第一种及第二种积分方程.

4° 设 A 为上述各种广义函数的组合. 则用卷积方程可以表示各种类型的积分-微分方程, 微分-差分方程等.

卷积方程解的一般性质

下述定理 1 不证自明.

定理 1 卷积方程 $A * T = B$ 的解 T 组成空间 $\overset{\circ}{\Phi}$ 内的一个线性闭流形. 换言之: (a) 设 T_j 为解, $T_j \to T$, 则 T 亦为解; (b) 齐性方程 $A * T = 0$ 的解组成空间 $\overset{\circ}{\Phi}$ 的一个线性子空间; (c) 设卷积方程 $A * T = B$ 有解, 则其普遍解为 $T = T_0 + U$, 此处 T_0 为一特解, U 为相应齐性方程的普遍解.

定理 2 设 T_0 为空间 Φ 内的齐性卷积方程 $A * T = 0$ 的解. 于是 T_0 的任意平移 $\tau_a T_0$ 及任意微商 $D^p T_0$ 仍为该方程的解.

证 由 §5.1 定理 2 及条件 $A * T = 0$, 即得

$$0 = \tau_a(A * T_0) = A * \tau_a T_0;$$
$$0 = D^p(A * T_0) = A * D^p T_0.$$

在基本空间 **K** 内卷积方程的解还有下列性质.

定理 3 设 $A \in \overset{\circ}{\mathbf{K}}$ 具有紧密支集, $T_0 \in \mathbf{K}$ 为空间 **K** 内齐性卷积方程

$$A * T = 0 \tag{8}$$

的一个解. 于是:

1. 对任意具有紧密支集的 $S \in \overset{\circ}{\mathbf{K}}$ 而言, 卷积 $S * T_0$ 仍为 (8) 的解;

2. 对任意的 $\alpha \in \mathbf{K}$ 而言, 中值函数 $\alpha * T_0$ 仍为 (8) 的解;

3. T_0 可以表为方程 (8) 的无穷可微函数解的极限, 亦即存在 (8) 的无穷可微函数解 $f_j, f_j \to T_0(\overset{\circ}{\mathbf{K}})$.

证 1. 由空间 **K** 内卷积的交换结合律及条件 $A * T_0 = 0$ 得

$$0 = S * (A * T_0) = A * (S * T_0)$$

2. 是 1 的特例.

3. 取 $\alpha_j \in \mathbf{K}, \alpha_j \to \delta(\overset{\circ}{\mathbf{K}})$. 于是由 2 得 $f_j = \alpha_j * T_0$ 都是 (8) 的解, 但 f_j 为无穷可微函数, 并且 $f_j = \alpha_j * T_0 \to \delta * T_0 = T_0(\overset{\circ}{\mathbf{K}})$. 证完.

将这个定理应用到微分方程则得下述重要的推论:

推论 空间 $\mathbf{K}$ 内常系数齐性微分方程

$$\sum_{|p| \leqslant m} a_p D^p T = 0 \tag{9}$$

的任意解 $T \in \overset{\circ}{\mathbf{K}}$ 必可表为无穷可微函数解的极限.

原始解

我们限定基本空间为 $\mathbf{K}$.

定义 设广义函数 A 具有紧密支集, 广义函数 E 满足方程

$$A * E = \delta, \tag{10}$$

则 E 称为齐性卷积方程 $A * T = 0$ 的一个原始解. 设为卷积方程组 (2), 则其原始解为广义函数矩阵 $E = (E_{jk})(N 行 N 列)$ 满足

$$A * E = E * A = \delta I \quad (I \text{ 为单位矩阵}) \tag{11}$$

或

$$\sum_{k=1}^{N} A_{jk} * E_{kl} = \sum_{k=1}^{N} E_{jk} * A_{kl} = \begin{cases} 0, & j \neq l; \\ \delta, & j = l. \end{cases} \tag{12}$$

我们也可以界定对任意点 $h \in R^n$ 的原始解. 为之我们只须将 (10) 中 δ 改为 $\delta_{(h)}$ 即得. 显然平移算子 τ_h 即可从对原点的原始解得到对点 h 的原始解. 故不失普遍性. 我们只讨论对原点的原始解.

下面我们将只限于一个方程, 即 $N = 1$ 的情形.

显然可见, 设卷积方程 (1) 具有原始解, 则它不是唯一的, 即具有无穷多个解. 盖任一原始解加上一个齐性方程的任意解仍为原始解.

原始解可以不存在, 盖设 $A \in \mathbf{K}$ 则对任意 $E \in \overset{\circ}{\mathbf{K}}$ 而言 $A * E \in \mathbf{E}$, 因此 $A * E \neq \delta$.

设方程 $A * T = 0$ 有原始解, 即存在 E 使得 $A * E = \delta$, 则广义函数 A 称为可逆的.

定理 4 设 A 为可逆的, 并设卷积方程

$$A * T = B \tag{13}$$

的右边 B 具有紧密支集, 命 E 为原始解, 则 $E * B$ 为方程 (13) 的解, 并且每一个具有紧密支集的解 T 必为 $T = E * B$.

证 注意因 B 具有紧密支集, 故 $E * B$ 恒有意义:

$$A * (E * B) = (A * E) * B = \delta * B = B.$$

又设解 T 有紧密支集, 则 E, A, T 三者中至少有两个具有紧密支集, 故可应用卷积的结合律而得

$$E * B = E * (A * T) = (E * A) * T = \delta * T = T.$$

证完.

注意卷积方程通常恒有非紧密的解, 可由具有紧密支集的解加一个齐性方程的任意解而得.

设上述方程中 B 不具有紧密支集, 则上述定理自然无法应用, 即不能由原始解 E 求解, 但在某些场合用逼近方法仍可利用原始解 E 求解, 兹不赘述.

§5.5   左限广义函数及其卷积与运算微积

上面我们界定卷积 $S * T$ 时首先要求其因子之一具有紧密支集. 我们可适当地改变这个条件, 即不要求因子之一具有紧密支集, 但要求两个因子的支集都在适当的部分空间之内, 我们可以界定其卷积, 并且这个卷积的支集也在一个适当的部分空间之内, 于是任意多个这种因子的卷积都可界定, 并且满足交换律与结合律. 我们将只讨论单变数的情形, 即 $R^n = R^1$.

定义 1   无穷可微函数叫做右 { 左 } 限的, 如果它的支集含在半直线 $(-\infty, a)\{(a, +\infty)\}$ 之内.

空间 $\mathbf{K}_{(-)}\{\mathbf{K}_{(+)}\}$ 就是由所有的右 { 左 } 限无穷可微函数组成的线性空间.

空间 $\mathbf{K}_{(-)}\{\mathbf{K}_{(+)}\}$ 内的极限定义界定如下: 我们说 $\varphi_j \to 0(\mathbf{K}_{(-)}\{(\mathbf{K}_{(+)})\})$, 如果满足下列两条件:

1° 存在一个固定的 $a \in R^1$ 使得所有 φ_j 的支集都含在半直线 $(-\infty, a)\{(a, +\infty)\}$ 之内;

2° 各级微商 $D^p \varphi_j$ 都在 R^1 上任意有界区间上一致 $\to 0$.

不难复验, 空间 $\mathbf{K}_{(-)}\{\mathbf{K}_{(+)}\}$ 是一个基本空间. 因此广义函数空间 $\mathring{\mathbf{K}}_{(-)}\{\mathring{\mathbf{K}}_{(+)}\}$ 及其极限都按一般的规律界定 (参看第一章).

定义 2 $\mathbf{K}$ 广义函数叫做左限 { 右限 } 的, 如果它的支集含在半直线 $(a, +\infty)\{(-\infty, a)\}$ 之内, 我们也说它具有左限支集.

下面将只讨论基本空间 $\mathbf{K}_{(-)}$ 及其相应的广义函数. 对基本空间 $\mathbf{K}_{(+)}$ 可以平行地处理. 实际上, 反射映射 $\vee$ 同样地映基本空间 $\mathbf{K}_{(-)}$ 为 $\mathbf{K}_{(+)}$, 也同样地映广义函数空间 $\mathring{\mathbf{K}}_{(-)}$ 为 $\mathring{\mathbf{K}}_{(+)}$.

不难验证下述定理成立:

定理 1 $\mathbf{K} \subset \mathbf{K}_{(-)} \subset \mathbf{E}$. 又设 $\varphi_j \to 0(\mathbf{K})$, 则 $\varphi_j \to 0(\mathbf{K}_{(-)})$. 又空间 $\mathbf{K}$ 在空间 $\mathbf{K}_{(-)}$ 内稠密, 空间 $\mathbf{K}_{(-)}$ 在空间 $\mathbf{E}$ 内稠密.

因此可见, 所有的 $\mathbf{K}_{(-)}$ 泛函都可以看做 $\mathbf{K}$ 泛函.

类似于第二章 §2.5 定理 4, 我们有:

定理 2 每一个 $\mathbf{K}_{(-)}$ 泛函局限于空间 $\mathbf{K}$ 上必为左限 $\mathbf{K}$ 泛函. 每一个左限 $\mathbf{K}$ 泛函必定可以唯一地推广为一个 $\mathbf{K}_{(-)}$ 泛函.

证 1. 设 $T \in \overset{\circ}{\mathbf{K}}_{(-)}$. 将 T 局限于 $\mathbf{K}$ 上得 $\mathbf{K}$ 泛函仍以 T 表之. 假设 T 没有左限支集, 则必存在序列 $\varphi_j \in \mathbf{K} \subset \mathbf{K}_{(-)}$, 使得 $(T, \varphi_j) = 1$. φ_j 的支集的右界向左 $\to -\infty$. 但显然可见, $\varphi_j \to 0(\mathbf{K}_{(-)})$, 因此 $(T, \varphi) \to 0$, 得一矛盾.

2. 设 $T \in \overset{\circ}{\mathbf{K}}, T$ 的支集在半直线 $(a, +\infty)$ 之内. 取 $\alpha \in \mathbf{K}_{(+)}, \alpha(x)$ 在 $(a, +\infty)$ 上 $\equiv 1$. 显然 $\alpha T = T$. 设 $\varphi \in \mathbf{K}_{(-)}$, 则 $\alpha\varphi \in \mathbf{K}$. 因此 $(T, \alpha\varphi)$ 有意义. 我们界定 $\mathbf{K}_{(-)}$ 泛函 T^0 如下:

$$(T^0, \varphi) = (T, \alpha\varphi), \quad \varphi \in \mathbf{K}_{(-)}. \tag{1}$$

显然可见, T^0 就是 $\mathbf{K}$ 泛函在空间 $\mathbf{K}_{(-)}$ 上的推广, 盖设 $\varphi \in \mathbf{K} \subset \mathbf{K}_{(-)}$, 则

$$(T^0, \varphi) = (T, \alpha\varphi) = (\alpha T, \varphi) = (T, \varphi). \tag{2}$$

又因空间 $\mathbf{K}$ 在空间 $\mathbf{K}_{(-)}$ 内稠密, 所以这个推广是唯一的. 证完.

由此定理可知, $\mathbf{K}_{(-)}$ 广义函数与左限 $\mathbf{K}$ 广义函数等价.

定理 3 广义函数 $T_j \to 0(\overset{\circ}{\mathbf{K}}_{(-)})$ 的充要条件为 $T_j \to 0(\overset{\circ}{\mathbf{K}})$, 并且 T_j 的支集都在一个固定的半直线 $(a, +\infty)$ 之内.

证 充分条件: 设 $T_j \to 0(\overset{\circ}{\mathbf{K}})$, 并且 T_j 的支集都在 $(a, +\infty)$ 之内. 取 $\alpha \in \mathbf{K}_{(+)}, \alpha(x)$ 在 $(a, +\infty)$ 上 $\equiv 1$. 显然 $T_j = \alpha T_j$. 设 $\varphi \in \mathbf{K}_{(-)}$. 于是 $\alpha\varphi \in \mathbf{K}$. 因此 $(T_j, \varphi) = (T_j, \alpha\varphi) \to 0$, 即 $T_j \to 0(\mathbf{K}_{(-)})$.

必要条件: 设 $T_j \to 0(\overset{\circ}{\mathbf{K}}_{(-)})$, 假设 $\mathbf{K}$ 泛函 T_j 的支集不可能含在一个公共的半直线 $(a, +\infty)$ 之内. 于是 T_j 必有一个子序列, 不妨仍以 T_j 表之, 及序列 $\varphi_j \in \mathbf{K}$ 满足下列条件:

1° 设 $i \ne j$, 则 φ_i 的支集与 φ_j 的支集不相交;

2° φ_j 的支集的右界向左 $\to -\infty$;

3° $\left| \left(T_j, \sum\limits_{k=1}^{j} \varphi_k \right) \right| \ge 1$;

4° 设 $k > i$, 则 $(T_i, \varphi_k) = 0$.

根据 3° 可作

$$\varphi(x) = \sum_{k=1}^{\infty} \varphi_k(x). \tag{3}$$

显然可见, $\varphi \in \mathbf{K}_{(-)}$, 并且 $\sum\limits_{k=1}^{j} \varphi_k \to \varphi(\mathbf{K}_{(-)})$. 因此

$$|(T_j, \varphi)| = \left| \left(T_j, \sum_{k=1}^{\infty} \varphi_k \right) \right| = \left| \left(T_j, \sum_{k=1}^{j} \varphi_k \right) \right| \ge 1.$$

但因 $T_j \to 0(\mathbf{K}_{(-)})$, 故 $(T_j, \varphi) \to 0$, 得一矛盾. 证完.

空间 $\overset{\circ}{\mathbf{K}}_{(-)}$ 的卷积

用类似于 §5.2 定理 1 的证明的方法我们不难验证下述定理成立:

定理 4 设 S 为 $\mathbf{K}_{(-)}$ 广义函数, 于是

$$\varphi \in \mathbf{K}_{(-)} \Rightarrow (S, \tau_y \varphi)$$

为空间 $\mathbf{K}_{(-)}$ 的自同态映射. 因此 $\mathbf{K}_{(-)}$ 广义函数都是 $\mathbf{K}_{(-)}$ 卷子.

于是对任意的 $\mathbf{K}_{(-)}$ 广义函数 S, T 可以按 §5.1 定义 1 界定其卷积 $S * T$ 及 $T * S$: 设 $\varphi \in \mathbf{K}_{(-)}$,

$$(S * T, \varphi) = (T_y, (S_x, \varphi(x + y))), \tag{4}$$

$$(T * S, \varphi) = (S_y, (T_x, \varphi(x + y))) = (S_x, (T_y, \varphi(x + y))). \tag{5}$$

取 S 的等价乘子 $\alpha \in \mathbf{K}_{(+)}, T$ 的等价乘子 $\beta \in \mathbf{K}_{(+)}$. 于是不难验证, $\varphi \in \mathbf{K}_{(-)}$ 蕴涵 $\alpha(x)\beta(y)\varphi(x + y) \in \mathbf{K}[x, y]$, 并且

$$\begin{aligned}
(S * T, \varphi) &= (T_y, (S_x, \alpha(x)\beta(y)\varphi(x + y))) \\
&= (S_x \times T_y, \alpha(x)\beta(y)\varphi(x + y)) \\
&= (T * S, \varphi).
\end{aligned}$$

于是同于 §5.2 定理 3,5 知空间 $\mathbf{K}_{(-)}$ 内的卷积满足交换律、结合律, 并且具有空间 $\mathbf{K}$ 内卷积的所有的运算性质. 而空间 $\mathbf{K}_{(-)}$ 内卷积运算特别方便之处在于卷积的因子不受任何限制.

设 $T, S \in \mathbf{K}_{(-)}, T = T(x), S = S(x)$ 都是局部绝对可求和函数, 并且在 $(-\infty, 0)$ 内都恒等于 0. 于是卷积 $S * T$ 就是函数卷积 $S(x) * T(x)$:

$$\begin{aligned}
(S * T)(x) &= \int S(y)T(x - y)dy \\
&= \int_0^x S(y)T(x - y)dy \\
&= \int_0^x T(y)S(x - y)dy. \tag{6}
\end{aligned}$$

线性空间 $\overset{\circ}{\mathbf{K}}_{(-)}$ 以卷积为乘法形成一个交换拓扑代数. 交换代数 $\overset{\circ}{\mathbf{K}}_{(-)}$ 具有一个突出的性质, 即它没有零因子. 换言之, 对空间 $\overset{\circ}{\mathbf{K}}_{(-)}$, 下列推广的梯奇马许 (Titchmarsh) 定理成立:

定理 5 设 $S, T \in \overset{\circ}{\mathbf{K}}_{(-)}, S * T = 0$, 于是 S 与 T 之中必有一个为 0.

证 设 S 与 T 都是左限的连续函数, 则定理成立, 即 $S(x)$ 与 $T(x)$ 之中必有一个 $\equiv 0$, 这就是梯奇马许定理[①]. 据此我们证明对一般的 $S, T \in \overset{\circ}{\mathbf{K}}_{(-)}$, 定理成立.

---

① 例如见 Titchmarsh, Theory of Fourier integrals, 1948.

设 $S * T = 0$. 取 $\alpha, \beta \in \mathbf{K}_{(+)}, \alpha \not\equiv 0 \not\equiv \beta$. 于是 $S * \alpha, T * \beta \in \overset{\circ}{\mathbf{K}}_{(-)}$, 并且

$$(S * \alpha) * (T * \beta) = (S * T) * (\alpha * \beta) = 0. \tag{7}$$

但 $S * \alpha, T * \beta$ 都是左限的无穷可微函数, 其卷积为 0, 因此由梯奇马许定理可知其中之一 $\equiv 0$. 命 $S * \alpha = 0$.

设 $\varphi \in \mathbf{K}_{(-)}$, 则 $\check{\varphi} \in \mathbf{K}_{(+)}$, 因此 $\check{\varphi}$ 可以看做左限广义函数, 即 $\check{\varphi} \in \overset{\circ}{\mathbf{K}}_{(-)}$. 于是

$$(S * \alpha) * \check{\varphi} = (S * \check{\varphi}) * \alpha = 0, \tag{8}$$

此处 $S * \varphi, \alpha$ 都是左限无穷可微函数, 并且 $\alpha \not\equiv 0$, 于是再度应用梯奇马许定理即得函数 $S * \varphi \equiv 0$, 根据 §5.3 定理 5 可知

$$(S, \varphi) = (T * \check{\varphi})_{x=0} = 0. \tag{9}$$

因此 $S = 0$. 证完.

注意, 这个定理只对我们的特殊情形, 即空间 $\overset{\circ}{\mathbf{K}}_{(-)}$(或$\mathbf{K}_{(+)}$) 的卷积成立. 自然也对空间 $\overset{\circ}{\mathbf{E}}$ 的卷积成立, 因为 $\overset{\circ}{\mathbf{E}} \subset \overset{\circ}{\mathbf{K}}_{(-)}$. 但对一般的卷积 $S \in \overset{\circ}{\mathbf{K}}, T \in \overset{\circ}{\mathbf{E}}$, 则上述定理不成立. 例如, 取常数 $1 \in \overset{\circ}{\mathbf{K}}, \dfrac{d\delta}{dx} \in \overset{\circ}{\mathbf{E}}$, 则 $1 \neq 0 \neq \dfrac{d\delta}{dx}$, 但

$$1 * \frac{d\delta}{dx} = \frac{d\delta}{dx} * 1 = \frac{d}{dx}1 = 0.$$

推论 在空间 $\overset{\circ}{\mathbf{K}}_{(-)}$ 内. 设 $A \neq 0$, 则齐性卷积方程 $A * T = 0$ 有唯一解, 即 $T = 0$. 更设 A 为可逆, 则空间 $\overset{\circ}{\mathbf{K}}_{(-)}$ 内的卷积方程 $A * T = B$ 有唯一解, 即 $T = B * E$, 此处 E 为 A 的原始解.

复数阶的微分与积分

在第三章 §3.6 中我们介绍了单变数的 $\mathbf{K}$ 广义函数 Y_m,

$$Y_m = \begin{cases} \dfrac{1}{\Gamma(m)}pf(x^{m-1})_x > 0, & (m \neq \text{负整数或 } 0); \\ \delta^{(p)}, & (m = -p \text{ 为负整数或 } 0). \end{cases} \tag{10}$$

显然 Y_m 的支集都在闭半直线 $[0, +\infty]$ 之内, 因此 $Y_m \in \overset{\circ}{\mathbf{K}}_{(-)}$. 设 $\varphi \in \mathbf{K}_{(-)}$ 固定, 则视 m 为复变数时, (Y_m, φ) 为整函数.

定理 6 设 p, q 为任意复数, 则

$$Y_p * Y_q = Y_{p+q}. \tag{11}$$

证 设实数部分 $\Re(m) > 0$, 于是

$$Y_m = \frac{1}{\Gamma(m)}Pf(x^{m-1})_{x>0} = \frac{1}{\Gamma(m)}(x^{m-1})_{x>0}, \tag{12}$$

即 Y_m 为连续函数, 其支集为 $[0, +\infty)$. 因此设 $\Re(p) > 0, \Re(q) > 0$, 则 $Y_p * Y_q$ 亦为连续函数, 根据 (6) 得

$$
\begin{aligned}
(Y_p * Y_q)_{(x)} &= \frac{1}{\Gamma(p)\Gamma(q)} \int_0^x (x-y)^{p-1} y^{q-1} dy \\
&= \frac{1}{\Gamma(p+q)} x^{p+q-1} = Y_{p+q}(x), \quad (x > 0).
\end{aligned} \tag{13}
$$

因此, 当 $\Re(p) > 0 < \Re(q)$ 时, 定理成立. 但因 $(Y_p, \varphi), (Y_q, \varphi), (Y_{p+q}, \varphi)$ 都是复变数 p, q 的整函数, 由解析函数的唯一性可知, 定理对任意的复数 p, q 都成立.

定义 3 对任意的 $T \in \overset{\circ}{\mathbf{K}}_{(-)}$, 我们界定复数 m 级微商 $D^m T$ 及复数 m 级原函数 $I^m T$ 如下:

$$
D^m T = Y_{-m} * T \in \overset{\circ}{\mathbf{K}}_{(-)}; \tag{14}
$$

$$
I^m T = Y_m * T \in \overset{\circ}{\mathbf{K}}_{(-)}. \tag{15}
$$

定理 7 设 $T \in \overset{\circ}{\mathbf{K}}_{(-)}$, 则下列微分积分关系成立:

$$
I^p(I^q T) = I^{p+q}(T); \tag{16}
$$

$$
D^p(D^q T) = D^{p+q}(T); \tag{17}
$$

$$
D^m(I^m T) = I^m(D^m T) = T. \tag{18}
$$

显然可见, 定义 3 及定理 7 就是普通的正整数级的微分及积分的推广. 盖设 $m = $ 正整数或 $0, Y_{-m} = \delta^{(m)}$, 即 $D^m T$ 就是 m 级微商. $I^1 T = IT$ 就是 T 的一个原函数. 注意此处原函数是唯一的, 即左限广义函数有唯一的左限原数.

我们知道变换 $\vee$ 变 $\mathbf{K}_{(-)}, \overset{\circ}{\mathbf{K}}_{(-)}$ 成 $\mathbf{K}_{(+)}, \overset{\circ}{\mathbf{K}}_{(+)}$, 因此 $(\check{Y}_m) \in \overset{\circ}{\mathbf{K}}_{(+)}$. 于是我们对空间 $\overset{\circ}{\mathbf{K}}_{(+)}$ 可以界定复数 m 级微商及原函数如下: 设 $S \in \overset{\circ}{\mathbf{K}}_{(+)}$,

$$
\check{D}^m S = \check{Y}_{-m} * S \in \overset{\circ}{\mathbf{K}}_{(+)}; \tag{19}
$$

$$
\check{I}^m S = \check{Y}_m * S \in \overset{\circ}{\mathbf{K}}_{(+)}. \tag{20}
$$

类似于 (16), (17), (18) 的关系亦成立.

设 T 具有紧密支集, 即 T 同属于 $\overset{\circ}{\mathbf{K}}_{(-)}$ 及 $\overset{\circ}{\mathbf{K}}_{(+)}$, 于是两端微分 $D^m, \check{D}^m$ 及积分 $I^m, \check{I}^m$ 都界定. 显然可见, 当 m 为自然数时,

$$
\check{D}^m T = (-1)^m D^m T; \tag{21}
$$

$$
\check{I}^m I = (-1)^m I^m T. \tag{22}
$$

作为特例, 取 $m = 1$, 则

$$
\check{D} T = -DT; \tag{23}
$$

$$\check{I}T = -IT. \tag{24}$$

设 S 为任意 $\mathbf{K}$ 广义函数, 它的支集没有任何限制. 取无穷可微函数 $\alpha \in \mathbf{K}_{(+)}, \alpha(x)$ 在某半直线 $(a, +\infty)$ 上恒等于 1, 于是显然 $1 - \alpha \in \mathbf{K}_{(-)}$. 从而 $\alpha S \in \mathring{\mathbf{K}}_{(-)}, (1-\alpha)S \in \mathring{\mathbf{K}}_{(+)}$,

$$S = \alpha S + (1 - \alpha)S. \tag{25}$$

显然可见, $Y * \alpha S \in \mathring{\mathbf{K}}_{(-)}, \check{Y} * (1-\alpha)S \in \mathring{\mathbf{K}}_{(+)}$, 并且

$$T = Y * \alpha S - \check{Y} * (1 - \alpha)S, \tag{26}$$

$$\frac{dT}{dx} = S. \tag{27}$$

即 $\mathbf{K}$ 广义函数 T 为 S 的一个原函数 (见第四章 §4.1), 这是 $\mathbf{K}$ 广义函数的原函数的新的作法.

微分算子的"有理函数"

根据定理 6 及 §5.2 定理 9 可得

$$e^{ax}Y_p * e^{ax}Y_q = e^{ax}Y_{p+q}, \tag{28}$$

各 a, p, q 为任意复数. 作为特例, 则有

$$e^{ax}Y_p * e^{ax}Y_{-p} = e^{ax}Y_{-p} * e^{ax}Y_p = \delta; \tag{29}$$

$$e^{ax}Y * e^{ax}Y_{-1} = e^{ax}Y_{-1} * e^{ax}Y = \delta. \tag{30}$$

另一方面, 我们有[①]

$$e^{ax}Y_{-1} = e^{ax}D\delta = D\delta - a\delta = (D - a)\delta; \tag{31}$$

$$e^{ax}Y_{-m} = (D - a)^m \delta \qquad (m \text{ 正整数}). \tag{32}$$

我们得到 (利用卷积的交换结合律):

$$(D - a)^m * (e^{ax}Y_m) = \delta \qquad (m \text{ 正整数}); \tag{33}$$

$$(D - a_1)^{m_1} * \cdots * (D - a_k)^{m_k}\{e^{a_1 x}Y_{m_1} * \cdots * e^{a_k x}Y_{m_k}\} = \delta, (m_1, \cdots, m_k \text{ 正整数}). \tag{34}$$

得定理如下:

定理 8 设 $P(z)$ 为常系数的多项式:

$$P(z) = a \prod_{j=1}^{k} (z - a_j)^{m_j}, \quad (a \neq 0). \tag{35}$$

---

① 以下为简明计, 在卷积式内将用 $P(D)$ 表示广义函数 $P(D)\delta$, 此处 P 为多项式, $(D - a)^m$ 表示 $\underbrace{(D - a) * \cdots * (D - a)}_{m\text{次}}$.

是

$$P(D) * (ae^{a_1 x}Y_{m_1} * \cdots * e^{a_k x}Y_{m_k}) = \delta. \tag{36}$$

已知 $B \in \mathbf{K}_{(-)}$, 于是方程

$$P(D) * T = B \tag{37}$$

有唯一的 $\mathbf{K}_{(-)}$ 广义解

$$T = ae^{a_1 x}Y_{m_1} * \cdots * e^{a_k x}Y_{m_k} * B. \tag{38}$$

为方便计, 对应于多项式 $P(z) \neq 0$, 式 (35), 我们界定 $\mathbf{K}_{(-)}$ 广义函数:

$$\frac{1}{P(D)} = ae^{a_1 x}Y_{m_1} * \cdots * e^{a_k x}Y_{m_k}. \tag{39}$$

是有

$$\frac{1}{P(D)} * P(D) = P(D) * \frac{1}{P(D)} = \delta. \tag{40}$$

设 $Q(z)$ 亦为多项式, 我们界定 $\mathbf{K}_{(-)}$ 广义函数:

$$\frac{Q(D)}{P(D)} = Q(D) * \frac{1}{P(D)} \qquad (P \neq 0). \tag{41}$$

定理 9 所有作 $\dfrac{Q(D)}{P(D)}$ 类型 (P, Q 为复系数的多项式, $P \neq 0$) 的 $\mathbf{K}_{(-)}$ 广义函数, 以广义函数的加法为加法, 以广义函数的卷积为乘法, 组成一个交换域 $\mathbf{F}$, 它与复系数的有理整数域 (具有普通的加法与乘法) 在代数意义下同构. 在交换域 $\mathbf{F}$ 内下列运算规律成立:

1. $\dfrac{Q(D)}{P(D)} = \dfrac{R(D)}{S(D)}$ 的充要条件为 $Q(D) * R(D) = P(D) * S(D)$; (42)

2. $Q(D) = \dfrac{P(D) * Q(D)}{P(D)}$; (43)

3. $\dfrac{Q(D)}{P(D)} + \dfrac{B(D)}{R(D)} = \dfrac{Q(D) * R(D) + P(D) * S(D)}{P(D) * R(D)}$; (44)

4. $\dfrac{Q(D)}{P(D)} * \dfrac{S(D)}{R(D)} = \dfrac{Q(D) * S(D)}{P(D) * R(D)}$, (45)

此处 P, Q, R, S 均为多项式, $P \neq 0 \neq R$.

证 根据定理 5, 显然不难直接验证规律 1,2,3,4. 然后可知对应关系

$$\frac{Q(D)}{P(D)} \in \mathbf{F} \Rightarrow \frac{Q(z)}{p(z)}$$

为域 $\mathbf{F}$ 与有理函数域之间的同构映射.

为方便计以下恒采用下列记号. 设函数 $f(x)$ 的界定域包含半直线 $x \geqslant 0$, 则以 $[f]$ 表示下列 $\mathbf{K}_{(-)}$ 广义函数:

$$([f], \varphi) = \int_0^\infty f(x)\varphi(x)dx, \quad (\varphi \in \mathbf{K}_{(-)}). \tag{46}$$

注意, 广义函数 $[f]$ 的支集恒在半直线 $x \geqslant 0$ 上.

域 $\mathbf{F}$ 的广义函数的实例:

1. 域 $\mathbf{F}$ 的单位元素即 δ 函数:

2. $\dfrac{1}{D^m} = Y_m = \left[\dfrac{x^{m-1}}{(m-1)!}\right], m$ 正整数; $\tag{47}$

3. $\dfrac{1}{(D-a)^m} = e^{ax}Y_m = \left[\dfrac{e^{ax}x^{m-1}}{(m-1)!}\right], m$ 正整数, a 复数; $\tag{48}$

4. $\dfrac{1}{(D-\alpha)^2 + \beta^2} = \dfrac{1}{2\beta i}\left(\dfrac{1}{D-\alpha-i\beta} - \dfrac{1}{D-\alpha+i\beta}\right)$

$\qquad = \dfrac{1}{2\beta i}[e^{(a+i\beta)x} - e^{(a-i\beta)x}]$

$\qquad = \left[\dfrac{1}{\beta}e^{ax}\sin\beta x\right], \quad \alpha, \beta$ 实数; $\tag{49}$

5. $\dfrac{D-\alpha}{(D-\alpha)^2 + \beta^2} = \dfrac{1}{2}\left(\dfrac{1}{D-\alpha-i\beta} + \dfrac{1}{D-\alpha+i\beta}\right)$

$\qquad = \dfrac{1}{2}[e^{(a+i\beta)x} + e^{(a-i\beta)x}]$

$\qquad = [e^{ax}\cos\beta x], \alpha, \beta$ 实数. $\tag{50}$

6. $\dfrac{1}{(D-a_1)^{m_1} * (D-a_2)^{m_2} * \cdots * (D-a_k)^{m_k}}$

$$= \left[\left\{\prod_{j=1}^k (m_j-1)!\right\}^{-1} \int_0^x e^{a_1(x-x_1)}(x-x_1)^{m_1-1}dx_1 \int_0^{x_1} e^{a_2(x_1-x_2)}(x_1-x_2)^{m_2-1}\right.$$

$$\left. dx_2 \cdots \times \int_0^{x_{k-2}} e^{a_{k-1}(x_{n-2}-x_{n-1})}(x_{k-2}-x_{k-1})^{m_{k-1}-1}e^{a_k x_{k-1}}x_{k-1}^{m_{k-1}-1}dx_{k-1}\right].$$

$$\tag{51}$$

这就是广义函数 $\dfrac{1}{P(D)}$ 的明白表达式. 实际运算时, 可利用定理 10 的部分分数分解 (52) 直接求出, 而无须用此繁复的积分.

根据有理函数的部分分数分解定理及式 (49) 立即可得下述定理:

定理 10 设多项式 $P(z)$ 的次数高于多项式 $Q(z)$ 的次数, 则 $\mathbf{K}_{(-)}$ 广义函数 $\dfrac{Q(D)}{P(D)}$ 可以唯一地分解为 "最简分数":

$$\dfrac{Q(D)}{P(D)} = \sum_{j=1}^k \left(\dfrac{C_{j1}}{D-\alpha_j} - \dfrac{C_{j2}}{(D-\alpha_j)^2} + \cdots + \dfrac{C_{jm_j}}{(D-\alpha_j)^{m_j}}\right)$$

$$= \sum_{j=1}^{k} \left[e^{a_j x} \left(C_{j1} + C_{j2}x + \frac{C_{j3}x^2}{2!} + \cdots + \frac{C_{jm_j}x^{m_j-1}}{(m_j-1)!} \right) \right], \tag{52}$$

此处 $\alpha_1, \cdots, \alpha_k$ 为有理函数 $\dfrac{Q(z)}{P(z)}$ 的全部极点, $m_1, \cdots, m_k$ 为极点的相重数, $C_{j1}, \cdots, C_{jm_j}$ $(j = 1, \cdots, k)$ 为唯一决定的复数.

注意这里部分分数分解的方法是纯代数的.

常系数线性常微分方程的初值问题的算符解法

设有 m 级常系数线性常微分方程及初值条件,

$$P(D)u = \sum_{p=0}^{m} a_p D^p u = b(x) \quad (a_m \neq 0), \tag{53}$$

$$u(0) = u_0, u'(0) = u_1, \cdots, u^{(m-1)}(0) = u_{m-1}, \tag{54}$$

此处 $b(x)$ 为界定在半直线 $x \geqslant 0$ 上的已知连续函数, $u_0, \cdots, u_{m-1}$ 为已知初值 (复数). 所谓初值问题就是求界定在半直线 $x \geqslant 0$ 上的 m 级连续可微函数 $u(x)$ 满足方程 (53) 及初值条件 (54). 这个初值问题是一般柯西问题的最简单的情形, 故可以按 §4.2 所述的原理将它化为广义微分方程问题来处理.

设函数 $u(x)$ 为初值问题的解, 由 §3.5 定理 1 知

$$D^p[u] = [D^p u] + \sum_{q=0}^{p-1} (u_{p-q-1}D^q)\delta. \tag{55}$$

故可得

$$P(D)[u] = [b] + Q(D)\delta, \tag{56}$$

此处广义函数 $Q(D)\delta$ 由初始条件决定:

$$Q(D) = \sum_{q=1}^{m-1} C_q D^q, \tag{57}$$

$$C_q = \sum_{k=0}^{m-1-q} a_{m-k}u_k, \quad q = 0, \cdots, m-1.$$

因此初值问题 (53), (54) 逐化为求 $\mathbf{K}_{(-)}$ 广义微分方程

$$P(D) * T = [b(x)] + Q(D)\delta \tag{58}$$

的支集在半直线 $x \geqslant 0$ 上的解 T. 根据定理 8 知方程 (58) 有唯一解:

$$T = \frac{1}{P(D)} * [b(x)] + \frac{Q(D)}{P(D)}.$$

T 的支集显然在半直线 $x \geqslant 0$ 上, 广义函数 $\dfrac{Q(D)}{P(D)}$ 可用式 (1) 表示, 广义函数 $\dfrac{1}{P(D)} * [b(x)]$

是一个卷积积分. 因此 $T = [u(x)]$. 可以验证函数 $u(x)$ 在半直线 $x \geqslant 0$ 上满足 §4.2 定理 3 的条件, 因此函数 $u(x)(x \geqslant 0)$ 就是初值问题 (53), (54) 的唯一解.

注意, 这个方法基本上是代数的, 即解微分方程的问题变为相应的代数方程的问题. 利用以行列式解代数方程组的技巧, 显然可以将上述方法直接推广到常系数线性常微方程组的初值问题. 它对电网的线性过程的研究提供良好的数学工具.

例 1

$$\begin{cases} \dfrac{d^2 u}{dx^2} + k^2 u = 0 \quad (k > 0); \\ u(0) = 0, \dfrac{du}{dx}(0) = 1. \end{cases}$$

此时由 (54), (55), (56) 得

$$P(D)\delta = (D^2 + k^2)\delta, \quad Q(D) = \delta, \quad [b(x)] = 0.$$

根据 (57), (50) 得

$$T = \frac{1}{D^2 + k^2} = \left[\frac{1}{k}\sin kx\right] = [u(x)].$$

例 2

$$\begin{cases} \dfrac{du}{dx} - u = (2x - 1)e^{x^2}; \\ u(0) = 2. \end{cases}$$

于是有

$$P(D)\delta = (D - 1)\delta, \quad Q(D) = 2\delta, \quad [b(x)] = [(2x - 1)e^{x^2}].$$

$$\begin{aligned} T &= \frac{1}{D - 1} * [(2x - 1)e^{x^2}] + 2\frac{1}{D - 1} \\ &= [e^x] * [(2x - 1)e^{x^2}] + [2e^x] \\ &= \left[\int_0^x e^{x-t}(2t - 1)e^{t^2}dt + 2e^x\right] \\ &= [e^x + e^{x^2}] = [u(x)]. \end{aligned}$$

注意, 拉普拉斯 (Laplace) 变换法不能应用于此, 因为积分 $\displaystyle\int_0^\infty e^{-sx}(2x - 1)e^{x^2}dx$ 不收敛.

例 3

$$\begin{cases} \dfrac{du_1}{dx} - \alpha u_1 - \beta u_2 = \beta e^{\alpha x}; \\ \dfrac{du_2}{dx} + \beta u_1 - \alpha u_2 = 0, \\ \quad u_1(0) = 0, u_2(0) = 1. \end{cases}$$

不难计算得相应的广义方程：

$$(D - \alpha)T_1 - \beta T_2 = \frac{\beta}{D - \alpha},$$

$$\beta T_1 + (D - \alpha)T_2 = \delta.$$

求算符行列式：

$$R(D) = \begin{vmatrix} D - \alpha & -\beta \\ \beta & D - \alpha \end{vmatrix} = (D - \alpha)^2 + \beta^2 \neq 0.$$

于是

$$T_1 = \frac{\begin{vmatrix} \dfrac{\beta}{D - \alpha} & -\beta \\ 1 & D - \alpha \end{vmatrix}}{R(D)} = \frac{2\beta}{(D - \alpha)^2 + \beta^2} = [2e^{ax}\sin\beta_x] = [u_1(x)],$$

$$T_2 = \frac{\begin{vmatrix} D - \alpha & \dfrac{\beta}{D - \alpha} \\ \beta & 1 \end{vmatrix}}{R(D)} \quad \frac{(D - \alpha)^2 - \beta^2}{(D - \alpha) * ((D - \alpha)^2 + \beta^2)}$$

$$= \frac{2(D - \alpha)}{(D - \alpha)^2 + \beta^2} - \frac{1}{D - \alpha} = [2e^{ax}\cos\beta x - e^{ax}] = [u_2(x)].$$

前述解法是运算微积中所熟知的, 现在则用广义函数论给以新的严格的基础. 这里应用的方法比用拉普拉斯 (Laplace) 变换论的方法[①]为优, 因为: 1. 拉普拉斯变换法有其解析的局限性, 即必须要求方程右端的函数 $b(x)$ 的拉普拉斯积分 $\displaystyle\int_0^\infty e^{-sx}b(x)dx$ 收敛, 而在此则不受限制; 2. 拉普拉斯变换法是两个函数类 —— 即原函数类及拉普拉斯像函数类 —— 之间的运算, 颇多不便, 而在此则在一个统一的广义函数类内运算, 函数、微分算子、积分算子在广义函数类中都是平等的成员[②].

关于以广义函数为基础的多变数的运算微积及其应用, 见 [3], [12], [18], [19].

[①] 关于以拉普拉斯变换论为基础的运算微积的概要, 见, 例如, Конторович Операционное исчиодениеи нестацион арные явления в алектрических цепях, 1953, МОСКВа.

[②] 米古辛斯基的运算微积理论与本节的理论大致相似, 见 J. Mikusinski, Rachunek operatorow, 1953, Warszawa 或 Sur les fondements du calcul operatoire, Studia Math. 11(1950), 41–70.

第六章　广义函数的构造

§6.1　K 广义函数的局部构造

有限级数的广义函数

定义 1　设 m 为整数 $\geqslant 0$, 我们说 **K** 广义函数 T 具有有限级数 $\leqslant m$, 如果满足下列条件: 设 $\varphi_j \in \mathbf{K}, \varphi_j \to 0(\mathbf{K}^{(m)})$, 则 $(T, \varphi) \to 0$ (参看第一章 §1.7).

我们知道 **K** 在 $\mathbf{K}^{(m)}$ 内稠密, 并且 $\varphi_j \to 0(\mathbf{K})$ 蕴涵 $\varphi_j \to 0(\mathbf{K}^{(m)})$. 故每一个 $\mathbf{K}^{(m)}$ 广义函数都可以视为级数 $\leqslant m$ 的 **K** 广义函数. 反之, 设有级数 $\leqslant m$ 的 **K** 广义函数 T, 则由定义 1 知 T 对 $\mathbf{K}^{(m)}$ 在 **K** 上的导来的极限定义为连续, 更因为 **K** 为 $\mathbf{K}^{(m)}$ 的稠密的子空间, 故 T 可以唯一地扩张为 $\mathbf{K}^{(m)}$ 上的连续线性泛函. 因此我们有下列定理:

定理 1　**K** 广义函数 T 可以 (唯一地) 扩张为一个 $\mathbf{K}^{(m)}$ 广义函数的充要条件为 T 具有级数 $\leqslant m$.

因此我们可以把级数 $\leqslant m$ 的 **K** 广义函数与 $\mathbf{K}^{(m)}$ 广义函数视为同一.

在第二章 §2.3 中已经讲过测度与 $\mathbf{K}^{(0)}$ 广义函数等价, 因此也与级数为 0 的 **K** 广义函数等价.

δ 函数为测度, 亦即级数为 0 的 **K** 广义函数, 其微商 $D^p \delta$ 为级数 $\leqslant |p|$ 的 **K** 广义函数.

K 广义函数的局部构造

定理 2　设 $T \in \overset{\circ}{\mathbf{K}}, F$ 为 R^n 内的紧密集, 于是存在整数 $m \geqslant 0$ 使得当 $\varphi_j \in \mathbf{K}(F)$, 并且 $D^p \varphi_j(x), |p| \leqslant m$ 都一致收敛于 0 时必有 $(T, \varphi_j) \to 0$.

证　T 在 **K** 上连续, 故存在 $m \geqslant 0, \eta \geqslant 0$ 使得当 (见第一章 §1.2) $\varphi \in V(m, \eta, F)$ 时必有 $|(T, \varphi)| \leqslant 1$. 又因 T 为线性, 故对任意的 $\varepsilon > 0$ 而言, 当 $\varphi \in V(m, \eta\varepsilon, F)$ 时必有 $|(T, \varphi)| \leqslant \varepsilon$.

由此立即可得下述推论:

推论　设 Ω 为 R^n 内的有界开集, 于是任意 **K** 广义函数 T 视为局部 Ω 广义函数必具有有限级数 $\leqslant m$ (此处 m 依赖于 Ω 及 T).

为了便于以后的讨论, 我们顺便提及一些属于泛函分析范围的概念: 设 K 为 R^n 内的闭集, 所有定义在 K 上的绝对可求和函数 φ 组成一个线性函数空间 $\mathbf{L}_1(K)$. 当 $K = R^n$ 时, 我们用 $\mathbf{L}_1$ 表示 $\mathbf{L}_1(R^n)$. 空间 $\mathbf{L}_1(K)$ 的极限定义为: $\varphi_j \to 0(\mathbf{L}_1(K))$ 的充要条件为:

$$\int_K |\varphi_j(x)| dx \to 0. \tag{1}$$

设 $f(x)$ 为定义在 K 上的有界可测函数, 于是积分

$$(f, \varphi) = \int_k f(x)\varphi(x)dx, \quad \varphi \in \mathbf{L}_1(K) \tag{2}$$

界定了空间 $\mathbf{L}_1(K)$ 上的线性连续泛函. 反之空间 $\mathbf{L}_1(K)$ 的任意线性连续泛函必由唯一的 ("几乎到处" 的意义下的唯一的) 定义在 K 上的有界可测函数 f 用上述积分产生, 因此 K 上的有界可测函数与空间 $\mathbf{L}_1(K)$ 上的线性连续泛函等价.

又空间 $\mathbf{L}_1(K)$ 以 $\displaystyle\int_K |\varphi(x)|dx$ 为范量 $\|\varphi\|$ 形成一个巴拿赫 (Banach) 空间. 对巴拿赫空间而言, 哈恩–巴拿赫 (Hahn-Banach) 定理成立: 设巴拿赫空间 $\mathbf{B}$ 的部分空间 $\mathbf{H}$ 上界定的连续线性泛函 L 必定可以扩张全空间 $\mathbf{B}$ 上的连续线性泛函. 注意这个扩张一般不是唯一的[1].

定理 3 设 $T \in \overset{\circ}{\mathbf{K}}$, Ω 为 R^n 内的有界开集, 于是存在连续函数 f 及微商符号 D^p, 使得在 Ω 内 $T = D^p f$, 并且可取连续函数 f 使其支集在 $\overline{\Omega}$ 的任意预定的开邻域之内.

证 为方便计, 我们用符号 $\dfrac{\partial^m}{\partial x^m}$ 表示符号 $\dfrac{\partial^{mn}}{\partial x_1^m \cdots \partial x_n^m}$. 因 Ω 有界, 故 $\overline{\Omega}$ 为紧密集. 设 $\varphi \in \mathbf{K}(\overline{\Omega})$, 则显然 $\dfrac{\partial^m \varphi}{\partial x^m} \in \mathbf{L}_1(\Omega)$.

首先证明: 存在 $m \geqslant 0$ 使得 $\varphi_j \in \mathbf{K}(\overline{\Omega})$, $\dfrac{\partial \varphi_j^{m+1}}{\partial x^{m+1}} \to 0(\mathbf{L}_1)$ 蕴涵 $(T, \varphi_j) \to 0$.

设 $\varepsilon > 0$, 于是由定理 2 之证知存在 $m \geqslant 0$ 及 $\eta > 0$ 使得当 $|D^p \varphi| \leqslant \eta$ 对所有的 $\varphi \in \mathbf{K}(\overline{\Omega})$ 及 $|p| \leqslant m$ 都成立时, 则必有 $|(T, \varphi)| \leqslant \varepsilon$.

设 $\psi \in \mathbf{K}(\overline{\Omega})$, 于是有

$$\psi(x_1 \cdots x_n) = \int_{-\infty}^{x_k} \frac{\partial \psi}{\partial x_k}(x_1 \cdots x_k \cdots x_n) dx_k. \tag{3}$$

命 $\rho \geqslant 1$, 并且大于集 $\overline{\Omega}$ 的直径. 于是如果 $\varphi \in \mathbf{K}(\overline{\Omega})$, 并且

$$\int \left| \frac{\partial^{m+1} \varphi}{\partial x^{m+1}} \right| dx \leqslant \frac{\eta}{\rho^{mn}},$$

则可得结论

$$\left| \frac{\partial^m \varphi}{\partial x^m} \right| \leqslant \frac{\eta}{\rho^{mn}}.$$

由此又可得结论

$$|D^p \varphi(x)| \leqslant \eta, \quad (|p| \leqslant m).$$

而由此又可得结论 $|(T, \varphi)| \leqslant \varepsilon$. 于是可知 $\varphi_j \in \mathbf{K}(\overline{\Omega})$, $\dfrac{\partial^{m+1} \varphi}{\partial x^{m+1}} \to 0(\mathbf{L}_1(\overline{\Omega}))$ 蕴涵 $(T, \varphi_j) \to 0$.

不难验证, 映射

$$\varphi \in \mathbf{K}(\overline{\Omega}) \Rightarrow \psi = \frac{\partial^{m+1} \varphi}{\partial x^{m+1}} \in \mathbf{L}_1(\overline{\Omega}) \tag{4}$$

把空间 $\mathbf{K}(\overline{\Omega})$ 一一地映成空间 $\mathbf{L}_1(\overline{\Omega})$ 的一个子空间 $\mathbf{H}$(因对 φ 逐次微分唯一地决定 ψ, 对 ψ 逐次如式 (3) 积分唯一地决定 φ). 我们界定 $\mathbf{H}$ 上的线性泛函 L 如下:

$$(L, \psi) = (T, \varphi), \quad \psi = \frac{\partial^{m+1} \varphi}{\partial x^{m+1}}. \tag{5}$$

---

[1] 见, 例如, Люстерник-Соболев, Элементы функционального анализа, 1951.

由上面的证明可知 L 为子空间 $\mathbf{H}$ 上的连续线性泛函 (对 $\mathbf{L}_1(\overline{\Omega})$ 的极限定义而言连续),
于是由哈恩–巴拿赫定理知 L 可以扩张为全 $\mathbf{L}_1(\overline{\Omega})$ 的连续线性泛函, 也就是存在一个定
义在 $\overline{\Omega}$ 上的有界可测函数 $h(x)$ 使得

$$(T,\varphi) = (L,\psi) = \int_{\overline{\Omega}} h(x)\psi(x)dx, \tag{6}$$

亦即

$$(T,\varphi) = \int_{\overline{\Omega}} h(x)\frac{\partial^{m+1}\varphi(x)}{\partial x^{m+1}}dx = \left(h, \frac{\partial^{m+1}\varphi}{\partial x^{m+1}}\right), \quad \varphi \in \mathbf{K}(\overline{\Omega}),$$

亦即在开集 Ω 内:

$$T = (-1)^{(m+1)n}\frac{\partial^{m+1}}{\partial x^{m+1}}h. \tag{7}$$

作 h 的原函数 f:

$$f(x_1 \cdots x_n) = \int_{-\infty}^{x_1} \cdots \int_{-\infty}^{x_n} h(x_1 \cdots x_n)dx_1 \cdots dx_n. \tag{8}$$

它显然为 R^n 上的连续函数, 但其支集一般地不是紧密的. 视 f 为广义函数, 则有

$$\frac{\partial f}{\partial x} = \frac{\partial^n f}{\partial_{x_1} \cdots \partial_{x_n}} = h.$$

由此在开集 Ω 内, 我们有

$$T = (-1)^{(m+1)n}\frac{\partial^{m+2}}{\partial x^{m+2}}f. \tag{9}$$

设 Ω' 为闭集 $\overline{\Omega}$ 的任意的有界开邻域. 取 $\alpha \in \mathbf{K}(\Omega')$, 并且在闭集 $\overline{\Omega}$ 上 $\alpha(x) \equiv 1$, 于
是可取 αf 代替 f, 而 αf 的支集在开邻域 Ω' 之内.

注意这个定理中的连续函数 f 在 Ω 上显然不是唯一的, 盖加一个满足 $\dfrac{\partial^{m+2}}{\partial x^{m+2}}g = 0$
的函数 g 后仍得同样的结果.

这个定理表明任意有界集上的局部 $\mathbf{K}$ 广义函数都是某连续函数的广义微商. 由此可
见, 广义函数理论本质上只是把微分的概念推广了, 而所有的广义函数在局部的意义上都
是由连续函数经过广义微商而得. 也可以从这里揭示的构造的观点为起点而建立广义函
数的理论[1].

定理 3 还有一个较强的推广, 我们不加证明, 仅叙述如下 (见 [3]):

定理 4　设 $T_j \to 0(\mathring{\mathbf{K}})$, Ω 为有界开集, 于是有连续函数 f_j 及与 j 无关的 D^p, 使得
在 Ω 内 $T_j = D^p f_j$, 并且 $f_j(x)$ 在 R^n 上一致 $\to 0$.

定理 5　设 $\mathbf{K}$ 广义函数 T 具有紧密支集 (即 $T \in \mathring{\mathbf{E}}$), 则 T 必可表为有限多个定在
R^n 上的连续函数的微商之和, 并且可取这些连续函数使得其支集都在 T 的支集的任意
预定的开邻域之内. 因此具有紧密支集的 $\mathbf{K}$ 广义函数必具有有限级数.

---

[1] 见参考文献中所列的 König, Sikorski 等的论文.

证 设 T 的紧密支集为 K. 有界开集 $\Omega \supset K$. 取有界开集 Ω', $\Omega' \supset \overline{\Omega}$. 由定理 3 知存在支集在 Ω' 内的连续函数 f 及微分符号 D^p, 使得在 Ω 内 $T = D^p f$. 亦即: 设 $\psi \in \mathbf{K}(\Omega)$, 则

$$(T, \psi) = (-1)^{|p|} \int f(x) D^p \psi(x) dx.$$

取 $\alpha \in \mathbf{K}$, 在 T 的支集 K 上 $\alpha(x) \equiv 1$, 并且 α 的支集在 Ω 之内. 设 $\varphi \in \mathbf{E}$, 则 $\varphi \in \mathbf{K}(\Omega)$, 于是

$$(T, \varphi) = (T, \alpha\varphi) = (-1)^{|p|} \int f(x) D^p[\alpha(x)\varphi(x)] dx.$$

但由莱布尼茨公式

$$D^p[\alpha\varphi] = \sum_{q \leqslant p} C_p^q D^{p-q}\alpha D^q \varphi,$$

可得

$$(T, \varphi) = (-1)^{|p|} \sum_{q \leqslant p} \int C_p^q f(x) D^{p-q}\alpha(x) D^q \varphi(x) dx.$$

因此, 如命

$$f_q(x) = (-1)^{|p+q|} C_p^q f(x) D^{p-q}\alpha(x),$$

则有

$$T = \sum_{q \leqslant p} D^q f_q. \tag{10}$$

函数 $f_q(x)$ 为支集在 Ω' 之内的连续函数.

§6.2 K 广义函数的全局构造

已知具有紧密支集的 **K** 广义函数的构造后, 利用支集分解即可知任意 **K** 广义函数的构造.

定理 1 任意 **K** 广义函数 T 可以分解为无穷和:

$$T = \sum_j D^{q_j} f_j, \tag{1}$$

此处 f_j 为连续函数, 其支集向无穷远处远离 (即支集与原点的距离随 j 的增加而趋于无穷), 并且都含在 T 的支集 F 的任意预定的开邻域之内.

证 由 §2.5 定理 6 知 T 可以分解为无穷和:

$$T = \sum_j T_j,$$

此处 T_j 的支集 F_j 为紧密的, $\bigcup_j F_j = F$, 并且 F_j 向无穷远处远离. 更由定理 5 知每一个 T_j 可以表为有限多个连续函数的微商, 并且它们的支集都在 F_j 的任意预定的开邻域之内. 综合起来即得本定理. 注意这个分解显然不是唯一的.

根据广义函数的支集的定义知: 设 T 的支集与 φ 的支集不相交, 则 $(T, \varphi) = 0$. 因此如果 φ 在 T 的支集的一个邻域上为 0, 则 $(T, \varphi) = 0$. 现在我们给两个较强的命题:

定理 2 设 $\mathbf{K}$ 广义函数 T 具有紧密支集 F, 并且 T 的级数 $\leqslant m$, 设 $\varphi \in \mathbf{E}$, 并且 φ 的 $\leqslant m$ 级微商在 F 上均恒等于 0, 则 $(T, \varphi) = 0$.

证 设 $\varepsilon > 0$. 命 F_ε 为所有与集 F 的距离 $\leqslant \varepsilon$ 的点所组成的集, $\varphi \in \mathbf{E}$, 在集 F 上 $D^p\varphi(x) \equiv 0(|p| \leqslant m)$. 今取 $x \in F_\varepsilon, x_0 \in F$, 我们有: 当 $|p| < m$ 时

$$D^p\varphi(x) = \int_{x_0}^x \left[\frac{\partial}{\partial x_1} D^p\varphi(x)dx_1 + \cdots + \frac{\partial}{\partial x_n} D^p\varphi(x)dx_n \right], \tag{2}$$

此处积分为沿直线 $\overrightarrow{x_0x}$ 的线积分. 我们取点 x_0 使其与点 x 的距离 $\leqslant \varepsilon$.

设

$$\sigma_\varepsilon = \max_{\substack{x \in F_\varepsilon \\ |q| = m}} \{D^q\varphi(x)\}, \tag{3}$$

于是逐步演算积分 $\displaystyle\int_{x_0}^x$, 即得

$$\begin{cases} |D^p\varphi(x)| \leqslant (\varepsilon\sqrt{n})^{m-|p|}\sigma_\varepsilon, & |p| < m, x \in F_\varepsilon; \\ |D^p\varphi(x)| \leqslant \sigma_\varepsilon, & |p| = m, x \in F_\varepsilon. \end{cases} \tag{4}$$

取连续函数 $\beta_\varepsilon(x)$ 满足下列条件:

$$\beta_\varepsilon(x) = 1, \quad x \in F_{\frac{\varepsilon}{2}};$$

$$\beta_\varepsilon(x) = 0, \quad x \notin F_{\frac{3}{4}\varepsilon}; \quad 0 \leqslant \beta_\varepsilon(x) \leqslant 1, \quad x \in R^n.$$

更取 $\rho_{\frac{\varepsilon}{4}} \in \mathbf{K}$(见 §1.2 定理 3 的证明), 作卷积

$$\alpha_\varepsilon = \beta_\varepsilon * \rho_{\frac{\varepsilon}{4}}.$$

显然可见 $\alpha_\varepsilon \in \mathbf{K}$, 并且

$$\begin{aligned} &\alpha_\varepsilon(x) = 1, \quad x \in F_{\frac{\varepsilon}{4}}; \\ &\alpha_\varepsilon(x) = 0 \quad x \notin F_\varepsilon; \quad 0 \leqslant \alpha_\varepsilon(x) \leqslant 1, \quad x \in R^n; \\ &D^p\alpha_\varepsilon = \beta_\varepsilon * D^p\rho_{\frac{\varepsilon}{4}}. \end{aligned} \tag{5}$$

因此由直接计算可得

$$\begin{aligned} |D^p\alpha_\varepsilon| &\leqslant \int |D^p\rho_{\frac{\varepsilon}{4}}|dx = \int \frac{1}{\left(\frac{\varepsilon}{4}\right)^n \left(\frac{\varepsilon}{4}\right)^{|p|}} \left| D^p\rho_1\left(\frac{x}{\frac{\varepsilon}{4}}\right) \right| dx \\ &= \left(\frac{4}{\varepsilon}\right)^{|p|} \int |D^p\rho_1(x)|dx \leqslant \frac{C}{\varepsilon^p}, \quad |p| \leqslant m, \end{aligned} \tag{6}$$

此处 C 为仅依赖于 m 的常数.

命 $\varphi_\varepsilon = \alpha_\varepsilon \varphi$. 显然 $\varphi_\varepsilon \in \mathbf{K}$, 并且 $D^p \varphi_\varepsilon = \sum_{q \leqslant p} C_p^q D^{p-q} \alpha_\varepsilon D^q \varphi$, 因此由式 (14), (16) 即得下列估计:

$$|D^p \varphi_\varepsilon(x)| \leqslant B \frac{1}{\varepsilon^{|p-q|}} \varepsilon^{m-|q|} \sigma_\varepsilon = B \sigma_\varepsilon \varepsilon^{m-|p|}, \quad x \in R^n, |p| \leqslant m, \tag{7}$$

引处 B 为仅依赖于 m 的常数.

因为函数 α_ε 在 T 的支集 F 的邻域 $F_{\frac{\varepsilon}{4}}$ 上恒等于 1, 故

$$(T, \varphi) = (T, \alpha_\varepsilon \varphi) = (T, \varphi_\varepsilon).$$

今命 $\varepsilon \to 0$, 由式 (2) 显然可见 $\sigma_\varepsilon \to 0$, 更由式 (7) 可见, 当 $|p| \leqslant m$ 时, $\varphi_\varepsilon(x)$ 在 R^n 上一致 $\to 0$, 亦即 $\varphi_\varepsilon \to 0(\mathbf{K}^{(m)})$. 因 T 为级数 $\leqslant m$ 的 $\mathbf{K}$ 广义函数, 所以 $(T, \varphi_\varepsilon) \to 0$, 于是 $(T, \varphi) = 0$. 证完.

定理 3 设 $T \in \dot{\mathbf{K}}, \varphi \in \mathbf{K}, \varphi$ 的所有的微商在 T 的支集 F 上恒等于 0. 于是 $(T, \varphi) = 0$.

证 由第二章 §2.5 定理 6 将 T 分解:

$$T = \sum T_\nu.$$

T_ν 都具有紧密支集 $F_\nu \subset F$. 显然所有的 φ 的各级微商在集 F_ν 上都为 0. 又因为具有紧密支集 F_ν 的 $\mathbf{K}$ 广义函数 T_ν 必为有限级数 m_ν, 故由定理 6 知 $(T_\nu, \varphi) = 0$. 因此 $(T, \varphi) = 0$.

根据上面的讨论, 我们可以穷举所有的以一个点为支集的 $\mathbf{K}$ 广义函数, 它们都是 δ 函数及其微商的有限线性组合:

定理 4 设 $\mathbf{K}$ 广义函数以点 a 为其支集, 则 T 必可唯一地表为点 a 的 δ 函数及其微商的有限线性组合:

$$T = \sum_{|p| \leqslant m} C_p D^p \delta_{(a)}, \tag{8}$$

此处 C_p 为复数常数, m 依赖于 T.

证 不妨假定点 a 即为原点 0. 因 T 的支集为紧密的, 故 T 必具有有限级数, 设为 $\leqslant m$, 设 $\varphi \in \mathbf{E}$, 于是

$$\varphi(x) = \sum_{|p| \leqslant m} \frac{D^p \varphi(0)}{p!} x^p + \theta_m(x), \tag{9}$$

此处 $\theta_m \in \mathbf{E}$, 并且 $D^p \theta_m(0) = 0, (|p| \leqslant m)$, 于是由定理 3 知 $(T, \theta_m) = 0$. 因此

$$(T, \varphi) = \left(T, \sum_{|p| \leqslant m} \frac{D^p(0)}{p!} x^p\right) = \sum_{|p| \leqslant m} \frac{D^p \varphi(0)}{p!} (T, x^p)$$

$$= \left(\sum_{|p| \leqslant m} C_p D^p \delta, \varphi \right),$$

此处 $C_p = \dfrac{(-1)^p}{p!}(T, x^p)$.

这个分解式为唯一的. 盖设 $T = 0$, 于是 $(T, x^p) = 0$, 故相应的 $C_p = 0$.

正值广义函数

定义 我们说 **K** 广义函数 T 为实值的, 如果对每个仅取实数值的 $\varphi \in \mathbf{K}$ 而言 (T, φ) 亦为实值. 我们说 **K** 广义函数为正值的 (写为 $T \geqslant 0$), 如果对每个仅取非负实值的 $\varphi \in \mathbf{K}$ 而言 $(T, \varphi) \geqslant 0$.

显然可见, 所有实数值的局部绝对可求和函数都决定实值广义函数, δ 函数及其微商 $D^p \delta$ 也都是实值广义函数. 又不难证明, 任意 **K** 广义函数 T 必可分解为 $T = T_1 + iT_2$, 此处 T_1, T_2 均为实值 **K** 广义函数.

关于正值广义函数我们有下述较强的定理:

定理 5 正值 **K** 广义函数 T 必为正值测度.

证 设 $T \geqslant 0$, 要证 T 为测度, 显然只需求证 T 对 $\mathbf{K}^{(0)}$ 导来的极限定义为连续, 亦即设 $\varphi_j \in \mathbf{K}$, φ_j 的支集在一个固的紧密集 K 之内, 并且 $\varphi_j(x)$ 一致 $\to 0$, 求证 $(T, \varphi_j) \to 0$.

设取定 $\psi \in \mathbf{K}$. $\psi \geqslant 0$, 并且在 K 上 $\psi \geqslant 1$. 显然存在 $\varepsilon_j \to 0$ 使得

$$|\varphi_j(x)| \leqslant \varepsilon_j \psi(x), \quad x \in R^n.$$

命 $\varphi_j(x) = u_j(x) + iv_j(x)$, 此处 u_j, v_j 都为实值 $\in \mathbf{K}$. 于是有

$$-\varepsilon_j \psi(x) \leqslant u_j(x) \leqslant \varepsilon_j \psi(x);$$

$$-\varepsilon_j \psi(x) \leqslant v_j(x) \leqslant \varepsilon_j \psi(x).$$

因为 $T \geqslant 0$, 故得

$$-\varepsilon_j (T, \psi) \leqslant (T, u_j) \leqslant \varepsilon_j (T, \psi);$$

$$-\varepsilon_j (T, \psi) \leqslant (T, v_j) \leqslant \varepsilon_j (T, \psi).$$

因此

$$|(T, u_j)| \leqslant \varepsilon_j (T, \psi), \quad |(T, v_j)| \leqslant \varepsilon_j (T, \psi),$$
$$|(T, \varphi_j)| \leqslant 2\varepsilon_j (T, \psi).$$

注意此处 (T, ψ) 为常数, 故有 $(T, \varphi_j) \to 0$, 因此 T 为测度.

T 为正值测度的意义就是对任意的 $\varphi \in \mathbf{K}^{(0)}, \varphi \geqslant 0$ 而言 $(T, \varphi) \geqslant 0$. 但是每个正值的 $\varphi \in \mathbf{K}^{(0)}$ 显然都可以表为正值的 $\varphi_j \in \mathbf{K}$ 的极限, 因此 $(T, \varphi) \geqslant 0$. 证完.

这个定理有助于我们决定某些广义函数为测度, 在下调和函数理论中可用此导出黎希分解定理 (见 §6.4).

§6.3　S 广义函数的构造

我们知道 **K** 为 **S** 的子空间, $\varphi_j \to 0(\mathbf{K})$ 蕴涵 $\varphi_j \to 0(\mathbf{S})$. 因此每一个 **S** 广义函数可以视为 **K** 广义函数, 即 $\overset{\circ}{\mathbf{S}} \subset \overset{\circ}{\mathbf{K}}$. 又因 **K** 在 **S** 内稠密, 故有:

定理 1　**K** 广义函数 T 为 **S** 广义函数的充要条件为 T 对 **S** 在空间 **K** 上所导出的极限定义为连续.

定理 1 只是形式地决定了 $\overset{\circ}{\mathbf{K}}$ 与 $\overset{\circ}{\mathbf{S}}$ 的关系. 我们还需进一步研究 **S** 广义函数本身的构造才能具体地决定 $\overset{\circ}{\mathbf{K}}$ 与 $\overset{\circ}{\mathbf{S}}$ 的关系.

我们沿用第一章 §1.3 的记号, 应该提醒 $V(m,q,\varepsilon)$ 为空间 **S** 的基本邻域, 它由所有满足

$$(1+|x|^2)^q|D^p\varphi(x)| \leqslant \varepsilon \quad (|p| \leqslant m) \tag{1}$$

的函数 $\varphi \in \mathbf{S}$ 组成. 又以符号 $\dfrac{\partial^m}{\partial x^m}$ 表示符号 $\dfrac{\partial^{mn}}{\partial x_1^m \cdots \partial x_n^m}$.

定在 R^n 上的可测函数 $f(x)$ 叫做缓增的, 如果存在正数 C,q 使得

$$|f(x)| \leqslant C(1+|x|^2)^q. \tag{2}$$

第二章 §2.1 定理 1 说, 所有的缓增函数都是 **S** 广义函数, 反之, 所有的 **S** 广义函数都可表为缓增函数的微商. 为此我们先介绍几个引理.

引理 1　设 $\varphi \in \mathbf{S}, q \geqslant 0, \varepsilon > 0$. 于是存在整数 $m \geqslant 0$ 及正数 $k > 0, \eta > 0$ 使得条件

$$(1+|x^2|)^k \left|\frac{\partial^m\varphi(x)}{\partial x^m}\right| \leqslant \eta \tag{3}$$

蕴涵条件

$$(1+|x^2|)^q|D^p\varphi(x)| \leqslant \varepsilon \quad (|p| \leqslant m), \tag{4}$$

即 $\varphi \in V(m,q,\varepsilon)$.

证　设 $\psi \in \mathbf{S}$, 我们显然有

$$\psi(x_1\cdots x_n) = \begin{cases} \displaystyle\int_{-\infty}^{x_1} \frac{\partial\psi}{\partial x_1}(x_1\cdots x_n)dx_1 & (x_1 \leqslant 0), \\ \displaystyle -\int_{x_1}^{+\infty} \frac{\partial\psi}{\partial x_1}(x_1\cdots x_n)dx_1 & (x_1 \geqslant 0). \end{cases}$$

设

$$\left|\frac{\partial\psi(x)}{\partial x_1}\right| \leqslant \frac{\sigma}{(1+|x^2|)^a}, \tag{5}$$

于是, 设 $x_1 \leqslant 0$(当 $x_1 \geqslant 0$ 时情形亦类似),

$$(1+|x|^2)^b\psi(x_1\cdots x_n) = (1+|x|^2)^b\int_{-\infty}^{x_1} \frac{\partial\psi}{\partial x_1}dx_1,$$

$$\left|(1+|x|^2)^b\psi(x_1\cdots x_n)\right| \leqslant (1+|x|^2)^b\int_{-\infty}^{x_1}\left|\frac{\partial\psi}{\partial x_1}\right|dx_1$$

$$\leqslant \int_{-\infty}^{x_1}(1+|x|^2)^b\left|\frac{\partial\psi}{\partial x_1}\right|dx_1$$

$$\leqslant \int_{-\infty}^{x_1}\frac{\sigma}{(1+|x|)^{a-b}}dx_1.$$

因此, 设 $b\geqslant 0, \rho > 0$ 为预定的, 则必存在 $a > 0, \sigma > 0$ 使得

$$(1+|x^2|)^a\left|\frac{\partial\psi(x)}{\partial x_1}\right| \leqslant \sigma$$

蕴涵

$$(1+|x|^2)^b|\psi(x)| \leqslant \rho.$$

利用这个普遍成立的关系逐步推算即得本命题.

引理 2　设 $\varphi\in\mathbf{S}$, 并且对某 $k\geqslant 0$ 及整数 $m\geqslant 0$ 有

$$\int\left|(1+|x|^2)^k\frac{\partial^{m+1}}{\partial x^{m+1}}\varphi(x)\right|dx \leqslant \eta, \tag{6}$$

则

$$(1+|x|^2)^k\left|\frac{\partial^m\varphi(m)}{\partial x^m}\right| \leqslant \eta. \tag{7}$$

证　因 $\varphi\in\mathbf{S}$, 故存在 $a > 0$ 使得

$$(1+|x|^2)^k\left|\frac{\partial^m\varphi(x)}{\partial x^m}\right| \leqslant \eta \quad (|x|\geqslant\alpha).$$

今设 $|x|\leqslant a, x=\{x_1,\cdots,x_n\}, x_1\leqslant 0,\cdots x_n\leqslant 0$. 即点 x 在最后象限之内, 我们有

$$\frac{\partial^m\varphi}{\partial x^m}(x_1,\cdots,x_n) = \int_{-\infty}^{x_1}\cdots\int_{-\infty}^{x_n}\frac{\partial^{m+1}\varphi(t)}{\partial t^{m+1}}dt_1\cdots dt_n,$$

$$(1+|x|^k)\left|\frac{\partial^m\varphi}{\partial x^m}(x_1,\cdots,x_n)\right| = (1+|x|^2)^k\left|\int_{-\infty}^{x_1}\cdots\int_{-\infty}^{x_n}\frac{\partial^{m+1}\varphi(t)}{\partial t^{m+1}}dt\right|$$

$$\leqslant (1+|x|^2)^k\int_{-\infty}^{x_1}\cdots\int_{-\infty}^{x_n}\left|\frac{\partial^{m+1}\varphi(t)}{\partial t^{m+1}}\right|dt$$

$$\leqslant \int_{-\infty}^{x_1}\cdots\int_{-\infty}^{x_n}(1+|t|^2)^k\left|\frac{\partial^{m+1}\varphi(t)}{\partial t^{m+1}}\right|dt \leqslant \eta.$$

故不等式 (7) 对最后象限成立. 显然此性质与象限无关, 故它普遍地成立.

引理 3　设 $T\in\mathring{\mathbf{S}}, \varphi\in\mathbf{S}$. 于是存在整数 $m > 0, k > 0$ 使得对任意的 $\varepsilon > 0$ 而言必有 $\eta > 0$ 使得条件

$$\int\left|(1+|x|^2)^k\frac{\partial^m\varphi(x)}{\partial x^m}\right|dx \leqslant \eta$$

蕴涵 $|(T, \varphi)| \leqslant \varepsilon$. 换言之, 如果 $\varphi_j \in \mathbf{S}, (1 + |x|^2)^k \dfrac{\partial^m \varphi}{\partial x^m} \to 0(\mathbf{L}_1)$, 则 $(T, \varphi_j) \to 0$.

证　根据引理 1.2, 我们只需证明存在 $k > 0, m \geqslant 0$ 使得对任给的 $\varepsilon > 0$ 而言存在 $\eta > 0$, 而 $\varphi \in V(m, k, \eta)$ 蕴涵 $|(T, \varphi)| \leqslant \varepsilon$.

因 T 对 $\mathbf{S}$ 连续, 故必有零元素的邻域 $V(m, k, \mu)$ 使得 $\varphi \in V(m, k, \mu)$ 蕴涵 $|(T, \varphi)| \leqslant 1$. 于是 $\varphi \in V(m, k, \varepsilon\mu)$ 蕴涵 $|(T, \varphi)| \leqslant \varepsilon$.

定理 2　$\mathbf{K}$ 广义函数 T 为 $\mathbf{S}$ 广义函数的充要条件为 T 可以表为 R^n 上的一个缓增连续函数 $f(x)$ 的某级广义微商: $T = D^q f$.

充分条件: 设 $T = D^q f, f$ 为缓增连续函数, 于是当 $\varphi \in \mathbf{K}$ 时

$$(T, \varphi) = (D^q f, \varphi) = (-1)^{|q|}(f, D^q \varphi) = (-1)^{|q|} \int f(x) D^q \varphi(x) dx.$$

如取 $\varphi \in \mathbf{S}$, 则上述积分显然界定一个 $\mathbf{S}$ 广义函数 T(见第二章 §2.1 定理 1).

必要条件: 考虑由 R^n 上所有的绝对可求和函数组成的线性空间 $\mathbf{L}_1$, 设 $T \in \overset{\circ}{\mathbf{S}}$. 不难验证, 映射

$$\varphi \in \mathbf{S} \Rightarrow (1 + |x|^2)^k \frac{\partial^m \varphi}{\partial x^m} \in \mathbf{L}_1,$$

把 $\mathbf{S}$ 一一地映成 $\mathbf{L}_1$ 的一个子空间 $\mathbf{H}$(此处 k, m 为固定的). 界定空间 $\mathbf{H}$ 上的泛涵 J 如下:

$$\left(J, (1 + |x|^2)^k \frac{\partial^m \varphi}{\partial x^m} \right) = (T, \varphi), \quad (1 + |x|^2)^k \frac{\partial^m \varphi}{\partial x^m} \in \mathbf{H}, \quad \varphi \in \mathbf{S}.$$

根据引理 3, 知存在 k, m 使得 J 对 $\mathbf{L}_1$ 在子空间 $\mathbf{H}$ 上所导出的极限定义为连续. 根据哈恩–巴拿赫定理, J 可以扩张 (不必是唯一地) 为全空间 $\mathbf{L}_1$ 的线性连续泛函, 仍以 J 表之, 于是泛函 J 必由一个 R^n 上的有界可测函数 $g(x)$ 所产生, 于是

$$(T, \varphi) = \int g(x)(1 + |x|^2)^k \frac{\partial^m \varphi}{\partial x^m} dx = \left((1 + |x^2|)^k g, \frac{\partial^m \varphi}{\partial x^m} \right)$$
$$= \left((-1)^{mn} \frac{\partial^m}{\partial x^m} [(1 + |x|^2)^k g], \varphi \right), \quad \varphi \in \mathbf{S}.$$

取原函数

$$f(x_1, \cdots, x_n) = \int_0^{x_1} \cdots \int_0^{x_n} (-1)^{mn} (1 + |x|^2)^k g(x) dx.$$

显然 $\dfrac{\partial^n f}{\partial x_1 \cdots \partial x_n} = (-1)^{mn}(1 + |x|^2)^k g$. 并且不难复验 $f(x)$ 为缓增连续函数, 于是 $T = \dfrac{\partial^{m+1}}{\partial x^{m+1}} f$. 证完.

定理 3　设 $T \in \overset{\circ}{\mathbf{S}}, \alpha \in \mathbf{K}$. 于是中值函数 $\alpha * T$ 及其各级微商都是缓增函数, 因此 $\alpha * T$ 为 $\mathbf{S}$ 乘子.

证　首先证明, 设 f 为缓增连续函数, $\beta \in \mathbf{K}$, 则 $\beta * f$ 也是缓增函数.

我们有

$$(\beta * f)(x) = \int f(x - t)\beta(t) dt.$$

因设 f 为缓增的, 故有

$$|f(x-t)| \leqslant A(1 + |x-t|^2)^k.$$

因此

$$|(\beta * f)(x)| \leqslant A \int (1 + |x-t|^2)^k |\beta(t)| dt \leqslant |p(x)|, \quad p(x) \text{为多项式}.$$

现设 $T \in \overset{\circ}{\mathbf{S}}, \alpha \in \mathbf{K}$. 由定理 2 知 $T = D^q f, f$ 为缓增连续函数. 于是

$$D^p(\alpha * T) = D^p(\alpha * D^q f) = D^{p+q} \alpha * f.$$

因 $D^{p+q} \alpha \in \mathbf{K}$, 故由方才所证知 $D^p(\alpha * T)$ 为缓增函数. 又 $\alpha * T$ 为无穷可微的. 故由 §1.3 定理 3 知 $\alpha * T$ 为 $\mathbf{S}$ 乘子.

§6.4 椭圆型微分方程的解的一些通性

广义函数为可微函数的一些充分条件

在 §3.5 定理 7 中我们求得 k 级调和方程 $\Delta^k T = 0$ 的原始解 $E_k = E_{n,k} \in \overset{\circ}{\mathbf{K}}$,

$$\Delta^k E_{n,k} = \delta. \tag{1}$$

利用这个广义函数, 我们可以断定 k 级调和方程或泊松 (Poisson) 方程的广义解都是普通意义的无穷函数解.

定理 1 设 $\sigma \in \mathbf{K}, \sigma(x)$ 在 R^n 的原点 0 的一个小邻域上恒等于 1. 于是必存在 $\sigma_1 \in \mathbf{K}$, 使得下列分解式成立:

$$\delta = E_k * \Delta^k \tag{2}$$

$$= \sigma E_k * \Delta^k + \sigma_1 \tag{3}$$

$$= \sigma E_k * \sigma E_k * \Delta^{2k} + 2\sigma_1 * \sigma E_k * \Delta^k + \sigma_1 * \sigma_1. \tag{4}$$

设 $T \in \overset{\circ}{\mathbf{E}}$, 则

$$T = E_k * \Delta^k T, \tag{5}$$

设 $T \in \overset{\circ}{\mathbf{K}}$, 则

$$T = \sigma E_k * \Delta^k * T + \sigma_1 * T \tag{6}$$

$$= \sigma E_k * \sigma E_k * \Delta^{2k} * T + 2\sigma_1 * \sigma E_k * \Delta^k * T + \sigma_1 * \sigma_1 * T. \tag{7}$$

证 式 (2) 显然成立. 又因为 E_k 不具有紧密支集, 故不能与任意 $\mathbf{K}$ 广义函数作卷积, 而只能与 $\mathbf{E}$ 广义函数作卷积, 故当 $T \in \overset{\circ}{\mathbf{E}}$ 时, 式 (5) 显然成立. 在一般的情形则作如下的考虑:

设 $\sigma \in \mathbf{K}, \sigma(x)$ 在 0 点的一个邻域上恒等于 1. 显然有

$$E_k = \sigma E_k + (1 - \sigma) E_k. \tag{8}$$

函数 $1 - \sigma$ 在原点的一个邻域上恒等于 0, 而在原点的一个较大的有界邻域以外恒等于 1. 因此 $(1 - \sigma) E_k$ 是一个无穷可微函数, 在原点的一个邻域上恒为 0, 而在 0 点的一点较大的有界邻域以外满足 k 级调和方程. 因此

$$\sigma_1 = \Delta^k * (1 - \sigma) E_k$$

为无穷可微函数 $\in \mathbf{K}$. 将式 (8) 两端求 k 级调和微商 Δ^k 即得式 (3). 对式 (2), (3) 连续运用即得式 (4).

设 $T \in \overset{\circ}{\mathbf{K}}$. 因为式 (3), (4) 中各项都 $\in \overset{\circ}{\mathbf{E}}$, 因此可以对 T 作卷积, 故得式 (6), (7).

按: 由广义函数 $E_k = E_{n,k}$ 的定义可知, 如整数 $m, k \geqslant 0$ 满足不等式 $2k - n \geqslant m + 1$, 则 E_k 为 m 级连续可微函数, 即 $E_k \in \mathbf{E}^{(m)}$.

定理 2   设 $T \in \overset{\circ}{\mathbf{K}}$, 整数 m, k 满足不等式 $2k - n \geqslant m + 1$. 如果 $\Delta^k T \in \overset{\circ}{\mathbf{K}}^{(m)}$, 则 T 为 m' 级连续可微函数, $m' = 2k - n - m - 1$.

证   考虑公式 (6). 由 §5.3 定理 1 的按语及上述按语知 $\sigma E_k * \Delta^k * T$ 为 m' 级连续可微函数, $m' = 2k - n - m - 1$, $\sigma_1 * T$ 为无穷可微函数, 因此由式 (6) 知 T 为 m' 级连续可微函数.

定理 3   设 $T \in \overset{\circ}{\mathbf{K}}$, 又存在 $m \geqslant 0$ 使得所有的 T 的微商 $D^p T \in \mathbf{K}^{(m)}$. 于是 T 为无穷可微函数.

证   取相当大的 k 使得 $2k - n \geqslant m + 1$. 根据假设 $\Delta^k T \in \mathbf{K}^{(m)}$, 因此 T 为 m' 级连续可微函数, $m' = 2k - n - m - 1$. 同理 T 的各级微商也有此性质, 因此 T 为无穷可微函数.

定理 4   设 $T \in \overset{\circ}{\mathbf{K}}$, 设存在整数 $m \geqslant 0$ 使得对所有的 $\alpha \in \mathbf{K}^{(m)}$ 而言 $T * \alpha$ 为无穷可微函数, 则 T 为无穷可微函数.

证   公式 (6) 可以写为

$$T = \Delta^k * (\sigma E_k * T) + \sigma_1 * T,$$

$\sigma_1 \in \mathbf{K}$, 故 $\sigma_1 * T$ 为无穷可微函数. 又取相当大的 k 使得 $E_k \in \mathbf{K}^{(m)}$. 于是由假设及定理 1 知 $T * \sigma E_k$ 为无穷可微函数. 因此 $\Delta^k * (\sigma E_k * T)$ 为无穷可微函数. 因此 T 亦为无穷可微函数.

椭圆方程解案的完全正规性

定理 5 k 级泊松方程

$$\Delta^k T = \rho \tag{9}$$

(此处 ρ 为任意已知的无穷可微函数) 的 $\mathbf{K}$ 广义解必定是无穷可微函数, 因此就是普通解.

在局部的情形本定理也成立, 即设局部广义函数 T 为方程 (9) 在开域 Ω 上的解, 则 T 在开域 Ω 上为无穷可微函数.

证   根据定理 1 式 (3) 及式 (9) 得

$$T = \delta * T = \sigma E_k * \Delta^k T + \sigma_1 * T = \sigma E_k * \rho + T * \sigma_1 \quad (\sigma, \sigma_1 \in \mathbf{K}).$$

因 σE_k 其有紧密支集, $\rho \in \mathbf{E}, \sigma_1 \in \mathbf{K}$, 故 $\sigma E_k * \rho$ 及 $T * \sigma_1$ 均为无穷可微函数, 即 T 为无穷可微函数.

局部的情形: 设 Ω 为开域, 局部广义函数 T 满足

$$\Delta^k T = \rho \quad (\text{在 } \Omega \text{ 上}). \tag{10}$$

取开域 Ω', Ω'' 使得 $\overline{\Omega'} \subset \Omega'', \overline{\Omega''} \subset \Omega$. 更取 $\alpha \in \mathbf{E}$ 使得

$$\alpha(x) \equiv 1, \quad x \in \overline{\Omega''},$$
$$\alpha(x) \equiv 0; \quad x \notin \Omega.$$

于是有

$$\alpha T = T \quad (\text{在 } \Omega'' \text{ 上}), \tag{11}$$
$$\Delta^k(\alpha T) = \rho \quad (\text{在 } \Omega'' \text{ 上}). \tag{12}$$

注意此时 αT 为全局广义函数, 因此由定理 1 得

$$\alpha T = \sigma E_k * \Delta^k(\alpha T) + \alpha T * \sigma_1. \tag{13}$$

在此分解式中 σ 可以任取, 我们取 $\sigma \in \mathbf{K}$ 的支集 A(显然 σ_1 的支集也含在 A 内) 相当小使得 $\Omega' - A \subset \Omega''$, 于是根据式 (11), (12) 及第五章 §5.1 定理 6 可知

$$T = \sigma E_k * \rho + \alpha T * \sigma_1 \quad (\text{在 } \Omega' \text{ 上}). \tag{14}$$

因 $\sigma E_k * \rho$ 及 $\alpha T * \sigma_1$ 都是无穷可微函数, 故 T 在 Ω' 上也是无穷可微函数. 因 Ω' 在 Ω 内可以任意取, 所以 T 在 Ω 上为无穷可微函数.　证完.

广义函数 T 称为 k 级调和的, 如果它满足方程 $\Delta^k T = 0$. 如果它更为 $2k$ 级连续可微函数, 则称之为 k 级调和函数, 当 $k = 1$ 时就分别称为调和广义函数及调和函数. 如果方程 $\Delta^k T = 0$ 仅在开集 Ω 上被满足, 则称 T 为在开集 Ω 上为 k 级调和的. 由定理 5 知调和函数与调和广义函数的概念是等价的.

设一个微分方程或方程组 $AT = B$, 当右边项 B 为无穷可微函数时的广义解必为无穷可微函数的普通意义下的解, 我们就说这方程或方程组的解案具有完全正规性.

定理 1 表示高级泊松方程的解案具有完全正规性. 实际上这个性质不仅为高级泊松方程所独有, 而可以证明 (在方法上也是依赖原始解), 在相当广泛的椭圆型的定义之下, 椭圆型方程或方程组的解案都具有完全正规性 (见 [3]). 我们不准备介绍这个广泛的椭圆型的定义, 只指出它包括下述类型的方程:

1. 普通意义下的二级变系数椭圆方程

$$\sum_{j,k=1}^{n} a_{jk}(x) \frac{\partial^2 T}{\partial x_j \partial x_k} + \sum_{j=1}^{n} a_j(x) \frac{\partial T}{\partial x_j} + a(x)T = b(x), \tag{15}$$

此处 $\sum_{j,k=1}^{n} a_{jk} x_j x_k$ 仅当 $x_1 = \cdots = x_n = 0$ 时为 0;

2. m 级常系数的, 只含有 m 级微商的椭圆方程

$$\sum_{|p|=m} a_p D^p T = b(x), \tag{16}$$

此处 $\sum\limits_{|p|=m} a_p x^p$ 仅当 $x = 0$ 时为 0.

兹举出解案为完全正规的微分方程的两个通性如下:

定理 6   设微分方程 $Au = \rho$ 的解案为完全正规的. 设函数 $u_j(x)$ 为其解, 并且在 R^n 的每一紧密集上一致收敛于函数 $u_0(x)$, 则函数 $u_0(x)$ 仍为此方程的解并为无穷可微. 此定理在局部的情形也成立.

证   根据假设, 视 u_j, u_0 为广义函数, 则 $u_j \to u_0(\overset{\circ}{\mathbf{K}})$. 根据 §4.2 定理 1 知 u_0 为方程 $Au = \rho$ 的广义解. 但由解的完全正规性即知 u 为无穷可微函数.

作为推论得知这个定理对 k 级泊松方程、k 级调和方程以及一般的椭圆型方程都成立. 设为调和方程, 则得熟知的定理: 调和函数的一致极限函数仍为调和函数.

定理 7   解案扩张定理. 设 m 级微分方程 $Au = \rho$ 的解案为完全正规的. 设 S 为曲面, 并把空间 R^n 分割为两个区域 Ω_1, Ω_2. 设函数 u_1(函数 u_2) 为所给方程在域 Ω_1(域 Ω_2) 内的解, 但在域 Ω_2(域 Ω_1) 上恒等于 0. 又设在边界 S 上函数 u_1 及 u_2 本身以及各级数 $< m$ 的法线微商都各别相等. 于是函数 $u = u_1 + u_2$ 在空间 R^n 内为所给方程的解.

证   为简便明确计, 仅对泊松方程 $\Delta u = \rho$ 加以证明.

命 $\rho = \rho_1 + \rho_2$, 此处 ρ_1 在 Ω_2 内恒等于 0, ρ_2 在 Ω_1 内恒等于 0. 仿照 §3.5 内的符号, 我们用 $[v]$ 表示由函数 v 所产生的广义函数. 根据假设, 我们有

$$[\Delta u_1] = [\rho_1], \quad [\Delta u_2] = [\rho_2]. \tag{17}$$

由 §3.5 定理 3 知, 设 $\varphi \in \mathbf{K}$,

$$(\Delta[u_1], \varphi) = ([\Delta u_1], \varphi) + \int_S \frac{\partial u_1}{\partial n} \varphi d\sigma - \int_S u_1 \frac{\partial \varphi}{\partial n} d\sigma, \tag{18}$$

$$(\Delta[u_2], \varphi) = ([\Delta u_2], \varphi) - \int_S \frac{\partial u_2}{\partial n} \varphi d\sigma + \int_S u_2 \frac{\partial \varphi}{\partial n} d\sigma, \tag{19}$$

此处 n 为曲面 S 上对 Ω_1 的内向法线, 亦即对 Ω_2 的外向法线.

根据假设, 在 S 上 $u_1 = u_2, \dfrac{\partial u_1}{\partial n} = \dfrac{\partial u_2}{\partial n}$, 于是将式 (18), (19) 相加, 更由式 (17) 知

$$\Delta[u] = \Delta[u_1 + u_2] = \Delta[u_1] + \Delta[u_2]$$
$$= [\Delta u_1] + [\Delta u_2] = [\rho_1] + [\rho_2] = [\rho_1 + \rho_2] = [\rho].$$

因此, 如视 u 为广义函数, 则 u 为方程 $\Delta u = \rho$ 的广义解. 由于所给方程的解案的完全正规性可知 u 为无穷可微函数解.

在一般的方程 $Au = \rho$ 时, 我们连续运用 §3.5 定理 2 得 (相当于方才的式 (18) 及 (19))

$$A[u_1] = [Au_1] + B_1, \tag{20}$$

$$A[u_2] = [Au_2] + B_2, \tag{21}$$

此处 B_1 为支集在 S 上的广义函数, 仅依赖于 u_1 本身在 S 的值及其在 S 上的级数 $< m$ 的对 Ω_1 的内向法线微商. 显然可见 $B_1 = -B_2$, 即 $B_1 + B_2 = 0$. 证明的其余部分形式全同于上证的特例. 证完.

作为推论得知这个定理对 k 级泊松方程、k 级调和方程以及一般的椭圆型方程都成立. 设为调和方程则得原始形式的调和函数的扩张定理: 设两个调和函数各在曲面 S 的一侧界定, 并设在 S 上其值及其法线微商的值均相等, 则它们就是彼此的扩张.

调和场位

仿照场位论中从密度函数 ρ 界定牛顿场位的方法. 我们可以利用 k 级调和算子 Δ^k 的原始解 E_k 对任意的具有紧密支集的广义函数 B 界定广义场位.

定义 1 设 B 为具有紧密支集的广义函数, 我们界定卷积 $V_k^{(B)} = E_k * B$ 为广义函数 B 的 k 级调和场位 (或 k 级牛顿场位), 当 $k = 1$ 时, 就简写为 $V_1^{(B)} = V^{(B)}$.

设 $k = 1, B = \rho$ 为紧密的无穷可微函数, 则就得普通的牛顿场位. 例如

$$n = 3: \quad E_1 = \frac{1}{-4\pi r},$$
$$V^{(\rho)} = E_1 * \rho = \frac{-1}{4\pi} \iiint \frac{\rho(t_1, t_2, t_3) dt_1 dt_2 dt_3}{\sqrt{(x_1 - t_1)^2 + (x_2 - t_2)^2 + (x_3 - t_3)^2}}; \tag{22}$$
$$n = 2: \quad E_1 = \frac{-1}{2\pi} \log\left(\frac{1}{r}\right),$$
$$V^{(\rho)} = E_1 * \rho = \frac{-1}{2\pi} \iint \log \frac{1}{\sqrt{(x_1 - t_1)^2 - (x_2 - t_2)^2}} \rho(t_1, t_2) dt_1 dt_2. \tag{23}$$

对 k 级调和场位我们有下述定理:

定理 8 泊松 (Poisson) 公式. 设 B 为具有紧密支集的广义函数, 则

$$\Delta^k V_k^{(B)} = B; \tag{24}$$

$$V_k^{(\Delta^k B)} = B. \tag{25}$$

证
$$\Delta^k V_k^{(B)} = \Delta^k * E_k * B = B = E_k * \Delta^k * B = V_k^{(\Delta^k B)}.$$

设 $B = \rho$ 为紧密的无穷函数, 在 $k = 1$ 时, 我们就得到原始形式的泊松公式:

$$n = 3: \quad \Delta\left(\iiint \frac{\rho(t_1, t_2, t_3) dt_1 dt_2 dt_3}{\sqrt{(x_1 - t_1)^2 + (x_2 - t_2)^2 + (x_3 - t_3)^2}}\right) = -4\pi\rho(x)$$
$$= \iiint \frac{\Delta\rho(t_1, t_2, t_3) dt_1 dt_2 dt_3}{\sqrt{(x_1 - t_1)^2 + (x_2 - t_2)^2 + (x_3 - t_3)^2}}; \tag{26}$$

$$n = 2: \quad \Delta \left(\iiint \log \frac{1}{\sqrt{(x_1 - t_1)^2 - (x_2 - t_2)^2}} \rho(t_1, t_2) dt_1 dt_2 \right) = -2\pi\rho(x)$$

$$= \iint \log \frac{1}{\sqrt{(x_1 - t_1)^2 + (x_2 - t_2)^2}} \Delta\rho(t_1, t_2) dt_1 dt_2. \tag{27}$$

下调和广义函数

我们设广义函数 T 为 k 级下调和的, 如果

$$\Delta^k T \geqslant 0. \tag{28}$$

换言之, 根据 §6.2 定理 5, 存在正值测度 $\mu \geqslant 0$ 使得

$$\Delta^k T = \mu. \tag{29}$$

关于 k 级下调和广义函数我们有下述推广的黎希 (F. Riesz) 定理:

定理 9 黎希分解定理. 广义函数 T 为 k 级下调和的充要条件为对空间 R^n 内每一个有界开域 Ω 而言 T 可以分解为下列形式:

$$T = E_k * \nu + S, \tag{30}$$

此处 ν 为支集在 Ω 内的正值测度, S 为在 Ω 上的 k 级调和函数, 并且此分解式是唯一的, 但依赖于 Ω.

证 必要条件: 设 $\Delta^k T \geqslant 0$. 于是存在正值测度 $\mu \geqslant 0$ 使得 $\Delta^k T = \mu$. 设 f 为开集 Ω 的特征函数, 即在 Ω 上 $f(x) \equiv 1$, 而在他处则 $f(x) \equiv 0$, 于是 $\nu = f\mu$ 为正值测度, 并且有紧密支集在集 Ω 之内. 因此卷积 $E_k * \nu$ 有意义. 命

$$S = T - E_k * \nu,$$

于是

$$\Delta^k S = \Delta^k T - \Delta^k * E_k * \nu = \begin{cases} \mu - \nu & (\text{在 } R^n \text{ 上}), \\ 0 & (\text{在 } \Omega \text{ 上}). \end{cases} \tag{31}$$

因此在开集 Ω 上 S 为 k 级调和广义函数. 由定理 1 知 S 在开集 Ω 上为 k 级调和函数, 因此

$$T = E_k * \nu + S. \tag{32}$$

次证这分解式为唯一的. 将此分解式两端各以 Δ^k 卷乘, 便得

$$\Delta^k * T = \Delta^k * E_k * \nu + \Delta^k S = \begin{cases} \nu + \Delta^k S & (\text{在 } R^n \text{ 上}), \\ \nu & (\text{在 } \Omega \text{ 上}). \end{cases} \tag{33}$$

因此在 Ω 上 $\nu = \Delta^k * T$ 系唯一地被决定, 但 ν 的支集在 Ω 内, 故测度 ν 在整个 R^n 上唯一地被决定, 而因此 $S = T - E_k * \nu$ 也唯一地被决定.

充分条件: 设对每一个开集 Ω 而言 T 可以按式 (30) 分解, 于是由式 (33) 知在每一个开集 Ω 上 $\Delta^k T \geqslant 0$, 因在全空间 R^n 上 $\Delta^k T \geqslant 0$. 证完.

这个定理表示, 在每一个有界开域 Ω 之内, k 级下调和广义函数必可表为一个 Ω 内的 k 级调和函数 S 与一个支集在 Ω 内的测度 ν 的 k 级调和场位 $V^{(\nu)}$ 之和.

在场位论里我们说二级连续可微函数 u 为下调和的, 如果 $\Delta u \geqslant 0$. 故由定理 5 立即得到原始形式的黎希定理, 即下调和函数在空间 R^n 的每一个有界开集 Ω 上必可唯一地表为一个 Ω 内的调和函数与一个支集在 Ω 内的测度的场位之和[①].

第七章 傅里叶变换

傅里叶变换理论是数学分析的一个重要部门, 但运用傅里叶方法通常受到一定的限制, 即对函数在无穷远处的增长率需有一定的约束. 对急速增长的函数, 一般说来, 是难于应用傅里叶方法的. 但利用广义函数的工具 [盖力方特 (Гельфанд) 及希洛夫 (Шилов) 的方法] 可以处理急速增长函数的傅里叶变换, 因此把傅里叶方法的应用范围扩大了.

广义函数理论里研究傅里叶变换的方法是先研究基本空间的傅里叶变换, 然后用广义函数论的一贯的方法将它自动地移植于广义函数. 因为基本函数具有很强的规律性, 所以这个方法就可以减少或避免通常傅里叶变换理论中常遇见的解析上的困难.

对傅里叶变换理论最为合适的基本空间为空间 $\mathbf{S}$ 及其子空间. 除第一章中介绍的空间 $\mathbf{K}, \mathbf{K_p}$ 外我们还要介绍盖力方特及希洛夫引进的对傅里叶变换特有意义的由解析函数组成的基本空间 $\mathbf{Z}^p, \mathbf{Z}_p^p$ 等, 它们也都有空间 $\mathbf{S}$ 的子空间. 在本章中恒假定所有的基本空间 Φ 都是空间 $\mathbf{S}$ 的子空间, $\Phi \subset \mathbf{S}$. 又为方便计, 恒假定基本空间 Φ 对反射变换 "$\vee$" (即 $\varphi(x) \to \varphi(-x)$) 及复共轭变换 "$-$" (即 $\varphi(x) \to \overline{\varphi}(x)$) 为不变, 即 $\varphi \in \Phi$ 蕴涵 $\check{\varphi}, \overline{\varphi} \in \Phi$.

空间 R^n 内的自变数常用不同的符号 $x = \{x_1, \cdots, x_n\}, s = \{s_1, \cdots, s_n\}, t = \{t_1, \cdots, t_n\}$ 等表示, 相应地, 空间 R^n 本身也用 $R^n[x], R^n[s], R^n[t]$ 等表示. 符号 $\Phi[x], \overset{\circ}{\Phi}[x]$ 等的意义也随之确定. 又用 $s \cdot x$ 表示数积, 即 $s \cdot x = s_1 x_1 + \cdots + s_n x_n$.

§7.1 基本空间 S 的傅里叶变换

作为广义函数的傅里叶变换的准备, 我们先研究基本空间的傅里叶变换, 首先是基本空间 $\mathbf{S}$ 的傅里叶变换.

设 $\varphi, \psi \in \mathbf{S}$, 考虑积分

$$\int e^{-2\pi i s \cdot x} \varphi(x) dx; \tag{1}$$

$$\int e^{2\pi i s \cdot x} \psi(s) ds. \tag{2}$$

---

① 见 F.Riesz, Acta Math. 48(1926), 329-343, 54(1930), 321-360.

因

$$\left| \int e^{-2\pi i s \cdot x} \varphi(x) dx \right| \leqslant \int |e^{-2\pi i s \cdot x} \varphi(x)| dx = \int |\varphi(x)| dx; \tag{3}$$

$$\left| \int e^{2\pi i s \cdot x} \psi(s) dx \right| \leqslant \int |e^{2\pi i s \cdot x} \psi(s)| ds = \int |\psi(s)| ds. \tag{4}$$

因函数 φ, ψ 在无穷远处比多项式的任意负数幂都更快地趋于 0, 故 (3), (4) 右端积分都收敛, 因此积分 (1), (2) 分别对 $R^n[s], R^n[x]$ 为一致绝对收敛.

设 Φ 为基本空间, 因在本章中恒假定 $\mathbf{S} \supset \Phi$, 设 $\varphi, \psi \in \Phi$, 则上列积分均有意义, 故有:

定义 1　$\Phi[x], \Psi[s]$ 为基本空间 $\varphi \in \Phi[x], \psi \in \Psi[s]$. 则界定在 $R^n[s]$ 上的函数 $\tilde{\varphi}$,

$$\tilde{\varphi}(s) = \int e^{-2\pi i s \cdot x} \varphi(x) dx, \tag{5}$$

叫做基本函数 φ 的傅里叶变换. 界定在 $R^n[x]$ 上的函数 $\overset{\smile}{\psi}$,

$$\overset{\smile}{\psi}(x) = \int e^{2\pi i s \cdot x} \psi(s) ds, \tag{6}$$

叫做基本函数 ψ 的逆傅里叶变换. 映射 $\varphi \to \tilde{\varphi}$ 把线性空间 Φ 线性地变为线性空间 $\tilde{\Phi}$, 它叫做基本空间 Φ 的傅里叶对偶空间. 傅里叶对偶空间 $\tilde{\Phi}$ 内的极限定义为: $\tilde{\varphi}_j \to 0 \ (\tilde{\Phi})$ 的充要条件为 $\varphi_j \to 0 \ (\Phi)$.

以后可以见到, 在适当条件之下, 空间 $\tilde{\Phi}$ 是一个基本空间.

注意, 由式 (2) 可知

$$\overset{\smile}{\tilde{\varphi}} = \tilde{\varphi}, \quad \overset{\smile}{\check{\varphi}} = \overset{\smile}{\varphi}, \tag{7}$$

即逆傅里叶变换 $\smile$ 就是反射变换 $\check{}$ 与傅里叶变换 $\sim$ 的 "乘积".

傅里叶变换和一些基本运算的关系

定理 1

$$\tilde{\check{\varphi}} = \check{\tilde{\varphi}}, \quad \overset{\smile}{\check{\varphi}} = \check{\overset{\smile}{\varphi}}, \tag{8}$$

$$\tilde{\bar{\varphi}} = \bar{\tilde{\varphi}}, \quad \overset{\smile}{\bar{\varphi}} = \bar{\overset{\smile}{\varphi}} \tag{9}$$

$$\tau_a \tilde{\varphi} = e^{2\pi i s \cdot a} \tilde{\varphi}, \quad \tau_a \overset{\smile}{\varphi} = e^{-2\pi i s \cdot a} \overset{\smile}{\varphi}. \tag{10}$$

证明　我们只检验 (10) 中首式.

$$\widetilde{\tau_a \varphi}(s) = \int e^{-2\pi i s \cdot x} \tau_a \varphi(x) dx = \int e^{-2\pi i s \cdot (x+a-a)} \varphi(x+a) dx$$

$$= e^{2\pi i s \cdot a} \int e^{-2\pi i (s \cdot x)} \varphi(x) dx$$

$$= e^{2\pi i s \cdot a} \tilde{\varphi}(s).$$

定理 2

$$\frac{\partial}{\partial s_k}\tilde{\varphi}(s) = -\widetilde{2\pi i x_k \varphi}, \quad \frac{\partial}{\partial s_k}\overset{\smile}{\varphi}(s) = \overset{\smile}{\widetilde{2\pi i x_k \varphi}}, \tag{11}$$

$$P(D)\tilde{\varphi}(s) = P(\widetilde{-2\pi i x})\varphi, \quad P(D)\overset{\smile}{\varphi}(s) = \overset{\smile}{P(2\pi i x)\varphi} \tag{12}$$

此处 $P(D)$ 为任意微分符号多项式.

证 根据傅里叶变换的定义,

$$\tilde{\varphi}(s) = \int e^{-2\pi i s \cdot x}\varphi(x)dx.$$

在积分号下对参变数 s_k 微分, 作无穷积分

$$\int e^{-2\pi i s \cdot x}(-2\pi i x_k)\varphi(x)dx.$$

因 $-2\pi i x_k \varphi \in \mathbf{S}$, 故此积分绝对收敛, 因此 $\dfrac{\partial\tilde{\varphi}}{\partial s_k}$ 存在:

$$\frac{\partial\tilde{\varphi}}{\partial s_k} = \int e^{-2\pi i s \cdot x}(-2\pi i x_k)\varphi(x)dx = -\widetilde{2\pi i x_k \varphi}.$$

因此 φ 的傅里叶变换对 s_k 的偏微商就等于 $(-2\pi i x_k)$ 与 φ 的乘积的傅里叶变换. 由此立即可导出式 (12) 中首式.

定理 3 设 $\varphi \in \mathbf{S}$ 则

$$\widetilde{\frac{\partial\varphi}{\partial x_k}} = 2\pi i s_k\tilde{\varphi}, \quad \overset{\smile}{\frac{\partial\varphi}{\partial x_k}} = -2\pi i s_k \overset{\smile}{\varphi}; \tag{13}$$

$$\widetilde{P(D)\varphi} = P(2\pi i s)\tilde{\varphi}, \quad \overset{\smile}{P(D)\varphi} = P(-2\pi i s)\overset{\smile}{\varphi}. \tag{14}$$

证 根据定义

$$\widetilde{\frac{\partial\varphi}{\partial x_k}}(s) = \int e^{-2\pi i s \cdot x}\frac{\partial\varphi(x)}{\partial x_k}dx.$$

因当 $|x| \to \infty$ 时, $\varphi(x) \to 0$, 所以用分部积分可得

$$\widetilde{\frac{\partial\varphi}{\partial x_k}}(s) = 2\pi i s_k\int e^{-2\pi i s \cdot x}\varphi(x)dx = 2\pi i s_k\tilde{\varphi}(s).$$

因此 φ 对 x_k 的偏微商的傅里叶变换就等于 $(2\pi i s_k)$ 与 φ 的傅里叶变换的乘积. 由此立即可导出式 (14) 中首式.

定理 4 设 $\varphi \in \mathbf{S}$, 则 $\tilde{\varphi} \in \mathbf{S}$. 设 $\varphi_j \to 0$ ($\mathbf{S}$), 则 $\tilde{\varphi}_j \to 0$ ($\mathbf{S}$). 同样对逆傅里叶变换也成立.

设由定理 2 可知 $\tilde{\varphi}$ 无穷可微, 又因对任意 $\varphi \in \mathbf{S}$ 而言,

$$|\tilde{\varphi}(s)| \leqslant \int |e^{2\pi i s \cdot x}\varphi(x)|dx = \int |\varphi(x)|dx,$$

即 $\tilde{\varphi}(s)$ 有界. 但根据定理 2.3,

$$P_1(s)P_2(D)\tilde{\varphi} = P_1(s)\overbrace{P_2(-2\pi ix)}\varphi = \overbrace{P_1\left(\frac{D}{2\pi i}\right)P_2(-2\pi ix)\,\varphi},$$

故 $P_1(s)P_2(D)\tilde{\varphi}$ 有界, 即 $\tilde{\varphi} \in \mathbf{S}$.

次证, 设 $\varphi_j \to 0$ $(\mathbf{S})$, 则 $\tilde{\varphi}_j \to 0$ $(\mathbf{S})$.

首先证明, 设 $\varphi_j \to 0$ $(\mathbf{S})$, 则 $\tilde{\varphi}_j(s)$ 在 R^n 内一致 $\to 0$. 设 $\varepsilon > 0$, 取 $q > 0$ 使得

$$\int \frac{dx}{(1+|x|^2)^q} = C \quad (\text{收敛}).$$

于是必存在 $N > 0$ 使得当 $j \geqslant N$ 时

$$|(1+|x|^2)^q \varphi_j(x)| < \frac{\varepsilon}{C},$$

即

$$|\varphi_j(x)| \leqslant \frac{\varepsilon}{C(1+|x|^2)^q}.$$

于是

$$|\tilde{\varphi}_j(s)| \leqslant \int |e^{-2\pi is\cdot x}\varphi_j(x)|dx$$
$$\leqslant \frac{\varepsilon}{C}\int \frac{dx}{(1+|x|^2)^q} = \varepsilon.$$

再次, 对任意多项式 P_1, P_2 而言 $P_1(s)P_2(D)\tilde{\varphi}_j$ 在 R^n 内一致 $\to 0$. 由定理 2, 3 可知

$$P_1(s)P_2(D)\tilde{\varphi}_j(s) = P_1\left(\frac{D}{2\pi i}\right)\overbrace{P_2(-2\pi ix)}\,\varphi_j(x).$$

但因 $\varphi_j \to 0$ $(\mathbf{S})$, 故 $P_1\left(\dfrac{D}{2\pi i}\right)P_2(-2\pi ix)\varphi_j \to 0$ $(\mathbf{S})$. 故由上面已证的, 可知 $P_1(s)P_2(D)\tilde{\varphi}_j(s)$ 在 R^n 上一致 $\to 0$. 因此 $\tilde{\varphi}_j \to 0$ $(\mathbf{S})$.

傅里叶变换基本定理

以上我们扼要介绍了傅里叶变换的一些性质. 现在我们来证明傅里叶变换理论的基本定理, 即傅里叶积分可逆定理及由此而得的一些推论. 为此先证明一个引理:

引理 函数

$$E_\lambda(x) = \frac{\sin 2\pi\lambda x}{\pi x} \quad (\lambda > 0) \tag{15}$$

在一维空间 R^1 上界定 $\mathbf{S}$ 广义函数 E_λ, 并且

$$\lim_{\lambda \to \infty} E_\lambda = \delta \quad (\mathbf{S}). \tag{16}$$

证 设 $\varphi \in \mathbf{S}$. 取 $a > 0$ 使得在区间 $|x| \leqslant a$ 内

$$\varphi(x) = \varphi(0) + x\theta(x), \quad |x| \leqslant a,$$

此处 $\theta(x)$ 在区间 $|x| \leqslant a$ 内为有界可微函数. 于是

$$\begin{aligned}(E_\lambda, \varphi) = &\int_{|x| \geqslant a} \frac{\sin 2\pi\lambda x}{\pi x} \varphi(x) dx \\ &+ \int_{|x| \leqslant a} \frac{\sin 2\pi\lambda x}{\pi x} \varphi(0) dx + \int_{|x| \leqslant a} \frac{\sin 2\pi\lambda x}{\pi} \theta(x) dx.\end{aligned} \tag{17}$$

我们分别考虑此式右端三个积分.

设 $\varepsilon > 0$. 恒可取 $b > a$ 使得对任意 λ 而言

$$\left| \int_{|x| \geqslant b} \frac{\sin 2\pi\lambda x}{\pi x} \varphi(x) dx \right| \leqslant \frac{\varepsilon}{2}. \tag{18}$$

另一方面, 由分部积分可得

$$\begin{aligned}\int_{a \leqslant |x| \leqslant b} \frac{\sin 2\pi\lambda x}{\pi x} \varphi(x) dx = &-\frac{1}{2\pi\lambda} \left\{ \left[\frac{\varphi(x)}{x} \cos 2\pi\lambda x \right]_{x=a}^{x=b} \right. \\ &\left. + \left[\frac{\varphi(x)}{x} \cos 2\pi\lambda x \right]_{x=-b}^{x=a} \right\} \\ &+ \frac{1}{2\pi\lambda} \int_{a \leqslant |x| \leqslant b} \cos 2\pi\lambda x \left(\frac{\varphi(x)}{\pi x} \right)' dx.\end{aligned}$$

显然存在 $\lambda_0 > 0$ 使得当 $\lambda > \lambda_0$ 时

$$\left| \int_{a \leqslant |x| \leqslant b} \frac{\sin 2\pi\lambda x}{\pi x} \varphi(x) dx \right| \leqslant \frac{\varepsilon}{2}. \tag{19}$$

由 (18) 及 (19) 即得

$$\lim_{\lambda \to +\infty} \int_{|x| \geqslant a} \frac{\sin 2\pi\lambda x}{\pi x} \varphi(x) dx = 0. \tag{20}$$

同样由分部积分可以复验

$$\lim_{\lambda \to +\infty} \int_{|x| \leqslant a} \frac{\sin 2\pi\lambda x}{\pi} \theta(x) dx = 0. \tag{21}$$

作变换 $u = 2\pi\lambda x$, 于是

$$\begin{aligned}\lim_{\lambda \to +\infty} \int_{|x| \leqslant a} \frac{\sin 2\pi\lambda x}{\pi x} dx &= \lim_{\lambda \to +\infty} \frac{1}{\pi} \int_{|u| \leqslant 2\pi\lambda a} \frac{\sin u}{u} du \\ &= \frac{1}{\pi} \int_{-\infty}^{\infty} \frac{\sin u}{u} du = 1.\end{aligned} \tag{22}$$

因此总括 (17), (20), (22) 即得

$$\lim_{\lambda \to +\infty} (E_\lambda, \varphi) = \varphi(0) = (\delta, \varphi). \qquad\qquad 证完.$$

按: 由直接计算可知

$$E_\lambda(x) = \frac{\sin 2\pi\lambda x}{\pi x} = \int_{-\lambda}^{\lambda} e^{2\pi i x \cdot s} ds. \tag{23}$$

因此式 (16) 可以形式地写为

$$\int_{-\infty}^{\infty} e^{2\pi i x \cdot s} ds = \lim_{\lambda \to \infty} \int_{-\lambda}^{\lambda} e^{2\pi i x \cdot s} ds = \delta. \tag{24}$$

定理 5　傅里叶变换可逆定理. 设 $\varphi \in \mathbf{S}$,

$$\tilde{\varphi}(s) = \int e^{-2\pi i s \cdot t} \varphi(t) dt, \tag{25}$$

于是

$$\varphi(x) = \int e^{2\pi i x \cdot s} \tilde{\varphi}(s) ds. \tag{26}$$

换言之, 逆傅里叶变换就是傅里叶变换的逆变换, 即

$$\widetilde{\breve{\varphi}} = \varphi, \quad \breve{\tilde{\varphi}} = \breve{\varphi}. \tag{27}$$

证　1. 单变数的情形 $(n = 1)$: 设 $\varphi \in \mathbf{S}, x$ 固定, 命

$$f(x) = \int_{-\infty}^{+\infty} e^{2\pi i x \cdot s} ds \int_{-\infty}^{\infty} e^{-2\pi i s \cdot t} \varphi(t) dt;$$

$$f_\lambda(x) = \int_{-\lambda}^{\lambda} e^{2\pi i x \cdot s} ds \int_{-\infty}^{\infty} e^{-2\pi i s \cdot t} \varphi(t) dt.$$

显然对每一个 x 而言 $\lim\limits_{\lambda \to +\infty} f_\lambda(x) = f(x)$. 因积分 $\int_{-\infty}^{+\infty} e^{-2\pi i s \cdot t} \varphi(t) dt$ 对 s 一致收敛, 故

$$f_\lambda(x) = \int_{-\infty}^{\infty} \varphi(t) dt \int_{-\lambda}^{+\lambda} e^{2\pi i x \cdot s} e^{-2\pi i t \cdot s} ds$$

$$= \int_{-\infty}^{\infty} \varphi(t) dt \int_{-\lambda}^{+\lambda} e^{2\pi i (x-t) \cdot s} ds = \int_{-\infty}^{\infty} \varphi(x-y) dy \int_{-\lambda}^{\lambda} e^{2\pi i x y s} ds.$$

由引理及其按语立即得 $f(x) = \lim\limits_{\lambda \to \infty} f_\lambda(x) = \varphi(x)$. 故定理成立.

2. 多变数情形 $(n \geqslant 2)$: 为书写简便计, 仅对 $n = 2$ 加以证明. $n > 2$ 时, 情况实质上相同.

设 $\varphi(t_1, t_2) \in \mathbf{S}$, 视 t_2 为参数, 显然有 $\varphi(t_1, t_2) \in \mathbf{S}[t_1]$. 我们有

$$\tilde{\varphi}(s_1, s_2) = \int e^{-2\pi i t_2 s_2} dt_2 \int e^{-2\pi i t_1 s_1} \varphi(t_1, t_2) dt_1$$

$$= \int e^{-2\pi i t_2 s_2} \varphi_1(s_1, t_2) dt_2,$$

此处

$$\varphi_1(s_1, t_2) = \int e^{-2\pi i t_2 s_1} \varphi(t_1, t_2) dt_1.$$

不难复验 $\varphi_1(s_1, t_2) \in \mathbf{S}[t_2]$. 于是连续应用对单变数 s_2 及 s_1 已经证明了的本定理得

$$\int e^{+2\pi i x \cdot s} \tilde{\varphi}(s) ds = \int e^{2\pi i x_1 s_1} ds_1 \int e^{2\pi i x_2 s_2} \varphi(s_1, s_2) ds_2$$

$$= \int e^{2\pi i x_1 s_1} \varphi_1(s_1, x_2) ds_1$$

$$= \varphi(x_1, x_2).$$ 　　　　　　　证完.

由定理 4, 5 立即得:

定理 6　傅里叶变换及逆傅里叶变换为基本空间 $\mathbf{S}$ 的自同构映射, 即 $\mathbf{S} = \tilde{\mathbf{S}}$.

定理 7　巴塞华 (Parseval) 公式. 设 $\varphi_1, \varphi_2, \varphi \in \mathbf{S}$, 于是

$$\int \tilde{\varphi}_1(s) \tilde{\varphi}_2(s) ds = \int \varphi_1(x) \varphi_2(-x) dx, \tag{28}$$

$$\int \tilde{\varphi}_1(s) \bar{\tilde{\varphi}}_2(s) ds = \int \varphi_1(x) \bar{\varphi}_2(x) dx, \tag{29}$$

$$\int |\tilde{\varphi}(s)|^2 ds = \int |\varphi(x)|^2 dx. \tag{30}$$

证

$$\int \tilde{\varphi}_1(s) \tilde{\varphi}_2(s) ds = \int \tilde{\varphi}_2(s) ds \int e^{-2\pi i s \cdot x} \varphi_1(x) dx$$

$$= \int \varphi_1(x) dx \int \tilde{\varphi}_2(s) e^{-2\pi i s \cdot x} ds$$

$$= \int \varphi_1(x) \varphi_2(-x) dx.$$

注意, 因各积分都一致绝对收敛, 故上列演算中调换积分号是合理的. 又注意, 演算中最后应用了定理 5. 因此公式 (28) 成立.

又式 (28) 中右端 $\varphi_2(-t) = \check{\varphi}_2(t)$ 代以 $\bar{\varphi}_2(t)$, 则由定理 1 式 (9) 知左端即以 $\bar{\tilde{\varphi}}_2(s)$ 代替 $\tilde{\varphi}_2(s)$, 故得式 (29).

又命 $\varphi = \varphi_1 = \varphi_2$, 则由式 (29) 得式 (30).

§7.2　基本空间 $\mathbf{Z}^p$ 及其傅里叶变换

复数域内傅里叶变换的一般性质

在傅里叶变换理论中有必要研究以解析函数为基本函数的基本空间, 因此首先要研究复数域内的傅里叶变换. 命 $\mathbf{C}^n = \mathbf{C}^n[s]$ 表示 n 个复变数 $s = \{s_1, \cdots, s_n\}$ 的空间. s_k 为复变数, $s_k = \sigma_k + i\tau_k, \sigma_k, \tau_k$ 为实变数.

$$s = \sigma + i\tau = \{\sigma_1 + i\tau_1, \cdots, \sigma_n + i\tau_n\},$$

$$\sigma = \{\sigma_1, \cdots, \sigma_n\} \in R^n[\sigma],$$

$$\tau = \{\tau_1, \cdots, \tau_n\} \in R^n[\tau].$$

设 $\varphi \in \mathbf{S}$, 并且在 $\mathbf{C}^n$ 的区域 $|\tau| \leqslant C$ 内积分

$$\tilde{\varphi}(s) = \tilde{\varphi}(\sigma + i\tau) = \int e^{-2\pi i s \cdot x} \varphi(x) dx$$

$$= \int e^{-2\pi i \sigma \cdot x} [\varphi(x) e^{2\pi \tau \cdot x}] dx, \quad s = \sigma + i\tau \in G \tag{1}$$

收敛, 则界定在该区域上的复变数函数 $\tilde{\varphi}(s) = \tilde{\varphi}(\sigma + i\tau)$ 叫做基本函数 φ 的复傅里叶变换, 有时也简称为 φ 的傅里叶变换, 它就是普通的 (实) 傅里叶变换 $\tilde{\varphi}(s)$ 的复域扩张.

定理 1 设 $\varphi \in \mathbf{S}, C > 0$. 设对任意的 q 及 $\varepsilon > 0$ 必有 $C_1 > 0$ 使得

$$|D^q \varphi(x)| \leqslant C_1 e^{-2\pi(C-\varepsilon)|x|} \quad (x \in R^n), \tag{2}$$

则复傅里叶变换 $\tilde{\varphi}(s) = \tilde{\varphi}(\sigma + i\tau)$ 在域 $|\tau| < C$ 内存在并为解析函数, 并且对每一个 $\tau(|\tau| < C)$ 而言 $\tilde{\varphi}(\sigma + i\tau) \in \mathbf{S}[\sigma]$.

反之, 设在域 $|\tau| < C$ 内有解析函数 $\psi(s) = \psi(\sigma + i\tau)$, 并且对每一个 $\tau(|\tau| < C)$ 而言 $\psi(\sigma + i\tau) \in \mathbf{S}[\sigma]$. 于是必存在 $\varphi \in \mathbf{S}, \psi(s) = \tilde{\varphi}(s)$, 并对任意 q 及 $\varepsilon > 0$ 必有 $C_1 > 0$ 使得式 (2) 成立.

证 1. 正命题: 设 $|\tau| < C$, 取 $\varepsilon < C - |\tau|$, 于是由于不等式 $|x \cdot \tau| \leqslant |x| \cdot |\tau|$ 及对 $\varphi(x)$ 所假设的条件可知, 必存在 $C_1 > 0$ 使得

$$|D^q[\varphi(x) e^{2\pi x \cdot \tau}]| \leqslant C_1 e^{-2\pi \varepsilon_1 |x|} \quad (x \in R^n, \quad \varepsilon_1 = C - |\tau| - \varepsilon > 0). \tag{3}$$

因此函数 $\varphi_\tau(x) = \varphi(x) e^{2\pi x \cdot \tau} \in \mathbf{S}$, 于是

$$\tilde{\varphi}(s) = \tilde{\varphi}(\sigma + i\tau) = \int e^{-2\pi i x \cdot s} \varphi(x) dx$$

$$= \int e^{-2\pi i x \cdot \sigma} [\varphi(x) e^{2\pi x \cdot \tau}] dx$$

$$= \int e^{-2\pi i x \cdot \sigma} \varphi_\tau(x) dx, \tag{4}$$

即

$$\tilde{\varphi}(\sigma + i\tau) = \tilde{\varphi}_\tau(\sigma) \in \mathbf{S}[\sigma]. \tag{5}$$

又在式 (4) 内积分号下对复变数 $s_k(k = 1, \cdots, n)$ 微分, 得积分

$$\int e^{-2\pi i x \cdot s} [-2\pi i x_k \varphi(x)] dx = \int e^{-2\pi i x \cdot \sigma} [-2\pi i x_k \varphi_\tau(x)] dx.$$

注意, 此处 $2\pi i x_k \varphi_\tau(x) \in \mathbf{S}$. 在域 $|\tau| < C$ 内积分一致收敛, 故此时微商 $\dfrac{\partial}{\partial s_k} \tilde{\varphi}(s)$ 存在.

$$\frac{\partial}{\partial s_k} \tilde{\varphi}(s) = \frac{\partial}{\partial s_k} \tilde{\varphi}(\sigma + i\tau) = -2\pi \widetilde{i x_k \varphi_\tau}(\sigma). \tag{6}$$

又从式 (4) 可知当 $|\tau| < C$ 时, $\tilde{\varphi}(s)$ 为 s 的连续函数. 故 $\tilde{\varphi}(s) = \tilde{\varphi}(\sigma + i\tau)$ 在域 $|\tau| < C$ 内为解析函数.

2. 逆命题: 据假设, 对每一个 $\tau(|\tau| < C)$ 而言, $\psi(\sigma + i\tau) \in \mathbf{S}[\sigma]$, 故存在 $\varphi_\tau \in \mathbf{S}$, 使得

$$\psi(\sigma + i\tau) = \tilde{\varphi}_\tau(\sigma) = \int e^{-2\pi i x \cdot \sigma} \varphi_\tau(x) dx, \tag{7}$$

$$\varphi_\tau(x) = \int e^{2\pi i x \cdot \sigma} \psi(\sigma + i\tau) d\sigma. \tag{8}$$

根据假设, $\psi(s)$ 在域 $|\tau| < C$ 内为解析函数, 故

$$\frac{\partial \psi(\sigma + i\tau)}{\partial \sigma_k} = \frac{\partial \psi(\sigma + i\tau)}{i \partial \tau_k}, \quad |\tau| < C, k = 1, \cdots, n.$$

对式 (8) 积分号下对 τ_k 微分, 并应用 §6.1 式 (9) 得

$$\int e^{2\pi i x \cdot \sigma} \frac{\partial \psi(\sigma + i\tau)}{\partial \tau_k} d\sigma = i \int e^{2\pi i x \cdot \sigma} \frac{\partial \psi(\sigma + i\tau)}{\partial \sigma_k} d\sigma$$
$$= 2\pi x_k \varphi_\tau(x).$$

此式左端积分为一致收敛. 因此式 (8) 积分号下可以求微分, 即

$$\frac{\partial \varphi_\tau(x)}{\partial \tau_k} = 2\pi x_k \varphi_\tau(x), \quad |\tau| < C, k = 1, \cdots, n. \tag{9}$$

方程组 (9) 为可解的, 其普遍解

$$\varphi_\tau(x) = \varphi(x) e^{2\pi x \cdot \tau}, \quad |\tau| < C, \tag{10}$$

此处 $\varphi(x) = \varphi_0(x) \in \mathbf{S}$, 并且 $\psi(s) = \tilde{\varphi}(s)$.

又因为函数 $\varphi_\tau(x)$ 有依赖于 τ 的界 C_1, 故由 (10) 式知

$$|\varphi(x)| \leqslant C_1 e^{-2\pi x \cdot \tau}, \quad x \in R^n, |\tau| < C. \tag{11}$$

设 $\varepsilon > 0$. 取 $\tau = \dfrac{x}{|x|}(C - \varepsilon)$, 显然 $|\tau| < C$. 因此存在 $C_1 > 0$ 使得

$$|\varphi(x)| \leqslant C_1 e^{-2\pi(C-\varepsilon)|x|}, \quad x \in R^n.$$

同样地也不难复验此类不等式对 $D^q \varphi(x)$ 也成立.

按: 设 $\varphi(x)$ 为满足定理 1 的条件的函数, 显然在域 $|\tau| < C$ 内对复傅里叶变换 $\tilde{\varphi}(s)$ 巴塞华公式成立:

$$\int |\tilde{\varphi}(\sigma + i\tau)|^2 d\sigma = \int |\varphi(x)|^2 e^{4\pi x \cdot \tau} d\tau. \tag{12}$$

又如仅设函数 $\varphi(x)$ 本身对任意 $C > 0$ 而言满足

$$|\varphi(x)| \leqslant C_1 e^{-2\pi(C-\varepsilon)|x|},$$

则从证明中可见复傅里叶变换 $\tilde{\varphi}(s)$ 在域 $|\tau| < C$ 中存在并为解析函数.

从定理 1 立即可得下述结论:

定理 2 设 $\varphi \in \mathbf{S}$, 又对任意 q 及 $C > 0$ 而言必存在 $C_1 > 0$ 使得

$$|D^q \varphi(x)| \leqslant C_1 e^{-2\pi C |x|} \quad (x \in R^n). \tag{13}$$

则复傅里叶变换 $\tilde{\varphi}(s) = \tilde{\varphi}(\sigma + i\tau)$ 恒存在并为复变数空间 $\mathbf{C}^n[s]$ 上的解析函数即整函数, 并且对每一个 τ 而言 $\tilde{\varphi}(\sigma + i\tau) \in \mathbf{S}[\sigma]$.

反之, 设有空间 $\mathbf{C}^n[s]$ 上的整解析函数 $\psi(s) = \psi(\sigma + i\tau)$, 并对每一个 τ 而言 $\psi(\sigma + i\tau) \in \mathbf{S}[\sigma]$. 于是必存在 $\varphi \in \mathbf{S}, \psi(s) = \tilde{\varphi}(s)$, 并且对任意 $C > 0$ 而言必存在 $C_1 > 0$ 使得式 (13) 成立.

按: 1. 设 $\varphi \in \mathbf{S}$ 满足定理 2 的条件, 则显然巴塞华公式成立:

$$\int |\tilde{\varphi}(\sigma + i\tau)|^2 d\sigma = \int |\varphi(x)|^2 e^{4\pi x \cdot \tau} d\tau. \tag{14}$$

此积分在空间 $R^n[\tau]$ 的任意有界集上为有界. 当 $|\tau| \to \infty$ 时, 积分 (14) 之值通常亦随之增长, 其增长率与函数 $\varphi(x)$ 当 $|x| \to \infty$ 时的减缩率有密切关系.

2. 又如仅设函数 $\varphi(x)$ 对任意 $C > 0$ 而言满足

$$|\varphi(x)| \leqslant C_1 e^{-2\pi C |x|},$$

则其复傅里叶变换 $\tilde{\varphi}(s)$ 在 $\mathbf{C}^n$ 中存在并为整解析函数.

定理 3 设 $p > 1$. 函数 $\varphi \in \mathbf{S}$ 满足下列不等式:

$$|\varphi(x)| \leqslant C_1 e^{-C |x|^p} \quad (x \in R^n), \tag{15}$$

于是其复傅里叶变换 $\tilde{\varphi}$ 满足下列不等式:

$$|\tilde{\varphi}(s)| \leqslant A_1 e^{A |s|^{p'}}, \quad \frac{1}{p} + \frac{1}{p'} = 1. \tag{16}$$

证 由定理 2 的按语 2 显见 $\tilde{\varphi}(s)$ 存在, 并为 $\mathbf{C}^n$ 上的整解析函数

$$|\tilde{\varphi}(s)| \leqslant \int |\varphi(x)| e^{2\pi x \cdot \tau} ds \leqslant C_1 \int e^{-C |x|^p + 2\pi |x| \cdot |\tau|} dx. \tag{17}$$

在普遍成立的不等式

$$ab \leqslant \frac{a^p}{p} + \frac{b^{p'}}{p'} \quad (a > 0, b > 0, \frac{1}{p} + \frac{1}{p'} = 1) \tag{18}$$

中, 命 $a = \lambda |x|, b = \frac{1}{\lambda} |\tau|, \lambda > 0$, 并满足下列关系:

$$-C + \frac{2\pi \lambda^p}{p} = -\mu < 0. \tag{19}$$

于是

$$2\pi |x| \cdot |\tau| \leqslant \frac{2\pi \lambda^p}{p} |x|^p + \frac{2\pi}{p' \lambda^{p'}} |\tau|^{p'}.$$

因此

$$|\tilde{\varphi}(s)| \leqslant C_1 \int e^{-C|x|^p + \frac{2\pi \lambda^p |x|^p}{p} + \frac{2\pi}{p' \lambda^{p'}} |\tau|^{p'}} dx$$

$$= C_1 e^{\frac{2\pi}{p' \lambda^{p'}} |\tau|^{p'}} \int e^{-\mu |x|^p} dx$$

$$= A_1 e^{A|\tau|^{p'}} \leqslant A_1 e^{A|s|^{p'}},$$

此处

$$A = \frac{2\pi}{p' \lambda^{p'}},$$

$$A_1 = C_1 \int e^{-\mu |x|^p} dx.$$

故 A 仅依赖于 C, 而 A_1 为 C_1 与一个仅依赖于 C 的常数的乘积.

定理 4　设 $\varphi \in \mathbf{K}_p (p > 1)$, 并且满足

$$|\varphi(x)| \leqslant C_1 e^{-C|x|^p}. \tag{20}$$

于是其复傅里叶变换 $\tilde{\varphi}(s)$ 为整函数, 并满足

$$\int |\tilde{\varphi}(\sigma + i\tau)|^2 d\sigma \leqslant B_1 e^{B|\tau|^{p'}}. \tag{21}$$

证　函数 $\varphi(x)$ 显然满足定理 2 的条件, 因此复傅里叶变换 $\tilde{\varphi}(s)$ 存在并为 $\mathbf{C}^n$ 上的整解析函数, 并且巴塞华公式对每一个 $\tau \in R^n[\tau]$ 都成立:

$$\int |\tilde{\varphi}(\sigma + i\tau)|^2 d\sigma = \int |\varphi(x)| e^{4\pi x \cdot \tau} dx. \tag{22}$$

然后对此用证明定理 3 的同样的技巧即得不等式 (21), 此处常数 B 仅依赖于 C, 而常数 B_1 为 C_1 与一个仅依赖于 C 的常数的乘积.

基本空间 $\mathbf{Z}^p$

定理 4 提示我们, 空间 $\mathbf{K}_p$ 及 $\mathbf{K}$ 的基本函数的傅里叶变换都是解析函数. 因此要讨论它们的傅里叶对偶空间, 必需引进由解析函数组成的基本空间.

定义 1　空间 $\mathbf{Z}^p (p \geqslant 1)$ 是所有满足下列条件的界定在 R^n 上的函数 φ 组成.[①]

1. $\varphi(x)$ 可以推展为复变数空间 $\mathbf{C}^n[z]$ 上的整解析函数 $\varphi(z) = \varphi(x + iy)$, 并且对每一个 $y \in R^n[y]$ 而言函数 $\varphi(x + iy) \in \mathbf{S}[x]$;

2. 对任意的多项式 $P(z)$ 必存在正常数 C, C_1 使得

$$\int |P(x + iy)\varphi(x + iy)|^2 dx < C_1 e^{C|y|^p}. \tag{23}$$

[①] 这里给的空间 $\mathbf{Z}^p$ 的定义与盖力方特、希洛夫 (见 [6]) 所给的稍有不同, 但可以证明两者是等价的.

我们说 $\varphi_j \to 0(\mathbf{Z}^p)$, 如果它满足下列二条件:

(a) $\varphi_j \to 0$ ($\mathbf{S}[x]$);

(b) 对任意多项式 $P(z)$ 必存在不依赖于指标 j 的正常数 C, C_1 使得

$$\int |P(x+iy)\varphi_j(x+iy)|^2 dx < C_1 e^{C|y|^p}. \tag{24}$$

由此定义知 $\mathbf{Z}^p$ 为 $\mathbf{S}$ 的子空间, 并且 $\varphi_j \to 0$ $(\mathbf{Z}^p)$ 蕴涵 $\varphi_j \to 0$ $(\mathbf{S})$. 又设 $\varphi \in \mathbf{Z}^p, P(x)$ 为多项式, 则 $P(x)\varphi \in \mathbf{Z}^p$. 根据解析函数的理论不难直接证明 $\mathbf{Z}^p$ 是一个基本空间, 但此事亦可由下述基本定理 5, 6 推出.

定理 5 设 $p > 1, \dfrac{1}{p} + \dfrac{1}{p'} = 1$, 于是傅里叶变换及逆傅里叶变换为空间 $\mathbf{K}_p$ 与 $\mathbf{Z}^{p'}$ 之间的同构映射, 换言之 $\widetilde{\mathbf{K}}_p = \mathbf{Z}^{p'}, \widetilde{\mathbf{Z}}^{p'} = \mathbf{K}_p$.

证 我们分下列四个层次加以证明:

1. 设 $\varphi \in \mathbf{K}_p$, 则 $\tilde{\varphi} \in \mathbf{Z}^{p'}$.

因函数 φ 显然满足定理 2 的条件, 故其复傅里叶变换 $\tilde{\varphi}(s)$ 为整解析函数, 并且 $\tilde{\varphi}(\sigma + i\tau) \in \mathbf{S}[\sigma]$, 即定义 1 的条件 1 被满足. 设 $P(s)$ 为多项式, 故当 s 为实变数时,

$$P(s)\tilde{\varphi}(s) = \overline{P\left(\frac{1}{-2\pi i}D\right)\varphi(s)}. \tag{25}$$

函数 $P\left(\dfrac{1}{-2\pi i}D\right)\varphi \in \mathbf{K}_p$, 因此它的复傅里叶变换仍为整解析函数. 根据解析函数的唯一性, 可知当 s 为复变数时, 式 (25) 仍成立. 函数 $P(-2\pi iD)\varphi$ 满足定理 3 内的条件 (15), 因此其复傅里叶变换 $P(s)\tilde{\varphi}(s)$ 满足不等式

$$\int |P(\sigma + i\tau)\tilde{\varphi}(\sigma + i\tau)|^2 d\sigma \leqslant B_1 e^{B|\tau|^{p'}}, \quad \frac{1}{p} + \frac{1}{p'} = 1.$$

2. 设 $\varphi_j \to 0$ $(\mathbf{K}_p)$, 则 $\tilde{\varphi}_j \to 0$ $(\mathbf{Z}^{p'})$.

因 $\mathbf{K}_p \subset \mathbf{S}$; 故 $\varphi_j \to 0$ $(\mathbf{K}_p)$ 蕴涵 $\varphi_j \to 0$ $(\mathbf{S})$, 又蕴涵 $\tilde{\varphi}_j \to 0$ $(\mathbf{S})$. 因此定义 1 的条件 (a) 被满足. 又当 $\varphi_j \to 0$ $(\mathbf{K}_p)$ 时, 对任意多项式 $P(x)$ 必有与 j 无关的正数 A, A_1 使得

$$|P(-2\pi iD)\varphi_j(x)| \leqslant A_1 e^{-A|x|^p}. \tag{26}$$

于是从款 1 的证明可知有与 j 无关的正数 B, B_1 使得

$$\int |P(\sigma + i\tau)\tilde{\varphi}(\sigma + i\tau)|^2 d\sigma \leqslant B_1 e^{B|\tau|^{p'}}, \quad \frac{1}{p} + \frac{1}{p'} = 1. \tag{27}$$

因此定义 1 的条件 (b) 被满足, 故 $\tilde{\varphi}_j \to 0(\mathbf{Z}^{p'})$.

3. 设 $\psi \in \mathbf{Z}^{p'}$, 则存在 $\varphi \in \mathbf{K}_p, \tilde{\varphi} = \psi$.

首先指出: 设 $\psi \in \mathbf{Z}^p, k \geqslant 0$ 则有

$$\int (1 + |s|^2)^k |\psi(s)|^2 d\sigma \leqslant A_1 e^{A_2|\tau|^p}, \quad s = \sigma + i\tau. \tag{28}$$

盖由定义 $|s|^2 = \sigma_1^2 + \cdots + \sigma_n^2 + \tau_1^2 + \cdots + \tau_n^2$ 直接可知

$$(1 + |s|^2)^k \leqslant \sum_{\alpha, \beta} C_{\alpha\beta} \tau^{2\beta} |s^\alpha|^2, \tag{29}$$

此处 $\alpha = \{\alpha_1, \cdots, \alpha_n\}, \beta = \{\beta_1, \cdots, \beta_n\}, C_{\alpha\beta} \geqslant 0$. 据此以及定义 1, 款 2 即可验证式 (28). 另一方面, 恒存在 $k \geqslant 0$, 使得

$$\int \frac{1}{(1 + |s|^2)^k} d\sigma \leqslant \int \frac{1}{(1 + |\sigma|^2)^k} d\sigma < +\infty. \tag{30}$$

今设 $\psi \in \mathbf{Z}^{p'}$. 根据定理 2 知存在 $\varphi \in \mathbf{S}$, 使得

$$\psi(\sigma + i\tau) = \int e^{-2\pi i \sigma \cdot \pi} \varphi(x) e^{2\pi \tau \cdot x} dx, \tag{31}$$

即

$$\varphi(x) e^{2\pi \tau \cdot x} = \int e^{2\pi i \sigma \cdot x} \psi(s) d\sigma$$
$$= \int \left[\frac{e^{2\pi i \sigma \cdot x}}{(1 + |s|^2)^k} \right] \cdot [(1 + |s|^2)^k \psi(s)] d\sigma.$$

根据 (28), (30) 我们对此可以应用施瓦兹 (Schwartz) 不等式而得

$$|\varphi(x)|^2 e^{4\pi \tau \cdot x} \leqslant \left[\int \frac{1}{(1 + |s|^2)^{2k}} d\sigma \right] \cdot \left[\int (1 + |s|^2)^{2k} |\psi(s)|^2 d\sigma \leqslant B_1^2 e^{2A|\tau|^{p'}} \right]. \tag{32}$$

因此

$$|\varphi(x)| \leqslant B_1 e^{A|\tau|^{p'} - 2\pi \tau \cdot x}. \tag{33}$$

今取 $\tau = C|x|^{\nu-1} x$, 此处 $\nu = 0, C > 0$, 满足

$$\begin{cases} \nu p' = \nu + 1 = p, \\ 2\pi C - AC^{p'} = B > 0. \end{cases} \tag{34}$$

于是

$$|\varphi(x)| \leqslant B_1 e^{-(2\pi C - AC^{p'})|x|^p} = B_1 e^{-B|x|^p}. \tag{35}$$

同样的推理亦可应用于各级微商 $D^q \varphi(x)$. 于是得 $\varphi \in \mathbf{K}_p, \tilde{\varphi} = \psi$[①].

4. 设 $\tilde{\varphi}_j \to 0$ $(\mathbf{Z}^{p'})$, 则 $\varphi_j \to 0$ $(\mathbf{K}_p)$.

因 $\tilde{\varphi}_j \to 0$ $(\mathbf{Z}^{p'})$, 故由定义 1 知对任意的多项式 $P(x)$ 而言存在与 j 无关的正数 B, B_1 使得不等式 (27) 成立. 于是由款 3 的证明可知存在与 j 无关的正数 A, A_1 使得不等式 (26) 成立. 另一方面, 显然有 $\varphi_j \to 0$ $(\mathbf{S})$. 于是由空间 $\mathbf{K}_p$ 的极限定义可知 $\varphi_j \to 0$ $(\mathbf{K}_p)$. 证完.

定理 6 傅里叶变换及逆傅里叶变换为空间 $\mathbf{K}$ 与 $\mathbf{Z}^1$ 之间的同构映射, 换言之, $\tilde{\mathbf{K}} = \mathbf{Z}^1, \tilde{\mathbf{Z}}^1 = \mathbf{K}$.

---

① 感谢希洛夫 (Г. Е. Шилов) 教授供给我们这个证法, 证法属于雷科夫 (Д. А. Райков).

证　分四个层次加以证明:

1. 设 $\varphi \in \mathbf{K}$, 则 $\tilde{\varphi} \in \mathbf{Z}^1$.

因 $\mathbf{K} \subset \mathbf{S}$, 故有 $\tilde{\varphi} \in \mathbf{S}$. 又由定理 2 知复傅里叶变换 $\tilde{\varphi}(\sigma + i\tau)$ 存在, 并为整解析函数, 并且当 τ 固定时 $\tilde{\varphi}(\sigma + i\tau) \in \mathbf{S}[\sigma]$. 设 P 为多项式, 则式 (25) 成立 (该处 $s = \sigma + i\tau$). 于是由巴塞华公式得

$$
\begin{aligned}
\int |P(\sigma + i\tau)\varphi(\sigma + i\tau)|^2 d\sigma &= \int \left| P\left(\frac{1}{-2\pi i}D\right)\varphi(x) \right|^2 e^{4\pi x \cdot \tau} dx \\
&= \int_{|x| \leqslant C} \left| P\left(\frac{1}{-2\pi i}D\right)\varphi(x) \right|^2 e^{4\pi x \cdot \tau} dx \\
&\leqslant M \int_{|x| \leqslant C} e^{4\pi |x| \cdot |\tau|} dx \leqslant C_1 e^{4\pi C |\tau|},
\end{aligned}
\tag{36}
$$

此处 C 为正数使得当 $|x| \geqslant C$ 时 $\varphi(x) \equiv 0$, M 为函数 $\left| P\left(\dfrac{1}{-2\pi i}D\right)\varphi(x) \right|^2$ 的极大值, $C_1 = M \displaystyle\int_{|x| \leqslant C} dx$. 于是 $\tilde{\varphi} \in \mathbf{Z}^1$.

2. 设 $\varphi_j \to 0$ $(\mathbf{K})$, 则 $\tilde{\varphi}_1 \to 0$ $(\mathbf{Z}^1)$.

显然 $\varphi_j \to 0$ $(\mathbf{K})$ 蕴涵 $\tilde{\varphi}_j \to 0$ $(\mathbf{S})$. 另一方面, 存在 $C > 0$, 使得当 $|x| \geqslant C$ 时, 所有的 $\varphi_j(x) \equiv 0$. 又函数序列 $P\left(\dfrac{1}{-2\pi i}D\right)\varphi(x)$ 一致有界. 因此将 φ 代以 φ_j 后, 不等式 (36) 仍成立. 于是 $\tilde{\varphi}_j \to 0$ $(\mathbf{Z}^1)$.

3. 设 $\psi \in \mathbf{Z}^1$, 则存在 $\varphi \in \mathbf{K}, \tilde{\varphi} = \psi$.

设 $\psi \in \mathbf{Z}^1$, 我们仍用定理 5 的证明款 3 内的记号和类似的方法. 在第一象限内从巴塞华公式可得

$$
\int_{Q_a} |\varphi(x)|^2 e^{4\pi x \cdot \tau} dx \leqslant C_1 e^{C|\tau|}.
\tag{37}
$$

命 $\tau = ta(t > 0)$, 又因 $e^{4\pi t |a|^2} = e^{4\pi a \cdot ta} \leqslant e^{4\pi x \cdot ta}$, 并取 a 满足 $C - 4\pi |a| < 0$, 于是

$$
\int_{Q_a} |\varphi(x)|^2 dx \leqslant C_1 e^{Ct|a| - 4\pi t|a|^2} = C_1 e^{t|a|(C - 4\pi|a|)} \to 0, \quad (t \to +\infty).
$$

但此式左端与 t 无关, 因此 $\displaystyle\int_{Q_a} |\varphi(x)|^2 dx = 0$, 因此在 Q_a 内 $\varphi(x) \equiv 0$, 因此在第一象限内当 $|x|$ 相当大时 $\varphi(x) \equiv 0$. 类似于定理 6 的证明末了的推理, 可知普遍地当 $|x|$ 相当大时 $\varphi(x) \equiv 0$, 即 $\varphi \in \mathbf{K}, \tilde{\varphi} = \psi$.

4. 设 $\tilde{\varphi}_j \to 0$ $(\mathbf{Z}^1)$, 则 $\varphi_j \to 0$ $(\mathbf{K})$.

显然易见 $\tilde{\varphi}_j \to 0$ $(\mathbf{Z}^1)$ 蕴涵 $\varphi_j \to 0$ $(\mathbf{S})$, 于是 $\varphi_j(x)$ 在 R^n 上一致 $\to 0$. 另一方面, 由定义 1 条件 (b) 知有与 j 无关的正数 C_1, C 使得

$$
\int_{Q_a} |\varphi_j(x)|^2 e^{4\pi x \cdot \tau} d\tau \leqslant C_1 e^{C|\tau|}.
\tag{38}
$$

2. 广义函数论 · 141 ·

于是由款 3 的证明可见当 $|x|$ 相当大时, 所有的 $\varphi_j(x) \equiv 0$. 因此 $\varphi_j \to 0$ (**K**).

根据对偶定理 5, 6 及傅里叶变换的微分法则读者可以自行证明空间 $\mathbf{Z}^p(p \geqslant 1)$ 为基本空间.

空间 $\mathbf{Z}^p$ 的乘子

定理 7 设整函数 $\alpha(z)$ 满足增长条件

$$|\alpha(z)| \leqslant A_1 e^{A|y|^p}(1 + |z|^k), \quad z = x + iy, \tag{39}$$

此处 A, A_1, k 均为正数. 于是函数 $\alpha(x)$ 为 $\mathbf{Z}^p$ 乘子.

证 因函数 $\alpha(z)$ 在复变数空间 $\mathbf{C}^n$ 上为解析, 故有柯西不等式

$$|D_z^q \alpha(z)| \leqslant q! M(z),$$

此处 $M(z)$ 为 $|\alpha(s)|$ 在多柱域 $\{|s_1 - z_1| \leqslant 1, \cdots, |s_n - z_n| \leqslant 1\}$ 上的极大值. 由式 (39) 可知

$$M(z) \leqslant A_1 e^{A(|y|+n)^p}(1 + (|z| + n)^k).$$

因此 $D_z^q \alpha(z)$ 满足与 (39) 同类的增长条件

$$|D_z^p \alpha(z)| \leqslant B_1 e^{B|y|^p}(1 + |z|^k), \quad z = x + iy. \tag{40}$$

由 §1. 3 定理 3 及式 (39), (40) 知对每一个 y 而言, $\alpha(x + iy)$ 为 $\mathbf{S}[x]$ 乘子.

设 $\varphi \in \mathbf{Z}^p$, 于是显然可见 $\alpha(z)\varphi(z)$ 仍为整函数, 并且对每一个 y 而言 $\alpha(x + iy)\varphi(x + iy) \in \mathbf{S}[x]$. 设 $P(z)$ 为多项式. 因对每一个多项式 $Q(z)$ 有

$$\int |Q(z)\varphi(z)|^2 dx \leqslant C_1 e^{C|y|^p}.$$

故由此性质及式 (39) 不难验证

$$\int |P(z)\alpha(z)\varphi(z)|^2 dx \leqslant A_1' e^{A'|y|^p}.$$

因此 $\alpha\varphi \in \mathbf{Z}^p$. 同样不难验证 $\varphi_j \to 0$ ($\mathbf{Z}^p$) 蕴涵 $\alpha\varphi_j \to 0$ ($\mathbf{Z}^p$). 因此 α 为 $\mathbf{Z}^p$ 乘子.

§7.3 基本空间 $\mathbf{Z}_p^p$ 及其傅里叶变换

定义 1 线性空间 $\mathbf{Z}_p^p(p > 1)$ 为由满足下列二条件的 R^n 上的无穷可微函数 $\varphi(x) = \varphi(x_1, \cdots, x_n)$ 组成:

1. $\varphi(x)$ 可以推展为复变数空间 $\mathbf{C}^n$ 上的整解析函数 $\varphi(z) = \varphi(z_1, \cdots, z_n)$;
2. 存在正数 $K, C(\varepsilon_1), \cdots, C(\varepsilon_n)(\varepsilon_k = \pm 1)$ 使得

$$|\varphi(z_1, \cdots, z_n)| \leqslant K e^{\varepsilon_1 C(\varepsilon_1)|z_1|^p + \cdots + \varepsilon_n C(\varepsilon_n)|z_n|^p}, \tag{1}$$

此处当 z_k 取复数值时 $\varepsilon_k = +1$; 当 z_k 取实数值 x_k 时 $\varepsilon_k = -1$.

我们说 $\varphi_j \to 0 \ (\mathbf{Z}_p^p)$, 如果满足下列二条件:

(a) 在 $\mathbf{C}^n$ 的每一个有界域内 $\varphi_j(z)$ 一致 $\to 0$;

(b) 存在正数 K 及 $C(\varepsilon_1), \cdots, C(\varepsilon_n)$, 使得下列不等式对 z 及 j 一致地成立:

$$|\varphi_j(z_1, \cdots, z_n)| \leqslant K e^{\varepsilon_1 C(\varepsilon_1)|z_1|^p + \cdots + \varepsilon_n C(\varepsilon_n)|z_n|^p}. \tag{2}$$

注意, 不等式 (1) 实际上表示相当于 z_k 为复值或实值时的 2^n 个不等式. 又恒可取常数 $C(\varepsilon_k)$ 使得当 $\varepsilon_k = \varepsilon_j$ 时 $C(\varepsilon_k) = C(\varepsilon_j)$.

直观地说, $\mathbf{Z}_p^p$ 内的函数 φ 对每一个复变数 z_k 都是按指数阶 $\leqslant p$ 增长. 同时对每一个实变数 x_k 都是按指数阶 $\geqslant p$ 递减.

定理 1　设 $\dfrac{1}{p} + \dfrac{1}{p'} = 1$. 傅里叶变换及逆傅里叶变换为空间 $\mathbf{Z}_p^p, \mathbf{Z}_{p'}^{p'}$ 之间的同构映射, 即 $\tilde{\mathbf{Z}}_p^p = \mathbf{Z}_{p'}^{p'}$.

证　设 $\varphi \in \mathbf{Z}_p^p$, 则 $\widetilde{\varphi} \in \mathbf{Z}_{p'}^{p'}$.

1. 单变数情形: 设函数 $\varphi(z)$ 满足不等式

$$|\varphi(z)| < K_1 e^{B|z|^p}; \tag{3}$$

$$|\varphi(x)| < K_2 e^{-C|x|^p}. \tag{4}$$

求证

$$|\tilde{\varphi}(s)| < \tilde{K}_1 e^{\tilde{B}|s|^{p'}}; \tag{5}$$

$$|\tilde{\varphi}(\sigma)| < \tilde{K}_2 e^{-\tilde{C}|\sigma|^{p'}}. \tag{6}$$

不等式 (5): 从 §7.2 定理 3 直接可得. 注意, 此处 $\tilde{K}_1$ 线性地依赖于 K_1.

不等式 (6): 按定义

$$\tilde{\varphi}(-\sigma) = \int_{-\infty}^{\infty} \varphi(x) e^{2\pi i \sigma x} dx. \tag{7}$$

设 $\sigma > 0$. 此积分号下为解析函数, 因此可以将沿实轴的线积分改为如附图中所示的五段线积分而值不变:

$$\tilde{\varphi}(-\sigma) = \int_{-\infty}^{-R} + \int_{-R}^{-Re^{-i\alpha}} + \int_{-Re^{-i\alpha}}^{Re^{i\alpha}} + \int_{Re^{i\alpha}}^{R} + \int_{R}^{+\infty}, \tag{8}$$

此处角 α 及半径 R 留待以后决定.

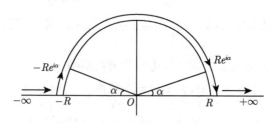

首先决定角 α 的值. 在复数平面内考虑角域 G:

$$0 < \theta = \arg z < \beta, \quad \beta < \frac{\pi}{p}$$

及函数

$$e^{(a+bi)z^p}.$$

取 a, b 满足

$$\begin{cases} a = -C; \\ a\cos p\beta - b\sin p\beta = B. \end{cases}$$

于是

$$|e^{(a+bi)z^p}| = e^{(a\cos p\theta - b\sin p\theta)|z|^p} = \begin{cases} e^{B|z|^p}, (\theta = \beta); \\ e^{-C|x|^p}, (\theta = 0). \end{cases} \tag{9}$$

由此式以及式 (3), (4) 可知在角域 G 的边界上, 即当 $\arg z = 0$ 及 $\arg z = \beta$ 时,

$$\left| |\varphi(z)| e^{-(a+ib)z^p} \right| < K = \max(K_1, K_2). \tag{10}$$

因为 $\beta < \dfrac{\pi}{\beta}$, 故根据弗拉格曼-林德乐夫 (Phragman-Lindelöf) 定理[①]知在角域 G 的内部, 即当 $0 < \arg z < \beta$ 时, 式 (10) 也成立, 即

$$|\varphi(z)| < Ke^{(a\cos p\theta - b\sin p\theta)|z|^p}, \quad 0 < \theta < \beta. \tag{11}$$

因函数 $a\cos p\theta - b\sin p\theta$ 连续地依赖于 θ, 并且当 $\theta = 0$ 时其值为 $-C$, 故得仅依赖于 B, C 的正数 C_1 及 α 使得当 $0 < \theta = \arg z < \alpha$ 时

$$|\varphi(z)| < Ke^{-C_1|z|^p}, \quad 0 < \theta < \alpha. \tag{12}$$

用类似的方法可得

$$|\varphi(z)| < Ke^{-C_1|z|^p}, \quad 0 < \pi - \theta < \alpha. \tag{13}$$

角 α 之值如此取定. 我们现在计算各个积分:

$$\left| \int_{-Re^{-i\alpha}}^{Re^{i\alpha}} \varphi(z)e^{2\pi i\sigma z}dz \right| \leqslant \int_\alpha^{\pi-\alpha} |\varphi(Re^{i\theta})| \cdot |e^{2\pi i\sigma Re^{i\theta}}| \cdot |Re^{i\theta}| \cdot d\theta$$

$$< K_1\pi Re^{BRp - 2\pi\sigma R\sin\alpha}.$$

命 $R = \lambda\sigma^{p'-1}$, 于是

$$BR^p - 2\pi\sigma R\sin\alpha = (B\lambda^p - 2\pi\lambda\sin\alpha)\sigma^{p'}.$$

① 见, 例如, Маркушевич, Теория ананлитических функций.

显然可取 λ (仅依赖于 B 及 C) 使得

$$B\lambda^p - 2\pi\lambda\sin\alpha = -C_2 < 0.$$

因此

$$\left|\int_{-Re^{-i\alpha}}^{Re^{i\alpha}}\right| < K_1\pi\lambda\sigma^{p'-1}e^{-C_2\sigma^{p'}}. \tag{14}$$

式 (8) 内最后二个积分可以直接计算:

$$\left|\int_{+R}^{+\infty}\right| < K_2\int_R^\infty e^{-Cx^p}dx \leqslant K_2\int_R^\infty \frac{Cpx^{p-1}}{CpR^{p-1}}e^{-Cx^p}dx$$

$$= \frac{-K_2}{Cp(\lambda\sigma^{p'-1})^{p-1}}e^{-Cx^p}\int_R^\infty \leqslant \frac{K_2}{Cp\lambda^{p-1}}e^{-C\lambda^p\sigma^{p'}}; \tag{15}$$

$$\left|\int_{Re^{i\alpha}}^R\right| < K_1e^{-C_1R^p}\alpha R \leqslant K_1\alpha\lambda\sigma^{p'-1}e^{-C_1\lambda^p\sigma^{p'}}. \tag{16}$$

合并式 (14), (15), (16) 以及对积分 $\int_{-\infty}^{-R}, \int_{-R}^{-Re^{-i\alpha}}$ 的类似的估计, 知当 $\sigma>0$ 时

$$|\tilde\varphi(-\sigma)| < \tilde K_2 e^{-C|\sigma|^{p'}}. \tag{17}$$

但因 $\varphi \in \mathbf{Z}_p^p$ 蕴涵 $\check\varphi \in \mathbf{Z}_p^p$, 并且 $\check{\tilde\varphi} = \tilde{\check\varphi}$, 故知不等式 (6) 普遍地成立.

设有序列 $\varphi_j \in \mathbf{Z}_p^p$, 并且它们的特性常数 B, C 有界, 则从上面的证明里可知 $\tilde\varphi_j$ 的相应常数 $\tilde B, \tilde C$ 也有界. 于是不难复验 $\varphi_j \to 0$ $(\mathbf{Z}_p^p)$ 蕴涵 $\tilde\varphi_j \to 0$ $(\mathbf{Z}_{p'}^{p'})$, 因此定理 1 在单变数的情形. 证完.

2. 多变数情形: 为简明计, 仅证明 $n = 2$ 的情形. 设函数 $\varphi(z_1, z_2)$ 满足下列四个不等式:

$$|\varphi(x_1, x_2)| < K_1 e^{-C_1|x_1|^p - C_2|x_2|^p}; \tag{18}$$

$$|\varphi(z_1, x_2)| < K_2 e^{+B_1|z_1|^p - C_2|x_2|^p}; \tag{19}$$

$$|\varphi(x_1, z_2)| < K_3 e^{-C_1|x_1|^p + B_2|z_2|^p}; \tag{20}$$

$$|\varphi(z_1, z_2)| < K_4 e^{+B_1|z_1|^p + B_2|z_2|^p}. \tag{21}$$

求证 $\tilde\varphi(s_1, s_2)$ 满足同样类型的四个不等式.

我们用对变数 s_1, s_2 逐次求傅里叶变换的方法证明

$$\tilde\varphi(s_1, s_2) = \iint e^{-2\pi i(s_1x_1 + s_2x_2)}\varphi(x_1, x_2)dx_1dx_2$$

$$= \int e^{-2\pi ix_1s_1}\varphi_1(x_1, s_2)dx_1,$$

此处

$$\varphi_1(x_1, x_2) = \int e^{-2\pi ix_2s_2}\varphi(x_1, s_2)dx_2.$$

视 x_1 为参数, 对函数对 $\varphi(x_1, x_2)$, $\varphi_1(x_1, s_2)$ 运用已经证明的本定理 $(n = 1)$. 注意, 该处 K_1, K_2 分别以 $K_1 e^{-C_1|x_1|^p}$, $K_2 e^{-C_1|x_1|^p}$ 代替, 并且 $\tilde{K}_1, \tilde{K}_2$ 线性地依赖于 K_1, K_2. 故得

$$|\varphi_1(x_1, \sigma_2)| < L_1 e^{-C_1|x_1|^p} e^{-\tilde{C}_2|\sigma_2|^{p'}}.$$

同样, 视 z_1 为参数, 则从函数对 $\varphi(z_1, x_2), \varphi_1(z_1, s_2)$ 可得

$$|\varphi_1(z_1, \sigma_2)| < L_2 e^{B_1|z_1|^p} e^{-\tilde{C}_2|\sigma_2|^{p'}}.$$

视 σ_2 为参数, 对函数对 $\varphi_1(z_1, \sigma_2)$ 及

$$\tilde{\varphi}(\sigma_1, \sigma_2) = \int e^{-2\pi i x_1 \sigma_1} \varphi_1(x_1, \sigma_2) dx_1,$$

再应用本定理 $(n = 1)$, 即得

$$\tilde{\varphi}(\sigma_1, \sigma_2) < \tilde{K}_1 e^{-\tilde{C}_1|\sigma_1|^{p'} - \tilde{C}_2|\sigma_2|^{p'}}. \tag{22}$$

$$\tilde{\varphi}(s_1, \sigma_2) < \tilde{K}_2 e^{\tilde{B}_1|s_1|^{p'} - \tilde{C}_2'|\sigma_2|^{p'}}. \tag{23}$$

此即类型 (18) 及 (19) 的不等式.

又类型 (20) 同于类型 (19), 类型 (21) 直接从 §7.2 定理 3 可得, 故不等式全部证明, 即 $\tilde{\varphi}(s_1, s_2) \in \mathbf{Z}_{p'}^{p'}$. 同前也不难复验 $\varphi_j \to 0$ $(\mathbf{Z}_p^p)$ 蕴涵 $\tilde{\varphi}_j \to 0$ $(\mathbf{Z}_{p'}^{p'})$. 证完.

根据基本定理 1, 读者不难证明空间 $\mathbf{Z}_p^p$ 为基本空间. 可以证明, $\mathbf{Z}_p^p$ 为完备空间.

空间 $\mathbf{Z}_p^p$ 的概念要有意义必须知道, 对每一个 $p > 1$ 而言存在不恒等于 0 的函数 $\varphi(z) \in \mathbf{Z}_p^p$. 这个存在定理确实成立, 但并不是很显然的. 设在单变数 z 的情形存在不恒等于 0 的函数 $\varphi(z) \in \mathbf{Z}_p^p[z]$, 于是在多变数的情形乘积 $\varphi(z_1) \cdots \varphi(z_n) \in \mathbf{Z}_p^p[z_1, \cdots, z_n]$. 因此一般的存在问题取决于单变数情形的存在问题. 当 $p = 2$ 时存在定理显然成立, 盖函数 $e^{-z^2} \in \mathbf{Z}_2^2$. 又如果当 $1 < p < 2$ 时存在定理成立, 则根据定理 1 知当 $2 < p < +\infty$ 时存在定理也成立. 因此整个问题取决于单变数, $1 < p < 2$ 时的存在问题. 此时可借助于整函数的理论. 培恩斯坦 (V. Bernstein) 曾证明, 设 $h(\theta)$ 为已知的三角凸函数, 则必定存在整函数 $\varphi(z)$, 其增长指标 (indicatrix) 为已知函数 $h(\theta)$[1]. 今取

$$h(\theta) = \frac{\cos p\left(\theta - \frac{\pi}{2}\right)}{-\cos p\frac{\pi}{2}} \quad (1 < p < 2, 0 \leqslant \theta \leqslant \pi).$$

于是相应存在的整函数 $\varphi(z) \in \mathbf{Z}_p^p$[2]. 我们很容易证明一个较弱的但对以后已够用的命题: 使存在定理成立的 p 值所组成的集 Q 在区间 $1 < p < +\infty$ 内稠密, 盖 $\varphi(z) \in \mathbf{Z}_p^p$ 蕴涵 $\varphi(z^2) \in \mathbf{Z}_{2p}^{2p}$, 故 $p \in Q$ 蕴涵 $2p \in Q$. 由定理 1 知 $P \in Q$ 蕴涵 $\frac{p}{p-1} \in Q$. 今 $2 \in Q$, 故有

$$2^{n_1} \in Q, \quad p_{n_1} = \frac{2^{n_1}}{2^{n_1} - 1} \in Q, \quad n_1 = 1, 2, \cdots,$$

---

[1] 见 V. Bernstein, Mem. Reale Acc. d'Italia, 7(1936), 131–189. 另有较简的证明见Б. Я. Левин, О росте целой функции по лучу, Мат. Со.2(44)(1937), 1097–1142.

[2] 感谢希洛夫 (Г. Е. Шилов) 教授供给我们这个材料.

$$2^{n_2} p_{n_1} \in Q, \quad p_{n_1 n_2} = \frac{2^{n_1 + n_1}}{2^{n_1 + n_2} - 2^{n_1} + 1} \in Q, \quad n_2 = 1, 2, \cdots.$$

$$\cdots\cdots\cdots\cdots\cdots\cdots$$

$$2^{n_k} p_{n_1 \cdots n_{k-1}} \in Q, \quad p_{n_1 \cdots n_k} = \frac{2^{n_1 + \cdots + n_k}}{2^{n_1 + \cdots + n_k} - 2^{n_1 + \cdots + n_{k-1}} + \cdots + (-1)^k} \in Q,$$

$$n_k = 1, 2, \cdots, p_{n_1 \cdots n_k}$$ 的倒数

$$\frac{1}{p_{n_1 \cdots n_k}} = 1 - \frac{1}{2^{n_k}} + \frac{1}{2^{n_k + n_{k-1}}} - \cdots + \frac{(-1)^k}{2^{n_1 + \cdots + n_k}}$$

显然在区间 $\frac{1}{2} < p < 1$ 内稠密, 因为它们彼此的距离 $\leqslant \frac{1}{2^k}$, 于是 $p_{n_1 \cdots n_k}$ 在 $1 < p < 2$ 内稠密. 更由对偶关系知其对偶数 $p'_{n_1 \cdots n_k}$ 在区间 $2 < p < +\infty$ 内也稠密. 故 Q 在区间 $1 < p < +\infty$ 内稠密.

空间 $\mathbf{Z}_p^p$ 的乘子

定理 2 设整函数 $\alpha(z)$ 满足下列二条件:

1. 存在正数 A, B 使得

$$|\varphi(z)| \leqslant A e^{B|z|^p}; \tag{24}$$

2. 当为实变数 $z = x$ 时, 对任意的 $\varepsilon > 0$ 存在 $C > 0$ 使得

$$|\varphi(x)| \leqslant C e^{\varepsilon |x|^p}. \tag{25}$$

于是 $\alpha(z)$ 为空间 $\mathbf{Z}_p^p$ 的乘子.

证明简易, 从略. 由此立得下述推论:

推论 空间 $\mathbf{Z}_p^p$ 内基本函数本身就是空间 $\mathbf{Z}_p^p$ 的乘子, 因此, 设 $\varphi_1, \varphi_2 \in \mathbf{Z}_p^p$, 则 $\varphi_1 \varphi_2 \in \mathbf{Z}_p^p$.

函数型的 $\mathbf{Z}_p^p$ 广义函数

定理 3 设局部绝对可积函数 $T(x)$ 函数对任意的 $\varepsilon > 0$ 而言存在 $C_1 > 0$ 使得

$$|T(x)| \leqslant C_1 e^{\varepsilon |x|^p}, \tag{26}$$

则积分

$$(T, \varphi) = \int T(x) \varphi(x) dx, \quad \varphi \in \mathbf{Z}_p^p$$

决定一个函数型的 $\mathbf{Z}_p^p$ 广义函数 T. 更设此广义函数 $T = 0$, 则函数 $T(x)$ 几乎到处为 0.

第一部分的证明同于 §2.2 定理 2, 从略. 第二部分留待 §7.5 定理 1 之后再证, 列为 §7.5 定理 2.

根据这个定理, 我们可以把满足条件 (26) 的函数与由它产生的 $\mathbf{Z}_p^p$ 广义函数视为同一. 这对某些微分方程的唯一性问题有应用 (见 §8.3).

最近希洛夫对空间 $\mathbf{Z}_p^p$ 加以推广 (见 [17]), 并有重要的应用 (见 [18], [19]).

§7.4　广义函数的傅里叶变换

定义 1　设 Φ 为基本空间, $\Psi = \tilde{\Phi}$ 为空间 Φ 的傅里叶对偶空间, 设 T 为 $\tilde{\Phi}$ 广义函数, 则以下式

$$(\tilde{T}, \varphi) = (T, \tilde{\varphi}), \quad \varphi \in \Phi \tag{1}$$

界定了 Φ 广义函数 $\tilde{T}$. 叫做 $\tilde{\Phi}$ 广义函数 T 的傅里叶变换.

基本函数的傅里叶变换 $\sim$ 是把空间 Φ 变成空间 $\tilde{\Phi}$ 的同构映射 (线性、双连续、一一). 显然上述定义说广义函数的傅里叶变换就是基本空间的傅里叶变换 $\sim$ 的共轭变换, 它同构地把广义函数空间 $\overset{\circ}{\tilde{\Phi}}$ 变成广义函数空间 $\overset{\circ}{\Phi}$, 即 $\overset{\circ}{\tilde{\Phi}} = \overset{\circ}{\Phi}$. 由此可见, 傅里叶变换是广义函数空间 $\overset{\circ}{S}$ 的自同构映射.

类似地我们界定 Φ 广义函数 T 的逆傅里叶变换 $\tilde{\Phi}$ 广义函数 $\breve{T}$:

$$(\breve{T}, \varphi) = (T, \breve{\varphi}), \quad \varphi \in \tilde{\Phi}. \tag{2}$$

同样, 逆傅里叶变换显然同构地把广义函数空间 $\overset{\circ}{\Phi}$ 变成广义函数空间 $\overset{\circ}{\tilde{\Phi}}$.

根据基本空间的傅里叶变换的性质自然地导出广义函数空间的傅里叶变换的性质. 我们把它们归纳为下列定理 1, 其内容不证自明, 或经过简单的运算后即得:

定理 1

1.
$$\tilde{\breve{T}} = \breve{\tilde{T}} = \overset{\frown}{T}. \tag{3}$$

2.
$$\breve{\tilde{T}} = T, \quad \tilde{\breve{T}} = \breve{T}. \tag{4}$$

3.
$$\widetilde{a_1 T_1 + a_2 T_2} = a_1 \tilde{T}_1 + a_2 \tilde{T}_2, \quad a_1, a_2 \text{ 为复常数}. \tag{5}$$

4. $T_j \to 0 \ (\overset{\circ}{\Phi})$ 的充要条件为 $\tilde{T}_j \to 0 \quad (\overset{\circ}{\tilde{\Phi}})$. $\tag{6}$

5.
$$\widetilde{\tau_a T} = e^{-2\pi i a \cdot s} \tilde{T}, \quad \widehat{\tau_a T} = e^{2\pi i a \cdot s} \breve{T}. \tag{7}$$

6.
$$\widetilde{\frac{\partial T}{\partial x_k}} = 2\pi i s_k \tilde{T}, \quad \widehat{\frac{\partial T}{\partial x_k}} = -2\pi i s_k \breve{T}. \tag{8}$$

$$\frac{\partial \tilde{T}}{\partial s_k} = \widetilde{-2\pi i x_k T}, \quad \widetilde{\frac{\partial T}{\partial x_k}} = \widetilde{2\pi i x_k T}. \tag{9}$$

$$\widetilde{P(D)T} = P(2\pi i s)\tilde{T}, \quad \widehat{P(D)T} = P(-2\pi i s)\breve{T}. \tag{10}$$

$$P(D)\tilde{T} = \widetilde{P(-2\pi i x)T}, \quad P(D)\breve{T} = \widetilde{P(2\pi i x)T}. \tag{11}$$

7. 设 T_t 为依赖于参数 $t = \{t_1, \cdots, t_m\}$ 的广义函数族. 于是 T_t 对参数 t 可微的充要条件为 $\tilde{T}_t$ 对参数 t 可微. 并且

$$\widetilde{\frac{\partial T_t}{\partial t_k}} = \frac{\partial}{\partial t_k} \tilde{T}_t. \tag{12}$$

乘积与卷积的傅里叶变换关系

乘积与卷积的傅里叶变换之间有简单的交换关系:

定理 2 设 $S \in \overset{\circ}{\Phi}$ 为 Φ 乘子, 于是 $\tilde{S}$ 为 $\tilde{\Phi}$ 卷子, 并且对任意的 $T \in \overset{\circ}{\Phi}$ 而言

$$\widetilde{ST} = \tilde{S} * \tilde{T}. \tag{13}$$

同样对逆傅里叶变换也成立, 并且

$$\widecheck{ST} = \check{S} * \check{T}. \tag{14}$$

证 设 $\psi \in \tilde{\Phi}$. 于是

$$(\tilde{S}, \tau_y \psi) = (S, \widetilde{\tau_y \psi}) = (S_x, e^{2\pi i x \cdot y} \widetilde{\psi}(x))$$

$$= \int e^{2\pi i x \cdot y} S(x) \widetilde{\psi}(x) dx = \widetilde{S\widetilde{\psi}}(y). \tag{15}$$

因 S 为 Φ 乘子, $\widetilde{\psi} \in \Phi$, 故 $S\widetilde{\psi} \in \Phi, \widetilde{S\widetilde{\psi}} \in \tilde{\Phi}$. 由乘子运算及傅里叶变换的连续性知 $\psi_j \to 0$ $(\tilde{\Phi})$ 蕴涵 $S, \widetilde{\psi}_j \to 0$ $(\tilde{\Phi})$. 因此 $\tilde{S}$ 为 $\tilde{\Phi}$ 卷子.

设 $T \in \overset{\circ}{\Phi}$, 于是 $\tilde{T} \in \tilde{\Phi}$, 并且

$$(\tilde{S} * \tilde{T}, \psi) = (\tilde{T}_y, (\tilde{S}, \tau_y \psi)) = (\tilde{T}_y, \widetilde{S\widetilde{\psi}}(y))$$

$$= (T, S\widetilde{\psi}) = (ST, \widetilde{\psi}) = (\widetilde{ST}, \psi), \tag{16}$$

故式 (13) 成立. 式 (14) 则从下列关系可得

$$\widecheck{ST} = (\widetilde{ST})^\vee = (\tilde{S} * \tilde{T})^\vee = \check{S} * \check{T} = \check{S} * \check{T}.$$

傅里叶变换的实例

1. δ 函数、多项式及线性指数函数的傅里叶变换

广义函数论里 δ 函数是一个重要的东西, 我们以前界定

$$(\delta_{(x)}, \varphi) = \varphi(x), \quad x \in R^n, \varphi \in \Phi, \tag{17}$$

此处 $\delta_{(x)}$ 以 $x \in R^n$ 为实参变数. 如果取由解析函数组成的基本空间 Φ, 例如 $\mathbf{Z}^p, \mathbf{Z}_p^p$ 等, 显然可以界定以 $z \in \mathbf{C}^n$ 为复参变数的 δ 函数, $\delta(z)$:

$$(\delta_{(z)}, \varphi) = \varphi(z), \quad z \in \mathbf{C}^n, \varphi \in \Phi. \tag{18}$$

因为基本函数 φ 为解析的, 所以 $(\delta_{(x)}, \varphi)$, 实质就是函数 $(\delta_{(x)}, \varphi)$ 的解析扩张, 这种从已知广义函数通过解析扩张界定新的广义函数的方法是常用的 (例如发散积分的有限部分).

定理 3

$$\tilde{\delta} = 1, \tag{19}$$

$$\tilde{1} = \delta, \tag{20}$$

$$\tilde{\delta}_{(a)} = e^{-2\pi i a \cdot s}, \tag{21}$$

$$\widetilde{e^{2\pi i a \cdot s}} = \delta_{(a)}, \tag{22}$$

$$\widetilde{x^p} = \left(-\frac{1}{2\pi i}\right)^{|p|} D^p \delta, \tag{23}$$

$$\widetilde{P(-2\pi i x)} = P(D)\delta, \quad (P \text{ 为多项式}). \tag{24}$$

证
$$(\tilde{\delta}_{(a)}, \varphi) = (\delta_{(a)}, \tilde{\varphi}) = \left(\delta_{(a)}, \int e^{-2\pi i x \cdot s} \varphi(s) ds\right)$$
$$= \int e^{-2\pi i a \cdot s} \varphi(s) ds$$
$$= (e^{-2\pi i a \cdot s}, \varphi).$$

故得式 (21). 其余各式都可由此直接导出.

设 $\Phi = \mathbf{Z}^1, \mathbf{Z}^p, \mathbf{Z}_p^p$, 显然当 a 取复值时 $\delta_{(a)}$ 均界定, $\delta_{(a)} \in \mathring{\mathbf{K}}, \mathring{\mathbf{Z}}^p, \mathbf{K}_p^p$, 而在基本空间 $\tilde{\mathbf{Z}}^1 = \mathbf{K}, \tilde{\mathbf{Z}}^p = \mathbf{K}_{p'}, \mathbf{Z}_p^{p'} = \mathbf{K}_{p'}^{p'}$ 内 $e^{-2\pi i a \cdot s}$ 都是函数型的广义函数, 故式 (21), (22) 当 a 为复数时在对偶空间 $(\mathbf{Z}^1, \mathbf{K}), (\mathbf{Z}^p, \mathbf{K}_{p'}), (\mathbf{Z}_p^p, \mathbf{Z}_{p'}^{p'})$ 内成立. 因此一方面, 我们找到了复参变数的 δ 函数的傅里叶变换, 另一方面我们也找到了线性指数函数 (它是一种急增函数) 的傅里叶变换.

设 $a = \{a_1, \cdots, a_n\}$ 为任意复数, $e^{a \cdot x}$ 为函数型的广义函数 $\in \mathring{\mathbf{K}}, \mathring{\mathbf{K}}_p, \mathring{\mathbf{Z}}_p^p$, 于是从式 (22) 得其傅里叶变换 $\widetilde{e^{a \cdot x}} \in \mathring{\mathbf{Z}}^1, \mathring{\mathbf{Z}}^{p'}, \mathring{\mathbf{Z}}_{p'}^{p'}$:

$$\widetilde{e^{a \cdot x}} = \delta_{\left(\frac{a}{2\pi i}\right)} \tag{25}$$

又从式 (21) 立即可得

$$\cos 2\pi a \cdot s = \frac{e^{2\pi i a \cdot s} + e^{-2\pi i a \cdot s}}{2} = \frac{\tilde{\delta}_{(a)} + \tilde{\delta}_{(-a)}}{2}; \tag{26}$$

$$\sin 2\pi a \cdot s = \frac{e^{2\pi i a \cdot s} - e^{-2\pi i a \cdot s}}{2i} = \frac{\tilde{\delta}_{(-a)} - \tilde{\delta}_{(a)}}{2i}. \tag{27}$$

2. 解析函数的傅里叶变换

定理 4 设有 R^n 上的整解析函数

$$f(x) = \sum a_p x^p. \tag{28}$$

并且设部分和 $\sum_{|p| \leqslant j} a_p x^p$ 当 $j \to \infty$ 时 $\to f(\mathring{\Phi})$, 于是极限 (在 $\tilde{\mathring{\Phi}}$ 内) $\sum a_p \left(\frac{-1}{2\pi i}\right)^{|p|} D^p \delta$ 有意义, 并且

$$\tilde{f} = \sum a_p \left(\frac{-1}{2\pi i}\right)^{|p|} D^p \delta, \tag{29}$$

亦即对 $\varphi \in \tilde{\Phi}$ 而言, $\sum a_p \left(\dfrac{-1}{2\pi i} \right)^{|p|} D^p \varphi(0)$ 收敛, 并且

$$(\tilde{f}, \varphi) = \sum a_p \left(\frac{1}{2\pi i} \right)^{|p|} D^p \varphi(0). \tag{30}$$

证　盖根据傅里叶变换的连续性, 我们可以在无穷和号下求傅里叶变换, 更应用式 (23) 即得.

3. 绝对可求和函数的傅里叶变换

上面所举的一般都不在古典傅里叶积分范围之内. 本例则属于古典的范围.

定理 5　设 $f(s)$ 为绝对可求和函数. 于是其傅里叶变换 $\tilde{f}$ 为有界连续函数 $\tilde{f}(x)$, 可用古典的傅里叶积分表示:

$$\tilde{f}(x) = \int e^{-2\pi i x \cdot s} f(s) ds. \tag{31}$$

证　取基本空间 S. $f(x)$ 显然产生一个 S 广义函数 f, 于是 $\tilde{f} \in$ S. 设 $\varphi \in$ S,

$$\begin{aligned}
(\tilde{f}, \varphi) = (f, \tilde{\varphi}) &= \int f(s) ds \int e^{-2\pi i x \cdot s} \varphi(x) dx \\
&= \int \varphi(x) dx \int e^{-2\pi i s \cdot x} f(s) ds \\
&= \left(\int e^{-2\pi i s \cdot x} f(s) ds, \varphi \right).
\end{aligned}$$

故广义函数 $\tilde{f}$ 由傅里叶积分 (31) 产生. 又

$$|\tilde{f}(x)| \leqslant \int |e^{-2\pi i s \cdot x} f(s)| ds \leqslant \int |f(s)| ds \leqslant M.$$

故可知 $\tilde{f}(x)$ 为有界连续函数.

这个命题表明广义函数的傅里叶变换就是古典的傅里叶变换的推广.

定理 6　设绝对可求和函数 $f(s)$ 在域 $|s| \leqslant A$ 以外几乎到处为 0. 于是其傅里叶变换 $\tilde{f}(x)$ 可以扩张为整函数 $\tilde{f}(z) = \tilde{f}(x + iy)$, 满足

$$|\tilde{f}(z)| \leqslant M_0 e^{2\pi A|y|} \leqslant M_0 e^{2\pi A|z|}, \tag{32}$$

$$|D_z^p \tilde{f}(z)| \leqslant M_p e^{2\pi A|y|} \leqslant M_p e^{2\pi A|z|}, \tag{33}$$

此处 M_0, M_p 仅与 $f, p = \{p_1, \cdots, p_n\}$ 有关而与 z 无关.

证　我们有

$$\tilde{f}(x) = \int_{|s| \leqslant A} e^{2\pi i x \cdot s} f(s) ds,$$

用 §7.2 定理 1 的推理知 $\tilde{f}(x)$ 可以扩张为整函数 $\tilde{f}(z)$,

$$\tilde{f}(z) = \int_{|s| \leqslant A} e^{-2\pi i x \cdot s} f(s) ds,$$

$$|\tilde{f}(z)| \leqslant \int_{|s| \leqslant A} |e^{-2\pi i(x+iy) \cdot s} f(s)| ds \leqslant \int_{|s| \leqslant A} e^{2\pi |y| \cdot |s|} |f(s)| ds$$
$$\leqslant M e^{2\pi A|y|} \leqslant M e^{2\pi A|z|}.$$

由此应用多复变解析函数的柯西不等式即得式 (33).

4. 指数函数 $e^{a|x|^2}$ 的傅里叶变换

我们要计算指数函数 $e^{\alpha|x|^2} = e^{a(x_1 + \cdots + x_n^2)}$ (α 为任意复数) 的傅里叶变换. 它对导热方程及与此类似的方程有重要的意义.

1) 设 α 为负实数, 即 $\alpha = -a, a > 0$, 则此函数为绝对可求和, 于是可用古典的傅里叶积分直接求其傅里叶变换. 我们有公式

$$\widetilde{e^{-a|s|^2}} = \left(\frac{\pi}{\alpha}\right)^{\frac{\pi}{2}} e^{-\frac{\pi^2}{a}|x|^2}, \quad (a > 0). \tag{34}$$

证

$$\widetilde{e^{-a|s|^2}}(x) = \int e^{-2\pi i x \cdot s} e^{-a s \cdot s} ds = \prod_{k=1}^{n} \int e^{-(a s_k^2 + 2\pi i x_k s_k)} ds_k, \tag{35}$$

因此问题化为单变数的情形. 我们暂时以 x, s 表示单变数, 显然有

$$-(a s^2 + 2\pi i x s) = -a \left(s + \frac{\pi i}{a} x\right)^2 - \frac{\pi^2}{a} x^2.$$

因此

$$\int e^{-(a s^2 + 2\pi i x s)} ds = \int e^{-a(s + \frac{\pi i}{a} x)^2 - \frac{\pi^2}{a} x^2} ds$$
$$= e^{-\frac{\pi^2}{a} x^2} \int e^{-a(s + \frac{\pi i}{a} x)^2} ds$$
$$= e^{-\frac{\pi^2}{a} x^2} \int e^{-a s^2} ds$$
$$= \sqrt{\frac{\pi}{\alpha}} e^{-\frac{\pi^2}{a} x^2}$$

(此处第二行至第三行可以用柯西积分定理推导). 以此代入式 (35) 即得公式 (34).

注意, 从公式 (34) 可知函数 $e^{-\pi|x|^2}$ 对傅里叶变换不变, 即

$$\widetilde{e^{-\pi|s|^2}} = e^{-\pi|x|^2}. \tag{36}$$

2) 设 α 的实部 $\Re(\alpha) < 0$, 即 $\alpha = -(a + bi), a > 0$. 于是函数仍为绝对可求和. 用同法可计算其傅里叶积分, 而得

$$\widetilde{e^{-(a+bi)|s|^2}} = C e^{-\frac{\pi^2}{a+bi}|x|^2} \quad (a > 0); \tag{37}$$

$$C = \begin{cases} \left[\sqrt{\dfrac{\pi}{2(a^2+b^2)}} \left(\sqrt{\sqrt{a^2+b^2}+a} - i\sqrt{\sqrt{a^2+b^2}-a}\right)\right]^n, & b \geqslant 0, \\ \left[\sqrt{\dfrac{\pi}{2(a^2+b^2)}} \left(\sqrt{\sqrt{a^2+b^2}+a} + i\sqrt{\sqrt{a^2+b^2}-a}\right)\right]^n, & b \leqslant 0. \end{cases}$$

设 α 的实部 $\Re(\alpha) = 0$, 即 $\alpha = -bi$. 于是函数虽非绝对可求和, 但仍为可求和, 其傅里叶积分存在. 我们可将上式中命 $a \to +0$, 而得公式

$$\widetilde{e^{-bi|s|^2}} = Be^{-\frac{\pi^2}{bi}|x|^2};\tag{38}$$

$$B = \begin{cases} \left[\sqrt{\dfrac{\pi}{2b}}(1-i) \right]^n, & b > 0, \\[3mm] \left[\sqrt{\dfrac{\pi}{-2b}}(1+i) \right]^n, & b < 0, \end{cases}$$

3) 设 α 的实部 $\Re(a) < 0$. 于是函数为急增函数, 不可求和, 因此古典的傅里叶积分不存在. 我们视 $e^{a|s|^2}$ 为 $\mathbf{K}$ 广义函数而求其傅里叶变换 $\mathbf{Z}^1$ 广义函数 $\widetilde{e^{a|s|^2}}$.

我们证明, 傅里叶变换 $\widetilde{e^{a|s|^2}}$ 在空间 $\mathbf{Z}^1$ 中如下界定:

$$(\widetilde{e^{a|s|^2}}, \varphi) = \left(\frac{\pi}{|\alpha|} \right)^{\frac{n}{2}} \int \widetilde{e^{-\frac{\pi^2}{|\alpha|}|x|^2}} \varphi(\beta x) dx,\tag{39}$$

$$\varphi \in \mathbf{Z}^1, \quad \beta^2 = -\frac{\alpha}{|\alpha|}.$$

证   取 $\psi \in \mathbf{K}, \tilde\varphi = \psi$. 于是

$$\varphi(z) = \int_{|s| \leqslant C} e^{2\pi i z \cdot s} \psi(s) ds, \ (\psi \text{ 的支集在域 } |s| \leqslant C \text{ 内});$$

$$\varphi(\beta x) = \int_{|s| \leqslant C} e^{2\pi i \beta x \cdot s} \psi(s) ds;$$

$$\int e^{-\frac{\pi^2}{|\alpha|}|x|^2} \varphi(\beta x) dx = \int e^{-\frac{\pi^2}{|\alpha|}x \cdot x} dx \int_{|s| \leqslant C} e^{2\pi i \beta x \cdot s} \psi(s) ds$$

$$= \int_{|s| \leqslant C} \psi(s) ds \int e^{-\frac{\pi^2}{|\alpha|}x \cdot x + 2\pi i \beta x \cdot x} dx.\tag{40}$$

利用关系 $-|\alpha|^{-1} = \dfrac{\beta^2}{\alpha}$ 可知

$$-\frac{\pi^2}{|\alpha|} x \cdot x + 2\pi i \beta x \cdot s = -\frac{\pi^2}{|\alpha|} \left(x + \frac{\alpha i}{\beta \pi} \right) \cdot \left(x + \frac{\alpha i}{\beta \pi} \right) + \alpha s \cdot s.$$

因此同于 1), 我们可以计算积分

$$\int e^{-\frac{\pi^2}{|\alpha|}x \cdot x + 2\pi i \beta x \cdot x} dx = \left(\frac{|\alpha|}{\pi} \right)^{\frac{n}{2}} e^{\alpha|s|^2}.$$

以此代入式 (40) 得

$$\left(\frac{\pi}{|\alpha|} \right)^{\frac{n}{2}} \int e^{-\frac{\pi^2}{|\alpha|}|x|^2} \varphi(\beta x) dx = \int e^{\alpha|s|^2} \psi(s) ds$$

$$= (e^{\alpha|s|^2}, \tilde\varphi) = (\widetilde{e^{\alpha|s|^2}}, \varphi).$$

本节结束语. 空间 $\overset{\circ}{\mathbf{S}}$ 及其傅里叶变换理论系施瓦兹首先建立. 根据 §6.3 知 $\mathbf{S}$ 广义函数本质上都是如多项式型的缓增函数, 因此空间 $\mathbf{S}$ 的理论能够但也只能够处理缓增函数的傅里叶变换. 它比古典的傅里叶变换理论进了一步, 因为古典理论所处理只是可求和函数, 如 $\mathbf{L}_1, \mathbf{L}_2$ 函数类等. 应该指出, 较早的如波赫纳 (Bochner)[1] 及卡列曼 (Carleman)[2] 等已经把傅里叶变换理论推广至缓增函数类. 尤其是波赫纳的理论实际与空间 $\overset{\circ}{\mathbf{S}}$ 的傅里叶变换理论相似. 为了实际上的需要, 人们要求进一步取消这个缓增条件的限制, 希望能用傅里叶变换处理急速增长的函数. 于是从广义函数的观念来论自然地应取空间 $\mathbf{S}$ 的部分空间为基本空间, 因为这样广义函数的限制就放宽了. §7.2, §7.3 的结果表示必然地要引入解析的基本空间. 同时不把傅里叶变换视为一个空间内部的变换, 而视一对空间之间的傅里叶变换, 这就是盖力方特的概念的要点. 于是利用对偶 $\mathbf{K}_p, \mathbf{Z}^{p'}$ 或 $\mathbf{Z}_p^p, \mathbf{Z}_{p'}^{p'}$ 可以处理指数阶 $\leqslant e^{\varepsilon|x|^p}$ 的急增函数的傅里叶变换, 利用对偶 $\mathbf{K}, \mathbf{Z}^1$ 则可以处理增长率不受任何条件限制的函数的傅里叶变换.

§7.5　平方可求和函数与整函数的傅里叶变换

平方可求和函数及其傅里叶变换

泛函分析里常讨论平方可求和函数及由它们组成的函数空间. 界定在 R^n 上的复数值函数 $f(x)$ 叫做平方可求和的, 如果积分 $\int |f(x)|^2 dx$ 存在. 所有的平方可求和函数组成一个线性空间 $\mathbf{L}_2$. 空间 $\mathbf{L}_2$ 内的极限定义为: $\varphi_j \to 0$ $(\mathbf{L}_2)$ 的充要条件为 $\int |\varphi_j(x)|^2 dx \to 0$.

设 $f(x) \in \mathbf{L}_2$, 于是收敛积分

$$(f, \varphi) = \int f(x)\varphi(x)dx, \quad \varphi \in \mathbf{L}_2$$

显然在空间 $\mathbf{L}_2$ 上决定了一个连续线性泛函 $f \in \dot{\mathbf{L}}_2$. 在实变数函数论中可以证明, 设 $f \in \dot{\mathbf{L}}_2$, 即 f 为 $\mathbf{L}_2$ 上的连续线性泛函, 则存在几乎到处为唯一的 $f(x) \in \mathbf{L}_2$ 使得泛函 f 由上列积分产生. 故函数空间 $\mathbf{L}_2$ 与其泛函空间 $\dot{\mathbf{L}}_2$ 重合, 亦即空间 $\mathbf{L}_2$ 自相共轭, 亦即平方可求和函数与 $\mathbf{L}_2$ 上的连续线性泛函等价. 注意, 当讨论函数空间 $\mathbf{L}_2$ 时, 我们恒视几乎到处相等的函数 $f_1(x), f_2(x) \in \mathbf{L}_2$ 为相等.

设 $\varphi_1, \varphi_2 \in \mathbf{L}_2$, 我们界定其尺度 (距离函数)

$$\rho(\varphi_1, \varphi_2) = \int |\varphi_1(x) - \varphi_2(x)|^2 dx. \tag{1}$$

从泛函分析的知识我们知道, 利用这个尺度 $\mathbf{L}_2$ 就成为完备的拓扑尺度空间.

基本空间 $\Phi = \mathbf{S}, \mathbf{K}_p, \mathbf{K}, \mathbf{Z}^p, \mathbf{Z}_p^p$ 内的基本函数都为平方可求和, 并且 $\varphi_j \to 0(\Phi)$ 蕴涵 $\varphi_j \to 0$ $(\mathbf{L}_2)$, 因此它们都是 $\mathbf{L}_2$ 的子空间.

[1] Bochner, Vorlesungen über Fouriersche Integrate, Leipzig, 1932.

[2] Carleman, L'integrale de Fourier et questions qui s'y rattachent, Uppsala, 1944.

定理 1　空间 $\Phi = \mathbf{S}, \mathbf{K}_p, \mathbf{K}, \mathbf{Z}_p^p$ 都是空间 $\mathbf{L}_2$ 的稠密子空间.

证　我们只须证明: 设 $f \in \mathbf{L}_2$, 并对所有的 $\varphi \in \Phi$ 而言,

$$\int f(x)\varphi(x)dx = 0, \tag{2}$$

则 $f(x)$ 几乎到处 $=0$.

设 $\Phi = \mathbf{K}$, 我们在第二章 §2.2 中定理 3 对所有的包含 $\mathbf{K}$ 的基本空间 Φ 而言, 已经证明 $f(x)$ 几乎到处 $=0$. 因此定理对 $\Phi = \mathbf{S}, \mathbf{K}_p, \mathbf{K}$ 成立.

设 $\Phi = \mathbf{Z}_p^p$, 基本函数 φ 都是解析函数, 我们考虑界定在 $\mathbf{C}^n$ 上的函数

$$F(z) = \int f(\sigma)\varphi(\sigma)e^{-2\pi i\sigma \cdot z}d\sigma.$$

由于 $\varphi \in \mathbf{Z}_p^p$, 故不难复验 $F(z)$ 为整解析函数. 设 P 为多项式, 则 $P(\sigma)\varphi(\sigma) \in \mathbf{Z}_p^p$, 因此

$$P(D)F(0) = \int f(\sigma)\varphi(\sigma)(P(-2\pi i\sigma))d\sigma = 0.$$

于是 $F(z) \equiv 0$.

因为解析函数 $F(z)$ 为函数 $f(\sigma)\varphi(\sigma)$ 的傅里叶变换, 故由傅里叶变换的可逆性知 $f(\sigma)\varphi(\sigma)$ 几乎到处 $= 0$, 因此 $f(\sigma)$ 几乎到处 $=0$.　证完.

利用这个定理我们顺便证明 $\mathbf{Z}_p^p$ 广义函数的一个重要性质 (见 §7.3 定理 3). 这个性质对 Φ 广义函数当 $\Phi \supset \mathbf{K}$ 时业已证明.

定理 2　设对任意 $\varepsilon > 0$ 而言

$$|T(x)| \leqslant Ce^{\varepsilon|x|^p}, \tag{3}$$

又并对任意的 $\varphi \in \mathbf{Z}_p^p$ 而言

$$(T, \varphi) = \int T(x)\varphi(x)dx = 0. \tag{4}$$

则 $T(x)$ 几乎到处为 0.

证　设 $\varphi \in \mathbf{Z}_p^p$, 则函数 $T(x)\varphi(x) \in \mathbf{L}_2$. 因为 $\mathbf{Z}_p^p$ 在 $\mathbf{L}_2$ 内稠密, 故有序列 $\varphi_j \in \mathbf{Z}_p^p, \varphi_j \to \overline{T(x)\varphi(x)}$　$(\mathbf{L}_2)$. 又因为 $\varphi\varphi_j \in \mathbf{Z}_p^p$, 故由假设及 $\mathbf{L}_2$ 内的极限趋近得

$$0 = \int T(x)\varphi(x)\varphi_j(x)dx \to \int |T(x)\varphi(x)|^2 dx.$$

因此几乎到处 $T(x)\varphi(x) = 0$. 又因为 φ 在 $\mathbf{Z}_p^p$ 内可以任意取, 故几乎到处 $T(x) = 0$.

设基本空间 Φ 为空间 $\mathbf{L}_2$ 的子空间, 设 $f(x) \in \mathbf{L}_2$, 于是收敛积分

$$(f, \varphi) = \int f(x)\varphi(x)dx, \quad \varphi \in \Phi$$

显然界定 Φ 广义函数 f. 我们有下述定理:

定理 3 设基本空间 Φ 为空间 $\mathbf{L}_2$ 的稠密子空间. 于是广义函数 T 是一个平方可求和函数 $T(x)$ 的充要条件为对空间 $\mathbf{L}_2$ 在空间 Φ 上导出的极限定义连续.

证 必要条件为显然, 故只待证明充分条件.

设 $\psi \in \mathbf{L}_2$, 于是有 $\varphi_j \in \Phi$, $\varphi_j \to \psi$ ($\mathbf{L}_2$). φ_j 显然为 $\mathbf{L}_2$ 内的柯西序列, 因此 (T, φ_j) 为柯西数列, 故极限 $\lim(T, \varphi_j)$ 存在, 即定之为 (T, ψ). 不难复验: 1) 这样定的 (T, ψ) 与序列 φ_j 的选择无关; 2) 当 $\psi_j \to 0$ ($\mathbf{L}_2$) 时 $(T, \psi_j) \to 0$. 因此 T 为 $\mathbf{L}_2$ 上的线性连续泛函, 因此它本身就是一个平方可求和函数 f.

定理 4 平方可求和函数 f 的傅里叶变换 $\tilde{f}$ 亦为平方可求和函数.

证 我们取基本空间 $\mathbf{S}$, 视 f 为 $\mathbf{S}$ 广义函数. 因为 f 可以视为 $\mathbf{L}_2$ 上的连续泛函, 所以当 $\varphi_j \in \mathbf{S}$, $\varphi_j \to 0$ ($\mathbf{L}_2$) 时 $(f, \varphi_j) \to 0$. 傅里叶变换 $\tilde{f}$ 亦为 $\mathbf{S}$ 泛函.

$$(\tilde{f}, \psi) = (f, \tilde{\psi}), \quad \psi \in \mathbf{S}.$$

今设 $\psi_j \to 0$ ($\mathbf{L}_2$), 则由巴塞华公式,

$$\int |\psi_j(s)|^2 ds = \int |\tilde{\psi}(x)|^2 dx.$$

知 $\tilde{\psi}_j \to 0$ ($\mathbf{L}_2$), 故由 f 对 $\mathbf{L}_2$ 的连续性得知 $\tilde{f}$ 对 $\mathbf{L}_2$ 的连续性, 故由定理 3 知 $\tilde{f}$ 为平方可求和函数. 证完.

按: 这就是古典傅里叶积分理论里的普朗舍勒 (Plancherel) 定理的定性的形式[1].

指数型整函数的傅里叶变换

我们说界定在复变数空间 $\mathbf{C}^n$ 上的整函数 $f(z) = f(z_1, \cdots, z_n)$ 具有指数型, 如果存在正数 A, B 使得不等式

$$|f(z)| \leqslant B e^{A(|z_1| + \cdots + |z_n|)} \tag{5}$$

在 $\mathbf{C}^n$ 上成立. 更精密地, 我们说整函数 $f(z)$ 具有指数型 $\leqslant A$, 如对任意的 $\varepsilon > 0$ 而言必有 $B(\varepsilon) > 0$ 使得

$$|f(z)| \leqslant B(\varepsilon) e^{(A+\varepsilon)(|z_1| + \cdots + |z_n|)}. \tag{6}$$

关于指数型的整函数的傅里叶变换有下述古典的定理:

巴莱 - 维勒 (Paley-Wiener) 定理: 平方可求和函数 $f(x)$ 可以扩张为指数型 $\leqslant 2\pi A$ 的整函数 $f(z)$ 的充要条件为其傅里叶变换 $\tilde{f}(s)$ 在空间 $R^n[s]$ 的立方体 $\{|s_1| \leqslant A, \cdots, |s_n| \leqslant A\}$ 以外几乎到处为 0.

巴莱及维勒首先证明单变数的情形[2], 后来普朗舍勒 (Plancherel) 及波利亚 (Polya) 把它推广到多变数的情形[3]. 我们不复证这个定理, 但讨论它在广义函数里的施瓦兹的推广.

---

[1] 见, 例如, Titchmarsh, Theory of Fourier integrals.

[2] 见, 例如, Ахиезер, Лекции по теории аппросимации.

[3] 见 Plancherel-Polya, Fonctions entiéres et integrales de Fourier multiples, Comm. Math. Helv. 9(1936-37), 224-248.

定理 5　巴莱 - 维勒定理的推广. **S** 广义函数 T 为可以扩张为指数型 $\leqslant 2\pi A$ 整函数的函数型广义函数的充要条件为其傅里叶变换 $\tilde{T}$ 为具有紧密支集在 $R^n[s]$ 的立方体 $\{|s_1| \leqslant A, \cdots, |s_n| \leqslant A\}$ 之内的 **S** 广义函数.

证　首先指出, $T \in \overset{\circ}{\mathbf{S}}$ 蕴涵 $\tilde{T} \in \overset{\circ}{\mathbf{S}}$. 反之亦然. 我们用符号 $Q(A)$ 表示立方体 $\{|s_1| \leqslant A, \cdots, |s_n| \leqslant A\}$.

充分条件: 设 $\tilde{T}$ 的支集在 $Q(A)$ 之内. 根据 §6.1 定理 5 知对任意的 $\varepsilon > 0$ 而言 $\tilde{T}$ 可以表为

$$\tilde{T} = \sum_{|p| \leqslant m} D^p f_p, \tag{7}$$

此处 $f_p(x)$ 为连续函数, 在集 $Q(A + \varepsilon)$ 外恒等于 0. 于是

$$T = \sum_{|p| \leqslant m} \widetilde{D^p f_p} = \sum_{|p| \leqslant m} (-2\pi i)^{|p|} x^p \overset{\smile}{f}_p(x). \tag{8}$$

由 §7.4 定理 6 知 $\overset{\smile}{f}_p(x)$ 可以扩张为整函数 $\overset{\smile}{f}_p(z)$. 类似于该处我们有下列估计:

$$\begin{aligned}
|\overset{\smile}{f}_p(z)| &\leqslant M(\varepsilon) e^{2\pi(A+\varepsilon)(|y_1|+\cdots+|y_n|)} \\
&\leqslant M(\varepsilon) e^{2\pi(A+\varepsilon)(|z_1|+\cdots+|z_n|)},
\end{aligned} \tag{9}$$

此处 $M(\varepsilon)$ 仅依赖于 ε, 即 $\overset{\smile}{f}_p(z)$ 为指数型 $\leqslant 2\pi(A + \varepsilon)$ 的整函数. 于是 $T(x)$ 可以扩张为整函数

$$T(z) = \sum_{|p| \leqslant m} (-2\pi i)^{|p|} z^p \overset{\smile}{f}_p(z). \tag{10}$$

它显然也是指数型 $\leqslant 2\pi(A + \varepsilon)$. 但此论据对每个 $\varepsilon > 0$ 都成立, 所以 $T(z)$ 为指数型 $\leqslant 2\pi A$.

必要条件: 设函数型的 **S** 广义函数 $T(x)$ 可以扩张为指数型 $\leqslant 2\pi A$ 的整函数. 我们分三层来讨论:

1. 设函数 $T(x) \in \mathbf{S}$. 于是 $\tilde{T}(s) \in \mathbf{S}$. 又因 $T(x)$ 为平方可求和及连续, 故由巴莱 - 维勒定理知 $\tilde{T}(s)$ 在 $Q(A)$ 以外恒等于 0, 即 $\tilde{T}(s) \in \mathbf{K}$, 其支集在 $Q(A)$ 内.

2. 设函数 $T(x)$ 为 **S** 乘子. 由 §3.4 定理 1 后的例 4 恒可取 $\alpha_\varepsilon(s) \in \mathbf{K}$, 其支集在 $Q(\varepsilon)$ 之内, 并且当 $\varepsilon \to 0$ 时 $\alpha_\varepsilon \to \delta$ $(\overset{\circ}{\mathbf{S}})$. 于是 $\overset{\smile}{\alpha}_\varepsilon(x) \in \mathbf{S}, T(x) \overset{\smile}{\alpha}_\varepsilon(x) \in \mathbf{S}$. 由 §7.4 定理 2 得

$$\widetilde{T(x) \overset{\smile}{\alpha}_\varepsilon(x)} = \tilde{T} * \alpha_\varepsilon \in \mathbf{S}. \tag{11}$$

另一方面, 显然有

$$\tilde{T} * \alpha_\varepsilon \to \tilde{T}(\mathbf{S}). \tag{12}$$

由已证的充分条件知 $\overset{\smile}{\alpha}_\varepsilon(z)$ 为指数型 $\leqslant 2\pi\varepsilon$ 整函数, 因此 $T(z) \overset{\smile}{\alpha}(z)$ 为指数型 $\leqslant 2\pi(A+\varepsilon)$ 整函数. 故由 1 知 $\tilde{T} * \alpha_\varepsilon$ 的支集在 $Q(A + \varepsilon)$ 之内. 由极限式 (12) 知 $\tilde{T}$ 的支集在 $Q(A)$ 之内.

3. 设 $T(x)$ 为 **S** 广义函数. 取 $\alpha_\varepsilon \in K$ 如前. 由 §6.3 定理 3 知中值函数 $\alpha_\varepsilon * T$ 为 **S** 乘子.

$$(\alpha_\varepsilon * T)(z) = \int_{Q(\varepsilon)} T(z - t)\alpha_\varepsilon(t)dt. \tag{13}$$

因 $T(z)$ 为指数型 $\leqslant 2\pi A$ 的整函数, 故对任意 $\sigma > 0$ 而言存在 $B(\sigma) > 0$ 使得

$$|T(z)| \leqslant B(\sigma)e^{2\pi(A+\sigma)(|z_1|+\cdots+|z_n|)}.$$

因此

$$|(\alpha_\varepsilon * T)(z)| \leqslant B(\sigma)e^{2\pi(A+\sigma)(|z_1|+\cdots+|z_n|+n\varepsilon)}\int|\alpha_\varepsilon(t)|dt.$$

于是显然可见, 函数 $\alpha_\varepsilon * T$ 为指数型 $\leqslant 2\pi A$ 的整函数. 根据 2 知 $\widetilde{\alpha_\varepsilon * T}$ 的支集在 $Q(A)$ 之内. 但因 $\alpha_\varepsilon * T \to T \ (\overset{\circ}{\mathbf{S}})$ 蕴涵 $\widetilde{\alpha_\varepsilon * T} \to \tilde{T}(\overset{\circ}{\mathbf{S}})$; 所以 $\tilde{T}$ 的支集也在 $Q(A)$ 之内. 证完.

按: 1. 如仅就定性的关系而论, 定理 5 可以简述如下: **S** 广义函数具有紧密支集的充要条件为其傅里叶变换为指数型的整函数.

2. 设 S 为具有紧密支集的广义函数. 于是其傅里叶变换 $\tilde{S}$ 为整函数. 由式 (9) 及 (10) 可知函数 $\tilde{S}(z)$ 有下列估计:

$$|\tilde{S}(z)| \leqslant A_1 e^{A|y|}(1 + |z|^k), \quad z = x + iy. \tag{14}$$

因此由 §7.2 定理 10 知函数 $\tilde{S}(x)$ 为 $\mathbf{Z}^1$ 乘子, 当然它也是 **S** 乘子. 反之, 设指数型的整函数 $\tilde{S}(z)$ 为 $\mathbf{Z}^1$ 乘子或 **S** 乘子, 则 S 必具有紧密支集.

巴莱 - 维勒定理系在平方可求和的条件下决定了指数型整函数的傅里叶变换类; 施瓦兹的推广则系将平方可求和条件改为属于空间 $\overset{\circ}{\mathbf{S}}$ 的条件. 至于不加任何条件的指数型整函数的傅里叶变换类则由盖力方特及希洛夫决定 (见 [6]).

§7.6　傅里叶变换对微分方程卷积方程的应用

设在基本空间 $\varPhi$ 内有常系数的微分方程

$$P(D)T = B, \quad P(D) = \sum_{|p|\leqslant m} a_p D^p, \tag{1}$$

作傅里叶变换即得对偶空间 $\tilde{\varPhi}$ 内的乘积方程:

$$P(2\pi is)\tilde{T} = \tilde{B}. \tag{2}$$

更广义些, 设 $A \in \overset{\circ}{\varPhi}$, 它的傅里叶变换 $\tilde{A} \in \overset{\circ}{\tilde{\varPhi}}$ 为 $\tilde{\varPhi}$ 乘子. 于是由 §7.4 定理 2 知 A 为 $\varPhi$ 卷子, 并且空间 $\varPhi$ 内的卷积方程

$$A * T = B \tag{3}$$

等价于对偶空间 $\tilde{\varPhi}$ 内的乘积方程

$$\tilde{A}\tilde{T} = \tilde{B}. \tag{4}$$

特别是, 如果 $E \in \overset{\circ}{\varPhi}$ 为方程 (3) 的原始解, 即

$$A * E = \delta, \tag{5}$$

则此关系等价于

$$\tilde{A}\tilde{E} = 1. \tag{6}$$

由此可见除法问题的重要性. 盖如能解决乘积方程 (4), 则卷积方程 (3) 便可解决. 除法问题中首要的是多项式的除法问题. 换言之, 在广义函数论里什么是 "有理函数"? 它的傅里叶变换又是什么? 如果这个问题能够解决, 则一般的常系数偏微分方程, 特别是它的原始解的问题便可解决. 目前除法问题只在个别简单的情形已经解决 (例见 §4.3, 另见 [3], [11]). 我们对乘积方程所知虽然还很少, 但仍可以从乘积方程的一些性质推断相关的卷积方程、微分方程的某些性质.

齐性方程

设 $A \in \overset{\circ}{\mathbf{S}}$ 具有紧密支集, $A \neq 0$. 根据 §7.5 定理知 $\tilde{A}$ 为指数型的整函数并为 $\mathbf{S}$ 乘子, A 为 $\mathbf{S}$ 卷子. 于是齐性卷积方程

$$A * T = 0 \; (\overset{\circ}{\mathbf{S}}) \tag{7}$$

等价于乘积方程

$$\tilde{A}\tilde{T} = 0 \; (\overset{\circ}{\mathbf{S}}). \tag{8}$$

我们有下述定性的结果:

定理 1 设有空间 $\mathbf{S}$ 内齐性卷积方程 (7), 此处 A 具有紧密支集. F_A 为函数 $\tilde{A}(x)$ 的零点集. 即由方程

$$\tilde{A}(x) = 0 \tag{9}$$

界定的解析流形. 于是有:

1. $\mathbf{S}$ 广义解 T 的傅里叶变换 $\tilde{T}$ 的支集在流形 F_A 之上;

2. 设流形 F_A 是紧密的, 则 T 必为可以扩张为指数型整函数的缓增函数;

3. 设流形 F_A 为原点一个点, 则 T 必为多项式. 设 F_A 为有限个点 $\{h_1, \cdots, h_k\}$, 则

$$T = \sum P_j(x)e^{2\pi i h_j \cdot x}, \tag{10}$$

此处 P_j 为多项式;

4. 设 T 具有紧密支集, 或可表为

$$T = \sum_{|p| \leqslant k} D^p f_p, \quad f_p(x) \in \mathbf{L}_1, \tag{11}$$

则 $T = 0$.

证 1. 根据 §4.3 定理 5.

2. 根据 §7.5 定理 5.

3. 根据 1, 及 §6.2 定理 4.

4. 因 $f_p \in \mathbf{L}_1$, 故由 §7.4 定理 5 知 $\tilde{f}_p$ 为连续函数, 因此 $\tilde{T}(s) = \sum (2\pi i s)^p \tilde{f}_p(s)$ 亦为连续函数. 但由 1 知 $\tilde{T}(s)$ 在解析流形 F_A 以外之点恒为 0, 因此 $\tilde{T}(s) \equiv 0$, 即 $T = 0$.

由此可得关于微分方程的一些推论如下:

定理 2 柳维尔 - 比卡 (Liouville-Picard) 定理的推广. k 级调和方程的 S 广义解必为多项式. 空间 R^n 上的缓增的 k 级调和函数必为多项式. 空间 R^n 上的有界的 k 级调和函数必为常数.

证 考虑空间 S 内的 k 级调和方程

$$\Delta^k * T = 0. \tag{12}$$

于是 $\tilde{\Delta}^k = (-4\pi^2|s|^2)^k$, 它的零点集为原点一个点. 因此由定理 3 知 T 为多项式.

R^n 上的缓增函数都可以视为 S 广义函数. 因此 R^n 上的缓增的 k 级调和函数必为多项式. 又有限 k 级调和的多项式必为常数. 证完.

同样, 考虑方程

$$(\delta - \Delta)^k * T = 0, \tag{13}$$

则因 $\widetilde{(\delta - \Delta)}^k = (1 + 4\pi^2|s|^2)^k$ 没有零点, 所以此微分方程没有缓增函数解.

定理 3 紧密域内常系数线性偏微分方程解的唯一性: 设 V 为 R^n 内的有界域, 其边界 S 为 m 级连续可微曲面. 设 $f(x)$ 为 m 级连续可微函数并在域 V 内满足 m 级微分方程

$$\sum_{|p| \leqslant m} a_p D^p f = 0, \tag{14}$$

并且在边界 S 上各 $\leqslant m - 1$ 级微商均为 0. 于是在域 V 内 $f(x) \equiv 0$.

证 取广义函数 $[f]$ 界定如下:

$$([f], \varphi) = \int_V f(x)\varphi(x)dx, \quad \varphi \in \mathbf{S}. \tag{15}$$

于是根据方程 (14) 及边界条件按照 §3.5 定理 2 可以推算

$$\sum_{|p| \leqslant m} a_p D^p[f] = 0. \tag{16}$$

广义函数 $[f]$ 的支集在紧密集 $V \cup S$ 之内, 故由定理 1, 4 知 $[f] = 0$, 亦即在域 V 内 $f(x) \equiv 0$.

我们也可以用傅里叶变换来寻求典型的偏微分方程的原始解:

椭圆型: k 级调和方程

$$\left(\frac{\partial^2}{\partial x_1^2} + \cdots + \frac{\partial^2}{\partial x_n^2} \right)^k T = 0;$$

双曲型: k 级波动方程

$$\left(\frac{\partial^2}{\partial x_n^2} - \frac{\partial^2}{\partial x_1^2} - \cdots - \frac{\partial^2}{\partial x_{n-1}^2} \right)^k T = 0;$$

抛物型: k 级导热方程

$$\left(\frac{\partial}{\partial x_n} - \frac{\partial^2}{\partial x_1^2} - \cdots - \frac{\partial^2}{\partial x_{n-1}^2}\right)^k T = 0.$$

它们的原始解 E 的傅里叶变换 $\tilde{E}$ 显然分别满足乘积方程:

$$[-4\pi^2(s_1^2 + \cdots + s_n^2)]^k \tilde{E} = 1;$$
$$[4\pi^2(s_1^2 + \cdots + s_{n-1}^2 - s_n^2)]^k \tilde{E} = 1;$$
$$[4\pi^2(s_1^2 + \cdots + s_{n-1}^2) + 2\pi i s_n]^k \tilde{E} = 1.$$

读者可以参看 [3], 那里解决这些乘积方程及随后的逆傅里叶变换的方法基本上依赖于哈达玛 [8] 及黎希 [9] 的关于发散积分的有限部分的工作.

调和方程的原始解已经在 §3.5 中用直接法求得. 关于波动方程及导热方程的原始解我们将在第八章中讨论.

附言 类似于傅里叶变换理论, 在广义函数论的基础上也可以建立拉普拉斯 (Laplace) 变换理论而作为古典的拉普拉斯变换论的推广. 这是本文所未触及的广义函数的理论与应用的一个重要方面[①]. 值得注意的是勒瑞 (Leray) 在这个基础上所创的新方法及其对双曲型方程的研究[②].

第八章　线性偏微分方程组的柯西问题

在本章中将进一步地应用广义函数的傅里叶变换来研究微分方程, 主要是一定类型的线性偏微分方程组的柯西问题. 本章的方法与 §7.6 的方法不同之点在于: 在 §7.6 中系对所有的自变数 $x_1, \cdots, x_n$ 作傅里叶变换, 因此将偏微分方程化为乘积方程; 在本章则只对自变数 $x_1, \cdots, x_{n-1}$ 作傅里叶变换而将自变数 x_n (改变为 t) 保留不动作为参数, 于是将偏微分方程化为对参数 t 的常微分方程. 在实践上解常微分方程往往要比解乘积方程更为容易. 本章所用的方法系盖力方特及希洛夫 [6], 也有一部分材料取自波洛克[16]. 值得注意的是盖力方特及希洛夫最近提出了一种不用傅里叶变换或拉普拉斯变换的直接的算符法, 兹不具论 (见 [18], [19]).

§8.1　傅里叶变换和柯西问题

基本向量函数及广义向量函数

在讨论偏微分方程组时用向量写法比较方便, 因此我们介绍基本向量函数和广义向量函数的概念.

取定基本空间 Φ 及正整数 N. 设 $\varphi_1, \cdots, \varphi_N \in \Phi, T_1, \cdots, T_N \in \overset{\circ}{\Phi}$, 于是向量

$$\varphi(x) = \{\varphi_1(x), \cdots, \varphi_N(x)\}, \tag{1}$$

---

① 见 Schwartz[4], Leray[12].
② 见 Leray[12], [11].

$$T = \{T_1, \cdots, T_N\} \tag{2}$$

分别叫做 Φ 基本向量函数及 Φ 广义向量函数. 它们自然地组成线性空间各以 $(\Phi)^N, (\overset{\circ}{\Phi})^N$ 表之. T 与 φ 的数积界定如下:

$$(T, \varphi) = \sum_{k=1}^{N} (T_k, \varphi_k). \tag{3}$$

空间 $(\Phi)^m, (\overset{\circ}{\Phi})^m$ 的各项运算都自然地由空间 $\Phi, \overset{\circ}{\Phi}$ 导出.

设有 N 阶矩阵 $\alpha(x) = (\alpha_{jk}(x)), \alpha_{jk}$ 为 Φ 乘子. 我们分别界定空间 $(\Phi)^N$ 及 $(\overset{\circ}{\Phi})^N$ 的乘子运算 (自同态映射) 如下:

$$\alpha\varphi = \left\{ \sum_k \alpha_{1k}\varphi_k, \cdots, \sum_k \alpha_{Nk}\varphi_k \right\}, \tag{4}$$

$$\alpha T = \left\{ \sum_k \alpha_{1k}T_k, \cdots, \sum_k \alpha_{Nk}T_k \right\}. \tag{5}$$

注意如将 φ, T 了解为竖向量, 则此处就是矩阵乘积. 以后我们恒用符号 "$'$" 表示转置矩阵. 不难复验,

$$(\alpha T, \varphi) = (T, \alpha'\varphi). \tag{6}$$

我们称矩阵 α 为 $(\Phi)^N$ 乘子, 或就简称为 Φ 乘子.

设有 N 阶矩阵 $S = (S_{jk}), S_{jk} \in \overset{\circ}{\Phi}$. 设 $\varphi \in (\Phi)^N$, 我们界定向量数积 (S, φ) 如下:

$$(S, \varphi) = \left\{ \sum_k (S_{1k}, \varphi_k), \cdots, \sum_k (S_{Nk}, \varphi_k) \right\}. \tag{7}$$

设上述矩阵 S 的元素 S_{jk} 都是 Φ 卷子. 因 $(S_{jk}(x), \varphi_k(x+y))$ 都界定同态映射映空间 $\Phi[x]$ 入空间 $\Phi[y]$, 所以

$$(S(x), \varphi(x+y)) = \left\{ \sum_k (S_{1k}(x), \varphi_k(x+y)), \cdots, \sum_k (S_{Nk}(x), \varphi_k(x+y)) \right\} \tag{8}$$

界定了同态映射映空间 $(\Phi[x])^N$ 入空间 $(\Phi[y])^N$. 此时我们称矩阵 S 为 $(\Phi)^N$ 卷子, 或就简称为 Φ 卷子.

今设矩阵 $S = (S_{jk})$ 为 Φ 卷子. 于是对任意 $T = \{T_1, \cdots, T_N\} \in (\overset{\circ}{\Phi})^N$ 而言, 因卷积 $S_{jk} * T_k \in \overset{\circ}{\Phi}$ 已经界定, 故可界定卷积 $S * T \in (\overset{\circ}{\Phi})^N$ 如下:

$$S * T = \left\{ \sum_k S_{1k} * T_k, \cdots, \sum_k S_{Nk} * T_k \right\}. \tag{9}$$

我们直接计算这个卷积如下: 设 $\varphi \in (\Phi)^N$, 于是

$$(S * T, \varphi) = \sum_j \sum_k (S_{jk} * T_k, \varphi_j)$$

$$= \sum_j \sum_k (T_k(y), (S_{jk}(x), \varphi_j(x+y)))$$

$$= \sum_k \left(T_k(y), \sum_j (S_{jk}(x), \varphi_j(x+y)) \right).$$

故由式 (8) 得下列关系:

$$(S * T, \varphi) = (T(y), (S'(x), \varphi(x+y))). \tag{10}$$

空间 $\Phi, \tilde{\Phi}$ 间的傅里叶变换自然导出空间 $(\Phi)^N, (\tilde{\Phi})^N$ 间的傅里叶变换. 即设 $\varphi = \{\varphi_1, \cdots, \varphi_N\}, T = \{T_1, \cdots, T_N\}, S = (S_{jk})$, 则界定

$$\tilde{\varphi} = \{\tilde{\varphi}_1, \cdots, \tilde{\varphi}_N\}, \tag{11}$$

$$\tilde{T} = \{\tilde{T}_1, \cdots, \tilde{T}_N\}. \tag{12}$$

$$\tilde{S} = (\tilde{S}_{jk}). \tag{13}$$

于是显然有

$$(\tilde{T}, \varphi) = (T, \tilde{\varphi}). \tag{14}$$

设矩阵 S 为 Φ 乘子, 于是由 §7.4 定理 2 知 $\tilde{S}$ 为 $\tilde{\Phi}$ 卷子, 并对任意 $T \in (\overset{\circ}{\Phi})^N$ 而言

$$\tilde{S}T = \tilde{S} * \tilde{T}. \tag{15}$$

同样也界定逆傅里叶变换 $\underset{\sim}{\varphi}, \underset{\sim}{T}$ 等, 不必详述.

柯西问题

为方便计, 我们将自变数写为 $x_1, \cdots, x_n, t$, 或简写为 $\{x, t\}$, 它们组成 $n+1$ 维欧几里得空间 $R^{n+1}[x, t]$, 自变数 $x = \{x_1, \cdots, x_n\}$ 则成组 n 维空间 $R^n[x]$. 对自变数 $x_1, \cdots, x_n$ 的微分用 $D^p = \dfrac{\partial^{|p|}}{\partial x_1^{p_1} \cdots \partial x_n^{p_n}}$ 表示, 对自变数 t 的微分用 $\dfrac{\partial^q}{\partial t^q}$ 表示.

我们讨论依赖于 $n+1$ 个自变数 x, t 的齐性线性偏微分方程组 (N 个未知函数、N 个方程)

$$\frac{\partial}{\partial t} U_j(x, t) = \sum_{k=1}^N \sum_{|p| \leqslant m} a_{p,jk}(t) D^p U_k(x, t), \quad j = 1, \cdots, N \tag{16}$$

的柯西问题, 此处 $a_{p,jk}(t)$ 为仅依赖于 t 的连续函数. 换言之, 即研究满足方程组 (16) 及预给的界定在 $R^n[x]$ 上的初始条件

$$U_j(x, 0) = U_{0j}(x), \quad j = 1, \cdots, N \tag{17}$$

的足够多次连续可微的函数 $U_1(x, t), \cdots, U_N(x, t), (t \geqslant 0)$ 的存在性与唯一性问题.

我们将用广义函数的傅里叶变换来讨论这种类型的柯西问题. 为方便计, 采用下列向量写法:

$$\frac{\partial}{\partial t} U(x, t) = P \left(\frac{1}{2\pi i} \frac{\partial}{\partial x}, t \right) U(x, t), \tag{18}$$

$$U(x,0) = U_0(x), \tag{19}$$

此处 $U(x,t) = \{U_1(x,t), \cdots, U_N(x,t)\}$；$U_0(x) = \{U_{01}(x), \cdots, U_{0N}(x)\}$ 为向量函数；P 为 N 阶算子矩阵，

$$P\left(\frac{1}{2\pi i}\frac{\partial}{\partial x}, t\right) = \left(\sum_{|p|\leqslant m} a_{p,jk}(t)\left(\frac{1}{2\pi i}\right)^{|p|} D^p\right), \tag{20}$$

其元素为微分算子多项式，其系数仅依赖于 t.

我们视 x 为自变数，t 为参变数. 在空间 $R^n[x]$ 上取适当的基本空间 $\Phi = \Phi[x]$. 设视 $U(x,t)$ 为依赖于参变数 t 的 Φ 广义向量函数族，$U_0(x)$ 为已知的 Φ 广义向量函数，D^p 为空间 Φ 内的广义微分，$\frac{\partial}{\partial t}$ 为 Φ 广义函数对参变数 t 的微分，于是 (18) 和 (19) 便可视为空间 $(\Phi)^N$ 内的方程和初始条件. 所谓广义柯西问题就是讨论依赖于参变数 $t \geqslant 0$ 的满足 (18) 及 (19) 的 Φ 广义向量函数 $U(x,t)$ 的问题.

今对基本空间 $\Phi[x]$ 作傅里叶变换变成 $\tilde{\Phi}[s]$，命

$$\widetilde{U(x,t)} = V(s,t), \tag{21}$$

$$\widetilde{U_0(x)} = V_0(s). \tag{22}$$

因傅里叶变换仅作用于自变数 x，故有关参变数 t 的东西保留不变. 于是对偶于 Φ 广义柯西问题 (18), (19) 得 $\tilde{\Phi}$ 广义柯西问题

$$\frac{\partial}{\partial t}V(s,t) = P(s,t)V(s,t), \tag{23}$$

$$V(s,0) = V_0(s), \tag{24}$$

此处 P 为 N 阶矩阵，

$$P(s,t) = \left(\sum_{|p|\leqslant m} a_{p,jk}(t)s^p\right), \tag{25}$$

其元素为 s 的多项式，其系数为 t 的连续函数，与 s 为无关，$V_0(s)$ 为已知的初始条件 —— $\tilde{\Phi}$ 广义向量函数.

因傅里叶变换是同构映射，所以 Φ 广义柯西问题 (18), (19) 等价于 $\tilde{\Phi}$ 广义柯西问题 (23), (24). 方程组 (23) 不含对自变数 x 的微商而只含对参数 t 的微商. 因此它是空间 $\tilde{\Phi}$ 内对参数 t 的变系数的一级常微分方程组，比较容易处理. 在空间 $\tilde{\Phi}$ 内得到的结果通过逆傅里叶变换 "~" 后即为空间 Φ 内的结果. 再经过适当的考虑后可得关于古典的柯西问题的结果.

§8.2 变系数一级常微分方程组的广义柯西问题

现在来讨论基本空间 $\Psi[s]$ 内对参数 t 的变系数一级常微分方程组的广义柯西问题

$$\frac{\partial}{\partial t}V(s,t) = P(s,t)V(s,t), \quad P_{jk}(s,t) = \sum_{|p|\leqslant m} a_{p,jk}(t)s^p, \tag{1}$$

$$V(s,0) = V_0(s), \tag{2}$$

此处 $a_{p,jk}$ 如前为 t 的连续函数. 因方程中不含带 s 的微商, 故空间变数 s 实际上可以视为参数. 我们用的是古典的贝亚诺 (Peano) 逐次逼近法.

基本解矩阵

定义 1   从方程组 (1) 的多项式矩阵 $P(s,t)$ 用无穷级数形式地界定矩阵

$$Q(s,t_0,t) = I + \int_{t_0}^{t} P(s,t_1)dt_1 + \int_{t_0}^{t} P(s,t_2)dt_2 \int_{t_0}^{t_2} P(s,t_1)dt_1 + \cdots$$
$$+ \int_{t_0}^{t} P(s,t_p)dt_p \int_{t_0}^{t_p} P(s,t_{p-1})dt_{p-1} \cdots \int_{t_0}^{t_2} P(s,t_1)dt_1 + \cdots, \tag{3}$$

叫做方程组 (1) 的基本解矩阵, 也可叫做矩阵 $P(s,t)$ 的基本解矩阵.

这个定义要有意义必须矩阵无穷级数 (1) 收敛, 我们留待定理 1 中证明.

定理 1   方程组 (1) 的基本解矩阵 $Q(s,t_0,t)$ 具有下列性质:

1. 当 $s \in \mathbf{C}^n$ 及 t_0(或 t) 固定时, 矩阵元素 $Q_{jk}(s,t_0,t)$ 为 t(或 t_0) 的连续可微函数, 并且有

$$\frac{\partial}{\partial t}Q(s,t_0,t) = P(s,t)Q(s,t_0,t), \tag{4}$$

$$\frac{\partial}{\partial t}Q(s,t,t_0) = -Q(s,t,t_0)P(s,t), \tag{5}$$

$$Q(s,t_0,t_0) = I(\text{单位矩阵}). \tag{6}$$

2. 当 t_0, t 固定时, 矩阵元素 $Q_{jk}(s,t_0,t)$ 为复变数空间 $\mathbf{C}^n[s]$ 上的整函数, 并且满足下列估计:

$$|Q_{jk}(s,t_0,t)| \leqslant A_1 e^{A|s|^m}, \quad j,k = 1, \cdots, N, \tag{7}$$

此处 A_1, A 为仅依赖于 t_0, t 的正数, m 为方程组 (1) 的级, 即矩阵 $P(s,t)$ 中诸多项式的系数不恒等于 0 的最高项的次数.

证   首先证明, 设 $|t - t_0| \leqslant a, |s| \leqslant b$, 则界定矩阵元素 $Q_{ij}(s,t_0,t)$ 的无穷级数 (3) 在此变数域内一致绝对收敛.

取正数 M 满足

$$M \geqslant \max\{|P_{ij}(s,t)|\}, \tag{8}$$

$$i,j = 1, \cdots, N, |t - t_0| \leqslant a, |s| \leqslant b.$$

于是

$$|I_{ij}| \leqslant 1,$$

$$\left|\left(\int_{t_0}^{t} P(s,t_1)dt_1\right)_{ij}\right| = \left|\int_{t_0}^{t} P_{ij}(s,t_1)dt_1\right| \leqslant M|t-t_0| \leqslant NM|t-t_0|,$$

$$\left|\left(\int_{t_0}^{t} P(s,t_2)dt_2 \int_{t_0}^{t_1} P(s,t_1)dt_1\right)_{ij}\right| = \left|\sum_{l=1}^{N} \int_{t_0}^{t} P_{il}(s,t_2)dt_2 \int_{t_0}^{t_2} P_{li}(s,t_1)dt_1\right|$$

$$\leqslant \frac{NM^2|t-t_0|^2}{2!} \leqslant \frac{(NM|t-t_0|)^2}{2!},$$

$$\left| \left(\int_{t_0}^{t} P(s,t_p)dt_p \int_{t_0}^{t_p} \cdots \int_{t_0}^{t_2} P(s,t_1)dt_1 \right)_{ij} \right| \leqslant \frac{N^{p-1}M^p|t-t_0|^p}{p!} \leqslant \frac{(NM|t-t_0|)^p}{p!}.$$

因为级数

$$\sum_{p=0}^{\infty} \frac{(NM|t-t_0|)^p}{p!} = e^{NM|t-t_0|} \leqslant e^{NMa},$$

所以界定 $Q_{ij}(s,t_0,t)$ 的级数 (3) 一致绝对收敛, 并且

$$\begin{aligned} &|Q_{ij}(s,t_0,t)| \leqslant e^{NM|t-t_0|} \leqslant e^{NMa}, \\ &i,j = 1,\cdots,N, |t-t_0| \leqslant a, |s| \leqslant b. \end{aligned} \tag{9}$$

无穷级数 (3) 各项都是 t(或 t_0) 的连续函数, 因此 $Q_{ij}(s,t_0,t)$ 为 t(或 t_0) 的连续函数. 又 (3) 的各项都是 s 的多项式, 故 (3) 为 $\mathbf{C}^n[s]$ 上任意有界域上的收敛的 s 的矩阵幂级数, 故 $Q_{ij}(s,t_0,t)$ 为 s 的整函数.

对无穷级数 (3) 逐项微分也得一致绝对收敛的无穷级数

$$\begin{aligned} &\frac{\partial}{\partial t}Q(s,t_0,t) \\ &= P(s,t) + P(s,t)\int_{t_0}^{t}P(s,t_1)dt_1 + P(s,t)\int_{t_0}^{t}P(s,t_2)dt_2\int_{t_0}^{t_2}P(s,t_1)dt_1 + \cdots \\ &= P(s,t)\left(1 + \int_{t_0}^{t}P(s,t_1)dt_1 + \int_{t_0}^{t}P(s,t_2)dt_2\int_{t_0}^{t_2}P(s,t_1)dt_1 + \cdots\right) \\ &= P(s,t)Q(s,t_0,t). \end{aligned}$$

故式 (4) 成立, 并且 $\dfrac{\partial}{\partial t}Q(s,t_0,t)$ 为 t 的连续函数.

又根据定义 1 我们有同样收敛的无穷级数

$$Q(s,t,t_0) = I + \int_{t}^{t_0}P(s,t_1)dt_1 + \int_{t}^{t_0}P(s,t_2)dt_2\int_{t}^{t_2}P(s,t_1)dt_1 + \cdots. \tag{10}$$

对此逐项微分得

$$\begin{aligned} &\frac{\partial}{\partial t}I = 0, \\ &\frac{\partial}{\partial t}\int_{t}^{t_0}P(s,t_1)dt_1 = -P(s,t), \\ &\frac{\partial}{\partial t}\int_{t}^{t_0}P(s,t_2)dt_2\int_{t}^{t_2}P(s,t_1)dt_1 = -\left(\int_{t}^{t_0}P(s,t_2)dt_2\right)P(s,t), \end{aligned}$$

$$\cdots\cdots\cdots\cdots\cdots\cdots\cdots\cdots\cdots\cdots$$

如是所得级数也同样收敛, 并且显然也可见式 (5) 成立.

最后显然可取满足不等式 (8) 的正数 M 为

$$M = B(1 + |s|^m), \quad B > 0.$$

于是由式 (9) 得

$$|Q_{ij}(s, t_0, t)| \leqslant e^{NBa(1+|s|^m)} \leqslant A_1 e^{A|s|^m},$$

此处 A_1, A 仅与 t_0, t 有关. 故式 (7) 成立. 又式 (6) 根据定义显然成立. 证完.

定义 2 我们说 m 级方程组 (1) 的简约级为 m_0, 如果 m_0 是最小的实数 p 使得基本解矩阵元素 $Q_{ij}(s, t_0, t)$ 都是指数阶 $\leqslant p$ 的整函数 (即存在正数 A_1, A 使得 $|Q_{ij}(s, t_0, t)| \leqslant A_1 e^{A|s|^p}$).

由定理 1 式 (7) 知方程组的简约级 $m_0 \leqslant$ 方程组的级 m. 从以后的实例见可以有 $m_0 < m$.

广义解的存在性和唯一性

定理 2 存在性定理. 设空间 Ψ 内方程组 (1) 的基本解矩阵 $Q(s, 0, t)$ 对任意的 $t \geqslant 0$ 而言为 Ψ 乘子, 则 Ψ 广义向量函数

$$V(s, t) = Q(s, 0, t)V_0(s) \tag{11}$$

就是广义柯西问题 (1), (2) 的解. 这个解在空间 $\overset{\circ}{\Psi}$ 中连续地依赖于初始值. 换言之, 设初始值序列 $V_{0j}(s) \to 0(\overset{\circ}{\Psi})^N$, 则对每一个 $t \geqslant 0$ 而言对应解 $V_j(s, t) = Q(s, 0, t)V_{0j}(s) \to 0 \quad (\overset{\circ}{\Psi})^N$.

证 因 $Q(s, 0, t)$ 为 Ψ 乘子, $V_0(s) \in (\Psi)^N$, 故 $Q(s, 0, t)V_0(s) \in (\Psi)^N$.

根据定理 1 式可得

$$\frac{\partial}{\partial t}V(s, t) = \frac{\partial}{\partial t}(Q(s, 0, t)V_0(s)) = \frac{\partial}{\partial t}Q(s, 0, t)V_0(s)$$

$$= P(s, t)Q(s, 0, t)V_0(s) = P(s, t)V(s, t),$$

$$V(s, 0) = Q(s, 0, t)V_0(s) = IV_0(s) = V_0(s).$$

所以 $V(s, t)$ 是柯西问题 (1), (2) 的 Ψ 广义解. 又因乘子运算是广义函数空间内的连续运算, 所以这个解在广义函数的极限定义之下连续地依赖于初始值. 证完.

定理 3 唯一性定理. 设空间 Ψ 内方程组 (1) 的基本解矩阵 $Q(s, t, t_0)$ 对任意的 $t_0 \geqslant t \geqslant 0$ 而言为 Ψ 乘子. 于是空间 Ψ 内广义柯西问题 (1), (2) 的解如果存在则必定是唯一的.

证 只须证明, 设方程 (1) 有解 $V(s, t) \in (\overset{\circ}{\Psi})^N$ 满足零初始条件 $V(s, 0) = 0$, 则 $V(s, t) \equiv 0$.

取定 $t_0 \geqslant 0$. 由假设, 当 $0 \leqslant t \leqslant t_0$ 时, $Q(s, t, t_0)$ 为 Φ 乘子. 于是 $Q(s, t, t_0)V(s, t) \in (\overset{\circ}{\Psi})^N$. 设 $\varphi \in (\Psi)^N$, 于是由定理 1 款 3 及 §3.1 定理 6 得

$$\frac{\partial}{\partial t}(Q(s, t, t_0)V(s, t), \varphi(s))$$

$$= \left(\frac{\partial}{\partial t} Q(s,t,t_0) V(s,t), \varphi \right) + \left(Q(s,t,t_0) \frac{\partial}{\partial t} V(s,t), \varphi \right)$$

$$= -(Q(s,t,t_0)P(s,t)V(s,t), \varphi) + (Q(s,t,t_0)P(s,t)V(s,t), \varphi) = 0.$$

因此 t 的函数 $(Q(s,t,t_0)V(s,t), \varphi)$ 在区间 $0 \leqslant t \leqslant t_0$ 内为常数. 但当 $t = 0$ 时 $V(s,0) = 0$, 故此常数为 0. 复命 $t = t_0$, 得

$$0 = (Q(s,t,t_0)V(s,t_0), \varphi) = (V(s,t_0), \varphi).$$

因此式对任意的 $\varphi \in (\varPsi)^N$ 成立, 故对任意的 t_0 而言 $V(s,t_0) = 0$. 证完.

这两个极简单的存在性及唯一性定理是今后讨论的基础, 其中方程组的基本解矩阵具有根本的意义. 因此我们首先需要研究基本解矩阵的结构.

根据各种基本空间的乘子判别规则, 我们立即可得下述论断:

定理 4 设 $Q(s,t_0,t)$ 为方程组 (1) 的基本解矩阵, 其简约阶为 $m_0, s = \sigma + i\tau$. 于是:

1. $Q(s,t_0,t)$ 为 **K** 乘子;

2. 设 $Q(\sigma,t_0,t)$ 对 σ 的各级微商都是缓增的, 则它是 **S** 乘子;

3. $Q(s,t_0,t)$ 为 $\mathbf{Z}_{m_0+\varepsilon}^{m_0+\varepsilon}(\varepsilon > 0)$ 乘子;

4. 设存在正数 C_1, C, q 使得

$$|Q_{jk}(s,t_0,t)| \leqslant C_1 e^{C|\tau|^{m_0}}(1 + |s|^q), \quad j, k = 1, \cdots, N,$$

则 $Q(s,t_0,t)$ 为 $\mathbf{Z}^{m_0}$ 乘子.

单个方程 $(N = 1)$ 的基本解

我们有一个 m 级方程 (1), 此时矩阵 $P(s,t)$ 就是多项式

$$P(s,t) = \sum_{|p| \leqslant m} a_p(t) s^p. \tag{12}$$

由定义 1 知基本解矩阵就是一个整函数

$$Q(s,t_0,t) = e^{\int_{t_0}^t P(s,t)dt} = e^{\sum\limits_{|p| \leqslant m} (\int_{t_0}^t P(s,t)dt) s^p}. \tag{13}$$

显然可见, 方程 (1) 的简约级 $m_0 = m$. 如更设方程为常系数, 即 $a_p(t) = a_p$, 于是

$$Q(s,t_0,t) = e^{(t-t_0)P(s)}, \quad Q(s,0,t) = e^{tP(s)}. \tag{14}$$

常系数方程组 $(N \geqslant 1)$ 的基本解矩阵

我们有常系数方程组 (1). 此时矩阵 $P(s,t) = P(s)$ 为常系数多项式矩阵:

$$\frac{\partial}{\partial t} V(s,t) = P(s)V(s,t). \tag{15}$$

由定义 1 不难复验基本解矩阵为指数矩阵, 即

$$Q(s, t_0, t) = e^{(t-t_0)P(s)} = \sum_{k=0}^{\infty} \frac{1}{k!} (t-t_0)^k P^k(s), \tag{16}$$

$$Q(s, 0, t) = e^{tP(s)}. \tag{17}$$

形式与 (14) 相似.

我们介绍求矩阵 $e^{(t-t_0)P(s)}$ 的一种方法, 即用拉格朗奇 (Lagrange) 内插多项式 $F(\lambda)$ 来表示[①]:

$$e^{(t-t_0)P(s)} = F((t-t_0)P(s)). \tag{18}$$

内插多项式 F 的求法如下:

命 $D_N(\lambda)$ 表特征矩阵 $\lambda I - (t-t_0)P(s)$ 的行列式, D_{N-1} 表矩阵 $\lambda I - (t-t_0)P(s)$ 的 $N-1$ 阶子行列式的最高公因子. 于是矩阵 $(t-t_0)P(s)$ 的最小多项式为

$$f(\lambda) = \frac{D_N(\lambda)}{D_{N-1}(\lambda)}. \tag{19}$$

于是分两种情形求内插多项式 $F(\lambda)$:

1. 最小多项式 $f(\lambda)$ 无重根:

$$f(\lambda) = (\lambda - \lambda_1) \cdots (\lambda - \lambda_N), \tag{20}$$

于是

$$F(\lambda) = \sum_{k=1}^{N} \frac{(\lambda - \lambda_1) \cdots (\lambda - \lambda_{k-1})(\lambda - \lambda_{k+1}) \cdots (\lambda - \lambda_N)}{(\lambda_k - \lambda_1) \cdots (\lambda_k - \lambda_{k-1})(\lambda_k - \lambda_{k+1}) \cdots (\lambda_k - \lambda_N)} e^{\lambda_k}; \tag{21}$$

2. 最小多项式 $f(\lambda)$ 有重根:

$$f(\lambda) = (\lambda - \lambda_1)^{m_1} \cdots (\lambda - \lambda_p)^{m_p}, \lambda_1, \cdots, \lambda_p \ \text{互不相等}, \tag{22}$$

于是

$$F(\lambda) = \sum_{k=1}^{p} [\alpha_{k1} + \alpha_{k2}(\lambda - \lambda_k) + \cdots + \alpha_{km_k}(\lambda - \lambda_k)^{m_k-1}] f_k(\lambda), \tag{23}$$

此处

$$f_k(\lambda) = \frac{f(\lambda)}{(\lambda - \lambda_k)^{m_k}}, \quad \alpha_{kj} = \frac{1}{(j-1)!} \left[\frac{d^{j-1}}{d\lambda^{j-1}} \frac{e^{\lambda}}{f_k(\lambda)} \right]_{\lambda=\lambda_k}$$

$$(j = 1, \cdots, m_k; k = 1, 2, \cdots, p).$$

因矩阵 $(t-t_0)P(s)$ 的特征根为矩阵 $P(s)$ 的特征根的 $(t-t_0)$ 倍, 故如果矩阵 $P(s)$ 的最小多项式无重根, 命其根为 $\lambda_1(s), \cdots, \lambda_p(s)$, 于是

$$e^{(t-t_0)P(s)} = \sum_{k=1}^{p} e^{(t-t_0)\lambda_k}(s)$$

---

① 见, 例如, Гантмахер, 矩阵论, 中译本上卷, 1955.

$$\frac{(P(s) - \lambda_1(s)I) \cdots (P(s) - \lambda_{k-1}(s)I)(P(s) - \lambda_{k+1}(s)I) \cdots (P(s) - \lambda_p(s)I)}{(\lambda_k(s) - \lambda_1(s)) \cdots (\lambda_{k-1}(s) - \lambda_{k-1}(s))(\lambda_k(s) - \lambda_{k+1}(s)) \cdots (\lambda_k(s) - \lambda_p(s))}. \tag{24}$$

§8.3 线性偏微分方程组广义的和古典的柯西问题

现在我们回到 §8.1 所提出的柯西问题

$$\frac{\partial}{\partial t} U(x, t) = P\left(\frac{1}{2\pi i}\frac{\partial}{\partial x}, t\right) U(x, t), \tag{1}$$

$$U(x, 0) = U_0(x). \tag{2}$$

经过傅里叶变换后得对偶的柯西问题 §8.2 式 (1),(2). 那里的基本解矩阵及简约级也称为偏微分方程组 (1) 的基本解矩阵及简约级.

广义柯西问题

定理 1 存在性定理. 设空间 Φ 内方程组 (1) 的基本解矩阵 $Q(s, 0, t)$ 对任意的 $t \geqslant 0$ 而言为 $\tilde{\Phi}$ 乘子, 则 Φ 广义函数

$$U(x, t) = \tilde{Q}(x, 0, t) * U_0(x) \tag{3}$$

就是广义柯西问题 (1), (2) 的解. 这个解在空间 $\overset{\circ}{\Phi}$ 中连续地依赖于初始值. 换言之, 设初始值序列 $U_{0j}(x) \to 0$ $(\overset{\circ}{\Phi})^N$, 则对每一个 $t \geqslant 0$ 而言 $U_j(x, t) = \tilde{Q}(x, 0, t) * U_{0j}(x) \to 0$ $(\overset{\circ}{\Phi})^N$.

定理 2 唯一性定理 设空间 Φ 内方程组 (1) 的基本解矩阵 $Q(s, t, t_0)$ 对任意的 $t_0 \geqslant t \geqslant 0$ 而言为 $\tilde{\Phi}$ 乘子. 于是空间 Φ 内广义柯西问题 (1), (2) 的解如果存在则必定是唯一的.

这两个定理从 §8.2 定理 2,3 直接导来, 不证自明, 我们仅指出 $\tilde{Q}(x, t_0, t)$ 表示 $Q(s, t_0, t)$ 的逆傅里叶变换.

古典柯西问题

我们说界定在 R^n 上的函数为指数阶 $\leqslant p$, 如果有正数 $A_1 A$ 使得

$$|f(x)| \leqslant A_1 e^{A|x|^p}. \tag{4}$$

以下恒以 m_0 表示方程组的简约级, m'_0 表其对偶数, 即 $\frac{1}{m_0} + \frac{1}{m'_0} = 1$.

定理 3 设函数 $U_0(x)$ 为指数阶 $\leqslant p, p \leqslant m'_0$. 于是柯西问题 (1), (2) 具有唯一的连续依赖于初始值的 $\mathbf{Z}_q^q$ 广义函数解 (3), 此处 q 为任意正数, 满足 $p < q < m'_0$.

定理 4 柯西问题 (1), (2) 在指数阶 $\leqslant p(p < m'_0)$ 函数类中的古典解如果存在则必定是唯一的.

证 指数阶 $p(p < m'_0)$ 函数都可以视为 $\mathbf{Z}_q^q$ 广义函数, $p < q < m'_0$. 又因 $q < m'_0$, 故 $q' > m_0$. 由 §8.2 定理 4 知基本解矩阵 $Q(s, t_0, t)$ 为 $\mathbf{Z}_{q'}^q(= \tilde{\mathbf{Z}}_q^q)$ 乘子, 故应用定理 1 即得定理 3. 又设 $U(x, t)$ 为上述函数类中相当于初始条件为 0 的古典解, 于是由广义解的唯

一性知对每一个 $t \geqslant 0$ 而言 $U(x,t)$ 为空间 $\mathbf{Z}_q^q$ 的 0 泛函. 故由 §8.3 定理 2 知 $U(x,t)$ 几乎到处为 0. 但 $U(x,t)$ 为连续函数, 因此 $U(x,t) \equiv 0$, 故得定理 4.   证完.

上述定理 3, 4 保证了在指数阶 $\leqslant p(p < m_0')$ 函数类内柯西问题古典解的唯一性与广义解的存在性. 实际上确有古典解不存在而只有广义解存在的情形. 因此一般说来, 使柯西问题唯一性成立的函数类要比使存在性成立的函数类为广.

例 1   逆导热方程

$$\frac{\partial}{\partial t} u(x,t) = \left(\frac{\partial^2}{\partial x_1^2} + \cdots + \frac{\partial^2}{\partial x_n^2} \right) u(x,t), \tag{5}$$

$$u(x,0) = u_0(x). \tag{6}$$

显然有

$$Q(s, t_0, t) = e^{4\pi^2 (t-t_0)(s_1^2 + \cdots + s_n^2)}, \tag{7}$$

$$m_0 = m = 2 = m_0'. $$

根据定理 4 知此柯西问题在指数阶 $2 - \varepsilon (\varepsilon > 0)$ 函数类中的古典解如果存在则为唯一的. 这个结果首先由吉洪诺夫 (Тихонов) 证明[1].

例 2   量子力学方程

$$\frac{\partial}{\partial t} u(x,t) = i \left(\frac{\partial^2}{\partial x_1^2} + \frac{\partial^2}{\partial x_2^2} + \frac{\partial^2}{\partial x_3^2} \right) u(x,t), \tag{8}$$

$$u(x,0) = u_0(x). \tag{9}$$

显然有

$$Q(s, t_0, t) = e^{4\pi^2 i(t-t_0)(x_1^2 + x_2^2 + x_3^2)}, \tag{10}$$

$$m_0 = m = 2 = m_0'. $$

根据定理 4 知此柯西问题的古典的唯一性在指数阶 $2 - \varepsilon (\varepsilon > 0)$ 函数类中成立.

例 3   弹性力学方程

$$\frac{\partial^2}{\partial t_2} u(x,t) = -\frac{\partial^4}{\partial x^4} u(x,t), \tag{11}$$

$$u(x,0) = u_0(x), \quad \frac{\partial u}{\partial t}(x,0) = u_1(x). \tag{12}$$

命

$$U(x,t) = \left\{ u(x,t), \frac{\partial u}{\partial t}(x,t) \right\}, \quad U_0(x) = \{u_0(x), u_1(x)\}.$$

于是柯西问题 (11), (12) 即化为标准形式 (1), (2). 得矩阵

$$P(s) = \begin{pmatrix} 0 & 1 \\ -(2\pi s)^4 & 0 \end{pmatrix}. \tag{13}$$

---

[1] 见 А. Н. Тихонов. Мат, Сб. 42: 2(1935).

它的特征根为

$$\lambda_1(s) = i(2\pi s)^2, \quad \lambda_2(s) = -i(2\pi s)^2.$$

于是

$$Q(s, t_0, t) = e^{(t-t_0)P(s)} = \left[\begin{array}{cc} \cos(t-t_0)(2\pi s)^2 & \dfrac{\sin(t-t_0)(2\pi s)^2}{(2\pi s)^2} \\ (2\pi s)^2 \sin(t-t_0)(2\pi s)^2 & \cos(t-t_0)(2\pi s)^2 \end{array} \right], \quad (14)$$

此处 $m = 4$; 但不难复验 $m_0 = 2 = m_0'$. 故由定理 4 知柯西问题 (11), (12) 的古典的唯一性在指数阶 $2 - \varepsilon(\varepsilon > 0)$ 函数类中成立.

例 2 及例 3 的结果系盖力方特及希洛夫首先证明 (见Гельфанд-Шилов[1]).

正规方程组

如果方程组更满足一些附加条件, 则上面所得的使柯西问题唯一性及存在性成立的函数类还可以适当地扩张, 即将指数阶 $\leqslant p < m_0'$ 提高到指数阶 $\leqslant m_0'$.

定义 1 方程组 (1) 称为正规的, 如果有正数 q 使得基本解矩阵 $Q(s, t_0, t)$ 满足

$$|Q_{jk}(s, t_0, t)| \leqslant A_1 e^{A|\tau|^{m_0'}}(1 + |s|^q) \quad (s = \sigma + i\tau), \quad (15)$$

此处 m_0 为方程组的简约级, A_1, A 为仅依赖于 t_0, t 的正数.

根据 §7.2 定理 4 知正规方程组的基本解矩阵都是 $\mathbf{Z}^{m_0}$ 乘子, 但 $\mathbf{Z}^{m_0} = \tilde{\mathbf{K}}_{m_0'}, \mathbf{Z}^1 = \tilde{\mathbf{K}}$, 故在此情形可以运用较为初等的基本空间 $\mathbf{K}_{m_0'}$ 及 $\mathbf{K}$.

我们说界定在 R^n 上的函数 $f(x)$ 为型 0 指数阶 $\leqslant p$, 如果对任意的 $\varepsilon > 0$ 必有 $C > 0$ 使得

$$|f(x)| \leqslant Ce^{\varepsilon|x|^p}. \quad (16)$$

这种类型的函数都可以视为函数型的 $\mathbf{K}_p$ 广义函数. 又界定在 R^n 上的任意函数都可以视为函数型的 $\mathbf{K}$ 广义函数. 于是平行于定理 3, 4 我们无待证明即得下述定理:

定理 5 1. 设简约级 $m_0 > 1, U_0(x)$ 为型 0 指数阶 $\leqslant m_0'$ 的函数. 于是正规方程组的柯西问题 (1), (2) 具有唯一的连续依赖于初始值的 $\mathbf{K}_{m_0'}$ 广义函数解 (3). 2. 设简约级 $m_0 = 1$, 于是正规方程组的柯西问题 (1), (2) 对任意的初始函数 $U_0(x)$ 而言具有唯一的广义解 (3).

定理 6 1. 设简约级 $m_0 > 1$, 则正规方程组的柯西问题 (1),(2) 在型 0 指数阶 $\leqslant m_0'$ 函数类中的古典解如果存在则必定是唯一的. 2. 设简约级 $m_0 = 1$, 则正规方程组的柯西问题 (1), (2) 的古典解如果存在则必定是唯一的, 此时对函数不加任何限制.

如果初始条件 $U_0(x)$ 相当平滑, 则对正规方程组而言, 不仅广义解的存在性成立, 而且古典解的存在性也成立. 我们引述下列定理而不加证明 (证见Костюченко-Шилов[14]):

定理 7 正规 m 级方程组柯西问题 (1), (2) 具有古典解, 如果初始条件 $U_0(x)$ 为 $m + 2 + \left[\dfrac{n}{2}\right] + q$ 级连续可微函数, 并且函数 $U_0(x)$ 及其 $\leqslant m + 2 + \left[\dfrac{n}{2}\right] + q$ 级微商都在 0 型指数阶 $\leqslant m_0'$ 函数类内, 此处 m_0 为方程组的简约级, q 为正规方程组定义内的正数, $\left[\dfrac{n}{2}\right]$ 表示 $\geqslant \dfrac{n}{2}$ 的最小的整数.

§8.4　抛物型与双曲型微分方程组

抛物型方程组

彼得洛夫斯基 (Петровский) 给了一般的抛物型方程组的定义如下[1]:

定义 1　方程组 §8.3(1) 称为抛物型的, 如果矩阵 $P_m(s,t)(s = \sigma + i\tau)$ 的特征根的实部当 $|\sigma| = 1$ 时具有上界 $-A$, 此处 $P_m(s,t)$ 系由矩阵 $P(s,t)$ 中最高的 m 次项所组成的矩阵, A 为依赖于 t 的正数.

我们讨论单个方程 $(N = 1)$ 的情形. 我们用 $\Re$ 表示复数或一组复数的实部, $\mathfrak{F}$ 表示复数或一组复数的虚部, 例如 $\Re(s) = \Re(\sigma + i\tau) = \sigma, \mathfrak{F}(s) = \mathfrak{F}(\sigma + i\tau) = \tau.$

引理　设有 m 次多项式

$$P(s,t) = \sum_{|p| \leqslant m} a_p(t)s^p + \sum_{|q| < m} a_q(t)s^p \tag{1}$$

对间隔 $t_0 \leqslant t \leqslant t_1$ 而言存在 $A > 0$ 使得对所有的实变数值 $s = \sigma$ 而言,

$$\Re\left(\sum_{|p|=m} a_p(t)\sigma^p\right) < -A|\sigma|^m. \tag{2}$$

于是存在正数 C_1 及 C 使得函数 $Q(s,t',t'') = e^{\int_{t'}^{t''} P(s,t)dt}$ 对任意的 $t',t'', t_0 \leqslant t' \leqslant t_1, t_0 \leqslant t'' \leqslant t$ 而言满足

$$|Q(s,t',t'')|C_1 e^{C|\tau|^m} \quad (s = \sigma + i\tau). \tag{3}$$

证　显然可见 $P(s,t) = P(\sigma + i\tau, t)$ 的实部可以写为

$$\Re(P(\sigma + i\tau, t)) = \sum_{|p|=m} b_p(t)\sigma^p + \sum_{\substack{|\alpha|+|\beta| \leqslant m \\ |a| < m}} b_{\alpha\beta}(t)\sigma^\alpha\tau^\beta, \tag{4}$$

此处 $\alpha = \{\alpha_1, \cdots, \alpha_n\}, \beta = \{\beta_1, \cdots, \beta_n\}.$

显然可见, 当 $t_0 \leqslant t \leqslant t_1, |\tau| \leqslant 1$ 时有:

1)
$$\sum_{|p|=m} b_p(t)\sigma^p = \Re\left(\sum_{|p|=m} a_p(t)\sigma^p\right) < -A|\sigma|^m; \tag{5}$$

2)
$$\sum_{\substack{|b| < m \\ |\alpha|+|\beta| \leqslant m}} a_{\alpha\beta}(t)\sigma^\alpha\tau^\beta \leqslant B|\sigma|^{m-1}. \tag{6}$$

注意, 函数 $-A|\sigma|^m + B|\sigma|^{m-1}$ 有上界 M, 因此得结论如下: 当 $|\tau| = |\mathfrak{F}(s)| \leqslant 1$ 时

$$\Re(P(s,t)) < M \quad (t_0 \leqslant t \leqslant t_1), \quad (s = \sigma + i\tau). \tag{7}$$

今设 $|\tau| = |\mathfrak{F}(s)| \geqslant 1$. 命 $s' = \dfrac{s}{|\tau|} = \dfrac{\sigma + i\tau}{|\tau|}$, 于是

$$|\mathfrak{F}(s')| = \left|\frac{\tau}{|\tau|}\right| = 1.$$

---

[1] 见Петровский[15].

因此上列结果可以应用, 即

$$\Re(P(s',t)) = \Re\left(P\left(\frac{\sigma + i\tau}{|\tau|}, t\right)\right) < M \quad (t_0 \leqslant t \leqslant t_1).$$

注意多项式 P 的次数 $\leqslant m, |\tau| \geqslant 1$ 因此

$$\frac{1}{|\tau|^m} \Re(P(s,t)) \leqslant \Re\left(P\left(\frac{s}{|t|}, t\right)\right) < M,$$

即

$$\Re(P(s,t)) < M|\tau|^m \quad (t_0 \leqslant t \leqslant t_1). \tag{8}$$

我们根据函数 $Q(s,t',t''), t_0 \leqslant t' \leqslant t_1, t_0 \leqslant t'' \leqslant t_1$ 的定义有

$$|Q(s,t',t'')| \leqslant |e^{\int_{t'}^{t''} P(s,t)dt}| = e^{\int_{t'}^{t''} \Re(P(s,t))dt}.$$

因此由式 (7) 知当 $|\tau| = |\Re(s)| \leqslant 1$ 时存在常数 $C_1 > 0$ 使得

$$|Q(s,t',t'')| \leqslant C_1.$$

而由式 (8) 知当 $|\tau| = |\Re(s)| \geqslant 1$ 时存在常数 $C > 0$ 使得

$$|Q(s,t',t'')| \leqslant e^{C|\tau|^m}.$$

故对任意的 $s = \sigma + i\tau$ 而言

$$|Q(s,t',t'')| \leqslant C_1 e^{C|\tau|^m}. \qquad\qquad 证完.$$

因当 $N = 1$ 时矩阵 $P_m(s,t)$ 的特征根就是多项式 $P_m(s,t) = \sum_{|p|=m} a_p(t)s^p$ 本身, 并且
简约级 $m_0 = m$, 于是由定义 1 及引理可知抛物型方程是正规的, 其相应的 q 为 0.

在一般的情形 $(N \geqslant 1)$, 可以证明, 抛物型方程组也是正规的, 其相应的 q 也是 $0^{①}$.
因此对抛物型方程或方程组柯西问题的存在性和唯一性而言, 可以应用定理 5, 6, 7 而得
相应的结果 —— 即对导热方程 (最简单的典型的抛物型方程, 见后例) 而言, 得吉洪诺夫
(见Тихонов[1]) 的结果[②]; 对一般的抛物型方程 $(N = 1)$ 而言, 得拉迪仁斯卡雅的结果[③];
对一般的抛物型方程组而言, 得爱德尔曼的结果[④].

导热方程

$$\frac{\partial}{\partial t} u(x,t) = \left(\frac{\partial^2}{\partial x_1^2} + \cdots + \frac{\partial^2}{\partial x_n^2}\right) u(x,t), \tag{9}$$

$$u(x,0) = u(x_0).$$

显然有

$$P(s) = -4\pi^2(s_1^2 + \cdots + s_n^2), \tag{10}$$

① 见Петровский[15].

② 见А. Н. Тихонов, Мат. Сб. 42: 2(1935).

③ 见О. А. Ладыженская, Мат. Сб. 27: 2(1950).

④ 见С. Д, Эйдельман, Мат. Сб. 33(1953).

$$Q(s, t_0, t) = e^{-4\pi^2(t-t_0)(s_1^2 + \cdots + s_n^2)}, \tag{11}$$

$$m_0 = m = 2 = m_0'. \tag{12}$$

当 $t > 0$ 时, 由 §7.4 可知

$$\tilde{Q}(x, 0, t) = (4\pi t)^{-\frac{n}{2}} e^{-\frac{1}{4t}|x|^2}. \tag{13}$$

注意, $Q(s, t_0, t)$ 及 $\tilde{Q}(z, t_0, t)$ 当 $t_0 \leqslant t$ 时都是基本空间 $\mathbf{Z}_2^2$ 内的整函数.

设初始条件为 0 型指数阶 $\leqslant 2$ 的函数, 则显然相应的柯西问题的解可以表为积分

$$u(x, t) = \tilde{Q}(x, 0, t) * u_0(x)$$
$$= \int \tilde{Q}(x - y, 0, t) u_0(y) dy \quad (t > 0), \tag{14}$$

因此

$$u(x, t) = (4\pi t)^{-\frac{n}{2}} \int e^{-\frac{1}{4t}|x-y|^2} u_0(y) dy \quad (t > 0). \tag{15}$$

双曲型方程组

定义 2　方程组 §8.3(1) 称为双曲型的, 如果其基本解矩阵 $Q(s, t_0, t)$ 满足

$$|Q_{jk}(s, t_0, t)| \leqslant C_1 e^{C|s|}, \quad s = \sigma + i\tau, \tag{16}$$

$$|Q_{jk}(\sigma, t_0, t)| \leqslant C_2(1 + |\sigma|^\tau), \tag{17}$$

此处 C_1, C_2, C 为依赖于 t_0, t 的正数.

根据条件 (1), (2) 及 §8.2 定理 4 知 $Q(s, t_0, t)$ 为 $\mathbf{Z}^1(= \tilde{\mathbf{K}})$ 乘子, 并且其傅里叶变换 $\tilde{Q}(x, t_0, t)$ 为具有紧密支集的 $\mathbf{K}$ 广义函数. 因此可以选择空间 $\mathbf{K}, \tilde{\mathbf{K}} = \mathbf{Z}^1$ 来作傅里叶变换而得下述结果:

定理 1　对双曲型方程组而言, 我们有:

1. 设 $U_0(x)$ 为函数 (其增长率不受任何限制), 则柯西问题 §8.3(1), (2) 必具有连续依赖于初始值的唯一的 $\mathbf{K}$ 广义函数解 $\tilde{Q}(x, 0, t) * U_0(x)$;

2. 更设 $U_0(x)$ 为足够多级连续可微函数, 则柯西问题 (1), (2) 有古典解. 换言之, 此时广义解就是古典解. 设初始值 $U_{0j}(x)$ 及其足够多级以内的微商都在 R^n 的每一个紧密集上一致收敛于 0, 则相应的古典解 $U_j(x, t)$ 对每一个 $t \geqslant 0$ 而言, 也在 R^n 的每一个紧密集上一致收敛于 0;

3. 柯西问题 (1), (2) 的古典解是唯一的.

证　1 及 3 不证自明. 仅 2 须加以讨论.

我们已经知道 $\tilde{Q}(x, 0, t)$ 为具有紧密支集的 $\mathbf{K}$ 广义函数. 因此由 §6 定理知 $\tilde{Q}(x, 0, t)$ 具有限级数 p, 即 $\tilde{Q}(x, 0, t) \in \overset{\circ}{\mathbf{E}}{}^{(p)}$. 于是设 $U_0(x) \in \mathbf{E}^{(m+p)}$, 此处 m 为方程组的级数. 则由 §5 定理后按语知 $U(x, t) = \tilde{Q}(x, 0, t) * U_0(x) \in \mathbf{E}^{(m)}$. 因此 $U(x, t)$ 为柯西问题 (1), (2) 的古典解. 也不难证明: $U_{0j}(x) \to 0 \quad (\mathbf{E}^{(m+p)})$ 蕴涵 $U_j(x, t) = \tilde{Q}(x, 0, t) * U_{0j}(x) \to 0 \quad (\mathbf{E}^{(m)})$.

按: 波洛克 (Борок) 证明, 如果列在本定理的第 2 款成立, 则方程组必为双曲型. 因此本定理第 2 款的性质是双曲型方程的特征性质 (见 [16]).

今设方程组具有常系数. 设矩阵 $P(s)$ 的特征根即行列式 $|\lambda I - P(s)|$ 的根为 $\lambda_1(s), \cdots,$ $\lambda_p(s)$. 于是矩阵 $(t - t_0)P(s)$ 的特征根为 $(t - t_0)\lambda_1(s), \cdots, (t - t_0)\lambda_p(s)$. 从 §8.2 式 (21), (23) 可见基本解矩阵元素 $Q_{jk}(s, t_0, t)$ 之所以有指数阶增长率完全是因为因子 $e^{(t-t_0)\lambda_k(s)}$ 的关系. 但

$$|e^{(t-t_0)\lambda_k(s)}| = |e^{(t-t_0)\Re(\lambda_k(s))}|,$$

故指数阶增率完全取决于特征根 $\lambda_k(s)$ 的实部 $\Re(\lambda_k(s))$ 而得下述定理:

定理 2 常系数方程组为双曲型的充要条件为矩阵 $P(s)$ 的特征根 $\lambda_1(s), \cdots, \lambda_p(s)$ 满足

$$|\Re(\lambda_k(s))| \leqslant A(1 + |s|), \quad s = \sigma + i\tau, \tag{18}$$

$$|\Re(\lambda_k(\sigma))| \leqslant B(1 + \log(1 + |\sigma|)), \quad k = 1, \cdots, p. \tag{19}$$

波动方程的柯西问题

$$\frac{\partial^2}{\partial t^2} u(x, t) = \left(\frac{\partial^2}{\partial x_1^2} + \cdots + \frac{\partial^2}{\partial x_n^2} \right) u(x, t), \tag{20}$$

$$u(x, 0) = u_0(x), \quad \frac{\partial u}{\partial t}(x, 0) = u_1(x). \tag{21}$$

命

$$U(x, t) = \left\{ u(x, t), \frac{\partial u}{\partial t}(x, t) \right\}, \tag{22}$$

$$U_0(x) = \{u_0(x), u_1(x)\}. \tag{23}$$

于是问题 (20), (21) 就改写为我们所讨论的形式 §8.3(1), (2), 得矩阵

$$P(s) = \begin{pmatrix} 0 & 1 \\ -4\pi^2\rho^2 & 0 \end{pmatrix}, \quad \rho = \sqrt{s_1^2 + \cdots + s_n^2}, \quad s_k = \sigma_k + i\tau_k. \tag{24}$$

矩阵 $P(s)$ 为二阶, 其特征根为

$$\lambda_1(s) = 2\pi i\rho, \quad \lambda_2 = -2\pi i\rho.$$

根据定理知此为双曲型, 并由 §8.2 式 (24) 知其基本解矩阵为

$$Q(s, 0, t) = \begin{pmatrix} \cos 2\pi t\rho & \dfrac{\sin 2\pi t\rho}{2\pi\rho} \\ -2\pi\rho \sin 2\pi t\rho & \cos 2\pi t\rho \end{pmatrix}$$

$$= \begin{pmatrix} \dfrac{\partial}{\partial t} \dfrac{\sin 2\pi t\rho}{2\pi\rho} & \dfrac{\sin 2\pi t\rho}{2\pi\rho} \\ \dfrac{\partial^2}{\partial t^2} \dfrac{\sin 2\pi t\rho}{2\pi\rho} & \dfrac{\partial}{\partial t} \dfrac{\sin 2\pi t\rho}{2\pi\rho} \end{pmatrix}. \tag{25}$$

命

$$\widetilde{G(x, t)} = \frac{\sin 2\pi t\rho}{2\pi\rho}, \quad G(x, t) = \widetilde{\frac{\sin 2\pi t\rho}{2\pi\rho}}. \tag{26}$$

此处视 $s = \{s_1, \cdots, s_N\}$ 为实变数. 于是有

$$\tilde{Q}(x, 0, t) = \begin{pmatrix} \dfrac{\partial}{\partial t} G(x, t) & G(x, t) \\[2mm] \dfrac{\partial^2}{\partial t^2} G(x, t) & \dfrac{\partial}{\partial t} G(x, t) \end{pmatrix}. \tag{27}$$

故柯西问题 (20), (21) 的解为

$$u(x, t) = \frac{\partial}{\partial t} G(x, t) * u_0(x) + G(x, t) * u_1(x). \tag{28}$$

但因 $\dfrac{\partial}{\partial t} \widetilde{G(x,t)} \cdot \widetilde{u_0(x)} = \dfrac{\partial}{\partial t}(\widetilde{G(x,t)} \cdot \widetilde{u_0(x)})$, 故有

$$\frac{\partial}{\partial t} G(x, t) * u_0(x) = \frac{\partial}{\partial t}(G(x, t) * u_0(x)).$$

故得表示柯西问题 (20), (21) 的解的公式为

$$u(x, t) = \frac{\partial}{\partial t}(G(x, t) * u_0(x)) + G(x, t) * u_1(x), \tag{29}$$

$$G(x, t) = \frac{\widetilde{\sin 2\pi t \rho}}{2\pi \rho}, \quad \rho = \sqrt{s_1^2 + \cdots + s_n^2}. \tag{30}$$

在 R^n 中计算广义函数 $\dfrac{\widetilde{\sin 2\pi t \rho}}{2\pi \rho}$ 即可得古典的表示柯西问题的解的公式. 我们举 $n = 1$ 的例如下:

当 $R^n = R^1$ 时 $\rho = |s|, \dfrac{\sin 2\pi t \rho}{2\pi \rho} = \dfrac{\sin 2\pi t s}{2\pi s}$. 此时 $G(x, t) = \dfrac{\widetilde{\sin 2\pi t s}}{2\pi s}$ 可以表为傅里叶积分, 设 $t > 0$:

$$\begin{aligned} G(x, t) &= \int_{-\infty}^{\infty} e^{2\pi i x s} \frac{\sin 2\pi t s}{2\pi s} ds \\ &= \int_{-\infty}^{\infty} \frac{\sin 2\pi t s \cos 2\pi x s}{2\pi s} ds + i \int_{-\infty}^{\infty} \frac{\sin 2\pi t s \sin 2\pi x s}{2\pi s} ds \\ &= \frac{1}{\pi} \int_0^{\infty} \frac{\sin 2\pi t s \cos 2\pi |x| s}{s} ds \\ &= \begin{cases} \dfrac{1}{\pi} \cdot \dfrac{\pi}{2} = \dfrac{1}{2}, & |x| < t; \\[2mm] \dfrac{1}{\pi} \cdot 0 = 0, & |x| > t. \end{cases} \end{aligned} \tag{31}$$

于是

$$G(x, t) * u_1(x) = \int G(x - \xi, t) u_1(\xi) d\xi = \frac{1}{2} \int_{x-t}^{x+t} u_1(\xi) d\xi,$$

$$\frac{\partial}{\partial t}(G(x, t) * u_0(x)) = \frac{1}{2} \frac{\partial}{\partial t} \int_{x-t}^{x+t} u_0(\xi) d\xi$$

$$= \frac{u_0(x+t) + u_0(x-t)}{2}.$$

因此得达朗培 (D'alembert) 公式

$$u(t,x) = \frac{u_0(x+t) + u_0(x-t)}{2} + \frac{1}{2}\int_{x-t}^{x+t} u_1(\xi)d\xi. \tag{32}$$

参 考 文 献

[1] С. Л. Соболев, Methode nouvelle à resoudre le probleme de Cauchy pour les equations lineaires hyperboliques normales, Мат. Сб, 1:1 (1936), 39-72.

[2] С. Л. Соболев, Некоторые применения функционального анализа в математической физике, 1950, Ленинград.

[3] L. Schwartz, La theorie des distributions I II, 1951, Paris.

[4] L. Schwartz, Transformations de Laplace des distributions, Medd. Lund Univ. Mat. Sem. Tom supplementaire, 1952, 196-206.

[5] L. Schwartz, Sur limpossibitéde la multiplication des distributions, C. R. Paris 239 (1955), 1847-1849.

[6] И. М. Гедъфанд, Г. Е. Шилов, Преобразования фуръе быстро растущих функций и вопросы единственности решения задачи Коши УМН. 8:6 (1953), 3-54.

[7] J. Mikusinski, Sur la methode de generalisation de M. Laurent Schwartz et sur la convergence faible, Fund. Math. 35 (1948), 235-239.

[8] J. Hadamard, Le probleme de Cauchy et les equations aux derivées partielles lineaires hyperboliques, 1932, Paris.

[9] M. Riesz, Lintegrale de Riemann-Liouville et le probleme de Cauchy, Acta Math. 81(1949), 1-223.

[10] J. Leray, Sur le mouvement d'un liquide visqueux emplissant l'espace, Acta Math. 63 (1934), 193-248.

[11] J. Leray, Les solutions elementaires d'une equation aux derivées partielles a coefficients constantes, C. R. Acad. Sci. Paris, 234 (1952), 1112-1115.

[12] J. Leray, Hyperbolic differential equations, Institute for Advanced Study, 1953, Princeton.

[13] Courant-Hilbert, Meth oden Mathematischen Physik, II, 1937, Berlin.

[14] А. Г. Костюченко, Г. Е. Шилов, О Решении задачи Коши для регулярных систем линейных уравнений в частных производных, УМН 9: 3 (1954), 141-148.

[15] И. Г. Петровский, О проблеме Коши для систем линейных уравнений с частными производными в области неаналитических функций Бюллетень МГУ. сек. А, 1: 7(1938).

[16] В. М. Борок, Решение задачи Коши для некоторых типов систем линейных уравнений в частных производных, Мат. Сб. 36: 2(1955), 281-298.

[17] Г. Е. Шилов, Об одной проблеме квасианалитичности, ДАН СССР, 102 (1955), 893-895.

[18] И. М. Гелъфанд Г. Е. Шнлов, об одном новом методе в теоремах единственности решения задачи Коши для систем линейных уравнений в частных производных, ДАН СССР, 102(1955), 1065-1068.

[19] А. Г. Костюченко, О теореме единственности решения задачн Коши и смешанной задачи
      для некоторых типов систем линейных уравнений в частных производых, ДАД СССР, 103
      (1955), 13-16.

此外我们不完备地列举一些关于广义函数的理论与应用的较有代表意义的工作以供参考,

С. Л. Соболев, О почти периодичности решений волнового уравнения ДАН СССР, 48(1945),
570-573, 646-648; 49(1945), 12-15.

Г. Е. Шилов, Об одной теореме типа Фрагмана-Линделефа для решений систем линейных
уравнений с частными производными, Украинский мат. жур. (1954).

А. Г. Костюченко, О задаче Коши для систем динейных уравнений в частных производных с
дифференциальными операторами типа Штурма-Лнувилля, ДАН СССР, 98 (1954), 17-20.

Я. И. Житомирский, Задачи Коши для систем линейных уравнений в частных производных с
дифференциалъными операторами типа Бесселя, Мат. Об. 36:2 (1955), 299-310.

Г. И. Басс, формула решение задачи Коши для некоторых дифференциально-разностных урав-
нений, ДАН СССР, 100 (1955), 613-616.

И. М. Гельфаид, Обобщенные стохастичекие процессы, ДАН СССР, 100 (1955), 853-856.

С. В. Фомин, Об обобщенных собственных функциях динамических систем. УМН 10: 1 (1955),
173-178.

И. Гельперин, Введение в теорию обобщенных функций, ИЛ. Москва, 1954 (这是 I. Halperin,
Introduction to the theory of distributions, based on the lectures given by Schwartz Toronto
1952 的俄译本).

L. Schwartz, Les equations d'evolutions liees aux produits de compositions, Ann. Institut Fourier,
2 (1950), 19-49.

L. Schwartz, Analyse et synthese harmonique dans les espaces de distributions, Canadian Math.
J. 3 (1951), 503-512.

L. Schwartz, Theorie des noyaux, Proc. International Congress of mathematicians, Cambridge,
1950, V. I. (1952), 220-230.

H. Garnier, Sur une forme generale des distributions resoluantes des opererateurs a coefficients
constants, Bull. Soc. Roy. Sci. Liège 20 (1951), 693-706.

H. Garnier, Sur les distributions resoluantes des operateurs dans la physique mathematique, Bull.
Soc. Roy. Sci. Liège, 20 (1951), 174-194, 271-296.

H. Garnier, Sur la transformation de Laplace de distributions, C. R. Acad. Sci. Paris, 234 (1952),
583-585.

J. Lions, Supports dans la transformation de Laplace, Jour. D'analyse math. 2:2 (1952-53),
369-380.

J. Deny, Les potentiels d'energie fini. Acta Math. 82 (1950), 107-183.

G. de Rham, K. Kodaira, Harmonic integrals, Institute for Advanced Study, Princeton, 1950.

H. König, Neue Begründung der Theorie des "Distributionen" von Schwartz, Math. Nach. 9 (1953), 129-148.

J. Riss, Elements de calculs differentielles et theorie des distributions sur les groupes abeliennes localment compacts, Acta Math. 89 (1953), 45-105.

P. Metnée, Sur les distributions invariantes dans le groupe des rotations de Lorentz, Comm. Math. Helv. 28 (1953), 225-269.

W. Guttinger, Quantum field theory in the light of distribution analysis, Phy. Rev. 89: 5(1953), 1004-1019.

G. Temple, La theorie de la convergence généralisée et des fonctions généralisées et leurs applications à la physique mathematique, Rendi. di Math. Univ. Roma, 11 (1952), 111-122.

R. Sikorski, A definition of the notion of distribution, Bull. Acad. Polon. Sci. Cl. III2 (1954), 209-211.

W. Slowikowski, A generalization of the theory of distributions, Bull. Acad. Polon. Sci. Cl. III, 3 (1955), 3-6.

3. 广义函数的泛函对偶关系 [①]

Duality Relations in Spaces of Distributions

§1 引　言 [②]

在广义函数论中所谓基本空间 Φ 就是由 n 维空间 R^n 上的复数值的无穷可微函数 φ 所组成的, 并且有一定的收敛结构 (即在 Φ 内定义了零序列 $\varphi_j \to 0(\Phi)$) 的复数域上的线性空间并满足下列条件

1° $\varphi \in \Phi$ 蕴涵 $x_k\varphi \in \Phi, \dfrac{\partial \varphi}{\partial x_k} \in \Phi$ $(k = 1, 2, \cdots, n)$.

2° $\varphi_j \to 0(\Phi)$ 蕴涵 $x_k\varphi_j \to 0(\Phi), \dfrac{\partial \varphi_j}{\partial x_k} \to 0(\Phi)$ $(k = 1, 2, \cdots, n)$.

3° $\varphi_j \to 0(\Phi)$ 蕴涵 $\varphi_j(x)$ 在 R^n 的任意紧密集 A 上一致 $\to 0$ [③]. 基本空间 Φ 上所有的复数值的连续 (即对 Φ 的收敛定义为连续) 线性泛函 $T = (T, \varphi)$ 自然形成一个复数域上的线性空间 $\overset{*}{\Phi}$. 空间 $\overset{*}{\Phi}$ 内收敛性系按 "弱" 方式界定, 即如果对一切 $\varphi \in \Phi$ 有 $(T_j, \varphi) \to 0$, 则说 $T_j \to 0(\overset{*}{\Phi})$. 具有这样收敛定义的线性空间 $\overset{*}{\Phi}$ 称为 Φ 的共轭空间或 Φ 广义函数空间. $\overset{*}{\Phi}$ 内的元素就是所谓 Φ 广义函数.

自然可以在基本空间中引进所谓弱收敛的概念. 我们说 $\varphi_j \overset{弱}{\longrightarrow} 0(\Phi)$, 如果对一切 $T \in \overset{*}{\Phi}$ 有 $(T, \varphi_j) \to 0$. 显然可见 $\varphi_j \to 0(\Phi)$ 蕴涵 $\varphi_j \overset{弱}{\longrightarrow} 0(\Phi)$. 为区别计可称基本空间内本身的收敛性为强收敛. 强弱收敛在概念上迥不相同, 但以后 §4 中可以见到, 在广义函数论中它们通常是等价的.

对线性空间 $\overset{*}{\Phi}$ 也可以界定其共轭空间 $\overset{**}{\Phi}$, 称为空间 Φ 的第二共轭空间. $\overset{**}{\Phi}$ 系由空间 $\overset{*}{\Phi}$ 上所有的连续 (对 $\overset{*}{\Phi}$ 的收敛定义而言) 线性泛函 $L = (T, L)$ 组成, 其收敛定义界定为: $L_j \to 0(\overset{**}{\Phi})$ 如果对一切 $T \in \overset{*}{\Phi}$ 有 $(T, L_j) \to 0$.

广义函数论中基本空间 Φ 通常具有所谓泛函对偶性或称自反性 (reflexivité), 即空间 Φ 与其第二共轭空间 $\overset{**}{\Phi}$ 同构. Schwartz[2] 首先论证了这种自反性. 他在所考虑的基本空间中引进适当的拓扑使之成为局部凸 (localement convexe) 拓扑线性空间. 然后论证它为所谓 Montel 空间, 于是可以应用 Mackey 及 Arens 关于局部凸 Montel 空间的自反性定理 [4], [5]. 但在 [2] 中所引进的拓扑是相当复杂的, 一些主要论点仅加叙述而未列证明.

---

① 本文载于《数学进展》, Vol. 3, No. 2, pp201-208, 1957.
② 本文中所应用的概念, 定义及记号均见 [1]. 关于一般的概念也可见 [2], [3].
③ 这里基本空间的定义比 [1] 第 1 章 §1 中的定义多一个条件 3°. 在实践上所用的基本空间都满足此条件 3°.

在本文中将在广义函数论自身范围内用初等的方法 (用到赋范空间的少许最基本的知识) 论证自反性. 我们先建立一般空间自反性的充分条件 (§2), 然后用 δ 函数类的逼近法 (§3) 及强弱收敛的等价性 (§4) 来证明广义函数论最常用的基本空间 $\mathbf{K}, \mathbf{E}, \mathbf{S}$ 的自反性[①].

§2　自反性的充分条件

我们的目的是建造基本空间 Φ 与其第二共轭空间 $\overset{\circ\circ}{\Phi}$ 的同构关系[②]; 即 $\Phi \cong \overset{\circ\circ}{\Phi}$. 设 $\varphi \in \Phi$, 我们可以界定 $L_\varphi \in \overset{\circ\circ}{\Phi}$ 如下:

$$(T, L_\varphi) = (T, \varphi) \quad (T \in \overset{\circ}{\Phi}), \tag{1}$$

映射 $\varphi \in \Phi \Rightarrow L_\varphi \in \overset{\circ\circ}{\Phi}$ 显然是线性的. 又因为

$$\varphi(x) = \big(\delta_{(x)}, \varphi\big)^{③}, \tag{2}$$

所以 $L_\varphi = 0$ 蕴涵 $\varphi(x) \equiv 0$, 即映射是一一的. 又显然易见 $\varphi_j \to 0(\Phi)$ 蕴涵 $L_{\varphi_j} \to 0(\overset{\circ\circ}{\Phi})$. 因此这是一个一一线性连续映射映 Φ 入 $\overset{\circ\circ}{\Phi}$.

反之, 对任意 $L \in \overset{\circ\circ}{\Phi}$ 我们界定函数 $\varphi_L(x)$ 称为 L 的分布函数如下

$$\varphi_L(x) = \big(\delta_{(x)}, L\big) \quad (x \in R^n). \tag{3}$$

它是 R^n 上的无穷可微函数即 $\varphi_L \in \mathbf{E}$, 并且

$$D^p \varphi_L(x) = D^p \big(\delta_{(x)}, L\big) = (-1)^{|p|} \big(D^p \delta_{(x)}, L\big)^{④}. \tag{4}$$

事实上, 考虑差分商[⑤]

$$\begin{aligned}
\frac{\varphi_L(x+h) - \varphi_L(x)}{h} &= \frac{\big(\delta_{(x+h)}, L\big) - \big(\delta_{(x)}, L\big)}{h} \\
&= \left(\frac{\delta_{(x+h)} - \delta_{(x)}}{h}, L\right) \quad (h \neq 0).
\end{aligned} \tag{5}$$

对于任意固定的 $x \in R^n$ 显然当 $h \to 0$ 时有

$$\left(\frac{\delta_{(x+h)} - \delta_{(x)}}{h}, \varphi\right) = \frac{\varphi(x+h) - \varphi(x)}{h} \to D\varphi(x) = -\big(D\delta_{(x)}, \varphi\big) \quad (\varphi \in \Phi),$$

---

① 见 [2]. 该处空间 $\mathbf{K}$ 以 $\mathbf{D}$ 表示.

② 所谓同构系指除代数意义的线性同构外, 还要求对空间 Φ 及 $\overset{\circ\circ}{\Phi}$ 的收敛定义而言为双向连续.

③ 我们采用的基本空间定义的条件 $3°$, 保证了 δ 函数 $\big(\delta_{(\alpha)}, \varphi\big) = \varphi(\alpha)$ 确为 Φ 广义函数, 即 $\delta_{(\alpha)} \in \overset{\circ}{\Phi}$.

④ 我采用记号如下: $p = \{p_1, \cdots, p_n\}, p_k$ 均为非负整数,

$$|p| = p_1 + \cdots + p_n, D^p = \frac{\partial^{p_1 + \cdots + p_n}}{\partial x_1^{p_1} \cdots \partial x_n^{p_n}}, D^0 f = f, D^0 T = T.$$

⑤ 为简明计此处写为单变数的情形.

因此

$$\frac{\delta_{(x+h)} - \delta_{(x)}}{h} \to -D\delta_{(x)} \quad (\dot{\Phi}),$$

因此式 (5) 右端 $\to -\left(D\delta_{(x)}, L\right)$. 即函数 $\varphi_L(x)$ 为可微, 并且 $D\varphi_L(x) = -\left(D\delta_{(x)}, L\right)$. 余类推.

以上作法表明, 要建立空间 Φ 与 $\overset{\circ\circ}{\Phi}$ 的共构性只待证明下列三层:

$1°$　设 $L \in \overset{\circ\circ}{\Phi}$, 则分布函数 $\varphi_L \in \Phi$.

$2°$　$L_{\varphi_L} = L$, 亦即对于一切 $T \in \dot{\Phi}$

$$(T, L) = (T, \varphi_L),\tag{6}$$

$3°$　设 $L_j \to 0(\overset{\circ\circ}{\Phi})$, 则 $\varphi_{L_j} \to 0(\Phi)$.

命 Δ 为 δ 函数及其各级微商的线性包, 即由 $\overset{\circ\circ}{\Phi}$ 内所有的 $D^p\delta_{(a)} \in \overset{\circ}{\Phi}$ $(p, a$ 均可任意变$)$ 的有限线性组合组成的子空间 $(\Delta \subset \overset{\circ}{\Phi})$. 于是在命题 $1°$ 成立的前提下根据 (3) 及 (4) 知对于一切 $T \in \Delta$ 而言式 (6) 成立. 由此可见, 如果 Δ 为 $\overset{\circ}{\Phi}$ 的稠密子空间, 即对任意 $T \in \overset{\circ}{\Phi}$ 必有 $T_j \in \Delta$ 使得 $T_j \to T(\dot{\Phi})$, 则由连续性立即得知对于一切 T 而言式 (6) 成立, 亦即命题 $2°$ 成立.

设 $L_j \to 0(\overset{\circ\circ}{\Phi})$. 在命题 $1°, 2°$ 成立的前提下, 显然有 $\varphi_{L_j} \in \Phi$, 并且 $\varphi_{L_j} \overset{\text{弱}}{\longrightarrow} 0(\Phi)$. 因此, 如果在空间 Φ 内弱收敛蕴涵强收敛, 即强弱收敛等价, 则命题 $3°$ 成立.

综结上述, 我们得到下列

定理 1　设基本空间 Φ 满足下列条件

(a) $L \in \overset{\circ\circ}{\Phi}$ 蕴涵分布函数 $(\delta_{(x)}, L) \in \Phi$;

(b) δ 函数及其微商的线性闭包 Δ 为 $\overset{\circ}{\Phi}$ 的稠密子空间;

(c) 在 Φ 内强弱收敛等价,

于是 $\Phi \cong \overset{\circ\circ}{\Phi}$.

我们首先考察条件 (a) 在具体的基本空间的情况.

定理 2　设 Φ 为 $\mathbf{K}, \mathbf{E}, \mathbf{S}$[①], 则 $L \in \overset{\circ\circ}{\Phi}$ 蕴涵 $(\delta_{(x)}, L) \in \Phi$.

证　当 $\Phi = \mathbf{E}$ 时已经证明. 设 $\Phi = \mathbf{K}$, 则只须证明存在 $C > 0$, 使得当 $|x| = \sqrt{x_1^2 + \cdots + x_n^2} > C$ 时, $(\delta_{(x)}, L) \equiv 0$. 如果不然则必有点列 $a_j \in R^n, |a_j| \to \infty$ 使得 $(\delta_{(a_j)}, L) = b_j \neq 0$, 亦即 $\left(\frac{1}{b_j}\delta_{(a_j)}, L\right) \equiv 1 (j = 1, 2, \cdots)$. 但因 $|a_j| \to \infty$ 蕴涵 $\frac{1}{b_j}\delta_{(a_j)} \to 0(\overset{\circ}{\mathbf{K}})$, 故 $\left(\frac{1}{b_j}\delta_{(a_j)}, L\right) \to 0$, 得矛盾.

设 $\Phi = \mathbf{S}$, 则只须证明, 对任意多项式 $P(x)$ 及 $q = \{q_1, \cdots, q_n\}$ 而言, 函数 $P(x)D^q(\delta_{(x)}, L)$ 有界. 如果不成立, 则存在点列 $a_j \in R^n, |a_j| \to \infty$ 使得

$$\left|P(a_j)D^q\left(\delta_{(a_j)}, L\right)\right| = \left|\left(P(a_j)D^q\delta_{(\alpha_j)}, L\right)\right| \to \infty.$$

---

① 关于基本空间 $\mathbf{K}, \mathbf{E}, \mathbf{S}$ 的定义见 [1].

另一方面, 设 $\varphi \in \mathbf{S}$, 则由 $|a_j| \to \infty$ 及 $\mathbf{S}$ 的定义知

$$\left| \left(P\left(a_j\right) D^q \delta_{\left(a_j\right)}, \varphi \right) \right| = \left| P\left(a_j\right) D^q \varphi\left(a_j\right) \right| \to 0,$$

得矛盾.

§3 广义函数的 δ 函数逼近

定义在 R^n 上的连续函数 $F(x)$ 可以界定函数型的广义函数 $F \in \overset{\circ}{\Phi}$ 如下

$$(F, \varphi) = \int F(x)\varphi(x)dx \quad (\varphi \in \Phi), \tag{7}$$

此处在不同的基本空间 Φ 自然须对函数 $F(x)$ 在无穷远处的增长率加以不同的限制以保证积分 (7) 对一切 $\varphi \in \Phi$ 收敛, 并且 $\varphi_j \to 0(\Phi)$ 蕴涵 $(F, \varphi_j) \to 0$. 例如, 在空间 $\mathbf{E}$ 的情形, 我们要求函数 $F(x)$ 具有紧密支集, 即存在 $C > 0$ 使得

$$F(x) \equiv 0 \quad (|x| \geqslant C), \tag{8}$$

在空间 $\mathbf{S}$ 的情形则要求 $F(x)$ 为缓增的, 即存在 $q > 0, B > 0$ 使得

$$|F(x)| \leqslant B\left(1 + |x|^2\right)^q \quad (x \in R^n), \tag{9}$$

在空间 $\mathbf{K}$ 的情形, 则对函数 $F(x)$ 可不加任何限制.

我们知道 δ 函数及其微商恒可用连续函数来逼近, 即表为连续函数 $F_j(x)$ 的广义极限. 现在则要讨论反方向的逼近问题, 即用 δ 函数的线性组合来逼近连续函数的问题.

命 $E_j(j = 1, 2, \cdots)$ 表示空间 R^n 内所有同时满足下列二条件的点 $a = \{a_1, \cdots, a_n\}$ 组成的集合:

(i) $\qquad\qquad |a| = \sqrt{a_1^2 + \cdots + a_n^2} < j,$

(ii) $\qquad\qquad a_k = \dfrac{h}{2^j}, \quad h$ 为整数, $(k = 1, 2, \cdots, n)$

E_j 就是半径为 j 的球体内部间距为 $\dfrac{1}{2^j}$ 的格子点集合. 今对 R^n 上的任意函数型广义函数 $F(x)$ 界定 $F_j \in \overset{\circ}{\Phi}$ 如下:

$$F_j = \frac{1}{2^{nj}} \sum_{a \in E_j} F(a)\delta_{(a)} \quad (j = 1, 2, \cdots), \tag{10}$$

注意 F_j 为 δ 函数的有限线性组合. 我们有

定理 3 设 $\Phi = \mathbf{K}, \mathbf{E}, \mathbf{S}.F(x)$ 为 R^n 上的连续函数, 并且在 $\Phi = \mathbf{E}$ 的情形满足条件 (8), 在 $\Phi = \mathbf{S}$ 的情形则满足条件 (9). 于是 δ 函数的有限线性组合

$$F_j = \frac{1}{2^{nj}} \sum_{a \in E_j} F(a)\delta_{(a)} \to F\left(\overset{\circ}{\Phi}\right) \quad (j \to \infty), \tag{11}$$

证 在 $\Phi = \mathbf{K}$ 或 $\mathbf{E}$ 的情形, 对每一个 $\varphi \in \Phi$ 恒有 $C > 0$ 使得 $F(x)\varphi(x) \equiv 0(|x| \geqslant C)$. 因此

$$(F, \varphi) = \int_{|x| < C} F(x)\varphi(x)dx.$$

另一方面

$$(F_j, \varphi) = \left(\frac{1}{2^{nj}} \sum_{a \in E_j} F(a)\delta_{(a)}, \varphi \right)$$

$$= \frac{1}{2^{nj}} \sum_{a \in E_j} F(a)\varphi(a) = \frac{1}{2^{nj}} \sum_{a \in E_j, |a| < C} F(a)\varphi(a).$$

因此根据 Riemann 可积性, 知

$$(F_j, \varphi) \to \int_{|x| < C} F(x)\varphi(x)dx = (F, \varphi) \quad (j \to \infty, \varphi \in \Phi).$$

在空间 $\mathbf{S}$ 的情形, 则由 (9) 及 $\varphi \in \mathbf{S}$ 知对任意 $r > 0$ 恒存在 B_r 使得

$$|F(x)\varphi(x)| \leqslant B_r \left(1 + |x|^2\right)^{-r}. \tag{12}$$

由此不难得知, 对任意 $\varepsilon > 0$ 必存在 $C > 0$ 及整数 $j_0 > 0$, 使得

$$\left| \int_{|x| \geqslant C} F(x)\varphi(x)dx \right| \leqslant \frac{\varepsilon}{3},$$

$$\left| \frac{1}{2^{nj}} \sum_{a \in E_j, |a| \geqslant C} F(a)\varphi(a) \right| \leqslant \frac{\varepsilon}{3} \quad (j > j_0),$$

$$\left| \frac{1}{2^{nj}} \sum_{a \in E_j, |a| < C} F(a)\varphi(a) - \int_{|x| < C} F(x)\varphi(x)dx \right| \leqslant \frac{\varepsilon}{3} \quad (j > j_0).$$

我们有

$$(F_j, \varphi) = \frac{1}{2^{nj}} \sum_{a \in E_j, |a| < C} F(a)\varphi(a) + \frac{1}{2^{nj}} \sum_{a \in E_j, |a| \geqslant C} F(a)\varphi(a),$$

$$(F, \varphi) = \int_{|x| < C} F(x)\varphi(x)dx + \int_{|x| \geqslant C} F(x)\varphi(x)dx.$$

因此

$$|(F_j, \varphi) - (F, \varphi)| \leqslant \left| \frac{1}{2^{nj}} \sum_{a \in E_j, |a| < C} - \int_{|x| < C} \right| + \left| \frac{1}{2^{nj}} \sum_{a \in E_j, |a| \geqslant C} \right| + \left| \int_{|x| \geqslant C} \right|$$

$$\leqslant \frac{\varepsilon}{3} + \frac{\varepsilon}{3} + \frac{\varepsilon}{3} = \varepsilon \quad (j > j_0).$$

所以 $(F_j, \varphi) \to (F, \varphi)$.

注意: 这里的连续函数的 δ 函数逼近法实质就是近似计算中的机械求积.

定理 4 在空间 $\mathbf{K}, \mathbf{E}, \mathbf{S}$ 内, Δ 为稠密子空间, 即每一个广义函数可以表为 δ 函数及其微商的有限线性组合的极限.

证 当基本空间 $\Phi = \mathbf{K}$ 或 $\mathbf{E}$ 时, 任意广义函数下可以表为[①]

$$T = \sum_{i=1}^{\infty} D^{p_i} f_i, \tag{13}$$

此处 $f_i(i = 1, 2, \cdots)$ 为 R^n 上的连续函数, 具有紧密支集 K_i, 并当 $i \to \infty$ 时, 集 K_i 与原点的距离 $\rho(0, K_i) \to \infty$. 作广义函数序列

$$T_j = \sum_{i=1}^{\infty} D^{p_i} T_{ij}, \tag{14}$$

此处

$$T_{ij} = \frac{1}{2^{nj}} \sum_{a \in E_j} f_i(a) \delta_{(a)}. \tag{15}$$

因每一个 $E_j(j = 1, 2, \cdots)$ 只与有限多个 K_i 相交, 故 (14) 右端实际上为有限和, 即 $T_j \in \Delta$. 今设 $\varphi \in \mathbf{K}$. 因 φ 具有紧密支集, 故存在正整数 i_0 使得

$$(T, \varphi) = \sum_{i=1}^{\infty} (D^{p_i} f_i, \varphi) = \sum_{i=1}^{i_0} (D^{p_i} f_i, \varphi),$$

$$(T_j, \varphi) = \sum_{i=1}^{\infty} (D^{p_i} T_{ij}, \varphi) = \sum_{i=1}^{i_0} (D^{p_i} T_{ij}, \varphi).$$

根据定理 3 知, 当 $j \to \infty$ 时, $(T_{ij}, \varphi) \to (f_i, \varphi)$, 因此 $(D^{p_i} T_{ij}, \varphi) = (D^{p_i} f_i, \varphi)$. 故 $T_j \to T(\overset{\circ}{\mathbf{K}})$. 在 $\Phi = \mathbf{E}$ 时, 表达式 (13) 可简化为有限和, 余同前.

当 $\Phi = \mathbf{S}$ 时, 任意广义函数可以表为缓增连续函数的微商

$$T = D^p F,$$

此处 $F(x)$ 满足条件 (9). 于是按定理 3 知 $F_j \to F$, 即 $D^p F_j \to T(\mathbf{S})$.

§4 基本空间内强弱收敛的等价性

我们先证具有一般性的定理 5, 然后证空间 $\mathbf{K}, \mathbf{E}, \mathbf{S}$ 内强弱收敛等价 (定理 6).

定理 5 设 $\varphi_j \xrightarrow{\text{弱}} 0(\Phi)$, 则其各级微商 $D^p \varphi_j(x)$ 在 R^n 内任意紧密集 A 上一致 $\to 0$.

证 因 $\varphi_j \xrightarrow{\text{弱}} 0(\Phi)$ 蕴涵 $D^p \varphi_j \xrightarrow{\text{弱}} 0(\Phi)$. 故只须证明 $\varphi_j \xrightarrow{\text{弱}} 0(\Phi)$ 蕴涵 $\varphi_j(x)$ 在 R^n 的任意紧密集 A 上一致 $\to 0$. 设对于一切 $T \in \overset{\circ}{\Phi}$ 有 $(T, \varphi_j) \to 0$. 我们有

1° 函数 $\varphi_j(x)$ 在 R^n 内到处 $\to 0$. 这是因为 $\varphi_j(x) = (\delta_{(x)}, \varphi_j) \to 0$.

---

① 见 [1], §6.2 定理 1 及 §2.1 定理 2 或 [2].

2° 函数 $\varphi_j(x)$ 在 A 上一致有界. 为此命 $\mathbf{C}_A$ 为 A 上所有连续函数组成的线性赋范空间, 其范数如常定为

$$\|f\|_A = \max_{x \in A} |f(x)|, \quad f \in \mathbf{C}_A; \tag{16}$$

$\overset{\circ}{\mathbf{C}}_A$ 为赋范空间 $\mathbf{C}_A$ 的共轭空间, 即由 $\mathbf{C}_A$ 的复数值的连续线性泛函组成. 根据基本空间定义的条件 3° 知 $\psi_j \to 0(\Phi)$ 蕴涵 $\|\psi_j\|_A \to 0^{①}$. 因此 $\mathbf{C}_A$ 的连续线性泛函均可视为 Φ 的连续线性泛函, 即 $\overset{\circ}{\mathbf{C}}_A \subset \overset{\circ}{\Phi}$. 今对一切 $T \in \overset{\circ}{\Phi}$ 有 $(T, \varphi_j) \to 0$, 故当视 φ_j 为 $\mathbf{C}_A$ 的序列时, 因 $\overset{\circ}{\mathbf{C}}_A \subset \overset{\circ}{\Phi}$, 故对一切 $T \in \overset{\circ}{\mathbf{C}}_A$ 也有 $(T, \varphi_j) \to 0$, 即 $\varphi_j \overset{弱}{\longrightarrow} 0(\mathbf{C}_A)$. 于是根据 Banach 定理^{②}, 知 $\|\varphi_j\|_A$ 有界, 亦即 $\varphi_j(x)$ 在 A 上一致有界.

3° $\varphi_j(x)$ 在 A 上一致 $\to 0$. 由 2° 知 $\varphi_j(x)$ 的各级微商均在 A 上一致有界. 于是不难证明 $\varphi_j(x)$ 在 A 上为同等连续, 即对任意 $\varepsilon > 0$ 必有与 j 无关的 $\sigma > 0$,

$$|\varphi_j(x_1) - \varphi_j(x_2)| \leqslant \frac{\varepsilon}{2} \quad (x_1, x_2 \in A, |x_1 - x_2| \leqslant \sigma). \tag{17}$$

又因 A 紧密, 故存在有限多个点 $a_1, \cdots, a_m \in A$, 使得 A 的任意点 x 必与某点 a_i 的距离 $|x - a_i| \leqslant \sigma$. 另一方面, 根据 1° 有 j_0 使得

$$|\varphi_j(a_i)| \leqslant \frac{\varepsilon}{2} \quad (j > j_0, i = 1, 2, \cdots, m). \tag{18}$$

故由 (17)(18) 知

$$|\varphi_j(x)| \leqslant |\varphi_j(x) - \varphi_j(a_i)| + |\varphi_j(a_i)| \leqslant \frac{\varepsilon}{2} + \frac{\varepsilon}{2} = \varepsilon \quad (j > j_0, x \in A).$$

定理 6 空间 $\mathbf{K}, \mathbf{E}, \mathbf{S}$ 内强弱收敛等价.

证 在空间 $\mathbf{E}$ 的情形定理已包括在定理 5 之内. 在空间 $\mathbf{K}$ 的情形, 根据定理 5, 显然只待证明 $\varphi_j \overset{弱}{\longrightarrow} 0(\mathbf{K})$ 蕴涵 $\varphi_j(x)$ 的支集含在一个公共的紧密集之内. 假设不成立, 于是序列 $\{\varphi_j\}$ 含有一个子序列 $\{\varphi_{k_j}\} (j = 1, 2, \cdots)$ 并存在点列 $\{x_j\} (j = 1, 2, \cdots)$ 使得

$$\varphi_{k_j}(x_j) \neq 0 \tag{19}$$

$$\varphi_{k_j}(x_i) = 0 \quad (j < i), \tag{20}$$

$$|x_j| > j. \tag{21}$$

我们可用归纳法作之: 设 $\{\varphi_{k_1}, \cdots, \varphi_{k_h}\}$ 及 $\{x_1, \cdots, x_h\}$ 已经作好. 据假设 $\{\varphi_j\}$ 的支集不在一个公共的紧密集之内, 但 $\{\varphi_{k_1}, \cdots, \varphi_{k_h}\}$ 的支集恒在一个公共的紧密集之内; 故恒有点 $x_{h+1} \in R^n$ 及序列 $\{j\}$ 自 k_h 以后的一个指标 k_{h+1}, 使得 $\varphi_{k_{h+1}}(x_{h+1}) \neq 0; \varphi_{k_i}(x_{h+1}) = 0 (i < k+1); |x_{k_{h+1}}| > h+1$.

根据 (19) 显然可作复数列 $\{c_j\}$ 满足

$$\sum_{i=1}^{j} c_i \varphi_{k_j}(x_i) = 1 \quad (j = 1, 2, \cdots). \tag{22}$$

---

① 在 $\|\psi_j\|_A$ 的写法中, 我们仅考虑 ψ_j 在 A 上的值内视所得的函数为 $\mathbf{C}_A$ 中元素, 余类推.
② 见 [6], 第三章.

今命

$$T = \sum_{j=1}^{\infty} c_j \delta_{(x_j)}, \tag{23}$$

由 (21) 知 $T \in \overset{\circ}{\mathbf{K}}$, 由 (20), (22) 知

$$\left(T, \varphi_{k_j}\right) = \sum_{i=1}^{\infty} c_i \left(\delta_{(x_i)}, \varphi_{k_j}\right) = \sum_{i=1}^{\infty} c_i \varphi_{k_j}\left(x_i\right) = \sum_{i=1}^{j} c_i \varphi_{k_j}\left(x_i\right) = 1,$$

此与 $(T, \varphi_j) \to 0$ 相矛盾.

在空间 **S** 的情形, 根据定理 5, 显然只待证明 $\varphi_j \overset{弱}{\longrightarrow} 0(\mathbf{S})$ 蕴涵对任意多项式 $P(x)$ 及 $q = \{q_1, \cdots, q_n\}$ 而言, $P(x)D^q \varphi_j(x)$ 在 R^n 上一致有界. 但因 $\varphi_j \overset{弱}{\longrightarrow} 0$ 蕴涵 $P(x)D^q$ $\varphi_j(x) \overset{弱}{\longrightarrow} 0$, 故只待证明 $\varphi_j \overset{弱}{\longrightarrow} 0(\mathbf{S})$ 蕴涵 $\varphi_j(x)$ 在 R^n 上一致有界. 为此考虑由 R^n 上有界函数组成的赋范空间 **M**, 其范数为

$$\|f\| = \sup_{x \in R^n} |f(x)|, \quad f \in \mathbf{M}.$$

因 $\psi_j \to 0(\mathbf{S})$ 蕴涵 $\|\psi_j\| \to 0$, 故根据定理 5 证明内的推理, 知 $\varphi_j \overset{弱}{\longrightarrow} 0(\mathbf{S})$ 蕴涵 $\varphi_j \overset{弱}{\longrightarrow} 0$ (**M**), 因此 $\|\varphi_j\|$ 有界.

总结以上的定理 1, 2, 3, 4, 5, 6 知基本空间 **K, E, S** 为自反的.

参 考 文 献

[1] 冯康, 广义函数论, 数学进展, 1: 3(1955).

[2] Schwartz, Theorie des distributions, I, II, Paris, 1950-1.

[3] Гельфанд, Щилов Преобразования Фурье быстро растуших функший и вопросы единственности решения задачи Коши, *Ycnexu Mam. Hayk*, 8: 6(1953), 1-54.

[4] Mackey, On infinite dimensional linear spaces, *Tran. Am. Math. Soc.*, 57(1945), 156-207.

[5] Arens, Duality in linear spaces, *Duke Math. J.*, 14(1947), 787-794.

[6] Люстерник, Соболев, элементы функционального анализа, (1951), Москва—Ленинград, 中译本, 泛函数分析概要, 1955, 北京: 科学出版社.

4. 广义 Mellin 变换 I[①]

Mellin Transform in Distributions, I

本文中将把古典的 Mellin 积分变换[②]

$$f(s) = \int_0^\infty F(x)x^{s-1}dx,$$

$$F(x) = \frac{1}{2\pi i}\int_{k-i\infty}^{k+i\infty} f(s)x^{-s}ds$$

推广至广义函数. 古典 Mellin 变换作用于半直线 $(0,\infty)$. 因此我们将以半直线上的广义函数类 (定义 1) 为 Mellin 变换的定义域. 古典理论中 Mellin 像函数一般为解析函数, 因此将以某种 "解析" 的广义函数类 (定义 2) 为像域. 作指数变换后, Mellin 变换即变为双边 Laplace 变换, 而后者实质就是复 Fourier 变换. 在广义函数论已有了较完整的 Fourier 变换理论, 故推至 Mellin 变换是很容易的. 我们基本上将依据 Гельфанд-Шилов[4] 的复 Fourier 变换理论, 关于卷积理论则将采用 Schwartz[3] 的方法. 本文中所得关于卷积的结果的一些应用将见另文, 本文的主题及主导思想系华罗庚先生所指示, 在此向他致谢.

§1　P 广义函数与 Q 广义函数

1.1　既然 Mellin 变换作用于开半直线 $(0,\infty)$ 上的函数, 故首先应讨论半直线 $(0,\infty)$ 上的广义函数.

定义 1　界定 $\mathbf{P} = \mathbf{P}[x]$ 为由一切界定在 $(0,\infty)$ 上的复数值的, 无穷可微的, 并且在一个相对于 $(0,\infty)$ 为紧密的区间以外恒为零的函数 $\varphi(x)$ 组成的线性空间. 规定函数列 $\varphi_j \to 0(\mathbf{P})$, 如果同时满足下列二条件:

1) 存在一个公共的对 $(0,\infty)$ 紧密区间, 在此区间以外一切函数 $\varphi_j(x)$ 均恒等于 0.

2) $\varphi_j(x)$ 及其各级微商均 (分别) 一致收敛于 0.

定在基本空间 $\mathbf{P}$ 上的复数值连续线性泛函 F 叫做半直线上的广义函数, 或 $\mathbf{P}$ 广义函数, 其值以 (F,φ) 表示. 一切 $\mathbf{P}$ 广义函数组成一个线性空间, 即 $\mathbf{P}$ 的共轭空间 $\mathbf{P}' = \mathbf{P}'[x]$. 规定广义函数列 $F_j \to 0(\mathbf{P}')$, 如果对一切 $\varphi \in \mathbf{P}$ 有 $(F_j,\varphi) \to 0$.

① 原载于《数学学报》, Vol.7, No.2, pp242-267, 1957.

② 见, 例如, [1].

所谓函数型的 **P** 广义函数系由积分产生

$$(F, \varphi) = \int_0^\infty F(x)\varphi(x)dx,$$

此处 $F(x)$ 为 $(0, \infty)$ 上的局部可积函数. 设在泛函意义下 $F = 0$, 则易见相应的函数 $F(x)$ 殆遍为 0; 因此可以把函数与由之产生的广义函数等同. 今后将以 $F(x)$(圆括弧) 表示函数型的广义函数而以 $F[x]$ 表示一般的, 不必是函数型的广义函数.

半直线 **P** 广义函数理论与一般的全直线 **K** 广义函数[①]理论实质上是等价的. 盖首先利用变数代换 $x = e^u, u = \log x$ 而界定

$$\begin{aligned}
\mathscr{E}\varphi &= (\mathscr{E}\varphi)(u) = e^u\varphi(e^u), \\
\mathscr{E}^{-1}\chi &= \left(\mathscr{E}^{-1}\chi\right)(x) = x^{-1}\chi(\log x) \\
(0 &< x < \infty, -\infty < u < +\infty, \varphi(x) \in \mathbf{P}[x], \chi(u) \in \mathbf{K}(u)).
\end{aligned} \tag{1}$$

显然 $\mathscr{E}, \mathscr{E}^{-1}$ 为基本空间 **P** 与 **K** 之间的一对互逆的同构映射. 由此对 $F[x] \in \mathbf{P}'[x], T[u] \in \mathbf{K}'[u]$ 界定

$$\begin{aligned}
(\mathscr{E}F, \chi) &= \left(F, \mathscr{E}^{-1}\chi\right) = \left(F[x], x^{-1}\chi(\log x)\right), \\
(\mathscr{E}^{-1}T, \varphi) &= (T, \mathscr{E}\varphi) = (T[u], e^u\varphi(e^u)),
\end{aligned} \tag{2}$$

(也可以写为 $(\mathscr{E}F, \mathscr{E}\varphi) = (F, \varphi), (\mathscr{E}^{-1}T, \mathscr{E}^{-1}\chi) = (T, \chi)$) 即得广义函数空间 $\mathbf{P}'[x]$ 与 $\mathbf{K}'[u]$ 之间一对互逆同构映射. 变换 $\mathscr{E}$ 叫做指数代换; 它就是普通函数的自变数指数代换的推广, 盖易证

$$\begin{aligned}
F[x] &= F(x) \Rightarrow^{②} (\mathscr{E}F)[u] = F(e^u), \\
T[u] &= T(x) \Rightarrow (\mathscr{E}^{-1}T)[x] = T(\log x).
\end{aligned} \tag{3}$$

P 广义函数的线性运算 (同态)[③]一般都由基本空间 **P** 的线性运算导出. 例如我们界定乘子积及对 x 的微商如下:

$$\begin{aligned}
(AF, \varphi) &= (F, A\varphi), \\
(D_x^p F, \varphi) &= (-1)^p (F, D_x^p \varphi),
\end{aligned}$$

此处 $A = A(x)$ 为任意界定在 $(0, \infty)$ 上的无穷可微函数, 易证

$$D_x^p(A(x)F) = \sum_{k=0}^p C_p^k D_x^k A(x) \cdot F. \tag{4}$$

也易证指数代换与乘积的关系:

$$\begin{aligned}
\mathscr{E}(A(x)F[x]) &= A(e^u) \cdot (\mathscr{E}F)[u], \\
\mathscr{E}^{-1}(B(u)T[u]) &= A(\log x) \left(\mathscr{E}^{-1}T\right)[x].
\end{aligned} \tag{5}$$

[①] 关于基本空间 **K**, 共轭空间 **K**′ 的定义及其性质见 [2] 或 [4] 或 [5].

[②] 符号 "$\Rightarrow$" 表示 "蕴涵".

[③] 本文中所有线性运算, 同态, 同构都包涵连续性.

又因

$$D_u(\mathscr{E}\varphi) = D_u\left(e^u\varphi\left(e^u\right)\right) = \left(D_x(x\varphi(x))\frac{dx}{du}\right)_{x=e^u}$$

$$= e^u\left(D_x(x\varphi(x))\right)_{x=e^u} = \mathscr{E}\left(D_x x\right)\varphi,$$

$$(D_u\mathscr{E}F, \mathscr{E}\varphi) = -(\mathscr{E}F, D_u\mathscr{E}\varphi) = -(\mathscr{E}F, \mathscr{E}\left(D_x x\right)\varphi)$$

$$= (xD_xF, \varphi) = (\mathscr{E}\left(xD_x\right)F, \mathscr{E}\varphi).$$

故得指数代换与微分运算的关系:

$$D_u\mathscr{E}\varphi = \mathscr{E}\left(D_x x\right)\varphi, \quad D_u^p\mathscr{E}\varphi = \mathscr{E}\left(D_x x\right)^p\varphi, \quad (\varphi \in \mathbf{P}),$$
$$D_u\mathscr{E}F = \mathscr{E}xD_xF, \qquad D_u^p\mathscr{E}F = \mathscr{E}\left(xD_x\right)^p F, \quad (F \in \mathbf{P}'). \tag{6}$$

设 $g(x), g^{-1}(x)$ 为 $(0, \infty)$ 上的一对互逆的无穷可微函数, 并且 $\varphi(x) \to \varphi\left(g^{-1}(x)\right)$ 形成空间 $\mathbf{P}$ 的自同构映射 (满足这些条件的叫做许可函数), 则对任意 $F[x] \in \mathbf{P}'$ 可以界定复合广义函数[①]$F[g(x)] \in \mathbf{P}'$ 如下

$$(F[g(x)], \varphi(x)) = \left(F[x], \left|D_x g^{-1}(x)\right| \cdot \varphi\left(g^{-1}(x)\right)\right). \tag{7}$$

易证

$$F[x] = F(x) \Rightarrow F[g(x)] = F(g(x)),$$
$$D_x(F[g(x)]) = D_x g(x) \cdot (D_x F)\left[g(x)\right],$$
$$A = A(x)\text{无穷可微} \Rightarrow (AF)[g(x)] = A(g(x))F[g(x)].$$

取 $g(x) = ax^c(a > 0, c\text{ 实数} \neq 0)$ 即得

$$(F\left[ax^c\right], \varphi(x)) = \left(F[x], \frac{1}{|c|}a^{-\frac{1}{c}}x^{\frac{1}{c}-1}\varphi\left(a^{-\frac{1}{c}}x^{\frac{1}{c}}\right)\right), \tag{8}$$

$$(x^\beta \cdot F\left[ax^c\right], \varphi(x)) = \left(F[x], \frac{1}{|c|}a^{-\frac{\beta+1}{c}}x^{\frac{\beta-c+1}{c}}\varphi\left(a^{-\frac{1}{c}}x^{\frac{1}{c}}\right)\right), \tag{9}$$

此处 β 为任意复数. 注意 $F[x] \to x^\beta \cdot F\left[ax^c\right]$ 是空间 $\mathbf{P}'$ 的自同构映射. 特别有

$$(F[ax], \varphi(x)) = \left(F[x], a^{-1}\varphi\left(a^{-1}x\right)\right), \tag{10}$$

$$(F\left[x^c\right], \varphi(x)) = \left(F[x], \frac{1}{|c|}x^{\frac{1}{c}-1}\varphi\left(x^{\frac{1}{c}}\right)\right), \tag{11}$$

$$(x^{-1} \cdot F\left[x^{-1}\right], \varphi(x)) = \left(F[x], x^{-1}\varphi\left(x^{-1}\right)\right). \tag{12}$$

变换 $F[x] \to x^{-1} \cdot F\left[x^{-1}\right]$ 很有用, 我们将以 φ^* 表 $x^{-1}\varphi\left(x^{-1}\right), F^*$ 表 $x^{-1} \cdot F\left[x^{-1}\right]$, 即

$$(F^*, \varphi) = (F, \varphi^*). \tag{13}$$

[①] 见 [5], §3.3.

很易推导下列关系

$$x^{\beta} \cdot F\left[ax^{c}\right] = a^{c\beta-1}\left(x^{c^{-1}\beta}F\right)\left[x^{c}\right], \tag{14}$$

$$(A(x)F)^{*}[x] = A\left(x^{-1}\right)F^{*}[x] = A^{*}(x)F\left[x^{-1}\right], \tag{15}$$

$$D_{x}^{p}F[ax] = a^{p}\left(D_{x}^{p}F\right)[ax], \tag{16}$$

$$DT^{*} = -x^{-1}F^{*} - x^{-2}(DF)^{*}. \tag{17}$$

设 $g(x)$ 为 $(0,\infty)$ 上的许可函数, 则易见

$$h(u) = \log\left(g\left(e^{u}\right)\right)$$

$$h^{-1}(u) = \log\left(g^{-1}\left(e^{u}\right)\right)$$

为 $(-\infty,+\infty)$ 上的许可函数, 故对 $T \in \mathbf{K}'[u]$ 可以界定复合函数 $T[h(u)] \in \mathbf{K}'$

$$\left(T[h(u)], \chi(u)\right) = \left(T[u], \left|D_{u}h^{-1}(u)\right| \cdot \chi\left(h^{-1}(u)\right)\right).$$

于是有

$$\begin{aligned}
&\mathscr{E}(F[g(x)]) = (\mathscr{E}F)\left[\log\left(g\left(e^{u}\right)\right)\right], \\
&\mathscr{E}^{-1}(T[h(u)]) = \left(\mathscr{E}^{-1}T\right)\left[e^{h(\log x)}\right].
\end{aligned} \tag{18}$$

这都可从定义直接验证. 特别当 $g(x) = ax^{c}$ 时, 则因 $\log\left(g\left(e^{u}\right)\right) = cu + \log a$ 故得

$$\begin{aligned}
&\mathscr{E}F\left[ax^{c}\right] = (\mathscr{E}F)[u + \log a], \\
&\mathscr{E}^{-1}(T[cu + b]) = \left(\mathscr{E}^{-1}T\right)\left[e^{b}x^{c}\right],
\end{aligned} \tag{19}$$

此处 $a > 0, -\infty < b < +\infty, c$ 为实数 $\neq 0$. 注意因

$$\mathscr{E}x^{\beta} = e^{\beta u}, \mathscr{E}(\log x)^{c} = x^{c}, (\beta 复数)$$

故有

$$\mathscr{E}\left(x^{\beta} \cdot F\left[ax^{c}\right]\right) = e^{\beta u} \cdot (\mathscr{E}F)[cu + \log a], \tag{20}$$

$$\mathscr{E}F^{*} = e^{-u}(\mathscr{E}F)[-u], \tag{21}$$

$$\mathscr{E}\left(F\left[x^{-1}\right]\right) = (\mathscr{E}F)[-u]. \tag{22}$$

1.2 我们说 **P** 广义函数 F 是一个 **PS** 广义函数, 写为 $F \in \mathbf{PS}'$ 如果泛函 (F, φ) 可以扩张为基本空间 **PS** 上的一个线性连续泛函. 此处 **PS** 的定义为

(i) $\varphi \in \mathbf{PS}$ 的充要条件为 $\varphi(x)$ 为无穷可微, 并对任意多项式 $P(u)$ 及整数 $p \geqslant 0$ 而言, $P(\log x)x\left(D_{x}x\right)^{p}\varphi(x)$ 有界;

(ii) $\varphi_{j} \to 0(\mathbf{PS})$ 的充要条件为对任意的多项式 $P(u)$ 以及整数 $p \geqslant 0$ 而言, $P(\log x)x \cdot \left(D_{x}x\right)^{p}\varphi_{j}(x)$ 在 $(0,\infty)$ 上一致 $\to 0$.

显然易见,

$$\mathscr{E}(\mathbf{PS}) = \mathbf{S}^{①}, \mathscr{E}\left(\mathbf{PS}'\right) = \mathbf{S}' \cdot F_j \to 0\left(\mathbf{PS}'\right) \Rightarrow F_j \to O\left(\mathbf{P}'\right).$$

亦极易验证 (利用指数变换).

命题 1 $F \in \mathbf{PS}'$ 与下列条件分别等价:

(i) F 可以表为

$$F = (xD_x)^p G,$$

此处 $G = G(x)$ 为连续函数并满足对数缓增条件, 即存在 $B, C > 0$ 使得^{②}

$$|G(x)| \leqslant B\left(1 + |\log x|^2\right)^C;$$

(ii) 对一切 $\varphi \in \mathbf{P}$ 而言函数 $\varphi_F(x) = (F[y], \varphi(xy))$ 如无穷可微并对每一个整数 $p \geqslant 0$ 满足^{③}

$$|x\left(D_x x\right)^p \varphi_F(x)| \leqslant B_p\left(1 + |\log x|^2\right)^{C_p}.$$

命题 2 设 $F \in \mathbf{PS}'$, 则 $(xD_x)^p F, F\left[ax^c\right], A(x)F \in \mathbf{PS}'$; 此处 $p = 0, 1, 2, \cdots, a > 0, c$ 为实数 $\neq 0, A(x)$ 为 $\mathbf{PS}$ 乘子, 即为无穷可微, 并对每一个整数 $p \geqslant 0$ 而言满足^{④}

$$|(xD_x)^p A(x)| \leqslant B_p\left(1 + |\log x|^2\right)^{C_p}.$$

(记作 $A \in \mathbf{PS}'_m$).

特别可见, 设 $F \in \mathbf{PS}'$ 则 $P(\log x)F \in \mathbf{PS}', x^{ib}F \in \mathbf{PS}'$, 此处 $P(u)$ 为任意多项式, b 为任意实数. 又设 β 为复数, 则 $x^\beta \in \mathbf{PS}'$ 的充要条件为 $\mathscr{R}\beta = 0$.

我们说 $\mathbf{P}$ 广义函数 F 为 $\mathbf{PS}$ 卷子, 记作 $F \in \mathbf{PS}'_c$, 如果

$$\varphi(x) \in \mathbf{P} \to \varphi_F(x) = (F[y], \varphi(xy))$$

界定一个同态映射映 $\mathbf{P}$ 入 $\mathbf{PS}$. 易证 $\mathbf{PS}'_c \subset \mathbf{PS}', \mathscr{E}\left(\mathbf{PS}'_c\right) = \mathbf{S}'^{⑤}_c$. $F \in \mathbf{PS}'_c$ 的充要条件为对任意 $q \geqslant 0$ 而言, F 可以表为有限和^{⑥}

$$F = \sum_{i=1}^m (xD_x)^{p_k} G_k,$$

此处 $G_k = G_k(x)(k = 1, \cdots, m)$ 连续并且 $\left(1 + |\log x|^2\right)^q G_k(x)$ 有界.

类似地可以界定 $\mathbf{PE}$ 广义函数而无待细述, $\mathscr{E}(\mathbf{PE}) = \mathbf{E}, \mathscr{E}\left(\mathbf{PE}'\right) = \mathbf{E}' \cdot F \in \mathbf{PE}'$ 的充要条件为 F 具有对 $(0, \infty)$ 相对紧密的支集^{⑦}.

---

① 关于 Schwartz 空间 $\mathbf{S}$ 的定义见 [2] 或 [4] 或 [5] 第一章.

② 见, 例如, [5], §6.2 定理 2.

③ 见, 例如, [5], §6.2 定理 3.

④ 关于 $\mathbf{S}$ 乘子域 $\mathbf{S}'_m$ 的特征性质, 见例 [2], p. 101-102. 该处 $\mathbf{S}'_m$ 记作 O_M.

⑤ 关于一般的卷子定义见 [3], §5.1.$\mathbf{S}'_c$ 即系由一切 $\mathbf{S}$ 卷子组成的集, 在 [2] 中 $\mathbf{S}'_c$ 记作 O'_c. 此处参考 [2], p. 100, 定理 IX, 3°.

⑥ 见 [2], p. 100, 定理 IX, 1°.

⑦ 关于空间 $\mathbf{E}$ 见 [2] 卷 I 或 [5].

1.3 古典理论中函数的 Mellin 变换一般都是解析函数. 故要讨论半直线广义函数的 Mellin 变换自然要用由解析函数组成的基本空间.

定义 2 线性空间 **Q** 系由一切定义在复数平面上满足下列条件的函数 $\psi(s)(s = \sigma + it)$ 组成.

1) $\psi(s) = \psi(\sigma + it)$ 为整解析函数并存在 $A, B \geqslant 0$ 使得

$$|\psi(\sigma + it)| \leqslant A e^{B|\sigma|}.$$

2) 对每个固定的 σ 而言 $\psi(\sigma + it) \in \mathbf{S}[t]$.

规定函数列 $\psi_j \to 0(\mathbf{Q})$, 如果同时满足下列条件

3) 存在与 j 无关的 $A, B \geqslant 0$ 使得一致地有

$$|\psi_j(\sigma + it)| \leqslant A e^{B|\sigma|}.$$

4) 对每个固定的 σ 而言 $\psi(\sigma + it) \to 0(\mathbf{S}[t])$.

空间 $\mathbf{Q} = \mathbf{Q}[s]$ 上的线性连续泛函 $f = f[s]$ 叫做 $\mathbf{Q}$ 广义函数, 它们组成 $\mathbf{Q}$ 的共轭空间 $\mathbf{Q}'[s]$. 规定 $\mathbf{Q}$ 广义函数列 $f_j \to 0(\mathbf{Q}')$, 如果对一切 $\psi \in \mathbf{Q}$ 有 $(f_j, \psi) \to 0$.

定理 1 变换 $\varphi \to \mathscr{M}\varphi = \psi$,

$$\psi(s) = \mathscr{M}\varphi(s) = \int_0^\infty \varphi(x) x^{-s} dx, \quad \varphi \in \mathbf{P} \tag{23}$$

为空间 $\mathbf{P}[x]$ 成空间 $\mathbf{Q}[s]$ 的同构映射, 其逆变换为

$$\varphi(x) = \mathscr{M}^{-1}\psi(x) = \frac{1}{2\pi i} \int_{k-i\infty}^{k+i\infty} \psi(s) x^{s-1} ds \quad (k\text{任意实数}). \tag{24}$$

注意作指数代换 $\varphi(x) \to \mathscr{E}\varphi = e^u \varphi(e^u) \in \mathbf{K}$ 后式即成为

$$\psi(s) = \mathscr{M}\varphi(\sigma + it) = \mathscr{F}\left(\mathscr{E}\varphi(u) \cdot e^{-\sigma u}\right)(t), \quad \mathscr{M}^{-1} \tag{25}$$

此处 $\mathscr{F}$ 表示实 Fourier 变换

$$\xi(t) = \mathscr{F}\chi(t) = \int_{-\infty}^\infty \chi(u) e^{-itu} du, \tag{26}$$

$$\chi(u) = \mathscr{F}^{-1}\xi(u) = \frac{1}{2\pi} \int_{-\infty}^\infty \xi(t) e^{itu} dt. \tag{27}$$

如以 $\mathscr{F}_c$ 表示复 Fourier 变换

$$\xi(s) = \mathscr{F}_c\chi(s) = \int_{-\infty}^\infty \chi(u) e^{-isu} du, \tag{28}$$

则得

$$\mathscr{M}\varphi(s) = \mathscr{F}_c\mathscr{E}\varphi(s). \tag{29}$$

又注意对空间 $\mathbf{Q}$ 内函数 $\psi(s)$ 的变换, s 代为 $-is$ 后, 空间 $\mathbf{Q}$ 即成为 Гельфанд-Шилов 所引进的基本空间 $\mathbf{Z}^1$, 因此定理 1 实质上就是他们所证的空间 $\mathbf{Z}^1$, 为空间 $\mathbf{K}$ 的 Fourier 对偶空间这一命题, 故无需另证①.

注: 在定义 1 中在条件 1 的前提下条件 2 等价于较弱的条件 2′: 对某个 σ 而言 $\psi(\sigma + it) \in \mathbf{S}[t]$; 而在条件 3 的前提下条件 4 等价于较弱的条件 4′: 对某个 σ 而言 $\psi_j(\sigma + it) \to 0(\mathbf{S}[t])$.

命题 3 设 $\psi(s) \in \mathbf{Q}, P(t)$ 为实变数 t 的任意多项式, 于是必有 $A, B \geqslant 0$(依赖于 ψ, P) 使得

$$|P(t)\psi(\sigma + it)| \leqslant A e^{B|\sigma|}.$$

更设 $\psi_j \to 0(\mathbf{Q})$, 则有与 j 无关的 $A, B \geqslant 0$ 使得

$$|P(t)\psi_j(\sigma + it)| \leqslant A e^{B|\sigma|}.$$

证 由定理 1 及式 (25) 知有 $\chi(u) \in \mathbf{K}$ 使得

$$\psi(\sigma + it) = \mathscr{F}\left(\chi(u)e^{-\sigma u}\right)(t).$$

根据 Fourier 变换中多项式乘积与微分运算的交换关系 (见, 例如 [5], §7.1) 可知

$$
\begin{aligned}
P(t)\psi(\sigma + it) &= \mathscr{F}\left(P\left(-iD_u\right)\left(\chi(u)e^{-\sigma u}\right)\right)(t) \\
&= \mathscr{F}\left(\left(\sum_k P_k\left(D_u\right)\chi(u)Q_k(\sigma)\right)e^{-\sigma u}\right)(t),
\end{aligned}
$$

此处 $\sum\limits_k$ 为一有限和, P_k, Q_k 为适当的多项式. 因 χ 在一有界区间 $(-C, C)$ 以外恒为 0, 故

$$
P(t)\psi(\sigma + it) = \int_{-c}^{c}\left(\sum_k Q_k\left(D_u\right)\chi(u)Q_k(\sigma)\right)e^{-\sigma u}e^{-itu}du,
$$

$$
|P(t)\psi(\sigma + it)| \leqslant e^{c|\sigma|}\sum_k A_k\left|Q_k(\sigma)\right| \leqslant A e^{B|\sigma|}.
$$

更设 $\psi_j \to 0(\mathbf{Q})$, 则相应的 $\chi_j \to 0(\mathbf{K})$, 故 χ_j 在一公共的 $(-C, C)$ 以外恒为 0, 故可取 A, B 与 j 无关.

空间 $\mathbf{Z}^1$ 的乘子定理 (见, 例如 [5], §7.2 定理 7) 在此改述为

命题 4 设 $\alpha(s)$ 为整解析函数满足

$$|\alpha(s)| \leqslant e^{C|\sigma|}\left(1 + |s|^2\right)^q,$$

---

① 注意这里空间 $\mathbf{Q}$ 与空间 $\mathbf{Z}'$ 的 Гельфанд-Шилов[4] 定义在形式上是不相同的, 但不难证明 (可以应用 Phragman-Lindelöf 定理) 实质上是等价的. 也很容易直接应用 Paley-Wiener 定理而证明这里的定理 1 成立, 从而间接地证明定义 1 与 Гельфанд-Шилов 定义的等价性. 见 [4] 或 [5] 第 7 章.

则 $\alpha(s)$ 为 $\mathbf{Q}$ 乘子, 即 $\psi \in \mathbf{Q} \Rightarrow \alpha\psi \in \mathbf{Q}, \psi_j \to 0(\mathbf{Q}) \Rightarrow \alpha\psi_j \to 0(\mathbf{Q})$.

基本函数的 Mellin 变换 $\mathscr{M}$ 与各种线性运算之间极易验证有简单的关系:

$$\mathscr{M}D_x\varphi = s\mathscr{M}\varphi(s+1), \tag{30}$$

$$\mathscr{M}D_x^P\varphi = s(s+1)\cdots(s+p-1)\mathscr{M}\varphi(s+p) = \frac{\Gamma(s+p)}{\Gamma(s)}\mathscr{M}\varphi(s+p), \tag{31}$$

$$\mathscr{M}x^\beta\varphi(ax^c) = \frac{1}{|a|}a^{\frac{s-\beta-1}{c}}\mathscr{M}\varphi\left(\frac{c-\beta-1+s}{c}\right), \tag{32}$$

$$\mathscr{M}x^\beta\varphi = \mathscr{M}\varphi(s-\beta), \qquad \mathscr{M}\varphi(ax) = a^{s-1}\mathscr{M}\varphi(s), \tag{33}$$

$$\mathscr{M}\varphi\left(x^{-1}\right) = \mathscr{M}\varphi(-s), \qquad \mathscr{M}\varphi^* = \mathscr{M}\varphi(1-s), \tag{34}$$

$$\mathscr{M}\left(D_x x\right)\varphi = s\mathscr{M}\varphi(s), \qquad \mathscr{M}\left(D_x x\right)^p\varphi = s^p\mathscr{M}\varphi(s), \tag{35}$$

$$D_s\mathscr{M}\varphi(s) = \mathscr{M}(-\log x\varphi)(s), \qquad D_s^p\mathscr{M}\varphi(s) = \mathscr{M}\left((-\log x)^p\varphi\right)(s). \tag{36}$$

由此也可以见到多项式乘积 $P(s)\psi(s)$ 与微分 $D_s^p\psi(s)$ 为空间 $\mathbf{Q}$ 内的自同态映射.

关于空间 $\mathbf{Q}'$ 内的线性运算例如有

$$(D_s f, \psi) = -(f, D_s\psi), \quad (D_s^p f, \varphi) = (-1)^p\left(f, D_s^p\psi\right),$$

$$(\alpha(s)f, \psi) = (f[s], \alpha(s)\psi(s)),$$

此处 $\alpha(s)$ 为 $\mathbf{Q}$ 乘子. 显然有

$$D_s(\alpha f) = D_s\alpha \cdot f + \alpha \cdot D_s f. \tag{37}$$

设 $\mathbf{z}(s) = cs + \beta$ (β 复数, c 实数 $\neq 0$). 于是 $z^{-1}(s) = \dfrac{s-\beta}{c}, \left|D_s z^{-1}(s)\right| = \dfrac{1}{|c|}$, $\psi\left(z^{-1}(s)\right) = \psi\left(\dfrac{s-\beta}{c}\right)$. 不难证明 $\psi(s) \to \psi\left(\dfrac{s-\beta}{c}\right)$ 为空间 $\mathbf{Q}$ 的自同构映射, 因可对 $f[s] \in \mathbf{Q}'$ 界定复合广义函数 $f[cs+\beta] \in \mathbf{Q}'$

$$(f[cs+\beta], \psi(s)) = \left(f[s], \frac{1}{|c|}\psi\left(\frac{s-\beta}{c}\right)\right). \tag{38}$$

其特例为

$$(f[s+\beta], \psi(s)) = (f[s], \psi(s-\beta)), \tag{39}$$

$$(f[1-s], \psi(s)) = (f[s], \psi(1-s)). \tag{40}$$

易证

$$D_s(f[cs+\beta]) = c(D_s f)[cs+\beta],$$

$$(\alpha(s) \cdot f)[cs+\beta] = \alpha(cs+\beta) \cdot f[cs+\beta].$$

我们说 $g[s] \in \mathbf{Q}'$ 为 $\mathbf{Q}$ 卷子, 如果 $\psi(s) \to \psi_g(s) = (g[z], \psi(z+s))$ 为空间 $\mathbf{Q}$ 的一个自同态映射. 如 g 为 $\mathbf{Q}$ 卷子, 则对任意 $f \in \mathbf{Q}'$ 可以界定加法卷积 $g * f \in \mathbf{Q}'$ 如下

$$(g * f, \psi) = (f[s], (g[z], \psi(z+s))), \tag{41}$$

1.4 兹列举一些 **Q** 广义函数的例子. 最简单的就是复 δ 函数及其微商

$$\left(\delta_{(a)}, \psi\right) = \psi(\alpha), \quad \left(D_s^p \delta_{(\alpha)}, \psi\right) = (-1)^p D_s^p \psi(\alpha),$$

此处 α 为任意复数. 显然有

$$\delta_{(\alpha)}[cs + \beta] = \frac{1}{|c|}\delta\left(\tfrac{a-\beta}{c}\right), \quad \delta_{(\alpha)} = \delta_{(0)}[s - \alpha], \tag{42}$$

$$\delta_{(\alpha)} * f = f[s - \alpha], D^p \delta_{(\alpha)} * f = (D^p f)\,[s - \alpha], \delta_{(\alpha)} * \delta_{(\beta)} = \delta_{(\alpha+\beta)}. \tag{43}$$

设有 **S** 广义函数 W, k 为任意实数, 于是由定义 2 知可以界定广义函数 $W|_{\mathscr{R}s=k} \in \mathbf{Q}$ 如下

$$\left(W|_{\mathscr{R}s=k}, \psi\right) = \left(W, \psi(k + it)_{\mathbf{S}_{[t]}}\right), \tag{44}$$

此处右端数积系在空间 **S**$[t]$ 内取.

我们说复变数函数 $f(s)$ 在经线 $\mathscr{R}s = \sigma = k$ 上为有限阶, 如果在此经线上有

$$f(s) = O\left(|t|^q\right) \quad (|t| \to \infty), \tag{45}$$

我们说 $f(s)$ 在有界闭径区 $c \leqslant \mathscr{R}s \leqslant d$ 上为有限阶, 如果在此径区内一致地有 (45). 我们说 $f(s)$ 在开径区 $a < \mathscr{R}s < b$[①]内为有限阶, 如果它在此径区内的任意有界闭径区上为有限阶.

设函数 $f(s)$ 在经线 $\mathscr{R}s = k$ 上为有限阶, 并为局部可积 (对 t), 则容易验证

$$(f(s)|_{\mathscr{R}s=k}, \psi) = \frac{1}{2\pi i} \int_{k-i\infty}^{k+i\infty} f(s)\psi(s)ds \tag{46}$$

的确界定了一个广义函数 $f(s)|_{\mathscr{R}s=k} \in \mathbf{Q}'$. 我们有

命题 5 设泛函 $f(s)|_{\mathscr{R}s=k} = 0$, 则函数 $f(s)$ 在线 $\mathscr{R}s = k$ 上殆遍为 0, 更设 $f(s)$ 在此线上为连续则在此线上 $f(s) \equiv 0$.

证明在原理上同于 [4] 中 §5 定理 1 的证明[②]. 从略. 只须指出, 证明的原理依赖于下列二事实: 1) 当 k 固定时函数集 $\{\psi(k + it)|\psi \in \mathbf{Q}\}$ 在 Hilbert 空间 $L_2[t]$ 内稠密; 2) $\psi_1, \psi_2 \in \mathbf{Q} \Rightarrow \psi_1\psi_2 \in \mathbf{Q}$. 根据定义 2 易知 2) 成立. 关于 1) 则论证如下: 在集合的意义下, 显然有 $\{\chi(u)e^{-ku}|\chi \in \mathbf{K}[u]\} = \mathbf{K}[u]$, 因此 $\{\psi(k + it)|\psi \in \mathbf{Q}\} = \mathscr{F}(\mathbf{K}[u])$. 但因 $\mathbf{K}[u]$ 在 $L_2[u]$ 内稠密, 并且 Fourier 变换 $\mathscr{F}$ 为空间 $L_2[u]$ 与 $L_2[t]$ 之间的保范映射 (Plancherel 定理), 所以 $\{\psi(k + it)|\psi \in \mathbf{Q}\}$ 在 $L_2[t]$ 内稠密.

根据控制收敛的原理也容易证明

命题 6 设函数列 $f_j(s) = f_j(k + it)$ 在经线 $\mathscr{R}s = k$ 上具有一致的有限阶, 并在此线上任意有界区间 $|t| \leqslant C$ 上一致 $\to 0$ (或更弱一些 $\int_{|t|\leqslant C} |f_j(k + it)|^p \, dt \to 0(p \geqslant 1)$), 则 $f_j(s)|_{\mathscr{R}s=k} \to 0\,(\mathbf{Q}')$.

---

① a, b 可以为 $\pm\infty$.
② 也可见, 例如 [3], §7.5 定理 2.

重要的是下面的情况: 设 $f(s)$ 在开径区 $a < \mathscr{R}s < b$ 内为有限阶并为解析 (没有异点). 任取实数 h, k 满足 $a < h < k < b$. 于是由于 $f(s)$ 在 $h \leqslant \mathscr{R}(s) \leqslant k$ 为一致有限阶, 故根据命题 1 可以应用 Cauchy 积分定理而得

$$\frac{1}{2\pi i} \int_{h-i\infty}^{h+i\infty} f(s)\psi(s)ds = \frac{1}{2\pi i} \int_{k-i\infty}^{k+i\infty} f(s)\psi(s)ds, \quad \psi \in \mathbf{Q}$$

因此可以单义地界定广义函数 $f(s)|_{a < \mathscr{R}s < b} \in \mathbf{Q}'$ 如下

$$(f(s)|_{a < \mathscr{R}s < b}, \psi) = \frac{1}{2\pi i} \int_{k-i\infty}^{k+i\infty} f(s)\psi(s)ds, \quad a < k < b \tag{47}$$

此外 k 在 (a, b) 内可以任取. 设 $f(s)$ 为有限阶的整解析函数, 则迳以 $f(s)$ 表示相应的广义函数而不加脚标:

$$(f(s), \psi) = \frac{1}{2\pi i} \int_{k-i\infty}^{k+i\infty} f(s)\psi(s)ds, \quad k为任意实数. \tag{48}$$

设函数 $f(s)$ 以 $s = \alpha$ 为极点, 则界定残数泛函 $\mathrm{Res}\, f(s)|_{s=\alpha} \in \mathbf{Q}'$ 如下

$$\left(\mathrm{Res}\, f(s)|_{s=\alpha}, \psi\right) = \mathrm{Res}_{s=\alpha}(f(s)\psi(s)), \quad (\psi \in \mathbf{Q}). \tag{49}$$

根据 $f(s)$ 在极点 $s = \alpha$ 的 Laurent 展式

$$f(s) = \frac{a_{-1}}{s-\alpha} + \frac{a_{-2}}{(s-\alpha)^2} + \cdots + \frac{a_{-q}}{(s-\alpha)^q} + g(s)$$

得知

$$\mathrm{Res}_{s=\alpha}(f(s)\psi(s)) = \sum_{p=1}^{q} \frac{a_{-p}}{(p-1)!} D_s^{p-1}\psi(\alpha),$$

因此

$$\mathrm{Res}\, f(s)|_{s=\alpha} = \sum_{p=1}^{q} \frac{a_{-p}}{(p-1)!}(-1)^{p-1} D_s^{p-1}\delta_{(\alpha)}, \tag{50}$$

特别当 $s = \alpha$ 为单极点时有

$$\mathrm{Res}\, f(s)|_{s=\alpha} = \left(\mathrm{Res}_{s=\alpha} f(s)\right) \delta_{(\alpha)}. \tag{51}$$

和前面一样, 应用 Cauchy 积分定理即得

定理 2 设函数 $f(s)$ 在径区 $a < \mathscr{R}s < b$ 内为有限阶, 并除去有限多个极点外为解析, 设 h, k 为开区间 (a, b) 内的任意实数, 并且 $f(s)$ 在经线 $\mathscr{R}s = h, \mathscr{R}s = k$ 上无极点, 则有

$$f(s)|_{\mathscr{R}s=k} = f(s)|_{\mathscr{R}s=h} + \mathrm{sign}(k-h) \sum_{n=1}^{m} \mathrm{Res}\, f(s)|_{s=\alpha_n}, \tag{52}$$

此处 $\alpha_1, \cdots, \alpha_m$ 表示 $f(s)$ 在经线 $\mathscr{R}s = h, \mathscr{R}s = k$ 之间的全部极点.

这命题表示同一解析函数可以产生不同的 **Q** 广义函数, 而它们之间相差一个由极点决定的残数泛函. 今后将广泛应用这个简单的概念.

例 $a^s(a > 0)$ 为有限阶整函数, 相应的 **Q** 广义函数仍以 a^s 表示. 半纯函数 $\dfrac{1}{s - \alpha}$ 也为有限阶, 具有唯一极点 $s = \alpha$, 残数为 1:

$$\frac{1}{s - \alpha}\bigg|_{\mathscr{R}s > \mathscr{R}\alpha} = \frac{1}{s - \alpha}\bigg|_{\mathscr{R}s < \mathscr{R}\alpha} + \delta_{(\alpha)}. \tag{53}$$

Γ 函数 $\Gamma(s)$ 是半纯函数, 只有单极点 $\alpha = 0, -1, -2, \cdots$, 相应残数为 $\dfrac{(-1)^n}{n!}$ 又由 $\Gamma(s)$ 的几近表示式知其为有限阶, 因此

$$\Gamma(s)|_{\mathscr{R}s > 0} = \Gamma(s)|_{-n-1 < \mathscr{R}s < -n} + \sum_{k=0}^{n} \frac{(-1)^k}{k!} \delta_{(-k)}. \tag{54}$$

设 $f(s)$ 在径区 $a < \mathscr{R}s < b$ 内有限阶解析函数, 它产生 $f(s)|_{a < \mathscr{R}s < b} \in \mathbf{Q}'$. 现在来考查各种线性运算对它的作用:

根据 Cauchy 不等式知导数 $D_s f(s)$ 在径区 $a < \mathscr{R}s < b$ 仍为有限阶解析, 它产生 $D_s f(s)|_{a < \mathscr{R}s < b} \in \mathbf{Q}$. 因 $f(k + it)\psi(k + it) = 0 \quad (t = \pm\infty, a < k < b)$, 故有

$$\frac{1}{2\pi i} \int_{k-i\infty}^{k+i\infty} D_s f(s) \cdot \psi(s) ds = -\frac{1}{2\pi i} \int_{k-i\infty}^{k+i\infty} f(s) D_s \psi(s) ds,$$

即

$$D_s^p(f(s)|_{a < \mathscr{R}s < b}) = D_s^p f(s)|_{a < \mathscr{R}s < b}. \tag{55}$$

设 $\alpha(s)$ 为 **Q** 乘子, 则显然有

$$\alpha(s) \cdot (f(s)|_{a < \mathscr{R}s < b}) = (\alpha(s)f(s))|_{a < \mathscr{R}s < b}. \tag{56}$$

根据 (38)(47) 知

$$\begin{aligned}
((f(s)|_{\mathscr{R}s=k})[cs + \beta], \psi(s)) &= \left(f(s)|_{\mathscr{R}s=k}, \frac{1}{|c|}\psi\left(\frac{s - \beta}{c}\right)\right) \\
&= \frac{1}{2\pi i} \int_{k-i\infty}^{k+i\infty} f(s)\frac{1}{|c|}\psi\left(\frac{s - \beta}{c}\right) ds \\
&= \frac{1}{2\pi i} \int_{\frac{k-\mathscr{R}\beta}{c} - i\infty}^{\frac{k-\mathscr{R}\beta}{c} + i\infty} f(cs' + \beta)\psi(s') ds',
\end{aligned}$$

因此

$$(f(s)|_{\mathscr{R}s=k})[cs + \beta] = f(cs + \beta)|_{\mathscr{R}s = \frac{k - \mathscr{R}\beta}{c}},$$

由此得

$$(f(s)|_{a < \mathscr{R}s < b})[cs + \beta] = f(cs + \beta)|_{a' < \mathscr{R}s < b'}. \tag{57}$$

此处, 当 $c > 0$ 时, $a' = \dfrac{a - \mathscr{R}\beta}{c}, b' = \dfrac{b - \mathscr{R}\beta}{c}$, 而当 $c < 0$ 时则 $a' = \dfrac{b - \mathscr{R}\beta}{c}, b' = \dfrac{a - \mathscr{R}\beta}{c}$. 特别有

$$(f(s)|_{a < \mathscr{R}s < b}[1 - s] = f(1 - s)|_{1 - b < \mathscr{R}s < 1 - a}. \tag{58}$$

另设 $g(s)$ 在径区 $c < \mathscr{R}s < d$ 内为解析有限阶, 设 $c < h < d, g(s)|_{\mathscr{R}s = k}$ 为 $\mathbf{Q}$ 卷子, 于是由加法卷积的定义 (41) 有

$$
\begin{aligned}
&((g(s)|_{\mathscr{R}s=h}) * (f(s)|_{\mathscr{R}s=k}), \psi) \\
={}& (f(z)|_{\mathscr{R}z=k}, (g(w)|_{\mathscr{R}w=h}, \psi(z+w))) \\
={}& \frac{1}{2\pi i} \int_{k-i\infty}^{k+i\infty} f(z) dz \frac{1}{2\pi i} \int_{h-i\infty}^{h+i\infty} g(w)\psi(z+w) dw \\
={}& \left(\frac{1}{2\pi i}\right)^2 \int_{k-i\infty}^{k+i\infty} dz \int_{h+k-i\infty}^{h+k+i\infty} f(z) g(s-z) \psi(s) ds.
\end{aligned} \tag{59}
$$

今设

$$\int_{k-i\infty}^{k+i\infty} |g(s-z)f(z)| dz < \infty, (\mathscr{R}s = h + k)$$

并且它在线 $\mathscr{R}s = h + k$ 上为有限阶函数, 于是函数 $\displaystyle\int_{k-i\infty}^{k+i\infty} g(s-z)f(z) dz$ 在线 $\mathscr{R}s = h + k$ 上为有限阶并且

$$
\begin{aligned}
&\int_{h+k-i\infty}^{h+k+i\infty} ds \int_{k-i\infty}^{k+i\infty} |g(s-z)f(z)\psi(s)| dz \\
={}& \int_{h+k-i\infty}^{h+k+i\infty} |\psi(s)| ds \int_{k-i\infty}^{k+i\infty} |g(s-z)f(z)| dz < \infty,
\end{aligned}
$$

因此 (59) 右端积分号可以调换而得

$$\left(\frac{1}{2\pi i}\right)^2 \int_{h+k-i\infty}^{h+k+i\infty} \psi(s) ds \int_{k-i\infty}^{k+i\infty} g(s-z)f(z) dz,$$

即

$$(g(s)|_{\mathscr{R}s=h}) * (f(s)|_{\mathscr{R}s=k}) = \int_{k-i\infty}^{k+i\infty} g(s-z)f(z) dz|_{\mathscr{R}s=h+k}. \tag{60}$$

§2　广义函数的 Mellin 变换

2.1　**定义 3**　对任意 $F \in \mathbf{P}'$ 界定其 Mellin 变换 $\mathscr{M}F \in \mathbf{Q}'$ 为

$$(\mathscr{M}F, \psi) = (F, \mathscr{M}^{-1}\psi), \quad (\psi \in \mathbf{Q}); \tag{61}$$

亦即

$$(\mathscr{M}F, \mathscr{M}\varphi) = (F, \varphi), \quad (\varphi \in \mathbf{P}). \tag{62}$$

对任意 $f \in \mathbf{Q}'$ 界定其逆 Mellin 变换, $\mathscr{M}^{-1}f \in \mathbf{P}'$ 为

$$(\mathscr{M}^{-1}f, \varphi) = (f, \mathscr{M}\varphi), \quad (\varphi \in \mathbf{P}), \tag{63}$$

亦即

$$(\mathscr{M}^{-1}f, \mathscr{M}^{-1}\psi) = (f, \psi), \quad (\psi \in \mathbf{Q}). \tag{64}$$

显然可见 $\mathscr{M}$ 与 $\mathscr{M}^{-1}$ 为空间 $\mathbf{P}'$ 与 $\mathbf{Q}'$ 之间的一对互逆的同构映射 (即一一, 线性, 双连续).

设函数 $F(x)$ 在 $(0, \infty)$ 上可测, 并对某实数 k 而言 $x^{k-1}F(x) \in L_1(0, \infty)$ 于古典的 Mellin 积分

$$f(s) = \int_0^\infty F(x)x^{s-1}dx \quad (\mathscr{R}s = k)$$

有意义, 并且 $f(s)$ 在 $\mathscr{R}s = k$ 上有界. 视 $F(x) = F \in \mathbf{P}'$ 而按定义 3 求其广义 Mellin 变换 $\mathscr{M}F \in \mathbf{Q}'$:

$$
\begin{aligned}
(\mathscr{M}F, \psi) &= (F, \mathscr{M}^{-1}\psi) = \left(F(x), \frac{1}{2\pi i}\int_{k-i\infty}^{k+i\infty}\psi(s)x^{s-1}ds\right) \\
&= \frac{1}{2\pi i}\int_0^\infty F(x)dx\int_{k-i\infty}^{k+i\infty}\psi(s)x^{s-1}ds \\
&= \frac{1}{2\pi i}\int_{k-i\infty}^{k+i\infty}\psi(s)\int_0^\infty F(x)x^{s-1}dx.
\end{aligned}
$$

此处因 $x^{k-1}F(x) \in L_1(0, \infty)$ 及 $\psi(k+it) \in \mathbf{S}[t]$ 可知

$$\int_{k-i\infty}^{k+i\infty} ds \int_0^\infty \left|\psi(s)F(x)x^{s-1}\right| dx < \infty,$$

因此上面积分次序的更换是合法的. 又因 $f(s)$ 在 $\mathscr{R}s = k$ 上有界, 故产生广义函数 $\int_0^\infty F(x)x^{s-1}dx|_{\mathscr{R}s=k} \in \mathbf{Q}'$, 因此

$$(\mathscr{M}F, \psi) = \left(\int_0^\infty F(x)x^{s-1}dx|_{\mathscr{R}s=k}, \psi\right),$$

即

$$\mathscr{M}F = \int_0^\infty F(x)x^{s-1}dx|_{\mathscr{R}s=k}. \tag{65}$$

因此广义的与古典的 Mellin 变换为一致.

反之, 设有函数 $f(s)$ 在线 $\mathscr{R}s = k$ 上为有限阶并且 $f(k+it) \in L_1[t] = L_1(-\infty, \infty)$, 于是古典的逆 Mellin 积分

$$F(x) = \frac{1}{2\pi i}\int_{k-i\infty}^{k+i\infty} f(s)x^{-s}ds$$

有意义.

今按定义 3 求 $f = f(s)|_{\mathscr{R}s=k} \in \mathbf{Q}'$ 的广义逆 Mellin 变换 $\mathscr{M}^{-1}f$:

$$
(\mathscr{M}^{-1}f, \varphi) = (f, \mathscr{M}\varphi) = \left(f(s)|_{\mathscr{R}s=k}, \int_0^\infty \varphi(x)x^{-s}dx \right)
$$

$$
= \frac{1}{2\pi i} \int_{k-i\infty}^{k+i\infty} f(s)ds \int_0^\infty \varphi(x)x^{-s}dx
$$

$$
= \int_0^\infty \varphi(x)dx \frac{1}{2\pi i} \int_{k-i\infty}^{k+i\infty} f(s)x^{-s}ds
$$

这里积分号更换是合法的, 因为 $f(k+it) \in L_1(-\infty, \infty), \varphi \in \mathrm{P}[x]$ 而

$$
\int_0^\infty dx \int_{k-i\infty}^{k+i\infty} \left| \varphi(x)f(s)x^{-s} \right| ds < \infty.
$$

于是

$$
(\mathscr{M}^{-1}f, \varphi) = \left(\frac{1}{2\pi i} \int_{k-i\infty}^{k+i\infty} f(s)x^{-s}ds, \varphi(x) \right),
$$

即

$$
\mathscr{M}^{-1}f = \frac{1}{2\pi i} \int_{k-i\infty}^{k+i\infty} f(s)x^{-s}dx \tag{66}
$$

因此广义的与古典的逆 Mellin 变换也是一致的.

很容易推出下列古典理论中所不容的 Mellin 变换:

$$
\mathscr{M}\delta_{(a)} = a^{s-1}, (a > 0), \quad \mathscr{M}\delta_{(1)} = 1, \tag{67}
$$

$$
\mathscr{M}x^\beta = \delta_{(-\beta)}, (\beta复数), \quad \mathscr{M}1 = \delta_{(0)}, \tag{68}
$$

$$
\mathscr{M}\log x = D_s\delta_{(0)}, \mathscr{M}(\log x)^p = D_s^p\delta_{(0)} \quad (p为正整数), \tag{69}
$$

盖因

$$
(\mathscr{M}\delta_{(\alpha)}, \psi) = \left(\delta_{(\alpha)}, \frac{1}{2\pi i} \int_{k-i\infty}^{k+i\infty} \psi(s)x^{s-1}ds \right)
$$

$$
= \frac{1}{2\pi i} \int_{k-i\infty}^{k+i\infty} \psi(s)a^{s-1}ds = (a^{s-1}, \psi),
$$

$$
(\mathscr{M}x^\beta, \mathscr{M}\varphi) = (x^\beta, \varphi) = \int_0^\infty \varphi(x)x^\beta dx
$$

$$
= \mathscr{M}\varphi(-\beta) = (\delta_{(-\beta)}, \mathscr{M}\varphi),
$$

$$
(\mathscr{M}(\log x)^p, \mathscr{M}\varphi) = ((\log x)^p, \varphi) = \int_0^\infty \varphi(x)(\log x)^p dx
$$

$$
= (-1)^p D_s^p \mathscr{M}\varphi(0) = \left(D_s^p\delta_{(0)}, \mathscr{M}\varphi \right).
$$

当然这些结果也都可以用指数代换与 Fourier 变换来推导.

考虑 $F = e^{-x}$, 当 $\mathscr{R}s > 1$ 时 Mellin 积分绝对收敛而为

$$\int_0^\infty e^{-x} x^{s-1} dx = \Gamma(s),$$

因此有

$$\mathscr{M} e^{-x} = \Gamma(s)|_{\mathscr{R}s>0}. \tag{70}$$

又当 $0 < \mathscr{R}s < 1$ 时 $\cos x$ 的 Mellin 积分绝对收敛:

$$\int_0^\infty \cos x \cdot x^{s-1} dx = \Gamma(s) \cos \frac{\pi s}{2};$$

而右端函数解析地扩张至整个半平面 $\mathscr{R}s \geqslant 1$ 而仍为有限阶, 因此

$$\mathscr{M} \cos x = \Gamma(s) \cos \frac{\pi s}{2}\Big|_{\mathscr{R}s>0}. \tag{71}$$

同理可得

$$\mathscr{M} \sin x = \Gamma(s) \sin \frac{\pi s}{2}\Big|_{\mathscr{R}s>-1}, \tag{72}$$

$$\mathscr{M} J_\nu(x) = \frac{2^{s-1} \Gamma\left(\dfrac{\nu}{2} + \dfrac{s}{2}\right)}{\Gamma\left(\dfrac{\nu}{2} - \dfrac{s}{2} + 1\right)}\Bigg|_{\mathscr{R}s>-\nu}. \tag{73}$$

关于古典的 Mellin 变换论及其具体实例, 见 [1].

函数 e^x 的 Mellin 积分发散. 但因 $e^x = \sum\limits_{n=0}^\infty \dfrac{x^n}{n!}$, 并且此级数在空间 $\mathbf{P}'$ 的极限定义下为收敛 (即对一切 $\varphi \in \mathbf{P}$ 而言 $\left(\sum\limits_{n=0}^j \dfrac{x^n}{n!}, \varphi\right) \to (e^x, \varphi), (j \to \infty)$). 因此由 (68) 及广义 Mellin 变换的连续性知当 $j \to \infty$ 时, $\mathscr{M}\left(\sum\limits_{n=0}^j \dfrac{x^n}{n!}\right) = \sum\limits_{n=0}^j \dfrac{1}{n!} \delta_{(-n)} \to \mathscr{M} e^x (\mathbf{Q}')$, 写为

$$\mathscr{M} e^x = \sum_{n=0}^\infty \frac{1}{n!} \delta_{(-n)}. \tag{74}$$

同样也可知

$$\mathscr{M} e^{-x} = \sum_{n=0}^\infty \frac{(-1)^n}{n!} \delta_{(-n)}. \tag{75}$$

因此比较 (54), (70), (75) 得

$$\Gamma(s)|_{\mathscr{R}s>0} = \sum_{n=0}^\infty \frac{(-1)^n}{n!} \delta_{(-n)} = \Gamma(s)|_{-m-1<\mathscr{R}s<-m} + \sum_{n=0}^m \frac{(-1)^n}{n!} \delta_{(-n)}. \tag{76}$$

根据 Mellin 变换的定义 3 以及基本空间 $\mathbf{P}, \mathbf{Q}$ 内的线性运算规律极易导出

$$\mathscr{M}\left(x^{\beta} F\left[ax^{c}\right]\right) = \frac{1}{|c|} a^{-\frac{s+\beta}{c}} \mathscr{M}F\left[\frac{s+\beta}{c}\right], \tag{77}$$

$$\mathscr{M}F[ax] = a^{-s}\mathscr{M}F, \quad \mathscr{M}x^{\beta}F = \mathscr{M}F[s+\beta], \tag{78}$$

$$\mathscr{M}\left[x^{c}\right] = \frac{1}{|c|}\mathscr{M}F\left[\frac{s}{c}\right], \quad \mathscr{M}F\left[x^{-1}\right] = \mathscr{M}F[-s], \tag{79}$$

$$\mathscr{M}F^{*} = \mathscr{M}x^{-1}F\left[x^{-1}\right] = \mathscr{M}F[1-s], \tag{80}$$

$$\mathscr{M}D_{x}F = -(s-1)\cdot\mathscr{M}F[s-1],$$

$$\mathscr{M}D_{x}^{p}F = (-1)^{p}(s-1)(s-2)\cdots(s-p)\mathscr{M}F[s-p], \tag{81}$$

$$\mathscr{M}(xD_{x})F = -s\mathscr{M}F, \quad \mathscr{M}(D_{x}x)F = -(s-1)\mathscr{M}F, \tag{82}$$

$$\mathscr{M}(\log xF) = D_{s}\mathscr{M}F, \quad \mathscr{M}(\log x)^{p}x^{\beta} = D_{s}^{p}\delta_{(-\beta)}. \tag{83}$$

利用类似于 Fourier 变换论中的方法或由指数代换直接应用 Fourier 变换论内的结果可知: 设 $G(x)$ 为 $\mathbf{P}$ 乘子 (即无穷可微函数), 则 $\mathscr{M}G$ 为 $\mathbf{Q}$ 卷子, 并对任意 $F \in \mathbf{P}'$ 有

$$\mathscr{M}(GF) = \mathscr{M}G * \mathscr{M}F. \tag{84}$$

更设 $\mathscr{M}G = g(s)|_{\mathscr{R}s=h}, \mathscr{M}F = f(s)|_{\mathscr{R}s=k}$ 并且 $f(s), g(s)$ 满足适当的解析条件 (见 §1 末), 则有

$$\mathscr{M}(GF) = \int_{k-i\infty}^{k+i\infty} g(s-z)f(z)dz|_{\mathscr{R}s=h+k}. \tag{85}$$

2.2 我们来讨论一些特殊广义函数类的 Mellin 变换. 综合为下面一个定理.

定理 3 设 $F \in \mathbf{P}'$

1) $x^{k}F \in \mathbf{PS}'$ 的充要条件为 $\mathscr{M}F = W|_{\mathscr{R}s=k}$, 此处 $W \in \mathbf{S}'[t]$, 并且 $W = \mathscr{F}\mathscr{E}x^{k}F^{①}$;

2) $x^{k}F \in \mathbf{PS}_{c}'$ 的充要条件为 $\mathscr{M}F = f(s)|_{\mathscr{R}s=k}$, 此处 $f(s) = f(k+it)$ 为 t 的无穷可微函数, 其各级微商 $D_{t}^{p}f(k+it)$ 均为有限阶, 即 $f(k+it) \in \mathbf{S}_{m}'[t]$;

3) 设 Ω 为实轴 $-\infty < \sigma < +\infty$ 上的一个开区间. 于是对一切 $\sigma \in \Omega$ 有 $x^{\sigma}F \in \mathbf{PS}'$ 的充要条件为 $\mathscr{M}F = f(s)|_{\mathscr{R},s\in\Omega}$, 此处 $f(s)$ 为开径区 $\mathscr{R}s \in \Omega$ 内的有限阶解析函数:

4) $F \in \mathbf{PE}'$(即 F 具相对紧密支集) 的充要条件为 $\mathscr{M}F = f(s)$, 此处 $f(s)$ 为有限阶整解析函数并满足

$$|f(s)| \leqslant Ae^{B|\sigma|}(1+t^{2})^{q}. \tag{86}$$

---

① 基本空间 $\mathbf{S}[u], \mathbf{S}[t]$ 的 Fourier 变换, $\mathscr{F}\chi, \mathscr{F}^{-1}\xi$ 定义见 (26), (27). 空间 $\mathbf{S}'[u], \mathbf{S}'[t]$ 的 Fourier 变换定为

$$(\mathscr{F}V, \mathscr{F}\chi) = (V, \chi), \quad V \in \mathbf{S}'[u], \quad \mathscr{F}V \in \mathbf{S}'[t],$$

$$(\mathscr{F}^{-1}W, \mathscr{F}^{-1}\xi) = (W, \xi), \quad W \in \mathbf{S}'[t], \quad \mathscr{S}^{-1}W \in \mathbf{S}'[u].$$

函数型的 $\mathbf{S}$ 广义函数 $V(u) \in \mathbf{S}'[u]$ 及 $W = W(t) \in \mathbf{S}'[t]$ 分别界定为

$$(V, \chi) = \int_{-\infty}^{\infty} V(u)\chi(u)du, \quad (W, \xi) = \frac{1}{2\pi}\int_{-\infty}^{\infty} W(t)\xi(t)dt.$$

证 1) 因 $x^k F \in \mathbf{PS}' \Leftrightarrow \mathscr{E} x^k F \in \mathbf{S}'[u] \Leftrightarrow \mathscr{F}\mathscr{E} x^k F = W \in \mathbf{S}'[t]$. 故根据

$$
\begin{aligned}
(\mathscr{M} F, \mathscr{M}\varphi)_{\mathrm{Q}} &= (F, \varphi)_{\mathrm{P}} = \left(x^k F, x^{-k}\varphi\right)_{\mathrm{P}} = \left(x^k F, x^{-1}\varphi\right)_{\mathrm{PS}} \\
&= \left(\mathscr{E} x^k F, \mathscr{E} x^{-k}\varphi\right)_{\mathrm{S}[u]} = \left(\mathscr{F}\mathscr{E} x^k F, \mathscr{F}\mathscr{E} x^{-k}\varphi\right)_{\mathrm{S}[t]} \\
&= \left(\mathscr{F}\mathscr{E} x^k F, \mathscr{M}\varphi(k+it)\right)_{\mathrm{S}[t]} = (W, \mathscr{M}\varphi(k+it))_{\mathrm{S}[t]} \\
&= \left(W|_{\mathscr{R}s=k}, \mathscr{M}\varphi\right)_{\mathrm{Q}}^{①}.
\end{aligned}
$$

因此 1) 成立.

2) 根据 $\mathscr{E}\left(\mathbf{PS}'_c\right) = \mathbf{S}'_c$ 及 $\mathscr{F}\mathbf{S}'_c = \mathbf{S}_m$② 可知 $x^k F \in \mathbf{PS}'_c \Leftrightarrow \mathscr{E} x^k F \in \mathbf{S}'_c[u] \Leftrightarrow \mathscr{F}\mathscr{E} x^k F \in \mathbf{S}'_m[t]$, 即 $\mathscr{F}\mathscr{E} x^k F = W = f(k+it)$, 此处 $f(k+it) \in \mathbf{S}'_m[t]$. 由此以及 1) 即得 2).

3) Schwartz 曾证明③, 设 Ω 为实轴上的开集, $V \in \mathbf{K}'[u]$, 并对一切 $\sigma \in \Omega$ 有 $e^{\sigma u} V \in \mathbf{S}'[u]$, 则对一切 $\sigma \in \Omega$ 有 $e^{\sigma u} V \in \mathbf{S}'_c[u]$, 而其 Fourier 变换函数 $\mathscr{F} e^{\sigma u} V = f(\sigma+it) = f(s)$. 当视为复变数 $s = \sigma+it$ 的函数时, 在开径区 $\mathscr{R}s \in \Omega$ 内为有限阶解析. 将此与 2) 中的必要性结合即证明了 3) 中的必要性. 反之, 已知 $f(s)$ 在径区 $\mathscr{R}s \in \Omega$ 为有限阶解析, 则其各级微商 $D_s^p f(s)$ 亦在 $\mathscr{R}s \in \Omega$ 内为有限阶解析, 因此引用 2) 中的充分性部分即证得 3) 中的充分性.

4) $F \in \mathbf{PE}' \Leftrightarrow \mathscr{E} F \in \mathbf{E}'[u]$. 而后者由 Paley-Wiener-Schwartz 定理④. 又等价于说 Fourier 变换函数 $\mathscr{F}\mathscr{E} F = f(it)$ 可以扩张整解析函数 $f(s)$ 满足条件 (86). 因此 $F \in \mathbf{PE}'$ 等价于说 $\mathscr{M} F = f(s)|_{\mathscr{R}s=0} = f(s)|_{\mathscr{R}s=k}(k$ 任意$)$, 即 $\mathscr{M} F = f(s)$.

§3 乘 式 卷 积

3.1 在数学分析里常用到下列两种卷积积分

$$
\int_0^\infty G\left(xy^{-1}\right) F(y)y^{-1}dy, \quad \int_0^\infty G(xy)F(y)dy, \tag{87}
$$

我们分别以 $G(x) \vee F(x), G(x) \wedge F(x)$ 记之. 如果 $G(x), F(x)$ 的古典 Mellin 变换为

$$
g(s) = \int_0^\infty G(x)x^{s-1}dx, \quad f(s) = \int_0^\infty F(x)x^{s-1}dx,
$$

则这两种卷积的 Mellin 变换为

$$
\begin{aligned}
\int_0^\infty (G(x) \vee F(x))x^{s-1}dx &= g(s)f(s), \\
\int_0^\infty (G(x) \wedge F(x))x^{s-1}dx &= g(s)f(1-s).
\end{aligned} \tag{88}
$$

---

① 括号右下角的记号代表数积所取的空间.
② 见 [2], 124 页.
③ 见 [3].
④ 见 [2] 或 [5]§7.5 定理 5.

许多古典的积分变换例 Fourier 正弦余弦变换, Hankel 变换, 以及一般的 Watson 变换等均表为 $G \wedge F$ 的形式, 而关系 (88) 对这种变换的研究有重要的意义. 这些关系很容易地可推广至广义函数.

设 $G, F \in \mathbf{P}'$, 在一定条件之下可以形式地界定第一种乘法卷积 $G \vee F \in \mathbf{P}'$ 及第二种乘法卷积 $G \wedge F \in \mathbf{P}'$ 如下:

$$(G \vee F, \varphi) = (F[x], (G[y], \varphi(xy))), \quad \varphi \in \mathbf{P}', \tag{89}$$

$$(G \wedge F, \varphi) = \left(F[x], \left(G[y], x^{-1}\varphi\left(x^{-1}y\right)\right)\right), \quad \varphi \in \mathbf{P}', \tag{90}$$

但因

$$\left(F[x], \left(G[y], x^{-1}\varphi\left(x^{-1}y\right)\right)\right) = \left(x^{-1}F\left[x^{-1}\right], (G[y], \varphi(xy))\right)$$
$$= \left(F^*[x], (G(y), \varphi(x, y))\right),$$

故形式上有

$$G \wedge F = G \vee F^*, \tag{91}$$

即第二种乘法卷积可以归结第一种乘法卷积. 第二种形式的卷积应用较广, 但讨论时以第一种较便.

命 $x = e^u, y = e^v$, 于是因

$$\mathscr{E}(G[y], \varphi(xy))(u) = e^u\left(G[y], \varphi\left(e^uy\right)\right) = e^u\left(\mathscr{E}G[v], e^v\varphi\left(e^ue^v\right)\right)$$
$$= \left(\mathscr{E}G[v], e^{u+v}\varphi\left(e^{u+v}\right)\right) = (\mathscr{E}G[v], \mathscr{E}\varphi(u+v)),$$
$$(\mathscr{E}(G \vee F)\mathscr{E}\varphi) = (\mathscr{E}F[u], \mathscr{E}(G[y], \varphi(xy))(u))$$
$$= (\mathscr{E}F[u], (\mathscr{E}G[v], \mathscr{E}\varphi(u+v)))$$
$$= (\mathscr{E}G * \mathscr{E}F, \mathscr{E}\varphi),$$

故形式上有

$$\begin{aligned} \mathscr{E}(G \vee F) &= \mathscr{E}G * \mathscr{E}F, \\ \mathscr{E}(G \wedge F) &= \mathscr{E}G * e^{-u}\mathscr{E}F[-u]. \end{aligned} \tag{92}$$

因此半直线上广义函数的乘法卷积实际相当于全直线上广义函数的加法卷积, 而对后者 Schwartz 已有研究, 我们将应用 Schwartz 的结果并作一些推广.

Schwartz[①] 对 $R \in \mathbf{S}'_c, T \in \mathbf{S}'$ 界定加法卷积 $R * T \in \mathbf{S}'$ 为

$$(R * T, \chi) = (T(u), (R[v], \chi(u+v)).$$

又更一般些, 设对 σ 而言 $e^{\sigma u}R \in \mathbf{S}'_c, e^{\sigma u}T \in \mathbf{S}'$, 则界定 $R * T = e^{-\sigma u}\left(e^{\sigma u}R * e^{\sigma u}T\right)$, 并且这个定义与 σ 的可能的选择无关. 又设 $T \in \mathbf{K}'$, 则一切使 $e^{\sigma u}T \in \mathbf{S}'$ 的实数 σ 组成一个凸集 $\Lambda(T)$; 并且, 设 σ 为 $\Lambda(T)$ 的内点则 $e^{\sigma u}T \in \mathbf{S}'_c$. 据此我们取下列定义.

---

① 见 [4].

定义 4 设 $G \in \mathbf{PS}'_c, F \in \mathbf{PS}'$, 则按式 (89) 界定 $G \vee F \in \mathbf{PS}'$. 设 $G \in \mathbf{PS}'_c, F^* \in \mathbf{PS}'$, 则界定 $G \wedge F = G \vee F^* \in \mathbf{PS}'$, 亦即按式 (90) 界定 $G \wedge F$. 设 $G, F \in \mathbf{P}'$, 而存在实数 k 使得 $x^k G \in \mathbf{PS}'_c, x^k F \in \mathbf{PS}'$, 则界定 $G \vee F = x^{-k} \left(x^k G \vee x^k F \right) \in \mathbf{P}'$. 设 $G, F \in \mathbf{P}'$ 而存在实数 k 使得 $x^k G \in \mathbf{PS}'_c, x^k F^* = \left(x^{-k} F \right)^* \in \mathbf{PS}'$, 则界定 $G \wedge F = G \vee F^* = x^{-k} (x^k G \vee x^k F^*) \in \mathbf{P}'$.

注意这里的定义是单义的, 即与 k 选取无关. 又显然有

$$x^k (G \vee F) = x^k G \vee x^k F, \tag{93}$$

$$x^k (G \wedge F) = x^k G \wedge x^{-k} F, \tag{94}$$

这些等式应了解如下: 如果一边的卷积有意义, 则另一边的也有意义而且两边相等. 又卷积具有连续性: 设 $x^k F_j \to 0 \, (\mathbf{PS}')$, 则 $x^k \left(G \vee F_j \right) \to 0 \, (\mathbf{PS}')$, 而 $G \vee F_j \to 0 \, (\mathbf{P}')$. 同样, 设 $x^k F_j^* \to 0 \, (\mathbf{PS}')$, 则 $x^k \left(G \wedge F_j \right) \to 0 \, (\mathbf{PS}')$, 而 $G \wedge F_j \to 0 \, (\mathbf{P}')$.

PS 卷积是普通的卷积积分的推广, 设有函数型的广义函数 $G = G(x), F = F(x)$, 并设 $x^k G \in \mathbf{PS}'_c, x^k F^* \in \mathbf{PS}'$. 于是按定义 4, $G \wedge F$ 有意义, 即为

$$
\begin{aligned}
(G \wedge F, \varphi) &= \left(x^{-k} \left(x^k G \wedge x^{-k} F^* \right), \varphi \right) = \left(x^k G \wedge x^{-k} F, x^{-k} \varphi \right) \\
&= \left(y^{-k} F(y), \left(x^k G(x), y^{-1} \left(xy^{-1} \right)^{-k} \varphi \left(xy^{-1} \right) \right) \right) \\
&= \int_0^\infty y^{-k} F(y) dy \int_0^\infty x^k G(x) x^{-k} y^k \varphi \left(xy^{-1} \right) y^{-1} dx \\
&= \int_0^\infty F(y) dy \int_0^\infty G(xy) \varphi(x) dx, \quad (\varphi \in \mathbf{P}).
\end{aligned}
\tag{95}
$$

今假设

$$\int_0^\infty |G(xy) F(y)| dy < \infty, \quad (\text{对 } x \text{ 而言几乎到处}). \tag{96}$$

并设它界定一个在 $(0, \infty)$ 上为局部绝对可积的函数. 于是有

$$\int_0^\infty dx \int_0^\infty |G(xy) F(y) \varphi(x)| dy < \infty,$$

因此 (95) 积分号可以调换而得

$$(G \wedge F, \varphi) = \int_0^\infty \varphi(x) dx \int_0^\infty G(xy) F(y) dy, \quad (\text{对一切} \varphi \in \mathbf{P})$$

因此

$$G \wedge F = \int_0^\infty G(xy) F(y) dy. \tag{97}$$

注意, 在一般情况下对积分 (96) 所加的条件都是被满足的. 在类似的条件下也有

$$G \vee F = \int_0^\infty G \left(xy^{-1} \right) F(y) y^{-1} dy. \tag{98}$$

定理 4 设 $x^k G \in \mathbf{PS}'_c, x^k F \in \mathbf{PS}'$, 则

$$\mathscr{M}(G \vee F) = g(k+it) \cdot f[k+it]|_{\mathscr{R}s=k}. \tag{99}$$

此处

$$\mathscr{M} \, G = g(k+it)|_{\mathscr{R}s=k}, \quad g(k+it) \in \mathbf{S}'_m[t], \tag{100}$$

$$\mathscr{M} \, F = f[k+it]|_{\mathscr{R}s=k}, \quad f[k+it] \in \mathbf{S}'[t], \tag{101}$$

而 $g(k+it) \cdot f[k+it] \in \mathbf{S}'[t]$ 为空间 $\mathbf{S}'[t]$ 内的乘积.

证 根据定义 $x^k(G \vee F) = x^k G \vee x^k F$ 有

$$\mathscr{E} x^k(G \vee F) = \mathscr{E} x^k G \vee \mathscr{E} x^k F.$$

作 Fourier 变换, 命

$$\mathscr{F}\mathscr{E} x^k G = g(k+it) \in \mathbf{S}'_m[t], \quad \mathscr{F}\mathscr{E} x^k F = f[k+it] \in \mathbf{S}'[t].$$

乃有

$$\mathscr{F} \, \mathscr{E} x^k(G \vee F) = g(k+it) \cdot f[k+it] \in \mathbf{S}'[t].$$

根据定理 3

$$\begin{aligned}
(\mathscr{M}(G \vee F), \psi) &= \left(\mathscr{F}\mathscr{E} x^k(G \vee F), \psi(k+it)\right)_{\mathrm{S}[t]} \\
&= (g(k+it) \cdot f[k+it], \psi(k+it))_{\mathrm{S}[t]} \\
&= (g(k+it)f[k+it]|_{\mathscr{R}s=k}, \psi)_{\mathrm{Q}}.
\end{aligned}$$

3.2 设 $F \in \mathbf{P}'$, 命 $\Lambda(F)$ 为由一切使 $x^\sigma F \in \mathbf{PS}'$ 的实数 σ 所组成的集. (可能是空集), 它恒为凸集. 命 $\Omega(F)$ 为 $\Lambda(F)$ 的内点集. 如 $\sigma \in \Omega(F)$, 则 $x^\sigma F \in \mathbf{PS}'_c$. 因此, 如果对 $F_1, F_2 \in \mathbf{P}'$ 而言有 $\Omega(F_1) \bigcap \Omega(F_2) \neq 0$(即非空), 则 $F_1 \vee F_2$ 恒单义地界定. 如果 $\Omega(F_1) \bigcap \Omega(F_2^*) \neq 0$, 则 $F_1 \wedge F_2$ 恒单义地界定. 下面将只讨论这种意义的卷积.

根据定理 3 立即可得

定理 5 集 $\Omega(F)$ 为实轴 $-\infty < \sigma < +\infty$ 上最大的开区间 Ω 使得在开径区内存在有限阶的解析函数 $f(s)$ 满足

$$\mathscr{M} \, F = f(s)|_{\mathscr{R}s \in \Omega}.$$

定理 6 设 $\Omega(F_1) \bigcap \Omega(F_2) \neq 0$, 则

$$\mathscr{M} \, (F_1 \vee F_2) = f_1(s)f_2(s)|_{\mathscr{R}s \in \Omega(F_1) \bigcap \Omega(F_2)}; \tag{102}$$

设 $\Omega(F_1) \bigcap \Omega^*(F_2) \neq 0$, 则

$$\mathscr{M} \, (F_1 \wedge F_2) = f_1(s)f_2(1-s)|_{\mathscr{R}s \in \Omega(F_1) \bigcap \Omega^*(F_2)}; \tag{103}$$

此处

$$\mathcal{M} F_1 = f_1(s)|_{\mathcal{R}s \in \Omega(F_1)}, \tag{104}$$

$$\mathcal{M} F_2 = f_2(s)|_{\mathcal{R}s \in \Omega(F_2)}, \tag{105}$$

$\Omega^*(F_1)$ 为集 $\Omega(F_1)$ 经过变换 $\sigma \to 1 - \sigma$ 所得的集.

    证   任取 $k \in \Omega(F_1) \bigcap \Omega(F_2)$, 于是由定理 4 及

$$\mathcal{M} F_1 = f_1(s)|_{\mathcal{R}s \in \Omega(F_1)} = f_1(s)|_{\mathcal{R}s=k},$$

$$\mathcal{M} F_2 = f_2(s)|_{\mathcal{R}s \in \Omega(F_2)} = f_2(s)|_{\mathcal{R}s=k},$$

可知

$$\mathcal{M}(F_1 \vee F_2) = f_1(s)f_2(s)|_{\mathcal{R}s=k}. \tag{106}$$

但 $f_1(s), f_2(s)$ 各在径区 $\mathcal{R}s \in \Omega(F_1), \mathcal{R}s \in \Omega(F_2)$ 内为有限阶解析, 因此其积 $f_1(s)f_2(s)$ 至少在径区 $\mathcal{R}s \in \Omega(F_1) \bigcap \Omega(F_2)$ 内为有限阶解析, 因此由式 (106) 得式 (102). 定理的第二部分可以从定理的第一部分导出, 只须注意 $F_1 \wedge F_2 = F_1 \vee F_2^*$ 而根据 (80), (58) 有

$$\mathcal{M} F_2^* = \mathcal{M} F_2[1-s] = f_2(1-s)|_{\mathcal{R}s \in \Omega^*(F_2)}. \tag{107}$$

此处 Ω^* 表示集 Ω 对变换 $\sigma \to 1 - \sigma$ 的映像.

    这个定理也可视为古典理论中的公式 (88) 的推广

    定理 7   设 $\Omega(F_1) \bigcap \Omega(F_2) \neq 0$, 则有

$$F_1 \vee F_2 = F_2 \vee F_1, \quad (\text{交换律}) \tag{108}$$

$$(F_1 \vee F_2)^* = F_1^* \vee F_2^*, \tag{109}$$

$$x^\beta (F_1 \vee F_2) = x^\beta F_1 \vee x^\beta F_2, \tag{110}$$

设 $\Omega(F_1) \bigcap \Omega(F_2) \bigcap \Omega(F_3) \neq 0$, 则

$$F_1 \vee (F_2 \vee F_3) = (F_1 \vee F_2) \vee F_3 \quad (\text{结合律}). \tag{111}$$

    设 $\Omega(F_1) \bigcap \Omega^*(F_2) \neq 0$, 则有

$$(F_1 \wedge F_2)^* = F_2 \wedge F_1, \quad (\text{交换关系}) \tag{112}$$

$$x^\beta (F_1 \wedge F_2) = x^\beta F_1 \wedge x^{-\beta} F_2. \tag{113}$$

设 $\Omega(F_1) \bigcap \Omega^*(F_2) \bigcap \Omega(F_3) \neq 0$, 则

$$F_1 \wedge (F_2 \wedge F_3) = \left((F_2 \wedge F_1)^* \wedge F_3\right)^*, \quad (\text{结合关系}). \tag{114}$$

证 根据定理 5 以及 (107), (78), (57) 极易导出 (108)—(110), (112), (113), 又不难验证

$$\mathscr{M}\left(F_1 \vee (F_2 \vee F_3)\right) = f_1(s)f_2(s)f_3(s)|_{\mathscr{R}s \in \Omega(F_1) \bigcap \Omega(F_2) \bigcap (F_3)}$$
$$= \mathscr{M}\left((F_1 \vee F_2) \vee F_3\right),$$

因此式 (111) 成立, 又

$$\mathscr{M}\left(F_2 \wedge F_3\right)^* = (f_2(s)f_3(1-s)|_{\mathscr{R}s \in \Omega(F_2) \bigcap \Omega^*(F_3)})[1-s]$$
$$= f_2(1-s)f_3(s)|_{\mathscr{R}s \in \Omega^*(F_2) \bigcap \Omega(F_3)},$$

因此

$$\mathscr{M}\left(F_1 \wedge (F_2 \wedge F_3)\right) = \mathscr{M}\left(F_1 \vee (F_2 \wedge F_3)^*\right)$$
$$= f_1(s)f_2(1-s)f_3(s)|_{\mathscr{R}s \in \Omega(F_1) \bigcap \Omega(F_2) \bigcap \Omega(F_3)} \cdot$$

同样可得

$$\mathscr{M}\left((F_2 \wedge F_1) \wedge F_3\right)^* = (f_2(s)f_1(1-s)f_3(1-s)|_{\mathscr{R}s \in \Omega(F_2) \bigcap \Omega^*(F_1) \bigcap \Omega^*(F_3)})[1-s]$$
$$= f_1(s)f_2(1-s)f_3(s)|_{\mathscr{R}s \in \Omega(F_1) \bigcap \Omega^*(F_2) \bigcap \Omega(F_3)},$$

因此式 (114) 成立.

我们即使不用 Mellin 变换的工具而直接从 **P**, **PS** 广义函数理论本身也很容易推导上列结果. 但要进一步讨论两个以上因子的卷积时, Mellin 变换的工具似为不可少.

上面第一种卷积的结合律 (4.53) 是在条件

$$\Omega(F_1) \bigcap \Omega(F_2) \bigcap \Omega(F_3) \neq 0 \tag{115}$$

之下成立. 但事实上在较弱的条件

$$\Omega(F_1) \bigcap \Omega(F_2 \vee F_3) \neq 0, \quad \Omega(F_1 \vee F_2) \bigcap \Omega(F_3) \neq 0 \tag{116}$$

之下, 二重卷积 $F_1 \vee (F_2 \vee F_3)$ 及 $(F_1 \vee F_2) \vee F_3$ 仍分别有意义. 自然会问, 此时结合律是否仍然成立, 或者如果不成立则应作怎样的修正. 对第二种卷积的结合关系也有类似的情况. 下面的定理回答这个问题.

定理 8 设 $F_1, F_2, F_3 \in \mathbf{P}'$,

$$\mathscr{M} F_j = f_j(s)|_{\mathscr{R}s \in \Omega(F_j)}, \quad j = 1, 2, 3. \tag{117}$$

设

$$\Omega_a = \Omega(F_1) \bigcap \Omega(F_2 \vee F_3) \neq 0, \quad \Omega_b = \Omega(F_1 \vee F_2) \bigcap \Omega(F_3) \neq 0, \tag{118}$$

并设积函数 $f_1(s)f_2(s)f_3(s)$ 在径区 $\mathscr{R}s \in \Omega_a$ 与 $\mathscr{R}s \in \Omega_b$ 的 "间隙" 中只有有限多个极点 $\beta_1, \cdots, \beta_m$, 并且仍保持为有限阶. 于是

$$
F_1 \vee (F_2 \vee F_3)
$$

$$
= (F_1 \vee F_2) \vee F_3 \pm \sum_{k=1}^{m} \sum_{p=1}^{q_k} (-1)^{p-1} \frac{b_{k,-p}}{(p-1)!} (\log x)^{p-1} x^{-\beta_k}, \tag{119}
$$

此处 $b_{k,-p}\,(k=1,\cdots,m; p=1,\cdots,q_k)$ 为函数 $f_1(s)f_2(s)f_3(s)$ 在极点 $s = \beta_k$ 处的 Laurent 展式中负幂项 $\dfrac{1}{(s-\beta_k)^p}$ 的系数, 符号 + 或 − 则视区间 Ω_a 在区间 Ω_b 的右或左而定.

特别有, 如果 $\Omega_a \bigcap \Omega_b \neq 0$ 或在径区 $\mathscr{R}s \in \Omega_a$ 与 $\mathscr{R}s \in \Omega_b$ 的间隙中函数 $f_1(s)f_2(s)f_3(s)$ 无异点, 则

$$
F_1 \vee (F_2 \vee F_3) = (F_1 \vee F_2) \vee F_3. \tag{120}
$$

同样, 设

$$
\Omega_c = \Omega(F_1) \bigcap \Omega^*(F_2 \wedge F_3) \neq 0, \quad \Omega_d = \Omega^*(F_2 \wedge F_1) \bigcap \Omega(F_3) \neq 0, \tag{121}
$$

并设积函数 $f_1(s)f_2(1-s)f_3(s)$ 在径区 $\mathscr{R}s \in \Omega_c$ 与 $\mathscr{R}s \in \Omega_d$ 的 "间隙" 中只有有限多个极点 $\alpha_1, \ldots, \alpha_n$, 并且仍保持为有限阶. 于是

$$
F_1 \wedge (F_2 \wedge F_3) = ((F_2 \wedge F_1) \wedge F_3)^*
$$

$$
\pm \sum_{k=1}^{n} \sum_{p=1}^{q_k} (-1)^{p-1} \frac{\alpha_{k,-p}}{(p-1)!} (\log x)^{p-1} x^{-\alpha_k}. \tag{122}
$$

此处 $\alpha_{k,-p}\,(k=1,\cdots,n; p=1,\cdots,q_k)$ 为函数 $f_1(s)f_2(1-s)f_3(s)$ 在极点 $s = \alpha_k$ 的 Laurent 展式中负幂项 $\dfrac{1}{(s-\alpha_k)^p}$ 的系数, 符号 + 或 − 则视区间 Ω_c 在区间 Ω_d 的右或左而定.

特别有, 如果 $\Omega_c \bigcap \Omega_d \neq 0$ 或在径区 $\mathscr{R}s \in \Omega_c$ 与 $\mathscr{R}s \in \Omega_d$ 的 "间隙" 中无异点, 则

$$
F_1 \wedge (F_2 \wedge F_3) = ((F_2 \wedge F_1) \wedge F_3)^*. \tag{123}
$$

证 根据条件 (118) 知 $F_1 \vee (F_2 \vee F_3)$ 及 $(F_1 \vee F_2) \vee F_3$ 分别有意义. 由 (117) 及定理 6 得

$$
\mathscr{M}(F_2 \vee F_3) = f_2(s)f_3(s)|_{\mathscr{R}s \in \Omega(F_2) \bigcap \Omega(F_3)} = f_2(s)f_3(s)|_{\mathscr{R}s \in \Omega(F_2 \vee F_3)},
$$

$$
\mathscr{M}(F_1 \vee F_2) = f_1(s)f_2(s)|_{\mathscr{R}s \in \Omega(F_1) \bigcap \Omega(F_2)} = f_1(s)f_2(s)|_{\mathscr{R}s \in \Omega(F_1 \vee F_2)},
$$

于是

$$
\mathscr{M}(F_1 \vee (F_2 \vee F_3)) = f_1(s)f_2(s)f_3(s)|_{\mathscr{R}s \in \Omega_a}, \tag{124}
$$

$$\mathscr{M}\left((F_1 \vee F_2) \vee F_3\right) = f_1(s)f_2(s)f_3(s)\big|_{\mathscr{R}s \in \Omega_b}, \tag{125}$$

根据我对函数 $f_1(s)f_2(s)f_3(s)$ 所加的条件及定理 2 得

$$f_1(s)f_2(s)f_3(s)\big|_{\mathscr{R}s \in \Omega_a}$$
$$= f_1(s)f_2(s)f_3(s)\big|_{\mathscr{R}s \in \Omega_b} \pm \sum_{k=1}^{m} \operatorname{Res}\left(f_1(s)f_2(s)f_3(s)\right)\big|_{s=\beta_k}.$$

但根据 (50) (69) 有

$$\operatorname{Res}\left(f_1(s)f_2(s)f_3(s)\right)\big|_{\mathscr{R}s=\beta_k} = \mathscr{M}\left(\sum_{p=1}^{q_k}(-1)^{p-1}\frac{b_{k,-p}}{(p-1)!}(\log x)^{p-1}x^{-\beta_k}\right). \tag{126}$$

因此, 比较 (124) (125) (126) 即得 (119).

同样, 在条件 (121) 之下 $F_1 \wedge (F_2 \wedge F_3)$ 及 $(F_2 \wedge F_1) \wedge F_3$ 分别有意义, 并且不难见到

$$\mathscr{M}\left(F_1 \wedge (F_2 \wedge F_3)\right) = f_1(s)f_2(1-s)f_3(s)\big|_{\mathscr{R}s \in \Omega_c}, \tag{127}$$

$$\mathscr{M}\left((F_2 \wedge F_1) \wedge F_3\right) = f_1(1-s)f_2(s)f_3(1-s)\big|_{\mathscr{R}s \in \Omega_d^*},$$

$$\mathscr{M}\left((F_2 \wedge F_1) \wedge F_3\right)^* = f_1(s)f_2(1-s)f_3(s)\big|_{\mathscr{R}s \in \Omega_d}, \tag{128}$$

由此根据类似于前的推理即得 (122).

这个结果有多方面的应用, 将于以后的论文中讨论. 只指出实际上它是许多不同情况的抽象的统一. 这种内在的统一性是华罗庚先生指出的.

3.3　要能运用广义函数 **PS** 卷积的形式工具自然首先要确定广义函数 F 的有关的集 $\Lambda(F)$ 及 $\Omega(F)$. 确定集合 $\Lambda(F), \Omega(F)$ 的问题有时是很难的. 但即使不能完全确定时至少也要对之作适当的估计, 或判定某数 k 是否属于 $\Lambda(F)$ 或 $\Omega(F)$. 通常可以循两种不同的途径来确定或估计:

(A) "初等" 的方法, 从空间 **P′** 本身来考虑问题——根据定义, 以及一些相关的命题 (如 §1, 第 1.2 中所述).

(B) "超越" 的方法, 从 Mellin 变换空间 $\mathscr{M}$ **P′** = **Q′** 来考虑问题——根据 Mellin 变换及定理 5 等.

举例如下:

1°　$F = x^\beta \Lambda\left(x^\beta\right) = \{-\mathscr{R}\beta\}$, 即由一 $\mathscr{R}\beta$ 一个点组成, $\Omega\left(x^\beta\right) = 0$ (空集). 盖当 $\sigma = -\mathscr{R}\beta$ 时 $x^\sigma x^\beta = x^{i\vartheta\beta} \in$ **PS′** 而当 $\sigma \neq -\mathscr{R}\beta$ 时 $x^\sigma x^\beta \bar{\in}$ **PS′**.

2°　$F = F(x)$ 而 $x^{k-1}F(x) \in L(0,\infty)$ 或 $L^2(0,\infty)$, 则 $k \in \Lambda(F)$. 盖此时不难验证

$$(F,\varphi) = \int_0^\infty x^k F(x)\varphi(x)dx < \infty \quad (\varphi \in \mathbf{PS}),$$

$$(F,\varphi_j) = \int_0^\infty x^k F(x)\varphi_j(x)dx \to 0 \quad (\varphi_j \to \mathbf{PS}),$$

因此 $x^k F \in \mathbf{PS'}$.

3°　$F = F(x)$ 而 $x^k F(x)$ 有界, 或更一般些存在 A, B 使得

$$|x^k F(x)| \leqslant A \left(1 + |\log x|^2\right)^B,$$

则 $k \in \Lambda(F)$.

下面一些简单的事实对于决定集 $\Lambda(F)$ 及 $\Omega(F)$ 的问题是有帮助的. 根据定理 5 及 6 直接可知: 设 $\Omega(F_1) \bigcap \Omega(F_2) \neq 0$, 则

$$\Omega(F_1 + F_2) \supset \Omega(F_1) \bigcap \Omega(F_2),$$
$$\Omega(F_1 \vee F_2) \supset \Omega(F_1) \bigcap \Omega(F_2).$$

设 $\Omega(F_1) \bigcap \Omega^*(F_2) \neq 0$, 则

$$\Omega(F_1 \wedge F_2) \supset \Omega(F_1) \bigcap \Omega^*(F_2).$$

设将 $F \in \mathbf{P}'$ 变为 $x^\beta F[ax^c]$ (β 复数, $a > 0, c$ 实数 $\neq 0$) 则其 Λ 集亦作相应的简单的变换, 盖设 $\sigma \in \Lambda(F)$, 即 $x^\sigma F \in \mathbf{PS}'$ 于是 $(x^\sigma F)[ax^c] = a^\sigma x^{c\sigma} F[ax^c] \in \mathbf{PS}'$ (见定理 3), 即 $x^{c\sigma} F[ax^c] \in \mathbf{PS}'$. 但又因 $x^{i\vartheta\beta}$ 为 $\mathbf{PS}$ 乘子, 故 $x^{i\vartheta\beta} \cdot x^{c\sigma} F[ax^c] = x^{c\sigma - \mathscr{R}\beta} x^\beta F[ax^c] \in \mathbf{PS}'$. 因此 $\sigma' = c\sigma - \mathscr{R}\beta \in \Lambda(x^\beta F[ax^c])$. 循相反的途径亦可知: 设 $\sigma' = c\sigma - \mathscr{R}\beta \in \Lambda(x^\beta F[ax^c])$, 则 $\sigma \in \Lambda(F)$. 因此有

$$\Lambda(x^\beta F[ax^c]) = \{\sigma' | \sigma' = c\sigma - \mathscr{R}\beta, \sigma \in \Lambda(F)\}.$$

作为特例则有

$$\Lambda(F[ax]) = \Lambda(F),$$
$$\Lambda(x^\beta F) = \{\sigma' | \sigma' - \mathscr{R}\beta, \sigma \in \Lambda(F)\},$$
$$\Lambda(F^*) = \Lambda^*(F) = \{\sigma' | \sigma' = 1 - \sigma, \sigma \in \Lambda(F)\},$$

注意此处 Λ^* 就是集 Λ 对点 $\sigma = \dfrac{1}{2}$ 的反射映像.

参 考 文 献

[1] Titchmarsh, E., Introduction to the theory of Fourier integrals, 2 ed. 1948, Oxford.

[2] Schwartz, L., Theorie des distributions, II, 1951, Paris.

[3] ——, Transformation de Laplace des distributions, Medd. Lunds Univ. Mat. Sem. Supplementband til. M. Riesz, (1952) 196-206.

[4] Гельфанд, и. м., шилов Г. Е., Преобразования Фурье быстро растущих функци и вопросы единственности решения задачи Коши, успехи Мат. Наук, 8: 6(1953), 1-54.

[5] 冯康, 广义函数论, 数学进展, 1: 3(1955), 405-590.

Generalized Mellin Transforms I

The theory of Mellin transforms is extended to the distributions on the half-line $(0, \infty)$.

The distributions on $(0, \infty)(\in \mathbf{P}')$ are linear continuous functionals over the space $\mathbf{P}$ of infinitely differentiable functions with compact supports in $(0, \infty)$. An exponential substitution establishes the isomorphism between $\mathbf{P}$ and $\mathbf{K}$ (viz. $\mathbf{P}'$ and $\mathbf{K}'$).

Let $\mathbf{Q}$ be the space of all integral functions $\psi(s) = \psi(\sigma + it)$ satisfying 1. $|\psi(\sigma + it)| \leqslant A e^{B|\sigma|}$, 2. $\psi(\sigma + it) \in \mathbf{S}[t]$ for each fixed σ; and $\mathbf{Q}'$ be its dual. If $f(s)$ is analytic and of finite order in the stripe $a < \mathscr{R}s < b$, then the integral

$$\frac{1}{2\pi i} \int_{k-i\infty}^{k+i\infty} f(s)\psi(s)ds \quad (\psi \in \mathbf{Q})$$

is independent of the choice of k in (a, b) and defines a functional $f(s)|_{a<\mathscr{R}s<b} \in \mathbf{Q}'$. If $f(s)$ has a pole at $s = \alpha$, the residue functional $\in \mathbf{Q}'$ is defined by

$$(\operatorname{Res} f(s)|_{s=\alpha}, \psi) = \operatorname*{Res}_{s=\alpha}(f(s)\psi(s)),$$

and we have

$$\operatorname{Res} f(s)|_{s=\alpha} = \sum_{p=1}^{q} \frac{a_{-p}}{(p-1)!} D_s^{p-1} \delta_{(\alpha)},$$

where a_{-p} are Laurent coefficients of $f(s)$ at $s = \alpha$. In general, an analytic function $f(s)$ of finite order may generate different $\mathbf{Q}$-functionals by integrals in different stripes, they are related, however, by

$$f(s)|_{a<\mathscr{R}s<b} = f(s)|_{c<\mathscr{R}s<d} \pm \sum_{j=1}^{m} \operatorname{Res} f(s)|_{s=\alpha_j}$$

where $\alpha_1, \cdots, \alpha_m$ are the totality of poles of $f(s)$ in the gap between $a < \mathscr{R}s < b$ and $c < \mathscr{R}s < d$.

Following Gelfand and Šilov, the isomorphism between $\mathbf{P}$ and $\mathbf{Q}$ is given by

$$\psi(s) = \mathscr{M}\,\varphi(s) = \int_0^\infty \varphi(x)x^{-s}dx,$$

$$\varphi(x) = \mathscr{M}^{-1}\psi(x) = \frac{1}{2\pi i} \int_{k-i\infty}^{k+i\infty} \psi(s)x^{1-s}ds \quad (k \text{ arbitrary}),$$

and the Mellin [inverse Mellin] transforms of $F \in \mathbf{P}'\,[f \in \mathbf{Q}']$ are given by

$$(\mathscr{M}\,F, \psi) = (F, \mathscr{M}^{-1}\psi), \quad (\mathscr{M}^{-1}f, \varphi) = (f, \mathscr{M}\varphi).$$

They coincides with the classical Mellin integrals

$$\int_0^\infty F(x)x^{s-1}dx, \quad \frac{1}{2\pi i} \int_{k-i\infty}^{k+i\infty} f(s)x^{-s}ds$$

if the integrals exist.

The theory of multiplicative convolutions $F_1 \vee F_2, F_1 \wedge F_2$ in $\mathbf{P}'$ is developed along the lines of Schwartz,

$$(F_1 \vee F_2, \varphi) = (F_2[x], (F_1[y], \varphi(xy))),$$

$F_1 \wedge F_2$ is defined as $F_1 \vee F_2^*$, where $F^* = \dfrac{1}{x} F\left[\dfrac{1}{x}\right] \cdot F_1 \vee F_2$

and $F_1 \wedge F_2$ generalize convolution integrals

$$\int_0^\infty F_1\left(xy^{-1}\right) F_2(y) y^{-1} dy, \quad \int_0^\infty F_1(xy) F_2(y) dy$$

respectively. Let $\mathbf{PS}'$ be the subspace of $\mathbf{P}'$ which corresponds to the subspace $\mathbf{S}'$ of $\mathbf{K}'$ under the exponential substitution, and $\Omega(F)$ be the interior of the convex set of real numbers σ for which $x^\sigma F \in \mathbf{PS}'$. $\Omega(F)$ is the largest open interval Ω for which there exists $f(s)$ analytic and of finite order in the domain $\mathscr{R}s \in \Omega$ and

$$\mathscr{M} F = f(s)|_{\mathscr{R}s \in \Omega}.$$

If $\Omega(F_1) \bigcap \Omega(F_2) \neq 0$, then $F_1 \vee F_2$ exists and

$$F_1 \vee F_2 = F_2 \vee F_1, \mathscr{M}(F_1 \vee F_2) = f_1(s) f_2(s)|_{\mathscr{R}s \in \Omega(F_1) \bigcap \Omega(F_2)}.$$

$$F_1 \vee (F_2 \vee F_3) = (F_1 \vee F_2) \vee F_3, \text{ if } \Omega(F_1) \bigcap \Omega(F_2) \bigcap \Omega(F_3) \neq 0.$$

It may happen that $\Omega(F_1) \bigcap \Omega(F_2) \bigcap \Omega(F_3) = 0$, but since both $F_1 \vee (F_2 \vee F_3) = F'$ and $F_1 \vee F_2) \vee F_3 = F''$ exist, then

$$F_1 \vee (F_2 \vee F_3) = (F_1 \vee F_2) \vee F_3 \pm \sum_{j=1}^m \sum_{p=1}^{q_j} \frac{a_{j,-p}}{(p-1)!} (\log x)^{p-1} x^{a_j},$$

where $a_{j,-p}$ are Laurent coefficients of $f_1(s) f_2(s) f_3(s)$ at the poles a_j included in the gap between the stripes $\mathscr{R}s \in \Omega(F')$ and $\mathscr{R}s \in \Omega(F'')$. Similarily we have

$$F_1 \wedge F_2 = (F_2 \wedge F_1)^*, \mathscr{M}(F_1 \wedge F_2) = f_1(s) f_2(1-s)|_{\mathscr{R}s \in \Omega(F_1) \bigcap \Omega^*(F_2)},$$

$$F_1 \wedge (F_2 \wedge F_3) = ((F_2 \wedge F_1) \wedge F_3)^*, \text{ if } \Omega(F_1) \bigcup \Omega^*(F_2) \bigcap \Omega(F_3) \neq 0,$$

(Ω^* is the image of Ω under the map $\sigma \to 1 - \sigma$.) and more generally

$$F_1 \wedge (F_2 \wedge F_3) = ((F_2 \wedge F_1) \wedge F_3)^* \pm \sum_{j=1}^n \sum_{p=1}^{q_j} (-1)^{p-1} \frac{b_{j,-p}}{(p-1)!} (\log x)^{p-1} x^{\beta_j},$$

where $b_{j,-p}$ are Laurent coefficients of $f_1(s) f_2(1-s) f_3(s)$ at the poles β_j in a suitable gap.

Some applications of this formalism and in particular of the convolution relations will be given in a forthcoming paper. The author is grateful to Prof. Hua Loo-keng, who suggested the problem and the leading ideas.

5. Difference Schemes Based on Variational Principle[①]

基于变分原理的差分格式

§1 Introduction

There are four stages in the process of resolving equations of mathematical physics, from primitive formulations to numerical solutions.

1. Physical mechanism: such as the conservation laws and kinematics. It also includes concrete data such as parameters, geometrical shapes and other original information.

2. Mathematical formulation: it is usually presented in continuum forms such as differential or integral equations and their initial or boundary conditions for determining the solutions.

3. Discrete models: they are usually algebraic equations such as difference equations.

4. Computational algorithms: that is the arithmetical steps in resolving discrete equations.

For convenience let us call the passage from the stage 1 to the stage 2 the mathematicization or analytical formulation, the passage from 2 to 3 the discretization or algebraical formulation, the passage from 3 to 4 the algorithmicization or arithmetical formulation. This paper is devoted mainly to discretization.

Criteria for a good discrete model are:

1. Preservation of mathematical and physical characteristics of the problem.

2. Required accuracy.

3. Cost-effectiveness in computing time and computer storage.

4. Simplicity, universality, flexibility and easiness in apprehension.

Here points 1 and 2 are abstract reliability in both qualitative and quantitative aspects. Points 3 and 4 are abstract feasibility, related to both material and human environments.

① 原载于《应用数学与计算数学》, Journal of Applied and Computational Methematics, 2: 4, pp238-262, 1965.

Certainly, emphases may vary with different situations. However, we could be able to solve our problems better if, we rather than in an isolated and formalistic way, we study them instead in an integrated way by considering all stages of our problems in their sequential ordering. In fact, freeing ourselves from the constraints of conventional formalism, we start from the underlying physical mechanism of the problem and construct the discrete model directly from the first principles, then we will be ensured to obtain globally more reasonable results.

We take, as an example, the boundary-value problems for second order self-adjoint elliptic equations, to illustrate the situation that the same problem admits different mathematically equivalent formulations which lead naturally to different technical approaches for the discretization.

(A) Differential equation formulation:

$$(x, y) \in \Omega : \quad -\Big[(au_x)_x + (au_y)_y\Big] + bu = \varphi, \tag{1.1}$$

$$(x, y) \in \Gamma_1 : \quad u = \chi, \tag{1.2}$$

$$(x, y) \in \Gamma_2 : \quad au_n + cu = \psi. \tag{1.3}$$

where Ω is a bounded open domain with boundary $\partial\Omega = \Gamma_1 \bigcup \Gamma_2$, functions a, b are piecewise continuous on $\bar{\Omega}$, $0 < a_0 \leqslant a \leqslant a_1, b \geqslant 0, c$ is piecewise continuous on Γ_2, $c \geqslant 0, \varphi \in L_2(\Omega), \psi \in L_2(\Gamma_2)$, function χ is continuous on Γ_1, u_n is the outer normal derivative. If the coefficients a and b are discontinuous along a curve Γ_0, then instead of (1.1), we have interface condition on Γ_0 (see Fig. 1)

$$(x, y) \in \Gamma_0 : \quad u^+ = u^-, \tag{1.4}$$

$$(x, y) \in \Gamma_0 : \quad (au_n)^+ = (au_n)^-. \tag{1.5}$$

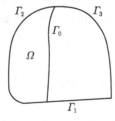

Fig. 1

We call our underlying problem the first kind problem if Γ_1 is not empty. Otherwise, the problem is of the third kind if b or $c \not\equiv 0$. These two kinds of problems are both self-adjoint and positive definite. If Γ_1 is empty and $b \equiv c \equiv 0$, then the problem is of the second kind which is still self-adjoint and semi-positive definite. In this case, we need an additional condition of compatibility to assure the existence of solutions,

$$\iint_\Omega \varphi d\sigma + \int_{\partial\Omega} \psi ds = 0. \tag{1.6}$$

(B) Conservation law formulation: For any subdomain $D \subset \Omega$, we have the integral relations

$$D \subset \Omega: -\int_{\partial D \setminus \Gamma_2} a u_n ds - \int_{\partial D \cap \Gamma_2} (\psi - cu) ds + \iint_D bu d\sigma = \iint_D \varphi d\sigma. \tag{1.7}$$

and the boundary conditions (1.2), (1.4).

(C) Variational principle formulation: Among the smooth functions which satisfy the boundary conditions (1.2) and (1.4), we minimize the energy functional

$$J(u) = \frac{1}{2} \left\{ \iint_\Omega \left[a\left(u_x^2 + u_y^2\right) + bu^2 \right] d\sigma + \int_{\Gamma_2} cu^2 ds \right\} - \left\{ \iint_\Omega \varphi u d\sigma + \int_{\Gamma_2} \psi u ds \right\} = \min. \tag{1.8}$$

We remark that the differential equation formulation is the conventional one in mathematical physics, most commonly employed but not the most primitive. Equation (1.1) is of the divergence form, however, practically it is quite often written in the non-divergence form as

$$-\left[a\left(u_{xx} + u_{yy}\right) + a_x u_x + a_y u_y \right] + bu = \varphi.$$

From physical point of view, the formulations in conservation law and in variational principle are more primitive and more basic. They express directly the essential physical mechanism.

Notice that the exterior and interface boundary conditions (1.3), (1.5), like the differential equation (1.1) are consequences in the conservation law and variational formulations, they, as necessary properties of the solution, need not be imposed beforehand in formulations (B), (C). They are therefore called the natural or free boundary conditions.

On the other hand, the boundary conditions (1.2) and (1.4) have to be kept in formulations (B), (C); they are constrained boundary conditions.

These three formulations suggest naturally three different technical approaches of discretization in the form of grid difference equations (see, e.g., [1]).

(A)' Simulate the differential equations and the boundary conditions by replacing derivatives formally by difference quotients of nodal values.

(B)' Simulate the conservation laws forming discrete conservation (equilibrium) equations, i.e., difference equations on grid regions and their boundaries. The solutions to these equations satisfy conservation laws in a discrete sense.

(C)' Simulate the energy integral expression by adding the expressions for all grid regions resulting in a minimization problem of a quadratic function in finite number of variables. The solution of the Euler-Lagrange equation, in the form of difference equation, gives the minimal function in a discrete senes.

It may happen that, on the one hand, the same set of algebraic equations are obtained by different approaches, and, on the other hand, there may be many different version in each approach. However, the judicious choice at the outset among the alternative formulations as the working basis is of crucial importance. This is because each approach leads naturally to specific properties of its own which quite often ramify in crucial aspects later on.

In general, the differential equations approach (A)' is universal, simple and sometimes easy to reach higher accuracy. However, it is apt to get into blindness and to lose the physical and mathematical characteristics of the original problem. For instance, discrete matrices may rurn out to be non-symmetric if the difference equations are derived without due caution, especially when the non-divergence form of the differential equations are used. This may lead to practical diffculties in solving the algebraic system and even to wrong solutions. Although in certain circumstances higher accuracy can be reached formally, however, quite often the reliability is not assured. Other serious difficulties arise in case that the domain shape, boundary conditions, coefficients, etc are complicated.

The advantage of both conservative and variational schemes lies in the fact that the physical and mathematical characteristics of the problem are well-preserved under discretization and then the reliability is ensured. For instance, the self-adjoint property is easily preserved in conservative schemes and even automatically preserved in variational schemes. Since natural boundary conditions do not appear explicitly in the mathematical settings but follow as a consequence in the solutions, so the related treatment is easy or trivial in conservative schemes and even not needed at all in variational schemes. These schemes are especially suitable for problems with greater geometrical, physical and analytical complexities. In these cases, the resulting algebraic equations might be very complicated in appearance, but the principle of construction is simple and easily implementable on computers. In practice we often use irregular grid shape with fewer grid points to match the irregularities of the problem,get reliable results with limited computing cost.

We remark that, in practice, the problems of interest arise from continuum physical process, they are governed by this or that kind of conservation law or variational principle as their basic mechanism, Therefore, the methods based on these principles have wide-ranging applications and can be used to solve various kinds of real-life problems.

There are two kinds of numerical approximation in the approach of variational principle. One kind of approximation is to replace derivatives in the energy functional by difference quotients and to obtain a class of difference schemes based on variational principle. The idea was used first by Euler and later by Courant, Friedrichs, Lewy, etc [1, 3]. However, this kind of method had not got enough attention in the past. The other kind of numerical approximation to the variation principle is the Ritz-Galerkin method. That is to solve the minimization problem restricted to finite-dimensional subspaces of the admissible function space, the subspaces are spanned by specially chosen global functions as coordinate functions. The method was widely used in the pre-computer times, the problem characteristics are well-preserved. The drawbacks are: inability to handle problems with geometrical and physical complexities, inflexibility, limited range of theoretical assurance on reliability and convergence (although analysis had been done since long) and finally, no improvement has been made in conformity with machine computation. However, if we adopt the rational kernel of Ritz method, but breaking away with the conventional choice of special global functions as coordinate functions, we choose instead the elementary grid functions as the coordinate functions, then we obtain another class of difference schemes based on variational principle. This idea was first used also by Euler and later by polya [4] in his estimation of lower bound for the eigenvalues of harmonic equation.

For elliptic problems (including problems of elasticity), at present time, the variational difference schemes seem to be superior to the conservative difference schemes in the aspects of treatment of natural boundary conditions, preservation of problem characteristics, adaptability of method and theoretical assurance. Moreover, among the afore-mentioned two classes of variational schemes, the class based on Ritz principle and grid function approximation appears to be more outstanding. This paper will discuss systematically this very class of variational schemes based on grid functions, validate it many-sided merits and give a fairly simple and complete theoretical foundation.

§2　Grid Triangulation and Discretization

2.1　Grid Triangulation

Let Ω be a planar bounded connected open domain, $\bar{\Omega} = \Omega \bigcup \partial\Omega$. To construct a grid over Ω by triangulation, we first approximate Ω by Ω' with broken-line boundary $\partial\Omega'$ (see Fig. 2, the broken-line 12345678 is $\partial\Omega'$, the solid-line is $\partial\Omega$). Let $\bar{\Omega}' = \bigcup_{a=1}^{M} B_a$ be a grid over Ω' where each closed grid region is a triangle or a parallelogram. Their vertices are called grid points and their edges are called grid lines. If a grid region contains A, then A is called a regular grid point (e.g., 1 to 10 in Fig. 2). Otherwise, a grid point is called non-regular (e.g., 11 and 12 in Fig. 2). We assume that each non-regular grid point must be on some edge whose vertices are regular grid points (e.g., 11 and 12 in Fig. 2). This definition excludes the configuration as shown in Fig. 3. To avoid degeneration, we assume that each B_a intersects Ω. In addition, we assume that all grid points on $\partial\Omega'$ are either on $\partial\Omega$ or outside $\partial\Omega$. The grid points outside $\partial\Omega$ are called virtual grid point, e.g., 2 in Fig. 2. Thus the grid lines of Ω' give naturally a triangulation for Ω, $\bar{\Omega} = \bigcup_{\alpha=1}^{M} A_\alpha$. If A_α is an interior grid region (i. e., it does not intersect $\partial\Omega$), then $A_\alpha = B_\alpha$. If A_α is a boundary grid region (i. e., it intersects $\partial\Omega$), then, we may have $A_\alpha \neq B_\alpha$. In this case, curved grid regions may exist (e.g., 1-9-10, 8-9-10, 1-2-3-10 in Fig. 2.). If $A_\alpha \not\subset B_\alpha$, then it is called extrapolating grid region (e.g., 1-9-10 in Fig. 2). If $A_\alpha \subset B_\alpha$, it is termed interpolating grid region. Obviously, $A_\alpha \bigcap A_\beta \subset B_\alpha \bigcap B_\beta$.

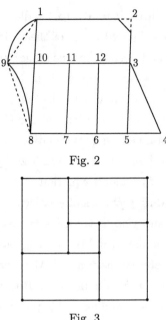

Fig. 2

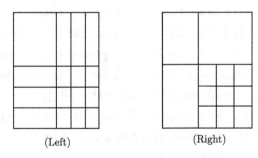

Fig. 3

Some remarks on grid triangulation are in order.

1. We have allowed grid regions with different shapes and arbitrary spacings in order to endow the method with greater adaptability to geometrical and analytical complexities. We might expect to get better result with fewer grid points under reasonable triangulation.

2. We have allowed non-regular grid points in order to facilitate the local grid refinement when necessary. Then we can refuse the grid purposefully, say, in the 4-th quadrant only as shown in Fig. 4 right. If non-regular grid points were not allowed, then the intended local refinement in the 4-th quadrant would be accompanied by the un-intended partial refinement in the 1st and 3rd quadrant as shown in Fig. 4 left.

(Left)　　　　　　　　　　　　　(Right)

Fig. 4

3. We have allowed the virtual grid points in order to facilitate better approximations of functions and derivatives near the boundary.

4. We have allowed the curved grid regions in order to simplify the construction of grid

triangulation, to avoid or diminish approximations to the curved boundaries and to unify the continuum and discrete variational problems in a same space of functions over the same region. This helps to widen the scope and coverage of theoretical foundation.

5. Certain specific points or lines such as points of inflection on the boundary, points of discontinuity of boundary condition assignments etc., should be chosen as grid points.

6. The interfacial lines of material discontinuity should be taken as grid lines in order to avoid the deterioration of accuracy.

7. To simplify the construction of grids, we have allowed curved grids (including interpolation and extrapolation grids). This will avoid or reduce approximating curved boundaries. Furthermore, the domains and the trial functions in the discrete problems will be within the frame of those in the continuum problems. This can be treated theoretically more nuiversal (see details in §3 and §4).

8. We usually define special points such as corner points, coefficient discontinuous points, linking points of various parts of the boundary, etc., to be grid points.

9. We also define discontinuous lines to be grid lines or approximate discontinuous lines by broken lines. This will lead to higher accuracy although it is unnecessary for convergence.

2.2 Grid functions

Let $\{A_1, B_1, \cdots, A_M, B_M\}$ ba a grid of Ω. We then define grid functions. We first assign function values $U_1, \cdots, U_N$ at all regular grid points $P_1, \cdots, P_N$. On non-regular grid points, the function value is the linear interpolation of the function values at its subordinate vertices. Then the function values have been assigned for all the grid points. For arbitrary $P \in \Omega$, we have always $P \in A_\alpha$ for some α. Now we can define $u(P)$, the function value at P by doublelinear interpolation using vertices of B_α(either a triangle or a parallelogram).

For this purpose, we first draw a line thru P parallel to an arbitrary edge of B_α, This line intersects the two lines containing two of the remaining edges of B_α at P' and P''. The function values at P' and P'' are defined to be the linear interpolation of the values of vertices of their subordinate edges. We then define the values at P to be the linear interpolation of the values at P' and P''. It is easy to prove that the result of this double-linear interpolation is independent of the choice of the parallel line in the definition.

Since $A_\alpha \bigcap A_\beta \subset B_\alpha \bigcap B_\beta$ and $B_\alpha \bigcap B_\beta$ is a common edge or a part of the common edge of B_α and B_β, we can easily see that the double-linear interpolator $u(P)$ is independent of the choice of A_α ($P \in A_\alpha$). It is also easy to prove that $u(P)$ is continuous on $\overline{\Omega}$ and its first derivative is discontinuous on grid lines of Ω. For convenience. we call such functions grid functions or piecewise bilinear grid functions.

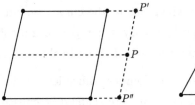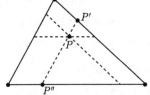

Fig. 5

With the values $U_1, \cdots, U_N$ on the regular grid points to be degrees of freedom, we form an N-dimensional linear space consisting of all grid functions. Denote such a space by $S'(\Omega) = S'$. Define, for each $k = 1, \cdots, N$, a grid function $v^{(k)}(P_i) = \delta_{ik}$ (Kronecker delta), $i = 1, \cdots, N$. Then $\{v^{(1)}, \cdots, v^{(N)}\}$ forms a basis of S'. Any $u \in S'$ can be expressed as

$$u(P) = \sum_{k=1}^{N} U_k v^{(k)}(P). \tag{2.1}$$

Obviously $S'(\Omega)$ is a subspace of the space $W_2^1(\Omega)$ of generalized functions, where $W_2^1(\Omega) = W_2^1$ is the space of functions which, together with their first generalized derivatives are square integrable (in $L_2(\Omega)$). W_2^1 is the most natural and suitable function space for treating the second order elliptic problems [5]. It is fairly complete in theory and has wide coverage in practice. In application, the solutions are usually, instead of being classical, generalized solutions in the genuine sense. The derivatives exist only in the sense of generalized functions.

2.3 Discrete Models

To form discrete models, we first replace the space $W_2^1(\Omega)$ of trial functions in the continuous models by finite-dimensional subspace $S'(\Omega)$ or its corresponding subset. We then express the energy $J(u)$ and other conditions with respect to $S'(\Omega)$.

In this section, we focus on the introduction on algebraic forms. We will come back to this part in §3. Now, the problem (1.8) can be restated as

$$J(u) = \frac{1}{2}D(u) - F(u) = \min,$$

$$D(u) = D(u, u), D(u, v) = \iint_{\Omega} [a(u_x v_x + u_y v_y) + buv] \, d\sigma + \int_{\Gamma_2} cuv ds,$$

$$F(u) = \iint_{\Omega} \varphi u \, d\sigma + \int_{\Gamma_2} \psi u ds.$$

For $u = \sum_{k=1}^{N} U_k v^{(k)} \in S'$,

$$J(u) = \frac{1}{2}D(u, u) - F(u) = \frac{1}{2}\sum_{i,j=1}^{N} U_i U_j D\left(v^{(i)}, v^{(j)}\right) - \sum_{j=1}^{N} U_j F\left(v^{(j)}\right).$$

Define

$$D(U,U) = D(u,u) = \sum_{i,j=1}^{N} A_{i,j} U_i U_j, \tag{2.2}$$

$$F(U) = F(u) = \sum_{i=1}^{N} B_i U_i, \tag{2.3}$$

here

$$A_{ij} = D\left(v^{(i)}, v^{(j)}\right) = \iint_{\Omega} \left[a\left(v_x^{(i)} v_x^{(j)} + v_y^{(i)} v_y^{(j)} \right) + b v^{(i)} v^{(j)} \right] d\sigma + \int_{\Gamma_2} c v^{(i)} v^{(j)} ds$$

$$= \sum_{\alpha \in M_i \cap M_j} \left\{ \iint_{A_\alpha} \cdots d\sigma + \int_{A_\alpha \cap \Gamma_2} \cdots ds \right\}$$

$$= A_{ji}, \tag{2.4}$$

where M_i is the set of indices α such that A_α is within the support of $v^{(i)}$,

$$B_i = F\left(v^{(i)}\right) = \iint_{\Omega} \varphi v^{(i)} d\sigma + \int_{\Gamma_2} \psi v^{(i)} ds = \sum_{\alpha \in M_i} \left\{ \iint_{A_\alpha} \cdots d\sigma + \int_{A_\alpha \cap \Gamma_2} \cdots ds \right\}. \tag{2.5}$$

Therefore, the discrete algebraic minimization problem is

$$J(U) = \frac{1}{2} D(U,U) - F(U) = \min. \tag{2.6}$$

The solutions will be in S' or some of its subsets. It depends on individual problems. We will discuss it more later.

For the third kind boundary value problems, the minimization is taken over the entire space W_2^1. Therefore, the discrete minimization (2.6) should be taken over the space S'. This is equivalent to solving the Euler equation

$$\sum_{j=1}^{N} A_{i,j} U_j = B_i, \quad i = 1, \cdots, N \tag{2.7}$$

Where it is obvious that the matrix A is symmetric positive definite.

A necessary and sufficient condition for a second kind problem to have a solution is that

$$F(1) = \iint_{\Omega} \varphi d\sigma + \int_{\Gamma_2} \psi ds = 0. \tag{2.8}$$

In this case, the solutions are in the space $W_2^1(\Omega)$. But they are not unique. The uniqueness is up to a constant. If we impose the condition

$$\iint_{\Omega} u d\sigma = 0, \tag{2.9}$$

then the soluticm is unique. As before, we obtain (2.6) or (2.7) after discretization. By $1 \equiv \sum v^{(i)}, u = \sum U_i v^{(i)}$, (2.8) and (2.9) become now

$$\sum_{i=1}^{N} B_i = 0, \tag{2.10}$$

$$\sum_{i=1}^{N} E_i U_i = 0, \quad E_i = \iint_{\Omega} v^{(i)} d\sigma. \tag{2.11}$$

(2.10) is a necessary and sufficient condition for existence of solutions for the discrete problem, while (2.11) is the additional normalization condition which ensures the uniqueness of the solution to the discrete problem. This is because that the system of algebraic equations (2.7) has solutions if and only if the right vector is orthogonal to the fundamental solutions of the corresponding homogeneous equations (i.e., $U_1 = \cdots = U_N = 1$). We discuss more on this in §3.

Now consider the first kind problems. It is more difficult to treat the boundary conditions. We assume that Γ_1 is part of the grid boundary $\partial \Omega'$. The end points of Γ_i are also grid points. On this line segment the function values are given by boundary value χ denoted by $U_j, j = N' + 1, \cdots, N$. Hence,we form the minimization problem

$$J(U_1, \cdots, U_N) = \frac{1}{2} \sum_{i,j=1}^{N} A_{ij} U_i U_j - \sum_{i=1}^{N} B_i U_i, \tag{2.12}$$

$$U_j = \chi_j, \quad j = N' + 1, \cdots, N. \tag{2.13}$$

Since the free variables are $U_1, \cdots, U_N$, the Euler equation is

$$\frac{\partial}{\partial U_i} J(U_1, \cdots, U_{N'}, \chi_{N'+1}, \cdots, \chi^N) = 0, \quad i = 1, \cdots, N', \tag{2.14}$$

i. e.,

$$\sum_{j=1}^{N'} A_{ij} U_j = B_i - \sum_{l=N'+1}^{N} A_{il} \chi_l, \quad i = 1, \cdots, N'. \tag{2.15}$$

The matrix $\{A_{ij}\}$ is also positive definite. This is a direct treatment.

We may have an indirect treatment. We do not require Γ_1 to be on the boundary of the grid . According to the structure of the grid, we make a partition of Γ_1 to get nodes $Q_1, \cdots, Q_r$ on Γ_1. The first kind boundary condition is now

$$u(Q_i) = \chi(Q_i), \quad i = 1, \cdots, r, \tag{2.16}$$

where $u(Q_i)$ is the grid function value at Q_i or in fact the linear combination of the values at vertices of the grid region to which Q_i belongs.

For instance, in the Fig. 6, we have a square mesh. P_1, P_2, P_3, P_4, P_7 are virtual grid points. Denoted lines represent the difference of half grid space of Γ_1 from the grid boundary. Choose points $Q_1, \cdots, Q_5$ on Γ_1 then (2.16) is

$$\frac{1}{4}(U_1 + U_2 + U_4 + U_5) = \chi(Q_1),$$

$$\frac{1}{2}(U_2 + U_5) = \chi(Q_2),$$

$$\frac{1}{2}(U_3 + U_6) = \chi(Q_3),$$

$$\frac{1}{2}(U_4 + U_5) = \chi(Q_4),$$

$$\frac{1}{2}(U_7 + U_8) = \chi(Q_5).$$

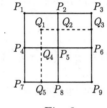

Fig. 6

We may also use the mean value of integrals to treat the first kind boundary conditions. For example, we can divide Γ_1 into several segments $s_1, \cdots, s_r$ according to the grid structure so that

$$\frac{1}{\operatorname{mes} S_i} \int_{S_i} u\,ds = \frac{1}{\operatorname{mes} S_i} \int_{S_i} \chi\,ds, \quad \operatorname{mes} S_j = \int_{S_i} ds, \quad i = 1, \cdots, r. \tag{2.17}$$

It is not difficult to see that in both cases of direct and indirect treatment, the problem turns out finally to be under the condition of linear constraints

$$\sum_{j=1}^{N} C_{ij} U_j = G_i, \tag{2.18}$$

solve the minimum problem of the quadratic function

$$J(U) = \frac{1}{2} \sum_{i,j=1}^{N} A_{ij} U_i U_j - \sum_{i=1}^{N} B_i U_i = \min. \tag{2.19}$$

Notice that we need to keep the rank of the matrix C to be r. This is because that the function χ, correspondingly the vector G, is arbitrary in principle. The constraint equation (2.18) has solutions for the arbitrary right hand side if and only if rank $(C) = r$. We notice that in the cases of (2.13), (2.16) or (2.17), if $u \equiv 1$, $u|_{\Gamma_1} = \chi \equiv 1$. Then

$$\sum_{j=1}^{N} C_{ij} = 1, \quad i = 1, \cdots, r. \tag{2.20}$$

For any G, (2.18), (2.19) have unique solutions. In fact, since the rank of C is r, there exists Z satisfies (2.18), i. e., $CZ = G$. Let $U = Z + V$. Then our problem is equivalent to

$$CV = 0, \tag{2.21}$$

$$I(V) = \frac{1}{2}D(V) - F'(V) = \min, \tag{2.22}$$

where $F'(V) = F(V) - D(V, Z)$. If $D(V) = 0$, then $V_1 = \cdots = V_N$. Hence, by (2.21), (2.20), $V = 0$. Therefore the quadratic form $D(V)$ is positive definite over the subspace $\{V : CV = 0\}$.

The above models are somewhat ideal since all coefficients are assumed to be computed exactly. This can be done in some simple cases such as piecewise linear coefficients and regular boundaries. In a complicated case, we use piecewise constants, piecewise linear functions or other simpler $a', b', c', \varphi', \psi'$. Thus, the functional $J(u) = \frac{1}{2}D(u) - F(u)$ is replaced by the following perturbed functional

$$J'(u) = \frac{1}{2}D'(u) - F'(u). \tag{2.23}$$

so that the corresponding coefficients can be computed exactly

$$D'(u) = D'(U) = \sum_{i,j=1}^{N} A'_{ij} U_i U_j, \tag{2.24}$$

$$F'(u) = F'(U) = \sum_{i=1}^{N} B'_i U_i. \tag{2.25}$$

Notice that in the second kind problems, we require that the perturbed data φ', ψ' still satisfy the compatibility condition

$$F(1) = \iint_{\Omega} \varphi' d\sigma + \int_{\Gamma_2} \psi' ds = 1$$

i. e.,

$$\sum_{i=1}^{N} B'_i = 0. \tag{2.26}$$

We can also perturb the domain Ω and its interface boundary Γ_0.

§3 General Minimization Problems of Quadratic Functionals

For the purpose of understanding the relations between discrete and continuum models and convergence proof, we consider the variation problems in Hilbert space in a unified approach.

In what follows, let H be a Hilbert space, either finite of infinite dimensional. For convenience. we only discuss, the case of real coefficients. The extension to complex case is obvious.

We denote by $(u,v)_H = (u,v)$ and $\|u\|_H = \|u\|$, the inner product and the norm of H, respectively. Some basic concepts such as linear forms (functionals), bilinear forms, quadratic forms, positive definiteness and semi-definiteness will be adopted as usual. We keep the boundedness in their definitions implicitly. But we will mention it in some contexts. Two quadratic forms $\varphi_1(u), \varphi_2(u)$ are called equivalent, denoted by $\varphi_1(u) \asymp \varphi_2(u)$ if there exist positive constants M_1 and M_2 such that

$$|\varphi_1(u)| \leqslant M_1 |\varphi_2(u)|,$$
$$|\varphi_2(u)| \leqslant M_2 |\varphi_1(u)|.$$

If $\varphi(u)$ is positive definite, then $\varphi(u) \asymp \|u\|^2$. In this case we can use the corresponding bilinear form $\varphi(u,v)$ to define new inner prcxiuct and norm preserving the continuity and the boundedness.

3.1 Degenerated semi-positive definite quadratic form

Let $\varphi(u)$ be a semi-positive definite bounded quadratic form. Define its null set $P = P_\varphi$

$$P_\varphi = \{v|\varphi(v) = 0\}.$$

If $P \neq \{0\}$, then it is degenerate. We assume in the following discussion that P is finite dimensional. We call that the bounded linear functionals $f_1(u), \cdots, f_m(u)$ are complementary to φ, if the quadratic form

$$\psi(u) = \varphi(u) + \sum_{i=1}^{m} (f_i(u))^2$$

is non-degenerate, i. e., if $\varphi(v) = 0, f_1(v) = \cdots = f_m(v) = 0$ imply that $v = 0$. Let $w_1, \cdots, w_d$ be a basis for P_φ, then a necessary and sufficient condition for $f_1, \cdots, f_m$ to be complementary to φ is that the rank of matrix $\{f_i(w_j)\}$ is d. Obviously there always exist linear functionals which are complementary to φ. For instance, we can choose

$$f_i(u) = (w_i, u), \quad i = 1, \cdots, d.$$

We call a semi-positive definite bounded quadratic form $\varphi(u)$ quasi-positive definite in H, if the quadratic form $\psi(u) = \varphi(u) + \sum (f_i(u))^2$ is positive definite over H whenever $f_1(u), \cdots, f_m(u)$ are complementary to $\varphi(u)$. For the verification of this property, we need only to verify that there exists a positive number A such that

$$\|u\|^2 \leqslant A\left[\varphi(u) + \sum_{i=1}^{m}(f_i(u))^2\right]. \tag{3.1}$$

if H is of finite dimension, then any semi-positive definite quadratic form is quasi-positive definite, since non-degenerate semi-positive definiteness is equivalent to the positive definiteness. The following weaker result can be obtained in an infinite-dimensional space H.

Proposition. *For a given semi-positive definite bounded quadratic form $\varphi(u)$, if there exist bounded linear functionals $g_1(u), \cdots, g_r(u)$ such that the quadratic form $\varphi(u) + \sum_{i=1}^{r}(g_i(u))^2$ is positive definite, then $\varphi(u)$ is quasi-positive definite over H.*

Proof Let

$$\|u\|^2 = \varphi(u) + \sum_{i=1}^{r}(g_i(u))^2.$$

Let $f_1, \cdots, f_m$ be complementary to φ. We want to verify (3.1). If (3.1) does not hold, then there exists a sequence $u_n \in H$ such that

$$1 = \|u_n\| = \varphi(u_n) + \sum_{i=1}^{\tau}((g_i(u_n))^2, \tag{3.2}$$

$$\varphi(u_n) + \sum_{i=1}^{m}(f_i(u_n))^2 \to 0. \tag{3.3}$$

By (3.2), there exists a subsequence (still denoted by u_n) and $u_0 \in H$ such that $u_n \overset{\text{weakly}}{\longrightarrow} u_0$. Hence, by (3.2) and (3.3), we have

$$f_i(u_n) \to f_i(u_0) = 0, \quad g_i(u_n) \to g_i(u_0).$$
$$\varphi(u_n) \to 0, \quad \varphi(u_0, u_n) \to \varphi(u_0, u_0) = \varphi(u_0).$$

Furthermore, by the Schwartz inequality

$$(\varphi(u_0, u_n))^2 \leqslant \varphi(u_0)\varphi(u_n)$$

we get $\varphi(u_0) = 0$. Consequently, $\varphi(u_n) \to \varphi(u_0) = 0$, and

$$\|u_n\| \to \varphi(u_0) + \sum_{i=1}^{\tau}(g_i(u_0))^2 = \|u_0\| = 1,$$

i.e., $u_0 \neq 0$. On the other hand, by the fact that $f_1, \cdots, f_m$ are complementary to φ and $\varphi(u_0) = f_i(u_0) = 0, i = 1, \cdots, m$, we get $u_0 = 0$. This is a contradiction.

3.2 Spaces of generalized functions and basic quadratic forms over such spaces

A natural choice of the underlying function spaces H for solving second order elliptic equations is $W_2^1(\Omega)$. Let s be the dimension of Ω:

$$(u, v) = (u, v)_{W_2^1} = \int_{\Omega} uv \, dx + \int_{\Omega} \sum_{i=1}^{s} u_{x_i} v_{x_i} \, dx. \tag{3.4}$$

For higher order ($2m$-th order) equations, we choose $H = W_2^m(\Omega)$,

$$(u, v)_{W_2^m} = \sum_{|p| \leqslant m} \int_\Omega D^p u \cdot D^p v dx, \tag{3.5}$$

where $p = (p_1, \cdots, p_s), |p| = p_1 + \cdots + p_s, D^p = \dfrac{\partial^{|p|}}{\partial x_1^{p_1} \cdots \partial x_s^{p_s}}$.

In the space W_2^m, the null set P_m of the semi-positive definite degenerate quadratic form

$$\varphi_m(u) = \int_\Omega \sum_{|p|=m} (D^p u)^2 dx \tag{3.6}$$

is the set of all polynomials of degree $< m$

$$\sum_{0 \leqslant p_1 + \cdots + p_s < m} a_{p_1 \cdots p_s} x_1^{p_1} \cdots x_s^{p_s},$$

$\{x_1^{p_1} \cdots x_s^{p_s} | 0 \leqslant p_1 + \cdots + p_s < m\}$ is a basis for P_M. In W_2^1, $\varphi_1(u) = \int_\Omega \sum_{i=1}^s u_{x_i}^2 dx$. The corresponding P_1 is the set of all constants, 1 is a basis of P_1

$$P_1 = [1]. \tag{3.7}$$

For the systems of elasticity equations, we choose our basic function space to be $W_2^{1,s}(\Omega)$, where each component u_i in a column vector function $u = (u_1 \cdots u_s)'$ runs over $W_2^1(\Omega), s = \dim(\Omega)$ (in practice, only $s = 2, 3$ are of interest)[2]

$$(u, v)_{W_2^{1,s}} = \int_\Omega \sum_{i=1}^s u_i v_i dx + \int_\Omega \sum_{i,j=1}^s u_{ij} v_{ij} dx = \sum_{i=1}^s (u_i, v_i)_{W_2^1}, \tag{3.8}$$

here $u_{ij} = \dfrac{\partial u_i}{\partial x_j}$. Let

$$\varepsilon_{ij}(u) = \frac{1}{2}(u_{ij} + u_{ji}), \quad \omega_{ij}(u) = \frac{1}{2}(u_{ij} - u_{ji}),$$

then from the identity

$$\sum_{i,j=1}^s u_{ij} v_{ij} = \sum_{i,j=1}^s \varepsilon_{ij}(u) \cdot \varepsilon_{ij}(v) + \sum_{i,j=1}^s \omega_{ij}(u) \cdot \omega_{ij}(v)$$

follows

$$(u, v)_{W_2^{1,s}} = \int_\Omega \sum_{i=1}^s u_i v_i dx + \int_\Omega \sum_{i,j=1}^s \omega_{ij}(u) \cdot \omega_{ij}(v) dx$$

$$+ \int_\Omega \sum_{i,j=1}^s \varepsilon_{ij}(u) \cdot \varepsilon_{ij}(v) dx. \tag{3.9}$$

In space $W_2^{1,s}$, the semi-positive definite quadratic form

$$\varphi_{1,s}(u) = \int_\Omega \sum_{i,j=1}^s (\varepsilon_{ij}(u))^2 \, dx \tag{3.10}$$

has its mull set $p_{1,s}$, consisting of all rigid displacements

$$v_i = a_i + \sum_{j=1}^s b_{ij} x_j, \quad b_{ij} = -b_{ji}, i = 1, \cdots, s \tag{3.11}$$

with dimension $s + \dfrac{s(s-1)}{2}$. For $s = 2$, the basis is

$$\begin{pmatrix} 1 \\ 0 \end{pmatrix}, \begin{pmatrix} 0 \\ 1 \end{pmatrix}, \begin{pmatrix} x \\ -y \end{pmatrix};$$

for $s = 3$, the basis is

$$\begin{pmatrix} 1 \\ 0 \\ 0 \end{pmatrix}, \begin{pmatrix} 0 \\ 1 \\ 0 \end{pmatrix}, \begin{pmatrix} 0 \\ 0 \\ 1 \end{pmatrix}, \begin{pmatrix} x \\ -y \\ 0 \end{pmatrix}, \begin{pmatrix} 0 \\ y \\ -z \end{pmatrix}, \begin{pmatrix} -x \\ 0 \\ z \end{pmatrix}.$$

The important thing in $W_2^1(\Omega)$ is the Sobolev inequality [5]

$$\int_\Omega \sum_{|p|<m} (D^p u)^2 \, dx + \int_\Omega \sum_{|p|=m} (D^p u)^2 \, dx$$

$$\leqslant A_1 \left\{ \sum_{|p|<m} \left[\int_\Omega D^p u dx \right]^2 + \int_\Omega \sum_{|p|=m} (D^p u)^2 \, dx \right\}, \tag{3.12}$$

Hence

$$\|u\|_{W_2^m}^2 \asymp \varphi_m(u) + \sum_{|p|<m} (f_p(u))^2,$$

where

$$f_p(u) = \int_\Omega D^p u dx, \quad |p| < m$$

is a set of linear functionals. Hence φ_m is quasi-positive definite in W_2^m.

Similarly, in $W_2^{1,s}(\Omega)$, the Korn inequality holds[2]. For

$$\int_\Omega \omega_{ij}(u) dx = 0, i, j = 1, \cdots, s; \quad \sum_{i,j=1}^s \int_\Omega \omega_{ij}^2(u) dx \leqslant B_1 \sum_{i,j=1}^s \int_\Omega \varepsilon_{ij}^2(u) dx. \tag{3.13}$$

Define

$$f_i(u) = \int_\Omega u_i dx, \quad i = 1, \cdots, s,$$

$$f_{ij}(u) = \int_\Omega \omega_{ij}(u) dx, \quad i, j = 1, \cdots, s,$$

then

$$\|u\|_{W_2^{1,s}} \asymp \varphi_{1,s}(u) + \sum_{i=1}^{s} (f_i(u))^2 + \sum_{i,j=1}^{s} (f_{ij}(u))^2.$$

In fact, by (3.8), (3.12), we need only to prove

$$\sum_{i,j=1}^{s} \int_{\Omega} \varepsilon_{ij}^2(u)dx + \sum_{i,j=1}^{s} \int_{\Omega} \omega_{ij}^2(u)dx$$

$$\leqslant B \left\{ \sum_{i,j=1}^{s} \int_{\Omega} \varepsilon_{ij}^2(u)dx + \sum_{i,j=1}^{s} \left[\int_{\Omega} \omega_{ij}(u)dx \right]^2 \right\}. \tag{3.14}$$

For this purpose, let

$$b_{ij} = b_{ij}(u) = \frac{1}{\mathrm{mes}\,\Omega} \int_{\Omega} \omega_{ij}(u)dx, \quad b_{ij} = -b_{ji},$$

$$v_i(x) = \sum_{j=1}^{s} b_{ij}x_j, \quad \omega_{ij}(v) = b_{ij},$$

then

$$\int_{\Omega} \omega_{ij}(u)dx = \int_{\Omega} \omega_{ij}(v)dx, \quad \varepsilon_{ij}(v) = 0.$$

Take $u' = u - v$, then

$$\int_{\Omega} \omega_{ij}(u')\,dx = 0, \quad \varepsilon_{ij}(u') = \varepsilon_{ij}(u). \tag{3.15}$$

Hence

$$\sum_{i,j=1}^{s} \int_{\Omega} \varepsilon_{ij}^2(u)dx + \sum_{i,j=1}^{s} \int_{\Omega} \omega_{ij}^2(u)dx = \sum_{i,j=1}^{s} \int_{\Omega} \varepsilon_{ij}^2(u')dx + \sum_{i,j=1}^{s} \int_{\Omega} \omega_{ij}^2(u'+v)\,dx,$$

$$\int_{\Omega} \omega_{ij}^2(u'+v)\,dx = \int_{\Omega} \omega_{ij}^2(u')\,dx + 2b_{ij}\int_{\Omega} \omega_{ij}(u')\,dx + b_{ij}^2 \int_{\Omega} dx.$$

Hence

$$\sum_{i,j=1}^{s} \int_{\Omega} \varepsilon_{ij}^2(u)dx + \sum_{i,j=1}^{n} \int_{\Omega} \omega_{ij}^2(u)dx \leqslant \sum_{i,j=1}^{s} \int_{\Omega} \varepsilon_{ij}^2(u')\,dx + \sum_{i,j=1}^{s} \int_{\Omega} \omega_{ij}^2(u')\,dx$$

$$+ \sum_{i,j=1}^{s} \frac{1}{\mathrm{mes}\,\Omega} \left[\int_{\Omega} \omega_{ij}(u)dx \right]^2.$$

Noticing (3.15), we then obtain (3.14) by applying the Korn inequality to u'. Finally $\varphi_{1,s}$ is quasi-positive definite over $W_2^{1,s}$.

We remark that the quasi-positive definiteness of $\varphi_m, \varphi_{1,s}$ is essentially the imbedding theorem. They are equivalent to the quadratic form $D(u)$ related to the elliptic equations. Hence, they play an important role in verifying the positive or quasi-positive definiteness of $D(u)$.

3.3 Some typical classes of variational problems

1. Positive definite free variational problems

This is a class of variational problems defined over Hilbert space H as follows

$$J(u) = \frac{1}{2}D(u) - F(u) = \min, \tag{3.16}$$

where the quadratic form D is bounded and positive definite

$$b\|u\|^2 \leqslant D(u) \leqslant a\|u\|^2,$$

and the linear form F is bounded

$$|F(u)| \leqslant c\|u\|.$$

By free problem, we refer to solving the problem over the whole space H.

By the positive definiteness, we define new inner product and norm

$$(u,v)_D = D(u,v), \quad \|u\|_D = \sqrt{D(u)}, \quad \|u\|_D \asymp \|u\|.$$

F is still bounded with respect to the new norm. Therefore, by, Riesz Theorem, there exists $u_0 \in H$ such that $F(u) = (u_0, u)_D$. Hence

$$J(u) = \frac{1}{2}(u,u)_D - (u_0, u)_D = \frac{1}{2}\|u - u_0\|_D^2 - \frac{1}{2}\|u_0\|_D^2,$$

i. e., (3.16) is equivalent to the problem

$$I(u) = \|u - u_0\|_D = \min.$$

Obviously, our solution in H is u_0. The solution u' in the closed subspace S' is the projection of u_0 into the subspace S' with respect to the inner product D. These solutions are obviously unique. Furthermore, we have

$$D(u' - u_0) \leqslant D(u - u_0), \quad \forall u \in S'. \tag{3.17}$$

In the discretization, we choose S' to be finite-dimensional subspace. Let $\{v^{(1)}, \cdots, v^{(N)}\}$ be a basis for S'. Thus for

$$u = \sum_{i=1}^{N} U_i v^{(i)},$$

we have

$$J(u) = J(U) = \frac{1}{2}\sum_{i,j=1}^{N} a_{ij} U_i U_j - \sum_{i=1}^{N} b_i U_i, \tag{3.18}$$

$$a_{ij} = D\left(v^{(i)}, v^{(j)}\right), \quad b_i = F\left(v^{(i)}\right), \quad i,j = 1, \cdots, N.$$

Hence the variational problem over S' is the free minimization problem of the quadratic functional

$$J(U) = \frac{1}{2} \sum_{i,j=1}^{N} a_{ij} U_i U_j - \sum_{i=1}^{N} b_i U_i = \min. \tag{3.19}$$

By the positive definiteness of $D(u)$, we obtain the positive definiteness of the matrix $A = (a_{ij})$. Equivalently, we are solving the Euler equation

$$\sum_{j=1}^{N} a_{ij} U_j = b_i, \quad i = 1, \cdots, N. \tag{3.20}$$

A positive definite free variational problem is an abstract setting of the third kind boundary value problems. It is also the basic formulation to which all the minimization problems under our discussion will be eventually reduced.

2. Degenerate free variational problems

This is the problem (3.16) to be solved over the whole space H, but $D(u)$ is degenerate semi-positive definite, and is quasi-positive definite. F is the same as before. This is a general abstract form of the second kind free boundary value problems.

Since $D(u)$ is quasi-positive definite, for arbitrary bounded linear forms $g_1, \cdots, g_m$ which are complementary to D, we have always that

$$\|u\|^2 \asymp D(u) + \sum_{i=1}^{m} (g_i(u))^2.$$

Define the closed subspace

$$Q = \{v | g_1(v) = \cdots = g_m(v) = 0\}.$$

We have obviously $\|u\| \asymp D(u)$ over Q. That is, $D(u)$ is positive definite over Q. Hence, there is a unique solution to our problem. But the solution may not be that to our original problem. The original problem may not have any solutions.

Now let P be the null set of $D(u)$, i. e.,

$$P = \{v | D(v) = 0\}.$$

Let m be its dimension and $\{z_1, \cdots, z_m\}$ be a basis for P.

Proposition 1. *There exists a solution in H to the problem $J(u) = \min$ if and only if*

$$F(v) = 0, \quad \forall v \in P, \tag{3.21}$$

i. e.,

$$F(z_k) = 0, \quad k = 1, \cdots, m.$$

In this case, the solution is unique in the sense of mod P. And the problem is equivalent to finding solutions to $J(u) = \min$ over subspace Q.

Proof　If (3.21) is not true, then there exists $v_0 \in H$ such that $D(v_0) = 0$ and $F(v_0) < 0$. As $k \to \infty$, we have $J(kv_0) = kF(v_0) \to -\infty$. Therefore, J has no minimizer. Conversely, if (3.21) is true, we have $J(u) = J(u+v)$ for any $v \in P$. But $g_1, \cdots, g_m$ are complementary to D. Hence, for any $u \in H$, there exists a unique $v \in H$ such that $u + v \in Q$ and $J(u) = J(u + v)$. Therefore, a minimizer over Q is also a minimizer over H. And the uniqueness of minimizers over Q is equivalent to that over H in the senes of mod P.

Proposition 2. *Let S' be a closed subspace such that*

$$P \subset S'. \tag{3.22}$$

Then (3.21) is a necessary and sufficient condition for the variational problem to have a solution over the subspace S'. Under this condition, the solution in S' is unique in the sense of mod P. The problem is equivalent to that of $J(u) = \min$ in the subspace $S' \bigcap Q \cdot A$ minimizer $u' \in S' \bigcap Q$ is the projection in Q of u_0 with respect to D.

The proof is similar. We need only to use the condition (3.21). We point out that this condition is of importance for the preservation of the problem characteristics under discretization, since it presents faithfully the multiplicity structure of non uniqueness of solutions and the solvability conditions. Our grid function space S' includes the null sets of the degenerated forms $D(u)$ such as the null sets (3.7) and (3.11) of $\displaystyle\int_{\Omega} a\left(u_x^2 + u_y^2\right) d\sigma$ and $\displaystyle\int_{\Omega} \sum_{i,j} \varepsilon_{ij}^2(u) dx$, respectively.

If we choose the finite-dimensional subspace S' as in (3.22) in the discretization, then we obtain the minimization problem (3.19) or the system of equations (3.20). But the coefficient matrix here is symmetric semi-positive definite and is degenerate. The compatibility condition (3.21) becomes, after discretization,

$$\sum_{j=1}^{N} Z_j^{(i)} F\left(v^{(j)}\right) = 0, \quad i = 1, \cdots, m,$$

where

$$z_i = \sum_{j=1}^{i} Z_j^{(i)} v^{(j)}, \quad i = 1, \cdots, m$$

is a basis for P. Hence, $z_i, i = 1, \cdots, m$ form the basis for the null set of the quadratic form $\sum_{ij} a_{ij} U_i U_j$, i. e., they are the fundamental solution system for the system of homogeneous equations

$$\sum_{j=1}^{N} a_{ij} U_j = 0.$$

By (3.18), the discrete compatibility condition is

$$\sum_{j=1}^{N} Z_j^{(i)} b_j = 0. \tag{3.23}$$

Its algebraic significance is obvious, it represents the necessary and sufficient condition for the solvability of the degenerate symmetric inhomogeneous system

$$\sum_{j=1}^{N} a_{ij} U_j = b_i, \quad i = 1, \cdots, N.$$

That is, that the right hand side vector is orthogonal to the fundamental solution vectors of the corresponding homogeneous system.

The conditions $g_1(v) = 0, \cdots, g_m(v) = 0$ in S' can be expressed as

$$\sum_{j=1}^{N} g_{ij} U_j = 0, \quad i = 1, \cdots, m, \tag{3.24}$$

$$g_{ij} = g_i \left(v^{(j)} \right), \quad i = 1, \cdots, m, j = 1, \cdots, N.$$

Its algebraic meaning is obvious too.

In practice, it is more convenient to use (3.20) to solve a free variational problem than using the normalization condition (3.24) [8].

3. Constrained variational problems

This is an abstract setting of problems with constrained boundary conditions such as the first kind boundary value problems. We always assume that the set L of elements in H which satisfy certain constrained boundary conditions is not empty, i. e., there exists a $z \in L$. We also assume that L is a closed hyperplane. Thus, we have $L = z + K$, i. e., $u = z + v, v \in K$ for any $u \in L$, where K is a closed subspace, i. e., the set of all elements which satisfy the corresponding homogeneous boundary condition. Obviously, the minimization problem $J(u) = \min$ over L is equivalent to that of $J(v) = \min$ over K.

$$I(v) = \frac{1}{2} D(v) - G(v),$$

$$G(v) = F(v) - D(z, v).$$

Since $D(u, v)$ is a bounded bilinear form over $H, G(v)$ is also bounded and linear over H.

Now let us solve the problem $J(u) = \min$ over some hyperplane $L = z + K$ in H. If $D(u)$ is positive definite, then it is also positive definite over K. Hence there exists a unique solution over L. If $D(u)$ is quasi-positive definite and degenerate and if there exist linear bounded functionals $g_1, \cdots, g_m$, which are complementary to D and which are zero over $K : g_1(v) = \cdots = g_m(v) = 0$, for all $v \in K$, then $D(v)$ is also positive definite over K, since

$$\|v\|^2 \asymp D(v) + \sum_{i=1}^{m} (g_i(v))^2.$$

Hence, in the above two cases, $I(v) = \min$ has a unique solution v_0 over K. Consequently, $J(u) = \min$ has a unique solution $u_0 = z + v_0$ over L.

If we solve our problem over some discrete closed subspace S' which approximate H, we may have that S' does not intersect L. In this case, we need to perturb our boundary conditions, i. e., we use the perturbed $L' = z' + K'$ where $z' \in S'$ satisfies the perturbed boundary condition. The perturbed variational problem $J(u) = \min$ over L' is equivalent to $I'(v) = \min$ over K' where $I'(v) = \frac{1}{2}D(v) - G'(v), G'(v) = F(v) - D(z', v)$. Hence the functional itself is also perturbed.

Let

$$K' = K \bigcap S'. \tag{3.25}$$

We still have $g_1(v) = \cdots = g_m(v) = 0$ for $v \in K'$. Therefore $D(v)$ is still positive definite over K'. Consequently, there exists a unique solution to $I'(v) = \min$ over K'. But v' is not the projection of v_0 into S' with respect to D. It is however the projection of the solution to $I'(v) = \min$ over K into S' with respect to D.

The condition (3.25) plays important roles in preserving the problem characteristics under discretization and convergence properties.

In addition to (3.18), (3.19) in the discretization, we also discretize the constrained condition. But we are not able to have a unified approach of discretization from the variational principle, since here we have the constrained conditions. Now, suppose (3.25) holds. K' is thus as a subspace of S', K' is characterized by

$$\sum_{j=1}^{N} c_{ij}U_j = 0, \quad i = 1, \cdots, r.$$

Its corresponding hyperplane L' is determined by

$$\sum_{j=1}^{N} c_{ij}U_j = g_i, \quad i = 1, \cdots, r.$$

We need to keep the rank of the matrix C to be r (cf. §2.3) in order to ensure the existence of solutions $z' \in L'$ with arbitrary right hand side giving the value of the constrained condition for this underdetermined system of equations.

3.4 Stability and approximation properties of solutions

We have already discussed the existence and the uniqueness of the solutions to various variational problems over a Hilbert space or its closed subspaces. Next, we are going to discuss the stability of the solution. More precisely, the solution to a variational problem will be only perturbed slightly if the conditions for solving the problems (e. g., coefficients) are perturbed slightly. We first consider the case where we have the positive definiteness.

Stability Theorem 1. *Suppose the variational problem over H*

$$J(u) = \frac{1}{2}D(u) - f(u) = \min \tag{3.26}$$

becomes the following variational problem, after slight perturbation,

$$J_n = \frac{1}{2}D_n(u) - f_n(u) = \min, \quad n = 1, 2, \cdots \tag{3.27}$$

where D is a bounded positive definite quadratic form and f is a linear bounded form

$$b\|u\|^2 \leqslant D(u) \leqslant a\|u\|^2,$$
$$|f(u)| \leqslant c\|u\|.$$

and where D_n and f_n are also bounded positive definite quadratic forms and bounded linear forms, respectively. Furthermore, D_n and f_n satisfy the perturbation conditions

$$|D_n(u) - D(u)| \leqslant \varepsilon_n\|u\|^2, \quad \varepsilon_n \to 0, \tag{3.28}$$
$$|f_n(u) - f(u)| \leqslant \delta_n\|u\|, \quad \delta_n \to 0. \tag{3.29}$$

Then the solutions u_n to the perturbed variational problems (3.27) over H converge to the solution u_0 to the original problem (3.26).

Proof We first point out that, by our assumptions, D_n and f_n are uniformly positive definite and uniformly bounded, respectively

$$b'\|u\|^2 \leqslant D_n(u) \leqslant a'\|u\|^2, \quad b' > 0,$$
$$|f_n(u)| \leqslant c'\|u\|.$$

We continue our proof in steps:

1. $J_n(u_n) \leqslant J(u_0) + \sigma_n, \sigma_n \to 0$.

In fact,

$$\begin{aligned}
J_n(u_n) = \min J_n(u) &\leqslant J_n(u_0) = J(u_0) + J_n(u_0) - J(u_0) \\
&\leqslant J(u_0) + |D_n(u_0) - D(u_0)| + |f_n(u_0) - f(u_0)| \\
&\leqslant J(u_0) + \varepsilon_n\|u_0\|^2 + \delta_n\|u_0\|.
\end{aligned}$$

2. $\|u_n\|$ bounded.

In fact, since $J_n(u_n) = \frac{1}{2}D_n(u_n) - f_n(u_n)$ bounded from above, $f_n(u)$ uniformly bounded, hence

$$D_n(u_n) \leqslant \alpha + \beta\|u_n\|, \quad \alpha, \beta > 0. \tag{3.30}$$

From $|D(u_n) - D_n(u_n)| \leqslant \varepsilon_n\|u_n\|^2 \leqslant \varepsilon_n b^{-1}D(u_n)$, follows

$$D(u_n) \leqslant D_n(u_n) + \varepsilon_n b^{-1}D(u_n),$$

hence

$$D_n (u_n) \geqslant \left(1 - \varepsilon_n b^{-1}\right) D (u_n) \geqslant \gamma \|u_n\|^2, \quad \gamma > 0.$$

This and (3.30) imply $\|u_n\|$ bounded.

3. $J_n (u_n) \geqslant J (u_0) + \tau_n, \tau_n \to 0$.

In fact, in analogy with the proof of 1,

$$\begin{aligned}
J (u_0) = \min J (u) &\leqslant J (u_n) = J_n (u_n) + J (u_n) - J_n (u_n) \\
&\leqslant J_n (u_n) + \varepsilon_n \|u_n\|^2 + \delta_n \|u_n\| \\
&= J_n (u_n) + \tau_n,
\end{aligned}$$

since $\|u_n\|$ bounded, so $\tau_n \to 0$.

4. From 2, follows the existence of $u' \in H, u_n$ has a subsequence, denoted by u_k so that $u_k \xrightarrow{\text{weakly}} u'$. From 1, 3, follows $J_n (u_n) \to J (u_0)$.

5. $\|u_k\| \to \|u'\|, u' = u_0$.

In fact, from

$$\frac{1}{2} D (u') - f (u') = J (u') \geqslant J (u_0) = \frac{1}{2} D (u_0) - f (u_0),$$

follows

$$D (u') \geqslant D (u_0) + 2 \left[f (u') - f (u_0)\right]; \tag{3.31}$$

on the other hand,

$$D (u_n) = D (u_n) - D_n (u_n) + D_n (u_n).$$

From (3.28), (3.29) and 2, 4, follows

$$D (u_n) - D_n (u_n) \to 0, \quad f (u_n) - f_n (u_n) \to 0,$$

$$\frac{1}{2} D_n (u_n) - f_n (u_n) = J_n (u_n) \to J (u_0) = \frac{1}{2} D (u_0) - f (u_0).$$

Hence taking subsequence $u_k \xrightarrow{\text{weakly}} u'$, follows $f_k (u_k) - f (u')$, and

$$D (u_k) \to D (u_0) + 2 \left[f (u') - f (u_0)\right],$$

i. e.,

$$D (u_k) \to 2J (u_0) + 2f (u'). \tag{3.32}$$

By Schwarz inequality

$$D (u', u_k) \leqslant \sqrt{D (u')} \cdot \sqrt{D (u_k)},$$

since $D(u', u)$ bounded, so

$$D(u') \leqslant \sqrt{D(u')} \cdot \sqrt{D(u_0) + 2[f(u') - f(u_0)]}.$$

If $u' \neq 0$, then

$$D(u') \leqslant D(u_0) + 2[f(u') - f(u_0)],$$

this and (3.31) imply

$$D(u') = D(u_0) + 2[f(u') - f(u_0)],$$

i. e.,

$$J(u') = J(u_0) = \min J(u).$$

By uniqueness of variational solution, $u_0 = u'$, and $D(u_k) \to D(u_0)$. If $u' = 0$, then $J(u_0) = \min J(u) \leqslant J(u')$, so $J(u_0) \leqslant 0$. From (3.32) and $f(u') = 0$, we get

$$0 \leqslant D(u_k) \to 2J(u_0).$$

So $J(u_0) = 0 = J(0)$, then $u_0 = 0 = u'$, and also $D(u_k) \to D(u_0)$. So we proved $\|u_k\| \to \|u_0\|$. Moreover, since $u_k \xrightarrow{\text{weakly}} u_0$, we have $\|u_k - u_0\| \to 0$.

6. $\|u_n - u_0\| \to 0$.

If this is not true, then there exists a subsequence u_m and a positive number σ such that $\|u_m - u_0\| > \sigma$. As shown above, there exists a subsequence u_k of u_m such that $\|u_k - u_0\| \to 0$. This is a contradiction.

Now we discuss the approximation properties of the solutions of the variational problems. Let $S_n, n = 1, 2, \cdots$, be a sequence of subspaces of H. Define its limit set S as follows: $u \in S$ if and only if the projection u_n of u into S_n converge to u. Obviously, S is a subspace. Furthermore, $u \in S$ if and only if, for any u, there exists $v_n \in S_n$, such that $v_n \to u$. Intuitively, S is a set of elements which can be approximated by elements in S_n. We claim S is closed. In fact, if $u \in \bar{S}$ but the projection u_n of u into S_n does not converge to u, then there exists $\delta > 0$ and a subsequence u_k such that

$$\|u - u_k\| > \delta.$$

Since $u \in \bar{S}$, we have $v \in S$ and $\|u - v\| < \frac{1}{4}\delta$. But the projections v_n of v into S_n converge to v. Therefore.

$$\|v - v_k\| < \frac{1}{4}\delta, \text{ if the index } k \text{ is large enough.}$$

Consequently,

$$\|u - u_k\| \leqslant \|u - v\| + \|v - v_k\| + \|v_k - u_k\|.$$

But $\|v_k - u_k\| \leqslant \|v - u\|$, hence

$$\|u - u_k\| \leqslant \frac{3}{4}\delta.$$

This is a contradiction. Hence $\overline{S} = S$. Therefore, if a set M is dense in the space H and $M \subset S$, then $S = H$. In this case, we say that the sequence of subspaces S_n are complete in H.

Approximation Theorem 1 *Suppose $u_0 \in H$ is the solution to the variational problem $J(u) = \min$ over H and the $w_n \in S_n$ is the solution to the perturbed variational problem $J_n(u) = \min$ over the subspace S_n. Assume that $J(u)$ and $J_n(u)$ satisfy all conditions in the Stability Theorem 1. Let S be the limit set of the sequence of subspaces S_n. If $u_0 \in S$ then $w_n \to u_0$. In particular, if the sequence of subspaces S_n is complete in H, then $w_n \to u_0$.*

Proof Let u_n be the solution to $J_n(u) = \min$ over H. We have proved that $u_n \to u_0$. Let $v_n \in S_n$ be the solution to $J(u) = \min$ over S_n Obviously, v_n is the projection of $u_0 \in S$ into the space S_n with respect to the inner product $D(u, v)$. Hence $\|v_n - u_0\| \to 0$. Consequently, $\|v_n - u_n\| \to 0$. Since w_n is the solution to $J_n(u) = \min$ over S_n, we have

$$D_n(w_n - u_n) = \min_{u \in S_n} D_n(u - u_n) \leqslant D_n(v_n - u_n).$$

By the positive definiteness and (3.28),

$$D(w_n - u_n) \leqslant \left(1 - \varepsilon_n b^{-1}\right)^{-1} D_n(\omega_n - u_n),$$
$$D_n(v_n - u_n) \leqslant \left(1 + \varepsilon_n b^{-1}\right) D(v_n - u_n).$$

But $v_n - u_n \to 0$. Hence $w_n - u_n \to 0$, i. e. , $w_n \to u_0$.

Using the result of §3.3, we can generalize the previous theorem to the degenerate free variational problems and the constrained variational problem as follows. We omit the proof, which is not difficult.

Stability and Approximation Theorem 2 *Let D and D_n be degenerate and quasi-positive definite in H Suppose they have the same null set P. Let f and f_n satisfy the compatibility conditions. All other assumptions are the same as in Stability Theorem 1. Let $g_1, \cdots, g_m$ be linear functionals which are complementary to D. Let*

$$Q = \{v | g_1(v) = \cdots = g_m(v) = 0\}.$$

Then the representative u_n in Q of the solution to the perturbed problem converge to the representative u_0 in Q of the solution to the original problem. Furthermore, let $S_n \supset P$ and either $\{S_n\}$ is complete in H or u_0 lies in the limit set of $\{S_n\}$. Then the representative $w_n \in S_n \bigcap Q$ of the solution to the perturbed problem in S_n converges to u_0.

Stability and Approximation Theorem 3 *Let the assumptions about D and D_n be the same as in Theorem 2. Suppose there exist, for some closed subspace K, linear functionals $g_1, \cdots, g_m$ which are complementary to D and satisfy $g_1(v) = \cdots = g_m(v) = 0$, for any $v \in K$. Consider the original problem over the hyper plane $L = z + K$ and the perturbed problem over the hyperplane $L_n = z_n + K$. Denote by u_0 and u_n the corresponding solutions.*

We assume that $z_n \to z$. Then $u_n \to u_0$. Furthermore, we assume either $\{S_n\}$ is complete in H or u_0 lies in the limit set of $\{S_n\}, z_n \in S_n$. Then, the solution w_n to the perturbed problem over the hyperplane $S_n \cap L_n = z_n + S_n \cap K$ in the subspace S_n converges to u_0.

§4 Convergence of the Difference Schemes

For second order elliptic equations or the elasticity equations, the basic quadratic forms such as $\varphi_1(u), \varphi_{1,s}(u)$, etc., as discussed in §3.2 are quasi-positive definite. Using these properties,we can easily verify the positive definiteness of quasi-positive definiteness for the quadratic form $D(u)$ in various concrete problems. We can further verify the solvability and stability for the corresponding variational problems in function spaces $W_2^1, W_2^m, W_2^{1,s}$ and their subspaces. This also leads to the solvability of the difference equations. The stability and approximation theorems in the previous section provide basis for a convergence theory of the difference schemes. In fact, some known results in the literature (e.g., [2]) also provide basis for the same purpose, when the domain, the coefficients and the grid triangulation are relatively simple, then the convergence of the variational schemes based on grid function follows almost immediately from the known results. Our purpose for generalizing stability and approximation theorems is to establish more general and more comprehensive theory of convergence for the variational schemes based on grid functions, to cover the problems with greater complexities usually encountered in practical situations.

With this goal in mind, we need only to prove the completeness of specific sets of grid functions in W_2^1. More generally, we would like to understand the conditions for grid refinements under which the grid functions are complete in W_2^1. In what follows, we will see the great difference between the analysis of the new method and that of the classical Ritz method. Our results can be readily generalized to a more general cases. Here the analysis is completely elementary .while the results are much more far-reaching.

Since the function space $C^1(\bar{\Omega})$ is dense in $W_2^1(\Omega)$, so in order to prove the sequence $\{S_n\}$ to be complete in W_2^1 we need only prove $\{S_n\}$ to be complete in C^1. For this purpose, we need only the error estimates for grid function approximations to C^1 functions.

4.1 Approximation by Grid Functions

Let Ω be a planar bounded open domain. Its boundary $\partial\Omega$ consists of one or several mutual disjoint piecewise smooth closed curves. Suppose $u(P)$ and all its first derivatives are continuous in $\bar{\Omega}$. It is well-known that u can be extended to the whole plane with the continuity of the function itself and all the first derivatives kept. In the following discussion and construction of functions, we implicitly use the extended u if needed. Let us now define a grid partition $\{A_\alpha, B_\alpha\}, \alpha = 1, \cdots, M$, as in §2. Define a double linear interpolation function $v(P), v \in S'(\Omega)$, by using the values $\{u(P_i)\}_{i=1,\cdots,N}$ of u at all regular grid points. We call such a grid function v the natural grid approximation of u. We estimate the absolute deviation for v to u with respect to functions and their first derivatives. For this purpose, we need only to take typical grid regions $A = A_\alpha, B = B_\alpha$. Furthermore, we may assume that B is a triangle or a rectangle. If B is a parallelogram, the result can be obtained from that for a rectangle.

Let us define

$$\omega'(d) = \sup_{\substack{\overline{PP'} \leqslant d \\ 0 \leqslant \theta \leqslant \pi}} |u_\theta(P) - u_\theta(P')|,$$

where $u_\theta = (\cos\theta)u_x + (\sin\theta)u_y$. Let $\delta = \delta_\alpha$. be the diameter of the domain $A_\alpha \bigcup B_\alpha$, We have $\omega'(\delta) \to 0$ as $\delta \to 0$.

1. B is a triangle and all its vertices are regular grid points.

Denote by P_0, P_1, P_2 all the vertices of B. Without loss of generality, let us assume the largest side is $P_0 P_1$. We also take $P_0 P_1$ to be direction of the x axis. Denote by h_x the length of the largest side. The height with respect to the base side being the largest side is h_y. Let P_3 be the intersection points of the perpendicular line segment from P_2 to $P_o P_1$. P_3 lies in the interior of (P_0, P_1) since $P_0 P_1$ is the largest side.

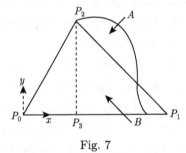

Fig. 7

Let us define the positive direction of the y axis so that P_2 lies in the part that $y > 0$ (see Fig. 7). Hence

$$v(P) = u(P_0) + \frac{u(P_1) - u(P_0)}{h_x}x + \frac{u(P_2) - \bar{u}(P_3)}{h_y}y, \qquad (4.1)$$

where $\bar{u}(P_3)$ is the linear interpolation of $u(P_0)$ and $u(P_1)$:

$$\bar{u}(P_3) = \sigma u(P_1) + (1 - \sigma)u(P_0), \qquad (4.2)$$

$\sigma : (1 - \sigma) = \overline{P_0 P_3} : \overline{P_1 P_3}$. Since

$$u(P_0) = u(P_3) + \int_{P_3}^{P_0} u_x dx = u(P_3) - \sigma h_x u_x(Q_0), \quad Q_0 \in (P_0, P_3),$$

$$u(P_1) = u(P_3) + \int_{P_3}^{P_1} u_x dx = u(P_3) + (1 - \sigma)h_x u_x(Q_1), \quad Q_1 \in (P_3, P_1).$$

then,

$$\bar{u}(P_3) = u(P_3) + \sigma(1 - \sigma)h_x[u_x(Q_1) - u_x(Q_0)],$$

hence

$$v_x(P) = \frac{u(P_1) - u(P_0)}{h_x} = u_x(Q), \quad Q \in (P_0, P_1),$$

$$v_y(P) = \frac{u(P_2) - u(P_3)}{h_y} - h_x \frac{\sigma(1-\sigma)}{h_y} \left[u_x(Q_1) - u_x(Q_0)\right]$$

$$= u_y(Q) - \frac{h_x}{h_y}\sigma(1-\sigma) \left[u_x(Q_1) - u_x(Q_0)\right].$$

Hence the estimates in derivatives

$$|v_x(P) - u_x(P)| \leqslant \omega'(\delta), \tag{4.3}$$

$$|v_y(P) - u_y(P)| \leqslant \left[1 + \frac{h_x}{h_y}\sigma(1-\sigma)\right] \omega'(\delta). \tag{4.4}$$

Since

$$v(P) - u(p) = v(P_0) - u(P_0) + \int_{P_0}^{P_1} (v_x - u_x)\, dx + (v_y - u_y)\, dy, \tag{4.5}$$

and $v(P_0) = u(P_0)$, hence the estimate in function:

$$|v(P) - u(P)| \leqslant \left[2 + \frac{h_x}{h_y}\sigma(1-\sigma)\right] \delta \cdot \omega'(\delta). \tag{4.6}$$

2. B is a rectangle and all its vertices are regular points.

Denote by P_0, P_1, P_2, P_3 all the vertices of B. Take the largest side P_0P_1 to be the positive x axis and the side P_0P_2 to be the positive y axis in our local coordinate system. Denote by h_x and h_y the lengths of two sides. P_0 is the origin. (see Fig. 8). Thus

$$v(P) = \frac{h_x - x}{h_x} \cdot \frac{h_y - y}{h_y} \cdot u(P_0) + \frac{x}{h_x} \cdot \frac{h_y - y}{h_y} \cdot u(P_1)$$

$$+ \frac{h_x - x}{h_x} \cdot \frac{y}{h_y} \cdot u(P_2) + \frac{x}{h_x} \cdot \frac{y}{h_y} \cdot u(P_3), \tag{4.7}$$

$$v_x(P) = \frac{u(P_1) - u(P_0)}{h_x} \left(1 - \frac{y}{h_y}\right) + \frac{u(P_3) - u(P_2)}{h_x} \cdot \frac{y}{h_y}$$

$$= u_x(Q_1) \left(1 - \frac{y}{h_y}\right) + u_x(Q_2) \frac{y}{h_y}, \quad Q_1 \in (P_0, P_1), Q_2 \in (P_2, P_3).$$

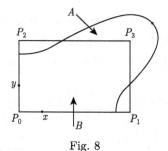

Fig. 8

Hence

$$|v_x(P) - u_x(P)| \leqslant \left(1 - \frac{y}{h_y}\right)[u_x(Q_1) - u_x(P)] + \frac{y}{h_y}[u_x(Q_2) - u_x(P)].$$

If $A \subset B$, then $\dfrac{y}{h_y}$ and $\left(1 - \dfrac{y}{h_y}\right)$ are both non-negative. The sum of these two terms is 1. Hence

$$|v_x(P) - u_x(P)| \leqslant \omega'(\delta),$$
$$|v_y(P) - u_y(P)| \leqslant \omega'(\delta).$$

If $A \not\subset B$, then, denoting by d_x and d_y the horizontal and vertical diameters, respectively, we have

$$|v_x(P) - u_x(P)| \leqslant \left(1 + 2\frac{d_y}{h_y}\right)\omega'(\delta), \tag{4.8}$$

$$|v_y(P) - u_y(P)| \leqslant \left(1 + 2\frac{d_x}{h_x}\right)\omega'(\delta). \tag{4.9}$$

It is not difficult to see that

$$|v(P) - u(P)| \leqslant \left[d_x\left(1 + 2\frac{d_y}{h_y}\right) + d_y\left(1 + 2\frac{d_x}{h_x}\right)\right]\omega'(\delta). \tag{4.10}$$

For non-regular vertex P_i, we obtain the linear interpolation by taking, instead of $u(P_i)$, the values $u(P_i')$ and $u(P_i'')$ at the two regular vertices of the edge which contains P_i, In this case, similar estimates hold too. In fact, we need only to replace $u(P_i)$ in the previous derivation by $\bar{u}(P_i), i = 0, 1, 2$ for a triangle, and $i = 0, 1, 2, 3$ for a rectangle.

$$\bar{u}(P_i) = \sigma_i u(P_i') + (1 - \sigma_i)u(P_i'') = u(P_i) + \sigma_i(1 - \sigma_i)h_i[u_{\theta_i}(Q_i'') - u_{\theta_i}(Q_i')],$$

where $h_i = \overline{P_i'P_i''}, 0 \leqslant \sigma_i \leqslant 1, Q_i' \in (P_i', P_i''), Q_i'' \in (P_i'', P_i), u_{\theta_i}$ is the directional derivative of u along $\overline{P_i'P_i''}$. Noticing that

$$|u_{\theta_i}(Q_i'') - u_{\theta_i}(Q_i')| \leqslant \omega'(h_i).$$

we can easily derive the following results in which all vertices are treated as non-regular grid points. If some vertex is regular, then we can omit the correspon- ding terms.

If B is a triangle and all its vertices are non-regular, then

$$|v_x(P) - u_x(P)| \leqslant \left[1 + \sum_{i=0}^{2}\frac{h_i}{h_x}\sigma_i(1 - \sigma_i)\right]\omega'(\delta'), \tag{4.11}$$

$$|v_y(P) - u_y(P)| \leqslant \left[1 + \frac{h_x}{h_y}\sigma(1 - \sigma) + \sum_{i=0}^{2}\frac{h_i}{h_y}\sigma_i(1 - \sigma_i)\right]\omega'(\delta'), \tag{4.12}$$

where $\delta' = \max\{\delta, h_0, h_1, h_2\}$.

If B is a rectangular interpolation grid region and all its vertices are non-regular, then

$$|v_x(P) - u_x(P)| \leqslant \left[1 + \sum_{i=0}^{3} \frac{h_i}{h_x} \sigma_i (1 - \sigma_i)\right] \omega'(\delta'), \tag{4.13}$$

$$|v_y(P) - u_y(P)| \leqslant \left[1 + \sum_{i=0}^{3} \frac{h_i}{h_y} \sigma_i (1 - \sigma_i)\right] \omega'(\delta'), \tag{4.14}$$

where $\delta' = \max\{\delta, h_0, h_1, h_2, h_3\}$.

If B is a rectangular extrapolation grid region and all its vertices are non-regular, then

$$|v_x(P) - u_x(P)| \leqslant \left\{1 + \frac{2d_y}{h_y} + \left(1 + \frac{d_x}{h_y}\right)\left[\frac{h_0}{h_x}\sigma_0(1-\sigma_0) + \frac{h_1}{h_x}\sigma_1(1-\sigma_1)\right]\right.$$
$$\left. + \frac{d_y}{h_y}\left[\frac{h_2}{h_x}\sigma_2(1-\sigma_2) + \frac{h_3}{h_x}\sigma_3(1-\sigma_3)\right]\right\}\omega'(\delta'), \tag{4.15}$$

$$|v_y(P) - u_y(P)| \leqslant \left\{1 + \frac{2d_x}{h_x} + \left(1 + \frac{d_x}{h_x}\right)\left[\frac{h_0}{h_y}\sigma_0(1-\sigma_0) + \frac{h_2}{h_y}\sigma_2(1-\sigma_2)\right]\right.$$
$$\left. + \frac{d_x}{h_x}\left[\frac{h_1}{h_y}\sigma_1(1-\sigma_1) + \frac{h_3}{h_y}\sigma_3(1-\sigma_3)\right]\right\}\omega'(\delta'). \tag{4.16}$$

By these derivative estimates and (4.5), we can obtain estimates for functions. But we omit the details.

Now let us examine some parameters related to triangulation and its regularity. A main-index is the maximum of all the diameters of grid regions $A_\alpha \bigcup B_\alpha$ in the triangulation. For a triangular region, the ratio $\dfrac{h_x}{h_y}\sigma(1-\sigma)$ is of certain meaning. It is not difficult to verify that a necessary and sufficient condition for keeping the ratios $\dfrac{h_x}{h_y}\sigma(1-\sigma)$ of a series of triangles bounded is that there exists an upper bound which is less than $180°$ for all interior angles of all triangles. For rectangle or parallelogram grid region, the ratio of horizontal (vertical) diameter and vertical (horizontal) diameter measures the extension of extrapolation. We call this ratio the ratio of exterior extension. This ratio is greater than 1 only in the extrapolating grid regions. For a parallelogram, the vertical and horizontal directions are understood to be the two directions to which the four edges are parallel. In the case of non-regular grid points, the ratios of various incident sides measure the changes of grid spacings.

Grid function approximation theorem.

Let $\left\{A_\alpha^{(n)}, B_\alpha^{(n)}\right\}_{\alpha=1,\cdots,M_n}$ be a sequence of triangulations of the domain Ω and let $S_n(\Omega)$ be the corresponding grid function spaces. Suppose the maximum of the diameters of grid regions tends to zero. Furthermore, we assume:

$1°$ There exists an upper bound which is less than $180°$ for all interior angles if there are triangular grid regions.

2° *There exists an upper bound for the ratios of the maximum of the exterior extensions if there are extrapolating parallelogram grid regions.*

3° *There exists an upper bound which is less than 180° for all interior angles if there are parallelogram grid regions.*

4° *There exists an upper bound for the ratios of the maximum and the minimum sides if there are non-regular grid points.*

Then, for each $u \in C^1(\bar{\Omega})$, its natural grid approximation v_n converges to u uniformly. So do the derivatives of v_n to that of u. Consequently, v_n converges to u in the norm of $W_2^1(\Omega)$. Hence, the sequence of the discrete subspaces $\{S_n(\Omega)\}$ is complete in $W_2^1(\Omega)$.

The theorem can be readily proved by using the previous error estimates for interpolation functions. We omit the details. But let us point out that in the previous estimates, we used local coordinate systems. For different grid regions, it may differ by a translation and a rotation. For non-rectangular parallelograms, the previous results still hold if we understand that x and y axes are in an oblique coordinate system. If we use the Cartesian coordinates ξ, η. and assume ξ axis coincides x axis, then

$$u_\xi = u_x, \quad u_\eta = \frac{1}{\sin\theta}\left[u_y - u_x \cos\theta\right],$$

where θ is the angles of intersection of the original x and y axes. Because of the factor $\dfrac{1}{\sin\theta}$, we need to have the condition 3° to have good approximations in the grid refinement.

For the corresponding vector function spaces $W_2^{1,2}(\Omega)$, we can also construct vector grid function spaces $S_n^2(\Omega) = S_n^2 \subset W_2^{1,2}$. Similarly, we also have the approximation theorem.

We remark that our conditions in the theorem are quite weak. They are provided for the uniform convergence. If we need only the completeness of S_n in W_2^1, then these conditions can be further reduced. On the other hand, these conditions are very related. They should be taken into consideration in the grid construction.

4.2 Convergence of Discrete Solutions

Applying the results of §3.2, we can examine the positive definiteness and quasi-positive definiteness of quadratic forms. Furthermore, we have the completeness of the grid function spaces $S_n(\Omega)[$ or $S_n^2(\Omega)]$ in the Hilbert space $H = W_2^1(\Omega)[$ or $W_2^{1,2}(\Omega)]$. Based on these two steps, we can apply the stability and approximation theorems is §3 to prove the convergence for difference schemes (in W_2^1-norm, i. e., the convergence in the mean-square for functions and their derivatives) for second order elliptic problems or two-dimensional systems of elastic equations with various boundary values and coefficient conditions. The properties of the difference equations have been stated in §3.3. By (3.17), we can obtain the error estimates. Notice that we have the same unified theoretical frame work for both the continuous and the discrete problems.

We first consider so-called ideal discrete models, i. e., those coefficients in the difference equations are computed exactly.

For the third kind problems, we apply the approximation theorem 1 in §3 directly to obtain the convergence, since these are positive definite free variational problems.

Now let us turn to the second kind problems. In a second order elliptic equation, $D(u)$ with various coefficients is equivalent to the quadratic form $\varphi_1(u) = \int_\Omega \left(u_x^2 + u_y^2 \right) d\sigma$. Hence, they have the same null set P and $S_n \supset P$. In the two-dimensional elasticity problems, various forms $D(u)$ are all equivalent to $\varphi_{1,2}(u) = \int_\Omega \sum_{i,j=1}^{2} \varepsilon_{ij}^2(u) d\sigma$. Therefore, they all have the same null set P, and $S_n \supset P$. Consequently, We can establish the convergence by the approximation theorem 2.

The first kind problems are more complicated. Suppose the first kind boundary part Γ_1 consists of piecewise line segments. Construct grids Ω_n so that Γ_1 lies on the grid boundaries. Connection points of line segments on Γ_1 are always to be grid points. The discrete condition of the first kind boundary is

$$u\left(P_i\right) = \chi\left(P_i\right), \quad i = 1, \cdots, N'.$$

We further assume that the function χ defined on Γ_1 can be extended to a function z on $\overline{\Omega}$ with continuous first derivatives. Then, if the grids satisfy the assumptions in the grid approximation theorem, the difference schemes converge. We treat the elasticity problems similarly. In fact, for the function $z \in C^1(\overline{\Omega})$, we can construct the natural grid approximations $z_n \in S_n(\Omega)$, so that $z_n \to z$. Now, all functions $u \in L$ which satisfy the boundary conditions can be expressed as $u = z + v, v \in K$, where K is the closed subspace which consists of functions vanishing on Γ_1. The discrete problem is now to find a solution in $L_n = z_n + S_n \bigcap K$. Obviously, there exist functionals complementary to $D(u)$ such as

$$g(u) = \int_{\Gamma_1} u \, ds,$$

so that $g(v) = 0$, for all $v \in K$. Then, we obtain the convergence by applying the stability and approximation theorem 3 in §3 on the constrained variational problems.

A remark on the interior discontinuous lines, is now in order. In the case that an interior discontinuous line Γ_0 is not a grid line, we can still have the convergence for the schemes provided that the discrete models are ideal i. e., again the coefficients in the discretization are computed exactly from the discontinuous coefficients in the original problems. However, the convergence rates in this case can be shown to be lower than the case in which the discontinuous lines are taken to be grid lines.

For the perturbed discrete models, to guarantee the convergence of the underlying schemes, we need first to guarantee the convergence for the approximation of the coefficients. That is to verify perturbation condition in the stability theorem. For this purpose, we may, for example, require that

$$\operatorname*{ess\,sup}_{\Omega} |a(x,y) - a_n(x,y)| \to 0,$$

$$\operatorname*{ess\,sup}_{\Omega} |b(x,y) - b_n(x,y)| \to 0,$$

$$\operatorname*{ess\,sup}_{\Gamma_2} |c(s) - c_n(s)| \to 0,$$

$$\int_{\Omega} (\varphi - \varphi_n)^2 \, d\sigma \to 0,$$

$$\int_{\Gamma_2} (\psi - \psi_n)^2 \, ds \to 0.$$

If a, b, c, φ, ψ are continuous functions, we can choose, $a_n, b_n, c_n, \varphi_n, \psi_n$ to be the piecewise bilinear or piecewise constant natural grid approximations to approximate the smooth data so that the perturbation conditions can be satisfied. For the second kind problems, we need to make f_n in the perturbed functional

$$J_n(u) = \frac{1}{2} D_n(u) - f_n(u)$$

to satisfy the compatibility condition

$$f_n(v) = 0, \quad \forall v \in P.$$

We point out that the convergence of the solutions of the grid function method is in the sense of the space W_2^1, i. e., the mean square convergence of the functions and their derivatives. In many problems, usually we are more concerned with derivatives of solutions in solving the underlying problems, so it is useful to have the mean-square convergence of the derivatives. In addition, by its own definition, a grid function defined on Ω is uniquely determined by its values at finite number of grid points. The derivatives of the function are therefore uniquely determined too. If we need to know the derivatives, then we simply differentiate the analytic expression of grid functions. This coincides in fact with the operation rules for the discretization of energy functional,so we have the consistency between the construction of scheme and the interpretation of numerical results. This kind of consistency is lacking usually in conventional difference schemes.

The variational difference schemes based on grid functions have been applied to solve elasticity problems and good results have been obtained. For this study together with theoretical analysis, see[7] [8].

The construction of variational schemes based on grid functions is very simple in principle, but the end results may be formally very complicated, so one needs to further the systematization and canonization for the formation of the schemes by taking into account the various geometrical and analytical characteristics, to analyze in more details the convergence behavior under various conditions, to study the algebraical properties and to develop the related computing algorithms. The generalization to equations in non-Cartesian coordinates in higher dimensions, and with higher orders and the incorporation of solution singularities into the schemes will be communicated by the author later on.

Translated from Chinese in "Applied Mathematics and Computational Mathematics", 2 (1965), 238-262 by Bo Li, School of Mathematics, University of Minnesota, USA.

References

[1] R. Varga, *Matrix Iterative Analysis*, New Jersey, 1962.

[2] S. Mikhlin, *Problem of Minimum of Quadratic Functional*, Moecow, 1952 (In Russian).

[3] R. Courant, K. Friedrichs, H. Lewy, Uber die partiellen Differenzengleichungen der mathematischen Physik, *Math. Ann*, **100** (1928), 32-74.

[4] G. Polya, Estimates for eigenvalues, in *Studies in Mathematics and Mechanics*, presented to Richard von Mises, 200-207, New York, 1954.

[5] S. Sobolev *Applications of Functional Analysis in Mathematical Physics*, Leningrad, 1950 (in Russian).

[6] G. Fikhtenholtz, *Course of Differential and Integral Calculus*, V. 1, Moscow, 1949 (in Russian).

[7] Huang Hong-ci, Wang Jin-xian, Cui Jun-zhi, Zhao Jing-fang, Lin Zong-kai. Difference method for solving plane problems of elasticity by displacements, *Applied and Computational Mathematics*, **3 : 1** (1966), 54-60 (in Chinese).

[8] Huang Hong-ci, On numerical method for Neumann problem of elliptic equations, *Applied and Computational Mathematics*, **1 : 2** (1964), 121-130 (in Chinese).

6. 有限元方法 [①]

The Finite Element Method

　　有限元方法是椭圆型方程问题的一类数值解法. 它的基础分两个方面: 一是变分原理, 二是剖分插值. 从第一方面看, 它是传统的能量法即李兹–加辽金方法的一种变形. 从第二方面看则它是差分方法即格网法的一种变形. 这是两类方法相结合取长补短而进一步发展了的结果, 它具有很广泛的适应性, 特别适合于几何、物理条件比较复杂的问题, 而且便于程序的标准化. §1 介绍与椭圆方程相等价的变分原理. §2 介绍剖分插值, 重点是三角剖分和相应的线性插值. §3 以典型的二阶椭圆方程问题为例说明有限元离散化的全过程. §4 介绍有限元法的一些应用. 至于方法对四阶椭圆方程的推广以及对于众多物理、技术领域的应用则可参考专门的著作.

§1　变分原理

1.1　椭圆方程的变分原理

　　一般的椭圆型方程边值问题都有适当的变分原理与之等价. 作为典型的例子, 取平面域 Ω 上的二阶变系数椭圆型方程

$$\Omega: -\left(\frac{\partial}{\partial x}\beta\frac{\partial u}{\partial x} + \frac{\partial}{\partial y}\beta\frac{\partial u}{\partial y}\right) = f \tag{1.1}$$

这里 $\beta = \beta(x,y) > 0, f = f(x,y)$ 都是予给的分布. 物理上众多的平衡态和定常态问题都归结这个典型的方程, 或其简化了的或推广了的形式, 例如弹性膜的平衡, 弹性柱体的扭转, 定常态的热传导或扩散, 静电、磁场, 不可压缩无旋流, 定常渗流, 定常亚声速流等等.

　　由于方程 (1.1) 对于导数是二阶的, 为了保证唯一定解在边界 $\partial\Omega$ 上要给定一个条件. 边界条件通常有三种类型

　　第一类: $u = \bar{u}$

　　第二类: $\beta\dfrac{\partial u}{\partial \nu} = q$

　　第三类: $\beta\dfrac{\partial u}{\partial \nu} + \eta u = q$

这里 $\bar{u}, q, \eta$ 为给定在边界上的分布, β 就是 $\beta(x,y)$ 在边界上的值, $\beta > 0, \nu$ 为外法向, $\eta \geqslant 0$. 在边界的不同区段上可以取不同类型的边界条件. 由于第二类边界条件可以看作

---

① 原载于《数值计算方法》, pp569-607, 国防工业出版社, 1978.

第三类当 $\eta \equiv 0$ 时的特例, 故边界条件一般地可以表为

$$\Gamma_0 : u = \bar{u} \tag{1.2}$$

$$\Gamma_0' : \beta \frac{\partial u}{\partial \nu} + \eta u = q \tag{1.3}$$

Γ_0 及 Γ_0' 为 $\partial\Omega$ 上互补的两个部分,

$$\partial\Omega = \Gamma_0 + \Gamma_0'$$

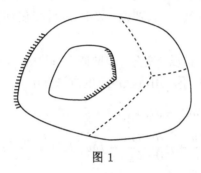

图 1

它们本身又可能分解为几个不相连结的区段. 图 1 表示一个复连通域, 边界上打毛的区段为 Γ_0.

对应于方程 (1.1) 和边界条件 (1.3) 可以构成所谓 "能量积分"

$$J(u) = \iint\limits_{\Omega} \left\{ \frac{1}{2} \left[\beta \left(\frac{\partial u}{\partial x} \right)^2 + \beta \left(\frac{\partial u}{\partial y} \right)^2 \right] - fu \right\} dxdy + \int_{\Gamma_0'} \left[\frac{1}{2} \eta u^2 - qu \right] ds \tag{1.4}$$

任取一个函数 $u = u(x, y)$, 有一个积分值 $J(u)$ 与之相应, 因此 $J(u)$ 是 "函数的函数", 可以叫做泛函. 这里 J 二次地依赖于 u(的导数), 因此是一个二次泛函.

重要的事实在于: 由所有满足边界条件

$$\Gamma_0 : u = \bar{u}$$

的函数组成的函数类 S 中使得 J 达到极小值的那个函数即极值函数 $u = u(x, y)$ 必定在 Ω 内满足微分方程 (1.1) 而且在边界上除了在 Γ_0 上满足 (1.2) 以外还在 Γ_0' 上自动满足边界条件 (1.3); 反之, 满足 (1.1~1.3) 的函数 $u = u(x, y)$ 也必定是函数类 S 中使得 J 达到极小值的函数. 这就是说变分问题

$$\begin{cases} J(u) = \iint\limits_{\Omega} \left\{ \frac{1}{2} \left[\beta \left(\frac{\partial u}{\partial x} \right)^2 + \beta \left(\frac{\partial u}{\partial y} \right)^2 \right] - fu \right\} dxdy \\ \qquad + \int_{\Gamma_0'} \left[\frac{1}{2} \eta u^2 - qu \right] ds = 极小 \tag{1.5} \\ \Gamma_0 : u = \bar{u} \tag{1.6} \end{cases}$$

等价于边值问题

$$
\begin{cases}
\Omega: -\left(\dfrac{\partial}{\partial x}\beta\dfrac{\partial u}{\partial x} + \dfrac{\partial}{\partial y}\beta\dfrac{\partial u}{\partial y}\right) = f & (1.7) \\[3mm]
\Gamma_0': \beta\dfrac{\partial u}{\partial \nu} + \eta u = q & (1.8) \\[3mm]
\Gamma_0: u = \bar{u} & (1.9)
\end{cases}
$$

即两者有相同的解.

这里变分问题的函数类 S 内的函数 u 当然默认有起码的光滑性, 例如具有一阶导数 $\dfrac{\partial u}{\partial x}, \dfrac{\partial u}{\partial y}$ 以使积分 (1.4) 有意义, 不去细说. 关于等价性, 仅列其论证要点如后, 细节可参考 [1].

设对某函数 $u = u(x,y)$ 给以 "变分" 即增量 $\delta u = \delta u(x,y)$, 函数从 u 变为 $u + \delta u$, 则相应地 $J(u)$ 变为 $J(u + \delta u)$, 不难用幂次展开的方法算出

$$
J(u + \delta u) = J(u) + \delta J + \frac{1}{2}\delta^2 J \tag{1.10}
$$

$$
\delta J = \iint\limits_{\Omega}\left[\beta\frac{\partial u}{\partial x}\frac{\partial \delta u}{\partial x} + \beta\frac{\partial u}{\partial y}\frac{\partial \delta u}{\partial y} - f\delta u\right]dxdy + \int_{\Gamma_0'}[\eta u - q]\delta u ds \tag{1.10'}
$$

$$
\frac{1}{2}\delta^2 J = \iint\limits_{\Omega}\frac{1}{2}\left[\beta\left(\frac{\partial \delta u}{\partial x}\right)^2 + \beta\left(\frac{\partial \delta u}{\partial y}\right)^2\right]dxdy + \int_{\Gamma_0'}\frac{1}{2}\eta(\delta u)^2 ds \tag{1.10''}
$$

这里视 δu 为无穷小量, δJ 线性地依赖于 u 又线性地依赖于 δu, 因此为 δu 的同阶无穷小量, 叫做泛函 J 的一次变分. $\delta^2 J$ 不依赖于 u 但二次地依赖于 δu, 因此为 δu 的高阶无穷小量, 叫做 J 的二次变分.

我们要求 u 及 $u + \delta u$ 都属于函数类 S, 即都满足边界条件 (1.2), 因此 δu 满足对应于 (1.2) 的 齐次 边界条件

$$
\Gamma_0: \delta u = 0 \tag{1.11}
$$

满足这个边界条件的函数类记为 S_0. 设 u 是 S 内某个特定函数, 则 S 内的任意函数 v 必可表为 $v = u + \delta u$ 而 $\delta u \in S_0$. 显然, 对于一切 $\delta u \in S_0$ 恒有 $\delta^2 J \geqslant 0$. 可以证明, 在集合 Γ_0 非空 (即确有第一类边界条件点) 或者 $\eta \not\equiv 0$(即确有第三类边界条件点) 的情况下, 当 $\delta u \in S_0$ 而相应的 $\delta^2 J = 0$ 时必有 $\delta u \equiv 0$, 这就是说二次变分 $\delta^2 J$ 是正定的 (见 1.2 节). 从 (1.10) 中各项的量级比较, 可以证明, 当二次变分 $\delta^2 J$ 为正定时 (或半正定时)(椭圆型问题中绝大多数是这样的), 函数 u 在 S 内使 J 达到极小的充要条件是一次变分 δJ 恒为零, 即

$$
\delta J = \delta J(u, \delta u) = 0, \quad \text{对一切}\,\delta u \in S_0 \tag{1.12}
$$

现在来说明 (1.12) 与 (1.7~1.8) 等价. 运用高斯积分公式

$$
\iint\limits_{\Omega}\left[\beta\frac{\partial u}{\partial x}\cdot\frac{\partial \delta u}{\partial x} + \beta\frac{\partial u}{\partial y}\cdot\frac{\partial \delta u}{\partial y}\right]dxdy
$$

$$= -\iint\limits_{\Omega} \left(\frac{\partial}{\partial x}\beta\frac{\partial u}{\partial x} + \frac{\partial}{\partial y}\beta\frac{\partial u}{\partial y} \right) \delta u dx dy + \int_{\partial\Omega} \beta\frac{\partial u}{\partial\nu}\delta u ds$$

和边界条件 (1.11) 可得

$$\delta J = -\iint\limits_{\Omega} \left[\frac{\partial}{\partial x}\beta\frac{\partial u}{\partial x} + \frac{\partial}{\partial y}\beta\frac{\partial u}{\partial y} + f \right] \delta u dx dy + \int_{\Gamma_0'} \left[\beta\frac{\partial u}{\partial\nu} + \eta u - q \right] \delta u ds = 0$$

对一切 $\delta u \in S_0$. 由 δu 的 任意性 可以推出上式两个积分号下的 $[\cdots]$ 恒为 0, 这就是 (1.7~1.8). 反之当 (1.7~1.8) 成立时 (1.12) 必也成立, 故 (1.12) 与 (1.7~1.8) 等价. 因此变分问题 (1.5~1.6) 与边值问题 (1.7~1.9) 等价.

泛函的一次、二次变分实质上是普通多元函数的一次、二次变分的推广. 事实上对于函数 $F(x_1, \cdots, x_n)$ 的变元 $x_1, \cdots, x_n$ 给以增量 $\delta x_1, \cdots, \delta x_n$ 则有

$$F(x_1 + \delta x_1, \cdots, x_n + \delta x_n) = F(x_1, \cdots, x_n) + \delta F + \frac{1}{2}\delta^2 F \tag{1.13}$$

$$\delta F = \sum_{i=1}^{n} \frac{\partial F}{\partial x_i}\delta x_i$$

$$\frac{1}{2}\delta^2 F = \frac{1}{2}\sum_{i,j=1}^{n} \frac{\partial^2 F}{\partial x_i \partial x_j}\delta x_i \delta x_j$$

$\delta F, \delta^2 F$ 便是 F 的一次、二次微分. 在微积分中熟知有极值原理: 当在某点 $(x_1, \cdots, x_n)$ 的二次微分 $\delta^2 F$——作为 $\delta x_1, \cdots, \delta x_n$ 的二次型为正定 (相当于在 $(x_1, \cdots, x_n)$ 的二阶导数阵 $\frac{\partial^2 F}{\partial x_i \partial x_j}$ 为正定矩阵) 时, 该点 $(x_1, \cdots, x_n)$ 为 F 的极小点的充要条件为

$$\delta F = \delta F(x_1, \cdots, x_n; \delta x_1, \cdots, \delta x_n) = 0, \quad 对一切 \delta x_1, \cdots, \delta x_n \tag{1.14}$$

这也等价于

$$\frac{\partial F}{\partial x_1} = 0, \cdots, \frac{\partial F}{\partial x_n} = 0 \tag{1.15}$$

因此极值问题 $F(x_1, \cdots, x_n) = \min$ 等价于解方程组 (1.15) 的问题. 以上 $\delta J, \delta^2 J$ 分别对应于 $\delta F, \delta^2 F$, (1.12) 对应于 (1.14)、(1.7~1.8) 对应于 (1.15), 而变分问题 (1.5~1.6) 与边值问题 (1.7~1.9) 的等价性对应于函数 F 的极值问题与方程组 (1.15) 的等价性.

上面建立边值问题与变分问题的等价性时用了高斯积分公式, 它仅当有关场量有一定的光滑性才是合法的, 例如当系数 β 为连续函数时就是这样. 当介质系数 β 有间断时, 命其间断线为 L(图 1 中的虚线), 它把区域 Ω 分割为几个子域, 为简便计, 设分为两块 $\Omega = \Omega^- + \Omega^+$, 在 L 上规定从 Ω^- 指向 Ω^+ 的方向为法线上的方向, 于是

$$\iint\limits_{\Omega} \cdots dx dy = \iint\limits_{\Omega^-} \cdots dx dy + \iint\limits_{\Omega^+} \cdots dx dy$$

在子域 Ω^-, Ω^+ 内场量分别是光滑的, 可以运用高斯积分公式, 由此不难算出

$$\delta J = -\iint\limits_{\Omega-L} \left[\frac{\partial}{\partial x}\beta\frac{\partial u}{\partial x} + \frac{\partial}{\partial y}\beta\frac{\partial u}{\partial y} + f \right] \delta u\, dx dy$$

$$+ \int_L \left[\left(\beta\frac{\partial u}{\partial \nu}\right)^- - \left(\beta\frac{\partial u}{\partial \nu}\right)^+ \right] \delta u\, ds + \int_{\Gamma_0'} \left[\beta\frac{\partial u}{\partial \nu} + \eta u - q \right] \delta u\, ds = 0$$

由此可以得出结论: 在介质系数 β 有间断时, 变分问题 (1.5~1.6) 等价于边值问题

$$\begin{cases} \Omega - L : -\left(\frac{\partial}{\partial x}\beta\frac{\partial u}{\partial x} + \frac{\partial}{\partial y}\beta\frac{\partial u}{\partial y} \right) = f \\[2mm] L : \left(\beta\frac{\partial u}{\partial \nu} \right)^- - \left(\beta\frac{\partial u}{\partial \nu} \right)^+ = 0 \\[2mm] \Gamma_0' : \beta\frac{\partial u}{\partial \nu} + \eta u = q \\[2mm] \Gamma_0 : u = \bar{u} \end{cases} \tag{1.16}$$

这里与 (1.7~1.9) 比较, 多出一个在间断线 L 上的交界条件

$$L : \left(\beta\frac{\partial u}{\partial \nu} \right)^- = \left(\beta\frac{\partial u}{\partial \nu} \right)^+ \tag{1.17}$$

综上所述, 微分方程 (1.11) 连同其第二、三类边界条件, 以及介质系数有间断时的交界条件都可以从适当的变分原理导出. 应该注意的是: 在解微分方程时, 第二、三类边界条件以及交界条件都必须作为定解条件列出; 而在解相应的变分问题时, 这些条件被极值函数自动满足, 无须作为定解条件列出, 因此称这类条件为自然边界条件. 反之, 第一类边界条件——如果有的话——在变分问题中与在微分方程问题中一样, 必须作为定解条件列出, 这类条件叫做强加边界条件. 强加边界条件比较简单, 在这里只涉及 u 本身, 而自然边界条件则比较复杂, 涉及 u 以及法向导数 $\frac{\partial u}{\partial \nu}$, 当边界以及介质间断线的几何形状复杂时, 处理是比较困难的. 此外微分方程 (1.11) 中含有二阶导数, 变分原理 (1.5) 中只含有一阶导数. 因此, 直接从变分原理出发来进行离散化和数值解是有利的. 有限元法就是这样, 由于它在离散化时采用了剖分插值方法, 上述有利因素可以得到充分发挥.

变分问题与边值问题的等价性还可以推广到更复杂的情况, 例如

$$\begin{cases} J(u) = \iint\limits_{\Omega} \left\{ \frac{1}{2}\left[\sum_{i,j=1}^{2} \beta_{ij}\frac{\partial u}{\partial x_i}\frac{\partial u}{\partial x_j} + \gamma u^2 \right] - fu \right\} dx_1 dx_2 \\[2mm] \qquad + \int_{\Gamma_0'} \left[\frac{1}{2}\eta u^2 - qu \right] ds = 极小 \\[2mm] \Gamma_0 : u = \bar{u} \end{cases} \tag{1.18}$$

等价于

$$
\begin{cases}
\Omega - L : -\left(\sum_{i,j=1}^{2} \dfrac{\partial}{\partial x_i} \beta_{ij} \dfrac{\partial u}{\partial x_j}\right) + \gamma u = f \\[2mm]
L : \left(\sum_{i,j=1}^{2} \beta_{ij}\nu_i \dfrac{\partial u}{\partial x_j}\right)^{-} - \left(\sum_{i,j=1}^{2} \beta_{ij}\nu_i \dfrac{\partial u}{\partial x_j}\right)^{+} = 0 \\[2mm]
\Gamma_0' : \sum_{i,j=1}^{2} \beta_{ij}\nu_i \dfrac{\partial u}{\partial x_j} + \eta u = q \\[2mm]
\Gamma_0 : u = \bar{u}
\end{cases}
\tag{1.19}
$$

这里将 x, y 记为 $x_1, x_2, (\nu_1, \nu_2)$ 是法向余弦, $\beta_{ij} = \beta_{i,j}(x,y)$ 是对称正定阵, 各向异性的介质系数就是作此形式, L 为系数 β_{ij} 的间断线. $\gamma \geqslant 0$, 通常反映环境的反作用, 例如在热传导问题中相当于介质与环境之间的热交换系数, 在弹性力学中则相当于基础的弹性系数等等. 可以见到, 这里自然边界条件的形状更复杂, 因此变分原理的有利因素更显著.

将 (1.18~1.19) 中的 Ω 理解为三维空间 x_1, x_2, x_3 中的立体, L, Γ_0, Γ_0' 理解为二维面, 求和下标改为 $i, j = 1, 2, 3$, 则问题就推广到三维的情况. 如将 Ω 理解为一维区间, Γ_0, Γ_0' 理解为边界点, L 为 Ω 内部的离散点 $i, j = 1$, 问题便简化为一维的, 即

$$
\begin{cases}
J(u) = \displaystyle\int_{\Omega} \left\{\dfrac{1}{2}\left[\beta\left(\dfrac{\partial u}{\partial x}\right)^2 + \gamma u^2\right] - fu\right\} dx + \sum_{\Gamma_0'}\left[\dfrac{1}{2}\eta u^2 - qu\right] = \text{极小} \\[2mm]
\Gamma_0 : u = \bar{u}
\end{cases}
\tag{1.20}
$$

等价于

$$
\begin{cases}
\Omega - L : -\dfrac{\partial}{\partial x}\beta\dfrac{\partial u}{\partial x} + \gamma u = f \\[2mm]
L : \left(\beta\dfrac{\partial u}{\partial x}\right)^{-} - \left(\beta\dfrac{\partial u}{\partial x}\right)^{+} = 0 \\[2mm]
\Gamma_0' : \varepsilon\beta\dfrac{\partial u}{\partial x} + \eta u = q \\[2mm]
\Gamma_0 : u = \bar{u}
\end{cases}
\tag{1.21}
$$

这里 ε 在右边界上为 $+1$, 在左边界上为 -1.

1.2 关于变分问题的正定性

对于变分问题, 例如 (1.5~1.6), 我们说二次变分 $\delta^2 J$ 是半正定的, 如果

$$
\delta^2 J(\delta u) \geqslant 0, \text{对于一切}\,\delta u \in S_0
\tag{1.22}
$$

当系数 $\beta > 0, \eta \geqslant 0$ 时, 根据表达式 $(1.10'')$ 显然可见 (1.22) 成立, 即半正定. 如果除了满足 (1.22) 以外还进一步满足

$$
\delta u \in S_0, \delta^2 J(\delta u) = 0 \Rightarrow \delta u \equiv 0
\tag{1.23}
$$

则称为正定的. 如果这一补充条件不满足, 也就是说存在 $\delta u \in S_0, \delta u \not\equiv 0$ 而能使

$$\delta^2 J(\delta u) = 0$$

则称为退化半正定的.

现在来证明: 当满足下列两条件之一时, $\delta^2 J$ 为正定.

(1) $\Gamma_0 \neq 0$ (非空), 即边值问题确有第一类边界条件的区段.

(2) $\eta \not\equiv 0$, 即在 Γ'_0 上含有区段 $\Gamma_3 \neq 0$ (非空) 使得在 Γ_3 上 $\eta > 0$, 这就是说边值问题确有第三类边界条件的区段.

事实上, 由于表达式 (1.10) 的积分号下都是正号的平方和, 因此当 $\delta^2 J(\delta u) = 0$ 时必有

$$\frac{\delta}{\partial x}\delta u \equiv \frac{\delta}{\delta y}\delta u = 0 \Rightarrow \delta u \equiv c = 常数, 在 \Omega 上.$$

由于 $\delta u \in S_0$, 故由 (1) 知在 Γ_0 上 $\delta u = 0$, 因此在 Ω 上 $\delta u \equiv c = 0$. 如果 (1) 不被满足, 则由 (2) 知在 Γ_3 上 $\delta u = 0$, 因此同样有 $\delta u \equiv c = 0$.

当条件 (1), (2) 都不满足时实际上就是所谓第二类边值问题. 这就是说 $\Gamma_0 = \phi$ (空) 即 $\partial\Omega = \Gamma'_0$ 并且 $\eta \equiv 0$. 这时变分问题 (1.5~1.6) 退化为无条件变分问题

$$J(u) = \iint\limits_{\Omega} \left\{ \frac{1}{2}\left[\beta\left(\frac{\partial u}{\partial x}\right)^2 + \beta\left(\frac{\partial u}{\partial y}\right)^2\right] - fu \right\} dxdy - \oint_{\partial\Omega} quds = 极小 \tag{1.24}$$

函数类 S 与 S_0 一致, 边界上不受约束, 而二次变分简化为

$$\frac{1}{2}\delta^2 J(\delta u) = \iint\limits_{\Omega} \frac{1}{2}\left[\beta\left(\frac{\partial\delta u}{\partial x}\right)^2 + \beta\left(\frac{\partial\delta u}{\partial y}\right)^2\right] dxdy \tag{1.25}$$

等价的边值问题则成为第二类的, 即

$$\begin{cases} \Omega - L : -\left(\frac{\partial}{\partial x}\beta\frac{\partial u}{\partial x} + \frac{\partial}{\partial y}\beta\frac{\partial u}{\partial y}\right) = f \\ \quad L : \left(\beta\frac{\partial u}{\partial \nu}\right)^- - \left(\beta\frac{\partial u}{\partial \nu}\right)^+ = 0 \\ \quad \partial\Omega : \beta\frac{\partial u}{\partial \nu} = q \end{cases} \tag{1.26}$$

从上面在条件 (1), (2) 下正定性的论证中可以看到, 当条件 (1), (2) 都不成立, 即对于 (1.24) 的情况, 二次变分是退化的, 即

$$\delta^2 J(\delta u) = 0 \Leftrightarrow \delta u \equiv c = 常数$$

在正定即非退化的情况, 问题 (1.5~1.6) 即 (1.16) 有唯一解, 而在退化的情况, 问题 (1.24) 即 (1.26) 可以没有解, 有解时也不唯一. 这是一个很大的区别. 在退化的情况, 可以证明:

1. 齐次问题, 即 $f \equiv 0, q \equiv 0$ 的情况, 也就是

$$J(u) = \iint\limits_{\Omega} \frac{1}{2} \left[\beta \left(\frac{\partial u}{\partial x} \right)^2 + \beta \left(\frac{\partial u}{\partial y} \right)^2 \right] dxdy = 极小 \tag{1.27}$$

或

$$\begin{cases} \Omega - L : -\left(\dfrac{\partial}{\partial x} \beta \dfrac{\partial u}{\partial x} + \dfrac{\partial}{\partial y} \beta \dfrac{\partial u}{\partial y} \right) = 0 \\[2mm] L : \left(\beta \dfrac{\partial u}{\partial \nu} \right)^- - \left(\beta \dfrac{\partial u}{\partial \nu} \right)^+ = 0 \\[2mm] \partial\Omega : \beta \dfrac{\partial u}{\partial \nu} = 0 \end{cases} \tag{1.28}$$

有无穷多非零解, 可以表为

$$u \equiv c = 常数 \tag{1.29}$$

2. 非齐次问题 (1.24) 或 (1.26) 有解的充要条件是

$$\iint\limits_{\Omega} fdxdy + \oint_{\partial\Omega} qds = 0 \tag{1.30}$$

通称为协调条件. 当协调条件 (1.29) 被满足时, 非齐次问题 (1.24) 或 (1.26) 的通解 u 可以表为一个特解 $\tilde{u}$ 和相应齐次问题 (1.27) 或 (1.28) 的通解之和, 即

$$u = \tilde{u} + c \tag{1.31}$$

协调条件 (1.30) 在物理上是自然的. 例如, 把 (1.26) 理解为不受约束的薄膜平衡问题, f, q 为外载荷, 条件 (1.30) 表示外载荷达成平衡, 显然只有当外载荷本身达成平衡时, 不受约束的薄膜才可能达成平衡. 齐次问题的非零解 (1.29) 相当于刚性位移为不受约束、不受载荷的薄膜的平衡位移.

上面所举的变分问题中, 二次泛函都是半正定, 包括正定或退化, 能量 J 所达到的极值是极小值. 在有限元方法中大多数实际问题都属此类. 但是也有一些实际问题中人们要求的并不是能量 J 达到极小值而只是所谓临界值, 这时二次泛函为不定, 即 $\delta^2 J$ 可以有正值也可以有负值. 在微积分中, 对于多元函数 $F(x_1, \cdots, x_n)$ 满足 $\dfrac{\partial F}{\partial x_1} = 0, \cdots, \dfrac{\partial F}{\partial x_n} = 0$ 的点 $(x_1, \cdots, x_n)$ 的点叫做临界点 (或逗留点), 相应的 F 值叫做临界值 (或逗留值), 而不论二阶导数阵 $\dfrac{\partial^2 F}{\partial x_i \partial x_j}$ 是否正定, 故临界值可以是极小值, 也可以是极大值, 也可能都不是. 类似地, 我们 $J(u)$ 在函数类 S 中达到临界 (或逗留) 是指其一次变分恒为零, 即 (1.12) 成立而不论二次变分 $\delta^2 J$ 是否正定或半正定. 在我们所讨论的典型例中, 变分问题与边值问题的等价性主要是通过临界性建立起来的. 不过由于二次变分的正定性, 临界性遂成为极小性. 一般说来, 变分问题可以根据其二次变分为正定或不定 (即 $\delta^2 J$ 对于某些

δu 取正值, 对于另一些 δu 取负值) 而分为两类. 椭圆方程中的势能原理多属于正定型的. 椭圆方程中的余能原理以及双曲方程中的最小作用原理等则多属于不定型. 正定性对于变分原理的误差估计和收敛性论证是关键的; 对于离散化后代数问题的解算也是有利的. 但在不定的情况下也并不妨碍变分原理的实际运用, 这是因为变分原理这套形式工具在计算实践中所起的作用, 如边界条件的自动实现以及导数的降阶等方面主要是由临界性带来的, 与正定性无关.

§2　几何剖分与分片插值

2.1　三角剖分

对于平面区域作剖分时, 基本单元可取为三角形、矩形、四边形、曲边的多边形等等或兼而有之. 单纯的三角形剖分最简单常用, 适应性较强, 因此只介绍这一种.

设有平面域 Ω, 如果 Ω 的边界 $\partial\Omega$ 是曲的, 则总可以裁弯取直, 用适当的折线来逼近, 这样 Ω 就近似地代以一个多边形域, 仍记作 Ω.

把多边形域 Ω 剖分为一系列的三角形, 更确切地说, 剖分为

点元: $A_1, A_2, \cdots, A_{N_0}$

线元: $B_1, B_2, \cdots, B_{N_1}$

面元: $C_1, C_2, \cdots, C_{N_2}$

N_0, N_1, N_2 为点、线、面元的个数. 面元是三角形, 线元是直线段. 每个面元以三个线元为其边, 也以三个点元为其顶点, 每个线元以两个点元为其端点即顶点. 如果区域 Ω 的内部和边界上的介质系数如 β, η 以及 f, q 有间断性, 则间断的线、点应落在线元和点元上, 也就是说剖分应与问题本有的分割相协调, 图 1 中虚线表示内部的间断线, 图 2 表示对应于图 1 的一个剖分, 其中对应于间断线的线元仍用虚线表示.

如上把点元、线元、面元都标了号并给出

1. 点元坐标 $(x_k, y_k), k = 1, 2, \cdots, N_0$;

2. 线元两顶点的编号 $(m_{1k}; m_{2k}), k = 1, 2, \cdots, N_1$;

3. 面元三顶点的编号 $(n_{1k}, n_{2k}, n_{3k}), k = 1, 2, \cdots, N_2$; 则剖分就完全确定.

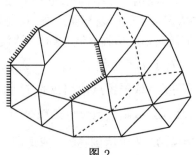

图 2

对于区域的剖分, 除了如上所述必须与问题的物理条件的划分相协调外, 基本上可以是任意的, 可以在关键或关心的部位加密, 在另外的部位放疏. 这种灵活性是有限元法的

一个优点. 但是也要注意: (1) 不要有太 "扁" 的三角形, 即避免出现最小内角接近于 $0°$ 的三角形; (2) 剖分疏密的过渡不要太陡. 不然的话, 会引起离散后代数方程组系数矩阵的病态, 不利于解算, 并且影响到精确度和收敛性.

对平面域 Ω 作三角剖分时, 点、线、面元的个数 N_0, N_1, N_2 一般是任意的, 但它们之间有一定的比例关系. 首先, 有尤拉公式

$$N_0 - N_1 + N_2 = 1 - p$$

p 为域 Ω 的孔数, 单连通时 $p = 0$; 这一公式不限于三角剖分, 对其他剖分也成立. 它表示, 不论怎样剖分, $N_0 - N_1 + N_2$ 恒不变, 是区域 Ω 的一个拓扑不变量. 此外, 每个三角元以三个线元为边, 每个线元邻接两个 (当它在内部时) 或一个 (当它在边界上时) 面元, 因此

$$3N_2 = 2N_1 - N_1'$$

N_1' 为边界线元的个数. 在计算实践上, 当剖分较细时, 恒有 $N_1 \gg N_1', N_0, N_1, N_2 \gg 1 - p$, 因此 $3N_2 \approx 2N_1, N_1 \approx \frac{3}{2}N_2, N_0 - N_1 + N_1 \approx 0, N_0 \approx N_1 - N_2 \approx \frac{3}{2}N_2 - N_2 \approx \frac{1}{2}N_2$, 因此有近似的比例关系

$$N_0 : N_2 : N_1 \approx 1 : 2 : 3$$

它仅对三角剖分成立.

2.2 三角形上的线性插值

在有限元的离散化中, 待解函数 $u(x, y)$ 在各个单元上用适当的插值函数来代替, 最简单的插值方法就是三角形上的线性插值, 不仅它被广泛应用, 同时也是其他三角形上插值方法的基础.

设有任意三角形 $C = (A_1, A_2, A_3)$, 顶点 A_i 的坐标为 $(x_i, y_i), i = 1, 2, 3$, 设有某函数 $u(x, y)$ 在顶点的值为 $u_i = u(x_i, y_i), i = 1, 2, 3$, 要求作线性函数即一次多项式

$$U(x, y) = ax + by + c$$

使得

$$U(x_1, y_1) = ax_1 + by_1 + c = u_1$$
$$U(x_2, y_2) = ax_2 + by_2 + c = u_2$$
$$U(x_3, y_3) = ax_3 + by_3 + c = u_3$$

为了方便, 在这里以及以后各节恒采用下列统一的记号

$$\begin{array}{lll}
\xi_1 = x_2 - x_3, & \xi_2 = x_3 - x_1, & \xi_3 = x_1 - x_2 \\
\eta_1 = y_2 - y_3, & \eta_2 = y_3 - y_1, & \eta_3 = y_1 - y_2 \\
\omega_1 = x_2 y_3 - x_3 y_2, & \omega_2 = x_3 y_1 - x_1 y_3, & \omega_3 = x_1 y_2 - x_2 y_1
\end{array}$$

$$D = \begin{vmatrix} x_1 & y_1 & 1 \\ x_2 & y_2 & 1 \\ x_3 & y_3 & 1 \end{vmatrix} = \xi_1\eta_2 - \xi_2\eta_1 = \xi_2\eta_3 - \xi_3\eta_2 = \xi_3\eta_1 - \xi_1\eta_3 = \omega_1 + \omega_2 + \omega_3 \qquad (2.1)$$

$$D_0 = |D|, \varepsilon = \operatorname{sign} D = \begin{cases} 1, & \text{当 } D > 0 \\ +1, & \text{当 } D < 0 \end{cases}$$

顺便指出, 当 A_1, A_2, A_3 作逆时针向 (如图 3) 时 $D > 0$, 作顺时针向时 $D < 0$. 三角形 C 的面积 (恒正) 为

$$\iint\limits_C dxdy = D_0/2$$

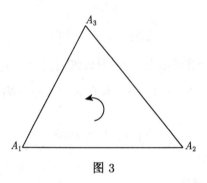

图 3

由前列的三个插值方程可以解出

$$a = \frac{1}{D} \begin{vmatrix} u_1 & y_1 & 1 \\ u_2 & y_2 & 1 \\ u_3 & y_3 & 1 \end{vmatrix} = \frac{1}{D} \sum_{i=1}^{3} \eta_i u_i$$

$$b = \frac{1}{D} \begin{vmatrix} x_1 & u_1 & 1 \\ x_2 & u_2 & 1 \\ x_3 & u_3 & 1 \end{vmatrix} = -\frac{1}{D} \sum_{i=1}^{3} \xi_i u_i$$

$$c = \frac{1}{D} \begin{vmatrix} x_1 & y_1 & u_1 \\ x_2 & y_2 & u_2 \\ x_3 & y_3 & u_3 \end{vmatrix} = \frac{1}{D} \sum_{i=1}^{3} \omega_i u_i$$

于是

$$U(x, y) = \frac{1}{D} \left(x \sum_{i=1}^{3} \eta_i u_i - y \sum_{i=1}^{3} \xi_i u_i + \sum_{i=1}^{3} \omega_i u_i \right)$$

为了方便, 命

$$\lambda_i(x, y) = (\eta_i x - \xi_i y + \omega_i)/D, \quad i = 1, 2, 3 \qquad (2.2)$$

于是, 以节点值 u_1, u_2, u_3 为基础的线性插值函数 U 可以表为

$$U(x,y) = \sum_{i=1}^{3} u_i \lambda_i(x,y) \tag{2.3}$$

函数 $\lambda_i = \lambda_i(x,y)$ 可以称为三角形上线性插值的基函数, 它们本身也是线性函数并满足

$$\lambda_i(x_j, y_j) = \delta_{ij} = \begin{cases} 1, & \text{当 } i = j \\ 0, & \text{当 } i \neq j \end{cases}$$

顺便指出, 当被插函数 $u(x,y)$ 自己是线性函数时, 它的三项点线性插值是准确的, 即 $u(x,y) = U(x,y)$. 因此, 依次取 $u(x,y) = 1, x, y$ 时即得恒等式

$$1 \equiv \lambda_1 + \lambda_2 + \lambda_3 \tag{2.4}$$

$$x \equiv x_1\lambda_1 + x_2\lambda_2 + x_3\lambda_3 \tag{2.5}$$

$$y \equiv y_1\lambda_1 + y_2\lambda_2 + y_3\lambda_3 \tag{2.6}$$

基函数 λ_i 是线性的, 它们的偏导数是常数

$$\begin{cases} \dfrac{\partial}{\partial x}\lambda_i(x,y) = \eta_i/D \\ \dfrac{\partial}{\partial y}\lambda_i(x,y) = -\xi_i/D \end{cases} \tag{2.7}$$

$$\frac{\partial U}{\partial x} = \sum_{i=1}^{3} u_i \frac{\partial \lambda_i}{\partial x} = \sum_{i=1}^{3} u_i \eta_i / D$$

$$\frac{\partial U}{\partial y} = \sum_{i=1}^{3} u_i \frac{\partial \lambda_i}{\partial y} = -\sum_{i=1}^{3} u_i \xi_i / D$$

在有限元法计算能量表达式时要用到 λ_i 及其导数的乘积的积分. 根据积分公式 (2.4 节)

$$\iint\limits_{C} \lambda_1^{p_1} \lambda_2^{p_2} \lambda_3^{p_3} \, dxdy = \frac{p_1! p_2! p_3!}{(p_1 + p_2 + p_3 + 2)!} D_0 \tag{2.8}$$

以及 (2.7) 可以得出下列积分表.

$$\text{表 1} \quad \iint\limits_{C} \varphi\psi \, dxdy$$

φ \ ψ	1	λ_j	$\dfrac{\partial \lambda_j}{\partial x}$	$\dfrac{\partial \lambda_j}{\partial y}$
1	$D_0/2$			
λ_i	$D_0/6$	$D_0(1+\delta_{ij})/24$		
$\dfrac{\partial \lambda_i}{\partial x}$	$\varepsilon\eta_i/2$	$\varepsilon\eta_i/6$	$\eta_i\eta_j/2D_0$	
$\dfrac{\partial \lambda_i}{\partial y}$	$-\varepsilon\xi_i/2$	$-\varepsilon\xi_i/6$	$-\xi_i\eta_j/2D_0$	$\xi_i\xi_j/2D_0$

有时, 例如对轴对称问题, 需要用到如 $\iint \cdots x dx dy$ 形状的积分, 命

$$x_0 = \frac{1}{3}(x_1 + x_2 + x_3)$$

于是根据 (2.8) 和同上的方法可以得下表.

表 2 $\displaystyle\iint_C \varphi\psi x dx dy$

φ \\ ψ	1	λ_j	$\dfrac{\partial\lambda_j}{\partial x}$	$\dfrac{\partial\lambda_j}{\partial y}$
1	$x_0 D_0/2$			
λ_i	$(3x_0 + x_i)D_0/24$	$(3x_0 + x_i + x_j)D_0(1 + \delta_{ij})/120$		
$\dfrac{\partial\lambda_i}{\partial x}$	$\varepsilon\eta_i x_0/2$	$\varepsilon\eta_i(3x_0 + x_j)/24$	$\eta_i\eta_j x_0/2D_0$	
$\dfrac{\partial\lambda_i}{\partial y}$	$-\varepsilon\xi_i x_0/2$	$-\varepsilon\xi_i(3x_0 + x_j)/24$	$-\xi_i\eta_j x_0/2D_0$	$\xi_i\xi_j x_0/2D_0$

2.3　线元上的线性插值

取三角形 $C = (A_1, A_2, A_3)$ 的一个任意边, 例如线元 $(A_1, A_2) = B$, 命 S 为自 A_1 至 A_2 的弦长变量, C 上的函数 $u(x, y)$, 及其插值 $U(x, y)$ 以及基函数 $\lambda_i(x, y)$ 在 B 的值记为 $u(s), U(s), \lambda_i(s)$; 由于 λ_3 在 A_3 的对边即 (A_1, A_2) 上恒为 0, 故有

$$U(s) = \sum_{i=1}^{2} u_i\lambda_i(s) \tag{2.9}$$

因此, 在 B 上, $U(s)$ 就是由 $u(s)$ 在两端的值 u_1, u_2 所产生的线性插值, 与第三个顶点值 u_3 无关. 因此在线元 B 上, 独立地用两顶点的线性插值与以 B 为一边的面元 C 的三顶点线性插值的结果是一致的.

命 L 为线元 B 的长度

$$L = \sqrt{(x_1 - x_2)^2 + (y_1 - y_2)^2} \tag{2.10}$$

显然有

$$\lambda_1(s) = 1 - \frac{s}{L}, \quad \lambda_2(s) = \frac{s}{L} \tag{2.11}$$

$$\frac{\partial\lambda_1}{\partial s} = -1/L, \frac{\partial\lambda_2}{\partial s} = 1/L, \quad \text{即} \quad \frac{\partial\lambda_i}{\partial s} = (-1)^i/L \tag{2.12}$$

与三角面元相类似, 在线元 $B = (A_1, A_2)$ 上有下列公式

$$\lambda_i(x_j, y_j) = \delta_{ij}, \quad i, j = 1, 2$$

$$1 \equiv \lambda_1 + \lambda_2$$

$$x \equiv x_1\lambda_1 + x_2\lambda_2$$

$$y \equiv y_1\lambda_1 + y_2\lambda_2$$

$$\int_B \lambda_1^{p_1}\lambda_2^{p_2}ds = \frac{p_1!p_2!L}{(p_1+p_2+1)!} \tag{2.13}$$

由此, 并命

$$x_0 = \frac{1}{2}(x_1 + x_2)$$

则得下列积分表.

表 3　$\displaystyle\int_B \varphi\psi ds$

φ ＼ ψ	1	λ_j	$\dfrac{\partial\lambda_j}{\partial s}$
1	L		
λ_i	$L/2$	$L(1+\delta_{ij})/6$	
$\dfrac{\partial\lambda_i}{\partial s}$	$(-1)^i$	$(-1)^i/2$	$(-1)^{i+j}/L$

表 4　$\displaystyle\int_B \varphi\psi x ds$

φ ＼ ψ	1	λ_j	$\dfrac{\partial\lambda_j}{\partial s}$
1	x_0L		
λ_i	$(2x_0+x_i)L/6$	$(x_0+x_i\delta_{ij})L/6$	
$\dfrac{\partial\lambda_i}{\partial s}$	$(-1)^i x_0$	$(-1)^i(2x_0+x_j)/6$	$(-1)^{i+j}x_0/L$

　　总结上述, 对于 Ω 上的函数 $u(x,y)$, 按照三角剖分分别在每个面元作线性插值, 它们在相邻面元的公共边及公共点上取相同的值, 因此拼起来得到在 Ω 上的分片线性插值函数 $U(x,y)$, 系由 $u(x,y)$ 在各顶点 $A_1,\cdots,A_{N_0}$ 处的值 $u_1,\cdots,u_{N_0}$ 决定, $U(x,y)$ 在每个单元 (面、线、点) 上就是有关顶点 u 值的线性插值. $U(x,y)$ 在 Ω 上整体上是连续函数; 但一阶导数有间断, 实际上是分片常数.

2.4　重心坐标

　　在三角形 $C = (A_1,A_2,A_3)$ 上作插值和微积分运算时, 线性函数 $\lambda_1,\lambda_2,\lambda_3$ 占有重要地位. 给了一个点 P 的直角坐标 (x,y), 用公式 (2.2) 可以算出相应的 $(\lambda_1,\lambda_2,\lambda_3)$, $\lambda_1,\lambda_2,\lambda_3$ 中只有两个是独立的, 它们满足恒等式 (2.4)

$$\lambda_1 + \lambda_2 + \lambda_3 = 1$$

反之给了满足这一等式的三个数 $(\lambda_1,\lambda_2,\lambda_3)$ 则用 (2.5~2.6) 可以算出相应的 (x,y). 因此 $(\lambda_1,\lambda_2,\lambda_3)$ 和 (x,y) 一样可以作为坐标, 通常叫做重心坐标. 这是因为, 取三个质量 $\lambda_1,\lambda_2,\lambda_3$ 其和为 1, 分别放在顶点 A_1,A_2,A_3 上, 则这个质量系统的重心 $P(x,y)$ 就是

$$x = \frac{\lambda_1 x_1 + \lambda_2 x_2 + \lambda_3 x_3}{\lambda_1 + \lambda_2 + \lambda_3} = \lambda_1 x_1 + \lambda_2 x_2 + \lambda_3 x_3$$

$$y = \frac{\lambda_1 y_1 + \lambda_2 y_2 + \lambda_3 y_3}{\lambda_1 + \lambda_2 + \lambda_3} = \lambda_1 y_1 + \lambda_2 y_2 + \lambda_3 y_3$$

这就是公式 (2.5~2.6).

$(\lambda_1, \lambda_2, \lambda_3)$ 也叫做面积坐标. 事实上, 设点 $P = (x, y)$ 位于三角形 $A_1 A_2 A_3$ 之内并设 $A_1 A_2 A_3$ 作逆时针向, 于是 $PA_2 A_3, PA_3 A_1, PA_1 A_2$ 也都作逆时针向 (见图 4), 并有面积公式

$$S_0 = \triangle A_1 A_2 A_3 = \frac{1}{2} \begin{vmatrix} x_1 & y_1 & 1 \\ x_2 & y_2 & 1 \\ x_3 & y_3 & 1 \end{vmatrix} = \frac{1}{2} D$$

$$S_1 = \triangle PA_2 A_3 = \frac{1}{2} \begin{vmatrix} x & y & 1 \\ x_2 & y_2 & 1 \\ x_3 & y_3 & 1 \end{vmatrix} = \frac{1}{2} (\eta_1 x - \xi_1 y + \omega_1) = \lambda_1 S_0$$

$$S_2 = \triangle PA_3 A_1 = \frac{1}{2} \begin{vmatrix} x & y & 1 \\ x_3 & y_3 & 1 \\ x_1 & y_1 & 1 \end{vmatrix} = \frac{1}{2} (\eta_2 x - \xi_2 y + \omega_2) = \lambda_2 S_0$$

$$S_3 = \triangle PA_1 A_2 = \frac{1}{2} \begin{vmatrix} x & y & 1 \\ x_1 & y_1 & 1 \\ x_2 & y_2 & 1 \end{vmatrix} = \frac{1}{2} (\eta_3 x - \xi_3 y + \omega_3) = \lambda_3 S_0$$

因此对应于 $P = (x, y)$ 的 λ_i 就是面积比 $S_i / S_0, i = 1, 2, 3$

$$\lambda_1 = \triangle PA_2 A_3 / \triangle A_1 A_2 A_3, \quad \lambda_2 = \triangle PA_3 A_1 / \triangle A_1 A_2 A_3, \quad \lambda_3 = \triangle PA_1 A_2 / \triangle A_1 A_2 A_3$$

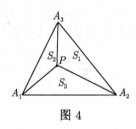

图 4

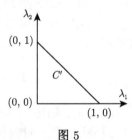

图 5

当点 $P = (x, y)$ 在三角形 C 上变时, 相应的 $(\lambda_1, \lambda_2, \lambda_3)$ 的变化范围是

$$0 \leqslant \lambda_1, \lambda_2, \lambda_3 \leqslant 1, \quad \lambda_1 + \lambda_2 + \lambda_3 = 1$$

在 A_i 的对边上 $\lambda_i = 0(i = 1, 2, 3)$, A_1, A_2, A_3 的重心坐标则是 $(1, 0, 0)$; $(0, 1, 0)$; $(0, 0, 1)$.

表 5   三角形上数值积分公式

$$\int_C F(\lambda_1, \lambda_2, \lambda_3)ds = \frac{D_0}{2} \sum_{k=1}^{m} \rho^{(k)} F(\lambda_1^{(k)}, \lambda_2^{(k)}, \lambda_3^{(k)}), \frac{D_0}{2} = C\text{的面积}$$

节点个数 m	节点坐标 $(\lambda_1, \lambda_2, \lambda_3)$	权数 ρ	精度次数 n
1	$\left(\dfrac{1}{3}, \dfrac{1}{3}, \dfrac{1}{3}\right)$	1	1
3	$\left.\begin{array}{l}\left(0, \dfrac{1}{2}, \dfrac{1}{2}\right) \\ \left(\dfrac{1}{2}, 0, \dfrac{1}{2}\right) \\ \left(\dfrac{1}{2}, \dfrac{1}{2}, 0\right)\end{array}\right\}$	$\dfrac{1}{3}$	1
7	$\left(\dfrac{1}{3}, \dfrac{1}{3}, \dfrac{1}{3}\right)$	$\dfrac{27}{60}$	3
	$\left.\begin{array}{l}\left(0, \dfrac{1}{2}, \dfrac{1}{2}\right) \\ \left(\dfrac{1}{2}, 0, \dfrac{1}{2}\right) \\ \left(\dfrac{1}{2}, \dfrac{1}{2}, 0\right)\end{array}\right\}$	$\dfrac{8}{60}$	
7	$\left.\begin{array}{l}(1, 0, 0) \\ (0, 1, 0) \\ (0, 0, 1)\end{array}\right\}$	$\dfrac{3}{60}$	5
$\alpha_1 = 0.05961587$ $\beta_1 = 0.47014206$ $\alpha_2 = 0.79742699$ $\beta_2 = 0.10128651$	$\left(\dfrac{1}{3}, \dfrac{1}{3}, \dfrac{1}{3}\right)$	0.225	
	$\left.\begin{array}{l}(\alpha_1, \beta_1, \beta_1) \\ (\beta_1, \alpha_1, \beta_1) \\ (\beta_1, \beta_1, \alpha_1)\end{array}\right\}$	0.13239415	
	$\left.\begin{array}{l}(\alpha_2, \beta_2, \beta_2) \\ (\beta_2, a_2, \beta_2) \\ (\beta_2, \beta_2, \alpha_2)\end{array}\right\}$	0.12593918	

如取 λ_1, λ_2 为独立变量, $\lambda_3 = 1 - \lambda_1 - \lambda_2$, 则 (2.2) 把 xy 平面上的三角形 $C = (A_1, A_2, A_3)$ 变为 $\lambda_1\lambda_2$ 平面上的三角形 $C': 0 \leqslant \lambda_1, \lambda_2 \leqslant 1, \lambda_1 + \lambda_2 \leqslant 1$ 如图 5. 这个变换的导数行列式就是

$$\frac{\partial(\lambda_1, \lambda_2)}{\partial(x, y)} = \left|\begin{array}{cc} \dfrac{\partial\lambda_1}{\partial x} & \dfrac{\partial\lambda_1}{\partial y} \\ \dfrac{\partial\lambda_2}{\partial x} & \dfrac{\partial\lambda_2}{\partial y} \end{array}\right| = \frac{1}{D^2}\left|\begin{array}{cc} \eta_1 & -\xi_1 \\ \eta_2 & -\xi_2 \end{array}\right| = \frac{1}{D}, \quad \frac{\partial(x, y)}{\partial(\lambda_1, \lambda_2)} = D$$

在三角形上求积分时, 变到重心坐标较方便, 特别当被积函数本身用 C 的重心坐标

表示时:

$$\iint_C F\left(\lambda_1(x,y),\lambda_2(x,y),\lambda_3(x,y)\right)dxdy$$

$$=\iint_C F\left(\lambda_1,\lambda_2,1-\lambda_1-\lambda_2\right)\left|\frac{\partial(x,y)}{\partial(\lambda_1,\lambda_2)}\right|d\lambda_1 d\lambda_2$$

$$=D_0\int_0^1 d\lambda_2\int_0^{1-\lambda_2}F\left(\lambda_1,\lambda_2,1-\lambda_1-\lambda_2\right)d\lambda_1$$

据此, 并利用尤拉积分

$$\int_0^1 s^m(1-s)^m ds=\frac{m!n!}{(m+n+1)!}$$

就可以导出公式 (2.8).

在有限元法中有时要用三角形上的数值积分, 这也可以用重心坐标来表示, 其一般形式为

$$\iint_C F\left(\lambda_1,\lambda_2,\lambda_3\right)dxdy=\frac{D_0}{2}\sum_{k=1}^m \rho^{(k)}F\left(\lambda_1^{(k)},\lambda_2^{(k)},\lambda_3^{(k)}\right)$$

$D_0/2$ 是三角形 C 的面积, $\left(\lambda_1^{(k)},\lambda_2^{(k)},\lambda_3^{(k)}\right)$ 是一组特定的节点, $\rho^{(k)}$ 是相应的权数. 列举几种常用的公式如表 14.5, 其中精度次数 n 是指公式对于 n 次多项式为准确的.

在线元 $B=(A_1,A_2)$ 上有一个弦长坐标 s(自 A_1 指向 A_2), 两个重心坐标 (λ_1,λ_2), $\lambda_1+\lambda_2=1$(见 2.3 节). 当点 $P=(s)$ 在 B 上变时, 相应的 (λ_1,λ_2) 的变化范围是

$$0\leqslant\lambda_1,\lambda_2\leqslant 1,\quad \lambda_1+\lambda_2=1$$

A_1,A_2 的重心坐标是 $(1,0),(0,1)$. 取 λ_1 为独立变量 $\lambda_2=1-\lambda_1$, 则当 $P=(s)$ 在 B 上变时 λ_1 在区间 $[0,1]$ 上变; 显然有积分公式

$$\int_B F\left(\lambda_1(s),\lambda_2(s)\right)ds=\int_0^1 F\left(\lambda_1,1-\lambda_1\right)\left|\frac{ds}{d\lambda_1}\right|d\lambda_1=L\int_0^1 F\left(\lambda_1,1-\lambda_1\right)d\lambda_1$$

L 为 B 的长度. 据此以及尤拉积分就得积分公式 (2.13).

线元上的数值积分公式也可以用重心坐标来表示, 其一般形式为

$$\int_B F\left(\lambda_1,\lambda_2\right)ds=L\sum_{k=1}^m \rho^{(k)}F\left(\lambda_1^{(k)},\lambda_2^{(k)}\right)$$

$(\lambda_1^{(k)},\lambda_2^{(k)})$ 为线元上一组特定的节点, $\rho^{(k)}$ 为相应的权数. 列举几种公式如表 6, 实质上就是普通的辛浦生公式和高斯型公式.

表 6　线元上的数值积分公式

$$\int_B F(\lambda_1, \lambda_2)ds = \sum_{k}^{m} \rho^{(k)} F(\lambda_1^{(k)}, \lambda_2^{(k)}), L = B \text{ 的长度}$$

节点个数 m	节点坐标 (λ_1, λ_2)	权数 ρ	精度次数 n
1	$\left(\frac{1}{2}, \frac{1}{2}\right)$	1	1
2 $\alpha_1 = 0.2113248654$ $1 - \alpha_1 = 0.7886751346$	$\left.\begin{array}{c}(\alpha_1, 1-\alpha_1)\\(1-\alpha_1, \alpha_1)\end{array}\right\}$	$\frac{1}{2}$	3
3	$\left(\frac{1}{2}, \frac{1}{2}\right)$ $\left.\begin{array}{c}(0, 1)\\(1, 0)\end{array}\right\}$	$\frac{4}{6}$ $\frac{1}{6}$	3
3 $\alpha_2 = 0.1127016654$ $1 - \alpha_2 = 0.887298334$	$\left(\frac{1}{2}, \frac{1}{2}\right)$ $\left.\begin{array}{c}(\alpha_2, 1-\alpha_2)\\(1-\alpha_2, \alpha_2)\end{array}\right\}$	$\frac{8}{18}$ $\frac{5}{18}$	5

2.5　三角形上的二次插值

三角形上的三点线性插值是最简单的插值方法, 但只有起码的精度. 可以构造较高精度的插值, 首先就是六点二次插值.

在三角面元 $C = (A_1, A_2, A_3)$ 上取六个点作为插值节点, 即三个顶点 A_1, A_2, A_3, 简记为 $1, 2, 3$, 以及它们的对边的中点, 简记为 $4, 5, 6$, 恒约定 1 与 $4, 2$ 与 $5, 3$ 与 6 相对, 见图 6.

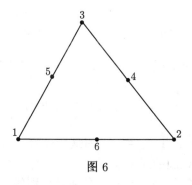

图 6

函数 $u(x, y)$ 在各节点 (x_i, y_i) 的值记为 $u_i, i = 1, \cdots, 6$, 要求定出完整的二次多项式

$$U(x, y) = a_1 + a_2 x + a_3 y + a_4 x^2 + a_5 xy + a_6 y^2$$

满足

$$U(x_i, y_i) = u_i, \quad i = 1, \cdots, 6$$

可以解出六个系数 $a_1, \cdots, a_6$. 演算从略, 只给出最终的结果如下

$$U(x, y) = \sum_{i=1}^{6} u_i \varphi_i(x, y) \tag{2.14}$$

这里 φ_i 可以通过重心坐标 $\lambda_1, \lambda_2, \lambda_3$ 表达

$$
\begin{cases}
\varphi_i(x,y) = 2\lambda_i^2 - \lambda_i, & i = 1,2,3 \\
\varphi_4(x,y) = 4\lambda_2\lambda_3, \varphi_5(x,y) = 4\lambda_3\lambda_1, \varphi_6(x,y) = 4\lambda_1\lambda_2
\end{cases}
\tag{2.15}
$$

φ_i 都是二次多项式. 如果注意到在 $1,2,3,4,5,6$ 各节点的重心坐标 $(\lambda_1, \lambda_2, \lambda_3)$ 为 $(1, 0, 0), (0, 1, 0), (0, 0, 1), \left(0, \dfrac{1}{2}, \dfrac{1}{2}\right), \left(\dfrac{1}{2}, 0, \dfrac{1}{2}\right), \left(\dfrac{1}{2}, \dfrac{1}{2}, 0\right)$, 则容易验证

$$
\varphi_i(x_j, y_j) = \delta_{ij}, \quad i, j = 1, \cdots, 6
$$

因此公式 (2.15) 确实就是所要求的二次插值函数.

根据复合微商法则以及 λ_i 的微商公式 (2.7) 可得 U 及 φ_i 的一阶微商, 它们都是线性的.

$$
\begin{cases}
\dfrac{\partial}{\partial x}U = \sum_{i=1}^{6} u_i \dfrac{\partial \varphi_i}{\partial x}, \quad \dfrac{\partial}{\partial y}U = \sum_{i=1}^{6} u_i \dfrac{\partial \varphi_i}{\partial y} \\
\dfrac{\partial \varphi_i}{\partial x} = \eta_i(4\lambda_i - 1), \quad i = 1,2,3 \\
\dfrac{\partial \varphi_4}{\partial x} = 4(\eta_3\lambda_2 + \eta_2\lambda_3), \dfrac{\partial \varphi_5}{\partial x} = 4(\eta_1\lambda_3 + \eta_3\lambda_1), \dfrac{\partial \varphi_6}{\partial x} = 4(\eta_2\lambda_1 + \eta_1\lambda_2) \\
\dfrac{\partial \varphi_i}{\partial y} = -\xi_i(4\lambda_i - 1), \quad i = 1,2,3 \\
\dfrac{\partial \varphi_4}{\partial y} = -4(\xi_3\lambda_2 + \xi_2\lambda_3), \dfrac{\partial \varphi_5}{\partial y} = -4(\xi_1\lambda_3 + \xi_3\lambda_1), \dfrac{\partial \varphi_6}{\partial y} = -4(\xi_2\lambda_1 + \xi_1\lambda_2)
\end{cases}
\tag{2.16}
$$

在三角形 C 的任意边, 例如线元 $B = (A_1, A_2)$ 上, 由于在此边上 $\lambda_3 \equiv 0$, 因此

$$
U(s) = u_1\varphi_1(s) + u_2\varphi_2(s) + u_6\varphi_6(s)
$$

点 6 就是 A_1A_2 的中点, s 表示自 A_1 至 A_2 的弦长参数 (2.3 节). 因此, 面元上的二次插值在每个边上的值就是通过该边的三个节点 (两个端点, 一个中点) 的二次插值而不依赖于位于此边以外的其他节点的值. 这样, 按三角面元分别作二次插值后, 拼起来得到在 Ω 上分片二次, 整体为连续的函数, 一阶导数为分片一次, 但一般有间断.

将 $B = (A_1, A_2)$ 的两端点记为 $1, 2$, 并将其中点改记为 3, 于是

$$
U(s) = \sum_{i=1}^{3} u_i\varphi_i(x)
\tag{2.17}
$$

$$
\begin{cases}
\varphi_i(s) = 2\lambda_i^2 - \lambda_i, \quad i = 1,2 \\
\varphi_3(s) = 4\lambda_1\lambda_2
\end{cases}
\tag{2.18}
$$

这里 $\lambda_i = \lambda_i(s)$, 见 2.3 节. 相应的导数公式为

$$\frac{\partial U}{\partial s} = \sum_{i=1}^{3} u_i \frac{\partial \varphi_i}{\partial s}$$

$$\frac{\partial \varphi_i}{\partial s} = (-1)^i (4\lambda_i - 1)/L, \quad i = 1, 2 \tag{2.19}$$

$$\frac{\partial \varphi_3}{\partial s} = 4(\lambda_1 - \lambda_2)/L$$

将分片二次插值用于有限元法时, 需要插值基函数 φ_i 及其导数的乘积的积分. 可以根据它们的表达式以及积分公式 (2.8)、(2.13) 算出类似于表 $1 \sim 4$ 那样的表格, 但比较庞杂, 故不列. 事实上, 在程序实现时, 宁可采用如 2.4 节中所介绍的数值积分方法, 反而简便, 并且有更大的通用性.

§3 变分问题的离散化

我们将以变分问题 (1.5~1.6) 为例说明能量积分的离散化. 为了说明一般的原则, 不妨把在能量积分中增加"点项", 即能量积分中同时含有点、线、面三类项, 这样问题 (1.5~1.6) 稍微推广为如下的形式

$$\begin{cases} J(u) = \iint\limits_{\Omega} \left\{ \frac{1}{2} \left[\beta \left(\frac{\partial u}{\partial x} \right)^2 + \beta \left(\frac{\partial u}{\partial y} \right)^2 \right] - fu \right\} dxdy \\ \qquad + \int_{\Omega'} \left[\frac{1}{2}\eta u^2 - qu \right] ds + \sum_{\Omega''} [-pu] = 极小 \qquad (3.1) \\ \Omega_0: \quad u = \overline{u} \qquad\qquad\qquad\qquad\qquad\qquad\qquad\qquad (3.2) \end{cases}$$

这里 Ω 就是定解域, 它当然可以表为所有面元之和. $\Omega', \Omega'', \Omega_0 \subset \Omega + \partial\Omega$, 分别表示需要计算能量的线及点的总和. Ω_0 表示施以强加条件的线及点元的总和. $\Omega', \Omega'', \Omega_0$ 可以不仅仅局限在边界 $\partial\Omega$ 上, 而且可以展至 Ω 的内部. 已知系数 $\beta, \eta, f, q, \overline{u}$ 分别定义在有关的部位上. 问题 (1.5~1.6) 就是 $\Omega' = \Gamma_0', \Omega'' = 空, \Omega_0 = \Gamma_0$ 的特殊情况.

对域 Ω 作三角剖分, 并保证这个剖分与 Ω 原有的分割及系数的间断性相协调, 于是 $J(u)$ 可以分解为有关单元上能量积分之和

$$J(u) = \sum_{C \in \Omega} J_C(u) + \sum_{B \in \Omega'} J_B(u) + \sum_{A \in \Omega''} J_A(u)$$

$$J_C(u) = \iint\limits_{C} \left\{ \frac{1}{2} \left[\beta \left(\frac{\partial u}{\partial x} \right)^2 + \beta \left(\frac{\partial u}{\partial y} \right)^2 \right] - fu \right\} dxdy$$

$$J_B(u) = \iint\limits_{B} \left[\frac{1}{2}\eta_1 u^2 - qu \right] ds$$

$$J_A(u) = \left[\frac{1}{2}\mu u^2 - pu \right]_A$$

在三角剖分 (2.1 节) 的基础上, 将未知函数 $u(x,y)$ 代以由它在顶点 $A_1, \cdots, A_{N_0}$ 的值 $u_1, \cdots, u_{N_0}$ 产生的分片线性插值函数 $U(x,y)$, 而 $J(u)$ 代以 $J(U)$, 这一步可以先按单元执行 (3.1 节) 然后累加起来 (3.2 节).

3.1 单元分析

在各级单元上, u 代以其顶点值的线性插值. 由于剖分与 Ω 由系数的间断性相协调, 故在每个单元上, 系数 β, f, η, q 等是局部光滑的, 为简便计, 不妨取为常数.

(一) 面元分析 $C = (A_1, A_2, A_3)$

$$u \sim U = \sum_1^3 u_i \lambda_i, \quad \frac{\partial U}{\partial x} = \sum_1^3 u_i \frac{\partial \lambda_i}{\partial x}, \quad \frac{\partial U}{\partial y} = \sum_1^3 u_i \frac{\partial \lambda_i}{\partial y}$$

$$J_C(u) \sim J_C(U) = \iint\limits_C \left\{ \frac{1}{2} \left[\beta \left(\frac{\partial u}{\partial x} \right)^2 + \beta \left(\frac{\partial u}{\partial y} \right)^2 \right] - fU \right\} dxdy$$

由于

$$U^2 = \left(\sum_1^3 u_i \lambda_i \right) \left(\sum_1^3 u_j \lambda_j \right) = \sum_{i,j=1}^3 u_i u_j \lambda_i \lambda_j$$

$$\left(\frac{\partial U}{\partial x} \right)^2 = \sum_{i,j=1}^3 u_i u_j \frac{\partial \lambda_i}{\partial x} \frac{\partial \lambda_j}{\partial x}, \quad \left(\frac{\partial U}{\partial y} \right)^2 = \sum_{i,j=1}^3 u_i u_j \frac{\partial \lambda_i}{\partial y} \frac{\partial \lambda_j}{\partial y}$$

因此

$$J_C = J_C(u_1, u_2, u_3) = \frac{1}{2} \sum_{i,j=1}^3 a_{ij}^{(C)} u_i u_j - \sum_{i=1}^3 b_i^{(C)} u_i$$

$$a_{ij}^{(C)} = \iint\limits_C \left[\beta \frac{\partial \lambda_i}{\partial x} \cdot \frac{\partial \lambda_j}{\partial x} + \beta \frac{\partial \lambda_i}{\partial y} \cdot \frac{\partial \lambda_i}{\partial y} + \gamma \lambda_i \lambda_j \right] dxdy$$

$$b_i^{(C)} = \iint\limits_C f \lambda_i dxdy$$

系数 β, γ, f 在 C 上离散成为常数, 于是根据表 1 得到

$$a_{ij}^{(C)} = (\beta \eta_i \eta_j + \beta \xi_i \xi_j)/2D_0 = a_{ji}^{(C)}$$
$$b_i^{(C)} = fD_0/6$$

对于一些更复杂的问题如 (1.18), 面元积分为

$$J_C = \iint\limits_C \left\{ \frac{1}{2} \left[\beta_{11} \left(\frac{\partial u}{\partial x} \right)^2 + \beta_{12} \left(\frac{\partial u}{\partial x} \right) \left(\frac{\partial u}{\partial y} \right) + \beta_{21} \left(\frac{\partial u}{\partial y} \frac{\partial u}{\partial x} \right) \right. \right.$$

$$\left. \left. + \beta_{22} \left(\frac{\partial u}{\partial y} \right)^2 + \gamma u^2 \right] - fu \right\} dxdy$$

$$\beta_{ij} = \beta_{ji}$$

则用类似的方法可以得到

$$a_{ij}^{(C)} = a_{ji}^{(C)} = \iint\limits_C \left[\beta_{11}\frac{\partial \lambda_i}{\partial x}\frac{\partial \lambda_j}{\partial x} + \beta_{12}\frac{\partial \lambda_i}{\partial x}\frac{\partial \lambda_j}{\partial y} + \beta_{21}\frac{\partial \lambda_i}{\partial y}\frac{\partial \lambda_j}{\partial x} \right.$$

$$\left. + \beta_{22}\frac{\partial \lambda_i}{\partial y}\frac{\partial \lambda_j}{\partial y} + \gamma \lambda_i \lambda_j \right] dxdy$$

$$= (\beta_{11}\eta_i\eta_j - \beta_{12}\eta_i\xi_j - \beta_{21}\xi_i\eta_j + \beta_{22}\xi_i\xi_j)/2D_0 + \gamma D_0(1+\delta_{ij})/24$$

$b_i^{(C)}$ 同前.

当 $C = (A_{n_1}, A_{n_2}, A_{n_3})$ 即顶点标号为 (n_1, n_2, n_3) 时, 计算 a_{ij}, b_i 的公式中用到的坐标 x_i, y_i 应取为 x_{n_i}, y_{n_i}, 而能量表达式中 u_i 应代为 $u_{n_i}, i = 1, 2, 3$, 因此

$$J_C = J_C(u_{n_1}, u_{n_2}, u_{n_3}) = \frac{1}{2}\sum_{i,j=1}^{3} a_{ij}^{(C)} u_{n_i} u_{n_j} - \sum_{i=1}^{3} b_i^{(C)} u_{n_i} \tag{3.3}$$

应该指出, 对于介质系数如 $\beta, \cdots$ 采用分单元的离散化方法事实上就是对于介质间断性的一种自动处理, 不论这种间断性在几何上复杂到什么程度, 只要剖分是协调的, 即把介质间断的点、线元落在剖分的点、线元上, 就自动体现了交界条件 (1.17).

(二) 线元分析 $B = (A_1, A_2)$

$$u \sim U = \sum_1^2 u_i \lambda_i, \qquad \frac{\partial U}{\partial s} = \sum_1^2 u_i \frac{\partial \lambda_i}{\partial s}$$

$$J_B(u) \sim J_B(U) = \int_B \left[\frac{1}{2}\eta U^2 - qU \right] ds$$

于是

$$J_B = J_B(u_1, u_2) = \frac{1}{2}\sum_{i,j=1}^{2} a_{ij}^{(B)} u_i u_j - \sum_{i=1}^{2} b_i^{(B)} u_i$$

$$a_{ij}^{(B)} = \int_B \eta \lambda_i \lambda_j ds = a_{ji}^{(B)}$$

$$b_i^{(B)} = \int_B q\lambda_i ds$$

系数 η, q 在 B 上取常数值, 故由表 3 得

$$a_{ij}^{(B)} = \eta L(1+\delta_{ij})/6$$

$$b_i^{(B)} = qL/2$$

在有些问题, 例如本身是一维问题如 (1.20), 或者具有复杂结构的问题中, 能量中的线项取如下的形式

$$J_B = \int_B \left\{ \frac{1}{2} \left[\xi \left(\frac{\partial u}{\partial s} \right)^2 + \eta u^2 \right] - qu \right\} ds = \frac{1}{2} \sum_{i,j=1}^{2} a_{ij}^{(B)} u_i u_j - \sum_{i=1}^{2} b_i^{(B)} u_i$$

这时

$$a_{ij}^{(B)} = \int_B \left[\xi \frac{\partial \lambda_i}{\partial s} \frac{\partial \lambda_j}{\partial s} + \eta \lambda_i \lambda_j \right] ds = (-1)^{i+j} \xi/L + \eta L(1 + \delta_{ij})/6 = a_{ji}^{(B)}$$

$b_i^{(B)}$ 同前.

当 $B = (A_{m_1}, A_{m_2})$ 即顶点标号为 (m_1, m_2) 时, 计算时用到的坐标 x_i, y_i 应取为 x_{m_i}, y_{m_i}, 而 u_i 代为 $u_{m_i}, i = 1, 2$, 因此

$$J_B = J_B(u_{m_1}, u_{m_2}) = \frac{1}{2} \sum_{i,j=1}^{2} a_{ij}^{(B)} u_{m_i} u_{m_j} - \sum_{i=1}^{2} b_i^{(B)} u_{m_i} \tag{3.4}$$

(三) 点元分析 $A = (A_1)$

在点元 $A = (A_1)$ 上离散化是很显然的. 事实上, 在顶点 A_1 处 $u = u_1, u$ 的线性插值也有 $U = u_1$; 同时, 能量 "积分" 已经是离散形式的. 因此

$$J_A(u) = [-pu]_A = J_A(U) = J_A(u_1) = \frac{1}{2} a_{11}^{(A)} u_1 u_1 - b_1^{(A)} u_1$$

这里矩阵 $a_{ij}^{(A)}, b_i^{(A)}$ 为一阶的, 均退化为一个数

$$a_{11}^{(A)} = 0$$

$$b_1^{(A)} = p$$

当问题本身是一维问题, 或者在复杂结构的问题中, 能量中的点项作如下形式

$$J_A = \left[\frac{1}{2} \mu u^2 - pu \right]_A = \frac{1}{2} a_{11}^{(A)} u_1 u_1 - b_1^{(A)} u_1$$

这时

$$a_{11}^{(A)} = \mu$$

$$b_1^{(A)} = p$$

当 $A = A_l$ 即该点元的标号为 (l) 时

$$J_A = J_A(u_l) = \frac{1}{2} a_{11}^{(A)} u_l u_l - b_1^{(A)} u_l \tag{3.5}$$

3.2   总体合成

能量积分分单元离散化后, 总体的能量就成为

$$J(u) \sim J(U) = J(u_1, \cdots, u_{N_0}) = \sum_{C \in \Omega} J_C + \sum_{A \in \Omega'} J_B + \sum_{A \in \Omega''} J_A$$

$$= \frac{1}{2} \sum_{i,j=1}^{N_0} a_{ij} u_i u_j - \sum_{i=1}^{N_0} b_i u_i$$

它的系数矩阵 $A = (a_{ij}), b = (b_i)$ 可由各单元的系数阵 $a_{ij}^{(C)}, b_i^{(C)}, \cdots$(3.1 节) 以适当的方式累加而得.

为此, 在解题开始应具备下列有关剖分的几何量及物理量的信息:

1. 点元的标号和坐标: $(x_k, y_k), k = 1, \cdots, N_0$.

2. Ω 中的面元的三顶点标号 $(n_{1_k}, n_{2_k}, n_{3_k})$ 和相应的系数 $\beta_k, f_k; k = 1, \cdots, N_2$.

3. Ω' 中的线元的两顶点标号 (m_{1_k}, m_{2_k}) 和相应的系数 $\eta_k, q_k; k = 1, \cdots, M_1$.

4. Ω'' 中的点元标号 (l_k) 和相应系数 $p_k; k = 1, \cdots, M_0$.

5. Ω_0 中的点元标号 (h_k) 和该点的强加值 $\bar{u}_k; k = 1, \cdots, M$(见 3.3 节).

此外, 应根据 3.1 节编出三个标准化的面、线、点单元分析程序, 它们能从单元的几何及物理信息产生单元系数阵.

在这个基础上, 总体系数阵的合成过程如下:

(1) 首先对待定阵 $\boldsymbol{A}, \boldsymbol{b}$ 的全部元素置 0, 即

$$0 \Rightarrow a_{ij}, \quad 0 \Rightarrow b_i \quad i,j = 1, \cdots, N_0$$

(2) 对 $C \in \Omega$ 逐个作面元分析, 也就是根据单元顶点序号 n_i 和坐标 $x_{n_i}, y_{n_i}(i = 1, 2, 3)$ 和参数 β, γ, f 算出单元系数 $a_{ij}^{(C)}, b_i^{(C)}$ 并根据 (3.3) 把它们分别累加到总体阵 $\boldsymbol{A}, \boldsymbol{b}$ 的适当部位, 即

$$a_{ij}^{(C)} + a_{n_i n_j} \Rightarrow a_{n_i n_j}, \quad b_i^{(C)} + b_{n_i} \Rightarrow b_{n_i}, \quad i,j = 1, 2, 3$$

注意这是在既有基础上的累加而不是取代, 不同的单元可以对于同一位置的系数都有贡献.

(3) 对 $B \in \Omega'$ 逐个作线元分析. 由顶点序 m_i 和坐标 x_{m_i}, y_{m_i} 和参数 ξ, η, q 算出线元系数阵 $a_{ij}^{(B)}, b_i^{(B)}$ 再按照 (3.4) 累加

$$a_{ij}^{(B)} + a_{m_i m_j} \Rightarrow a_{m_i m_j}, \quad b_i^{(B)} + b_{m_i} \Rightarrow b_{m_i}, \quad i,j = 1, 2$$

(4) 对点元 $A \in \Omega''$ 逐个作点元分析, 根据顶点序号 l 及 μ, p 算出 $a_{11}^{(A)}, b_1^{(A)}$ 再按 (3.5) 累加

$$a_{11}^{(A)} + a_{ll} \Rightarrow a_{ll}, \quad b_1^{(A)} + b_l \Rightarrow b_l$$

全部单元处理完毕后就得到总体矩阵 $\boldsymbol{A}, \boldsymbol{b}$, 由于各个单元矩阵 $a_{ij}^{(C)}, a_{ij}^{(B)}, a_{ij}^{(A)}$ 是对称的, 所以总体阵 $\boldsymbol{A}$ 也是对称的,

$$a_{ij} = a_{ji}, \quad i,j = 1, \cdots, N_0$$

这样能量积分即二次泛函 $J(u)$ 就完全离散化成为多元二次函数

$$J(u_1, \cdots, u_{N_0}) = \frac{1}{2} \sum_{i,j=1}^{N_0} a_{ij} u_i u_j - \sum_{i=1}^{N_0} b_i u_i \tag{3.6}$$

首先考虑没有强加条件的情况, 即 $\Omega_0 = \varnothing$ (空集). 这时原问题 (3.1~3.2) 成为无条件变分问题

$$在函数类 \ S \ 内定 \ u \ 使得 \ J(u)= 极小 \qquad (3.7)$$

这里 S 是所有不受强加约束的, 具有一定光滑性使得积分 $J(u)$ 有意义的函数类, 它有无穷多自由度. 离散化后, (3.7) 变成

$$在函数类 \ S'' \ 内定 \ u \ 使得 \ J(u)= 极小 \qquad (3.8)$$

这里 S'' 是所有片状线性插值函数所组成的函数类, 是 S 的一个子类, $S' \subset S, S'$ 只有有限多自由度, 即有 N_0 个自由参数 $u_1, u_2, \cdots, u_{N_0}$. 问题 (3.8) 就是多元二次函数 (3.6) 的无条件极小问题即

$$定参数 \ u_1, \cdots, u_{N_0} \ 使得 \ J(u_1, \cdots, u_{N_0}) = 极小 \qquad (3.9)$$

根据微积分中的极值原理 (1.13~1.15), 当二阶导数阵 $\dfrac{\partial^2 J}{\partial u_i \partial u_j}$ 正定时, 极小问题 (3.9) 等价于解方程组

$$\frac{\partial J}{\partial u_i} = 0, \quad i = 1, \cdots, N_0 \qquad (3.10)$$

由于 (3.6), J 是二次的, 它的一阶导数是一次的, 即

$$\frac{\partial J}{\partial u_1} = a_{11}u_1 + \frac{1}{2}(a_{12} + a_{21})u_2 + \frac{1}{2}(a_{13} + a_{31})u_3 + \cdots - b_1 = \sum_{j=1}^{N_0} a_{1j}u_j - b_1$$

这里利用了对称性 $a_{ij} = a_{ji}$. 一般地有

$$\frac{\partial J}{\partial u_i} = \sum_{j=1}^{N_0} a_{ij}u_j - b_i = 0, \quad i = 1, \cdots, N_0$$

J 的二阶导数则都是常数, 与 $u_1, \cdots, u_{N_0}$ 无关:

$$\frac{\partial^2 J}{\partial u_i \partial u_j} = a_{ij}$$

因此, 当系数阵 $\boldsymbol{A} = [a_{ij}]$ 为对称正定时, $(u_1, \cdots, u_{N_0})$ 使二次函数 J 达到极小的充要条件是满足线代数方程组

$$\sum_{j=1}^{N_0} a_{ij}u_j = b_i, \quad i = 1, \cdots, N_0 \qquad (3.11)$$

即

$$\boldsymbol{Au} = \boldsymbol{b} \qquad (3.12)$$

因此变分问题就最终离散化为解线性代数方程组 (3.11) 的问题, 注意方程组的系数阵 $\boldsymbol{A}$, $\boldsymbol{b}$ 就是能量函数 (3.6) 中的二次及一次部分的系数阵.

有时, 在定出能量函数时可能得出不对称的系数阵 $A = [a_{ij}]$. 由于二次型的系数总可以对称化而型值不变

$$\sum_{i,j=1}^{N_0} a_{ij} u_i u_j \equiv \sum_{i,j=1}^{N_0} \frac{1}{2}(a_{ij} + a_{ji}) u_i u_j$$

那么, 极小化的代数方程组的系数阵就不是 $A = [a_{ij}]$, 而是它的对称化

$$\frac{1}{2}(A + A^T) = \left[\frac{1}{2}(a_{ij} + a_{ji})\right]$$

也就是必须经过对称化才能得到正确的代数方程组的系数阵. 如果在单元分析的一级上单元系数阵——"小"矩阵——是对称的 (3.1 节中就是这样) 或进行了对称化, 则就能保证总体系数阵——"大"矩阵——的对称性.

由于 J 是二次的, 它的二阶以上的偏导数均为零, 故有

$$J(u_1 + \delta u_1, \cdots, u_{N_0} + \delta u_{N_0}) = J(u_1, \cdots, u_{N_0}) + \delta J(u_1, \cdots, u_{N_0}; \delta u_1, \cdots, \delta u_{N_0})$$
$$+ \frac{1}{2}\delta^2 J(\delta u_1, \cdots, \delta u_{N_0}) \tag{3.13}$$

这 $\delta J, \delta^2 J$ 就是函数 J 在点 $(u_1, \cdots, u_{N_0})$ 的一次及二次微分

$$\delta J(u_1, \cdots, u_{N_0}; \delta u_1, \cdots, \delta u_{N_0}) = \sum_{i=1}^{N_0} \frac{\partial J}{\partial u_i} \delta u_i = \sum_{i=1}^{N_0} \left(\sum_{j=1}^{N_0} a_{ij} u_j - b_i\right) \delta u_i \tag{3.14}$$

$$\delta^2 J(\delta u_1, \cdots, \delta u_{N_0}) = \sum_{i,j=1}^{N_0} \frac{\partial^2 J}{\partial u_i \partial u_j} \delta u_i \delta u_j = \sum_{i,j=1}^{N_0} a_{ij} \delta u_i \delta u_j \tag{3.15}$$

从 (3.13) 中各项的量级对比也可以看出, 即使二阶导数阵 $\dfrac{\partial^2 J}{\partial u_i \partial u_j} = a_{ij}$ 仅仅是半正定, 也就是说

$$\frac{1}{2} \sum_{i,j=1}^{N_0} a_{ij} \delta u_i \delta u_j \geqslant 0, \quad \text{对一切 } \delta u_i, i = 1, \cdots, N_0$$

时, 极小问题 (3.9) 也等价于解方程组 (3.10) 即 (3.11).

泛函 $J(u)$ (3.1) 的二次变分是 (参考 1.10)

$$\frac{1}{2}\delta^2 J(\delta u) = \iint_{\Omega} \frac{1}{2}\beta\left(\frac{\partial \delta u}{\partial x}\right)^2 + \beta\left(\frac{\partial \delta u}{\partial y}\right)^2 dxdy + \int_{\Omega'} \frac{1}{2}\eta(\delta u)^2 ds \tag{3.16}$$

如果命 δu 为由 $\delta u_1, \cdots, \delta u_{N_0}$ 产生的分片线性插值函数, $\delta u \in S'$, 则由 3.1 节、3.2 节的离散化方法不难看出, 作为函数 $J(u_1, \cdots, u_n)$ 的二次微分 (3.15) 与作为泛函 $J(u)$ 的二次变分是一致的, 即

$$\frac{1}{2}\delta^2 J(\delta u) \equiv \frac{1}{2}\delta^2 J(\delta u_1, \cdots, \delta u_{N_0}) \equiv \frac{1}{2} \sum_{i,j=1}^{N_0} a_{ij} \delta u_i \delta u_j \tag{3.17}$$

设 $\beta > 0, \eta \geqslant 0$ 并且 $\eta \not\equiv 0$. 在此情况下在 1.2 节中已证明了二次变分 (3.16) 对于函数类 $S = S_0$ 的正定性, 因此在其子类 $S' \subset S$ 上当然还是正定的, 因此二次型 (3.17) 正定, 即矩阵 $\boldsymbol{A} = [a_{ij}]$ 正定, 从而保证线代数方程 (3.11) 有唯一解.

设 $\beta > 0, \eta \equiv 0$, 这就是所谓第二类边值条件. 用 1.2 中的方法可知二次变分对于 S 为退化半正定, 而且

$$\delta^2 J(\delta u) = 0 \Leftrightarrow \delta u \equiv c = 常数 \tag{3.18}$$

由于 $\delta u \equiv c \in S_0$, 即相当于用 $\delta u_1 = \cdots = \delta u_{N_0} = c$ 插出的分片线性函数, 所以二次型 (3.17) 也是退化半正定而且

$$\frac{1}{2} \sum_{i,j=1}^{N_0} a_{ij} \delta u_i \delta u_j = 0 \Leftrightarrow \delta u_1 = \cdots = \delta u_{N_0} = c \tag{3.19}$$

因此矩阵 $\boldsymbol{A}$ 是退化半正定, 行列式 $|\boldsymbol{A}| = 0$.

对此退化的情况, 按照 1.2 节所述:

1. 齐次问题——即在 (3.1) 中命 $f \equiv 0, q \equiv 0, p \equiv 0$——有非零解

$$u \equiv 1 \tag{3.20}$$

而任意非零解可以表为这个解的常数倍即 $u \equiv c$. 由于这些非零解都含在子函数类 S' 中, 因此离散后对应于 (3.9) 的齐次问题有同样的非零解即

$$u_1 = \cdots = u_{N_0} = 1 \tag{3.21}$$

而任意的非零解可表为它的常数倍, 即 $u_1 = \cdots = u_{N_0} = c$. 注意离散的齐次问题 (3.9) 就是齐次线代数方程

$$\sum_{j=1}^{N_0} a_{ij} u_j = 0, \quad i = 1, \cdots, N_0 \tag{3.22}$$

2. 非齐次问题 (3.8) 有解的充要条件即所谓协调条件是

$$\iint_{\Omega} f dx dy + \int_{\Omega'} q ds + \sum_{\Omega''} p = 0 \tag{3.23}$$

这在物理上相当于外载荷的平衡条件, 是 (1.30) 的推广. 当有解时, 任意两个解必相差一个常数即相差一个齐次问题的解. 在离散化得到退化、对称的线代数方程组 (3.11), 根据线代数的初等理论, (3.11) 有解的充要条件是右项向量 $\boldsymbol{b} = (b_1, \cdots, b_{N_0})$ 与齐次方程组 (3.22) 的基本解向量——现在就是 (3.21)——正交, 即

$$\sum_{i=1}^{N_0} b_i = 0 \tag{3.24}$$

这就是代数方程组 (3.11) 的协调条件. 根据 3.1 节、3.2 节的分析方法可知 b_i 是由系数 f, q, p 经离散化而得来的. 问题在于: 当原给的系数 f, q, p 满足协调条件 (3.23) 时, 经过

离散化后是否自动保证 (3.24) 成立? 答案是肯定的. 如果在单元分析中涉及 f, q, p 的积分是准确的, 即没有作任何近似, 则可以证明

$$\sum_{i=1}^{N_0} b_i = \iint\limits_{\Omega} f dx dy + \int_{\Omega'} q ds + \sum_{\Omega''} p$$

事实上只须取 $u \equiv 1$ 即 $u_i \equiv 1$, 于是根据 (3.1)、(3.6)、(3.19) 即得

$$J(u) = -\int_{\Omega} f dx dy - \int_{\Omega'} q ds - \sum_{\Omega''} p = J(u_1, \cdots, u_{N_0}) = -\sum_{i=1}^{N_0} b_i u_i$$

因此原问题的协调条件 (3.23) 自动保证了离散问题 (3.11) 的协调条件 (3.24), 从而保证离散问题有解, 而任意两个解向量的差是一个常向量. 在实践中, 往往对 f, q, p 作近似的处理, 例如取为分片常数, 于是离散化后有可能不严格满足 (3.24), 例如

$$\sum_{i=1}^{N_0} b_i = \varepsilon \neq 0$$

对此可将 b_i 稍修改, 即

$$b_i - \frac{\varepsilon}{N_0} \Rightarrow b_i, \quad i = 1, \cdots, N_0$$

这样新的右端满足协调条件 (3.24), 保证退化方程组有解.

上面的例子说明了, 原变分问题的正定性或退化半正定性以及解的唯一性或多重性结构, 经有限元离散化后, 一般能得到忠实地保持, 这是有限元法的一个优点.

当原问题为正定或半正定时, 离散方程组的解点就是能量函数 $J(u_1, \cdots, u_{N_0})$ 的极小点. 当原始变分问题为不定时, 通常所要求的只是能量 J 达到临界, 在离散化后, 系数阵 A 也是不定的, 但所要求的只是能量函数 $J(u_1, \cdots, u_{N_0})$ 达到临界, 即 $\frac{\partial J}{\partial u_i} = 0$, 这时待解的方程组仍然是 (3.11), 不过它的解点不一定是 J 的极小点而已.

3.3 强加条件和缝隙的处理

在有强加条件的情况下, 还需要对上面得到的能量系数阵 A, b 作适当的处理后才能得到最终定解的代数方程组.

施以强加条件 (3.2) 的集合 Ω_0 是一些线元及点元的组合. 在每个线元上 $\bar{u}(s)$ 可以离散化为其两个顶点 (设为 A_1, A_2) 的值 $\bar{u}_1, \bar{u}_2$ 的线性插值. 这和在 Ω 上采取的分片线性插值法是协调的. 因此只须对 Ω_0 内所有顶点, 命其序号为 $h_1, \cdots, h_M$ 规定条件

$$u_{h_k} = \bar{u}_k, \quad k = 1, \cdots, M \tag{3.25}$$

于是变分问题 (3.1~3.2) 就离散化为二次函数 $J(u_1, \cdots, u_{N_0})$ 在条件 (3.25) 下的极值问题, 注意 J 中一部分变量取已知值, 因此可以视 J 为其余变量的函数, 而原来的条件极值问题就成为对于其余变量的无条件极值问题, 即满足线方程组

$$\frac{\partial J}{\partial u_i} = 0, \quad i = 1, \cdots, N_0, i \neq h_1, \cdots, h_M \tag{3.26}$$

事实上只须从方程组 (3.10) 中删去 $i = h_1, \cdots, h_M$ 的 M 个方程, 而在余下的方程中代进已知值 (3.25) 相应项移到右端, 故得到 $N_0 - M$ 个方程 (系数仍然是对称的) 和相同个数的未知数.

另一个等价的办法对原有矩阵 A, b 作下列形式的修改

$$
b_i \text{修改为} \begin{cases} \bar{u}_i & \text{当 } i = h_1, \cdots, h_M \\ b_i - \sum_{k=1}^{M} a_{ih_k} \bar{u}_k, & \text{当 } i \neq h_1, \cdots, h_M \end{cases}
$$

$$
a_{ij} \text{修改为} \begin{cases} 0, & \text{当} i \neq j, \quad i \text{ 或 } j = h_1, \cdots, h_M \\ 1, & \text{当} i = j, \quad i = h_1, \cdots, h_M \end{cases}
$$

这样仍为 N_0 个方程 (系数也对称) 和 N_0 个未知数, 在程序实现中可以避免由于删去方程和未知数而引起的重新编号的麻烦.

有时强加条件经离散化后不像 (3.25) 那样简单而是取如下更一般的形式

$$
\sum_{j=1}^{N_0} c_{ij} u_j = d_i, \quad i = 1, \cdots, M \tag{3.27}
$$

要求在这个约束条件下函数 $J(u_1, \cdots, u_{N_0})$ 的极值. 对此可以采用所谓拉格朗日乘子法. 引进新的变量 $\lambda_1, \cdots, \lambda_M$, 作二次函数.

$$
G(u_1, \cdots, u_{N_0}, \lambda_1, \cdots, \lambda_M) = J(u_1, \cdots, u_{N_0}) + \sum_{i=1}^{M} \lambda_i \left(\sum_{j=1}^{N_0} c_{ij} u_j - d_i \right)
$$

它有 $N_0 + M$ 个变量, 可以证明, J 的条件极值问题等价于 G 的无条件极值问题, 后者的极值条件是

$$
\begin{cases} \dfrac{\partial G}{\partial u_i} = 0, & i = 1, \cdots, N_0 \\ \dfrac{\partial G}{\partial \lambda_i} = 0 & i = 1, \cdots, M \end{cases}
$$

这就是

$$
\left. \begin{aligned} \sum_{j=1}^{N_0} a_{ij} u_j + \sum_{j=1}^{M} c_{ji} \lambda_j = b_i, \quad i = 1, \cdots, N_0 \\ \sum_{j=1}^{N_0} c_{ij} u_j = d_i, \quad i = 1, \cdots, M \end{aligned} \right\} \tag{3.28}
$$

也可表为矩阵形式

$$
\begin{bmatrix} \boldsymbol{A} & \boldsymbol{C}^T \\ \boldsymbol{C} & 0 \end{bmatrix} \begin{bmatrix} \boldsymbol{u} \\ \lambda \end{bmatrix} = \begin{bmatrix} \boldsymbol{b} \\ \boldsymbol{d} \end{bmatrix} \tag{3.29}
$$

这个方法在形式上比较简单, 新的系数矩阵保持了对称性. 但是, 方程组的阶数从 N_0 扩大到 $N_0 + M$, 正定性则不一定能保持.

缝隙的处理

如图 7 所示有时定解区域 Ω 内有缝隙, 缝隙在物理上总是有宽度的, 但当宽度相对地小时, 可以视为无宽度的曲线 L, 有正负两岸 L^+, L^-. 设想在问题中规定缝隙的两岸都是自由边, 这时泛函 (3.1) 的形式不变, 但 $u(x,y)$ 在两岸互相独立, 可以取不同的值. 当能量达到极小时, 在缝隙两岸自动满足自由边界条件

$$\left(\beta\frac{\partial u}{\partial \nu}\right)^+ = 0, \quad \left(\beta\frac{\partial u}{\partial \nu}\right)^- = 0$$

对于这种情况, 在作剖分时应使缝 L 落在线元上, 缝上的每个点元和线元都一分为二, 变为双重点、双重线, 各有自己的编号, 分别赋有 u 值, 分属于正负两岸, 相同的仅仅是它们的位置坐标. 与缝隙相邻接的面元自然是分属两岸, 应该视为分离的面元, 不再具有公共边. 在解题时, 事实上只需在初始阶段, 即进行剖分和准备相应信息时照上述原则办理, 在以后的阶段就无须再作特殊处理.

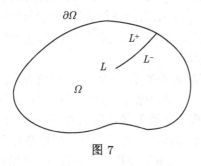

图 7

3.4　代数计算和结果解释

有限元法离散化后得到线代数组 $Au = b$ 的系数阵 A 总是正定的. 当原始变分问题具有正定性时, 在有限元法中一般也保证系数阵 A 的正定性, 除了由于强加条件的处理有时会有些麻烦. 这种对称正定性的特点保持, 是有限元法的一个优点. 由于对称正定阵的计算方法发展得比较完善, 因此这种特性保持对于方程的解算也是有利的.

有限元法所得的系数阵的另一特点是稀疏性, 即绝大多数的元素为零, 也就是说组中每个方程中只有少数几个特定部位的系数不为 0, 即矩阵基本上是带状的. 事实上, 从 3.1~3.2 节中可以看出, 每当点元 A_i 与 A_j 不相邻, 即不同属于某个线元或面元时, 在合成后的能量函数中就不出现 $u_i u_j$ 的项, 即相应的矩阵元素 a_{ij} 必为零. 这种稀疏性对于实际解算提供了有利条件, 在程序上可采取压缩零的技巧使得仅仅 A 中的非零元素才被存储, 可以节约存储量和运算量.

针对着系数阵 A 的对称正定性和稀疏性, 在实际解算时可以用超松弛法、分块超松弛法或其他类似的迭代法. 也可以采用如分块消元法或其他适合稀疏块状结构的直接法. 还可以采用迭代法和直接法相结合的共轭斜量法, 这也是适合于对称正定和稀疏特点的.

代数计算结束后就得到解在离散点 $A_1, \cdots, A_{N_0}$ 的值 $u_1, \cdots, u_{N_0}$. 在实践上常常需要知道导数 $\beta\frac{\partial u}{\partial x}, \beta\frac{\partial u}{\partial y}$ 的分布以及 u 在其他点的值. 因此需要再作一轮单元上的结果分析,

即按照原来的插值原则补插算出所需要的量. 例如对于导数, 在每个面元 $C = (A_1, A_2, A_3)$ 上按照 (2.7) 取为

$$\beta \frac{\partial u}{\partial x} = \beta(\eta_1 u_1 + \eta_2 u_2 + \eta_3 u_3)/D$$

$$\beta \frac{\partial u}{\partial y} = -\beta(\zeta_1 u_1 + \zeta_2 u_2 + \zeta_3 u_3)/D$$

并作为在单元中点的值. 当需要知道在节点处的导数值时则可以取相邻面元中点值的适当的平均值. 特别是利用计算机来显示或制作等值线图或向量场图或其他曲线是非常有利于结果分析的.

3.5 方法的特点

有限元法的特点以及与其他方法的对比可以综述如下:

(1) 有限元法是以变分原理和剖分插值为基础的. 它把在无穷多自由度的函数类 S 中的极值问题代为 S 的一个有限多自由度的子类 S' 中的极值问题, 在这点上有限元法是传统的能量法 (即李兹–加辽金法) 的一种变形. 在传统的能量法中, 子类 S' 是由解析函数组成的, 缺乏灵活性, 而有限元法则是在剖分即格网插值的基础上, 来形成子类 S', 在这点上, 它是差分法的一种变形, 吸取并发扬了后者的灵活性. 因此有限元法是能量法与差分法相结合而发展了的方法.

(2) 在有限元法中, 最终求解的多元二次函数的极值方程, 系数阵总是对称的, 而且当原始问题为正定时, 离限化后一般也保持正定性. 这一特点是能量法中共同的, 而在差分法中则不一定总能做到. 有限元系数阵又是稀疏的, 这一特点是差分法中共同的, 但传统的能量法中则不然. 对称正定与稀疏特性对于数值解算是有利的.

(3) 有限元法的各个环节, 如单元分析、总体合成、代数解算、结果解释等在程序实现上都是便于标准化的. 至少对于同一类型的问题, 不论几何形状或物理参数分布如何, 不论采用什么插值方法, 都可以用同一套标准程序来对付. 对于解题者来说, 只须准备有关剖分的几何、物理参数的最低限度的信息即可, 这样可以大大缩短解题周期.

(4) 在有限元法中, 不论问题是简单或复杂, 基本上是同等对待的. 因此, 对于规则区域和常系数的问题而言, 有限元法的效率会比一般差分法低, 但是, 随着问题在几何上物理上的复杂性的增高而优点愈显. 有限元法主要是面对这类问题的.

(5) 有限元法利用了变分原理和剖分插值比较成功地解决了自然边界条件的处理问题. 但是, 强加条件处理上的矛盾则相对地上升, 还有待于改进.

(6) 本文没有讨论有限元法的收敛性问题, 即当剖分愈来愈细时, 离散解是否愈来愈趋近于真解的问题. 有限元法的基础理论实际上是相当简单的, 在相当广泛的范围内, 可以确保在能量积分意义下的收敛性, 从而保证方法的可靠性. 这也是有限元法的一个特点, 见 [2].

§4   有限元法的一些应用

有限元法对于椭圆型问题是普遍适用的. 在 §3 中通过平面二阶椭圆方程边值问题的典型例子介绍了基本方法. 本节再介绍在几何上、解析上、物理上有些特点的问题, 如轴

对称、本征值和平面弹性问题, 仍用三角形线性插值. 最后介绍提高精度的三角形二次插值. 关于其他的剖分和插值方法, 三维问题, 涉及四阶椭圆方程的板、壳问题, 以及含有时间的动态问题等等则可以参考专门的著作如 [3].

4.1 轴对称问题

平面椭圆方程的变分原理 (1.18) 自然地推广到空间 (见 §1), 变分问题

$$
\left\{
\begin{aligned}
J(u) &= \iiint\limits_{\overline{\Omega}} \left\{ \frac{1}{2}\left[\beta\left(\frac{\partial u}{\partial x}\right)^2 + \beta\left(\frac{\partial u}{\partial y}\right)^2 + \beta\left(\frac{\partial u}{\partial z}\right)^2 \right] - fu \right\} dxdydz \\
&\quad + \iint\limits_{\overline{\Gamma}_0'} \left\{ \frac{1}{2}\eta u^2 - qu \right\} d\sigma = \text{极小} \\
\overline{\Gamma}_0 &: u = \overline{u}
\end{aligned}
\right.
$$

等价于边值问题

$$
\left\{
\begin{aligned}
\overline{\Omega} - \overline{L} &: -\left(\frac{\partial}{\partial x}\beta\frac{\partial u}{\partial x} + \frac{\partial}{\partial y}\beta\frac{\partial u}{\partial y} + \frac{\partial}{\partial z}\beta\frac{\partial u}{\partial z} \right) = f \\
\overline{L} &: \left(\beta\frac{\partial u}{\partial \nu} \right)^- = \left(\beta\frac{\partial u}{\partial \nu} \right)^+ \\
\overline{\Gamma}_0' &: \beta\frac{\partial u}{\partial \nu} + \eta u = q \\
\overline{\Gamma}_0 &: u = \overline{u}
\end{aligned}
\right.
$$

当问题具有轴对称性, 即区域 $\overline{\Omega}$ 及其内外界面 $\overline{L}, \overline{\Gamma}_0', \overline{\Gamma}_0$ 都是回转体或回转面, 所有的系数 β, η, f, q 都具有回转不变性时, 则解也必具有回转不变性即轴对称性. 这时以采取柱坐标 r, z, φ 为便, 而且一切量与 φ 无关. 可以取一个 $\varphi = 0$ 的参考平面 (r, z), 其上有二维域 Ω 以及界线 $\partial\Omega, \Gamma_0, \Gamma_0', L$ 等, 它们绕 z 轴旋转而生成 $\overline{\Omega}, \partial\overline{\Omega}, \overline{\Gamma}_0, \overline{\Gamma}_0', \overline{L}$. 由于

$$
\left(\frac{\partial u}{\partial x}\right)^2 + \left(\frac{\partial u}{\partial y}\right)^2 + \left(\frac{\partial u}{\partial z}\right)^2 = \left(\frac{\partial u}{\partial r}\right)^2 + \left(\frac{\partial u}{\partial z}\right)^2 + \left(\frac{1}{r}\frac{\partial u}{\partial \varphi}\right)^2 = \left(\frac{\partial u}{\partial r}\right)^2 + \left(\frac{\partial u}{\partial z}\right)^2
$$

$$
\iiint\limits_{\overline{\Omega}} \cdots dxdydz = \iiint\limits_{\overline{\Omega}} \cdots rdrdzd\varphi = 2\pi \iint\limits_{\Omega} \cdots rdrdz
$$

$$
\iint\limits_{\overline{\Gamma}} \cdots d\sigma = \iint\limits_{\overline{\Gamma}} \cdots rdsd\varphi = 2\pi \int_{\Gamma} \cdots rds
$$

因此三维变分问题可以表为二维的形式

$$
\left\{
\begin{aligned}
J(u) &= 2\pi \iint\limits_{\Omega} \left\{ \frac{1}{2}\beta\left[\left(\frac{\partial u}{\partial r}\right)^2 + \left(\frac{\partial u}{\partial z}\right)^2 \right] - fu \right\} rdrdz \\
&\quad + 2\pi \int_{\Gamma_0'} \left[\frac{1}{2}r_1 u^2 - qu \right] rds = \text{极小} \\
\Gamma_0 &: u = \overline{u}
\end{aligned}
\right. \tag{4.1}
$$

它等价于边值问题

$$
\begin{cases}
\Omega: -\left(\dfrac{1}{r}\dfrac{\partial}{\partial r}r\beta\dfrac{\partial u}{\partial r}+\dfrac{\partial}{\partial z}\beta\dfrac{\partial u}{\partial z}\right)=f \\[2mm]
L:\left(\beta\dfrac{\partial u}{\partial \nu}\right)^{-}=\beta\left(\dfrac{\partial u}{\partial \nu}\right)^{+} \\[2mm]
\Gamma_0':\beta\dfrac{\partial u}{\partial \nu}+r_1 u=q \\[2mm]
\Gamma_0:u=\bar{u}
\end{cases}
\tag{4.2}
$$

当 $\beta\equiv 1, f\equiv 0$ 就得到

$$
\frac{1}{r}\frac{\partial}{\partial r}r\frac{\partial u}{\partial r}+\frac{\partial^2 u}{\partial z^2}=0
\tag{4.3}
$$

或

$$
\frac{\partial^2 u}{\partial r^2}+\frac{\partial^2 u}{\partial z^2}+\frac{1}{r}\frac{\partial u}{\partial r}=0
\tag{4.4}
$$

这就是轴对称下的拉普拉斯方程.

域 Ω 总是位于参考平面即 rz 平面的右半 $r\geqslant 0$, 它的边线 $\partial\Omega$ 可能不与 z 轴接触 (如图 8) 但也能有一部分 Γ_z 在对称轴上, 另一部分 Γ 不在对称轴上 (如图 9):

$$
\partial\Omega=\Gamma_z+\Gamma
$$

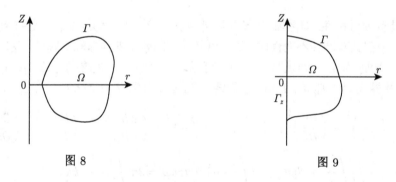

图 8　　　　　　　　　　　　　　　　图 9

应该记住, 问题本来的定解域是由 Ω 生成的回转体 $\overline{\Omega}$, 它的边界面 $\partial\overline{\Omega}$ 仅仅是由 Γ 旋转生成的, 与 Γ_z 无关. Γ_z 在对称轴上, 实际上并不构成问题的边界. 因此在 Γ_z 上无边界条件可言, 边界条件仅作用于 Γ, 后者照例又可分为强加的 Γ_0 和自然的 Γ_0' 两个部分:

$$
\Gamma=\Gamma_0+\Gamma_0'
$$

从 (4.2)、(4.4) 看, 由于系数含有因子 $\dfrac{1}{r}$, 方程在 Γ_z 上即 $r=0$ 处有奇异性. 这在形式化的差分方法中会碰到困难. 但是, 这只是坐标系的奇异性, $\overline{\Gamma}_z$ 在回转体 $\overline{\Omega}$ 的内部, 作为三维问题本身在那里并没有奇异性. 当以变分原理 (或守恒原理) 为基础来离散化时, 上述困难自然地不出现. 这种对于不同坐标系的适应性也是有限元法的一个优点.

对于平面问题的有限元方法只须稍作修改便可用来解轴对称问题, 为了便于套用既有结果, 把变量 r, z 改记为 x, y, 并且像 3.1 节中一样, 把问题 (4.1) 稍稍推广为

$$
\begin{cases}
J(u) = \iint\limits_{\Omega} \left\{ \frac{1}{2} \left[\beta \left(\frac{\partial u}{\partial x} \right)^2 + \beta \left(\frac{\partial u}{\partial y} \right)^2 \right] - fu \right\} 2\pi x dx dy \\
\qquad + \int_{\Omega'} \left[\frac{1}{2} \eta u^2 - qu \right] 2\pi x ds + \sum_{\Omega''} [(-pu)2\pi x] = \text{极小} \\
\Gamma_0 : u = \bar{u}
\end{cases} \tag{4.5}
$$

在 rz 平面内采用三角剖分和线性插值, 同于 §2, 不同之点只是现在要计算基函数及其导数的乘积以 x 为权的积分, 因此要用 §2 的表 2, 表 4. 应该记住, 这里的三角面元所代表的实际上是三维空间里具有三角剖面的环体. 相应的单元分析如下

1. 面元 $C = (A_1, A_2, A_3)$

$$
\begin{aligned}
J_C &= \frac{1}{2} \iint\limits_{C} \left\{ \frac{1}{2} \left[\beta \left(\frac{\partial u}{\partial x} \right)^2 + \beta \left(\frac{\partial u}{\partial y} \right)^2 \right] - fu \right\} 2\pi x dx dy \\
&\sim \sum_{i,j=1}^{3} a_{ij}^{(C)} u_i u_j - \sum_{i=1}^{3} b_i^{(C)} u_i \\
a_{ij}^{(C)} &= 2\pi x_0 (\beta \eta_i \eta_j + \beta \xi_i \xi_j)/2D_0 + 2\pi(3x_0 + x_i + x_j)\gamma D_0(1 + \delta_{ij})/120 \\
b_i^{(C)} &= 2\pi(3x_0 + x_i)fD_0/24, \quad x_0 = \frac{1}{3}(x_1 + x_2 + x_3)
\end{aligned}
$$

2. 线元 $B = (A_1, A_2)$

$$
\begin{aligned}
J_B &= \int_B \left[\frac{1}{2} \eta u^2 - qu \right] 2\pi x ds \sim \sum_{i,j=1}^{2} a_{ij}^{(B)} u_i u_j - \sum_{i=1}^{2} b_i^{(B)} u_i \\
a_{ij}^{(B)} &= 2\pi(x_0 + x_i \delta_{ij})\eta L/6 \\
b_{ij}^{(B)} &= 2\pi(2x_0 + x_i)qL/6, \quad x_0 = \frac{1}{2}(x_1 + x_2)
\end{aligned}
$$

3. 点元 $A = (A_1)$

$$
\begin{aligned}
J_A &= [(-pu)2\pi x]_A = \frac{1}{2} a_{11}^{(A)} u_1 u_1 - b_1^{(A)} u_1 \\
a_{11}^{(A)} &= 0 \\
b_1^{(A)} &= 2\pi x_0 p, \quad x_0 = x_1
\end{aligned}
$$

此处 x_1 就是点 A_1 的 x 坐标.

总体合成方法与 3.2 小节同.

注意在参考平面 (r, z) 中的面、线、点通过旋转一般地生成三维空间中的回转体、面、线, 即上升一维. 但也有例外, 如原问题中还含有集中于 z 轴上的线源或点源项, 即在能量积分 $(4,5)$ 中再增加线项 $\int(-pu)dz$ 及点项 $\Sigma(-gu)$, 当转化到参考平面中去时, 这些

项保持不变, 应该加到能量积分 (4.5) 中去. 注意它们不含有因子 $2\pi r$, 这是因为在 $\varGamma_z$ 上的点和线经旋转后保持不变, 并不上升一维. 对于 (4.5) 中增添的这些项的处理全同于 3.1 节.

对于轴对称问题还有简化的处理方案, 即单元系数 a_{ij}, b_i 照用 §3 的公式, 但普遍乘以因子 $2\pi x_0, x_0$ 为每个单元的顶点 x_i(即 r_i) 的算术平均值.

4.2　本征值问题

连续介质振动系统的自振频率和振型问题归结于椭圆方程的本征值问题. 它和边值问题相仿, 也有等价的变分原理, 对此有限元法是同样适用的.

以弹性膜为例, 取 $u(x, y)$ 为平衡态时弹性位移, β 为膜内张力 (给定的系数), f 为载荷分布, 则膜的平衡方程就表为 (1.16) 中的第一式. (1.16) 中的第二、三两式则表达了边界上以及内部交界上的平衡条件, q 表示边界上的线状载荷分布, η 表示边界弹性支承的弹性系数. 在动态时, 命 $w = w(x, y, t)$ 表示弹性位移, 则膜体的运动方程是

$$\varOmega : \rho \frac{\partial^2 w}{\partial t^2} - \left(\frac{\partial}{\partial x} \beta \frac{\partial w}{\partial x} + \frac{\partial}{\partial y} \beta \frac{\partial w}{\partial y} \right) = f$$

比平衡方程多了一个惯性力项 $\rho \dfrac{\partial^2 w}{\partial t^2}, \rho = \rho(x, y)$ 为单位面积的质量, 相应的边界条件仍旧, 即

$$L : \left(\beta \frac{\partial w}{\partial \nu} \right)^- = \left(\beta \frac{\partial w}{\partial \nu} \right)^+$$

$$\varGamma_0' : \beta \frac{\partial w}{\partial \nu} + \eta w = q$$

$$\varGamma_0 : w = \overline{w}$$

在作自由振动时, 所有的载荷及强加条件都为 0, 因此方程和边值条件都成为齐次的, 即

$$\varOmega : \rho \frac{\partial^2 w}{\partial t^2} - \left(\frac{\partial}{\partial x} \beta \frac{\partial w}{\partial x} + \frac{\partial}{\partial y} \beta \frac{\partial w}{\partial y} \right) = 0$$

$$L : \left(\beta \frac{\partial w}{\partial \nu} \right)^- = \left(\beta \frac{\partial w}{\partial \nu} \right)^+$$

$$\varGamma_0' : \beta \frac{\partial w}{\partial \nu} + \eta w = 0$$

$$\varGamma_0 : u = 0$$

在形成驻波的时候, 解 $w(x, y, t)$ 可以表为

$$w(x, y, t) = e^{i\omega t} u(x, y)$$

ω 为自振频率, $u(x, y)$ 为相应的振型, 以此代入上式即得关于 ω 及 u 的方程 (命 $\lambda = \omega^2$).

$$\begin{cases} \Omega: -\left(\dfrac{\partial}{\partial x}\beta\dfrac{\partial u}{\partial x} + \dfrac{\partial}{\partial y}\beta\dfrac{\partial u}{\partial y} \right) = \lambda\rho u \\[2mm] L: \left(\beta\dfrac{\partial u}{\partial \nu} \right)^{-} = \left(\beta\dfrac{\partial u}{\partial \nu} \right)^{+} \\[2mm] \Gamma_0': \beta\dfrac{\partial u}{\partial \nu} + \eta u = 0 \\[2mm] \Gamma_0: u = 0 \end{cases} \tag{4.6}$$

这样一组齐次方程显然有解 $u \equiv 0$, 但是这种零解在物理上是不感兴趣的. 关键在于仅当参数 λ 取某些特定值 (叫做本征值) 时, 这组方程才有非零解——叫做本征函数. 所谓本征值问题就是要求定出本征值和相应的本征函数. 在这里本征值给出膜的自振频率 $\omega = \sqrt{\lambda}$, 相应的本征函数给出振型.

命

$$D(u) = \iint\limits_{\Omega} \frac{1}{2}\left[\beta\left(\frac{\partial u}{\partial x} \right)^2 + \beta\left(\frac{\partial u}{\partial y} \right)^2 \right]dxdy + \int_{\Gamma_0'} \frac{1}{2}\eta u^2 ds \tag{4.7}$$

$$E(u) = \iint\limits_{\Omega} \frac{1}{2}\rho u^2 dxdy \tag{4.8}$$

这是两个二次齐次泛函. 可以证明, 本征值问题 (4.6) 等价于下列 "商" 泛函的变分问题 [1]

$$\begin{cases} J(u) \equiv \dfrac{D(u)}{E(u)} = 临界值 = \lambda \tag{4.9} \\[2mm] \Gamma_0: u = 0 \end{cases} \tag{4.10}$$

这就是说, 在一切满足边界条件 (4.10) 并且不恒为 0 的函数类中使 J 达到临界的函数 u 就是本征函数, 相应的值 $J(u)$ 即临界值就是本征值.

按照有限元法, 在三角剖分下, 通过单元分析和总体合成, 二次泛函 D, E 可以分别离散化成为两个二次齐次函数

$$D(u) \sim D(u_1, \cdots, u_{N_0}) = \frac{1}{2}\sum_{i,j=1}^{N_0} a_{ij}u_i u_j \tag{4.11}$$

$$E(u) \sim E(u_1, \cdots, u_{N_0}) = \frac{1}{2}\sum_{i,j=1}^{N} c_{ij}u_i u_j \tag{4.12}$$

如果采用三角部分和线性插值则有单元分析公式 (3.1 节).

1. 面元 $C = (A_1, A_2, A_3)$

$$D_C(u) = \iint\limits_{C} \frac{1}{2}\left[\beta\left(\frac{\partial u}{\partial x} \right)^2 + \beta\left(\frac{\partial u}{\partial y} \right)^2 \right]dxdy \sim \frac{1}{2}\sum_{i,j=1}^{3} a_{ij}^{(C)}u_i u_j$$

$$E_C(u) = \iint\limits_C \frac{1}{2}\rho u^2 dxdy \sim \frac{1}{2}\sum_{i,j=1}^{3} c_{ij}^{(C)} u_i u_j$$

$$a_{ij}^{(C)} = \iint\limits_C \left[\beta\frac{\partial\lambda_i}{\partial x}\frac{\partial\lambda_j}{\partial x} + \beta\frac{\partial\lambda_i}{\partial y}\frac{\partial\lambda_j}{\partial y}\right] dxdy = (\beta\eta_i\eta_j + \beta\xi_i\xi_j)/2D_0 = a_{ji}^{(C)}$$

$$c_{ij}^{(C)} = \iint\limits_C \rho\lambda_i\lambda_j dxdy = \rho D_0(1+\delta_{ij})/24$$

2. 线元 $B = (A_1, A_2)$

$$D_B(u) = \int_B \frac{1}{2}\eta u^2 ds \sim \frac{1}{2}\sum_{i,j=1}^{2} a_{ij}^{(B)} u_i u_j$$

$$E_B(u) = 0 = \frac{1}{2}\sum_{i,j=1}^{2} c_{ij}^{(B)} u_i u_j$$

$$a_{ij}^{(B)} = \int_B \eta\lambda_i\lambda_j ds = \rho D_0(1+\delta_{ij})/24 = a_{ji}^{(B)}$$

$$c_{ij}^{(B)} = 0$$

仿照 3.2 节的原则进行累加就得到两个二次型 (4.11~4.12) 然后按照 3.3 节, 设强加的零边界条件 (4.10) 作用于节点 $A_{h_1}, A_{h_2}, \cdots, A_{h_M}$, 即

$$u_{h_i} = 0, \quad i = 1, 2, \cdots, M \tag{4.13}$$

从 a_{ij}, c_{ij} 两阵各自删去第 $h_1, \cdots, h_M$ 行和相应的列, 同时将变数 $u_1, \cdots, u_{N_0}$ 删去相应的分量, 设对余下的各元素按原顺序重新编号, 就得到两个新的二次型 (为了方便仍沿用原来的记号)

$$D(u_1, \cdots, u_N) = \sum_{i,j=1}^{N} a_{ij} u_i u_j, \quad a_{ij} = a_{ji} \tag{4.14}$$

$$E(u_1, \cdots, u_N) = \sum_{i,j=1}^{N} c_{ij} u_i u_j, \quad c_{ij} = c_{ji} \tag{4.15}$$

这里 $N = N_0 - M_1$ 阵 $\boldsymbol{A} = [a_{ij}]$ 通常为正定或半正定, $\boldsymbol{C} = [c_{ij}]$ 为正定. 于是变分问题 (4.9~4.10) 就离散化成为多元商函数的临界值问题

$$J(u_1, \cdots, u_N) \equiv \frac{D(u_1, \cdots, u_N)}{E(u_1, \cdots, u_N)} = 临界值 = \lambda \tag{4.16}$$

所谓 $(u_1, \cdots, u_N) \neq 0$ 使 J 达到临界是指 $(u_1, \cdots, u_N)$ 满足临界方程

$$\frac{\partial}{\partial u_i}J(u_1, \cdots, u_N) = 0, \quad i = 1, \cdots, N \tag{4.17}$$

相应的 J 值叫做临界值, 记为 λ_0 由于

$$\frac{\partial}{\partial u_i}J = \frac{\partial}{\partial u_i}\left(\frac{D}{E}\right) = \frac{1}{E^2}\left(\frac{\partial E}{\partial u_i}D - \frac{\partial D}{\partial u_i}E\right)$$

$$= \frac{1}{E}\left(\frac{\partial E}{\partial u_i}J - \frac{\partial D}{\partial u_i}\right) = \frac{1}{E}\left(\frac{\partial E}{\partial u_i}\lambda - \frac{\partial D}{\partial u_i}\right)$$

并且 $(u_1, \cdots, u_N) \neq 0$, 故 (4.17) 相应于

$$\frac{\partial E}{\partial u_i}\lambda - \frac{\partial D}{\partial u_i} = 0, \quad i = 1, \cdots, N$$

由于

$$\frac{\partial}{\partial u_i}D(u_1, \cdots, u_N) = \sum_{j=1}^{N} a_{ij}u_j, \quad \frac{\partial}{\partial u_i}E(u_1, \cdots, u_N) = \sum_{j=1}^{N} c_{ij}u_j$$

故 (4.17) 可以表为

$$\sum_{j=1}^{N} a_{ij}u_j = \lambda \sum_{j=1}^{N} c_{ij}u_j, \quad i = 1, \cdots, N \tag{4.18}$$

用矩阵记号则为

$$\boldsymbol{A u} = \lambda \boldsymbol{C u} \tag{4.19}$$

这组齐次方程仅当 λ 取一些特定值 (叫做本征值) 时才有非零解——叫做本征向量. 这样, 微分方程本征值问题 (4.6) 最终离散化为代数本征值问题 (4.19). 对于后者有标准的数值解法.

4.3 平面弹性问题

平面弹性问题在物理上有两类, 即平面应变问题和平面应力问题, 两者有统一的数学形式.

设在 x, y 方向的平面位移分布为 $u(x, y), v(x, y)$, 由此派生应变张量 $\varepsilon_{xx}, \varepsilon_{xy}, \varepsilon_{yx}, \varepsilon_{yy}$ 和应力张量 $\sigma_{xx}, \sigma_{xy}, \sigma_{yx}, \sigma_{yy}$.

$$\varepsilon_{xx} = \frac{\partial u}{\partial x}, \quad \varepsilon_{xy} = \varepsilon_{yx} = \frac{1}{2}\left(\frac{\partial u}{\partial y} + \frac{\partial v}{\partial x}\right), \quad \varepsilon_{yy} = \frac{\partial v}{\partial y} \tag{4.20}$$

应变和应力张量之间有下列关系即虎克定律

$$\begin{cases} J_{xx} = \alpha\varepsilon_{xx} + (\alpha - 2\beta)\varepsilon_{yy} = \alpha\frac{\partial u}{\partial x} + (\alpha - 2\beta)\frac{\partial v}{\partial y} \\[2mm] \sigma_{yy} = (\alpha - 2\beta)\varepsilon_{xx} + \alpha\varepsilon_{yy} = (\alpha - 2\beta)\frac{\partial u}{\partial x} + \alpha\frac{\partial v}{\partial y} \\[2mm] \sigma_{xy} = \sigma_{yx} = 2\beta\varepsilon_{xy} = \beta\left(\frac{\partial u}{\partial y} + \frac{\partial v}{\partial x}\right) \end{cases} \tag{4.21}$$

α, β 为介质系数, 可以依赖于 x, y, 甚至可以有间断. 在平面应变问题中

$$\alpha = \frac{E(1-\nu)}{(1-2\nu)(1+\nu)}, \quad \beta = \frac{E}{2(1+\nu)} \tag{4.22}$$

E 为介质的杨氏模量, ν 为波瓦松比. 在平面应力问题亦即薄板的纵向 (板内) 变形问题中

$$\alpha = \frac{Eh}{1-\nu^2}, \quad \beta = \frac{Eh}{2(1+\nu)} \tag{4.23}$$

$h = h(x, y)$ 为板的厚度. 在两种情况下应力张量的物理解释是有所不同的, 在此不去深究.

在平面内任取弧长单元 ds(如图 10 所示), 规定其法向余弦为 ν_x, ν_y, 切向余弦为 $\tau_x = -\nu_y, \tau_y = \nu_x$, 于是位于 ds 正法向一侧通过 ds 作用于负法向一侧的弹性力 (以单位长度计) 在 x, y 方向的投影为

$$\nu_x \sigma_{xx} + \nu_y \sigma_{xy}, \quad \nu_x \sigma_{yx} + \nu_y \sigma_{yy} \tag{4.24}$$

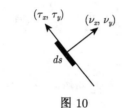

图 10

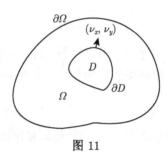

图 11

在法向及切向的投影则为

$$\sigma_{xx} \nu_x^2 + 2\sigma_{xy} \nu_x \nu_y + \sigma_{yy} \nu_y^2, \quad \sigma_{xx} \nu_x \tau_x + \sigma_{xy}(\nu_x \tau_y + \nu_y \tau_x) + \sigma_{yy} \nu_y \tau_y \tag{4.25}$$

在弹性体所占的区域 Ω 内任取一个子域 D(图 11), 设在 x, y 方向的平面载荷分布为 f_x, f_y, 于是有

$$\begin{aligned} \oint_{\partial D} (\nu_x \sigma_{xx} + \nu_y \sigma_{xy})ds &= \iint_D f_x dx dy \\ \oint_{\partial D} (\nu_x \sigma_{yx} + \nu_y \sigma_{yy})ds &= \iint_D f_y dx dy \end{aligned} \tag{4.26}$$

这就是积分形式的平衡方程, ν_x, ν_y 表示 ∂D 上的外法向余弦, 利用高斯积分公式就可以导出微分形式的平衡方程

$$\Omega : \begin{cases} -\left(\dfrac{\partial \sigma_{xx}}{\partial x} + \dfrac{\partial \sigma_{xy}}{\partial y} \right) = f_x \\ -\left(\dfrac{\partial \sigma_{yx}}{\partial x} + \dfrac{\partial \sigma_{yy}}{\partial y} \right) = f_y \end{cases} \tag{4.27}$$

这里应力分量 $\sigma_{xx}, \sigma_{xy}, \sigma_{yx}, \sigma_{yy}$ 用 $\dfrac{\partial u}{\partial x}, \dfrac{\partial u}{\partial y}, \dfrac{\partial v}{\partial x}, \dfrac{\partial v}{\partial y}$ 的表达式 (4.21) 代入, 即得到 两个未知函数 u, v 的二阶椭圆型方程组. 为了定解, 应在边界 $\partial \Omega$ 给定两个边界条件. 一般地可以

把 $\partial\Omega$ 分解为三个互补的部分

$$\partial\Omega = \Gamma_0 + \Gamma_1 + \Gamma_2$$

在 Γ_0 上, 位移全固定, 取已知的分布

$$u = \bar{u}, \quad v = \bar{v} \tag{4.28}$$

在 Γ_1 上, 位移半固定. 常见的条件是固定法向位移

$$u_\nu = \nu_x u + \nu_y v = \bar{u}_\nu \tag{4.29}$$

这时还要补充一个切向应力的边界条件, 其一般形式有如

$$\sigma_{xx}\nu_x\tau_x + \sigma_{xy}(\nu_x\tau_y + \nu_y\tau_x) + \sigma_{yy}\nu_y\tau_y = -\eta(\tau_x u + \tau_y v) + q_\tau \tag{4.30}$$

恒约定 ν_x, ν_y 为外法向余弦, $\tau_x = -\nu_y, \tau_y = \nu_x$ 为切向余弦, (ν, τ) 构成一个局部的右手坐标系, 右端 $-\eta(\tau_x u + \tau_y v) = -\eta u_\tau$ 表示切向的弹性反力, 弹性系数 $\eta \geqslant 0, q_\tau$ 为线状切向载荷.

在 Γ_2 上, 位移全自由. 这时需要补充两个应力边界条件, 其一般形式有如

$$\begin{aligned} \nu_x\sigma_{xx} + \nu_y\sigma_{xy} &= -(\eta_{xx}u + \eta_{xy}v) + q_x \\ \nu_x\sigma_{yx} + \nu_y\sigma_{yy} &= -(r_{yx}v + r_{yy}v) + q_y \end{aligned} \tag{4.31}$$

弹性系数 $\eta_{xx}, \eta_{xy}, \eta_{yx}, \eta_{yy}$ 形成一个对称半正定矩阵, 给 x 及 y 方向的弹性反力, q_x, q_y 为两个方向的线状载荷.

当介质系数 α, β 有间断时, 在其间断线 L 上通常假定两侧的位移连续

$$u^- = u^+, \quad v^- = v^+ \tag{4.32}$$

这时尚应满足两个交界条件即应力平衡方程

$$\begin{aligned} (\nu_x\sigma_{xx} + \nu_y\sigma_{xy})^- &= (\nu_x\sigma_{xx} + \nu_y\sigma_{xy})^+ \\ (\nu_x\sigma_{yx} + \nu_y\sigma_{yy})^- &= (\nu_x\sigma_{yx} + \nu_y\sigma_{yy})^+ \end{aligned} \tag{4.33}$$

有时在 Ω 内部有缝隙. 有一种是接触的缝隙 L_1, 在其两侧法向位移连续

$$(\nu_x u + \nu_y v)^- = (\nu_x u + \nu_y v)^+ \tag{4.34}$$

而切向自由, 可有滑移. 这时应满足一个交界条件, 即法向应力平衡

$$(\sigma_{xx}\nu_x^2 + 2\sigma_{xy}\nu_x\nu_y + \sigma_{yy}\nu_y^2)^- = (\sigma_{xx}\nu_x^2 + 2\sigma_{xy}\nu_x\nu_y + \sigma_{yy}\nu_y^2)^+ \tag{4.35}$$

还可以有脱离接触的缝隙 L_2, 即两侧位移完全自由. 这时应分别满足

$$\begin{aligned} (\nu_x\sigma_{xx} + \nu_y\sigma_{xy})^- &= 0, \quad (\nu_x\sigma_{xx} + \nu_y\sigma_{xy})^+ = 0 \\ (\nu_x\sigma_{yx} + \nu_y\sigma_{yy})^- &= 0, \quad (\nu_x\sigma_{yx} + \nu_y\sigma_{yy})^+ = 0 \end{aligned} \tag{4.36}$$

即无应力状态.

以上设缝隙 L_1, L_2 都相当窄, 几何上可以视为相重合.

可以证明, 以上的平衡方程连同其全部边界条件等价于下列变分问题即最小势能原理:

$$
\begin{cases}
J(u, v) = \iint\limits_{\Omega} \left\{ \frac{1}{2}[\alpha(\varepsilon_{xx}+\varepsilon_{yy})^2 + 4\beta(\varepsilon_{xy}^2 - \varepsilon_{xx}\varepsilon_{yy})] - (f_x u + f_y v) \right\} dxdy \\
\qquad + \int_{\Gamma_1} \left\{ \frac{1}{2}\eta_\tau(\tau_x^2 u^2 + 2\tau_x\tau_y uv + \tau_y^2 v^2) - q_\tau(\tau_x u + \tau_y v) \right\} ds \\
\qquad + \int_{\Gamma_2} \left\{ \frac{1}{2}(\eta_{xx}u^2 + 2\eta_{xx}uv + \eta_{yy}v^2) - (q_x u + q_y v) \right\} ds = 极小 \\
\Gamma_0 : u = \bar{u}, v = \bar{v} \\
\Gamma_1 : \nu_x u + \nu_y v = \bar{u}_\nu \\
L_1 : (\nu_x u + \nu_y v)^- = (\nu_x u + \nu_y v)^+
\end{cases}
\tag{4.37}
$$

注意所有关于应力的边界条件和交界条件都是自然边界条件, 在变分问题中可以不列, 因此情况大大简化. 此外, 在介质间断线 L 上约定位移取单值, 因此位移连续条件 (4.30) 保证满足, 故不作为强加条件列出. 反之, 在缝隙 L_1, L_2 约定位移取双值, 在 L_1 上有一个约束 (4.31), 作为强加条件列出, 在 L_2 上则无约束. 此外, 在 Γ_1 上的积分可以统一为 Γ_2 上的形式, 例如 $\eta_{xx} = \eta_\tau \tau_x^2, \eta_{xy} = \eta_\tau \tau_x \tau_y, \eta_{yy} = \eta_\tau \tau_y^2, q_x = q_\tau \tau_x, q_y = q_\tau \tau_y$.

对称性处理

当问题具有一定的对称性时, 可以把定解区域简缩. 应该指出这里有两个变量 u, v, 是同一个位移向量的两个分量. 所谓位移对称性是指位移向量的对称性. 例如说位移左右对称 (对称于直线 $x = 0$) 是指位移向量对于镜射变换 $x \to -x, y \to y$ 为不变, 即分量 u 反对称而分量 v 对称 (图 12)

$$
u(-x, y) = -u(x, y)
$$
$$
v(-x, y) = v(x, y)
$$

见图, 显然可见, 只有当定解区域, 介质系数以及 y 方向的载荷和位移边界条件为左右对称以及 x 方向的载荷和位移边界条件为左右反对称时才能保证位移向量场的左右对称性. 这时定解区间可以简缩一半. 注意对称轴 $x = 0$ 本来不是边界而在简缩后成为边界. 在其上由 u, v 的正反对称性得到

$$
x = 0 : u = 0, \quad \frac{\partial v}{\partial x} = 0
$$

其中第一个 $u = 0$ 是强加条件, 在简缩后需要增补为强加增补, 第二个 $\dfrac{\partial v}{\partial x} = 0$ 是自然边界条件, 不必增补. 一般说来, 在作对称性简缩时, 在对称轴上应增补一个法向位移为零的强加条件.

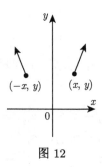

图 12

离散化

仍旧采用三角部分, $u(x,y), v(x,y)$ 在各单元上分别采用线性插值. 为了方便, 将各点元 $A_1, A_2, \cdots, A_{N_0}$ 的位移

$$u_1, v_1, u_2, v_2, \cdots, u_{N_0}, v_{N_0}$$

统一记为

$$w_1, w_2, w_3, w_4, \cdots, w_{2N_0-1}, w_{2N_0}$$

即

$$u_k = w_{2k-1}, v_k = w_{2k} \tag{4.38}$$

缝隙的处理同于 3.3 节所述, 即缝上的点元和线元都一分为二, 分别给予编号和位移, 仅其几何坐标相同.

1. 面元分析 $C = (A_1, A_2, A_3)$

$$J_C = \iint\limits_C \left\{ \frac{1}{2}[\alpha(\varepsilon_{xx} + \varepsilon_{yy})^2 + 4\beta(\varepsilon_{xy}^2 - \varepsilon_{xx}\varepsilon_{yy})] - (f_x u + f_y v) \right\} dxdy$$

把积分号下的二次项表为对称形式

$$
\begin{aligned}
&\alpha(\varepsilon_{xx} + \varepsilon_{yy})^2 + 4\beta(\varepsilon_{xy}^2 - \varepsilon_{xx}\varepsilon_{yy}) \\
=&\alpha\left(\frac{\partial u}{\partial x} + \frac{\partial v}{\partial y}\right)^2 + \beta\left(\frac{\partial u}{\partial y} + \frac{\partial v}{\partial x}\right)^2 - 4\beta\frac{\partial u}{\partial x}\frac{\partial v}{\partial y} \\
=&\alpha\left(\frac{\partial u}{\partial x}\right)^2 + \beta\left(\frac{\partial u}{\partial y}\right)^2 + (\alpha - 2\beta)\frac{\partial u}{\partial x}\frac{\partial v}{\partial y} + \beta\frac{\partial u}{\partial y}\frac{\partial v}{\partial x} \\
&+ \beta\frac{\partial v}{\partial x}\frac{\partial u}{\partial y} + (\alpha - 2\beta)\frac{\partial v}{\partial y}\frac{\partial u}{\partial x} + \beta\left(\frac{\partial v}{\partial x}\right)^2 + \alpha\left(\frac{\partial v}{\partial y}\right)^2
\end{aligned}
$$

用线性插值

$$u \sim \sum u_i\lambda_i, \frac{\partial u}{\partial x} \sim \sum u_i\frac{\partial \lambda_i}{\partial x}, \frac{\partial u}{\partial y} \sim \sum u_i\frac{\partial \lambda_i}{\partial y}$$

$$v \sim \sum v_i\lambda_i, \frac{\partial v}{\partial x} \sim \sum v_i\frac{\partial \lambda_i}{\partial x}, \frac{\partial v}{\partial y} \sim \sum v_i\frac{\partial \lambda_i}{\partial y}$$

α, β, f_x, f_y 均取常数值. 于是

$$J_c \sim \frac{1}{2} \sum_{i,j=1}^{3} [a_{ij}^{(1)} u_i u_j + a_{ij}^{(2)} u_i v_j + a_{ij}^{(3)} v_i u_j + a_{ij}^{(4)} v_i v_j] - \sum_{i=1}^{3} [b_i^{(1)} u_i + b_i^{(2)} v_i]$$

$$a_{ij}^{(1)} = a\eta_i\eta_j + b\xi_i\xi_j, \quad a_{ij}^{(2)} = c\eta_i\eta_j + d\xi_i\xi_j$$
$$a_{ij}^{(3)} = d\eta_i\eta_j + c\xi_i\xi_j, \quad a_{ij}^{(4)} = b\eta_i\eta_j + a\xi_i\xi_j$$
$$b_i^{(1)} = f_x D_0/6 \qquad b_i^{(2)} = f_y D_0/6$$

$$a = \alpha/2D_0, b = \beta/2D_0, c = -(\alpha - 2\beta)/2D_0, d = -b = -\beta/2D_0$$

若 $C = (A_{n_1}, A_{n_2}, A_{n_3})$, 顶点标号为 n_i 的位移 u, v 已统一记为 $w_{2n_i-1}, w_{2n_i}, i = 1, 2, 3$, 因此合成累加公式是

$$a_{ij}^{(1)} + a_{2n_i-1,2n_j-1} \Rightarrow a_{2n_i-1,2n_j-1}$$
$$a_{ij}^{(2)} + a_{2n_i-1,2n_j} \Rightarrow a_{2n_i-1,2n_j}$$
$$a_{ij}^{(3)} + a_{2n_i,2n_j-1} \Rightarrow a_{2n_i,2n_j-1}$$
$$a_{ij}^{(4)} + a_{2n_i,2n_j} \Rightarrow a_{2n_i,2n_j}$$
$$b_i^{(1)} + b_{2n_i-1} \Rightarrow b_{2n_i-1}$$
$$b_i^{(2)} + b_{2n_i} \Rightarrow b_{2n_i}$$
$$i, j = 1, 2, 3$$

2. 线元分析 $B = (A_1, A_2)$

可以统一考虑为 Γ_2 上的形式即

$$J_B = \int_B \left\{ \frac{1}{2}(\eta_{xx} u^2 + 2\eta_{xy} uv + \eta_{yy} v^2) - (q_x u + q_y v) \right\} ds$$

用线性插值

$$u \sim \sum u_i \lambda_i, v \sim \sum v_i \lambda_i$$

$\eta_{xx}, \eta_{xy}, \eta_y, q_x, q_y$ 均取常数值, 于是

$$J_B = \frac{1}{2} \sum_{i,j=1}^{2} [a_{ij}^{(1)} u_i u_j + a_{ij}^{(2)} u_i v_j + a_{ij}^{(3)} v_i u_j + a_{ij}^{(4)} v_i v_j] - \sum_{i=1}^{2} [b_i^{(1)} u_i + b_i^{(2)} v_i]$$

$$a_{ij}^{(1)} = \eta_{xx} L(1 + \delta_{ij})/6, \quad a_{ij}^{(2)} = \eta_{xy} L(1 + \delta_{ij})/6$$
$$a_{ij}^{(3)} = \eta_{xy} L(1 + \delta_{ij})/6, \quad a_{ij}^{(4)} = \eta_{yy} L(1 + \delta_{ij})/6$$
$$b_i^{(1)} = q_x L/2, \qquad b_i^{(2)} = q_y L/2$$

若 $B = (A_{n_1}, A_{n_2})$, 即顶点标号为 n_1, n_2 时, 合成累加公式与面元情况相同, 不予赘述. 但 $i, j = 1, 2$.

3. 点元分析 $A = (A_1)$

有些问题的能量积分可能含有点项如

$$J_A = \left[\frac{1}{2}(\mu_{xx}u^2 + 2\mu_{xy}uv + \mu_{yy}v^2) - (p_x u + p_y v)\right]_A$$

$\mu_{xx}, \mu_{xy}, \mu_{yy}$ 为点弹性支承系数, p_x, p_y 为点载荷. 这已经是离散的形式. 命点 $A = A_1$ 的位移为 u_1, v_1,

$$J_A = \frac{1}{2}(a_{11}^{(1)}u_1 v_1 + a_{11}^{(2)}u_1 v_1 + a_{11}^{(3)}v_1 u_1 + a_{11}^{(4)}v_1 v_1) - (b_1^{(1)}u_1 + b_1^{(2)}v_1)$$

$$a_{11}^{(1)} = \mu_{xx}, \quad a_{11}^{(2)} = a_{11}^{(3)} = \mu_{xy}, \quad a_{11}^{(4)} = \mu_{yy}$$
$$b_1^{(1)} = p_x, \qquad b_1^{(2)} = p_y$$

若 $A = (A_{n_1})$ 即顶点标号为 n_1 则合成累加方式也同面、线元相同, 但 $i,j = 1$.

关于强加条件的处理, 这里要比 3.3 节复杂.

对于 Γ_0 上的点元, 设其标号为 k, 则 (4.28) 表为

$$w_{2k-1} = \bar{u}_k, \quad w_{2k} = \bar{v}_k \tag{4.39}$$

对于 Γ_1 上的点元, 设其标号为 k, 则 (4.29) 表为

$$\nu_{x,k}w_{2k-1} + \nu_{y,k}w_{2k} = \bar{u}_{\nu,k} \tag{4.40}$$

在 L_1 上的每点有 "正" "负" 两个点元, 设其编号为 k, l 则 (4.34) 表为

$$\nu_{x,k}w_{2k-1} + \nu_{y,k}w_{2k} - \nu_{x,l}w_{2l-1} - \nu_{y,l}w_{2l} = 0 \tag{4.41}$$

(4.39～4.41) 一起构成了强加条件方程组, 如 3.3 节中所述的一般形式 (3.14). 因此, 可以用逐个分析强加条件点的方法来逐步形成有关的条件系数阵 C, d, 阵 C 当然也是稀疏的. 按照拉格朗日乘子法, 最终定解的系数阵 (3.16) 是

$$\begin{bmatrix} A & C^T \\ C & 0 \end{bmatrix}, \quad \begin{bmatrix} b \\ d \end{bmatrix}$$

考虑一种重要的特殊情况, 即在边界上不受任何强加的条件. 这时 (4.37) 成为无条件变分问题

$$J(u,v) = \iint\limits_{\Omega} \left\{ \frac{1}{2}[\alpha(\varepsilon_{xx} + \varepsilon_{yy})^2 + 4\beta(\varepsilon_{xy}^2 - \varepsilon_{xx}\varepsilon_{yy})] - (f_x u + f_y v) \right\} dxdy$$
$$- \oint_{\partial\Omega} (q_x u + q_y v)ds = \text{极小} \tag{4.42}$$

这是退化半正定的情况. 对应于 (4.22) 的齐次问题——即命 $f_x \equiv f_y \equiv 0, q_x \equiv q_y \equiv 0$

$$J_0(u,v) = \iint\limits_{\Omega} \frac{1}{2}[\alpha(\varepsilon_{xx} + \varepsilon_{yy})^2 + 4\beta(\varepsilon_{xy}^{(2)} - \varepsilon_{xx}\varepsilon_{yy})]dxdy = \text{极小} \tag{4.43}$$

有三个非零基本解,

$$
\left\{
\begin{array}{l}
u \equiv 1 \\
v \equiv 0
\end{array}
\right.
\quad
\left\{
\begin{array}{l}
u \equiv 0 \\
v \equiv 1
\end{array}
\right.
\quad
\left\{
\begin{array}{l}
u \equiv y \\
v \equiv -x
\end{array}
\right.
\tag{4.44}
$$

任意非零解可以表为这三个基本解的线性组合,

$$
\left.
\begin{array}{l}
u = a + cy \\
v = b - cx
\end{array}
\right\}
\tag{4.45}
$$

这表示不受约束不受载荷的弹性体的平衡解可以是也只能是刚性平移加旋转.

在非齐次的情况, 问题 (4.42) 有解的充要条件即协调条件是

$$
\iint\limits_{\Omega} f_x dx dy + \int_{\partial\Omega} q_x ds = 0
\tag{4.46}
$$

$$
\iint\limits_{\Omega} f_y dx dy + \int_{\partial\Omega} q_y ds = 0
\tag{4.47}
$$

$$
\iint\limits_{\Omega} (y f_x - x f_y) dx dy + \int_{\partial\Omega} (y q_x - x q_y) ds = 0
\tag{4.48}
$$

这表示只有当外载荷的合力和合力矩为零时, 不受约束的弹性体才能达成平衡. 当此协调条件被满足时, 任意两个解可以相差一个刚性运动即 (4.45).

以上变分问题 (4.42) 或 (4.43) 自然是在一切具有一定光滑性使积分 (4.42) 有意义的位移函数类 S 中定解的. 在离散化后则是在 S 的子类 (即一切片状线性的位移函数类) 中定解, 问题 (4.42) 或 (4.43) 分别变为

$$
在 S 中定 (u, v) 使得 J(u, v)= 极小
\tag{4.49}
$$

$$
在 S 中定 (u, v) 使得 J_0(u, v)= 极小
\tag{4.50}
$$

它们又分别等价于非齐次或齐次的线代数方程组

$$
\left\{
\begin{array}{l}
\displaystyle\sum_{j=1}^{N_0} a_{ij}^{(1)} u_j + \sum_{j=1}^{N_0} a_{ij}^{(2)} v_j = b_i^{(1)} \\
\displaystyle\sum_{j=1}^{N_0} a_{ij}^{(3)} u_j + \sum_{j=1}^{N_0} a_{ij}^{(4)} u_j = b_i^{(2)}
\end{array}
\right.
\tag{4.51}
$$

$$
\left\{
\begin{array}{l}
\displaystyle\sum_{j=1}^{N_0} a_{ij}^{(1)} u_j + \sum_{j=1}^{N_0} a_{ij}^{(2)} v_j = 0 \\
\displaystyle\sum_{j=1}^{N_0} a_{ij}^{(3)} u_j + \sum_{j=1}^{N_0} a_{ij}^{(4)} v_j = 0
\end{array}
\right.
\tag{4.52}
$$

注意齐次变分问题 (4.43) 在 S 内的通解 (4.45) 是线性的, 因此也属于其子类 S', 因此离散化后的齐次问题 (4.50) 即 (4.52) 的通解同样是 (4.45), 同时也说明了离散问题

(4.49) 和 (4.42) 一样也是退化半正定, 而且具有相同的 "退化度" 3—— 相当于三个基本解 (4.44). 按照线代数的理论, 非齐次问题 (4.49) 即 (4.51) 有解的充要条件为右项向量 $(b^{(1)}, b^{(2)})$ 与齐次问题的基本解向量 (即将 (4.44) 离散化) 相正交, 因此得三个协调条件

$$\sum_{i=1}^{N_0} b_i^{(1)} = 0 \tag{4.53}$$

$$\sum_{i=1}^{N_0} b_i^{(2)} = 0 \tag{4.54}$$

$$\sum_{i=1}^{N_0} (y_i b_i^{(1)} - x_i b_i^{(2)}) = 0 \tag{4.55}$$

类似于 (3.25), 可以证明, 如果单元分析中涉及 f_x, f_y, q_x, q_y 的计算是准确进行的话, 则有

$$\sum_{i=1}^{N_0} b_i^{(1)} = \iint_{\Omega} f_x dx dy + \int_{\partial\Omega} q_x ds \tag{4.56}$$

$$\sum_{i=1}^{N_0} b_i^{(2)} = \iint_{\Omega} f_y dx dy + \int_{\partial\Omega} q_y ds \tag{4.57}$$

$$\sum_{i=1}^{N_0} (y_i b_i^{(1)} - x_i b_i^{(2)}) = \iint_{\Omega} (y f_x - x f_y) dx dy + \int_{\partial\Omega} (y q_x - x q_y) ds \tag{4.58}$$

因此原始的协调条件 (4.46~4.48) 自动保证离散的协调条件 (4.53~4.55), 从而保证离散方程组 (4.52) 有解而任意两个解相差一个刚性运动 (4.45). 这里再一次显示了有限元法在 "特性保持" 方面的优点.

在实践上, 由于对 f_x, f_y, q_x, q_y 作了近似处理而条件 (4.53~4.55) 可能不严格成立,

$$\sum_{i=1}^{N_0} b_i^{(1)} = \varepsilon_1$$
$$\sum_{i=1}^{N_0} b_i^{(2)} = \varepsilon_2$$
$$\sum_{i=1}^{N_0} (y_i b_i^{(1)} - x_i b_i^{(2)}) = \varepsilon_3$$

这时可对 $b_i^{(1)}, b_i^{(2)}$ 加以调整即

$$b_i^{(1)} - a - c y_i \Rightarrow b_i^{(1)}$$
$$b_i^{(2)} - b + c x_i \Rightarrow b_i^{(2)}, \quad i = 1, \cdots, N_0$$

这里常数 a, b, c 是方程组

$$
\begin{cases}
aN_0 + c \sum_{i=1}^{N_0} y_i = \varepsilon_1 \\
bN_0 - c \sum_{i=1}^{N_0} x_i = \varepsilon_2 \\
a \sum_{i=1}^{N_0} y_i - b \sum_{i=1}^{N_0} x_i + c \sum_{i=1}^{N_0} (y_i^2 - x_i^2) = \varepsilon_3
\end{cases}
$$

的解, 而新的 b_i 满足 (4.53~4.55). 有关退化平面弹性问题的代数解法可以参考 [4].

4.4 二次插值的应用

三角元的二次插值法 (2.5 节) 与线性插值法一样, 对于二阶椭圆型问题包括边值问题和本征值问题是普遍适用的. 下面仅以 §3 的问题 (3.1)(稍加推广) 为例来说明

$$
\begin{cases}
J(u) = \iint\limits_{\Omega} \left\{ \frac{1}{2} \left[\beta \left(\frac{\partial u}{\partial x} \right)^2 + \beta \left(\frac{\partial u}{\partial y} \right)^2 + \gamma u^2 \right] - fu \right\} dxdy \\
\qquad + \int_{\Omega'} \left[\frac{1}{2} \eta u^2 - qu \right] ds + \sum_{\Omega''} [-pu] = \text{极小} \\
\Omega_0 : u = \overline{u}
\end{cases}
$$

进行离散化时, 首先注意插值节点除了全部点元外还包括全部线元的中点. 需要对全部插值节点进行编号, 也就是要对全部点元和全部线元进行统一的编号, 相应未知数就是

$$
u_1, u_2, \cdots, u_N, \quad N = N_0 + N_1
$$

参照 3.1 节和 2.5 节可得单元分析和合成公式如下:

1. 面元 $C = (A_1, A_2, A_3)$

$$
u \sim \sum_{i=1}^{6} u_i \varphi_i, \quad \frac{\partial u}{\partial x} \sim \sum_{i=1}^{6} u_i \frac{\partial \varphi_i}{\partial x}, \quad \frac{\partial u}{\partial y} \sim \sum_{i=1}^{6} u_i \frac{\partial \varphi_i}{\partial y}
$$

$$
J_c(u) = \iint\limits_{C} \left\{ \frac{1}{2} \left[\beta \left(\frac{\partial u}{\partial x} \right)^2 + \beta \left(\frac{\partial u}{\partial y} \right)^2 + \gamma u^2 \right] - fu \right\} dxdy
$$

$$
\sim \frac{1}{2} \sum_{i,j=1}^{6} a_{ij}^{(C)} u_i u_j - \sum_{i=1}^{6} b_i^{(C)} u_i
$$

$$
a_{ij}^{(C)} = \iint\limits_{C} \left[\beta \frac{\partial \varphi_i}{\partial x} \frac{\partial \varphi_j}{\partial x} + \beta \frac{\partial \varphi_i}{\partial y} \frac{\partial \varphi_j}{\partial y} + \gamma \varphi_i \varphi_j \right] dxdy = a_{ji}^{(C)}
$$

$$
b_i^{(C)} = \iint\limits_{C} f \varphi_i dxdy
$$

关于基函数的积分问题见后.

若 C 的三顶点的统一编号为 n_1, n_2, n_3 而相应的对边中点的统一编号为 n_4, n_5, n_6 时, 则在合成时应按下式累加

$$a_{ij}^{(C)} + a_{n_i n_j} \Rightarrow a_{n_i n_j}$$
$$b_i^{(C)} + b_{n_i} \Rightarrow b_{n_i}, \quad i, j = 1, \cdots, 6$$

2. 线元 $B = (A_1, A_2)$

$$u \sim \sum_{i=1}^{6} u_i \varphi_i, \quad \frac{\partial u}{\partial s} \sim \sum_{i=1}^{6} u_i \frac{\partial \varphi_i}{\partial s}$$

$$J_B(u) = \int_B \left[\frac{1}{2} \eta u^2 - qu \right] ds \sim \frac{1}{2} \sum_{i,j=1}^{3} a_{ij}^{(B)} u_i u_j - \sum_{i=1}^{3} b_i^{(B)} u_i$$

$$a_{ij}^{(B)} = \int_B \eta \varphi_i \varphi_j ds = a_{ji}^{(B)}$$

$$b_i^{(B)} = \int_B q \varphi_i ds$$

若 B 的两顶点统一编号为 n_1, n_2, 而其中点的统一编号为 n_3 时, 则合成时的累加公式为

$$a_{ij}^{(B)} + a_{n_i n_j} \Rightarrow a_{n_i n_j}$$
$$b_i^{(B)} + b_{n_i} \Rightarrow b_{n_i}, \quad i, j = 1, 2, 3$$

3. 点元 $A = (A_1)$

$$u = u_1$$

$$J_A = \left[\frac{1}{2} \mu u^2 - pu \right]_A = \frac{1}{2} a_{11}^{(A)} u_1 u_1 - b_1^{(A)} u_1$$

$$a_{11}^{(A)} = \mu$$

$$b_1^{(A)} = p$$

若点元 A 的统一编号为 n_1, 则合成时的累加公式为

$$a_{11}^{(A)} + a_{n_1 n_1} \Rightarrow a_{n_1 n_1}$$
$$b_1^{(A)} + b_{n_1} \Rightarrow b_{n_1}$$

在以上单元系数的积分表达式事实上是一般的, 在不同的插值方法中, 只是基函数选取的不同. 关于积分的计算, 正如在 2.5 节末段所指出, 可以采取数值积分的方法, 它有通用的优点, 便于把不同的插值方法统一在一个程序里. 这里基函数及其导数都有重心坐标的表达式 (2.15~2.16)、(2.18~2.19). 因此可用 2.4 节表 5~ 表 6 所列的适当精度的数值积分公式. 即使对于线性插值也可以采用数值积分, 而不用 3.1 节中所列的单元系数的明显公式.

对于三角剖分线性插值, 每个面元有三个对应于顶点的未知数, 总体方程的未知法数总数为 N_0, 即点元个数. 在二次插值, 每个面元上未知数从三个增至六个, 但这并不意味着总体未知数比线性情况增至二倍, 事实上, 这时未知数总数为 $N_0 + N_1$. 根据近似比例 $N_0 : N_2 : N_1 \approx 1 : 2 : 3$ (见 2.1 节) 可知 $N_0 + N_1 \approx N_0 + 3N_0 = 4N_0$, 增至四倍. 因此, 用线元中点参数插值一般是比较"费"的, 但这只是相对于同一剖分而言. 事实上, 插值精度的提高意味着剖分有放粗的可能. 实践表明, 在达到同一合理精度要求的情况, 用粗剖分二次插值比用细剖分一次插值的未知数总数往往要省得多, 从而有可能大大压缩解题的规模. 这一点对于本征值问题尤其重要. 这是因为, 当矩阵阶数较高而又要求定出多个本征值和本征向量时, 计算方法上还有较大困难.

参 考 文 献

[1] 加藤敏夫, 《变分法及其应用》, 上海科学技术出版社, 1961.

[2] 冯康, 《基于变分原理的差分格式》, 应用数学与计算数学, 2 : 4(1965), 238~262 页.

[3] 齐基威茨—邱, 《结构和连续力学中的有限单元体法》, 国防工业出版社, 1973.

[4] 黄鸿慈, 王荩贤, 崔俊芝, 赵静芳, 林宗楷, 《按位移解平面弹性问题的差分方法》, 应用数学与计算数学, 3 : 1(1966), 54~60 页.

7. 组合流形上的椭圆方程与组合弹性结构 [①②]

Elliptic Equations on Composite Manifold and Composite Elastic Structures

在偏微分方程的通常理论中, 人们讨论空间 R^n 中的均匀维数的区域 Ω, 在其上规定了微分方程, 在 $n-1$ 维的边界 $\partial\Omega$ 上则规定边界条件, 这种边界条件通常在性质上要比微分方程本身简单些. 很自然地期望把这样的问题框架推广到不均匀维数的区域, 它是由不同维数的片块适当地连结而成, 在每一片块上规定了微分方程, 它们是通过交接关系相互耦合着的, 最终还可以在剩下的边界上规定边界条件. 许多工程问题中的数学性状确是这样, 例如, 复杂结构中的传热, 特别是组合弹性结构等. 这里整个结构是由三维的立体、二维的板或壳和一维的杆或拱等组成, 相互耦合而成为整体. 它们可以具有近代技术所特有的那种几何上与解析上的高度复杂性, 要求用一种合适的数学方式来处理. 本文是作者在这一方向上所得初步结果的综合介绍, 详见即将发表的 [1—4].

1. 几何基础 [1]

以下将讨论 R^n 中的几何形体, 它是由不同维数的所谓单元以适当的方式组合而成. 0 维单元就是顶点. 一维单元是一段光滑弧段, 其边缘由两个 0 维单元组成. 二维单元是一块光滑的可定向曲面, 其边缘是片段光滑的, 由有限多个一维单元组成. 一般地, 一个 p 维单元 σ 是一个 p 维连通的光滑的黎曼流形 (具有由 R^n 诱导出来的度量), 其边缘由有限多个 $p-1$ 维单元组成, 每一个这种 $p-1$ 维单元叫做 p 维单元 σ 的一个真边. 每个 $p-1$ 维真边, 作为 $p-1$ 维单元, 又有有限多个 $p-2$ 维单元作为它自己的真边, 依此类推, 一直降到若干个 0 维单元, 它们都位于 σ 的几何边缘上. 所有这些单元 (除了 σ 的 $p-1$ 维真边以外) 连同 p 维单元 σ 本身统称为 σ 的非真边. σ 的真边与非真边统称为 σ 的边. 我们将认为单元作为点集是开的, 其边界排除在外. R^n 中的一个单元族 M 叫做一

① 本文是作者应法国国家科研中心 (Centre Nationale de la Recherche Scientifique) 及意大利国家科学院 (Accademia Nazionale dei Lincei) 邀请于 1978 年 10 月和 11 月在法国和意大利讲学稿的一部分.

② 原载于《计算数学》, *Math. Numer. Sinica*, 1:3, pp199-208, 1979.

个组合流形, 如果满足下列条件:

1) 如果某单元属于族 M, 则它所有的边亦属于 M.

2) 族 M 中任意两个单元的闭包的交集或者为空, 或者是 M 中有限多个同一维数的单元的闭包的并集.

3) 族 M 所有单元的点集的并集是连通的.

在组合流形中, 可以定义边缘算符 ∂ 及协边缘算符 δ 如常: 对于 $\sigma_1, \sigma_2 \in M$, 我们将写作 $\sigma_1 \in \partial\sigma_2$ 或 $\sigma_2 \in \delta\sigma_1$, 如果 σ_1 是 σ_2 的一个真边.

考虑组合流形 M(作为单元族) 的一个特定的单元子族 Ω, 它称为从属于 M 的一个组合结构, 如果下列条件被满足:

1) Ω 的组合闭包 $\overline{\Omega}$ 与族 M 重合.

2) Ω 内的单元的维数至少是 1.

3) Ω 是强连通的, 这就是说, 如果有 $\sigma', \sigma'' \in \Omega$, 以及 $\sigma \in \overline{\Omega}, \sigma \in \overline{\sigma'} \cap \overline{\sigma''}$, 于是恒存在两个序列

$$\sigma_0' = \sigma, \sigma_1', \cdots, \sigma_{m'}' = \sigma';$$
$$\sigma_0'' = \sigma, \sigma_1'', \cdots, \sigma_{m''}'' = \sigma'',$$

使得

$$\sigma_i', \sigma_i'' \in \Omega, \sigma_{i-1}' \in \partial\sigma_i', \sigma_{i-1}'' \in \partial\sigma_i'', i \geqslant 1.$$

可以有不同的组合结构从属于同一个组合流形. 以下将恒设 Ω 为一个从属于组合流形 M 的组合结构, 为方便计, 将以 $\overline{\Omega}$ 表示 M. 组合结构 Ω 中的单元将称为结构单元, 以示区别于组合流形中的其他单元, 后者即 $\overline{\Omega} \backslash \Omega$ 中的单元, 将称为非结构单元.

以 $\overline{\Omega}^p$ 表示组合流形 $\overline{\Omega}$ 中所有的 p 维单元的总和, 称为 $\overline{\Omega}$ 的 p 维骨架, $\Omega^p = \overline{\Omega}^p \cap \Omega$ 即为组合结构 Ω 的 p 维骨架. 设 $\sigma \in \overline{\Omega}^p \backslash \Omega^p$ 并且存在 $\sigma' \in \Omega^{p+1}$, 使得 $\sigma' \in \partial\sigma'$, 则称这样的 p 维非结构单元为组合结构的 p 维边界单元, 它们的全体组成组合结构 Ω 的 p 维边界 Γ^p. $\Gamma = \Gamma^0 \cup \cdots \cup \Gamma^{n-1}$ 称为组合结构 Ω 的边界, 也记作 $\partial\Omega$. 注意, 在这里组合结构的边界有其特有的含义.

以下所谓组合流形上的微分方程问题是指在其所从属的某组合结构 Ω 上规定微分方程, 在边界 $\partial\Omega$ 上规定边界条件.

2. 组合流形上的 Poisson 方程 [1]

为简明计, 我们将讨论 R^n 中的多面体式的组合流形 $\overline{\Omega}$ 及组合结构 Ω, 这就是说, 每个 p 维单元是在 R^n 中的某个 p 维超平面上. 在每个 p 维单元 σ 上引进局部坐标 $x_1^\sigma, \cdots, x_p^\sigma$, 取 Sobolev 空间 $H^1(\sigma)$ 以及它们的积空间

$$H^1(\Omega) = \prod_{\sigma \in \Omega} H^1(\sigma),$$

它的一般元 $u = (u_\sigma)_{\sigma \in \Omega}, u_\sigma \in H^1(\sigma)$ 具有范数

$$\|u\|_{1,\Omega}^2 = \sum_{\sigma \in \Omega} \|u\|_{1,\sigma}^2.$$

设 $\tau \in \overline{\Omega}^{p-1}, \tau \in \partial\sigma$, 根据痕迹定理, u^σ 在 τ 有边界值, 记为 $u^{\sigma,\tau} \in H^{\frac{1}{2}}(\tau)$. 命 $H^{*1}(\Omega)$ 为 $H^1(\Omega)$ 的子空间, 其元满足下列连结条件:

1) 如果 $\sigma, \tau \in \Omega, \tau \in \partial\sigma$, 则 $u^{\sigma,\tau} = u^\tau$.

2) 如果 $\sigma, \sigma' \in \Omega, \tau \in \overline{\Omega}, \tau \in \partial\sigma \cap \partial\sigma'$, 则 $u^{\sigma,\tau} = u^{\sigma',\tau}$, 因此, u^τ 也有确切的意义.

以下将在各结构单元 σ 上定义 Poisson 方程, 而上述连结条件将使它们之间相耦合而不是互相分离的.

可以证明 $H^{*1}(\Omega)$ 为 $H^1(\Omega)$ 的一个闭子空间而且下列定理成立:

1) 把空间 $H^{*1}(\Omega)$ 映入自身 (但具有较弱的范数 $\|u\|_{0,\Omega}^2 = \sum_{\sigma \in \Omega} \|u\|_{0,\sigma}^2$) 的正则嵌入的紧凑性定理.

2) 等价范数定理: 设 L 是 $H^{*1}(\Omega)$ 上的线性连续泛函而且 $L(1) \neq 0$, 则有

$$\|u\|_{1,\Omega}^1 \overset{\backsim}{\frown} |u|_{1,\Omega}^2 + L^2(u),$$

Ω 的边界 $\partial\Omega = \Gamma_0 \cup \Gamma_1$, 在 Γ_0 将给定 Dirichlet 边界条件, 在 Γ_1 上给定 Neumann 边界条件.

为简单计, 考虑齐次的 Dirichlet 条件, 命

$$K_0 = \{u \in H^{*1} | u^\sigma = 0, \forall \sigma \in \Gamma_0\},$$

K_0 是 $H^{*1}(\Omega)$ 的一个闭子空间. 考虑变分问题:

$$求 u \in K_0 使得 A(u,v) = F(u), \forall v \in K_0, \tag{1}$$

此处的双线性泛函 $A(u,v)$ 及线性泛函 $F(v)$ 定义为

$$A(u,v) = \sum_{\sigma \in \Omega} A^\sigma(u^\sigma, v^\sigma), \tag{2}$$

$$A^\sigma(u^\sigma, v^\sigma) = \sum_{\sigma \in \Omega} \int_\sigma \left(a^\sigma \sum_i \frac{\partial u^\sigma}{\partial x_i^\sigma} \frac{\partial v^\sigma}{\partial x_i^\sigma} + c^\sigma u^\sigma v^\sigma \right) d\sigma + \sum_{\sigma \in \Gamma_1} \int_\sigma c^\sigma u^\sigma v^\sigma d\sigma,$$

$$a^\sigma \geqslant a_0 > 0, c^\sigma \geqslant 0,$$

$$F(v) = \sum_{\sigma \in \Omega \cup \Gamma_1} F^\sigma(v^\sigma), \tag{3}$$

$$F^\sigma(v^\sigma) = \int_\sigma f^\sigma v^\sigma d\sigma, \quad \sigma \in \Omega \cup \Gamma_1.$$

这一变分问题等价于耦合的 Poisson 方程组的混合边值问题:

$$
\begin{cases}
-\mathrm{div}^\sigma a^\sigma \mathrm{grad}^\sigma u^\sigma + c^\sigma u^\sigma + \sum_{\rho \in \delta\sigma} a^\rho n^{\rho,\sigma}, \mathrm{grad}^\rho u^\rho = f^\rho, \forall \sigma \in \Omega, & (4) \\[2mm]
\sum_{\rho \in \delta\sigma} a^\rho n^{\rho,\sigma} \cdot \mathrm{grad}^\rho u^\rho + c^\sigma u^\sigma = f^\sigma, \forall \sigma \in \Gamma_1, & (5) \\[2mm]
& (6) \\[-1mm]
u^\sigma = 0, \forall \sigma \in \Gamma_0, &
\end{cases}
$$

这里 $n^{\rho,\sigma}$ 为单元 ρ 在其边 $\sigma \in \partial\rho$ 上的单位外法向量. 这里方程 (4) 就是耦合的 Poisson 方程, 它与通常的 Poisson 方程的差别就在于带有高维的协边界 $\delta\sigma$ 所贡献的耦合项. 方程 (5) 就是通常的自然边界条件. 方程 (6) 就是通常的强加边界条件, 它们都提在组合结构 Ω 自身的边界 $\partial\Omega$ 上.

上述变分问题在种种系数的情况下的椭圆正定性可以由前列的等价范数定理得到保证.

对于非齐次的 Dirichlet 边界条件, 给定的各单元上边界数据之间还需满足补充的相容性条件以保证解的存在性.

人们熟知, 对于 R^n 中单一的 n 维域 Ω 的 Poisson 方程的 Dirichlet 边界条件必须提在 $n-1$ 维边界的具有正的 $n-1$ 维测度的集合上才能保证问题提法的适定性, 而不能提在低于 $n-1$ 维的边界集合上. 应该指出的是, 对 R^n 中的 n 维组合结构 Ω 而言, Dirichlet 边界条件可以给在低于 $n-1$ 维的边界集合上, 也就是说, 既可以提在 Γ^{n-1} 上, 也可以提在 Γ^{n-2} 上, $\cdots$, 直至 0 维的 Γ^0 上而仍然是适定的. 强加边界条件可以向低维数部段下放的这一特点是由组合结构的强连通性和连结条件所保证的.

组合流形上的 Poisson 方程, 可以用于组合结构上的传热问题、扩散问题以及电磁场问题, 等等. 这套数学理论框架自然可以推广到随时间推移的演化方程, 从而得到组合结构上的波动方程 (双曲型)、热传导方程 (抛物型) 等以应用到种种复杂结构上的动态瞬变问题.

3. 组合弹性结构 [2,3]

组合弹性结构是 R^3 中的组合流形上的耦合微分方程的另一个典例. 事实上, 我们将以后者的严格理论作为前者的合适的数学基础.

考虑 R^3 中的组合流形 $\overline{\Omega}$ 及其从属的组合结构 Ω. 这里的结构单元将称为构件. 三维构件就是弹性体, 以 ρ 表示. 二维构件就是抗拉及抗弯的薄板或薄壳, 以 σ 表示. 一维构件就是轴向抗拉及抗扭和横向抗弯的细杆或拱, 以 τ 表示. 非构件的二维、一维单元也分别以 σ, τ 表示, 0 维单元以 π 表示.

为简单计, 本文只讨论多面体组合弹性结构, 二维构件只包括平直板件, 一维构件只包括直杆, 壳与拱暂时排除在外. 对于包括弯曲构件的组合流形的数学理论架子基本上是相同的, 只是增加一些几何上、解析上的复杂性.

在 R^3 中取定整体坐标 x_i, 对每个单元取定局部坐标 $x_i^\rho, x_i^\sigma, x_i^\tau, x_i^\pi, i = 1, 2, 3$, 都取右手系. 在二维板件上 $x_3^\sigma = 0, x_1^\sigma, x_2^\sigma$ 为拉伸方向, x_3^σ 为弯曲方向. 在一维杆件 τ 上 $x_2^\tau = x_3^\tau = 0$, x_1^τ 为拉伸及扭转方向, x_2^τ, x_3^τ 为弯曲方向.

在 Ω 上有两个矢量场分布即位移 u_i 及转角 $\omega_i = u_{3+i}, i = 1, 2, 3$. 它们在各单元的局限值用整体坐标表示记为 $u_\rho = u_{\rho,i}, u_\sigma = u_{\sigma,i}, \cdots$ 以及 $\omega_\rho = \omega_{\rho,i}, \omega_\sigma = \omega_{\omega,i}, \cdots$; 用局部坐标表示则记为 $u^\rho = u_i^\rho, u^\sigma = u_i^\sigma, \cdots$, 以及 $\omega^\rho = \omega_i^\rho, \omega^\sigma = \omega_i^\sigma, \cdots$. 每个单元有其正交矩阵 $A^\rho, A^\sigma, A^\tau, A^\pi$, 表示从局部到整体的坐标变换, 例如 $u_\sigma = A^\sigma u^\sigma, u_\tau = A^\tau u^\tau, \omega_\sigma = A^\sigma \omega^\sigma, \omega_\tau = A^\tau \omega^\tau$ 等等. 为简单计, 不妨取定 $A^\rho = A^\pi = I, A_\sigma = [a_{ij}^\sigma], A_\tau = [a_{ij}^\tau]$.

以下将对每类构件给出其基本的自由度及由它派生的量以及能量的表达式. 一概用各自的局部坐标表示. 但有关的上标 ρ, σ, τ, π 等, 除了个别地方为了突出醒目加以标出以外, 均将省略.

1. 体件 ρ

基本自由度: $\quad u_i^\rho = u_i^\rho(x_1^\rho, x_2^\rho, x_3^\rho) \in H^1(\rho), \quad i = 1, 2, 3.$

转角: $\quad \omega_1 = \omega_{23}, \omega_2 = \omega_{31}, \omega_3 = \omega_{12}, \omega_{ij} = \dfrac{1}{2}\left(\dfrac{\partial u_j}{\partial x_i} - \dfrac{\partial u_i}{\partial x_j}\right).$

应变: $\quad \varepsilon_{ij} = \dfrac{1}{2}\left(\dfrac{\partial u_j}{\partial x_i} + \dfrac{\partial u_i}{\partial u_j}\right).$

应力: $\quad S_{ij} = \dfrac{E}{1+\nu}\varepsilon_{ij} + \dfrac{E_v}{(1+\nu)(1-2\nu)}\sum_1^3 \varepsilon_{kk}\delta_{ij}.$

函数空间: $\quad H^{111}(\rho) = H^1(\rho) \times H^1(\rho) \times H^1(\rho).$

范数: $\quad \|u^\rho\|_{111,\rho}^2 = \sum_{i=1}^3 \|u_i^\rho\|_{1,\rho}^2.$

双线性能量泛函: $\quad D^\rho(u^\rho, v^\rho) = \displaystyle\int_\rho \sum_{i,j=1}^3 S_{ij}(u)\varepsilon_{ij}(v)d\rho.$

无应变状态: $\quad D^\rho(v^\rho, v^\rho) = 0 \Leftrightarrow v^\rho = a^\rho + b^\rho \wedge x^\rho.$

载荷: $\quad f_i^\rho = f_i^\sigma(x_1^\rho, x_2^\rho, x_3^\sigma), \quad i = 1, 2, 3.$

线性载荷泛函: $\quad F^\rho(v^\rho) = \displaystyle\int_\rho \sum_{i=1}^3 f_i^\rho v_i^\rho d\rho.$

2. 板件 σ

基本自由度: $\quad u_i^\sigma = u_i^\sigma(x_1^\sigma, x_2^\sigma) \in H^1(\sigma), \quad i = 1, 2,$

$\qquad\qquad\qquad u_3^\sigma = u_3^\sigma(x_1^\sigma, x_2^\sigma) \in H^2(\sigma).$

转角: $\quad \omega_1^\sigma = u_4^\sigma = \dfrac{\partial u_3}{\partial x_2}, \omega_2^\sigma = u_5^\sigma = \dfrac{\partial u_3}{\partial x_1}, \omega_3^\sigma = u_6^\sigma = \dfrac{1}{2}\left(\dfrac{\partial u_2}{\partial x_1} - \dfrac{\partial u_1}{\partial x_2}\right).$

应变: $\quad \varepsilon_{ij} = \dfrac{1}{2}\left(\dfrac{\partial u_j}{\partial x_i} + \dfrac{\partial u_i}{\partial x_j}\right), i, j = 1, 2.$

$$K_{ij} = -\frac{\partial^2 u_3}{\partial x_i \partial x_j}, i, j = 1, 2.$$

应力：　　　　平面应力　$Q_{ij} = \dfrac{Eh}{1-\nu^2}\left[(1-\nu)\varepsilon_{ij} + \nu \sum_1^2 \varepsilon_{kk}\delta_{ij}\right], i, j = 1, 2.$

　　　　　　　弯矩　$M_{ij} = \dfrac{Eh^3}{12(1-\nu^2)}\left[(1-\nu)K_{ij} + \nu \sum_1^2 K_{kk}\delta_{ij}\right], i, j = 1, 2.$

　　　　　　　剪应力　$Q_{3j} = \sum_{i=1}^2 \dfrac{\partial M_{ij}}{\partial x_i}, j = 1, 2.$

函数空间：　　$H^{112}(\sigma) = H^1(\sigma) \times H^1(\sigma) \times H^2(\sigma).$

范数：　　　　$\|u^\sigma\|_{112,\sigma}^2 = \sum_{i=1}^2 \|u_i^\sigma\|_{1,\sigma}^2 + \|u_3^\sigma\|_{2,\sigma}^2.$

双线性能量泛函：　$D^\sigma(u^\sigma, v^\sigma) = \displaystyle\int_\sigma \sum_{i,j=1}^2 (Q_{ij(u)}\varepsilon_{ij}(v) + M_{ij}(u)K_{ij}(v))d\sigma.$

无应变状态：　$D^\sigma(u^\sigma, v^\sigma) = 0 \Leftrightarrow v^\sigma = (a^\sigma + b^\sigma \wedge x^\sigma)_{x_3^\sigma = 0}.$

载荷：　　　　$f_i^\sigma = f_i^\sigma(x_1^\sigma, x_2^\sigma).$

线性载荷泛函：　$F^\sigma(v^\sigma) = \displaystyle\int_\sigma \sum_{i=1}^3 f_i^\sigma v_i^\sigma d\sigma.$

对于 $\sigma \in \Gamma^2$ 载荷项也有意义.

3. 杆件 τ

基本自由度：　　$u_i^\tau = u_1^\tau(x_1^\tau) \in H^1(\tau),$

　　　　　　　　$u_i^\tau = u_i^\tau(x_1^\tau) \in H^2(\tau), i = 2, 3,$

　　　　　　　　$\omega_1^\tau = u_4^\tau(x_1^\tau) \in H^1(\tau).$

转角：　　　　　$\omega_1^\tau = u_4^\tau, \omega_2^\tau = u_5^\tau = -\dfrac{du_3}{dx_1}, \omega_3^\tau = u_6^\tau = \dfrac{du_2}{dx_1}.$

应变：　　拉　　$\varepsilon_{11} = \dfrac{du_1}{dx_1},$

　　　　　弯　　$K_2 = -\dfrac{d^2 u_3}{dx_1^2}, K_3 = \dfrac{d^2 u_2}{dx_1^2},$

　　　　　扭　　$K_1 = \dfrac{d\omega_i}{dx_1} = \dfrac{du_4}{dx_1}.$

应力：　　拉　　$Q_1 = EA\varepsilon_{11},$

　　　　　弯矩　$M_2 = EI_{22}K_2 + EI_{23}K_3, M_3 = EI_{32}K_2 + EI_{33}K_3,$

　　　　　扭矩　$M_1 = \dfrac{EP}{2(1+\nu)}K_1, P$ 为几何抗扭刚度.

剪力 $Q_2 = -\dfrac{dM_3}{dx_1}, Q_3 = \dfrac{dM_2}{dx_1}.$

函数空间: $H^{1221}(\tau) = H^1(\tau) \times H^2(\tau) \times H^2(\tau) \times H^1(\tau).$

范数: $\|u^\tau\|_{1221,\tau}^2 = \sum\limits_{i=1,4} \|u_i^\tau\|_{1,\tau}^2 + \sum\limits_{i=2,3} \|u_i^\tau\|_{2,\tau}^2.$

双线性能量泛函: $D^\tau(u^\tau, v^\tau) = \displaystyle\int \left[Q_1(u)\varepsilon_{11}(v) + \sum_{i=1}^3 M_i(u)K_i(v) \right] d\tau.$

无应变状态: $D^\tau(v^\tau, v^\tau) = 0 \Leftrightarrow v^\tau = (a^\tau + b^\tau \wedge x^\tau)_{x_2^\tau = x_3^\tau = 0}.$

载荷: $f_i^\tau = f_i^\tau(x_1^\tau), i = 1, 2, 3, m_1^\tau = f_4^\tau = f_4^\tau(x_1^\tau).$

线性载荷泛函: $F^\tau(v^\tau) = \displaystyle\int_\tau \sum_{i=1}^4 f_i v_i d\tau.$

对于 $\tau \in \Gamma^1$ 载荷项也有意义.

4. 点元 $\pi \in \Gamma^0$

载荷: $f_i^\pi, i = 1, 2, 3, m_i^\pi = f_{i+3}^\pi, i = 1, 2, 3.$

线性载荷泛函: $F^\pi(v^\pi) = \displaystyle\sum_{i=1}^6 f_i^\pi v_i^\pi.$

我们进而讨论组合结构内各个构件之间的连接问题, 将只讨论一种基本的也是最主要的连接方式, 即刚性连接, 简称刚接. 工程实践中可以出现其他种种方式的连接方式, 但都可以从刚接适当放松约束而得到.

以下将考虑到单元的定向, 每个局部右手系坐标就规定了单元的定向. 对于定向单元 $\alpha \in \overline{\Omega}^p, \beta \in \overline{\Omega}^{p+1}$, 可以规定其交接数 $e(\alpha, \beta)$;

$$\begin{cases} e(\alpha, \beta) = 0, & \text{如果} \alpha \notin \partial\beta; \\ e(\alpha, \beta) = 1, & \text{如果} \alpha \in \partial\beta \text{而且} \alpha \text{与} \beta \text{顺向}, \\ e(\alpha, \beta) = -1, & \text{如果} \alpha \in \partial\beta \text{而且} \alpha \text{与} \beta \text{逆向}. \end{cases}$$

刚性连接含有下列三项约束条件:

1) **整体坐标下位移的连续性:**

如果 $\alpha, \beta \in \Omega, \alpha \in \partial\beta$, 则有 $u_\alpha = u_{\beta,\alpha}$.

如果 $\alpha \in \overline{\Omega}, \beta, \gamma \in \Omega, \alpha \in \partial\beta \cap \partial\gamma$, 则有 $u_{\beta,\alpha} = u_{\gamma,\alpha}$, 因此 u_α 恒有意义.

2) **杆与板或板与板之间的切向转角的连续性:**

如果 $\tau \in \Omega^1, \sigma \in \Omega^2, \tau \in \partial\sigma$, 则有

$$\omega_1^\tau = -e(\tau, \sigma)\frac{\partial u_3^\sigma}{\partial n^{\sigma,\tau}}.$$

如果 $\tau \in \overline{\Omega}^1, \sigma, \sigma' \in \Omega^2, \tau \in \partial\sigma \bigcap \partial\sigma'$, 则有

$$e(\tau, \sigma)\frac{\partial u_3^\sigma}{\partial n^{\sigma,\tau}} = e(\tau, \sigma')\frac{\partial u_3^{\sigma'}}{\partial n^{\sigma',\tau}}.$$

3) 杆与杆之间整体坐标下的位移与转角的连续性:

如果 $\tau, \tau' \in \Omega^1, \pi \in \partial\tau \cap \partial\tau'$, 则有 $\omega_{\tau,\pi} = \omega_{\tau',\pi}, u_{\tau,\pi} = u_{\tau',\pi}$, 因此 u_τ, ω_τ 恒有意义. 现在来考察组合弹性结构的整体. 取积空间

$$H(\Omega) = \prod_{\rho \in \Omega^3} H^{111}(\rho) \times \prod_{\sigma \in \Omega^2} H^{112}(\sigma) \times \prod_{\tau \in \Omega'} H^{1221}(\tau).$$

其一般元为 $u = (u^\rho, u^\sigma, u^\tau), \rho \in \Omega^3, \rho \in \Omega^2, \tau \in \Omega^1$, 范数为

$$\|u\|_\Omega^2 = \sum_\rho \|u^\rho\|_{111,\rho}^2 + \sum_\sigma \|u^\sigma\|_{112,\sigma}^2 + \sum_\tau \|u^\tau\|_{1221,\tau}^2.$$

命 $H^*(\Omega)$ 为由 $H(\Omega)$ 内一切满足上述刚接条件 1,2,3 的元组成的子空间. 可以证明 $H^*(\Omega)$ 为 $H(\Omega)$ 内的闭子空间.

在 $H^*(\Omega)$ 上取双线性泛函:

$$D(u,v) = \sum_{\rho \in \Omega^3} D^\rho(u^\rho, v^\rho) + \sum_{\sigma \in \Omega^2} D^\sigma(u^\sigma, v^\sigma) + \sum_{\tau \in \Omega^1} D^\tau(u^\tau, v^\tau). \tag{7}$$

在强连通性以及刚接条件的基础上可以证明 $D(v,v) = 0 \Leftrightarrow v = a + b \wedge x$, 即 u 为无穷小刚性运动. 于是

$$P(\Omega) = \{v \in H^*(\Omega)|D(v,v) = 0\} = \{v = a + b \wedge x\},$$

其维数为 6.

可以证明下列二定理:

1) 将 $H^*(\Omega)$ 映入自身但具有较弱范数

$$\|u\|_{\Omega^2}' = \sum_\rho \|u^\rho\|_{000,\rho}^2 + \sum_\sigma \|u^\sigma\|_{001,\sigma}^2 + \sum_\tau \|u^\tau\|_{0110,\tau}^2$$

的正则嵌入的紧致性定理.

2) 等价范数定理: 设 $L_i, i = 1, \cdots, b$ 为 $H^*(\Omega)$ 上的线性连续泛函, 使得对于 $v \in P(\Omega), L_i(v) = 0, i = 1, \cdots, 6$ 当且仅当 $v = 0$. 于是

$$\|u\|_\Omega^2 \backsim D(u,u) + \sum_{i=1}^6 L_i^2(u).$$

这一定理提供了严格的基础来验证组合弹性结构的种种边界值问题的椭圆正定性.

举 Neumann 问题为例.

$$求 u \in H^*(\Omega) 使得 D(u,v) = F(v), \forall v \in H^*(\Omega), \tag{8}$$

此处

$$F(v) = \sum_{\rho \in \Omega^3} F^\rho(v^\rho) + \sum_{\sigma \in \Omega^3 \cup \Gamma^2} F^\sigma(v^\sigma) + \sum_{\tau \in \Omega^1 \cup \Gamma^1} F^\tau(v^\tau) + \sum_{\pi \in \Gamma^0} F^\pi(v^\pi). \tag{9}$$

这一变分问题具有除了相差一个无穷小刚性运动外唯一解的充要条件是载荷的合力及合矩为零, 即

$$\sum_{\rho \in \Omega^3} \int_\rho f_\rho d\rho + \sum_{\sigma \in \Omega^2 \cup \Gamma^2} \int_\sigma f_\sigma d\sigma + \sum_{\tau \in \Omega^1 \cup \Gamma^1} \int_\tau f_\tau d\tau + \sum_{\pi \in \Gamma^0} f_\pi = 0,$$

$$\sum_{\rho \in \Omega^3} \int_\rho x \wedge f_\rho d\rho + \sum_{\sigma \in \Omega^2 \cup \Gamma^2} \int_\sigma x \wedge f_\sigma d\sigma + \sum_{\tau \in \Omega^1 \cup \Gamma^1} \int_\tau (x \wedge f_\tau + m_\tau) d\tau$$
$$+ \sum_{\pi \in \Gamma^\theta} (x \wedge f_\pi + m_\pi) = 0,$$

这里 $m_\tau = A^\tau m^\tau, m^\tau = (m_1^\tau, 0, 0)^\tau$.

对应于变分问题 (8,7,9) 的组合结构的平衡方程——包括耦合的微分方程和自然边界条件——就是

$$\rho \in \Omega^3 : \sum_{j=1}^3 \frac{\partial S_{ij}^\rho}{\partial x_j^\rho} + f_i^\rho = 0, \quad i = 1, 2, 3. \tag{10}$$

$$\sigma \in \overline{\Omega}^2 \cup \Gamma^2 : \left\{ \sum_{j=1}^2 \frac{\partial Q_{ij}^\sigma}{\partial x_j^\sigma} \right\} - \sum_{\rho \in \delta\sigma} \sum_{j=1}^3 S_{ij}^\rho a_{ji}^\sigma + f_i^\sigma = 0, \quad i = 1, 2, 3. \tag{11}$$

$$\tau \in \overline{\Omega}^1 \cup \Gamma^1 : \left\{ \frac{dQ_i^\tau}{dx_1^\tau} \right\} - \sum_{\sigma \in \delta\tau} \sum_{j=1}^3 \left(Q_{jn}^\rho \sum_{k=1}^3 a_{kj}^\rho a_{ki}^\tau + \frac{\partial M_{in}^\sigma}{\partial t^{\sigma,\tau}} a_{j3}^\sigma a_{ji}^\tau \right) + f_i^\tau = 0, \quad i = 1, 2, 3. \tag{12}$$

$$\left\{ \frac{dM_1^\tau}{dx_1^\tau} \right\} - \sum_{\sigma \in \delta\tau} e(\tau, \sigma) M_{nn}^\sigma + m_1^\tau = 0 \tag{13}$$

$$\pi \in \Gamma^0 : -\sum_{\tau \in \delta\pi} e(\pi, \tau) \sum_{j=1}^3 Q_j^\tau a_{ij}^\tau - \sum_{\tau \in \delta\tau} \sum_{\sigma \in \delta\tau} e(\pi, \tau) e(\tau, \sigma) M_{tn}^\sigma a_{i3}^\sigma + f_i^\pi = 0, \quad i = 1, 2, 3. \tag{14}$$

$$-\sum_{\tau \in \delta\pi} e(\pi, \tau) \sum_{j=1}^3 M_j^\tau a_{ij}^\tau + m_i^\pi = 0, \quad i = 1, 2, 3. \tag{15}$$

当 $\sigma \in \Gamma^2, \tau \in \Gamma^1$ 时, 花括弧 $\{\cdots\}$ 中的项要略去. M_{nn}, M_{tn} 为板件边界上的弯矩和扭矩, n 为外法向, t 为切向, n, t 及 x_3^σ 组成右手系.

在以上数学理论的基础上, 作者证明了将有限元方法用于组合弹性结构的普遍性收敛定理 [4]. 正是出于后一动机, 才引起作者研究组合弹性结构的数学基础乃至于更一般的组合流形上的椭圆方程的理论. 看来组合流形的微分方程会有很广泛的应用.

最后指出一些有关本文主题的值得探讨的问题:

1) 组合流形上的椭圆方程的解的正则性问题, G. Fichera 向作者指出, 鉴于不同构件交接处在某种条件下可能引起某种奇异性, 值得探讨把解空间从标准的 Sobolev 空间加以扩大.

2) 组合流形上 Sobolev 空间理论的发展.

3) 简单的典型性的组合流形上耦合. Laplace 方程的格林函数的解析构成.

4) 与组合流形上的椭圆方程相联系的积分方程.

5) 组合流形上的演化型方程理论.

6) de Rham-Hodge 调和积分理论对于组合流形的推广.

参 考 文 献

[1] 冯康, 组合流形上的椭圆方程 (待发表).

[2] 冯康, 组合弹性结构的数学基础 (待发表).

[3] 冯康, 石钟慈, 弹性结构的数学理论, 将由科学出版社出版.

[4] 冯康, 关于有限元法用于组合弹性结构的收敛性 (待发表).

ELLIPTIC EQUATIONS ON COMPOSITE MANIFOLD AND COMPOSITE ELASTIC STRUCTURES

Abstract

In the usual theory of partial differential equations, one considers in R^n a domain of homogeneous dimension n, on which the differential equations are defined, and the boundary of dimension $n - 1$, on which the boundary conditions are prescribed. It is natural and desirable to extend such a setting to the case where the domain is of heterogeneous dimensions, i.e., it consists of a finite number of pieces of different dimensions, suitably connected together, with differential equations on each piece coupled through incidence relations and eventually supplemented by boundary conditions on the remaining boundaries. This is actually the mathematical situation in many engineering problems, and the great geometrical and analytical complexities herein encountered should be tackled in a proper mathematical way.

In section 1 we define a composite manifold as a closed complex of cells of different dimensions, each cell being a connected smooth orientable Riemannian manifold with piecewise smooth boundary, i.e., the boundary consists of a finite number of cells of 1 dimension lower. In a composite manifold, a subcomplex is defined as a composite structure Ω when its closure $\overline{\Omega}$ coincides with the underlying composite manifold and certain strong connectedness property is satisfied; and another subcomplex is suitably defined as the boundary $\partial\Omega$ of the composite structure Ω. The coupled differential equations will be defined on each cell of Ω and the boundary conditions will be prescribed on each cell of $\partial\Omega$.

In section 2, a product of Sobolev spaces of order 1 corresponding to all the cells of a composite structure is introduced and a closed subspace is specified by certain link condition. For this subspace, some injection theorems in sense of Sobolev can be established and a standard elliptic variational problem is introduced and leads to a system of coupled Poisson equations on a composite manifold in R^n which is a natural extension of the classical Poisson equation and is applicable to the heat transfer, diffusion on complex structures.

In section 3, considerations analogous to those of section 2 lead to another product of Sobolev spaces for a composite structure in R^3 and the corresponding injection theorems. This gives a precise mathematical foundation for the composite elastic structures.

Differential equations on composite manifolds seem to have wide applications. Some relevent theoretial problems worthy of further study are indicated.

8. 论间断有限元的理论 [①②]

On the Theory of Discontinuous Finite Elements

有限元法的理论早在 60 年代前期即已建立 [1], 而且对经典的连续元——协调元——的情况来说, 这一理论业已发展到相当完整细密的程度, 见, 例如 [2,3]. 有限元方法高度的有效性和普遍性是与它在理论上的牢靠性和彻底性密切联系着的. 但是, 间断——非协调——有限元的理论则还处在不甚令人满意的状态, 尽管也有了若干重要的进展, 见, 例如 [2–5]. 本文是作者在间断有限元的理论基础研究中若干成果的扼要介绍. 主要的内容是: 间断函数的彭加勒型能量不等式, 间断有限元及其用法的强弱分类, 强弱两类间断有限元函数空间的嵌入定理, 强间断有限元的一般收敛性定理. 详细论文 [6,7] 将随后发表.

1. 彭加勒型能量不等式

人们熟知, 经典的彭加勒 (Poincaré) 型能量不等式是椭圆型微分方程现代理论的出发点. 令人感兴趣的是, 它将以何种一般的形式推广到间断函数的场合.

我们将讨论一个平面域 D 上的片段光滑函数, 它们的间断点都限于 D 的一个一维子集 T 上; 设 T 是由有限多个光滑弧段拼成, 这些弧段把 D 分解为有限多个子域. 我们将设所考虑的函数在每个子域内直至其边界上都是充分光滑的. 任取直线 L, 它与间断集 T 的交集 $T \cap L$ 一定只有有限多个连通区 (孤立点或线段), 这个连通区的个数记为 $m(T \cap L)$, 而对一切直线 L 所得的上限

$$m(T) := \sup_L m(T \cap L)$$

也必是有限的整数, 它是间断集 T 分布的密度的某种度量, 不妨称之为密度数.

我们将对广义导数与形式导数加以区别, 函数 $u(x, y)$ 的广义导数记为 $\dfrac{\partial^{p+q} u}{\partial x^p \partial y^q}$; 相应的形式导数则记为 $u_{x^p y^q}$, 后者在间断集 T(经过适当定向后) 两侧的跃值则

---

① 本文是作者于 1978 年 10 月及 11 月间应法国国家科学研究中心 (*Centre National de la Recherche Scientifique*) 及意大利国家科学院 (*Accademia Nazionale dei Lincei*) 邀请赴法、意讲学稿的一部分.

② 原载于《计算数学》, *Math. Numer. Sinica*, 1:4(1979),378-385.

记为

$$[u_{x^p y^q}] = (u_{x^p y^q})^+ - (u_{x^p y^q})^-.$$

经典的彭加勒不等式可以很自然地推广到当前的境况, 它将把间断性适当地考虑进去. 为明确计, 命 D 为标准的三角形域, 具有顶点 $(0,0)$, $(0,a)(a,0)$ 命 L 为其斜边, 于是有, 例如,

$$\int_D u^2 d\sigma \leqslant c_1 a^2 \int_D (u_x^2 + u_y^2) d\sigma + c_2 a^{-2} \left(\int_D u d\sigma \right)^2 + c_3 a m(T) \int_T [u]^2 d\tau, \tag{1}$$

$$\int_L u^2 d\tau \leqslant c_4 a \int_D (u_x^2 + u_y^2) d\sigma + c_5 a^{-1} \left(\int_L u d\tau \right)^2 + c_6 m(T) \int_T [u]^2 d\tau, \tag{2}$$

$$\int_L u^2 d\tau \leqslant c_7 a \int_D (u_x^2 + u_y^2) d\sigma + c_8 a^{-1} \int_D u^2 d\sigma + c_9 m(T) \int_T [u]^2 d\tau. \tag{3}$$

右端诸 c 都是绝对常数. 当函数 u 在整个 D 上为光滑时, $[u]_T \equiv 0$, 以上右端末项为零, 这就回到了经典的彭氏不等式. 以上这些以及其他类似的不等式对于高维的更为一般形状的区域也都是成立的. 它们将作为间断函数空间的嵌入定理的基础, 正如经典的彭氏不等式作为索伯列夫 (Sobolev) 函数空间的嵌入定理的基础一样.

2. 嵌入定理——索伯列夫范数

在区域 Ω(为简明计, 设为多边形域) 上求 $2m$ 阶自伴椭圆型方程边界值问题在索伯列夫空间 $H^m(\Omega)$ 中的解时, 可以采用有限元法. 为此, 选定一个插值算子 Π, 相应地将 Ω 剖分为若干面元 σ, 线元 τ, 点元 π, 这样一个三角剖分记为 h, 面元的总体记为 Ω^h, 位于 Ω 的边界 Γ 上的线元 τ 的总体记为 Γ^h, 位于 Ω 的内部的线元 τ 的总体记为 T^h. 对于每一个剖分了的 Ω^h, 可以按照算子 Π 构造一个有限元函数空间 $S(\Omega^h)$, 其中每个函数都是一个固定次数的分片多项式, 它可能的间断都限于集合 T^h 上. 通常所谓 m 阶协调元是指所有函数直至其 $m-1$ 阶导数都在 T^h 上连续, 即 $S(\Omega^h) \subset C^{m-1}(\Omega)$, 于是 $S(\Omega^h) \subset H^m(\Omega)$, 在此情况, 有限元空间是解空间的一个子空间, 经典嵌入定理可以运用, 这就不难导致熟知的有限元理论. 在非协调元即间断元的情况, 上述连续性条件受到破坏, $S(\Omega^h) \not\subset H^m(\Omega)$, 有限元空间不是解空间的子空间, 情况就变得困难了. 但是, 当有限元函数只具有某种弱间断性, 也就是上述连续性条件只是轻微地受到破坏 (下面再仔细说) 时, 对于空间 $S(\Omega^h)$ 仍可建立类似于经典形式的嵌入定理.

对于每个 $\sigma \in \Omega^h$, 命 h_σ 表示其直径, h_σ^* 表示其内含的最大圆的直径, 命

$$h = \max_{\sigma \in \Omega^h} h_\sigma, \quad h^* = \min_{\sigma \in \Omega^h} h_\sigma^*$$

这里及以后, 为了简便起见, 同一符号 h 既表示一个剖分又表示这一剖分的格网参数, 其区别是自明的. 以下只考虑满足均匀性条件

$$h/h^* \leqslant \text{一个与剖分无关的常数}$$

的剖分族 $\{\Omega^h\}$, 这样就避免了单元形状的退化和分割尺寸的过度不均等. 相应的 $\{S(\Omega^h)\}$
则称为均匀的函数空间族.

对于均匀的函数空间族 $\{S(\Omega^h)\}$, 可以证明下列不等式:

$$\int_\sigma u_x^2 d\sigma \leqslant ch^{-2} \int_\sigma u^2 d\sigma, \tag{4}$$

$$\int_{\partial\sigma} u^2 d\tau \leqslant ch^{-1} \int_\sigma u^2 d\sigma, \tag{5}$$

$$c_1 h^{-1} d(\Omega) \leqslant m(T^h) \leqslant c_2 h^{-1} d(\Omega), \tag{6}$$

此处 $\partial\sigma$ 为面元 σ 的边界, $d(\Omega)$ 为域 Ω 的直径, $m(T^h)$ 为间断集 T^h 在 Ω 中的密度数,
诸常数 c 均与所取函数 u 及剖分 h 无关. 由于 (6), 不等式 (1), 比方说, 就成为 (适当改
变常数)

$$\int_D u^2 d\sigma \leqslant a^2 \left[c_1 \int_D (u_x^2 + u_y^2) d\sigma + c_3 h^{-1} \int_\tau [u]^2 d\tau \right] + c_2 a^{-2} \left(\int_D u d\sigma \right)^2. \tag{7}$$

对于空间 $S(\Omega^h)$ 可以形式地引进索伯列夫式的范数, 只须将广义导数代以形式导数,

$$\|u\|_{m,\Omega^h}^2 = \sum_{k=0}^m |u|_{k,\Omega^h}^2,$$

此处

$$|u|_{k,\Omega^k} = \sum_{\sigma \in \Omega^h} |u|_{k,\sigma}^2, \quad |u|_{k,\sigma}^2 = \sum_{p+q=k} \int_\sigma (u_{x^p y^q})^2 d\tau.$$

注意在这样的范数里, 间断性是被忽略了. 在以下的讨论中, 为了方便, 对于跃值积分采
用下列记号:

$$[u]_{k,T^h}^2 = \sum_{\tau \in T^h} [u]_{k,\tau}^2, \quad [u]_{k,\tau}^2 = \sum_{p+q=k} \int_\tau [u_{x^p y^q}]^2 d\tau.$$

迄今在实践中采用的一切有限元, 无论为连续元或间断元, 在相邻单元的边界上总是
有公共的节点, 这就保证了元函数在跨边界时总有点状的连续性, 有点像 "藕断丝连"; 相
应地, 即使在间断元的情况, 间断跃值总是相当 "小" 的, 其确切意义如下:

定义 均匀函数空间族 $\{S(\Omega^h)\}$ 称为 m 阶弱连续, 如果

$$[u]_{k,\tau}^2 \leqslant ch^{2(m-k)-1} |u|_{m,\delta\tau}^2, \quad k = 0, 1, \cdots, m-1, \tag{8}$$

$$\forall u \in S(\Omega^h), \forall \tau \in T^h, \forall \Omega^h.$$

这里 $\delta\tau$ 表示线元 τ 的协边界, 即所有以 τ 为一边的面元 σ 的总和, 常数 c 只依赖于族
而与函数及剖分无关.

在有限元的实践中, 事实上解 $2m$ 阶方程只限于 $m = 1, 2$. 对此上述条件 (8) 分别简
化为

$m = 1$ 阶弱间断:

$$[u]_{0,\tau}^2 \leqslant ch|u|_{1,\delta\tau}^2, \tag{9}$$

$m = 2$ 阶弱间断:

$$[u]_{0,\tau}^2 \leqslant ch^3|u|_{2,\delta\tau}^2. \tag{10}$$

$$[u]_{1,\tau}^2 \leqslant ch|u|_{2,\delta\tau}^2.$$

不难证明: 当有限单元的每个边上至少有一个函数插值节点时就必为 1 阶弱间断的; 当每个边上至少有两个函数插值节点和至少一个法导数插值节点时就必为 2 阶弱间断的. 由此又可得知, 迄今实践上用来求解 2 阶椭圆方程的 "膜元" 都是 1 阶弱间断的, 用来求解 4 阶椭圆方程的 "板元" 都是 2 阶弱间断的. 事实上, 上述弱间断的定义正是精确地刻画了有限单元间的有断有连的特点, 因此可以期望在此基础上发展起来的理论会有足够的广泛性.

现在不妨回到, 例如, 不等式 (1) 或 (7). 对于 $m \geqslant 1$ 阶的弱间断的均匀的函数空间族, 由于 (4) 及 (8), 恒有

$$\int_{T^h} [u]^2 d\tau \leqslant c'h \int_D (u_x^2 + u_y^2)^2 d\sigma.$$

这表示能量不等式中的间断跃值的贡献可以吸收于一阶导数的贡献之中, 于是适当改变常数后, (1) 或 (7) 就变成

$$\int_D u^2 d\sigma \leqslant c_1 a^2 \int_D (u_x^2 + u_y^2) d\sigma + c_2 a^{-2} \left(\int_D u d\sigma \right)^2, \tag{11}$$

外形上同于经典的彭加勒不等式, 间断项已不出现. 这就提示了弱间断性在一定意义下是可以忽略的.

在上述基础之上, 可以证明下列的嵌入定理.

定理 1 设 $\{S(\Omega^h)\}$ 为 m 阶弱间断的均匀的函数空间族, $\{u_k\}$ 为函数列, $u_k \in S(\Omega^{h_k}), h_k \to 0$.

A. 设 $\|u_k\|_{m,\Omega^{h_k}} \leqslant 1$, 于是必有子列 $\{u_{k'}\}$ 及函数 $u \in H^{m-1}(\Omega)$, 使得

$$\|u_{k'} - u\|_{m-1,\Omega^{h_{k'}}} \to 0.$$

B. 更设 $h_k^{-1}[u_k]_{m-1}, T^{h_k} \to 0$, 于是必有 $u \in H^m(\Omega)$ 及

$$u_{k',x^py^q} \to \frac{\partial^{p+q} u}{\partial x^p \partial y^q} (L^2(\Omega)\text{弱}), \forall\, p+q = m.$$

C. 更设 $|u_k|_{m,\Omega^{h_k}} \to 0$, 于是必有 $u \in P^{m-1}(\Omega)$ 及

$$\|u_{k'} - u\|_{m,\Omega^{h_{k'}}} \to 0,$$

这里 $P^{m-1}(\Omega)$ 表示 Ω 上的 $m-1$ 次多项式空间.

这是索伯列夫空间的正则嵌入的紧致性定理的一个离散模拟.

定理 2 设对于族 $\{S(\Omega^h)\}$ 的假设同于定理 1. 更设 $\{f_{1,h}, \cdots, f_{n,h}\}$ 是族 $\{S(\Omega^h)\}$ 上的一族线性泛函组, 一致有界于范数 $\|u\|_{m,\Omega^h}$, 并且对于 $u \in P^{m-1}(\Omega)$ 而言, $\sum_1^n f_{i,h}^2(u) = 0$ 当且仅当 $u = 0$. 于是范数 $\|u\|_{m,\Omega^h}^2$ 一致等价于

$$\|u\|_{m,\Omega^h}^2 + \sum_1^m f_{i,h}^2(u).$$

这也是索伯列夫空间的等价范数定理的一个离散模拟, 它保证了椭圆算子的弱间断有限元模型的一致椭圆性.

以上嵌入定理与相应经典定理不同之点在于处理对象是包有不同剖分的空间族, 从中要得知不依赖于剖分的一致的收敛性和估计式.

3. 嵌入定理——加罚范数

在空间 $S(\Omega^h)$ 中, 除了前述的索伯列夫型范数外, 还可引进一类更强的范数, 其中间断性是被强调了而不是被忽视了. 命 $p_0, p_1, \cdots, p_{m-1}$ 是一组预定的正数, 定义

$$\|u\|_{m,\Omega^h,p_0,\cdots,p_{m-1}}^2 = \|u\|_{m,\Omega^h}^2 + \sum_{i=0}^{m-1} h^{p_i}[u]_{i,T^h}^2, \tag{12}$$

称之为指数是 $p_0, \cdots, p_{m-1}$ 的惩罚型范数, 式中右端末是对于间断性的惩罚项. 可以证明, 对于 m 阶弱间断的均匀族 $\{S(\Omega^h)\}$ 而言, 索伯列夫范数 $\|u\|_{m,\bar{\Omega}^h}$ 一致等价于指数为 $p_0 = \cdots = p_{m-1} = 1$ 的惩罚范数 $\|u\|_{m,\Omega^h,1,\cdots,1}$. 但是, 惩罚型范数的主要意义应在于所谓强间断的场合, 也就是说, 弱间断的条件不被满足或仅部分地被满足而不满足到所要求的阶数.

在间断函数的彭加勒型不等式的基础上, 对于均匀的函数空间族 $\{S(\Omega^h)\}$, 对于惩罚型模量 $\|u\|_{m,\Omega^h,p_0,\cdots,p_{m-1}}$, 不论间断是强还是弱, 即不论 m 阶弱间断性条件是否被满足, 可以证明下面两个与定理 1, 2 相似的嵌入定理.

定理 3 设 $\{S(\Omega^h)\}$ 为均匀族, $\{u_k\}$ 是一个函数列, $u_k \in S(\Omega^{h_k}), h_k \to 0$.

A. 设 $p_i > 1 (i = 0, 1, \cdots, m-1)$ 以及 $\|u\|_{m,\Omega^{h_k},p_0,\cdots,p_{m-1}} \leqslant 1$, 于是必存在一个子列 $\{u_{k'}\}$ 以及 $u \in H(\Omega)$ 使得

$$\|u_{k'} - u\|_{m,\Omega^{h_k},p_0',\cdots,p_{m-1}'} \to 0, \quad \forall p_i' < p_i, i = 0, 1, \cdots, m-1,$$

以及

$$u_{x^p y^q} \to \frac{\partial^{p+q} u}{\partial x^p y^q} (L^2(\Omega)弱), \forall\, p + q = m.$$

B. 设 $p_i \geqslant 1 (i = 0, 1, \cdots, m-1)$, $\|u_k\|_{m,\Omega^{h_k},p_0,\cdots,p_{m-1}} \leqslant 1$ 以及

$$|u_k|_{m,\Omega^{h_k}} \to 0, h^{-p_i}[u_k]_{i,T^{h_k}} \to 0, \quad i = 0, 1, \cdots, m-1,$$

于是必存在一个子序列 $\{u_{k'}\}$ 以及 $u \in P^{m-1}(\Omega)$, 使得

$$\|u_{k'} - u\|_{m, \Omega^{h_{k'}}, p_0, \cdots, p_{m-1}} \to 0.$$

定理 4　设 $\{S(\Omega^h)\}$ 为均匀族. 设 $\{f_{1,h}, \cdots, f_{n,h}\}$ 是在族 $\{S(\Omega^h)\}$ 上的一族线性泛函组, 对于加罚范数 $\|u\|_{m, \Omega^h p_0, \cdots, p_{m-1}}, p_1 \geqslant 1$ 一致有界, 而且对于 $u \in P^{m-1}(\Omega)$ 而言, $\sum_1^n f_{i,h}^2(u) = 0$ 当且仅当 $u = 0$. 于是范数 $\|u\|_{m, \Omega^h, p_0, \cdots, p_{m-1}}^2$ 　一致等价于

$$|u|_{m, \Omega^h}^2 + \sum_{i=1}^n f_{i,h}^2(u).$$

4. 间断有限元的用法与收敛性

以上对于间断有限元引进了弱间断和强间断的概念. 对于弱间断元, 由于间断跃值相当小, 可以忽略间断而定义索伯列夫范数. 对此范数, 类似于经典形式的嵌入定理成立. 对于强间断, 由于跃值可以很大, 就需要正视间断性而引进加罚的范数, 对此范数仍有类似的嵌入定理. 这就启示了, 当采用间断有限元来解题时, 可以有以下两种 (当然还有其他的) 处理方法或对策. 设要求解域 Ω 上的 $2m$ 阶变分椭圆问题

定 $u \in H^m(\Omega)$, 使 $D(u, v) - F(v) = 0, \forall\, v \in H^m(\Omega)$, 也就是定 $u \in H^m(\Omega)$ 使

$$J(u) = \frac{1}{2} D(u, u) - F(u) = \min,$$

此处

$$D(u, v) = \int_\Omega \sum_{p+q=m} \sum_{r+s=m} a_{p,q,r,s} \frac{\partial^{p+q} u}{\partial x^p \partial y^q} \frac{\partial^{r+s} v}{\partial x^r \partial y^s} d\sigma \tag{13}$$

设为椭圆正定, 对于 m 阶弱间断元, 可以自然地建立离散模型, 只须将 (13) 中的广义导数代以形式导数, 两者之差是集中在间断集 T^h 上的 δ 函数型的奇异函数, 它被略去了. 这是习用的方法, 可以说是由于间断跃值很小而采用宽容的政策, 不妨称之为宽容法. 对于不满足 m 阶弱间断性的强间断元, 就不能放纵间断而必须采用镇压的政策, 这就是引进适当的指数 $p_0, \cdots, p_{m-1}$ 而在离散的双线性泛函中加进对于间断的惩罚项, 即

$$D(u, v) \sim D_{h, p_0, \cdots, p_{m-1}}(u, v) = D_h(u, v) + \sum_{i=0}^{m-1} h^{-pi} \sum_{\tau \in T^h} \sum_{r+s=i} \int_\tau [u_{x^\tau y^s}][v_x^r y^s] d\tau. \tag{14}$$

这种镇压即加罚的方法思想可以上溯到柯朗 (Courant), 它自然也可用于满足 m 阶弱间断条件的场合.

定理 2 及 4 分别保证了在宽容和加罚的两种处理方法下所得的离散算子的一致椭圆正定性.

关于宽容处理的收敛性问题, 已有了不少工作, 例如 [2,3]. 通常是从下列期特兰 (Strang) 不等式出发:

$$\|u - u_h\| \leqslant K_0 \inf_{v \in s(\Omega^h)} \|u - v\| + K_1 \sup_{v \in s(\Omega^h)} |E_h(u, v)| / \|v\|, \tag{15}$$

这里范数应理解为

$$\| * \| = \| * \|_{m,\Omega^h},$$
$$E_h(u,v) = D_h(u - u_h, v)$$

是由间断性引起的误差泛函, 其中 u_h 为有限元解. 对于泛函 (13) 及 (14), $E_h(u,v)$ 作如下形式:

$$E_h(u,v) = \int_{T^h} \sum_{i=0}^{m-1} \sum_{r+s=i} A_{is}(u)[v_{x^r y^s}] d\tau, \tag{16}$$

这里 $A_{is}(u)$ 为 $2m-1-r-s$ 阶齐次微分算子. 对于宽容处理方法, 单凭 m 阶弱间断性尚不足以保证收敛, 还需加上所谓分片检查 (patch test) 条件 [2,3]. 在这一方面, 作者得到一些比较广泛的收敛性定理, 将于另文论述. 以下将只讨论加罚处理方法的收敛性.

对于加罚处理, 不等式 (15) 仍然成立, 该处范数应理解为加罚范数

$$\| * \| = \| * \|_{m,\Omega^h,p_0,\cdots,p_{m-1}}$$

而间断误差泛函应改为

$$E_{h,p_0,\cdots,p_{m-1}}(u,v) = D_{h,p_0,\cdots,p_{m-1}}(u - u_h, v).$$

然而, 可以证明

$$D_{h,p_0,\cdots,p_{m-1}}(u - u_h, v) = D_h(u - u_h, v),$$

即同于不加罚的情况. 对于泛函 (13),(14), $E_{h,p_0,\cdots,p_m}$ 同于式 (16) 的 $E_h(u,v)$. 但是, 具体误差估计以及收敛行为, 在加罚处理的情况是大不同于宽容处理的情况的.

首先讨论不等式 (15) 中的 "inf" 项, 即由有限元插值引起的逼近误差. 设插值算子 Π 为 k 次精密, 即

$$u = \Pi u, \forall\, u \in P^k(\Omega),$$

对于均匀的剖分族, 除了通常的在面元 σ 上的误差估计:

$$\|u - \Pi u\|_{m,\sigma}^2 \leqslant c h^{2k-2m+2} |u|_{k+1,\sigma}^2, \quad \forall\, u \in H^{k+1}(\Omega)$$

外, 还需要得出面元边界 $\partial\sigma$ 上的误差

$$\int_{\partial\sigma} |(u - \Pi u)_{x^r y^s}|^2 d\tau \leqslant c_i' h^{2k+1-2i} |u|_{k+1,\sigma}^2, \quad r + s = i, i = 0, \cdots, m-1.$$

由此得

$$h^{-p_i}[u - \Pi u]_{i,T^h}^2 \leqslant c_i h^{2k+1-2i-p_i} |u|_{k+1,\Omega}^2.$$

因此

$$\text{“inf”} \leqslant \|u - \Pi u\|_{m,\Omega^h,p_0,\cdots,p_{m-1}} \leqslant \left\{ c h^{2k-2m+2} + \sum_{i=0}^{m-1} c_i h^{2k+1-2i-p_i} \right\} |u|_{k+1,\Omega}.$$

从而为了保证当 $h \to 0$ 时逼近误差 "inf" $\to 0$ 时应取 $k \geqslant m$ 并取 p_i 满足

$$2k + 1 - 2i - p_i > 0 \text{ 即 } p_i < 2k + 1 - 2i. \tag{17}$$

至于间断误差项 "sup", 为明确计, 不妨取例 (13)—(14), 可以得到, 对于充分光滑的解 u,

$$\text{"sup"} \leqslant \sum_{i=0}^{m-1} a_i h^{p_i-1} \|u\|_{2m-i,\Omega} |v|_{i,\Omega^h}.$$

因此, 要保证当 $h \to 0$ 时应取 p_i 满足

$$p_i - 1 > 0 \text{ 即 } p_i > 1. \tag{18}$$

在上述思想基础上, 比较 (17) 与 (18) 可以证明加罚处理方法的一般性收敛定理.

定理 5 对于 $2m$ 阶的椭圆正定问题, 当有限元插值算子的精密次数 $k \geqslant m$ 而且加罚指数 p_i 满足 $1 < p_i < 2k - 2i + 1 (i = 0, 1, \cdots, m-1)$ 时, 加罚处理方法恒收敛. 对于足够光滑的解 u 而言, 选取 $p_i = k + 1 - i$ 时可以给出最优的收敛阶

$$\|u - u_h\|_{m,\Omega^h,p_0,\cdots,p_{m-1}} = O\left(h^{\frac{k-m+1}{2}}\right).$$

在这一方向上, 最早是 Babuška-Zlamal[4] 将完整三次 $(k = 3)$ 的 2 阶弱间断板元用加罚处理于板方程 $(m = 2)$ 得误差 $O\left(h^{\frac{k-m+1}{2}}\right) = O(h)$. 上列定理是一般性的, 可以适用于任意性质的强间断元. 令人感兴趣的有, 比方说, 二次精度的三角形膜元, 这是 1 阶连续元, 当然更是 1 阶弱间断, 但却不是 2 阶弱间断, 因此, 通常只能作为膜元而不能作为板元. 但在加罚处理时可以作为板元而达到精度 $O(h^{\frac{1}{2}})$, 一切 k 次精度 $(k \geqslant 2)$ 的膜元可以作为加罚板元而达精度 $O(h^{\frac{k-1}{2}})$.

参 考 文 献

[1] 冯康, 基于变分原理的差分格式, 应用数学与计算数学 2:4(1965), 237-261.

[2] G. Strang. G. Fix, An Analysis of the Finite Element Method, N. Y., 1973.

[3] Ciarlet, Lectures on the Finite Element Method, Bombay, 1975.

[4] I. Babuška, M. Zlamal, *SIAM J. Num. Anal.*, 1973.

[5] P. Leisant, M. Crouzeix, R. A. I. R. O., 1973.

[6] 冯康, 间断有限元函数空间的嵌入定理 (待发表).

[7] 冯康, 间断有限元方法的收敛性 (待发表).

ON THE THEORY OF DISCONTINUOUS FINITE ELEMENTS
Abstract

The theory of finite elements has been established since the early sixties and has been developed to a certain degree of completeness and sophistication for the classical continuous (conforming) case. The theory for the discontinuous (nonconforming) case is still in a less satisfactory state, although important progress has been made. The present work deals with the theoretical foundation of the discontinuous finite elements.

In section 1, Poincaré inequalities for discontinuous functions are given. They differ from the classical ones by an additional term of the ingegral of jump values squared with a constant which measures the density of distribution of discontinuities. On this basis, in sections 2 and 3, injection theorems——discrete analogs of the classical ones——for the discontinuous finite element functions spaces can be established for the case of formal Sobolev norm (discontinuity discarded) as well as for the case of norm containing additional penalty (counting the discontinuity). For the first case, a certain condition of weak discontinuity is imposed and this condition is satisfied practically by all the non-conforming elements now in use. In the second case, the condition of weak discontinuity may be violated, i.e., the discontinuity may be arbitrarily strong. This suggests, among others, two kinds of policy for using discontinuous elements: the policy of tolerance——this is the usual method——in ease of weak discontinuity and the policy of suppression——this is the penalty method——in case of strong discontinuity.

In section 4 a general convergence theorem of the penalty method for solving elliptic equations of order 2m is given to the effect that it is always convergent when the finite element interpolation operator is exact to the degree $k \geqslant m$ and the penalty parameters p_i satisfy $1 < p_i < 2k - 2i + 1, i = 0, 1, \cdots, m - 1$. The choice $p_i = k + 1 - i$ gives the best order $O(h^{\frac{k-m+1}{2}})$ of convergence for sufficiently smooth solutions. As a result, all membrane elements of degree of accuracy $k \geqslant 2$ can be used as plate elements with convergence order $O(h^{\frac{k-1}{2}})$.

9. 论微分与积分方程以及有限与无限元 [①②]

Differential Versus Integral Equations and Finite Versus Infinite Elements

1

椭圆微分方程的边界值问题可以有种种不同的数学成型, 在理论上等价, 但在实践上不等效. 有限元方法成功的一个关键就是合理选取了变分的数学型式. 举例来说, 取调和方程的第二类边界问题, 定义于区域 Ω, 具有光滑边界 Γ:

$$\Omega: \qquad\qquad\qquad \Delta u = 0, \tag{1}$$

$$\Gamma: \qquad\qquad\qquad \frac{\partial u}{\partial n} = f_0, \tag{2}$$

此处设 f_0 属于 $H^{-\frac{1}{2}}(\Gamma)$, 并满足相容性条件

$$\int_\Gamma f_0 ds = 0.$$

熟知这一问题等价于变分问题:

求 $\qquad\qquad u \in H^1(\Omega)$ 使 $A(u,v) = F(v), \forall v \in H'(\Omega)$, $\tag{3}$

$$A(u,v) = \int_\Omega (u_x v_x + u_y v_y) dxdy, F(v) = \int_\Gamma f_0 v ds. \tag{4}$$

这一问题也还可以通过积分方程的型式来表达. 最熟悉的就是第二类 Fredholm 积分方程, 基于单极子及偶极子层的位势的间断性而得到

$$f_0(p) = \pi w(p) + \int_\Gamma w(p') \frac{\partial}{\partial n_p} \ln \frac{1}{R(p,p')} dp', \quad p \in \Gamma, \tag{5}$$

---

① 本文是作者应法国国家科学研究中心 (Centre National de la Recherche Scientifique) 及意大利国家科学院 (Accademia Nazionale dei Lincei) 邀请于 1978 年 10~11 月赴法、意讲学稿的一部分.

② 原载于《计算数学》, Math. Numer. Sinica, 2:1(1980), 100-105.

这里 $R(P, P')$ 为点 P 与 P' 的距离. 由此方程求解 w, 然后用显式积分公式

$$u(p) = \int_\Gamma w(p') \ln \frac{1}{R(p, p')} dp', \quad p \in \Omega \tag{6}$$

得出原始问题的解 u. 还有其他的等价的积分方程的型式. 一般说来, 定型为积分方程的好处是降低了维数, 而且还能将无限域化为有限; 其代价则是增加了解析上的困难.

2

我们来讨论一种普遍而自然的转化为积分方程的方式, 对此在文献中讨论是较少的. 取调和方程在区域 Ω 上的第一类格林函数

$$G(p, p') = G(p', p),$$

$$-\Delta_p G(p, p') = \delta(p - p'),$$

$$G(p, p')|_{p \in \Gamma} = 0.$$

于是, 对于调和方程的任一解 u, 必有

$$u(p) = -\int_\Gamma \frac{\partial}{\partial n'} G(p, p') \cdot u_0(p') dp', \quad p \in \Omega, \tag{7}$$

$$\frac{\partial u(p)}{\partial n} = -\int_\Gamma \frac{\partial^2}{\partial n \partial n'} G(p, p') \cdot u_0(p') dp', \quad p \in \Gamma, \tag{8}$$

这里 u_0 表示调和方程的解 u 的边界值. (7) 表示边界值与内点值的积分关系. (8) 表示边界值与边界法向导数值的积分关系.

令

$$K(p, p') = -\frac{\partial^2}{\partial n \partial n'} G(p, p') = K(p', p),$$

$$H(p, p') = -\frac{\partial}{\partial n'} G(p, p').$$

考虑到边界条件 (2), 由 (8) 即得积分方程 (Hadamard):

$$\int_\Gamma K(p, p') u_0(p') dp' = f_0(p), \quad p \in \Gamma. \tag{9}$$

其待定的解 u_0 就是原始问题解的边界值, 更由 (7) 得显式积分公式

$$u(p) = \int_\Gamma H(p, p') u_0(p') dp', \quad p \in \Omega, \tag{10}$$

从而得原始问题解的内点值.

这一积分方程 (9) 又等价于变分问题:

求 $$u_0 \in H^{\frac{1}{2}}(\Gamma) \text{ 使 } A_0(u_0, v_0) = F_0(v_0), \quad \forall\, v_0 \in H^{\frac{1}{2}}(\Gamma), \tag{11}$$

$$A_0(u_0, v_0) = \int_\Gamma \int_\Gamma K(p, p') u_0(p) v_0(p') dp dp', \quad F_0(v_0) = \int_\Gamma f_0 v_0 ds. \tag{12}$$

不难验证, 对于调和方程的任意解 u, v, 恒有

$$A_0(u_0, v_0) = A(u, v), \quad F_0(v_0) = F(v). \tag{13}$$

应该指出, Fredholm 积分方程 (5) 不是自伴的, 而对应的算子映照

$$H^{\frac{1}{2}}(\Gamma) \to H^{\frac{1}{2}}(\Gamma).$$

但是在积分方程 (9), 算子则是自伴椭圆型的, 并且映照 $H^{\frac{1}{2}}(\Gamma) \to H^{-\frac{1}{2}}(\Gamma)$. 这里的积分核 $K(p, p')$ 是不可积的, 是 Hadamard 意义下的发散积分的有限部分, 是如 $1/x^2$ 这样的发散类型, 因此映照 $H^s \to H^{s-1}$, 光滑阶数降 1. 核函数的这种高度奇异性带来了解析上的困难, 这也许是这种形式的积分方程常被忽视的原因. 但是, 这种奇异性带来的光滑降阶与其说是缺点还不如说是优点, 因为它导致解的较高的稳定性. 此外, 按照这一方式转化为积分方程后, 保持了原始问题的自伴椭圆正定性, 而且由 (13) 可知, 对应的变分问题中的泛函值经过转化后保持不变. 因此这一种由椭圆方程向 Hadamard 积分方程的转化是比较自然而直接的, 是有多方面的优点的, 是值得重用的, 我们将称之为正则转化.

设问题 (1—2) 的区域 Ω 为单位圆, 则正则转化后的积分方程 (9—10) 成为

$$\frac{\partial u}{\partial r}(1, \theta) = -\frac{1}{4\pi} \int_0^{2\pi} \frac{u(1, \theta')}{\sin^2 \dfrac{\theta' - \theta}{2}} d\theta', \tag{14}$$

$$u(r, \theta) = \frac{1}{2\pi} \int_0^{2\pi} \frac{(1 - r^2) u(1, \theta')}{1 + r^2 - 2r\cos(\theta - \theta')} d\theta', \quad 0 \leqslant r < 1. \tag{15}$$

设 Ω 为上半平面, 则有

$$\frac{\partial u}{\partial y}(x, 0) = \frac{1}{\pi} \int_{-\infty}^{\infty} \frac{u(x', 0)}{(x' - x)^2} dx', \tag{16}$$

$$u(x, y) = \frac{1}{\pi} \int_{-\infty}^{\infty} \frac{y u(x', 0)}{(x' - x)^2 + y^2} dx', \quad y \geqslant 0. \tag{17}$$

注意 (16) 中的积分核是标准的有限部分 $1/x^2$, 而其周期性对等物 $1/\sin^2 \theta$ 就是 (14) 中的积分核. (15),(17) 分别是熟知的 Poisson 及 Schwarz 积分公式.

3

在正则转化中, 有关的格林函数尽管在理论上是存在的, 但在多数情况下却是不容易得到的或是不容易处理的. 这种解析上的困难是可以克服的, 也就是说, 可以绕过的. 事实上, 在应用有限元方法来解椭圆型边值问题的实践中, 这种正则转化是常常隐含地而不

自觉被运用, 这就是所谓子结构的技巧. 例如, 取 (1 – 2) 的有限元模型, 命 u_0 及 u 分别表示边界节点及内部节点的函数值矢量, 有限元方程一般作如下的形式:

$$Bu_0 + Cu = f_0,$$
$$C^T u_0 + Au = 0.$$

从第二组解出 $u = -A^{-1}C^T u_0$, 代入第一组. 命

$$G = A^{-1}, H = -GC^T, K = B + CH,$$

于是 $K = K^T$ 并为正定, 同时得到

$$Ku_0 = f_0, \tag{18}$$
$$u = Hu_0, \tag{19}$$

与 (9,10) 完全相似. 事实上, 内点 u_0 部分的刚度矩阵块 A 的逆阵 $A^{-1} = G$ 就是第一类格林函数的模拟, 但它是无须通过格林函数的解析表达式而是直线可从有限元模型中得到的. 因此, 消去内部节点 (视为一个子结构) 矢量 u, 即通过边界节点矢量 u_0 来表达内点矢量 u 的消元过程本质上就是正则转化的过程. 应该指出, 有限元的一个特点或优点在于它是按照几何的原则来进行离散化的, 边界与内部的分野在离散化后仍然有意义而且得到保持, 从而使得正则转化在有限元范畴内有其自然的反映. 这既能说明有限元法的上述特点是一个重大的优点, 同时也能说明在由椭圆方程向积分方程的种种转化形式中正则转化尤其重要. 看来正则转化对具有巨大的复杂性的问题特别有用, 例如对于组合流形上的椭圆方程以及组合弹性结构以及包含了对无限区域的耦合的问题等, 见 [1], [8], [9]. 它将把一组耦合的椭圆方程转化为低维骨架上的耦合的积分方程. 或者仅在部分区域上实行转化而得到耦合的微分方程及积分方程, 包括所谓带积分边界条件的微分方程, 见 [2].

4

近年来提出了一种巧妙的无限相似剖分的格式. 最早是 Silvester-Cermak[3] 在差分方法的范畴内提出的, 为的是处理即切掉无穷域的问题, 但没有得到进一步发展和理论上的讨论. 在有限元方法的范畴内, 是由 Thatcher[4] 及应隆安–郭仲衡 [5] 各自独立地提出并作了理论讨论. 虽然最初是针对断裂奇点问题, 但对于凹角、多个内界面的交点 (见 [6]), 无限域以及通常的无奇点的有界封闭域都可应用. 这一方法在于作无限的相似形单元剖分, 逐次缩小而收敛于奇点, 或逐次放大而发散于无穷. 由于方程组有相似性, 虽有无穷多个未知数, 却是可解的, 无穷多个内点分量可以通过有限多个边界分量来消去. 这实质上也是一种不明显使用格林函数的正则转化.

作者证明了[7], 对于 (a) 回绕裂缝尖点, (b) 围绕凹角, (c) 围绕多个内界面的交点, (d) 围绕着封闭的或角状的无穷域, (e) 围绕有界的凸的解为正则的区域等五种情况运用无限

相似剖分的有限元时, 在一定的均匀性条件 (即每个单元的直径与其最大内接圆的直径之比保持一致有上界) 下, 方法是收敛的而且保持该有限元的名义精度. 这就是说, 如果某有限元对于充分光滑的解具有 $O(h^m)$ 阶精度, 则当作无限相似剖分时, 当剖分的最大网距 $h \to 0$ 时, 离散解以同样的 $O(h^m)$ 收敛于真解.

对于调和方程以及用通常的线性一次有限元, 对上面提到的 (a),(b),(d),(e) 四种情况, 可以用显式算出, 解在奇点邻近的奇异性指数或者解在无穷域的衰减指数 (即真解展开式中幂次 $r^{m_1}, r^{m_2}, \cdots, r^{m_j}, \cdots$ 的指数 $m_1, m_2, \cdots, m_j, \cdots$, (见 [6])) 与用无限相似剖分的离散模型中所得相应的指数 $m_1', m_2', \cdots, m_j', \cdots$ 之差为 $O(j^3 h^2)$.

由于通常的有限元的精度在上述 (a),(b),(c),(d) 四种情况下会受到严重损伤, 而这些情况在实践中是经常出现的, 即实际上达不到它的名义精度. 因此, 无限相似剖分的技术在一定意义下恢复了精度, 它是与现在有限元技术相容的, 并且很容易实现.

5

不妨举两个例子来说明, 第一个例子是, 比方说, 一个二维坝体, 它与半无穷弹性地基相耦合, 并在不同部位有奇异性的应力集中以及正规的部段, 见图 1, 其中虚线表示不同介质的内界面, 可以将这一结构粗分为五块 (子结构), 每块具有上面列举过的特定性态如 (a),(b),(c),(d),(e). 进一步的细分实际上只是在块间的一维边界线上进行, 每块的无限相似剖分只是理论上说的, 它们在正则转化过程中被消去. 因此, 可以设想, 这样的作法将对解题的准备、计算量和存贮量带来很大的节约.

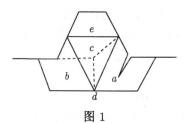

图 1

第二个例子是单位圆上的奇异积分方程 (14) 的离散化, 其积分核就是标准的发散积分的 "有限部分" $1/x^2$ 的周期性对等物 $1/\sin^2 \theta$, 因此问题就成为 "有限部分" 的离散化问题. 为此, 我们回到与 (14) 等价的单位圆内的调和方程第二类边值问题, 对此采用弧状四边形双线性有限元以及无限的相似剖分, 如图 2. 无穷多内点自由度的消元实现了正

图 2

则转化, 即得到上述奇异积分方程的有限元模拟. 根据无限相似剖分法, 对于该二维调和方程解的收敛性, 以及根据调和方程的解相对于定解数据的先验估计和边界痕迹嵌入定理, 可以证明这个积分方程的有限元解按 $H^{\frac{1}{2}}(\Gamma)$ 的范数收敛于积分方程的真解, 其精度为 $O(h)$. 这可以说是没有写下积分方程而求解积分方程的一个例子, 也是没有写下 "有限部分" 而处理 "有限部分" 的一个例子.

参 考 文 献

[1] 冯康, 组合流型上的椭圆方程与组合弹性结构, 计算数学, 1:3(1979), 199-208.

[2] G. Birkhoff, Albedo functions for elliptic equations, in Boundary Problems in Differential Equations, ed. R. Langer. Madison, 1960.

[3] Silvester, Cermak, Analysis of coaxial line discontinuities by boundary relaxation, IEEE Trans, MTT, 1968.

[4] Thatcher, Information and mathematical quantification of brain state, Num, Math., 1975.

[5] 应隆安, 郭仲衡, Acta Scientia Sinica, 1976.

[6] Strang, Fix, An Analysis of the Finite Element Method, N. Y., 1973.

[7] 冯康, 论椭圆方程到积分方程的正则转化与有限元方法, 待发表.

[8] 冯康, 论组合弹性结构的数学基础, 待发表.

[9] 冯康, 石钟慈, 弹性结构的数学理论, 将由科学出版社出版.

DIFFERENTIAL VERSUS INTEGRAL EQUATIONS AND FINITE VERSUS INFINITE ELEMENTS
Abstract

Boundary-value problems of elliptic equations may have many different mathematical formulations, equivalent in principle but not equally efficient in practice. For example, Neumann problem of Laplace equations (1), (2) is equivalent to the variational problem (3), (4). The judicious use of the latter formulation leads to the success of the FEM. The problem can also be formulated in terms of integral equations, even in many ways. They have generally the advantage of the reduction both of dimension by 1 and of the infinite domain to the finite, at the expense of increased analytical diffculty. The most well-known reduction is the Fredholm integral equation of the second kind (5), for which w is to be solved and gives the original solution through the integral formula (6). The corresponding integral operator maps $H^s(\partial\Omega) \to H^s(\partial\Omega)$ and is, in general, not self-adjoint, so one of the characteristic and useful properties of the original problem is lost.

A less-known reduction to integral equation is in the form (7), for which the boundary value u_0 of the solution u to the orginal problem is to be solved and gives u through the integral formula (8). The kernel K has the advantage of being self-adjoint and is derived from the Green's function by double differentiation so is highly singular. It is of the type of the finite part of the divergent integral in the sense of Hadamard and maps H^s onto H^{s-1} and is thus desmoothing by order 1. This is advantageous rather than defective to the solution stability. Furthermore, the variational formulation equivalent to (7) is (11), (12) which can be obtained from (3), (4) through elimination of interior values of u by means of Green's function. This form of reduction to integral equation is related to the original problem in a more natural and direct way, so it will be regarded as canonical and is more desirable in numerical approach. In fact, the idea of canonical reduction is implicitly used in FEM practice as technique of substructures. The elimination of the internal degrees of freedom is precisely a discrete analog of the canonical reduction and the resulted algebraic system containing solely the boundary degrees of freedom is precisely a discrete analog of the Hadamard integral equation.

Recently, an elegant scheme of infinite similar elements has been proposed for the solution of crack singularity problems. They are equally well suited for concave corners, intersection of several interfaces, infinite domains and also the usual closed domain of regularity. For all these cases, it can be shown that, under certain uniformity confition, a conforming finite element in infinite similar triangulation converges with its nominal order of accuracy without deterioration. This elimination of infinite number of the interior degrees of freedom is another example of discrate analog of the canonical reduction.

Fig. 1 affords an example problem containing various kinds of singularity and infinite domain. It can be grossly divided into 5 substructures using infinite triangulation for each. This suggests an economy of problem preparation, storage space and volume of computation. Fig. 2 is an infinite triangulation of the unit circle, the finite algebraic system for the boundary unknowns after the elimination of infinite many interior unknowns gives a discrete analog of the Hadamard integral equation (14) with the finite part kernel $1/\sin^2\theta$ for the unit circle. This is an example of solving integral equation without explicit use of integral equation, also that of treating finite parts without explicit presentation of finite parts.

10. 中子迁移方程的守恒差分方法与特征值问题 [1][2]

Conservative Difference Method for Neutron Transport Equation and Eigenvalue Problem

Abstract

The Boltzmann equation for neutron transport in configuration space (I) is expressed in an integral form of conservation (II) in suitable phase space. Based on this principle together with cellular subdivision and piece-wise linear approximation a conservative difference scheme is established and is applied to the eigenvalue problem for axisymmetric case. The conservativeness assures the accuracy of the method. For the determination of the principal eigenvalue λ_0 and its corresponding eigenfunction of (III) a method of artificial criticality is suggested, i.e., an artificial eigenvalue $k(\lambda)$ depending on the parameter λ is introduced (IV) and $\lambda = \lambda_0$ is obtained by adjusting λ so that $k(\lambda) = 1$. The numerical computation of the system of difference equations is carried out along the direction of the characteristics, thus gives an advantage in computing simplicity and an enormous saving in storage. This work was done in early 1960's and it seems to be worth while to publish it here since it still contains some novel points even at present.

本文给出数值求解中子迁移 Boltzmann 方程的一种基于积分守恒原理的差分方法, 把它运用于解算轴对称情况的特征值问题; 同时为了求主特征值和相应的特征函数, 给出了一种人为临界的方法. 有关方法的要点如下:

1. 将迁移方程

$$(\boldsymbol{\omega} \cdot V\nabla + \alpha)N(\boldsymbol{r}, \boldsymbol{\omega}, v) = S(\boldsymbol{r}) \tag{I}$$

连同边界条件

$$N(\boldsymbol{r}, \boldsymbol{\omega}, v) = 0, \text{当 } \boldsymbol{\omega} \cdot \boldsymbol{n} \leqslant 0, H(\boldsymbol{r}) = 0\text{时}$$

---

① 本文系与曾继荣、邵毓华, 樊天蔚合作.

② 原载于《数值计算与计算机应用》, *Journal on Numerical Methods and Computer Application*, 1:1(1980), 26-33.

(其中 $H(r) = 0$ 是位置空间域的边界方程, n 为外法线方向) 表为适当的相空间内的积分守恒形式

$$\int_{\partial D} N\Omega \cdot n d\sigma + \int_D \alpha N d\tau = \int_D S d\tau, \tag{II}$$

将相空间的解域剖分为小体积单元, 在每个单元上设 N 为变元的线性函数. 代入上列方程, 计算各个体积分及面积分而得到守恒的差分方程. 由于差分方程的守恒性, 保证了总体的精确度.

2. 对于特征值问题

$$\omega \cdot \nabla N(r, \omega, v) + \left(\alpha + \frac{\lambda}{v}\right) N(r, \omega, v) = \int \beta N d\omega, \tag{III}$$

为了定主特征值 $\lambda = \lambda_0$, 先视 λ 为参数, 引进伪特征值 $K(\lambda)$ 而考虑方程

$$\omega \cdot \nabla N + \left(\alpha + \frac{\lambda}{v}\right) N = k(\lambda) \int \beta N d\omega. \tag{IV}$$

对于任定的 λ 值, 用迭代法求出 $K(\lambda)$, 然后调整 $\lambda = \lambda_0$, 以便伪特征值达到临界, 即 $k(\lambda_0) = 1$, 于是得所要求的主特征值 λ_0, 这就是人为临界法. 每次迭代要求解具有给定源项的定常迁移方程.

3. 差分方程的解算过程, 按照特征线方向即中子飞行的方向进行, 因此, 算法简便并可以大大地节约存贮量, 所要求的存贮量仅与位置空间变量的节点个数同阶而与速度空间的分割无关.

上述工作是六十年代初期在中国科学院计算技术研究所进行的, 当时没有公开发表. 解算方法的主导思想由冯康提出, 格式的推导建立、程序编制和实际验算由曾继荣、邵毓华、樊天蔚完成. 本文稿由曾继荣执笔. 鉴于这个方法是相当有效的先进方法, 并且至今还保持它的若干独特之点, 因此, 我们接受一些同志的建议, 将以前的内部工作报告作了适当删节和整理, 在此发表. 在工作过程中得到崔蕴中同志的热情帮助. 在整理本文稿的过程中, 周毓麟同志、杜明笙同志提出许多宝贵的建议, 给予热情支持, 作者在此表示感谢.

§1　特征值问题

考虑中子迁移方程

$$\left[\frac{1}{\nu}\frac{\partial}{\partial t} + \omega \cdot \nabla + \alpha\right] N = \int \beta N d\omega + q, \tag{1}$$

其中 $N = N(t, r, \omega, v), q = q(t, r, w, v)$, t 是时间, r 是中子的位置向量, v 是中子飞行速度, ω 表示中子的飞行方向, $\bar{\mu} = \omega \cdot \omega'$ 表示中子的散射角. $N(t, r, \omega, v)$ 是中子的密度函数, α, β 是截面, $q(t, r, \omega, v)$ 是独立中子源.

设 $q = 0$, 求 (1) 的分离变量形式的解:

$$N(t, r, \omega, v) = \sum_{n=0}^{\infty} e^{\lambda nt} N_n(r, \omega, v), \tag{2}$$

其中 $N_n(\boldsymbol{r}, \boldsymbol{\omega}, v)$ 满足下列方程:

$$\left[\boldsymbol{\omega} \cdot \nabla + \left(\alpha + \frac{\lambda_n}{v}\right)\right] N_n(\boldsymbol{r}, \boldsymbol{\omega}, v) = \int dv' \int d\boldsymbol{\omega}' \beta N_n(\boldsymbol{r}, \boldsymbol{\omega}, v). \tag{3}$$

方程 (3) 与给定的边界条件一起构成求解特征值 λ_n 和相应的特征函数 N_n 的特征值问题. 由物理原则可知, 方程 (3) 有一个大于其他所有特征值的实部的实特征值 λ_0, 相应的特征函数 N_0 非负, 且当 $t \to \infty$ 时, 初值问题 (1) 的解有如下的渐近形式:

$$N(t, \boldsymbol{r}, \boldsymbol{\omega}, v) \sim e^{\lambda_0 t} N_0(\boldsymbol{r}, \boldsymbol{\omega}, v).$$

由于 λ_0 通常不是按模最大的特征值, 我们用人工临界法求解, 在 (3) 中视 λ 为参数, 引进附加特征值 $k(\lambda)$, 方程 (3) 变为

$$\left[\boldsymbol{\omega} \cdot \nabla + \left(\alpha + \frac{\lambda}{v}\right)\right] N(\boldsymbol{r}, \boldsymbol{\omega}, v) = K(\lambda) \int dv' \int d\boldsymbol{\omega}' \beta N(\boldsymbol{r}, \boldsymbol{\omega}, v). \tag{4}$$

显然, 如果选择 λ 使上式的最小特征值 $K_0(\lambda) = 1$, 则此 λ 就是 (3) 的最大特征值 λ_0, 并且特征函数为 $N_0(\boldsymbol{r}, \boldsymbol{\omega}, v)$. 命

$$\overline{N}(\tau) = \frac{1}{4\pi} \int dv' \int \beta N(\boldsymbol{r}, \boldsymbol{\omega}', v') d\boldsymbol{\omega}'. \tag{5}$$

对 (4) 用迭代法求解. 记 $\overline{N}(\boldsymbol{r})$ 的第 m 次迭代值为 $\overline{N}^{(m)}, N^{(m)}$ 表示 $N(\boldsymbol{r}, \boldsymbol{\omega}, v)$ 的 m 次迭代值, 则有

$$\left[\boldsymbol{\omega} \cdot \nabla + \left(\alpha + \frac{\lambda}{v}\right) N^{(m+1)}\right] = \overline{N}^{(m)}, \tag{6}$$

$$k^{(m+1)}(\lambda) = \int \overline{N}^{(m)} \cdot \overline{N}^{(m)} d\boldsymbol{r} \Big/ \int \overline{N}^{(m)} \cdot \overline{N}^{(m+1)} d\boldsymbol{r}. \tag{7}$$

当 $k^{(m)}(\lambda)$ 收敛到 $k(\lambda)$, 调整 λ 使得 $k_0(\lambda) = 1$, 即得所求的特征值 λ_0. 注意到在迭代过程中 $N^{(m)}(\boldsymbol{r}, \boldsymbol{\omega}, v)$ 和 $N^{(m+1)}(\boldsymbol{r}, \boldsymbol{\omega}, v)$ 只作为中间结果, 不必保留, 因此, 可以大大节省存贮量.

§2 轴对称迁移方程的守恒型、相空间及边界条件

以下考虑单群轴对称问题, 选取柱坐标系 (r, φ, z)(如图 1). 令 $e_r, e_\varphi, e_z, e_\omega$ 分别是 r, φ, z, ω 方向上的单位向量, 记 $\mu = e_z \cdot e_\omega, -1 \leqslant \mu \leqslant 1, \psi$ 是 e_r 与 e_ω 在 xoy 平面上的投影的夹角, 这时速度方向可表为

$$\omega = \sqrt{1 - \mu^2} \cos \psi e_r + \sqrt{1 - \mu^2} \sin \psi e_\varphi + \mu e_z,$$

单群轴对称迁移方程为

$$\sqrt{1 - \mu^2} \cos \psi \frac{\partial N}{\partial r} - \sqrt{1 - \mu^2} \frac{\sin \psi}{r} \frac{\partial N}{\partial r} + \mu \frac{\partial N}{\partial z} + \left(\alpha + \frac{\lambda}{v}\right) N = \overline{N}(r, z), \tag{8}$$

其中总中子流

$$\overline{N}(r,z) = \frac{1}{2\pi} \int_{-1}^{1} \int_{0}^{\pi} \beta N(r,z,\psi',\mu') d\psi' d\mu'.$$

由于对称性, 今后只讨论 $0 \leqslant \psi \leqslant \pi$ 的情况.

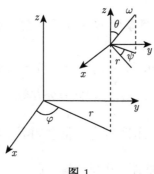

图 1

令轴对称系统 B 的外边界 ∂B 的方程为 $H(r,\varphi,z) = 0$, 选取规范因子, 使向量 $\nu = \left(\frac{\partial H}{\partial r}, \frac{\partial H}{\partial \varphi}, \frac{\partial H}{\partial z} \right)$ 表示 ∂B 的外法线单位向量, 边界条件为

$N(r,\psi,z,\mu) = 0$, 当 $\omega \cdot \nu \leqslant 0, H(r,z) = 0$ 时, 因方程 (8) 中不出现 μ 的偏导数, 故可视 μ 为参数. 考虑三维相空间 (r,ψ,z), 取柱坐标系:

$$\begin{cases} x' = r\cos\psi, \\ y' = r\sin\psi, \\ z' = z, \end{cases}$$

引进向量

$$\Omega = \sqrt{1-\mu^2}\cos\psi e_r - \sqrt{1-\mu^2}\sin\psi \boldsymbol{e}_\psi + \mu \boldsymbol{e}_z. \tag{9}$$

在相空间中, 迁移方程可写为守恒型:

$$\mathrm{div}(N\Omega) + \alpha' N = \overline{N} \tag{10}$$

$(\alpha' = \alpha + \lambda/v)$. 在任意区域 D 上, 对方程 (10) 积分, 利用高斯公式可得

$$\iint\limits_{\partial D} N\Omega \cdot \boldsymbol{n} d\sigma + \iiint\limits_{D} \alpha' N dv = \iiint\limits_{D} \overline{N} dv, \tag{11}$$

这里 ∂D 表示区域 D 的外边界, dv 是相空间体积元, $d\sigma$ 是面积元. 由于相空间内所考虑的区域与 B 重合, 故可令 $\boldsymbol{n} = \left(\frac{\partial H}{\partial r}, \frac{\partial H}{\partial \psi}, \frac{\partial H}{\partial z} \right)$ 表示相空间区域 S 的外边界 ∂S 的外法线向量. 由于相空间的边界条件等价于物理空间的边界条件, 因而有

$$N = 0, \quad 当 \Omega \cdot \boldsymbol{n} \leqslant 0, H(r,z) = 0时. \tag{12}$$

上式取等号得到一条曲线

$$
\begin{cases}
\sqrt{1-\mu^2}\cos\psi\dfrac{\partial H}{\partial r} + \mu\dfrac{\partial H}{\partial z} = 0, \\[2mm]
H(r,z) = 0,
\end{cases}
$$

称之为分界线. 在它的一侧有边界条件 $N = 0$, 另一侧不给条件. 又由于对称性, 在 z 轴上有对称条件

$$
N(0, z, \pi - \psi, \mu) = N(0, z, \psi, \mu). \tag{13}
$$

以下从守恒方程 (11), (12) 及 (13) 出发, 建立差分方程.

§3　几何剖分、插值和离散化

首先视速度空间为一单位球面, 球面上每一点表示一个方向. 选取格网线 $\mu_l(l = 1, 2, \cdots, n)$, 对每一个小区间 (μ_l, μ_{l+1}), 选取格网线 $\psi_{l,k}$ 分单位球面为相等的面积块[①], $\mu_l, \psi_{l,k}$ 选取如下:

$$
\begin{cases}
\mu_1 = -1 + \dfrac{2}{\dfrac{n}{2}\left(\dfrac{n}{2} + 1\right)}, \\[4mm]
\mu_l = \mu_{l-1} + l(l + \mu_1), \quad l = 2, 3, \cdots, \dfrac{n}{2} - 1, n为偶数 \\[3mm]
\mu_{\frac{n}{2}} = 0, \\[2mm]
\mu_{\frac{n}{2}+l} = -\mu_{\frac{n}{2}-l}, \\[2mm]
\psi_{l,k} = \dfrac{k\pi}{2l}, \quad l = 1, 2, \cdots, \dfrac{n}{2}, \quad k = 0, 1, \cdots, 2l,
\end{cases}
$$

对于位置空间, 可以选择这样的格网, 使得外边界都落在节点上. 为了明确起见, 以 (r, z) 平面上的单位圆为例说明选取方法. 取分点

$$
z_j = r_i = j\frac{\sqrt{2}}{J}, \quad j = i = 0, 1, 2, \cdots, J/2, \quad J取偶数
$$

$$
z_j = r_i = \sqrt{1 - \left[(J-j)\frac{\sqrt{2}}{J}\right]^2}, \quad j = i = \frac{J}{2} + 1, \frac{J}{2} + 2, \cdots, J,
$$

过分点 (r_i, z_j) 作平行于 r 轴和 z 轴的两直线来作剖分线 (如图 2).

对于上述分割, 在相空间中视 μ_l 为参数, 对固定的 $\bar{\mu}_l$ 得到下列几种单元:

1) 在内点区域得到柱体积元, 顶点坐标依次为

---

① 在实际计算中, 由于扩散近似的考虑, 可取

$$
\bar{\mu}_l = \frac{1}{2}(\mu_{l-1} + \mu_l)\sqrt{\frac{n^2 + 2n}{n^2 + 2n - 2}}.
$$

$(r_i, z_j, \psi_k), (r_{i+1}, z_j, \psi_k), (r_i, z_{j+1}, \psi_k), (r_{i+1}, z_{j+1}, \psi_k), (r_i, z_j, \psi_{k+1}), (r_{i+1}, z_j, \psi_{k+1}),$
$(r_i, z_{j+1}, \psi_{k+1}), (r_{i+1}, z_{j+1}, \psi_{k+1}).$

2) 边界体积元
6 个顶点的坐标依次为

$(r_i, z_j, \psi_k), (r_{i+1}, z_j, \psi_k), (r_i, z_{j+1}, \psi_k), (r_i, z_j, \psi_{k+1}), (r_{i+1}, z_j, \psi_{k+1}), (r_i, z_{j+1}, \psi_{k+1}).$

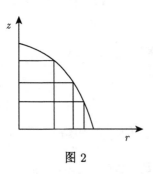

图 2

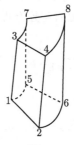

图 3

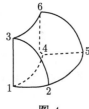

图 4

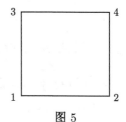

图 5

3) $\psi = \pi$ 的内点单元
四个顶点的坐标为 $(r_i, z_j), (r_{i+1}, z_j), (r_i, z_{j+1}), (r_{i+1}, z_{j+1}).$

4) $\psi = \pi$ 的边界单元
顶点坐标为 $(r_i, z_j), (r_{i+1}, z_j), (r_i, z_{j+1}).$

在区域 D 上, 设 $N(r, z, \psi, \bar\mu_l)$ 分别对每个变元线性, 即有

$$N(r, z, \psi, \mu_l) = (\Delta r_i \Delta z_j \Delta \psi_k)^{-1} \sum_{i',j',k'=0,1} (-1)^{i'+j'+k'} (r - r_{i+i'})$$
$$\times (z - z_{j+j'})(\psi - \psi_{k+k'}) N_{i+i',j+j',k+k'}, \tag{14}$$

其中 $N_{i,j,k} = N(r_i, \psi_k, z_j, \mu_l), \Delta r_i = r_{i+1} - r_i, \Delta \psi_k = \psi_{k+1} - \psi_k, \Delta z_j = z_{j+1} - z_j.$
命

$$A_l = \sqrt{1 - \bar\mu_l^2}, \quad B_l = \bar\mu_l, \quad D_k = \frac{1}{\Delta \psi_k}(\cos\psi_{k+1} - \cos\psi_k),$$

$$\bar r_i = \frac{1}{2}(r_i + r_{i+1}), \quad \Delta s_j = s_{j+1} - s_j,$$

$$A(s_j) = \frac{1}{\Delta s_j} \int_{s_j}^{s_{j+1}} (1-s^2)^{1/2} ds, \quad B(s_j) = \frac{1}{\Delta s_j} \int_{s_j}^{s_{j+1}} s\,ds,$$

$$C(s_j) = \frac{1}{\Delta s_j} \int_{s_j}^{s_{j+1}} s(1-s^2)^{1/2} ds, \quad D(s_j) = \frac{1}{\Delta s_j} \int_{s_j}^{s_{j+1}} s^2 ds,$$

$$E(s_j) = \frac{1}{\Delta s_j} \int_{s_j}^{s_{j+1}} (1-s^2) ds, \quad F(s_j) = \frac{1}{\Delta s_j} \int_{s_j}^{s_{j+1}} s(1-s^2) ds, \tag{15}$$

将 (14) 代入 (11) 式, 计算各个积分, 得到差分方程, 这里设 α, β 在每个小区域上是常数. 以下列出各种体积元的差分方程.

1) 柱体积元的差分方程:

$$\sum_{i',j',k'=0,1} b_{i+i',j+j',k+k'} N_{i+i',j+j',k+k'} = \sum_{i',j'=0,1} \bar{b}_{i+i',j+j'} \overline{N}_{i+i',j+j'}, \tag{16}$$

其中

$$b_{i+i',j+j',k+k'} = (-1)^{i'+k'} \frac{2}{\Delta r_i \Delta \psi_k} A_l (r_{i+i'} D_k + \bar{r}_i \sin \psi_{k+k'})$$
$$+ \left[\frac{1}{6} \left(\alpha' - (-1)^{j'} \frac{1}{3\Delta z_j} B_l \right) \right] (2\bar{r}_i + r_{i+i'}),$$

$$\bar{b}_{i+i',j+j'} = \frac{1}{3} \beta (2\bar{r}_i + r_{i+i'}).$$

2) 边界体积元的差分方程 (设边界为一单位圆):

$$C_{i,j,k} N_{i,j,k} + C_{i+1,j,k} N_{i+1,j,k} + C_{i,j+1,k} N_{i,j+1,k} + C_{i,j,k+1} N_{i,j,k+1}$$
$$+ C_{i+1,j,k+1} N_{i+1,j,k+1} + C_{i,j+1,k+1} N_{i,j+1,k+1}$$
$$= \overline{C}_{i,j} \overline{N}_{i,j} + \overline{C}_{i,j+1}, \overline{N}_{i,j+1} + \overline{C}_{i+1,j} \overline{N}_{i+1,j}, \tag{17}$$

其中

$$C_{i,j,k+k'} = (-1)^{k'} \frac{A_l}{2} \left[(A(z_j)z_{j+1} - C(z_j) + \frac{1}{2} r_i \Delta z_j) \sin \psi_{k+k'} + r_i \Delta z_j D_k \right]$$
$$- \frac{1}{12} B_l \Delta \psi_k \Delta r_i (r_{i+1} + 2r_i) + \frac{1}{12} \alpha' \Delta \psi_k [E(z_j)z_{j+1} - F(z_j)$$
$$+ r_i (A(z_j)z_{j+1} - C(z_j)) - r_i^2 \Delta z_j],$$

$$C_{i,j+1,k+k'} = (-1)^{k'} A_l \left[A(z_j)z_j - C(z_j) + \frac{1}{2} r_i \Delta z_j \right] D_k - \frac{1}{2} B_l \Delta \psi_k$$
$$\cdot [B(z_j)z_j - D(z_j)] - \frac{1}{2} \alpha' \Delta \psi_k \left[E(z_j)z_j - F(z_j) + \frac{1}{2} r_i^2 \Delta z_j \right],$$

$$C_{i+1,j,k+k'} = (-1)^{k'+1} A_l \left[(A(z_j)z_{j+1} - C(z_j)) \left(D_k + \frac{1}{2} \sin \psi_{k+k'} \right) \right.$$
$$+ \frac{1}{4} r_i \Delta z_j \sin \psi_{k+k'} \right] + \frac{1}{12} \alpha' \Delta \psi_k \left[2(E(z_j)z_{j+1} - F(z_j)) \right.$$
$$- r_i (A(z_j)z_{j+1} - C(z_j)) - \frac{1}{2} r_i^2 \Delta z_j \right]$$

$$+ \frac{1}{2} B_l \Delta \psi_k \left[B(z_j) z_{j+1} - D(z_j) - \frac{1}{6} \Delta r_i (2 r_{i+1} + r_i) \right],$$

$k' = 0, 1.$

$$\overline{C}_{i,j} = \frac{1}{6} \beta \Delta \psi_k [E(z_j) z_{j+1} - F(z_j) + r_i (A(z_j) z_{j+1} - C(z_j)) - r_i^2 \Delta z_j],$$

$$\overline{C}_{i,j+1} = \frac{1}{2} \beta \Delta \psi_k \left[F(z_j) - E(z_j) z_j - \frac{1}{2} r_i^2 \Delta z_j \right],$$

$$\overline{C}_{i+1,j} = \frac{1}{6} \beta \Delta \psi_k \left[2(E(z_j) z_{j+1} - F(z_j)) - r_i A(z_j) z_{j+1} - C(z_j) - \frac{1}{2} r_i^2 \Delta z_j \right].$$

3) $\psi = \pi$ 的正规面积单元:

令 $\psi_k = \pi, \Delta \psi_k \to 0$, 对 (16) 式求极限, 则得到差分方程

$$\sum_{i',j'=0,1} b'_{i+i',j+j',2l} N_{i+i',j+j',2l} = \sum_{i',j'=0,1} \bar{b}'_{i+i',j+j'} \overline{N}_{i+i',j+j'}, \tag{18}$$

其中

$$b'_{i+i',j+j',2l} = (-1)^{i'} A_l \frac{\bar{r}_i}{\Delta r_i} + (2 \bar{r}_i + r_{i+i'}) \left(\frac{1}{6} \alpha' - (-1)^{j'} \frac{B_l}{3 \Delta z_j} \right),$$

$$\bar{b}'_{i+i',j+j'} = \frac{1}{6} \beta (2 \bar{r}_i + r_{i+i'}), \quad i', j' = 0, 1.$$

4) $\psi = \pi$ 的边界单元.

令 $\psi = \pi, \Delta \psi_k \to 0$, 对 (17) 式求极限, 得到 $\psi = \pi$ 的边界 "面积" 单元的差分方程:

$$C'_{i,j,2l} N_{i,j,2l} + C'_{i,j+1,2l} N_{i,j+1,2l} + C'_{i+1,j,2l} N_{i+1,j,2l}$$
$$= \overline{C'}_{i,j} \overline{N}_{i,j} + \overline{C'}_{i,j+1} N_{i,j+1} + \overline{C'}_{i+1,j} \overline{N}_{i+1,j}, \tag{19}$$

其中

$$C'_{i,j,2l} = \frac{1}{2} A_l \left[z_{j+1} A(z_j) - C(z_j) + \frac{1}{2} r_i \Delta z_j \right] - \frac{1}{6} B_l \Delta r_i (r_{i+1} + 2 r_i)$$
$$+ \frac{1}{6} \alpha' [z_{j+1} E(z_j) - F(z_j) + r_i (z_{j+1} A(z_j) - C(z_j)) - r_i^2 \Delta z_j],$$

$$C'_{i,j+1,2l} = B_l [D(z_j) - z_j B(z_j)] + \frac{1}{2} \alpha' \left[F(z_j) - E(z_j) z_j - \frac{1}{2} r_i^2 \Delta z_j \right],$$

$$C'_{i+1,j,2l} = -\frac{1}{2} A_l [z_{j+1} A(z_j) - C(z_j) + \frac{1}{2} r_i \Delta z_j] + B_l \left[B(z_j) z_{j+1} - D(z_j) \right.$$
$$\left. - \frac{1}{6} \Delta r_i (2 r_{i+1} + r_i) \right] + \frac{1}{6} \alpha' \left[2(E(z_j) z_{j+1} - F(z_j)) \right.$$
$$\left. - r_i (A(z_j) z_{j+1} - C(z_j)) - \frac{1}{2} r_i^2 \Delta z_j \right],$$

$$\overline{C'}_{i,j} = \frac{1}{6} \beta [z_{j+1} E(z_j) - F(z_j) + r_i (z_{j+1} A(z_j) - C(z_j)) + r_i^2 \Delta z_j],$$

$$\overline{C'}_{i,j+1} = \frac{1}{2} \beta \left[F(z_j) - E(z_j) z_j - \frac{1}{2} r_i^2 \Delta z_j \right],$$

$$\overline{C'}_{i+1,j} = \frac{1}{6}\beta\left[2(z_{j+1}E(z_j) - F(z_j)) - r_i(z_{j+1}A(z_j) - C(z_j)) - \frac{1}{2}r_i^2\Delta z_j\right].$$

5) 对于下半球面, 边界单元的差分方程可在 (18), (19) 式中用 $j-1$ 代替 $j+1$ 而得到. 如果区域上、下对称, 只需计算一半区域即可.

6) 边界条件,

$$N_{i,j,k,l} = 0,\text{当 } H(r_i, z_j) = 0, \sqrt{1 - \bar{\mu}_l^2}\cos\psi_k\frac{\partial H}{\partial r} + \bar{\mu}_l\frac{\partial H}{\partial z} \leqslant 0 \text{ 时.} \tag{20}$$

7) 对称条件,

$$N(0, z_j, \psi_k, \mu_l) = N(0, z_j, \pi - \psi_k, \bar{\mu}_l),$$

$$l = 1, 2, \cdots, n,\quad j = 0, 1, 2, \cdots, J,\quad k = 0, 1, 2, \cdots, l. \tag{21}$$

8) 如果区域上、下对称, 则

$$N(r_i, 0, \psi_K, \bar{\mu}_l) = N(r_i, 0, \psi_K, \bar{\mu}_{n-l}),$$

$$l = \frac{n}{2} + 1, \frac{n}{2} + 2, \cdots, n,\quad i = 0, 1, \cdots, J,\quad K = 0, 1, \cdots, 2l. \tag{22}$$

注意, 在差分方程的推导中, 对边界面上的 N, 可以严格按分界线插值而不用 (14). 这时可以得到更精确但也更复杂的差分公式. 计算表明, 两种处理办法的计算效果差别不大, 这里给出的公式简单适用.

§4 迭 代 解 法

差分方程 (16)—(18) 同边界条件 (20) 以及对称条件 (21),(22)(如果对 $z = 0$ 对称) 一起得到一组线性代数方程组. 如果给定总流 $\overline{N}_{i,j}$, 对所有的角流 $N_{i,j,k,l}$, 可沿中子飞行方向逐个解出. 具体计算过程如下: 从小的 $\bar{\mu}_l$ 开始计算, 然后按 $\bar{\mu}_l$ 增加的次序逐个计算 $N_{i,j,k,l}$. 对于固定的 $\bar{\mu}_l$, 若 $\bar{\mu}_l < 0$, 从大的 z 开始, 对 z 从上到下计算; 反之, 若 $\bar{\mu}_l > 0$, 则从小的 z 开始, 对 z 从下到上计算. 对于固定的 $\bar{\mu}_l, \psi_k$, 从 π 开始由大到小计算. 若 $\psi_k \geqslant \pi/2$, 从大的 r 开始, 对 r 由大到小计算 $N_{i,j,k,l}$; 反之, 当 $\psi_k < \pi/2$ 时, 则对 r 从小到大计算 $N_{i,j,k,l}$.

上述过程完成后叫做一次内迭代, 在每次迭代之后估计附加特征值 k_p:

$$k_p^{(m)} = \frac{\displaystyle\sum_{j=0}^{J}\sum_{i=0}^{j}\overline{N}_{i,j}^{(m)}\overline{N}_{i,j}^{(m)}}{\displaystyle\sum_{j=0}^{J}\sum_{i=0}^{j}\overline{N}_{i,j}^{(m)}\overline{N}_{i,j}^{(m+1)}}$$

m 表示迭代次数, k_p 对应于 λ_p. 求出 k_p 之后对 $\overline{N}_{i,j}^{(m+1)}$ 作中心规格化, 并用 $\overline{N}_{i,j}^{(m+1)}$ 代替 $\overline{N}_{i,j}^{(m)}$ 作下次迭代的初值, 如果 $|k_p^{(m)} - k_p^{(m+1)}| > \varepsilon_0$ (ε_0 是控制误差), 则继续迭代; 反

之, 如果 $|k_p^{(m)} - k_p^{(m+1)}| \leqslant \varepsilon_0$, 则停止迭代. 然后检查 $|k_p^{(m)} - 1| \leqslant \varepsilon$ 是否成立. 如果成立, 则对应的 λ_p 就是所要求的特征值. 反之, 调整 λ_p, 取

$$\lambda_{p+1} = (\alpha v + \lambda_p)k_p^{(m)} - \alpha v$$

代替 λ_p, 重复上述迭代过程, 直到 $|k_p^{(m)} - 1| \leqslant \varepsilon_0$ 为止. 上述迭代过程具有计算方便和节省存储量的优点.

§5 结 束 语

从上述不难看出, 本文提出的方法同时具有有限元法和 s_n 方法的优点, 在处理曲面边界, 多种介质等方面, 具有有限元方法的灵活性和通用性, 便于统一处理内部区域的交界面和曲面边界条件. 此外, 差分方程还自动保持局部的和总体的守恒条件, 从而可靠性得到基本的保证. 另一方面, 差分方程的求解又像 s_n 方法一样简单, 可以逐次递推求解, 差分方程的精度也高于 s_n 方法.

实际计算结果表明, 从守恒原理出发来处理轴对称迁移方程是有效的, 可靠性得到基本的保证, 甚至在格网较粗的情况下也能取得具有必要精度的结果. 对特征值问题所用的迭代修正方法 (人工临界方法) 和解算过程, 可以大大节省存储量. 这种方法可以应用到一般的轴对称问题.

11. Canonical Boundary Reduction and Finite Element Method[①]

正则边界归化与有限元方法

I

Boundary value problems of elliptical equations have many different mathematical formulations, equivalent in principle, but not equally efficient in practice. For the purpose of finding numerical solution, each equivalent mathematical formulation offers some advantages or chances in some respects and, possibly, disadvantages in other respects. In search of a good numerical method, all these circumstances should be carefully considered.

As an illustration, consider the simple case of the Neumann problem of the Laplace equation over a plane domain

$$\Omega: \quad \Delta u = \frac{\partial^2 u}{\partial x^2} + \frac{\partial^2 u}{\partial y^2} = 0, \tag{1}$$

$$\partial\Omega: \quad \frac{\partial u}{\partial n} = f_0, \tag{2}$$

together with the condition of compatibility for the boundary data

$$\int_{\partial\Omega} f_0 ds = 0.$$

This is the usual mathematical formulation in the local form of differential equation. For the numerical solution, this formulation suggests naturally that the derivatives are to be replaced by difference quotients (See Fig.1)

$$\Delta u = \frac{\partial^2 u}{\partial x^2} + \frac{\partial^2 u}{\partial y^2} = \frac{u_1 + u_2 + u_3 + u_4 - 4u_0}{h^2}$$

etc.

So we obtain the standard difference method, efficient for regular domains but inefficient of at least inconvenient for irregular domains or more complex equations.

---

① 原载于 *Proc. of Symposium on Finite Element Methods*, (Hefei, 1981), pp330-352, Science Press, Beijing, 1982.

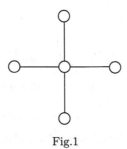

Fig.1

We also have a variational formulation equivalent to (1), (2) as follow:

$$\text{find } u \in H^1(\mathbf{\Omega})$$

$$A(u, v) = F(v), \quad \forall v \in H^1(\mathbf{\Omega}),$$

where

$$A(u, v) = \iint_{\Omega} (u_x v_x + u_y v_y) dx dy, \tag{3}$$

$$F(v) = \int_{\Gamma} f_0 v ds, \quad \Gamma = \partial\Omega,$$

or

$$J(u) = \min_{v \in H'(\Omega)} J(v),$$

where
$$J(v) = \frac{1}{2} \iint_{\Omega} (v_x^2 + v_y^2) dx dy - \int_{\Gamma} f_0 v ds. \tag{4}$$

For the numerical solution, the function space $H^1(\Omega)$ of infinite dimension is replaced by a subspace S of finite dimension spanned by suitably chosen coordinate functions $\varphi_1, \varphi_2, \cdots, \varphi_N$. When these coordinate functions are chosen according to the principle of global approximation through analytic functions, one is led to the classical Ritz-Galerkin method. When they are chosen according to the principle of local approximation through piecewise interpolation based on the geometric triangulation, one is then led to the finite element method.

For the purposes of numerical computation, this formulation has at least the following advantages: 1. The orders of derivatives involved are lowered by 1. 2. The natural boundary conditions are absorbed in the energy functional and so are greatly simplified.

There are many other variational principles equivalent to (1), (2), but (4), the principle of minimum potential energy, is computationally most effective so far. The success of the finite element method, especially for the problems with geometrical and physical complexity, lies precisely in the judicious choice of the variational formulation (4) combined with the simple triangulated interpolation.

We have a third kind of mathematical formulation, equivalent to (1), (2), and express in the integral form of conservation laws as follow:

find $u(x, y)$ to satisfy

$$\int_{\partial D} \frac{\partial u}{\partial n} ds = 0 \quad \text{and} \quad \int_{\partial D \cap \partial \Omega} \frac{\partial u}{\partial n} ds = \int_{\partial D \cap \partial \Omega} f ds$$

for every subdomain $D \subset \Omega$.

This formulation offers nearly the same advantages as the variational one. Conservative difference schemes can be established naturally and simply for an arbitrary triangulation when a staggered dual triangulation is superposed, and the resulting scheme partly coincides with those given by FEM. However, it is far more difficult to work out a systematic mathematical foundation for this case than for the case of FEM. Incidentally, it was precisely this approach that served as the starting route for the origination, independent from the West, of the finite element method together with its mathematical foundation by the author's group in China[1,2].

II

There is still another category of equivalent mathematical formulation, i.e. via integral equations. Within this category, there are many different ways for the reduction of the boundary value problems of Laplace equation over a domain Ω to integral equations on the boundary $\partial \Omega = \Gamma$. The common basis is the fundamental solution

$$E(x, y) = \frac{1}{2\pi} \log \frac{1}{\sqrt{x^2 + y^2}},$$

$$-\Delta E = \delta(x, y),$$

from which one deduces a single-layer potential

$$U(x, y) = \int_{\Gamma} E(x, y; x', y') \sigma(x', y') ds',$$

i.e. $\quad U = E\sigma,$

with single-layer density $\sigma(\mathrm{p})$, and a dipole-layer potential

$$V(x, y) = \int_{\Gamma} \frac{\partial E(x, y; x', y')}{\partial n'} \mu(x', y') ds',$$

i.e. $\quad V = E_{n'}\mu,$

Fig.2

with dipole-layer density $\mu(\mathrm{p})$ on Γ. Here p, p' stand for short for (x, y), (x', y') respectively (See Fig. 2). We have the well-known continuity and discontinuity properties of the potentials acrossing the layer:

$$
\begin{cases}
U(x) = \int_\Gamma E(x, x')\sigma(x')dx', & \text{i.e.} \quad U = E\sigma, & (5) \\[3mm]
U^+(x) = U^-(x) = \int_\Gamma E(x, x')\sigma(x')dx', & \text{i.e.} \quad U^+ = U^- = E\sigma, & (6) \\[3mm]
\dfrac{\partial U^+(x)}{\partial n} = \int_\Gamma \dfrac{\partial E(x, x')}{\partial n}\sigma(x')dx' - \dfrac{1}{2}\sigma(x), & \text{i.e.} \quad U_n^+ = E_n\sigma - \dfrac{1}{2}\sigma, & (7) \\[3mm]
\dfrac{\partial U^-(x)}{\partial n} = \int_\Gamma \dfrac{\partial E(x, x')}{\partial n}\sigma(x')dx' + \dfrac{1}{2}\sigma(x), & \text{i.e.} \quad U_n^- = E_n\sigma + \dfrac{1}{2}\sigma, & (8)
\end{cases}
$$

$$
\begin{cases}
V(x) = \int_\Gamma \dfrac{\partial E(x, x')}{\partial n'}\mu(x')dx', & \text{i.e.} \quad V = E_{n'}\mu, & (9) \\[3mm]
V^+(x) = \int_\Gamma \dfrac{\partial E(x, x')}{\partial n'}\mu(x')dx' + \dfrac{1}{2}\mu(x), & \text{i.e.} \quad V^+ = E_{n'}\mu + \dfrac{1}{2}\mu, & (10) \\[3mm]
V^-(x) = \int_\Gamma \dfrac{\partial E(x, x')}{\partial n'}\mu(x')dx' - \dfrac{1}{2}\mu(x), & \text{i.e.} \quad V^- = E_{n'}\mu - \dfrac{1}{2}\mu, & (11) \\[3mm]
\dfrac{\partial V^+(x)}{\partial n} = \dfrac{\partial V^-(x)}{\partial n} = \int_\Gamma \dfrac{\partial^2 E(x, x')}{\partial n \partial n'}\mu(x')dx', & \text{i.e.} \quad V_n^+ = V_n^- = E_{nn'}\mu. & (12)
\end{cases}
$$

where the last kernel function has non-integrable singularity, the integral is to be understood in the sense of the finite part integration of the theory of distribution.

1. Fredholm's indirect approach.

This is done, e.g., for the interior Neumann problem (1), (2), by seeking a solution in the form of a singlelayer potential

$$
u(x) = \int_{\partial\Omega} E(x, x')\sigma(x')dx', \quad \text{i.e.} \quad u = \mathscr{E}\sigma.
$$

The intermediate unknown density function σ, according to (2) and (7) or (8), then satisfies, the Fredholm integral equation of the second kind on the boundary

$$
\int_{\partial\Omega} \dfrac{\partial E(x, x')}{\partial n}\sigma(x')dx' \pm \dfrac{1}{2}\sigma(x) = f_0(x),
$$

$$
\text{i.e.} \quad E_n\sigma \pm \dfrac{1}{2}I\sigma = u_n. \tag{13}
$$

where "+" stands for the interior Neumann problem (1), (2), "−" for the corresponding exterior Neumann problem. On the other hand, the Dirichlet problem is to be solved by seeking a solution in the form of a dipole-layer potential

$$
u(x) = \int_\Gamma \dfrac{\partial E(x, x')}{\partial n'}\mu(x')dx', \quad \text{i.e.} \quad u = \mathscr{E}_{n'}\mu,
$$

where the intermediate unknown μ satisfies

$$\partial\Omega : \int_\Gamma \frac{\partial E(x,x')}{\partial n'}\mu(x')dx' \mp \frac{1}{2}\mu(x) = \bar{u}(x), \quad \text{i.e.} \quad E_{n'}\mu \mp \frac{1}{2}I\mu = u_0, \tag{14}$$

where "−" stands for interior problems and "+" for exterior problems.

The above is the traditional approach undertaken by Fredholm; it is indirect in the sense that an intermediate unknown density function σ or μ is introduced. Note that, contrary to the original differential equation, the resulting integral equation (13) or (14) is not self-adjoint.

2. Direct approach through Green's formula.

We use the symbol x' as the dummy variable of integration and $\dfrac{\partial}{\partial n}$ and Δ' as the corresponding differential operator, and write the Green's formula as

$$\int_{\partial\Omega} \left[u(x')\frac{\partial v(x,x')}{\partial n'} - v(x,x')\frac{\partial u(x')}{\partial n'} \right] dx'$$
$$= \int_\Omega [u(x')\Delta'v(x,x') - v(x,x')\Delta'u(x')]dx. \tag{15}$$

Take $u(x)$ satisfying $\Delta u = 0$ and $v(x,x')$ satisfying

$$-\Delta'V(x,x') = \delta(x'-x). \tag{16}$$

Then (15) reduces to

$$\int_{\partial\Omega} \left[u(x')\frac{\partial v(x,x')}{\partial n'} - \frac{\partial u(x')}{\partial n'}v(x,x') \right] dx'$$
$$= -\int_\Omega u(x')\delta(x'-x)dx' = \begin{cases} -u(x), & x \in \Omega \\ 0, & x \notin \bar{\Omega} \end{cases}$$

We may take $v(x,x')$ to be the fundamental solution $E(x,x')$, or the Neumann function $N(x,x')$, and the Green function $G(x,x')$. They all satisfy (16) and moreover

$$\begin{cases} \dfrac{\partial N(x,x')}{\partial n} = -\dfrac{1}{mes\partial\Omega}, & \forall x \in \Omega, x \in \partial\Omega, \\ \displaystyle\int_{\partial\Omega} N(x,x')dx' = 0, \end{cases}$$
$$G(x,x') = 0, \quad \forall x \in \Omega, x' \in \partial\Omega.$$

G and N have the same singularity as that of E, and the single and double layer potentials produced by G and N have the same jump relations as (5-12). By using the Green's formula, after differentiation and passage to the limit and using the jump relations, the following results can be obtained: the solution u of the Neumann problem (1-2) will be normalized through

$$\int_{\partial\Omega} u_0 ds = 0.$$

Integral representation of the harmonic function u:

$$E: \quad u(\xi) = \int_{\Gamma} E(\xi, x') u_n(x') dx' - \int_{\Gamma} \frac{\partial E(\xi, x')}{\partial n'} u_0(x') dx', \tag{17}$$

i.e. $\quad u = \varepsilon u_n - \varepsilon_{n'} u_0$,

$$N: \quad u(\xi) = \int_{\Gamma} N(\xi, x') u_n(x') dx', \quad \text{i.e.} \quad u = N u_n, \tag{18}$$

$$G: \quad u(\xi) = -\int_{\Gamma} \frac{\partial G(\xi, x')}{\partial n'} u_0(x') dx', \quad \text{i.e.} \quad u = -G_n u_0. \tag{19}$$

Boundary integral equation:

$$E: \quad \frac{1}{2} u_0(x) + \int_{\Gamma} \frac{\partial E(x, x')}{\partial n'} u_0(x') dx' = \int_{\Gamma} E(x, x') u_n(x') dx', \tag{20}$$

i.e. $\quad \frac{1}{2} I u_0 + E_n u_0 = E u_n$,

$$\frac{1}{2} u_n(x) - \int_{\Gamma} \frac{\partial E(x, x')}{\partial n} u_n(x') dx' = -\int_{\Gamma} \frac{\partial^2 E(x, x')}{\partial n \partial n'} u_0(x') dx', \tag{21}$$

i.e. $\quad \frac{1}{2} I u_n - E_n u_n = -E_{nn'} u_0$,

$$N: \quad u_0(x) = \int_{\Gamma} N(x, x') u_n(x') dx', \quad \text{i.e.} \quad u_0 = N u_n, \tag{22}$$

$$G: \quad u_n(x) = -\int_{\Gamma} \frac{\partial^2 G(x, x')}{\partial n \partial n'} u_0(x') dx', \quad \text{i.e.} \quad u_n = -G_{nn'} u_0. \tag{23}$$

All the integral equations obtained above by the direct approach express the same fact that there is a definite integral relation between the boundary value u_0 and normal derivative u_n of a harmonic function. All the integration kernels are singular. $E, E_n, E_{n'}, G, G_{n'}$ contain integrable singularities, while $E_{nn'}, G_{nn'}$ contain non-integrable singularities, as explained under (12).

In the direct approach there are versions which lead to smooth kernels without singularity. Take, for example, in the exterior of Ω a contour Γ_1, which may be put into a point-to-point one-to-one correspondence $x \leftrightarrow \xi(x)$ with $\Gamma = \partial\Omega$ Then we have, by (15).

$$\int_{\Gamma} E_{n'}(\xi, x') u_0(x') dx' = \int_{\Gamma} E(\xi, x') u_n(x') dx', \quad \forall \xi \in \Gamma_1,$$

where $E_{n'}$ and E are smooth since $\xi \neq x'$ always.

Most of the current developments of the boundary element method (BEM) are based on either Fredholm's indirect approach or the direct approach using the fundamental solution E. For example, see [6].

The common advantages of the integral equation formulation are: 1. The reduction of the dimension of the domain of solution by 1. This is especially advantageous to the 3-D problems. 2. The equally easy treatment of the exterior boundary value problems involving infinite domain. We may cut down, if necessary, an infinite domain; the resulting boundary equation then serves as an integral boundary condition which accounts correctly, without approximation, for the complete interaction of the cut-down part at the artificial boundary. The trade-offs are: 1. Greater analytical complexities in the mathematical formulation. 2. Lesser versatility for the cases of variable coefficients, non-linearities and time dependence.

III

We have listed many different ways of boundary reduction. However, we shall discuss just one of them, i.e. the reduction via the Green's function. This kind of boundary reduction will be called canonical, and the corresponding equation (23), the canonical integral equation[3], with reasons to be explained later.

Let us introduce some notations:

$$H_\Delta^1(\Omega) = \{v \in H^1(\Omega) | \Delta v = 0, \text{in} \Omega\} \subset H^1(\Omega),$$

$$H_{\Delta*}^1(\Omega) = \left\{v \in H_\Delta^1(\Omega) | \int_\Gamma v ds = 0\right\} \subset H_\Delta^1(\Omega) \subset H^1(\Omega),$$

$$H_*^{\frac{1}{2}}(\Gamma) = \left\{v \in H^{\frac{1}{2}}(\Gamma) | \int_\Gamma v_0 ds = 0\right\} \subset H^{\frac{1}{2}}(\Gamma),$$

$$H_*^{-\frac{1}{2}}(\Gamma) = \left\{f_0 \in H^{-\frac{1}{2}}(\Gamma) | \int_\Gamma f_0 ds = 0\right\} \subset H^{-\frac{1}{2}}(\Gamma).$$

The canonical integral equation is formulated in finding $u_0 \in H_*^{\frac{1}{2}}(\Gamma)$. such that

$$-\int_\Gamma G_{nn'}(x, x') u_0(x') dx' = f_0(x), \quad \text{i.e.} \quad -G_{nn'} u_0 = f_0, \tag{24}$$

where $f_0 \in H_*^{-\frac{1}{2}}(\Gamma)$, $-G_{nn'}(x, x')$ is called the Hadamard kernel[4,5].

The solution u of (1-2) is obtained by the Poisson integral formula

$$u(x) = -\int_\Gamma \frac{\partial G(x, x')}{\partial n'} u_0(x') dx', \quad \text{i.e.} \quad u = \mathscr{G}_n u_0, \tag{25}$$

$-G_{n'}$ is called the Poisson kernel. This has an equivalent variational formulation as follow:

Find $u_0 \in H_*^{\frac{1}{2}}(\Gamma)$ such that

$$A_0(u_0, v_0) = f_0(v_0), \quad \forall v_0 \in H_*^{\frac{1}{2}}(\Gamma),$$

where
$$A_0(u, v) = \langle -G_{nn'} u_0, v_0 \rangle = -\int_\Gamma G_{nn'}(x, x') u_0(x') v_0(x) dx' dx,$$

$$F_0(v_0) = \langle f_0, v_0 \rangle = \int_\Gamma f_0 v_0 dx.$$

Let $u, v \in H^1(\Omega), u_0, v_0$ be their boundary values $\in H^{\frac{1}{2}}(\Gamma)$, then

$$F(v) = \int_\Gamma f_0 v ds = \int_\Gamma f_0 v_0 ds = F_0(v_0).$$

Futhermore, when $\Delta u = \Delta v = 0$, We have

$$\int_\Omega (u_x v_x + u_y v_y)dxdy = \int_\Gamma u_n v ds = - \int_\Gamma v_0(x)dx \int_\Gamma G_{nn'}(x, x')u_0(x')dx',$$

and so we have

$$A_0(u_0, v_0) = A(u, v), \quad \forall\, u, v \in H^1_\Delta(\Omega). \tag{26}$$

Since the association between $u_0 \in H^{\frac{1}{2}}(\Gamma)$ and the solution $u \in H^1(\Omega)$ of the Dirichlet problem with boundary value u_0 is an isomorphism between $H^{\frac{1}{2}}(\Gamma)$ and $H^1_\Delta(\Omega)$, we have equivalence of norms

$$\|u\|_{H^1(\Omega)} \simeq \|u_0\|_{H^{\frac{1}{2}}(\Gamma)}, \quad \text{for } u \in H^1_\Delta(\Omega).$$

Thus in the space $H^{\frac{1}{2}}_*(\Gamma)$ the self-adjointness

$$A_0(u_0, v_0) = A_0(v_0, u_0)$$

and the coerciveness

$$C_1\|v_0\|^2_{H^{\frac{1}{2}}(\Gamma)} \leqslant A_0(v_0, v_0) \leqslant C_2\|v_0\|^2_{H^{\frac{1}{2}}(\Gamma)}$$

follow from the corresponding properties of $A(u, v)$ in the space $H^1_*(\Omega)$

$$A(u, v) = A(v, u) \text{ and}$$

$$C^1_1\|v\|^2_{H^1(\Omega)} \leqslant A(v, v) \leqslant C'_2\|v\|^2_{H^1(\Omega)}.$$

So all the essential properties and naturally transferred through the canonical reduction, But for other boundary reductions this is not the case.

We remark that in the classical Fredholm equations of the first kind, e.g. (20) for the unknown u_n, the kernel E mans $H^s(\Gamma) \to H^{s+1}(\Gamma)$; it is a smoothing operator, so the solution is unstable and the problem is ill-posed. In the Fredholm equation of the second kind, e.g. (20) for the unknown u_0, the kernel $\frac{1}{2}I + E_{n'}$ maps $H^s(\Gamma) \to H^s(\Gamma)$; it preserves the order of smoothness, so the problem is well-posed. For the canonical case (23), although it is formally an integral equation of the first kind, due to the high-order singularity, $G_{nn'}$ is not an authentic integral operator, but a pseudodifferential operator which maps $H^s(\Gamma) \to H^{s-1}(\Gamma)$; thus it lowers the order of smoothness by 1 and results in higher stability of the solution than the previous cases. This is an advantage rather than a defect for the case of canonical reduction.

We give the explicit forms of the Poisson integral formula and the canonical integral equations corresponding to (1-2).

1. Ω = interior unit circle ($|z| < 1$),

$$-\frac{1}{4\pi}\int_0^{2\pi}\frac{u(1,\theta')}{\sin^2\dfrac{\theta-\theta'}{2}}d\theta' = \frac{\partial u}{\partial r}(1,\theta),$$

$$u(r,\theta) = \frac{1}{2\pi}\int_0^{2\pi}\frac{(1-r^2)u(1,\theta')}{1+r^2-2r\cos(\theta-\theta')}d\theta', \quad 0 \leqslant r < 1,$$

$$G_{nn'}(\theta,\theta') = \frac{1}{4\pi\sin^2\dfrac{\theta-\theta'}{2}} = \frac{1}{\pi|z-z'|^2},$$

where $z = e^{i\theta}, z' = e^{i\theta'}$.

2. Ω = upper half-plane (Im $z > 0$),

$$-\frac{1}{\pi}\int_{-\infty}^{\infty}\frac{u(x',0)}{(x-x')^2}dx' = -\frac{\partial u}{\partial y}(x,0),$$

$$u(x,y) = \frac{1}{\pi}\int_{-\infty}^{\infty}\frac{y}{(x-x')^2+y^2}u(x',0)dx',$$

$$G_{nn'}(x,x') = \frac{1}{\pi(x-x')^2} = \frac{1}{\pi|z-z'|^2}.$$

The kernel $G_{nn'}$ in the above is of the type $\dfrac{1}{|z-z'|^2}$ which has a divergent singularity at $z = z'$.

For the case of arbitrary simply-connected domain Ω if the holomorphic function

$$w = f(z)$$

conformally maps $z \in \Omega$ onto the interior of the unit circle $|w| < 1$ or onto the upper-half plane Im $w > 0$; then, for the domain Ω,

$$G_{nn'}(z,z') = \frac{1}{\pi}\frac{|f'(z)f'(z')|}{|f(z)-f(z')|^2}, \quad \forall z,z' \in \partial\Omega,$$

and if $f(z)$ maps $z \in \Omega$ onto the interior of the unit circle, then

$$-G_n(z,z') = \frac{|f'(z')|(1-|f(z)|^2)}{2\pi|f(z)-f(z')|^2},$$

if $f(z)$ maps $z \in \Omega$ onto the upper-half plane, then

$$-G_n(z,z') = \frac{|f'(z')|\mathrm{Im}f(z)}{\pi|f(z)-f(z')|^2}.$$

Since $|f'(z)|$ is the limiting value of the distance ratio $\dfrac{|f(z)-f(z')|}{|z-z'|}$, as $z' \to z$, in the limit the singularity of $G_{nn'}(z,z')$ is of the form $\dfrac{1}{\pi|z-z'|^2}$.

Moreover, from (17-23) we can obtain the relations between $G_{nn'}, G_n$ and $E, E_{n'}$:

$$G_{nn'} = -E^{-1}\left(E_{n'} + \frac{1}{2}I\right),$$

$$\frac{\partial G}{\partial n'}(x, x') = \frac{\partial E(x, x')}{\partial n'} + \int_\Gamma E(x, \xi)G_{nn'}(\xi, x')d\xi, \quad \forall x \in \Omega, \quad x' \in \Gamma.$$

For complex problems, we may divide Ω into subdomains $\Omega_i, i = 1, \cdots, M$. The totality of the outer boundary $\partial\Omega$ and the inner boundaries $\partial\Omega_i$ consists of arcs Γ_j, arc-length parameters s_j and boundary restrictions $u_j(s_j)$ of "boundary" value u_0 on $\Gamma_j, j = 1, 2, \cdots, N$ (See Fig. 3). Then, for each Ω_i, the Hadamard kernel $G_{nn'}^{(i)}$ naturally splits into blocks $G_{nn'}^{(i)}(s_j, s_k')$, where j, k are such that $\Gamma_j, \Gamma_k \subset \partial\Omega_i$. Thus, if

$$A(u, v) = \sum_{i=1}^M A^{(i)}(u, v), \quad F(v) = \sum_{\Gamma_j \subset \partial\Omega} F^{(j)}(v),$$

$$A^{(i)}(u, v) = \int_{\Omega_i} a_i(u_x v_x + u_y v_y)dxdy,$$

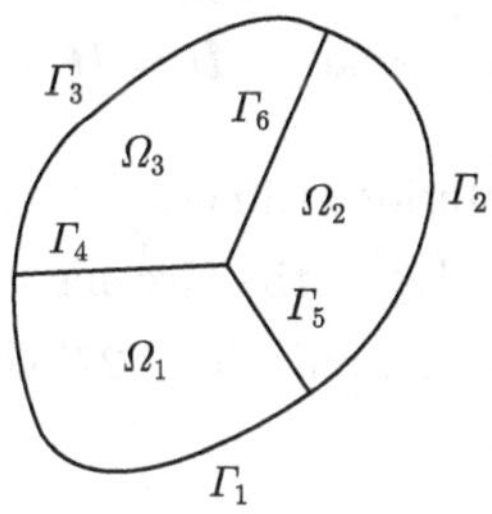

Fig.3

where a_i is a constant coefficient of the Laplace operator in Ω_i,

$$F^{(j)}(v) = \int_{\Gamma_j} f_j v_0 ds = \int_{\Gamma_j} f_j v_j ds.$$

Then, by canonical reduction for each subdomain Ω_i

$$A^{(i)}(u, v) = A_0^{(i)}(u_0, v_0) = -\sum_{\Gamma_i\Gamma_k \in \partial\Omega_i} \int_{\Gamma_j}\int_{\Gamma_k} a_i G_{nn'}^{(i)}(s_j, s_k')_j(s_j)v_k(s_k')ds_j ds_k',$$

$$F^{(j)}(v) = F_0^{(j)}(v_0).$$

The resulting system of coupled canonical integral equations is

$$s_j \in \Gamma_j : -\sum_{i|\Gamma_j \subset \partial\Omega_i}\sum_{k|\Gamma_k \subset \partial\Omega_i} \int_{\Gamma_k} a_i G_{nn'}^{(i)}(s_j, s_k')u_k(s_k')ds_k'$$

$$= \begin{cases} f_j, & if \quad \Gamma_j \in \partial\Omega, \\ 0, & if \quad \Gamma_j \notin \partial\Omega, \end{cases} \quad j = 1, 2, \cdots, N.$$

We may also have a mixed system of a coupled differential equation and canonical integral equations, if boundary reduction is applied to only some of the subdomains.

IV

In the practice of the numerical solution of elliptic problems by the finite element method, the canonical reduction is often implicitly used as a standard technique of elimination. Consider, for example, the FEM discretization of the Neumann problem (1-2). The vector U of the nodal variables naturally slits into two subvectors U_0 (for boundary nodes) and U_1 (for interior nodes). The finite element equations can be written as

$$BU_0 + CU_1 = F_0,$$
$$C^T U_0 + AU_1 = 0,$$

where F_0 is the discrete analog of f_0. Solving the second set of equations

$$U_1 = -A^{-1}C^T U_0 \tag{27}$$

and substituting into the first set, we get an equation in U_0 alone

$$HU_0 = F_0, \quad \text{where} \quad H = B - CA^{-1}C^T. \tag{28}$$

The submatrix A, i.e. the interior stiffness matrix, is a discrete analog of Laplace operator Δ. So A^{-1} is a discrete analog of the Green's function G, (28) is a discrete analog of the canonical boundary integral equation, while (27) corresponds to the Poisson's integral formula. It can also be proved that

$$[V_0^T, V_1^T] \begin{bmatrix} B & C \\ C^T & A \end{bmatrix} \begin{bmatrix} U_0 \\ U_1 \end{bmatrix} = V_0^T H U_0.$$

This corresponds to the energy equality (26).

So the canonical reduction is essentially the elimination of the interior degrees of freedom in terms of the remaining boundary degrees of freedom. This shows that the canonical reduction is the most natural way of reduction and is fully compatible with the FEM technique. On the other hand, this also shows that one of the outstanding merits of FEM is connected with the geometrical way of discretization so that the degrees of freedom are naturally divided into boundary ones and interior ones, but this is not the case in other numerical methods.

In the canonical reduction, the relevant Green function G or the Hadamard kernal $-G_{nn'}$, though existing theoretically, is not explicitly available in most cases and not easily manageable due to the high-order singularity. These difficulties, however, can be bypassed in combination with FEM by direct appeal to the discrete Green's function. For this purpose, special device of triangulation and fast inversion need to be studied. There is much room for the development in this area.

An elegant way of realizating the discrete Hadamard kernel is the infinite element method, independently suggested by Thatcher[8] and by Ying and Kuo[7]. The method divides the domain into an infinite number of elements in similitude; all the successive layers are similar and thus have the same stiffness matrices. This gives an infinite system of Linear equations with simple structure, whose interior degrees of freedom can be eliminated in terms of a finite number of boundary degrees of freedom. This method produces automatically the desired singularity in the solution and is equally efficient for the problems involving crack tips, concave corners, intersection of several interfaces, infinite domains, as well as the closed domain of regularity.

For a direct numerical treatment of the canonical integral equation, we may use the variational formulation and apply FEM. In this boundary element method (BEM) the boundary $\Gamma = \partial\Omega$ is approximated, if necessary, by a polygonal contour Γ' which is further divided into intervals with nodes $p_1, p_2, \cdots, p_N, p_{N+1} = p_1$. Let $\varphi_1, \varphi_2, \cdots, \varphi_N$ be the basis function of piecewise linear interpolation, then the stiffness matrix is given by

$$a_{ij} = -\int_{p_{i-1}}^{p_{i+1}} \int_{p_{j-1}}^{p_{j+1}} G_{nn'}(s, s')\varphi_i(s)\varphi_i(s')dsds', \quad i, j = 1, \cdots, N,$$

$$f_i = \int_{p_{i-1}}^{p_{i+1}} f(s)\varphi_i(s)ds, \quad i = 1, \cdots, N.$$

The integration should be executed in the sense of finite parts of divergent integrals for the computation of diagonal elements a_{ii} since then the non-integrable singularity occurs. Note that, contrary to the case of FEM for elliptic equations over the domain, the stiffness matrix resulted from BEM for the integral equation is not sparse. This partly cancels out the advantage of the reduction of the dimension by 1 in the integral equation formulation.

V

We finally give the canonical boundary reduction for the Neumann problem of the biharmonic equation as follow[9]:

find $u \in H^2(\Omega)/H^2_\Delta(\Omega)$, such that

$$\Omega: \quad \Delta^2 u = 0, \tag{29}$$

$$\partial\Omega: \quad \Delta u = m, -\frac{\partial}{\partial n}\Delta u = q,$$

where

$$H^2_\Delta(\Omega) = \{u \in H^2(\Omega)|\Delta u = 0\},$$

$$m \in H^{-\frac{1}{2}}(\Gamma), \quad q \in H^{-\frac{3}{2}}(\Gamma)$$

and satisfy the condition of compatibility

$$\int_\Gamma \left(m\frac{\partial v}{\partial n} + qv\right)ds = 0, \quad \forall v \in H^2_\Delta(\Omega).$$

The problem (29) has an equivalent variational formulation as follow:

find $u \in H^2(\Omega)/H_\Delta^2(\Omega)$, such that

$$A(u, v) = F(v), \quad \forall v \in H^2(\Omega), \tag{30}$$

where
$$A(u, v) = \int_\Omega \Delta u \Delta v dx,$$

$$F(v) = \int_\Gamma \left(m\frac{\partial v}{\partial n} + qv \right) ds.$$

Using Green's formula

$$\int_\Omega (u\Delta^2 v - v\Delta^2 u)dx = \int_\Gamma \left[u\frac{\partial}{\partial n}\Delta v - \frac{\partial u}{\partial n}\Delta v + \Delta u\frac{\partial v}{\partial n} - \frac{\partial \Delta u}{\partial n}v \right] ds$$

and the Green's function $v(x, x') = G(x, x')$, where

$$\Delta^2 G(x, x') = \delta(x - x'),$$

$$G(x, x') = 0, \quad \frac{\partial G}{\partial n}(x, x') = 0, \quad \forall x \in \Gamma.$$

We obtain the Poisson's formula for the biharmonic function.

$$u(x) = \int_\Gamma \left[-\Delta' G(x, x')u_n(x') + \frac{\partial}{\partial n'}\Delta' G(x, x')u_0(x') \right] dx', \quad x \in \Omega.$$

By differentiation and passage to the limit we obtain

$$\Gamma : \begin{cases} \Delta u(x) = \displaystyle\int_p [k_{11}(x, x')u_n(x') + k_{12}(x, x')u_0(x')]ds', \\[3mm] -\dfrac{\partial}{\partial n}\Delta u(x) = \displaystyle\int_\Gamma [k_{21}(x, x')u_n(x') + k_{22}(x, x')u_0(x')]ds', \end{cases} \tag{31}$$

where

$$\begin{cases} k_{11}(x, x') = \lim_{\xi \to x}[-\Delta_\xi \Delta' G(\xi, x')], \quad \xi \in \Omega, x, x' \in \Gamma, \\[3mm] k_{12}(x, x') = \lim_{\xi \to x}\left[\dfrac{\partial}{\partial n'}\Delta_\xi \Delta' G(\xi, x') \right], \\[3mm] k_{21}(x, x') = \lim_{\xi \to x}\left[\dfrac{\partial}{\partial n_\xi}\Delta_\xi \Delta' G(\xi, x') \right], \\[3mm] k_{22}(x, x') = \lim_{\xi \to x}\left[-\dfrac{\partial}{\partial n_\xi}\dfrac{\partial}{\partial n'}\Delta_\xi \Delta' G(\xi, x') \right]. \end{cases}$$

(31) is the canonical integral equation relating u_0, u_n with Δu and $-\dfrac{\partial}{\partial n}\Delta u$ at the boundary. Consider the Neumann problem

$$\Gamma : \Delta u = m, \quad -\frac{\partial}{\partial n}\Delta u = q,$$

then the canonical integral equation (31) with unknowns (u_n, u_0) has an equivalent variational formulation as follow:

find $(u_n, u_0) \in [H^{\frac{1}{2}}(\Gamma) \times H^{\frac{3}{2}}(\Gamma)]/Q(\Gamma)$, such that

$$A_0(u_n, u_0; v_n, v_0) = F_0(v_n, v_0), \quad \forall (v_n, v_0) \in H^{\frac{1}{2}}(\Gamma) \times H^{\frac{3}{2}}(\Gamma), \tag{32}$$

where $A_0(u_n, u_0, v_n, v_0) = \int_\Gamma \int_\Gamma [v_n(k_{11}u_n + k_{12}u_0) + v_0(k_{21}u_n + k_{22}u_0)]ds'ds,$

$F_0(v_n, v_0) = \int_\Gamma (mu_n + qv_0)ds,$

$Q(\Gamma) = \left\{ (q_1, q_2) \in H^{\frac{1}{2}}(\Gamma) \times H^{\frac{3}{2}}(\Gamma) | \exists q \in H^2_\Delta(\Omega), (q_1, q_2) = \left(\frac{\partial q}{\partial n} |_\Gamma, q|_\Gamma \right) \right\}.$

Let $u, v \in H^2(\Omega), \Delta^2 u = 0$, and let $(u_n, u_0), (v_n, v_0)$ be their boundary values $\in$ $H^{\frac{1}{2}}(\Gamma) \times H^{\frac{3}{2}}(\Gamma)$. Then we have

$$A_0(u_n, u_0; v_n, v_0) = A(u, v),$$
$$F_0(v_n, v_0) = F(v),$$

and the energy equality

$$J_0(v_n, v_0) = J(v), \quad \forall v \in H^2_{\Delta^2}(\Omega) = \{v \in H^2(\Omega) | \Delta^2 v = 0\},$$

where $$J_0(v_n, v_0) = \frac{1}{2}A_0(v_n, v_0, v_n, v_0) - F_0(v_n, v_0),$$

$$J(v) = \frac{1}{2}A(v, v) - F(v).$$

Since the association of $(u_n, u_0) \in H^{\frac{1}{2}}(\Gamma) \times H^{\frac{3}{2}}(\Gamma)$ with the solution $u \in H^2(\Omega)$ of the Dirichlet problem with boundary value (U_n, U_0) is an isomorphism between $H^{\frac{1}{2}}(\Gamma) \times H^{\frac{3}{2}}(\Gamma)$ and $H^2_{\Delta^2}(\Omega)$, so we have equivalence of norms

$$\|u\|_{H^2(\Omega)} \simeq \|(u_n, n_0)\|_{H^{\frac{1}{2}}(\Gamma) \times H^{\frac{3}{2}}(\Gamma)} \quad \text{for} \quad u \in H^2_{\Delta^2}(\Omega).$$

Thus in space $[H^{\frac{1}{2}}(\Gamma) \times H^{\frac{3}{2}}(\Gamma)]/Q(\Gamma)$ the self-adjointness

$$A_0(u_n, u_0; v_n, v_0) = A_0(v_n, v_0, u_n, u_0)$$

and the coerciveness

$$C_1\|(v_n, v_0)\|^2_{H^{\frac{1}{2}}(\Gamma) \times H^{\frac{3}{2}}(\Gamma)} \leqslant A_0(v_n, v_0; v_n, v_0) \leqslant C_2\|(v_n, v_0)\|^2_{H^{\frac{1}{2}}(\Gamma) \times H^{\frac{3}{2}}(\Gamma)}$$

follow from the corresponding propeties of $A(u, v)$ in space $H^2(\Omega)/H^2_\Delta(\Omega)$.

We also remark that, although (31) is formally an integral equation, due to the high-order singularity, the operator corresponding to $K = \begin{bmatrix} k_{11} & k_{12} \\ k_{21} & k_{22} \end{bmatrix}$ is not an authentic integral operator, but a pseudodifferential operator which maps

$$H^{\frac{1}{2}}(\Gamma) \times H^{\frac{3}{2}}(\Gamma) \to H^{-\frac{1}{2}}(\Gamma) \times H^{-\frac{3}{2}}(\Gamma).$$

We now give the explicit forms of the Poisson's integral formula and the canonical integral equations corresponding to (29).

1. Ω=interior unit circle ($|z| < 1, z = re^{i\theta}$),

$$u(r,\theta) = \int_0^{2\pi} \left\{ -\frac{(1-r^2)^2}{4\pi[1+r^2-2r\cos(\theta-\theta')]} u_n(1,\theta') \right.$$
$$\left. +\frac{(1-r^2)^2(1-r\cos(\theta-\theta'))}{2\pi[1+r^2-2r\cos(\theta-\theta')]^2} u_0(1,\theta') \right\} d\theta', \quad r < 1,$$

$$\begin{cases} \Delta u(1,\theta) = 2u_n(\theta) + 2k * u_n(\theta) + 2u_0''(\theta) - 2k * u_0(\theta), \\ -\dfrac{\partial}{\partial n}\Delta u(1,\theta) = 2u_n''(\theta) - 2k * u_n(\theta) - 2u_0''(\theta) - 2k * u_0''(\theta), \end{cases}$$

where $*$ denotes the convolution and

$$k = -\frac{1}{4\pi \sin^2 \dfrac{\theta}{2}}.$$

2. Ω=upper half-plane ($\text{Im} z > 0, z = x + iy$),

$$u(x,y) = \int_{-\infty}^{\infty} \left\{ -\frac{y^2}{\pi[(x-x')^2+y^2]} \right\} u_n(x')dx'$$
$$+ \int_{-\infty}^{\infty} \left\{ \frac{2y^3}{\pi[(x-x')^2+y^2]^2} \right\} u_0(x')dx', y > 0,$$

$$\begin{cases} \Delta u(x,0) = -\dfrac{2}{\pi x^2} * u_n(x) + 2u_0''(x), \\ -\dfrac{\partial}{\partial n}\Delta u(x,0) = 2u_n''(x) + \dfrac{2}{\pi x^2} * u_0''(x). \end{cases}$$

The integral kernel in the above is also of the type $\dfrac{1}{|z-z'|^2}$ which has a divergent singularity at $z = z'$.

The integral is to be understood in the sense of the finite part integration of the theory of distribution.

References

[1] Feng Kang, Difference schemes based on variational principle, Applied and Computational Math., 2:4, 1965 (in Chinese).

[2] Huang Hongci, Wang Jinxian, Cui Junzhi, Numerical method for plane elasticity problems
     using displacements, Applied and Computational Math. 3:2, 1966 (in Chinese).

[3] Feng Kang, Differential vs integral equations and finite vs infinite elements, Mathematica
     Numerica Sinica, 2:1 (1980).

[4] Hadamard, J., Leçons sur le Calcul des Variations, 1910, Paris.

[5] Levy, P., Leçons d'Analyse Fonctionelle, 1922, Paris.

[6] Brebbia, C., ed., New Developments in Boundary Element Methods, 2nd Conference, 1980,
     London.

[7] Ying Long-an, Guo Zhong-heng, Acta Scientia Sinica, 1976.

[8] Thatcher, Num. Math., 1975.

[9] Yu Dehao, Canonical integral equations of biharmonic elliptic boundary value problems, Math-
     ematica Numerica Sinica, 4:3 (1982), 330-336.

12. Canonical Integral Equations of Elliptic Boundary-Value Problems and Their Numerical Solutions[①]

椭圆边值问题的正则积分方程及其数值解法

It is well-known that elliptic boundary-value problems can be reduced into integral equations on the boundary, which has the advantage of reducing the number of dimensions by 1 as well as of the capability to treat problems involving infinite domain. In recent years, interest in boundary integral equations has been renewed[5,6]. From the computational point of view, the classical Fredholm method, however, has some drawbacks, since some useful properties, e.g., self-adjointness, especially the variational principle are not preserved after reduction. So it does not fit well the FEM, which, being based on variational principle, has been proved in practice to be the major methodology for solving elliptic problems. In view of these, one of the authors of the present paper suggested a natural and direct approach of boundary reduction[1,2], to be described below, which preserves faithfully the essential characteristics of the original problem and is fully compatible with the FEM.

1. Canonical Boundary Reduction

1.1　General Aspects

Consider a properly elliptic differential operator[9,10] of order $2m$

$$A = \sum_{|p|,|q|\leqslant m} (-1)^{|p|}\partial^p \left(a_{pq}(x)\right)\partial^q, \quad a_{pq}\in C^\infty, \tag{1}$$

with its associated bilinear form

$$D(u,v) = \sum_{|p|,|q|\leqslant m} \int_\Omega a_{pq}(x)\partial^p u\partial^q v dx, \tag{2}$$

---

① 本文系与余德浩合作. 原载于 Proc. of China-France Symposium on Finite Element Methods (Beijing, 1982), pp211-252, Science Press, Beijing, 1983. Jointly with Yu De-hao.

on a bounded domain Ω with smooth boundary $\partial \Omega = \Gamma$ and unit exterior normal $\vec{n}$. Associated to A and the fixed set of boundary trace operators

$$\gamma = (\gamma_0, \gamma_1, \cdots, \gamma_{m-1}), \gamma_i u = (\partial_n)^i u|_\Gamma \tag{3}$$

a unique set of boundary differential operators

$$\beta = (\beta_0, \beta_1, \cdots, \beta_{m-1}), \quad \beta_{iu} = \beta_i(x, \vec{n}\ (x), \partial)u|_\Gamma,$$

of order $2m - 1 - i$ can be determined such that the Green's formula

$$D(u, v) = \int_\Omega Au \cdot v dx + \sum_{i=0}^{m-1} \int_\Gamma \beta_i u. \ \gamma_i v dx \tag{4}$$

holds for $u, v \in C^\infty(\bar{\Omega})$, where β_i is the natural (or Neumann) boundary operator induced by A and complementary to the forced (or Dirichlet) trace operator γ_i.

Consider, for example, the following Sobolev space and some of its subspaces on Ω and the corresponding trace space on Γ

$$V = H^m(\Omega),$$

$$V(\gamma) = \{u \in V | \gamma_u = 0\} = H_0^m(\Omega),$$

$$V(A) = \{u \in V | Au = 0\},$$

$$T = \prod_{i=0}^{m-1} H^{m-i-\frac{1}{2}}(\Gamma).$$

By continuity A, γ, β extend to continuous linear operators

$$A : V \to H^{-m}(\Omega) = V(\gamma)',$$

$$\gamma : V \to T, \quad \gamma_i : V \to H^{m-i-\frac{1}{2}}(\Gamma), \text{ onto },$$

$$\beta : V \to T', \quad \beta_i : V \to H^{-(m-i-\frac{1}{2})}(\Gamma) = H^{m-i-\frac{1}{2}}(\Gamma)',$$

with the Green's formula

$$D(u, v) = \sum_{i=0}^{m-1} (\beta_i u, \gamma_i v) = (\beta u, \gamma v), \quad \forall\ u \in V(A), \quad v \in V, \tag{5}$$

where $(\cdot, \cdot)$ are duality pairings.

The so-called canonical boundary reduction starts from the basic assumption that the Dirichlet problem

$$\text{Given } \bar{u} \in T, \text{ find } u \in V \text{ such that } \begin{cases} \Omega : & Au = 0, \\ \Gamma : & \gamma u = \bar{u}, \end{cases}$$

is uniquely solvable and induces an isomorphism

$$\gamma : V(A) \to T.$$

The inverse

$$\gamma^{-1} = P = (P_0, \cdots, P_{m-1}) : T \to V(A), \quad P_j : H^{m-j-\frac{1}{2}}(\Gamma) \to V(A)$$

is the Poisson operator transforming the Dirichlet trace data on Γ into solutions in Ω. Then the product βP defines a continuous linear operator

$$K = \beta P : T \to T', \qquad K = [K_{ij}],$$

$$K_{ij} = \beta_i P_j : H^{m-j-\frac{1}{2}}(\Gamma) \to H^{-(m-i-\frac{1}{2})}(\Gamma), \quad i, j = 0, 1, \cdots, m-1. \tag{6}$$

$K = K(A)$ is called the canonical integral operator on Γ induced by the differential operator A in Ω. Note that K_{ij} lower the order of smoothness at least by 1, so they are singular integral operators.

From the definition of K we have the relation

$$\beta u = K\gamma u, \quad \beta_i u = K_{ij}\gamma_j u, \quad \forall\, u \in V(A), \tag{7}$$

which is fundamental in boundary reduction, K induces a continuous bilinear form on the trace space

$$\overline{D}(\overline{u}, \overline{v}) = (K\overline{u}, \overline{v}), \quad \overline{u}, \overline{v} \in T. \tag{8}$$

Then, from Green's formula (5),

$$D(u, v) = \overline{D}(\gamma_u, \gamma_v), \quad \forall\, u \in V(A), \quad v \in V, \tag{9}$$

so the values of energy functional are preserved under boundary reduction. In addition, it is easily seen that

$$K(A^*) = K^*(A), \quad \overline{D^*} = \overline{D}^*,$$

A is symmetric iff $K(A)$ is symmetric, \hfill (10)

A is coercive iff $K(A)$ is coercive,

$u \in V(A, \beta)$ iff $\gamma u \in T(K),$

where

$$V(A, \beta) = \{u \in V | Au = 0, \beta u = 0\}, \quad T(K) = \{\overline{u} \in T | K\overline{u} = 0\}.$$

Thus all the essential properties of A are faithfully preserved by $K(A)$ under reduction.

1.2 Canonical Integral Equations for Neumann Problems

Consider the Neumann problem

$$\begin{cases} \text{For } f \in T' \text{ find } u \in V \text{ such that} \\ \Omega: \quad Au = 0, \quad \Gamma: \beta u = f, \end{cases} \tag{11}$$

or equivalently in variational form

$$\begin{cases} \text{Find } u \in V \text{ such that} \\ D(u, v) = (f, v), \quad \forall v \in V. \end{cases} \tag{12}$$

Using (7), (9), it is immediately seen that the above problem is in turn equivalent to solving the following system of integral equations on Γ:

$$K\bar{u} = f, \quad \text{i.e.} \quad \sum_{j=0}^{m-1} K_{ij}\bar{u}_j = f_i, \quad i = 0, 1, \cdots, m-1, \tag{13}$$

or equivalently in variational form

$$\begin{cases} \text{Find } \bar{u} \in T \text{ such that} \\ \overline{D}(\bar{u}, \bar{v}) = (f, \bar{v}), \qquad \forall\, \bar{v} \in T. \end{cases} \tag{14}$$

The compatibility condition for Neumann problem is

$$(f, \gamma v) = 0, \quad \forall\, v \in V(A^*, \beta^*),$$

so by (10) we get the compatibility condition for equation (13)

$$(f, \bar{v}) = 0, \quad \forall\, \bar{v} \in T(K^*).$$

Once the solution u of (13) has been found, then Poisson formula $P\bar{u} = u$ gives the solution in Ω.

For problems with boundary conditions, intermediate between Dirichlet and Neumann, and, for problems with mixed type boundary conditions where different conditions are posed on different sectors of the boundary, one is lead to solve a reduced system of integral equation out of the system (13) via suitable elimination of the known trace data.

The canonical reduction can be applied to a certain subdomain of the original domain. Suppose, for the Neumann problem (11), $\Omega = \Omega' \cup \Omega''$, with corresponding exterior normals n', n'', the subdomain Ω'' is to be deleted by boundary reduction. Let the remaining subdomain Ω' have the boundaries Γ', Γ'', where Γ'' is the interface. Then,

$$D(u, v) = D'(u, v) + D''(u, v) = D'(u, v) + \overline{D}''(\gamma''u, \gamma''v).$$

So (11) is equivalent to

$$
\begin{cases}
\text{Find } u \in H^m(\Omega') \quad \text{such that} \\
D'(u,v) + \overline{D}''(\gamma''u, \gamma''v) = (f,v), \qquad \forall\, v \in H^m(\Omega')
\end{cases}
$$

or to

$$
\begin{cases}
\text{Find } u \in H^m(\Omega') \quad \text{such that} \\
\Omega' : Au = 0, \\
\Gamma' : \beta'u = f, \\
\Gamma'' : \beta''u = K''\gamma''u,
\end{cases}
$$

where K'' is the canonical integral operator on Γ'' induced by A in Ω''. The result is to solve the Neumann problem only for a subdomain Ω' plus an integral (non-local) boundary condition at the artificial boundary Γ'', which accounts for the full interaction of the deleted part. We see that the canonical reduction gives natural and consistent coupling at the interface. Note that both the canonical reduction and the FEM are based on variational principle and geometrical partition. In **FEM**, the elimination of interior degrees of freedom resulting in a reduced system of equations involving only the boundary degrees of freedom, is a natural discrete analog of the canonical reduction, so the latter is fully compatible with FEM.

1.3   Formal Representation of Canonical Integral Operators

Consider the strongly elliptic and formally self-adjoint case $A = A^*$, with constant a_{pq}. Then from (4) we have

$$
\int_\Omega (Av \cdot u - Au \cdot v)dx = \sum_{j=0}^{m-1} \int_\Gamma (\beta_j u \cdot \gamma_j v - \beta_j v \cdot \gamma_j u)dx, \tag{15}
$$

for $u, v \in C^\infty(\overline{\Omega}), \Gamma$ also assumed to be of class C^∞.

Take Green's function $G(x, x')$ for the Dirichlet problem (6) satisfying

$$
A'G(x, x') = \delta(x' - x),
$$

$$
\gamma_i'G(x, x') = 0, \quad \forall\, x' \in \Gamma, x \in \Omega,
$$

$$
G(x, x') = G(x', x).
$$

A', γ_i', β_i' denotes differential operators w. r. t. variable x'. Take u satisfying $Au = 0, v = G(x, x')$, which has a singularity at $x = x'$ and is C^∞ elsewhere. We may apply (15) by deleting a small neighborhood around $x = x'$ and passing to limit and obtain the Poisson formula

$$
u(x) = -\sum_{j=0}^{m-1} \int_\Gamma \beta_j'G(x, x')\gamma_j'u(x')dx', \quad x \in \Omega, \tag{16}
$$

which converts the trace data on Γ into solution u in Ω.

Apply the differential operator β_i to both sides of (16) near the boundary Γ, we have

$$\beta_i u(x) = -\sum_{j=0}^{m-1}\int_\Gamma \beta_i\beta_j'G(x,x')\gamma_j'u(x')dx', x\in\Omega, x \text{ near } \Gamma, i = 0,\cdots,m-1. \tag{17}$$

Consider $\beta_i\beta_j'G(x,x')$ as distribution kernels and passing $x\in\Omega$ to the limit on Γ, one can get

$$\beta_i u(x) = -\sum_{j=1}^{m-1}(\beta_i\beta_j'G^{(-0)}(x,x'),\gamma_j'u(x')), i = 0,\cdots,m-1, \tag{18}$$

where $(\cdot,\cdot)$ is the duality pairing on $D'(\Gamma)\times D(\Gamma)\cdot\beta_i\beta_j'G^{(-0)}(x,x')$ is the limit (from the inner side of Γ) distribution kernel, which may either equal or not equal to the distribution kernel $\beta_i\beta_j'G(0)(x,x')$ evaluated at the boundary. Their difference

$$\beta_i\beta_j'G^{(-0)}(x,x') - \beta_i\beta_j'G^{(0)}(x,x') = \cdots$$

is a distribution kernel in the form of a sum of the derivatives of delta-function with support concentrated on the diagonal $x = x'$ in space $\Gamma\times\Gamma$. This corresponds to the jump conditions in the potential theory. From (18) we get

$$K_{ij}\bar{u}_j(x) = -\left(\beta_i\beta_j'G^{(-0)}(x,\cdot),\quad \bar{u}_j(\cdot)\right). \tag{19}$$

In case $Au\neq 0$, from (15) we get, instead of (16), the Poisson formula

$$u(x) = -\sum_{j=0}^{m-1}\int_\Gamma \beta_j'G(x,x')\gamma_j'u(x')dx' + \int_\Omega G(x,x')A'u(x')dx' \tag{20}$$

and the relation

$$\beta_i u = K_{ij}\gamma_j u + Q_i Au, \tag{21}$$

where

$$Q_i\varphi(x) = \int_\Omega \beta_i G(x,x')\varphi(x')dx', \quad x\in\Gamma. \tag{22}$$

2. Canonical Reductions for 4 Typical Equations

We give here a summary of representations of canonical integral operators for 4 typical equations, i.e., harmonic, Helmholtz, biharmonic and 2-D elasticity, over some typical 2-D domains.

2.1 Illustration of the Analytic Methods to Find the Canonical Integral Equation

The methods we have used include Green's functions, Fourier transform, the separation of variables and Fourier series, and complex analysis. Taking the harmonic and biharmonic problems as examples, we illustrate how these methods work together with their limitations.

2.1.1 Green's function method

Once the Green's function G for a given problem is at hand, the crucial step is to study the limiting behavior or jump conditions of $\beta_i \beta_j' G$ at Γ as mentioned along with (17—19). For example, for harmonic eq. in upper half-plane,

$$G(P, P') = \frac{1}{4\pi} \ln \frac{(x - x')^2 + (y + y')^2}{(x - x')^2 + (y - y')^2},$$

we find

$$G_{n'n}^{(-0)} = \lim_{y \to +0} [G_{n'n}|_{y'=0}] = \frac{1}{\pi(x - x')^2},$$

here $G_{n'n}^{(-0)} = G_{n'n}^{(0)}$ is true. But for biharmonic eq. in upper half-plane,

$$G(x, y; x', y') = \frac{1}{16\pi} \left[(x - x')^2 + (y - y')^2\right] \ln \frac{(x - x')^2 + (y - y')^2}{(x - x')^2 + (y + y')^2} + \frac{1}{4\pi} yy',$$

we find

$$-(\Delta\Delta'G)^{(-0)} = \lim_{y \to +0} \frac{2\left[y^2 - (x - x')^2\right]}{\pi\left[(x - x')^2 + y^2\right]^2} = -\frac{2}{\pi(x - x')^2} = -(\Delta\Delta'G)^{(0)},$$

$$(\Delta\partial_{n'}\Delta'G)^{(-0)} = \lim_{y \to +0} \frac{4\left[3(x - x')^2 y - y^3\right]}{\pi\left[(x - x')^2 + y^2\right]^3} = 2\delta''(x - x')$$

$$= (\Delta\partial_{n'}\Delta'G)^{(0)} + 2\delta''(x - x'),$$

$$-(\partial_n\Delta\partial_{n'}\Delta'G)^{(-0)} = \lim_{y \to +0} \frac{12\left[(x - x')^4 - 6(x - x')^2 y^2 + y^4\right]}{\pi\left[(x - x')^2 + y^2\right]^4} = \frac{12}{\pi(x - x')^4}$$

$$= -(\partial_n\Delta\partial_{n'}\Delta'G)^{(0)}.$$

In order to obtain these results, formula like[7]

$$\lim_{y \to +0} \frac{1}{(x + iy)^n} = \frac{1}{x^n} - i\frac{\pi(-1)^{n-1}}{(n - 1)!}\delta^{(n-1)}(x), \quad n = 1, 2, \cdots$$

has been systematically used.

In contrast to the Green's function method, the methods below have the merit to give the jump conditions automatically.

2.1.2 Fourier transform method

It is applicable only to the cases with translational symmetry, e.g., the half-plane $y \geqslant 0$. Take Fourier transform for $x \to s$, $\Delta u = 0$ becomes

$$\frac{d^2 U}{dy^2} - 4\pi^2 s^2 U = 0,$$

where

$$U(s, y) = \int_{-\infty}^{\infty} e^{-2\pi i x s} u(x, y) dx.$$

Then

$$U(s,y) = e^{-2\pi|s|y}U(s,0),$$

$$-\partial_y U(s,0) = 2\pi|s|U(s,0).$$

Taking Fourier inverse transform, we get

$$u(x,y) = \frac{y}{\pi(x^2+y^2)} * u_0(x),$$

$$u_n(x) = -\frac{1}{\pi x^2} * u_0(x).$$

Here $*$ denotes the convolution.

2.1.3 Method of separation of variables and Fourier series

$\Omega = $ interior unit circle, we know that the solution of $\Delta u(x,y) = 0$ is

$$u = \sum_{-\infty}^{\infty} a_n r^{|n|} e^{in\theta},$$

then

$$u_0 = \sum_{-\infty}^{\infty} a_n e^{in\theta}, \qquad u_n = \sum_{-\infty}^{\infty} |n| a_n e^{in\theta}.$$

Set $u_n = K * u_0, u = P * u_0$, we find

$$K = \sum_{-\infty}^{\infty} \frac{1}{2\pi}|n|e^{in\theta} = -\frac{1}{4\pi \sin^2 \dfrac{\theta}{2}},$$

$$P = \sum_{-\infty}^{\infty} \frac{1}{2\pi} r^{|n|} e^{in\theta} = \frac{1-r^2}{2\pi(1+r^2 - 2r \cos\theta)}, \qquad 0 \leqslant r < 1.$$

2.1.4 Method of complex analysis

Set $\Omega = $ interior unit circle $u = \operatorname{Re} f(z), f(z) = u + iv$ is an analytic function. From Cauchy's integral formula

$$\frac{1}{2\pi i} \oint_\Gamma \frac{f(z')}{z'-z} dz' = \frac{1}{2}f(z),$$

where $z = e^{i\theta}, z' = e^{i\theta}$, we obtain

$$u + iv = \frac{1}{2\pi} \int_0^{2\pi} [u_0(\theta') + iv_0(\theta')]\left(1 + i\operatorname{ctg}\frac{\theta-\theta'}{2}\right)d\theta'.$$

Take the imaginary part, we get

$$u_n(\theta) = -\frac{1}{4\pi}\int_0^{2\pi} \frac{u_0(\theta')}{\sin^2\dfrac{\theta-\theta'}{2}} d\theta'.$$

The Cauchy-Riemann conditions have been used. For biharmonic problem we can use the representation of a biharmonic function $u = \operatorname{Re}[\bar{z}\varphi(z) + \psi(z)]$, where $\varphi(z)$ and $\psi(z)$ are analytic functions.

If we have obtained the Poisson kernel P independent of the Green's function G, then from P and the fundamental solution E we can find

$$G(p, p') = E(p, p') - \int_\Gamma P(p, p'') E(p'', p') ds''.$$

In the following sections we shall use (P) to denote Poisson formula and (K) to denote canonical integral equations.

2.2 Harmonic Equation

$$D(u, v) = \iint_\Omega \nabla u \cdot \nabla v dp, \quad \text{on} \begin{cases} H^1(\Omega) & \text{for } \Omega \text{ bounded}, \\ W_0^1(\Omega) & \text{for } \Omega \text{ unbounded} \end{cases} ^{[4]}$$

where $W_0^1(\Omega) = \left\{ u | \dfrac{u}{\sqrt{1 + x^2 + y^2} \ln(2 + x^2 + y^2)}, \quad u_x, u_y \in L^2(\Omega) \right\}$,

$$Au = -\Delta u,$$
$$\gamma_0 u = u_0 \in H^{\frac{1}{2}}(\Gamma),$$
$$\beta_0 u = u_n \in H^{-\frac{1}{2}}(\Gamma).$$

$(P)\ u(p) = -\displaystyle\int_\Gamma G_{n'}(p, p') u_0(p') dp', \quad p \in \Omega,$

$(K)\ u_n(p) = -\displaystyle\int_\Gamma G_{n'n}^{(-0)}(p, p') u_0(p') dp', \quad G_{n'n}^{(-0)} = G_{n'n}^{(0)},$

$$K : H^{\frac{1}{2}}(\Gamma) \to \left\{ v_n \in H^{-\frac{1}{2}}(\Gamma) | \int_\Gamma v_n ds = 0 \right\},$$

$$\overline{D}(u_0, v_0) = -\int_\Gamma \int_\Gamma G_{n'n}^{(-0)}(p, p') u_0(p') v_0(p) ds' ds, \quad \text{on } H^{\frac{1}{2}}(\Gamma).$$

2.2.1 Ω =upper half-plane

$(P)\quad u(x, y) = \dfrac{1}{\pi} \displaystyle\int_{-\infty}^{\infty} \dfrac{y}{(x - x')^2 + y^2} u(x', 0) dx', \qquad y > 0,$

$(K)\quad -\partial_y u(x, 0) = -\dfrac{1}{\pi} \displaystyle\int_{-\infty}^{\infty} \dfrac{u(x', 0)}{(x - x')^2} dx'.$

2.2.2 Ω =interior unit circle

$(P)\quad u(r, \theta) = \dfrac{1}{2\pi} \displaystyle\int_0^{2\pi} \dfrac{(1 - r^2) u(1, \theta')}{1 + r^2 - 2r \cos(\theta - \theta')} d\theta', \quad 0 \leqslant r < 1,$

$(K)\quad u_n(1, \theta) = -\dfrac{1}{4\pi} \displaystyle\int_0^{2\pi} \dfrac{u(1, \theta')}{\sin^2 \dfrac{\theta - \theta'}{2}} d\theta'.$

2.2.3 Ω =exterior unit circle

$(P)\quad u(r, \theta) = \dfrac{1}{2\pi} \displaystyle\int_0^{2\pi} \dfrac{(r^2 - 1) u(1, \theta')}{1 + r^2 - 2r \cos(\theta - \theta')} d\theta', \quad r > 1,$

$$(K) \quad u_n(1, \theta) = -\frac{1}{4\pi} \int_0^{2\pi} \frac{u(1, \theta')}{\sin^2 \frac{\theta - \theta'}{2}} d\theta'.$$

2.2.4 Ω =arbitrary simply-connected domain, if the holomorphic function $w = f(z)$ conformally maps $z \in \Omega$ onto the interior unit circle, then for Ω[8],

$$-G_{n'}(z, z') = \frac{|f'(z')| (1 - |f(z)|^2)}{2\pi |f(z) - f(z')|^2}, \quad z \in \Omega, \quad z' \in \partial\Omega,$$

$$-G_{n'n}^{(-0)}(z, z') = -\frac{|f'(z)f'(z')|}{\pi |f(z) - f(z')|^2}, \quad z, z' \in \partial\Omega.$$

2.2.5 $\Omega = \{(r, \theta)| 0 < \theta < \alpha \leqslant 2\pi\}, \quad z = re^{i\theta}$

$$-G_{n'}(z, z') = \frac{|z'|^{\frac{\pi}{\alpha} - 1}}{\alpha \left| z^{\frac{\pi}{\alpha}} - z'^{\frac{\pi}{\alpha}} \right|^2} \operatorname{Im} z^{\frac{\pi}{\alpha}}, \quad z \in \Omega, z' \in \partial\Omega,$$

$$-G_{n'n}^{(-0)}(z, z') = -\frac{\pi |zz'|^{\frac{\pi}{\alpha} - 1}}{\alpha^2 \left| z^{\frac{\pi}{\alpha}} - z'^{\frac{\pi}{\alpha}} \right|^2}, \quad z, z' \in \partial\Omega.$$

2.2.6 $\Omega = \{(r, \theta)| 0 < \theta < \alpha \leqslant 2\pi, 0 \leqslant r < R\}, \quad z = re^{i\theta}$

$$-G_{n'}(z, z') = \frac{|z'|^{\frac{\pi}{\alpha} - 1} \left| R^{\frac{2\pi}{\alpha}} - z'^{\frac{2\pi}{\alpha}} \right| \left(R^{\frac{2\pi}{\alpha}} - |z|^{\frac{2\pi}{\alpha}} \right)}{\alpha \left| \left(R^{2\pi/\alpha} - z^{\frac{\pi}{\alpha}} z'^{\frac{\pi}{\alpha}} \right) \left(z^{\frac{\pi}{\alpha}} - z'^{\frac{\pi}{\alpha}} \right) \right|^2} \operatorname{Im} z^{\frac{\pi}{\alpha}}, \quad z \in \Omega, \quad z' \in \partial\Omega,$$

$$-G_{n'n}^{(-0)}(z, z') = -\frac{\pi |z'z|^{\frac{\pi}{\alpha} - 1} \left| R^{\frac{2\pi}{\alpha}} - z'^{\frac{2\pi}{\alpha}} \right| \left| R^{\frac{2\pi}{\alpha}} - z^{\frac{2\pi}{\alpha}} \right|}{\alpha^2 \left| \left(R^{\frac{2\pi}{\alpha}} - z^{\frac{\pi}{\alpha}} z'^{\frac{\pi}{\alpha}} \right) \left(z^{\frac{\pi}{\alpha}} - z'^{\frac{\pi}{\alpha}} \right) \right|^2}, \quad z, z' \in \partial\Omega.$$

2.2.7 $\Omega = \left\{ (x, y)| -\frac{A_1}{2} < x < \frac{A_1}{2}, 0 < y < A_2 \right\}, A_1 = 2 \int_0^1 \frac{dt}{\sqrt{(1 - t^2)(1 - k^2 t^2)}}$

$$A_2 = \int_1^{\frac{1}{k}} \frac{dt}{\sqrt{(t^2 - 1)(1 - k^2 t^2)}}, \quad z = x + iy,$$

$$-G_{n'}(z, z') = \frac{|\operatorname{cn} z' \operatorname{dn} z'|}{\pi |\operatorname{sn} z - \operatorname{sn} z'|^2} \operatorname{Im} \operatorname{sn} z, \quad z \in \Omega, z' \in \partial\Omega,$$

$$-G_{n'n}^{(-0)}(z, z') = -\frac{|\operatorname{cn} z \operatorname{dn} z \operatorname{cn} z' \operatorname{dn} z'|}{\pi |\operatorname{sn} z - \operatorname{sn} z'|^2}, \quad z, z' \in \partial\Omega.$$

Remark. For Ω = interior unit circle, we have the inverse of K as follows,

$$u_0(\theta) = -\frac{1}{\pi} \int_0^{2\pi} \left(\ln \left| 2 \sin \frac{\theta - \theta'}{2} \right| \right) u_n(\theta') d\theta', \quad \text{for} \int_0^{2\pi} u_0(\theta) d\theta = 0.$$

2.3 Helmholtz Equation

$$D(u, v) = \iint_\Omega (\nabla u \cdot \nabla v - k^2 uv) dp,$$

$$\text{on} \begin{cases} H^1(\Omega), \text{for } \Omega \text{ bounded}, \\ \{v \in H^1(\Omega) | \lim_{r \to \infty} \sqrt{r}\left(\frac{\partial v}{\partial r} - ikv\right) = 0\}, \text{for } \Omega \text{ unbounded}, \end{cases}$$

$$Au = -(\Delta + k^2)u,$$
$$\gamma_0 u = u_0 \in H^{\frac{1}{2}}(\Gamma),$$
$$\beta_0 u = u_n \in H^{-\frac{1}{2}}(\Gamma).$$

$(P) \quad u(p) = -\int_\Gamma G_{n'}(p, p') u_0(p') ds, \quad p \in \Omega,$

$(K) \quad u_n(p) = -\int_\Gamma G_{n'n}^{(-0)}(p, p') u_0(p') ds,$

$$\overline{D}(u_0, v_0) = -\int_\Gamma \int_\Gamma G_{n'n}^{(-0)}(p, p') u_0(p') v_0(p) ds' ds, \text{on } H^{\frac{1}{2}}(\Gamma).$$

2.3.1 Ω = upper half-plane

$(P) \quad u(x, y) = \int_{-\infty}^{\infty} \frac{ik}{2} \frac{y}{\sqrt{(x-x')^2 + y^2}} H_1^{(1)}\left(k\sqrt{(x-x')^2 + y^2}\right) u_0(x') dx', \quad y > 0,$

$(K) \quad u_n(x) = -\int_{-\infty}^{\infty} \frac{ik}{2} \frac{H_1^{(1)}(k|x-x'|)}{|x-x'|} u_0(x') dx'.$

2.3.2 Ω = interior unit circle

$(P) \quad u(r, \theta) = \left(\frac{1}{2\pi} \sum_{-\infty}^{\infty} \frac{J_n(kx)}{J_n(k)} e^{in\theta}\right) * u_0(\theta), \quad 0 \leqslant r < 1,$

$(K) \quad u_n(\theta) = \left(\frac{1}{2\pi} \sum_{-\infty}^{\infty} \frac{kJ_n'(k)}{J_n(k)} e^{in\theta}\right) * u_0(\theta).$

2.3.3 Ω = exterior unit circle

$(P) \quad u(r, \theta) = \left(\frac{1}{2\pi} \sum_{-\infty}^{\infty} \frac{H_n^{(1)}(kr)}{H_n^{(1)}(k)} e^{in\theta}\right) * u_0(\theta), \quad r > 1,$

$(K) \quad u_n(\theta) = \left(-\frac{k}{2\pi} \sum_{-\infty}^{\infty} \frac{H_n^{(1)'}(k)}{H_n^{(1)}(k)} e^{in\theta}\right) * u_0(\theta).$

2.4   Biharmonic Equation[11,14]

$$D(u, v) = \iint\limits_{\Omega} \{\Delta u \Delta v - (1 - \nu)[u_{xx}v_{yy} + v_{xx}u_{yy} - 2u_{xy}v_{xy}]\}dxdy,$$

$$\text{on} \begin{cases} H^2(\Omega), \quad \text{for } \Omega \text{ bounded}, \\ w_0^2(\Omega) = \left\{ u \Big| \dfrac{u}{\rho^2 \ln(1+\rho)}, \dfrac{u_x}{\rho \ln(1+\rho)}, \dfrac{u_y}{\rho \ln(1+\rho)}, \right. \\ \qquad\qquad \left. u_{xx}, u_{yy}, u_{xy} \in L^2(\Omega), \rho = \sqrt{1+x^2+y^2} \right\}, \\ \quad \text{for } \Omega \text{ unbounded}^{[4]}. \end{cases}$$

$Au = \Delta^2 u,$

$\gamma_0 u = u_0 \in H^{\frac{3}{2}}(\Gamma), \quad \gamma_1 u = u_n \in H^{\frac{1}{2}}(\Gamma),$

$\beta_0 u = Qu = \{-\partial_n \Delta u + (1-\nu)\partial_s \left[(u_{xx} - u_{yy})n_x n_y + u_{xy}(n_y^2 - n_x^2)\right]\}_\Gamma \in H^{-\frac{3}{2}}(\Gamma),$

$\beta_1 u = Mu = \left[\nu \Delta u + (1-\nu)(u_{xx}n_x^2 + u_{yy}n_y^2 + 2u_{xy}n_x n_y)\right]_\Gamma \in H^{-\frac{1}{2}}(\Gamma),$

$(P) \quad u(p) = \displaystyle\int_\Gamma \{[-M'G(p,p')]u_n(p') + [-Q'G(p,p')]u_0(p')\}ds', p \in \Omega,$

$$(K) \begin{cases} Mu = \displaystyle\int_\Gamma \{-[MM'G(p,p')]^{(-0)}u_n(p') - [MQ'G(p,p')]^{(-0)}u_0(p')\}ds' \\ \qquad \equiv \displaystyle\int_\Gamma [K_{11}u_n + K_{12}u_0]ds', \\ Qu = \displaystyle\int_\Gamma \{-[QM'G(p,p')]^{(-0)}u_n(p') - [QQ'G(p,p')]^{(-0)}u_0(p')\}ds' \\ \qquad \equiv \displaystyle\int_\Gamma [K_{21}u_n + K_{22}u_0]ds'. \end{cases}$$

$K : H^{\frac{1}{2}}(\Gamma) \times H^{\frac{3}{2}}(\Gamma) \to \left\{(m,q) \in H^{-\frac{1}{2}}(\Gamma) \times H^{-\frac{3}{2}}(\Gamma)\Big| \displaystyle\int_\Gamma \left(m\dfrac{dp}{dn} + qp\right) ds = 0,\right.$

$$\left.\forall\, p \in P_1(\Omega)\right\},$$

where $\quad P_1(\Omega) = \begin{cases} \{\text{polynomial which degree} \leqslant 1\}, \text{for } 0 \leqslant \nu < 1, \\ \{u \in H^2(\Omega) | \Delta u = 0\} \quad \text{for} \quad \nu = 1, \end{cases}$

$\overline{D}(\overline{u}, \overline{v}) = \displaystyle\int_\Gamma \left\{ v_n \int_\Gamma (K_{11}u_n + K_{12}u_0)ds' + v_0 \int_\Gamma (K_{21}u_n + K_{22}u_0)ds' \right\} ds,$

$\qquad \text{on } H^{\frac{1}{2}}(\Gamma) \times H^{\frac{3}{2}}(\Gamma).$

2.4.1 $\Omega =$ upper half-plane

$(P) \quad u(x,y) = -\dfrac{y^2}{\pi(x^2+y^2)}u_n(x) + \dfrac{2y^3}{\pi(x^2+y^2)^2} * u_0(x), \quad y > 0,$

$$(K) \begin{cases} Mu(x) = -\dfrac{2}{\pi x^2} * u_n(x) + (1+\nu)u_0''(x), \\ Qu(x) = (1+\nu)u_n''(x) + \dfrac{2}{\pi x^2} * u_0''(x). \end{cases}$$

2.4.2 Ω = interior unit circle

(P) $\quad u(r,\theta) = -\dfrac{(1-r^2)^2}{4\pi(r^2+1-2r\cos\theta)} * u_n(\theta) + \dfrac{(1-r^2)^2(1-r\cos\theta)}{2\pi(r^2+1-2r\cos\theta)^2} * u_0(\partial),$

$$0 \leqslant r < 1,$$

$$(K) \begin{cases} Mu(\theta) = (1+\nu)u_n(\theta) - \dfrac{1}{2\pi\sin^2\frac{\theta}{2}} * u_n(\theta) + (1+\nu)u_0''(\theta) + \dfrac{1}{2\pi\sin^2\frac{\theta}{2}} * u_0(\theta), \\[4mm] Qu(\theta) = (1+\nu)u_n''(\theta) + \dfrac{1}{2\pi\sin^2\frac{\theta}{2}} * u_n(\theta) - (1+\nu)u_0''(\theta) + \dfrac{1}{2\pi\sin^2\frac{\theta}{2}} * u_0''(\theta). \end{cases}$$

2.4.3 Ω = exterior unit circle

(P) $\quad u(r,\theta) = -\dfrac{(r^2-1)^2}{4\pi(r^2+1-2r\cos\theta)} * u_n(\theta) + \dfrac{(r^2-1)^2(r\cos\theta-1)}{2\pi(r^2+1-2r\cos\theta)^2} * u_0(\theta),$

$$(K) \begin{cases} Mu(\theta) = -(1+\nu)u_n(\theta) - \dfrac{1}{2\pi\sin^2\frac{\theta}{2}} * u_n(\theta) + (1+\nu)u_0''(\theta) - \dfrac{1}{2\pi\sin^2\frac{\theta}{2}} * u_0(\theta), \\[4mm] Qu(\theta) = (1+\nu)u_n''(\theta) - \dfrac{1}{2\pi\sin^2\frac{\theta}{2}} * u_n(\theta) + (1+\nu)u_0''(\theta) + \dfrac{1}{2\pi\sin^2\frac{\theta}{2}} * u_0(\theta). \end{cases}$$

Remark. For Ω = interior or exterior unit circle, $\nu \neq 1, \nu \neq -3$, we have the inverse of K as follows,

$$\begin{bmatrix} u_n \\ u_0 \end{bmatrix} = \begin{bmatrix} H_1(\theta) & H_2(\theta) \\ H_2(\theta) & H_3(\theta) \end{bmatrix} * \begin{bmatrix} Mu \\ Qu \end{bmatrix} + \left(\frac{1}{2\pi} + \frac{1}{\pi}\cos\theta\right) * \begin{bmatrix} u_n \\ u_0 \end{bmatrix}$$

where

$$H_1(\theta) = \frac{1}{(1-\nu)(3+\nu)}\left[2\left(-\frac{1}{\pi}\cos\theta\ln\left|2\sin\frac{\theta}{2}\right| - \frac{1}{4\pi}\cos\theta - \frac{1}{2\pi}\right)\right.$$
$$\left. \pm(1+\nu)\left(\frac{\theta}{2\pi}\sin\theta - \frac{1}{2}\sin\theta + \frac{1}{4\pi}\cos\theta + \frac{1}{2\pi}\right)\right],$$

$$H_2(\theta) = \frac{1}{(1-\nu)(3+\nu)}\left[(1+\nu)\left(\frac{\theta}{2\pi}\sin\theta - \frac{1}{2}\sin\theta + \frac{1}{4\pi}\cos\theta + \frac{1}{2\pi}\right)\right.$$
$$\left. \pm 2\left(-\frac{1}{\pi}\cos\theta\ln\left|2\sin\frac{\theta}{2}\right| + \frac{1}{\pi}\ln\left|2\sin\frac{\theta}{2}\right| + \frac{3}{4\pi}\cos\theta - \frac{1}{2\pi}\right)\right],$$

$$H_3(\theta) = \frac{1}{(1-\nu)(3+\nu)}\left[2\left(-\frac{1}{\pi}\cos\theta\ln\left|2\sin\frac{\theta}{2}\right| + \frac{1}{\pi}\ln\left|2\sin\frac{\theta}{2}\right| + \frac{3}{4\pi}\cos\theta - \frac{1}{2\pi}\right)\right.$$
$$\left. \pm(1+\nu)\left(\frac{\theta}{2\pi}\sin\theta + \frac{5}{4\pi}\cos\theta - \frac{1}{2}\sin\theta - \frac{\theta^2}{4\pi} + \frac{\theta}{2} - \frac{\pi}{6} + \frac{1}{2\pi}\right)\right],$$

where $\pm$ correspond respectively to Ω = interior or exterior unit circle.

2.5 2-D Elasticity Equations [3]

$$A\vec{u} = a\ \text{grad}\ \text{div}\ \vec{u} - b\ \text{rot}\ \text{rot}\ \vec{u},$$

where

$$a = \lambda + 2\mu, b = \mu.$$

2.5.1 Ω = uppef half-plane

$$\vec{u} = u_1 \vec{e}_x + u_2 \vec{e}_y, \quad \vec{n} = n_1 \vec{e}_x + n_2 \vec{e}_y,$$

$$q_1 = \sigma_{11} n_1 + \sigma_{12} n_2, \quad q_2 = \sigma_{21} n_1 + \sigma_{22} n_2,$$

$$\varepsilon_{ij} = \frac{1}{2}\left(\frac{\partial u_j}{\partial x_i} + \frac{\partial u_i}{\partial x_j}\right), \quad i, j = 1, 2,$$

$$\sigma_{11} = (\lambda + 2\mu)\varepsilon_{11} + \lambda\varepsilon_{22}, \quad \sigma_{22} = (\lambda + 2\mu)\varepsilon_{22} + \lambda\varepsilon_{11}, \quad \sigma_{12} = \sigma_{21} = 2\mu\varepsilon_{12},$$

$$(P) \quad \begin{bmatrix} u_1(x,y) \\ u_2(x,y) \end{bmatrix} = \begin{bmatrix} P_{11} & P_{12} \\ P_{21} & P_{22} \end{bmatrix} * \begin{bmatrix} u_1(x,0) \\ u_2(x,0) \end{bmatrix}, \quad y > 0,$$

where $P_{11} = \dfrac{y}{\pi(x^2 + y^2)} + \dfrac{(a-b)}{(a+b)}\dfrac{y(x^2 - y^2)}{(x^2 + y^2)^2},$

$$P_{12} = P_{21} = \frac{2(a-b)}{(a+b)}\frac{xy^2}{\pi(x^2+y^2)^2},$$

$$P_{22} = \frac{y}{\pi(x^2+y^2)} - \frac{(a-b)y(x^2-y^2)}{(a+b)\pi(x^2+y^2)^2},$$

$$(K) \quad \begin{bmatrix} q_1(x) \\ q_2(x) \end{bmatrix} = \begin{bmatrix} -\dfrac{2ab}{(a+b)\pi x^2} & -\dfrac{2b^2}{a+b}\delta'(x) \\ \dfrac{2b^2}{a+b}\delta'(x) & -\dfrac{2ab}{(a+b)\pi x^2} \end{bmatrix} * \begin{bmatrix} u_1(x,0) \\ u_2(x,0) \end{bmatrix}.$$

2.5.2 Ω = interior unit circle

$$\vec{u} = u_r \vec{e}_r + u_\theta \vec{e}_\theta, \quad \vec{n} = n_r \vec{e}_r + n_\theta \vec{e}_\theta,$$

$$q_r = \sigma_{rr} n_r + \sigma_{r\theta} n_\theta, \quad q_\theta = \sigma_{\theta r} n_r + \sigma_{\theta\theta} n_\theta,$$

$$\varepsilon_{rr} = \partial_r u_r, \quad \varepsilon_{\theta\theta} = \frac{1}{r}\partial_\theta u_\theta + \frac{1}{r}u_r, \quad \varepsilon_{r\theta} = \frac{1}{2}\left(\partial_r u_\theta - \frac{1}{r}u_\theta + \frac{1}{r}\partial_\theta u_r\right),$$

$$\sigma_{rr} = (\lambda + 2\mu)\varepsilon_{rr} + \lambda\varepsilon_{\theta\theta}, \sigma_{\theta\theta} = (\lambda + 2\mu)\varepsilon_{\theta\theta} + \lambda\varepsilon_{rr}, \sigma_{r\theta} = \sigma_{\theta r} = 2\mu\varepsilon_{r\theta},$$

$$(P) \quad \begin{bmatrix} u_r(r,\theta) \\ u_\theta(r,\theta) \end{bmatrix} = \begin{bmatrix} P_{rr} & P_{r\theta} \\ P_{\theta r} & P_{\theta\theta} \end{bmatrix} * \begin{bmatrix} u_r(1,\theta) \\ u_\theta(1,\theta) \end{bmatrix}, \quad 0 \leqslant r < 1,$$

where $P_{rr} = \dfrac{[2a\cos\theta - (a-b)r](1-r^2)}{(a+b)2\pi(r^2+1-2r\cos\theta)} + \dfrac{(a-b)(1-r^2)(\cos\theta - 2r + r^2\cos\theta)}{(a+b)2\pi(1+r^2-2r\cos\theta)^2},$

$$P_{r\theta} = \frac{b(1-r^2)\sin\theta}{(a+b)\pi(1+r^2-2r\cos\theta)} + \frac{(b-a)(1-r^2)^2\sin\theta}{2(a+b)\pi(1+r^2-2r\cos\theta)^2},$$

$$P_{\theta r} = -\frac{a(1-r^2)\sin\theta}{(a+b)\pi(1+r^2-2r\cos\theta)} + \frac{(b-a)(1-r^2)^2\sin\theta}{2(a+b)\pi(1+r^2-2r\cos\theta)^2},$$

$$P_{\theta\theta} = \frac{[2b\cos\theta - (b-a)r](1-r^2)}{(a+b)2\pi(1+r^2-2r\cos\theta)} + \frac{(b-a)(1-r^2)(\cos\theta - 2r + r^2\cos\theta)}{(a+b)2\pi(1+r^2-2r\cos\theta)^2}.$$

$$(K) \quad \begin{bmatrix} q_r(\theta) \\ q_\theta(\theta) \end{bmatrix} = \begin{bmatrix} K_{rr} & K_{r\theta} \\ K_{\theta r} & K_{\theta\theta} \end{bmatrix} * \begin{bmatrix} u_r(1,\theta) \\ u_\theta(1,\theta) \end{bmatrix},$$

where
$$K_{rr} = -\frac{ab}{(a+b)2\pi \sin^2\theta/2} - \frac{2b^2}{(a+b)}\delta(\theta) + \frac{a^2}{\pi(a+b)},$$

$$K_{r\theta} = -\frac{ab}{(a+b)\pi}\operatorname{ctg}\frac{\theta}{2} - \frac{2b^2}{(a+b)}\delta'(\theta),$$

$$K_{\theta r} = \frac{ab}{(a+b)\pi}\operatorname{ctg}\frac{\theta}{2} + \frac{2b^2}{(a+b)}\delta'\theta,$$

$$K_{\theta\theta} = -\frac{ab}{(a+b)2\pi \sin^2\theta/2} - \frac{2b^2}{(a+b)}\delta(\theta) + \frac{b^2}{\pi(a+b)}.$$

2.5.3 $\Omega =$ exterior unit circle, $\vec{u} = u_r \vec{e}_r + u_\theta \vec{e}_\theta$

$$(P) \quad \begin{bmatrix} u_r(r,\theta) \\ u_\theta(r,\theta) \end{bmatrix} = \begin{bmatrix} P_{rr} & P_{r\theta} \\ P_{\theta r} & P_{\theta\theta} \end{bmatrix} * \begin{bmatrix} u_r(1,\theta) \\ u_\theta(1,\theta) \end{bmatrix}, \qquad r > 1,$$

where
$$P_{rr} = \frac{(2br\cos\theta + a - b)(r^2-1)}{(a+b)2\pi r(1+r^2-2r\cos\theta)} + \frac{(a-b)(r^2-1)(\cos\theta - 2r + r^2\cos\theta)}{2(a+b)\pi(1+r^2-2r\cos\theta)^2},$$

$$P_{r\theta} = \frac{(a-b)(r^2-1)^2\sin\theta}{2(a+b)\pi(1+r^2-2r\cos\theta)^2} + \frac{b(r^2-1)\sin\theta}{(a+b)\pi(1+r^2-2r\cos\theta)},$$

$$P_{\theta r} = \frac{(a-b)(r^2-1)^2\sin\theta}{2(a+b)\pi(1+r^2-2r\cos\theta)^2} - \frac{a(r^2-1)\sin\theta}{(a+b)\pi(1+r^2-2r\cos\theta)},$$

$$P_{\theta\theta} = \frac{(2ar\cos\theta - a + b)(r^2-1)}{(a+b)2\pi r(1+r^2-2r\cos\theta)} - \frac{(a-b)(r^2-1)(\cos\theta - 2r + r^2\cos\theta)}{2(a+b)\pi(1+r^2-2r\cos\theta)^2}.$$

$$(K) \quad \begin{bmatrix} q_r(\theta) \\ q_\theta(\theta) \end{bmatrix} = \begin{bmatrix} K_{rr} & K_{r\theta} \\ K_{\theta r} & K_{\theta\theta} \end{bmatrix} * \begin{bmatrix} u_r(1,\theta) \\ u_\theta(1,\theta) \end{bmatrix},$$

where
$$K_{rr} = -\frac{ab}{(a+b)2\pi \sin^2\theta/2} + \frac{2b^2}{a+b}\delta(\theta) + \frac{ab}{\pi(a+b)},$$

$$K_{r\theta} = -\frac{ab}{(a+b)\pi}\operatorname{ctg}\frac{\theta}{2} + \frac{2b^2}{a+b}\delta'(\theta),$$

$$K_{\theta r} = \frac{ab}{(a+b)\pi}\operatorname{ctg}\frac{\theta}{2} - \frac{2b^2}{a+b}\delta'(\theta),$$

$$K_{\theta\theta} = -\frac{ab}{(a+b)2\pi \sin^2\theta/2} + \frac{2b^2}{a+b}\delta(\theta) + \frac{ab}{\pi(a+b)}.$$

3. Numerical Treatment

3.1 Harmonic Canonical Integral Equation in Interior or Exterior Unit Circle

$$\begin{cases} \text{Find } u_0(\theta) \in H^{\frac{1}{2}}(\Gamma) \text{ such that} \\ \\ \overline{D}(u_0, v_0) = \int_0^{2\pi} f(\theta)v_0(\theta)d\theta, \quad \forall v_0 \in H^{\frac{1}{2}}(\Gamma), \end{cases} \tag{23}$$

where $\quad \overline{D}(u_0, v_0) = -\int_0^{2\pi}\int_0^{2\pi} \dfrac{1}{4\pi \sin^2 \dfrac{\theta - \theta'}{2}} u_0(\theta')v_0(\theta)d\theta' d\theta.$

3.1.1 piecewise linear basis functions

Take

$$L_i(\theta) = \begin{cases} \dfrac{N}{2\pi}(\theta - \theta_{i-1}), & \theta_{i-1} \leqslant \theta \leqslant \theta_i, \\ \\ \dfrac{N}{2\pi}(\theta_{i+1} - \theta), & \theta_i \leqslant \theta \leqslant \theta_{i+1}, \quad i = 1, 2\cdots, N, \\ \\ 0, & \text{otherwise}, \end{cases}$$

where $\theta_i = \dfrac{i}{N}2\pi$. Set $u_0(\theta) \approx U_0(\theta) = \sum_{j=1}^{N} U_j L_j(\theta)$. we have

$$\{L_i(\theta)\} \subset H^1(\Gamma) \subset H^{\frac{1}{2}}(\Gamma).$$

Using the formula[7]

$$-\frac{1}{4\pi \sin^2 \dfrac{\theta}{2}} = \frac{1}{\pi}\sum_{n=1}^{\infty} n\cos n\theta, \tag{24}$$

from (23) we obtain equation $QU = b$, where

$$Q = (q_{ij})_{N\times N}, U = (U_1, \cdots, U_N)^T, \quad b = (b_1, \cdots, b_N)^T,$$

$$b_i = \int_0^{2\pi} f(\theta)L_i(\theta)d\theta, \qquad q_{ji} = q_{ij} = a_{|i-j|}, \tag{25}$$

$$a_k = \frac{4N^2}{\pi^3}\sum_{n=1}^{\infty}\frac{1}{n^3}\sin^4 n\frac{\pi}{N}\cos n\frac{k}{N}2\pi, \qquad k = 0, 1, \cdots, N-1, \tag{26}$$

which is a convergent series,

$$Q = \begin{bmatrix} a_0 & a_1 & \cdots & a_{N-2} & a_{N-1} \\ a_{N-1} & a_0 & \cdots & a_{N-3} & a_{N-2} \\ \vdots & \vdots & & \vdots & \vdots \\ a_2 & a_3 & \cdots & a_0 & a_1 \\ a_1 & a_2 & \cdots & a_{N-1} & a_0 \end{bmatrix} \equiv (a_0, a_1, \cdots, a_{N-1}). \tag{27}$$

From now on the circulant matrix produced by $\alpha_1, \cdots, \alpha_N$ will be denoted by $(\alpha_1, \cdots, \alpha_N)$. Q is semi-positive definite and circulant with rank $N - 1$. We can solve $QU = b$ by direct or iterative method, or by method provided in [13] and using FFT.

We have error estimates (see [15] for proof):

$$\|u_0 - U_0\|_{\overline{D}} \leqslant Ch^{\frac{3}{2}}|u_0|_{2,\Gamma},$$

where $\|\cdot\|_{\overline{D}}$ is the norm on $H^{\frac{1}{2}}(\Gamma)/P_0$ produced from $\overline{D}(u_0, v_0), h = \dfrac{2\pi}{N}$;

$$\left. \begin{array}{l} \|u_0 - U_0\|_{L^2(\Gamma)} \leqslant Ch^2\|u_0\|_{H^2(\Gamma)}, \\[2mm] \max\limits_{[0,2\pi]} |u_0(\theta) - U_0(\theta)| \leqslant Ch^{\frac{3}{2}}\|u_0\|_{H^2(\Gamma)}, \end{array} \right\} \text{ for } u_0 \text{ satisfying}$$

$$\int_0^{2\pi} [u_0 - U_0]d\theta = 0.$$

3.1.2   Piecewise Hermite basis functions

We take

$$F_j(\theta) = \begin{cases} -2\left(\dfrac{N}{2\pi}\right)^3 (\theta - \theta_{j-1})^3 + 3\left(\dfrac{N}{2\pi}\right)^2 (\theta - \theta_{j-1})^2, \theta \in [\theta_{j-1}, \theta_j], \\[3mm] 2\left(\dfrac{N}{2\pi}\right)^3 (\theta - \theta_j)^3 - 3\left(\dfrac{N}{2\pi}\right)^2 (\theta - \theta_j)^2 + 1, \quad \theta \in [\theta_j, \theta_{j+1}], \\[3mm] 0, \qquad\qquad\qquad \text{otherwise}, \end{cases}$$

$$G_j(\theta) = \begin{cases} \left(\dfrac{N}{2\pi}\right)^2 (\theta - \theta_{j-1})^3 - \dfrac{N}{2\pi}(\theta - \theta_{j-1})^2, \qquad \theta \in [\theta_{j-1}, \theta_j], \\[3mm] \left(\dfrac{N}{2\pi}\right)^2 (\theta - \theta_j)^3 - 2\left(\dfrac{N}{2\pi}\right)(\theta - \theta_j)^2 + (\theta - \theta_j), \qquad \theta \in [\theta_j, \theta_{j+1}], \\[3mm] 0, \qquad\qquad\qquad \text{otherwise}, \end{cases}$$

$j = 1, 2, \cdots, N$, where $\theta_i = \dfrac{i}{N}2\pi$, $i = 1, \cdots, N$. Let

$$u_0 \approx U_0(\theta) = \sum_{j=1}^N [F_j(\theta)U_j + G_j(\theta)V_j].$$

We obtain

$$Q\begin{bmatrix} U \\ V \end{bmatrix} = \begin{bmatrix} b \\ c \end{bmatrix},$$

where $\quad b_i = \displaystyle\int_0^{2\pi} u_n(\theta)F_i(\theta)d\theta, \quad c_i = \int_0^{2\pi} u_n(\theta)G_i(\theta)d\theta,$ \hfill (28)

$$Q = \begin{bmatrix} (\alpha_0, \alpha_1, \cdots, \alpha_{N-1}) & (0, \beta_{N-1}, \cdots, \beta_1) \\ (0, \beta_1, \cdots, \beta_{N-1}) & (\gamma_0, \gamma_1, \cdots, \gamma_{N-1}) \end{bmatrix}, \tag{29}$$

$$\alpha_k = \frac{9N^4}{\pi^5} \sum_{j=1}^{\infty} \frac{1}{j^5} \left(\frac{4N^2}{\pi^2 j^2} \sin^4 \frac{j\pi}{N} - \frac{4N}{\pi j} \sin^2 \frac{j\pi}{N} \sin \frac{j}{N} 2\pi + \sin^2 \frac{j}{N} 2\pi \right) \cos \frac{jk}{N} 2\pi,$$

$$\beta_k = \frac{N^3}{\pi^4} \sum_{j=1}^{\infty} \frac{1}{j^5} \left[-\frac{18N^2}{\pi^2 j^2} \sin^2 \frac{j\pi}{N} \sin \frac{j}{N} 2\pi + \frac{6N}{\pi j} \sin^2 \frac{j\pi}{N} \left(5 \cos \frac{j}{N} 2\pi + 7 \right) \right.$$

$$\left. - 3 \sin \frac{j}{N} 4\pi - 12 \sin \frac{j}{N} 2\pi \right] \sin \frac{j}{N} k 2\pi, \tag{30}$$

$$\gamma_k = \frac{N^2}{\pi^3} \sum_{j=1}^{\infty} \frac{1}{j^5} \left[\frac{9N^2}{n^2 j^2} \sin^2 \frac{j}{N} 2\pi - \frac{N}{\pi j} \left(24 \sin \frac{j}{N} 2\pi + 6 \sin \frac{j}{N} 4\pi \right) \right.$$

$$\left. + 36 \cos^2 \frac{j\pi}{N} - 4 \sin \frac{j}{N} \pi \sin \frac{j}{N} 3\pi \right] \cos \frac{j}{N} k 2\pi, \quad k = 0, 1, \cdots, N-1.$$

These series are convergent.

We have error estimates (see [15] for proof):

$$\|u_0 - U_0\|_{\overline{D}} \leqslant C h^{\frac{7}{2}} |u_0|_{4, \Gamma};$$

$$\left. \begin{array}{l} \|u_0 - U_0\|_{L^2(\Gamma)} \leqslant C h^4 \|u_0\|_{H^4(\Gamma)}, \\[2mm] \max_{[0, 2\pi]} |u_0 - U_0| \leqslant C h^{\frac{7}{2}} \|u_0\|_{H^4(\Gamma)}, \end{array} \right\} \text{ for } u_0 \text{ satisfying}$$

$$\int_0^{2\pi} (u_0 - U_0) d\theta = 0.$$

Numerical example.

$$\begin{cases} \Delta u = 0, & \text{in } \Omega = \text{ exterior unit circle,} \\ \partial_n u = 2 \cos 2\theta. \end{cases}$$

Taking the piecewise Hermite basis functions, we get

N	$\max_i |U_i - u_0(\theta_1)|$	Ratio	$\max_i |V_i - u_0'(\theta_i)|$	Ratio	Remark
16	0.4126965×10^{-3}		0.6135520×10^{-2}		
		13.33216		13.124112	$\left(\dfrac{32}{16} \right)^4 = 16$
32	0.3095496×10^{-4}		0.4674998×10^{-3}		

N	r	1.5	5
	$U(r, 0)$	0.4444644	0.4000123×10^{-1}
32	Error	0.1999284×10^{-4}	0.1230998×10^{-5}
	Relative Error	0.4498389×10^{-4}	0.3077495×10^{-4}

N	50	500
	0.4000052×10^{-3}	0.3992977×10^{-5}
32	0.5261891×10^{-8}	0.7022105×10^{-8}
	0.1313472×10^{-4}	0.1755526×10^{-2}

Remark. When Ω = upper half-plane, taking piecewise linear basis functions, we obtain an infinite matrix

$$Q = [q_{ij}]_{i,j=-\infty}^{\infty},$$

where

$$q_{ij} = a_{|i-j|}, i, j = 0, \pm 1, \cdots, \pm N, \cdots \tag{31}$$

$$a_k = \frac{1}{2\pi}[(k+2)^2 \ln|k+2| - 4(k+1)^2 \ln|k+1| + 6k^2 \ln|k|$$
$$- 4(k-1)^2 \ln|k-1| + (k-2)^2 \ln|k-2|], \quad k = 0, 1, \cdots, N, \cdots \tag{32}$$

3.2 Biharmonic Canonical Integral Equation in Interior and Exterior Unit Circle

$$\begin{cases} \text{Find } (u_n, u_0) \in H^{\frac{1}{2}}(\Gamma) \times H^{\frac{3}{2}}(\Gamma) \qquad \text{such that} \\ \overline{D}(u_n, u_0; v_n, v_0) = \int_0^{2\pi} (mv_n + qv_0)d\theta, \quad \forall\, (v_n, v_0) \in H^{\frac{1}{2}}(\Gamma) \times H^{\frac{3}{2}}(\Gamma), \end{cases} \tag{33}$$

where $\quad \overline{D}(u_n, u_0; v_n, v_0)$

$$= \int_0^{2\pi} \left\{ v_n(\theta) \left[(1+\nu)u_n(\theta) - \int_0^{2\pi} \frac{u_n(\theta')}{2\pi \sin^2 \frac{\theta-\theta'}{2}} d\theta' + (1+\nu)u_0''(\theta) \right.\right.$$

$$\left. + \int_0^{2\pi} \frac{u_n(\theta')}{2\pi \sin^2 \frac{\theta-\theta'}{2}} d\theta' \right] + v_0(\theta) \left[(1+\nu)u_n''(\theta) + \int_0^{2\pi} \frac{u_n(\theta')}{2\pi \sin^2 \frac{\theta-\theta'}{2}} d\theta' \right.$$

$$\left.\left. - (1+\nu)u_0''(\theta) + \int_0^{2\pi} \frac{u_0''(\theta')}{2\pi \sin^2 \frac{\theta-\theta'}{2}} d\theta' \right] \right\} d\theta.$$

Take the piecewise Hermite basis functions as above.

We have

$$\{F_i(\theta)\}\,U\ \{G_i(\theta)\} \subset H^{\frac{3}{2}}(\Gamma).$$

Let

$$u_n(\theta) \approx U_n(\theta) = \sum_{j=1}^N (X_j F_j(\theta) + Y_j G_j(\theta)),$$

$$u_0(\theta) \approx U_0(\theta) = \sum_{j=1}^N (U_j F_j(\theta) + V_j G_j(\theta)),$$

then from (33) we obtain

$$Q\begin{bmatrix} X \\ Y \\ U \\ V \end{bmatrix} = \begin{bmatrix} \alpha \\ \beta \\ \gamma \\ \delta \end{bmatrix},$$

where

$$\alpha_i = \int_0^{2\pi} m(\theta)F_i(\theta)d\theta,$$

$$\beta_i = \int_0^{2\pi} m(\theta)G_i(\theta)d\theta,$$

$$\gamma_i = \int_0^{2\pi} q(\theta)F_i(\theta)d\theta, \qquad (34)$$

$$\delta_i = \int_0^{2\pi} q(\theta)G_i(\theta)d\theta,$$

$$Q = \begin{bmatrix} Q_{11} & Q_{12} & Q_{13} & Q_{14} \\ Q_{21} & Q_{22} & Q_{23} & Q_{24} \\ Q_{31} & Q_{32} & Q_{33} & Q_{34} \\ Q_{41} & Q_{42} & Q_{43} & Q_{44} \end{bmatrix},$$

$$Q_{11} = (1+\nu)\left(\frac{52\pi}{35N}, \frac{9\pi}{35N}, 0, \cdots, 0, \frac{9\pi}{35N}\right) + (a_0, a_1, \cdots, a_{N-1}),$$

$$Q_{12} = Q_{21}^T = (1+\nu)\left(0, -\frac{13\pi^2}{105N^2}, 0, \cdots, 0, \frac{13\pi^2}{105N^2}\right) + (e_0, e_{N-1}, \cdots, e_1),$$

$$Q_{13} = Q_{31}^T = -(1+\nu)\left(\frac{6N}{5\pi}, -\frac{3N}{5\pi}, 0, \cdots, 0, -\frac{3N}{5\pi}\right) - (a_0, a_1, \cdots, a_{N-1}),$$

$$Q_{14} = Q_{41}^T = (1+\nu)\left(0, -\frac{1}{10}, 0, \cdots, 0, \frac{1}{10}\right) + (e_0, e_1, \cdots, e_{N-1}),$$

$$Q_{22} = (1+\nu)\left(\frac{16\pi^3}{105N^3}, -\frac{2\pi^3}{35N^3}, 0, \cdots, 0, -\frac{2\pi^3}{35N^3}\right) + (d_0, d_1, \cdots, d_{N-1}),$$

$$Q_{23} = Q_{32}^T = (1+\nu)\left(0, \frac{1}{10}, 0, \cdots, 0, -\frac{1}{10}\right) + (e_0, e_{N-1}, \cdots, e_1),$$

$$Q_{24} = Q_{42}^T = -(1+\nu)\left(\frac{8\pi}{15N}, -\frac{\pi}{15N}, 0, \cdots, -\frac{\pi}{15N}\right) - (d_0, d_1, \cdots, d_{N-1}),$$

$$Q_{33} = (1+\nu)\left(\frac{6N}{5\pi}, -\frac{3N}{5\pi}, 0, \cdots, 0, -\frac{3N}{5\pi}\right) + (b_0, b_1, \cdots, b_{N-1}),$$

$$Q_{34} = Q_{43}^T = (1+\nu)\left(0, \frac{1}{10}, 0, \cdots, -\frac{1}{10}\right) + (f_0, f_{N-1}, \cdots, f_1),$$

$$Q_{44} = (1+\nu)\left(\frac{8\pi}{15N}, -\frac{\pi}{15N}, 0, \cdots, 0, -\frac{\pi}{15N}\right) + (c_0, c_1, \cdots, c_{N-1}), \qquad (35)$$

$$b_i = \frac{18N^4}{\pi^5}\sum_{j=1}^{\infty}\frac{1}{j^3}\left(\frac{4N^2}{\pi^2 j^2}\sin^4\frac{j\pi}{N} - \frac{4N}{\pi j}\sin^2\frac{j\pi}{N}\sin\frac{j}{N}2\pi + \sin^2\frac{j}{N}2\pi\right)\cos\frac{ji}{N}2\pi,$$

$$a_i = \frac{18N^4}{\pi^5} \sum_{j=1}^{\infty} \frac{1}{j^5} \left(\frac{4N^2}{\pi^2 j^2} \sin^4 \frac{j\pi}{N} - \frac{4N}{\pi j} \sin^2 \frac{j\pi}{N} \sin \frac{j}{N} 2\pi + \sin^2 \frac{j}{N} 2\pi \right) \cos \frac{ji}{N} 2\pi,$$

$$c_i = \frac{N^2}{\pi^3} \sum_{j=1}^{\infty} \frac{1}{j^3} \left[\frac{18N^2}{\pi^2 j^2} \sin^2 \frac{j}{N} 2\pi - \frac{N}{\pi j} \left(48 \sin \frac{j}{N} 2\pi + 12 \sin \frac{j}{N} 4\pi \right) \right.$$
$$\left. + 72 \cos^2 \frac{j}{N} \pi - 8 \sin \frac{j}{N} \pi \sin \frac{j}{N} 3\pi \right] \cos \frac{ji}{N} 2\pi,$$

$$d_i = \frac{N^2}{\pi^3} \sum_{j=1}^{\infty} \frac{1}{j^5} \left[\frac{18N^2}{\pi^2 j^2} \sin^2 \frac{j}{N} 2\pi - \frac{N}{\pi j} (48 \sin \frac{j}{N} 2\pi + 12 \sin \frac{j}{N} 4\pi) \right.$$
$$\left. + 72 \cos^2 \frac{j}{N} \pi - 8 \sin \frac{j}{N} \pi \sin \frac{j}{N} 3\pi \right] \cos \frac{ji}{N} 2\pi,$$

$$f_i = \frac{N^3}{\pi^4} \sum_{j=1}^{\infty} \frac{1}{j^3} \left[-\frac{36N^2}{\pi^2 j^2} \sin^2 \frac{j\pi}{N} \sin \frac{j}{N} 2\pi + \frac{12N}{\pi j} \sin^2 \frac{j\pi}{N} \right.$$
$$\left. \cdot \left(5 \cos \frac{j}{N} 2\pi + 7 \right) - 6 \sin \frac{j}{N} 4\pi - 24 \sin \frac{j}{N} 2\pi \right] \sin \frac{ji}{N} 2\pi,$$

$$e_i = \frac{N^3}{\pi^4} \sum_{j=1}^{\infty} \frac{1}{j^5} \left[-\frac{36N^2}{\pi^2 j^2} \sin^2 \frac{j\pi}{N} \sin \frac{j}{N} 2\pi + \frac{12N}{\pi j} \sin^2 \frac{j\pi}{N} \right.$$
$$\left. \cdot \left(5 \cos \frac{j}{N} 2\pi + 7 \right) - 6 \sin \frac{j}{N} 4\pi - 24 \sin \frac{j}{N} 2\pi \right] \sin \frac{ji}{N} 2\pi, \quad i = 0, 1, \cdots, N-1.$$
$$\tag{36}$$

For the case of Ω = exterior unit circle we have a similar result [15]. We have error estimates (see [15] for proof):

$$\|(u_n - U_n, u_0 - U_0)\|_{\overline{D}} \leqslant Ch^{\frac{7}{2}} \|(u_n, u_0)\|_{H^4(\Gamma) \times H^5(\Gamma)};$$
$$\|(u_n - U_n, u_0 - U_0)\|_{L^2(\Gamma) \times L^2(\Gamma)} \leqslant Ch^4 \|(u_n, u_0)\|_{H^4(\Gamma) \times H^5(\Gamma)},$$
$$\max \left\{ \max_{[0,2\pi]} |u_n - U_n|, \max_{[0,2\pi]} |u_0 - U_0| \right\} \leqslant Ch^{\frac{7}{2}} \|(u_n, u_0)\|_{H^4(\Gamma) \times H^5(\Gamma)},$$

the latter two estimates are true for (u_n, u_0) satisfying

$$\int_{\Gamma} \left[(u_n - U_n) \frac{\partial p}{\partial n} + (u_0 - U_0) p \right] ds = 0, \forall\, p \in P_1(\Omega).$$

Numerical example. (take $\nu = 0.5$)

$$(1) \begin{cases} \Delta^2 u = 0, \text{in } \Omega = \text{interior unit circle}, \\ Mu = -12 \cos 3\theta, \qquad Qu = 48 \cos 3\theta, \text{ on } \partial\Omega. \end{cases}$$

N	$\max_i |U_n(\theta_i) - u_n(\theta_i)|$	$\max_i |U_n'(\theta_i) - u_n'(\theta_i)|$
24	0.1238714×10^{-2}	0.8178915×10^{-1}
48	0.6614398×10^{-4}	0.1347160×10^{-1}
Ratio	18.72754	6.0712276

N	$\max_i |U_0(\theta_i) - u_0(\theta_i)|$	$\max_i |U_0'(\theta_i) - u_0'(\theta_i)|$
24	0.3420155×10^{-3}	0.1917666×10^{-2}
48	0.1950099×10^{-4}	0.1346814×10^{-3}
Ratio	17.538366	14.238536

N	r	0.1	0.3
	$U(r,0)$	0.1990031×10^{-2}	0.5157094×10^{-1}
48	Error	0.3160356×10^{-7}	0.9467044×10^{-6}
	Relative Error	0.1588118×10^{-4}	0.1835765×10^{-4}

N	0.5	0.7
	0.2187542	0.5179423
48	0.4218880×10^{-5}	0.1237349×10^{-4}
	0.1928630×10^{-4}	0.2389027×10^{-4}

$$(2) \quad \begin{cases} \Delta^2 u = 0 \text{ in } \Omega = \text{ exterior unit circle,} \\ Mu = -3\cos 3\theta, Qu = 33\cos\theta, \text{ on } \partial\Omega. \end{cases}$$

N	$\max_i |U_n(\theta_i) - u_n(\theta_i)|$	$\max_i |U_n'(\theta_i) - u_n'(\theta_i)|$
24	0.1293942×10^{-2}	0.6520362×10^{-1}
48	0.8534865×10^{-4}	0.1199005×10^{-1}
Ratio	15.16066	5.4381441

N	$\max_i |U_0(\theta_i) - u_0(\theta_i)|$	$\max_i |U_0'(\theta_i) - u_0'(\theta_i)|$
24	0.4034118×10^{-3}	0.2612500×10^{-2}
48	0.2986027×10^{-4}	0.1632207×10^{-3}
Ratio	13.509985	16.005935

N	r	1.5	5
	$U(r,0)$	0.6666793	02000020
48	Error	0.1271495×10^{-4}	0.2079648×10^{-5}
	Relative error	0.1907242×10^{-4}	0.1039824×10^{-4}

N	20	100
	0.5000057×10^{-1}	0.9999837×10^{-2}
48	0.5751819×10^{-6}	0.1627392×10^{-6}
	0.1150353×10^{-4}	0.1627392×10^{-4}

3.3 Harmonic Canonical Integral Equations in a Sector or in an Infinite Sector

$$3.3.1 \quad \begin{cases} \Delta u = 0 \text{ in } \Omega = \{(r,\theta)|0 < r < R, \quad 0 < \theta < \alpha \leqslant 2\pi\} \\ u(r,0) = u(r,\alpha) = 0, 0 \leqslant r \leqslant R; \partial_n u(R,\theta) = u_n(\theta), 0 < \theta < \alpha. \end{cases} \tag{37}$$

We have

$$
u(r,\theta) = \frac{1}{2\alpha}\left(R^{\frac{2\pi}{\alpha}} - r^{\frac{2\pi}{\alpha}}\right)\int_0^\alpha \left[\frac{1}{r^{2\pi/\alpha} + R^{2\pi/\alpha} - 2(Rr)^{\pi/\alpha}\cos\frac{\pi}{\alpha}(\theta-\theta')}\right.
$$

$$
\left. - \frac{1}{r^{2\pi/\alpha} + R^{2\pi/\alpha} - 2(Rr)^{\pi/\alpha}\cos\frac{\pi}{\alpha}(\theta+\theta')}\right]u(R,\theta')d\theta',
$$

$$
0 < r < R,\ 0 < \theta < \alpha, \tag{38}
$$

$$
u_n(\theta) = -\frac{\pi}{4\alpha^2 R}\int_0^\alpha\left(\frac{1}{\sin^2\dfrac{\theta-\theta'}{2\alpha}\pi} - \frac{1}{\sin^2\dfrac{\theta+\theta'}{2\alpha}\pi}\right)u(R,\theta')\,d\theta', \quad 0 < \theta < \alpha. \tag{39}
$$

If we change Ω for $\{(r,\theta)|r > R,\quad 0 < \theta < \alpha \leqslant 2\pi\}$, then we have

$$
u(r,\theta) = \frac{1}{2\alpha}\left(r^{\frac{2\pi}{\alpha}} - R^{\frac{2\pi}{\alpha}}\right)\int_0^\alpha\left[\frac{1}{r^{2\pi/\alpha} + R^{2\pi/\alpha} - 2(Rr)^{\pi/\alpha}\cos\frac{\pi}{\alpha}(\theta-\theta')}\right.
$$

$$
\left. - \frac{1}{r^{2\pi/\alpha} + R^{2\pi/\alpha} - 2(Rr)^{\pi/\alpha}\cos\frac{\pi}{\alpha}(\theta+\theta')}\right]u(R,\theta')d\theta',
$$

$$
r > R, 0 < \theta < \alpha, \tag{40}
$$

and (39). Take piecewise linear basis functions

$$
L_0(\theta) = \begin{cases} 1 - \dfrac{N}{\alpha}\theta, & 0 \leqslant \theta \leqslant \dfrac{\alpha}{N}, \\[2mm] 0, & \text{otherwise}\ ; \end{cases}
$$

$$
L_N(\theta) = \begin{cases} \dfrac{N}{\alpha}\left(\theta - \dfrac{N-1}{N}\alpha\right), & \dfrac{N-1}{N}\alpha \leqslant \theta \leqslant \alpha, \\[2mm] 0, & \text{otherwise}\ ; \end{cases}
$$

$$
L_j(\theta) = \begin{cases} \dfrac{N}{\alpha}\left(\theta - \dfrac{j-1}{N}\alpha\right), & \dfrac{j-1}{N}\alpha \leqslant \theta \leqslant \dfrac{j}{N}\alpha, \\[2mm] \dfrac{N}{\alpha}\left(\dfrac{j+1}{N}\alpha - \theta\right), & \dfrac{j}{N}\alpha \leqslant \theta \leqslant \dfrac{j+1}{N}\alpha, \quad j = 1,2,\cdots,N-1. \\[2mm] 0, & \text{otherwise}\ , \end{cases}
$$

Let $u(R,\theta) = \displaystyle\sum_{j=1}^{N-1} U_j L_j(\theta)$, from (39) we obtain $QU = b$, where

$$
U = [U_1,\cdots,U_{N-1}]^T, b = [b_1,\cdots,b_{N-1}]^T, Q = [q_{ij}]_{(N-1)\times(N-1)},
$$

$$
b_i = R\int_0^\alpha u_n(\theta)L_i(\theta)d\theta, \qquad i = 1,2,\cdots,N-1 \tag{41}
$$

$$
q_{ij} = q_{ji} = a_{i-j} - a_{i+j}, \qquad i,j = 1,2,\cdots,N-1 \tag{42}
$$

$$a_k = \frac{16N^2}{\pi^3} \sum_{n=1}^{\infty} \frac{1}{n^3} \sin^4 \frac{n\pi}{2N} \cos \frac{n}{N} k\pi, \qquad k = 0, 1, \cdots, N. \tag{43}$$

a_k is precisely the coefficients of finite element matrix of harmonic canonical integral equation in interior unit circle when the circle is divided into $2N$ parts (see(26)). Q is positive definite and independent of α and R. $(41-43)$ also can be obtained from the result concerning interior unit circle by odd extension.

3.3.2
$$\begin{cases} \Delta u = 0, & \text{in } \Omega = \{(r,\theta)|0 < r < R, 0 < \theta < \alpha \leqslant 2\pi\} \\ \qquad \text{or } \{(r,\theta)|r > R, 0 < \theta < \alpha \leqslant 2\pi\}, \\ \partial_n u(r,0) = \partial_n u(r,\alpha) = 0, & 0 < r < R \quad \text{or} \quad r > R; \\ \partial_n u(R,\theta) = u_n(\theta), & 0 < \theta < \alpha. \end{cases} \tag{44}$$

We have

$$u(r,\theta) = \frac{1}{2\alpha}\left(R^{\frac{2\pi}{\alpha}} - r^{\frac{2\pi}{\alpha}}\right)\int_0^\alpha \left[\frac{1}{R^{2\pi/\alpha} + r^{2\pi/\alpha} - 2(Rr)^{\pi/\alpha}\cos\frac{\pi}{\alpha}(\theta - \theta')}\right.$$

$$\left. + \frac{1}{R^{2\pi/\alpha} + r^{2\pi/\alpha} - 2(Rr)^{\pi/\alpha}\cos\frac{\pi}{\alpha}(\theta + \theta')}\right] u(R,\theta')d\theta',$$

$$0 < r < R, 0 < \theta < \alpha, \tag{45}$$

$$u(r,\theta) = \frac{1}{2\alpha}\left(r^{\frac{2\pi}{\alpha}} - R^{\frac{2\pi}{\alpha}}\right)\int_0^\alpha \left[\frac{1}{R^{2\pi/\alpha} + r^{2\pi/\alpha} - 2(Rr)^{\pi/\alpha}\cos\frac{\pi}{\alpha}(\theta - \theta')}\right.$$

$$\left. + \frac{1}{R^{2\pi/\alpha} + r^{2\pi/\alpha} - 2(Rr)^{\pi/\alpha}\cos\frac{\pi}{\alpha}(\theta + \theta')}\right] u(R,\theta')d\theta',$$

$$r > R, 0 < \theta < \alpha, \tag{46}$$

$$u_n(\theta) = -\frac{\pi}{4\alpha^2 R}\int_0^\alpha \left(\frac{1}{\sin^2\frac{\theta - \theta'}{2\alpha}\pi} + \frac{1}{\sin^2\frac{\theta + \theta'}{2\alpha}\pi}\right) u(R,\theta')d\theta', 0 < \theta < \alpha. \tag{47}$$

Still take basis functions $\{L_j(\theta)\}$. Let

$$u(R,\theta) \approx \sum_{j=0}^N U_j L_j(\theta).$$

Then from (47) we obtain $QU = b$, where

$$b_i = R\int_0^\alpha u_n(\theta)L_i(\theta)d\theta, \qquad i = 0, 1, \cdots, N, \tag{48}$$

$$\begin{cases} q_{00} = q_{NN} = \frac{1}{2}a_0, & q_{0N} = q_{N0} = \frac{1}{2}a_N, \\ q_{i0} = q_{0i} = a_i, & q_{iN} = q_{Ni} = a_{N-1}, \quad i = 1, 2, \cdots, N-1, \\ q_{ij} = q_{ji} = a_{i-j} + a_{i+j}, & i, j = 1, 2, \cdots, N-1, \end{cases} \tag{49}$$

where a_k are given by (43). $\boldsymbol{Q}$ is semi-positive definite and independent of α and $\mathbf{R}$. $(48-49)$ also can be obtained from the result concerning interior unit circle by even extension.

4. Some Applications

4.1   The Coupling of FEM and Canonical Reduction for Infinite Domain

Consider a boundary value problem over Ω, which is exterior to a bounded domain with a smooth boundary Γ,

$$\begin{cases} -\Delta u = 0 & \text{in} \quad \Omega, \\ \partial_n u = f \in H^{-\frac{1}{2}}(\Gamma). \end{cases} \tag{50}$$

Draw a circle Γ' enclosing Γ. Set its centre at origin and its radius to be R. Thus Ω is divided into Ω_1 and Ω_2, Ω_2 is still an infinite domain.

Let $\qquad D_1(u,v) = \iint\limits_{\Omega_1} \nabla u \cdot \nabla v dp,$

$$\overline{D}_2(u_0, v_0) = -\frac{1}{4\pi} \int_0^{2\pi} \int_0^{2\pi} \frac{1}{\sin^2 \dfrac{\theta - \theta'}{2}} u_0(\theta') v_0(\theta) d\theta' d\theta.$$

Since (50) is equivalent to the variational problem:

$$\begin{cases} \text{Find } u \in W_0^1(\Omega) \text{ such that} \\ \displaystyle\iint\limits_{\Omega} \nabla u \cdot \nabla v dp = \int_\Gamma v\, f\, ds, \quad \forall\, v \in W_0^1(\Omega), \end{cases}$$

and

$$\iint\limits_{\Omega} \nabla u \nabla v d\, p = \iint\limits_{\Omega_1} \nabla u \nabla u d\, p + \iint\limits_{\Omega_2} \nabla u \nabla v dp = D_1(u,v) + \int_{\Gamma'} v \partial_n u ds$$
$$= D_1(u,v) + \overline{D}_2(\gamma' u, \gamma' v),$$

where n is the normal directed to the exterior of Ω_2, then (50) is equivalent to

$$\begin{cases} \text{Find } u \in H^1(\Omega_1) \text{ such that} \\ D_1(u,v) + \overline{D}_2(\gamma' u, \gamma' v) = \displaystyle\int_\Gamma v\, f\, ds, \quad \forall\, v \in H^1(\Omega_1). \end{cases} \tag{51}$$

Now we use the FEM in Ω_1. Set $U_1, \cdots, U_N$ are values at nodes on $\Gamma', U_{N+1}, \cdots,$ U_{N+M} are values at nodes on Γ and at interior nodes, $\{L_i(x,y)\}_{i=1}^{M+N} \subset H^1(\Omega_1)$ are corresponding basis functions, for example, piecewise linear, then their restriction of Γ' are approximately piecewise linear on Γ'. Let $u \approx \displaystyle\sum_{i=1}^{N+M} U_i L_i(x,y)$, we obtain

$$\sum_{j=1}^{N+M} D_1(L_j, L_i) U_j + \sum_{j=1}^{N} \overline{D}_2(\gamma' L_j, \gamma' L_i) U_j = \int_\Gamma f\, L_i ds, \quad i = 1, 2, \cdots, N+M.$$

Its coefficient matrix is

$$Q = [D_1(L_j, L_i)]_{(N+M)\times(N+M)} + \begin{bmatrix} [\overline{D}_2(\gamma'L_j, \gamma'L_i)]_{N\times N} & 0 \\ 0 & 0_{M\times M} \end{bmatrix}. \tag{52}$$

It is semi-positive definite. Its first part can be obtained by FEM, its second part is given by $(25-27)$ in §3.

4.2 The Coupling of FEM and Canonical Reduction for Domain with Concave Angle

Let Ω be a bounded domain whose boundary is composed of two sides Γ_1 and Γ_2 of a concave angle $\pi < \alpha \leqslant 2\pi$ and a smooth curve Γ. When $\alpha = 2\pi$, the domain contains a crack. Consider the boundary value problem [12]

$$\begin{cases} \Delta u = 0 \text{ in } \Omega, \\ \partial_n u = 0 \quad \text{on } \Gamma_1 \cup \Gamma_2, \quad \partial_n u = f \quad \text{on } \Gamma. \end{cases} \tag{53}$$

Take the vertex of angle α as origin and Γ_1 as x axis. In Ω we draw an arc $\Gamma' = \{(R, \theta) \mid_{0 \leqslant \theta \leqslant \alpha}\}$, it divids Ω into Ω_1 and Ω_2. Ω_2 is a sector. Since

$$\iint_\Omega \nabla u \cdot \nabla v d\, p = \iint_{\Omega_1} \nabla u \cdot \nabla v dp + \iint_{\Omega_2} \nabla u \cdot \nabla v dp$$

$$= \iint_{\Omega_1} \nabla u \cdot \nabla v dp + \int_{\Gamma'} v \partial_n u ds,$$

using (47), then (53) is equivalent to

$$\begin{cases} \text{Find } u \in H^1(\Omega_1) \text{ such that} \\ D_1(u, v) + \overline{D}_2(\gamma'u, \gamma'v) = \int_\Gamma v\, f\, ds, \quad \forall\, v \in H^1(\Omega_1), \end{cases} \tag{54}$$

where $\quad D_1(u, v) = \iint_{\Omega_1} \nabla u \nabla v d\, p,$

$$\overline{D}_2(u_0, v_0) = -\frac{\pi}{4\alpha^2} \int_0^\alpha \int_0^\alpha \left(\frac{1}{\sin^2 \dfrac{\theta - \theta'}{2\alpha}\pi} + \frac{1}{\sin^2 \dfrac{\theta + \theta'}{2\alpha}\pi} \right) u_0(\theta')v_0(\theta)d\theta' d\theta.$$

If we take the piecewise linear basis functions, then the stiffness matrix Q has the form of (52). Its first part can be obtained by FEM, and its second part is given by (49).

参 考 文 献

[1] Feng Kang(冯康), Differential vs integral equations and finite vs infinite element, Mathematica Numerica Sinica, 2 : 1(1980), (in Chinese).

[2] Feng Kang (冯康), Canonical boundary reduction and finite element method, The Finite Element International Invitational Symposium, 1981, Hefei, China.

[3] Feng Kang (冯康), Shi Zhong-ci (石钟慈). The mathematical theory of elasticity structures, Science Press, Beijing, 1981, (in Chiness).

[4] J. C. Nedelec, Approximation des equations intégrals en mécanique et en physique, Centre de Mathematiques Appliquess-Ecole polytechnique, Rapport interne, 1977.

[5] C. A. Brebbia, ed. Recent advances in boundary element methods, London, 1978.

[6] C. A. Brebbia, ed. New developments in boundary element methods, Southampton, 1980.

[7] I. M. Gel'fand, G. E. Shilov, Generalized functions, vol. I, New York, Academic Press, 1964.

[8] P.Lévy, Problémes concrets d'analyse fonctionelle, Paris, 1951.

[9] J.L. Lions, E. Magenes, Non-homogeneous boundary value problems and application, vol. I, Springer-Verlag Berlin Heidelberg New York, 1972.

[10] A.K. Aziz, I. Babuska, Survey lectures on the mathematical foundations of the finite element method, in: Aziz, A. K. ed. The mathematical foundations of the finite element method with application to partial differential equations, Academic Press 1972.

[11] P.G. Ciarlet, The finite element method for elliptic problems, North-Holland Publishing Company, 1978.

[12] Han Houde (韩厚德), Ying Longan (应隆安), The large element and the local element method, Acta Mathematicae Applicate Sinica, 3:3(1980), (in Chiness).

[13] Wu Jike (武际可), Shao Xiumin (邵秀民), The circulant matrix and its application in structural calculation, Mathematica Numerica Sinica, 1:2(1979), (in Chinese).

[14] Yu Dehao (余德浩), Canonical integral equations of biharmonic elliptic boundary value problems, Mathematica Numerica Sinica, 4:3(1982), 330-336.

[15] Yu Dehao (余德浩), Numerical solutions of harmonic and biharmonic canonical integral equations in interior or exterior circular domains, J. Comp. Math., 1:1 (1983), 52-62.

13. Finite Element Method and Natural Boundary Reduction[①]

有限元方法和自然边界归化

1. Introductory comments

One of the major advances in numerical methods for partial differential equations made in the recent twenty years is the finite element method (FEM). The method is based on the variational formulation of elliptic equations and on the triangulated approximations. The first component, the variational principle, is an old one and leads to the classical Rayleigh–Ritz method, which, though successful in the past, suffers from numerical instability and geometric inflexibility, originating from the analytic approximations adopted, but unnoticed in the pre-computer times due to the limited size and complexity of the problems then attacked. The second component, the triangulated local approximations, used but not exploited in full in the finite difference methods, is more elementary and much older. Dating back to ancient times, it was for a long time overshadowed by the later achievements in analytic approximations, but revived eventually due to its innate stability and flexibility, which becomes important in the computer era.

A judicious combination of the two old components, conventionally in juxtaposition, gives rise to the FEM, an innovation of general applicability, especially suited for problems of great complexity as well as for computer usage. In FEM, all the essential properties of elliptic operators, e.g., symmetry, coerciveness and locality are well preserved after discretization. This leads, on the one hand, to an efficient computational scheme and, on the other hand, to a sound theoretical foundation, on which the Sobolev space theory of elliptic equations is invoked in a natural way, ensuring the reliability of the method in practice. Moreover, the logic of FEM is simple, intuitive and easy to be implemented on the computer, whose capability is thereby fully exploited not only as an "equation solver" but also as an "equation setter"; there is already a vast body of software for engineering applica-

① 原载于 Proc.of the International Congress of Mathematicians,Warszawa,1983,pp1439-1453.

tions built around it. On the ground of all these reasons, the FEM has become the major methodology for computer solution of elliptic problems, and, by and large, it will remain such in the foreseeable future.

It is also well known that the elliptic boundary value problems have equivalent formulations, in addition to the variational ones, in various forms of integral equations on the boundary. In recent years an increasing interest in the numerical solution has been observed, particularly in the finite element solution of boundary integral equations, leading to the boundary element method (BEM) in various versions. The boundary reduction has the advantage of diminishing the number of space dimensions by 1 and of the capability to handle problems involving infinite domains and, moreover, also cornered or cracked domains at the expense, however, of increased complexity in the analytical formulation, which is not easily available beyond the simplest cases. During reduction, some differential operators of a local character are inverted into integral operators, which, being non-local, result in full metrices instead of sparse ones; this offsets, at least in part, the advantage gained in dimension reduction. So, the approach via integral equations, as it stands by itself, is rather limited in scope, lacking general applicability; and the BEM is not likely to replace the FEM.

Nevertheless, there are many complicated problems in which several different parts are coupled together; boundary reduction could be judiciously applied to some parts or the domain with advantage for the purpose of cutting down the size or complexity of the problem, resulting in a modified but equivalent boundary value problem on a reduced domain with artificial or computational boundaries carrying integral boundary conditions which correctly account for the full coupling between the eliminated and the remaining parts. There are also problems in which the coupling at the given boundary with the environment is assigned in an oversimplified way in the conventional form of differential boundary conditions; boundary reduction could in some way be applied to the exterior domain to give a more complicated integral boundary condition for a more accurate account between the given system and its environment.

The above motivations require that the boundary reduction should be compatible with the accepted variational formulation and finite element methodology and that the BEM should be developed as a component of the FEM, well-fitted in that framework, rather than as an independent technique. It is from this point of view that, among other things, a natural and direct method of boundary reduction, proposed by the present author[4,5,6] called canonical boundary reduction, will be discussed in the sequel.

2. Case of the Laplace equation

Consider, for example, the Neumann problem of the Laplace equation in a domain Ω in R^2 with smooth boundary Γ with exterior normal n,

$$\Omega : -\Delta u = 0, \tag{1}$$

$$\Gamma : u_n = g \quad \text{with compatibility condition } \int_\Gamma g \, dx = 0. \tag{2}$$

Here g belongs to, say, $H^{-1/2}(\Gamma)$. This problem is equivalent to the variational problem: find $u \in H^1(\Omega)$ such that

$$D(u, v) = F(v) \quad \text{for every } v \in H^1(\Omega),$$

$$D(u, v) \equiv \int_\Omega \text{grad } u \cdot \text{grad } v \, dx, F(u) = \int_\Gamma gv \, dx. \tag{3}$$

The classical Fredholm boundary reduction consists in expressing the harmonic function as a layer potential

$$u(x) = \int_\Gamma E(x - x')\sigma(x')dx', \quad E(x) = \frac{1}{2\pi} \log \frac{1}{|x|}. \tag{4}$$

Then the jump condition of the potential gradient across the boundary is

$$u_n(x) = \int_\Gamma E_n(x - x')\sigma(x')dx' + \frac{1}{2}\sigma(x), \text{ i.e., } \left(\frac{1}{2}I + E_n\right)\sigma = u_n, \tag{5}$$

a Fredholm equation of the second kind in the unknown density σ against the known data (2). Note that, after reduction, the essential properties of the original operator, i.e., symmetry, coerciveness and variational form, are not preserved. Moreover, a new function σ is introduced on Γ in addition to the trace data

$$u|_\Gamma = \gamma_0 u, \quad u_n|_\Gamma = \gamma_1 u$$

of the original problem; this is inconvenient for coupling in complicated problems. So, from the practical and computational point of view at least, the Fredholm reduction is unsatisfactory: it does not fit well with the FEM.

A partial improvement results from the Green formula

$$\int_\Omega (v\Delta' u - u\Delta' v) \, dx' = \int_\Gamma (vu_{n'} - uv_{n'})dx' \tag{6}$$

(x' is the dummy variable with the corresponding primed differential operators) and the choice $v(x') = E(x - x')$, whence

$$u(x) = \int_\Gamma (uE_{n'} - u_{n'}E) \, dx', \quad x \in \Omega.$$

Then differentiation and passage to boundary, with jump conditions considered, give another Fredholm equation of the second kind

$$\frac{1}{2}u(x) + \int_\Gamma E_{n'}(x - x')u(x')dx' = \int_\Gamma E(x - x')u_{n'}(x')dx',$$

i.e.,

$$\left(\frac{1}{2}I + E_{n'}\right)u = Eu_n, \tag{7}$$

with the Dirchlet trace data, instead of introducing a new function in (5) as unknown against the known Neumann data (2) . This formulation is adopted in most BEM's; however, the kernel is similar to that in (5), and so the same difficulties remain.

The most satisfactory approach is to choose $v(x')$ in (6) to be the Green function $G(x, x')$ satisfying

$$-\Delta'G(x, x') = \delta(x' - x),$$
$$G(x, x') = 0 \text{ for } x' \in \Gamma,$$
$$G(x, x') = G(x', x)$$

to obtain the Poisson formula

$$u(x) = -\int_{\Gamma} G'_n(x, x')u(x')dx', x \in \Omega, \text{ i.e.,} u = P\gamma_0 u. \tag{8}$$

Then differentiation and passage to boundary gives

$$u_n(x) = -\int_{\Gamma} G_{n'n}(x, x')u(x')dx', \quad x \in \Gamma, \text{i.e.,} u_n = K\gamma_0 u, \tag{9}$$

an expression of the Neumann data (as known) in terms of the Dirichlet data (as unknown). The kernel $K(x, x') = -G_{n'n}(x, x')$ is regarded as a limiting distribution kernel. So, the Neumann problem (1)—(2) or (3) is equivalent to the solving of the boundary integral equation

$$K\varphi = g \tag{10}$$

for the unknown Dirichlet data $\gamma_0 u = \varphi$ on Γ, leading to u in Ω via the Poisson formula (8).

The boundary integral equation (10) has, in turn, its own variational formulation, i.e., to find $\varphi \in H^{1/2}(\Gamma)$ sush that

$$\hat{D}(\varphi, \psi) = \hat{F}(\psi), \quad \forall \psi \in H^{1/2}(\Gamma),$$
$$\hat{D}(\varphi, \psi) = \iint_{\Gamma\Gamma} K(x, x')\varphi(x')\psi(x)dxdx', \quad \hat{F}(\psi) = \int_{\Gamma} g\psi dx, \tag{11}$$

where the trace forms $\hat{D}, \hat{F}$ are inherently related to the original forms D, F, by

$$D(u, v) = \hat{D}(\gamma_0 u, \gamma_0 v) \quad \text{for every } u, v \in H^1(\Omega), \Delta u = \Delta v = 0, \tag{12}$$

$$F(v) = \hat{F}(\gamma_0 v) \quad \text{for every } v \in H^1(\Omega). \tag{13}$$

The symmetry and coerciveness properties of K follows directly from those of A via the trace theorem of Sobolev spaces and vice versa.

Consider now a coupling problem

$$\Omega : -\Delta u = 0, \tag{14}$$

$$\partial\Omega = \Gamma_1 : u_{n_1} = g, \int_{\Gamma_1} g\,dx = 0, \tag{15}$$

where the domain Ω consists of two subdomains Ω_0 and Ω_1 with their common boundary Γ with normal n directed to the exterior of the outer subdomain Ω_0, which is for example infinite. The inner subdomain Ω_1 is for example finite, and has an outer boundary Γ and an inner boundary Γ_1 with normal n_1 directed to the exterior of Ω_1. The corresponding variational problem is to find $u \in H^1(\Omega)$ such that

$$D(u, v) = F(v) \quad \text{for every } v \in H^1(\Omega),$$

$$D(u, v) = \sum_{i=0}^{1} D_i(u, v), \quad D_i(u, v) = \int_{\Omega_i} \operatorname{grad} u \cdot \operatorname{grad} v dx, \quad i = 0, 1,$$

$$F(v) = \int_{\Gamma_1} gu dx.$$

Let K be the boundary operator induced by the Laplace operator in subdomain Ω_0 on its boundary Γ. Then

$$D_0(u, v) = \hat{D}_0\left(\gamma_0 u, \gamma_0 v\right) = \iint_{\Gamma\Gamma} K(x, x')u(x')v(x)dxdx', \tag{16}$$

and so the problem (14)—(15) is equivalent to a problem for a reduced domain: to find $u \in H^1(\Omega_1)$ such that

$$D'(u, v) = \hat{D}_0\left(\gamma_0 u, \gamma_0 v\right) + D_1(u, v) = F(v) \text{ for every } v \in H^1(\Omega_1) \tag{17}$$

which is equivalent, in turn, to

$$\Omega_1 : -\Delta u = 0, \tag{18}$$

$$\Gamma_1 : u_{n_1} = g, \tag{19}$$

$$\Gamma : u_n = Ku. \tag{20}$$

Note that, in this reduced problem, in addition to the original boundary Γ_1 with the natural boundary condition in local form (15), a new artificial boundary Γ is constructed to carry a natural boundary condition in non-local form (20), which accounts correctly, i. e., without approximation, for the coupling between the deleted part Ω_0 and the remaining part Ω_1.

We see that the boundary reduction just described is direct and natural in the variational formulation; it faithfully preserves all the essential characteristics of the original elliptic problem and is fully compatible with FEM. It is thus called the canonical boundary reduction, and the corresponding integral equations −canonical integral equations.

We give examples of Poisson formulae and canonical integral equations for the Laplace equation over some typical domains in two dimensions.

(1) Domain interior to the circle of radius R.

$$u(r,\theta) = \frac{1}{2\pi} \int_0^{2\pi} \frac{(R^2 - r^2)u(R,\theta')d\theta'}{R^2 + r^2 - 2Rr\cos(\theta - \theta')}, \quad r < R,$$

$$u(R,\theta) = -\frac{1}{4\pi} \int_0^{2\pi} \frac{u(R,\theta')d\theta'}{R\sin^2 \dfrac{(\theta - \theta')}{2}}.$$

(2) Domain exterior to the circle of radius R.

$$u(r,\theta) = \frac{1}{2\pi} \int_0^{2\pi} \frac{(r^2 - R^2)u(R,\theta')d\theta'}{R^2 + r^2 - 2Rr\cos(\theta - \theta')}, \quad r > R,$$

$$-u_r(R,\theta) = -\frac{1}{4\pi} \int_0^{2\pi} \frac{u(R,\theta')d\theta'}{R\sin^2 \dfrac{\theta - \theta'}{2}}.$$

(3) Upper half-plane above the line $y = a$

$$u(x,y) = \frac{1}{\pi} \int_{-\infty}^{\infty} \frac{(y - a)u(x',a)dx'}{(x - x')^2 + (y - a)^2}, \quad y > a,$$

$$-u(x,a) = -\frac{1}{\pi} \int_{-\infty}^{\infty} \frac{u(x',a)dx'}{(x - x')^2}.$$

(4) Arbitrary simply connected domain Ω. If $w = f(z)$ conformally maps $z \in \Omega$ onto the interior $|w| < 1$ of the unit circle, then [9]

$$P(z,z') = -G_{n'}(z,z') = \frac{|f'(z')|\left(1 - |f(z)|^2\right)}{2\pi|f(z) - f(z')|^2}, \quad z \in \Omega, z' \in \Gamma,$$

$$K(z,z') = -\frac{f'(z)f'(z')}{2\pi|f(z) - f(z')|^2}, \quad z, z' \in \Gamma,$$

$$= -\frac{1}{\pi|z - z'|^2} + \text{ an infinitely smoothing kernel.}$$

The canonical integral equation (9) was first introduced by Hadamard [7,9]. The function $-G_{n'n}(x,x')$ in it is a distribution kernel of high singularity of non-integrable type $1/(x-x')^2$, regarded as a "finite part" regularization of divergent integrals. It is in fact a pseudo-differential operator of order 1 and

$$-G_{n'n} : H^s(\Gamma) \to H^{s-1}(\Gamma) \text{ for every real } s.$$

So, at the expense of higher singularity, the canonical integral equation has the advantage of being more stable than the Fredholm equation (5) or (7) of the second kind with the kernel

$$\left(\frac{1}{2}I + E_{n'}\right) \quad \text{or} \quad \left(\frac{1}{2}I + E_n\right) : H^s(\Gamma) \to H^s(\Gamma) \quad \text{for every real } s.$$

In addition, the choice in (6) of $v(x') = N(x, x')$, the Neumann function, satisfying

$$-\Delta' N(x, x') = \delta(x' - x),$$
$$N_{n'}(x, x') = -1/L(L \text{ is the length of } \Gamma) \text{ for } x' \in \Gamma,$$
$$\int_\Gamma N(x, x')dx' = 0, \text{ if } \Omega \text{ is bounded },$$

gives, as the inverse of (9) , the integral equation

$$u(x) = \int_\Gamma N(x, x')u_{n'}(x')dx', \quad x' \in \Gamma, \text{ i.e., } \quad u = Nu_n,$$

first obtained by Hilbert[8] and extended to general second order elliptic equations by Birkhoff in the earliest paper which had ever discussed the importance of integral boundary conditions and coupling problems [2]. The kernel $N(x, x')$, called in that paper the albedo function after Fermi, has a weak singularity of the logarithmic type and induces a smoothing operator

$$N : H^s(\Gamma) \to H^{s+1}(\Gamma) \text{ for every real } s,$$

which is unfavourable to stability and leads to a variational principle which is not natural and not compatible with FEM in coupling problems.

3. Canonical boundary reduction for general elliptic equations

The canonical integral equations of a general variational elliptic equation or a system is a system of integral expressions of the Neumann boundary data in terms of the Dirichlet boundary data for the solutions of the given equation or system.

Consider a properly elliptic differential operator of order $2m$

$$Au = \sum_{|p|,|q|\leqslant m} (-1)^{|q|}\partial^q a_{pq}(x)\partial^p u, \quad a_{pq} \in C^\infty, \tag{21}$$

$$A : H^s(\Omega) \to H^{s-2m}(\Omega)$$

with its associated bilinear form

$$D(u, v) = \sum_{|p|,|q|\leqslant m} \int_\Omega a_{pq}\partial^p u\partial^q v dx \tag{22}$$

on a domain Ω with C^∞ boundary Γ with exterior normal n. Corresponding to A and to the set of the Dirichlet trace operators

$$\gamma = (\gamma_0, \cdots, \gamma_{m-1})^T, \gamma_j u = (\partial_n)^j u|_\Gamma, j = 0, \cdots, m-1,$$

there is a unique set of boundary differential operators

$$\beta = (\beta_0, \cdots, \beta_{m-1})^T, \quad \beta_i u = \beta_i(x, n(x), \partial)u|_\Gamma,$$

such that the Green formula

$$D(u, v) = \int_\Omega Au \cdot v dx + \sum_{i=0}^{m-1} \int_\Gamma \beta_j u \cdot \gamma_j u dx \tag{23}$$

holds for smooth $u, v. \beta_i u$ is the Neumann data complementary to the Dirichlet data $\gamma_i u$.

From the basic assumption that the Dirichlet problem

$$\Omega : Au = 0, \tag{24}$$

$$\Gamma : \gamma_j u = \text{ known }, \quad j = 0, \cdots, m-1. \tag{25}$$

is uniquely solvable in space $H^s(\Omega)$ with the known data $\gamma_j u \in H^{s-j-1/2}(\Gamma)$, it follows that the Poisson formula $u = \sum P_i \gamma_i u$ gives an isomorphism

$$P = (P_0, \cdots, P_{m-1}) : T^s(\Gamma) \to H_A^s(\Omega),$$

where

$$T^s(\Gamma) = \prod_{j=0}^{m-1} H^{s-j-1/2}(\Gamma), \quad H_A^s(\Omega) = \{u \in H^s(\Omega)|Au = 0\}.$$

Then the canonical system of integral equations is given by

$$\beta u = K\gamma u,$$

i.e.,

$$\beta_i u = \sum_{j=0}^{m-1} K_{ij}\gamma_j u, \quad i = 0, \cdots, m-1, \tag{26}$$

$$K_{ij} = \beta_i \circ P_j : H^{s-j-1/2}(\Gamma) \to H^{s-(2m-i-1/2)}(\Gamma).$$

It can be shown that K_{ij} is a pseudo-differential operator of order $2m - 1 - i - j$ on the boundary manifold Γ and the matrix operator K is elliptic. Hence K induces a bilinear functional

$$\hat{D}(\varphi, \psi) = (K\varphi, \psi) = \sum_{i,j=0}^{m-1} \int_\Gamma K_{ij}(x, x')\varphi_j(x')\psi_i(x)dx dx' \tag{27}$$

which preserves the value of the bilinear functional

$$D(u, v) = \hat{D}(\gamma u, \gamma v) \quad \text{for every } u, v \in H_A^s(\Omega). \tag{28}$$

Moreover, the formal transpose $\widetilde{A}$ of A is given by

$$\widetilde{A}u = \sum_{|p|,|q|\leqslant m} (-1)^{|q|}\partial^p a_{qp}(x)\partial^p u,$$

with an associated bilinear functional

$$\widetilde{D}(u,v) = D(v,u).$$

Then it is easily seen that

$$\widetilde{K}(A) = K(\widetilde{A}), \quad \hat{\widetilde{D}} = \tilde{\hat{D}},$$

$$A \text{ is symmetric iff } K(A) \text{ is symmetric,}$$

$$A \text{ is coercive iff } K(A) \text{ is coercive,}$$

thus all the essential properties of A are faithfully preserved by $K(A)$ and the following conditions are equivalent:

(1) Find $u \in H^s(\Omega)$ such that

$$\Omega : Au = 0, \quad \Gamma : \beta_i u = g_i, \quad i = 0, \cdots, m-1.$$

(2) Find $u \in H^s(\Omega)$ such that

$$D(u,v) = \sum_{i=0}^{m-1} (g_i, \gamma_i u) \text{ for every } v \in H^s(\Omega).$$

(3) Find $\varphi \in T^s(\Gamma)$ such that

$$\sum_{j=0}^{m-1} K_{ij}\varphi_j = g_i, \quad i = 0, \cdots, m-1.$$

(4) Find $\varphi \in T^s(\Gamma)$ such that

$$\hat{D}(\varphi, \psi) = \sum_{i=0}^{m-1} (g_i, \psi_i) \text{ for every } \psi \in T^s(\Gamma).$$

Note that the compatibility condition

$$\sum_{i=0}^{m-1} (g_i, \gamma_i v) = 0 \text{ for every solution } v \text{ of } A^* v = 0, \quad \beta_i^* v = 0,$$

$$i = 0, \cdots, m-1,$$

for (1) or (2) corresponds to the compatibility condition

$$\sum_{i=0}^{m-1} (g_i, \psi_i) = 0 \text{ for every solution } \psi \text{ of } K^*\psi = 0$$

for (3) or (4).

When the solution $\varphi = \gamma u$ of (3) or (4) on Γ is found, the Poisson formula gives the solution u in Ω.

From the second Green formula

$$\int_{\Omega} (uA'v - vA'u)dx' = \int_{\Gamma} (\beta'_j u\gamma'_j v - \beta'_j v\gamma'_j u)dx'$$

with $v(x')$ chosen to be the Green function $\widetilde{G}(x, x')$ of $\widetilde{A}$, which is the transpose $G(x', x)$ of the Green function of A, one gets the Poisson kernel

$$P_j(x, x') = -\beta'_j G(x', x), \quad i = 0, \cdots, m-1, x \in \Omega, x' \in \Gamma, \tag{29}$$

and the kernel of the canonical integral equation

$$K_{ij}(x, x') = -\beta_i \widetilde{\beta}'_i G^{(-0)}(x', x), \quad i, j = 0, \cdots, m-1, x \in \Omega, x' \in \Gamma, \tag{30}$$

where the LHS is the limit distribution kernel (from the inner side)

$$\beta_i \widetilde{\beta}'_j G^{(-0)}(x', x) = \beta_i \widetilde{\beta}'_j G^{(-0)}(x', x) + R_{ij}(x, x'),$$

the first kernel on the left being formally evaluated on Γ, while R_{ij} is a linear combination of derivatives of the delta-function $\delta(x - x')$ with support concentrated on the diagonal $x = x'$ of $\Gamma \times \Gamma$, which corresponds to the jump of the potential. For concrete examples, see [6].

4. Asymptotic radiation conditions

Now We shall apply the techniques of Sections 2,3 to the Helmholtz equation together with Sommerfeld radiation condition at infinity

$$\lim_{r \to \infty} r^{1/2}(u_r - i\omega u) = 0, \tag{31}$$

$$\Omega = \{r > R\}, \quad \Gamma = \{r = R\},$$

$$Au = -(\Delta + \omega^2)u = 0 \quad \text{in } \Omega,$$

$$D(u, v) = \int_{\Omega} (\text{grad } u \text{ grad } v - \omega^2 uv)dx.$$

The Poisson formula and the canonical integral equation are, respectively,

$$u(r, \theta) = P(\omega, r, R; \theta) * u(R, \theta),$$

$$P(\omega, r, R; \theta) = \frac{1}{2\pi} \sum_{-\infty}^{\infty} \frac{H_n^{(1)}(\omega r)}{H_n^{(1)}(\omega R)} e^{in\theta}, \quad r > R,$$

$$-u_r(r; \theta) = K(\omega, R; \theta) * u(R, \theta), \tag{32}$$

$$K(\omega, R; \theta) = \frac{1}{2\pi} \sum_{-\infty}^{\infty} (-\omega) \frac{H_n^{(1)'}(\omega R)}{H_n^{(1)}(\omega R)} e^{in\theta},$$

where $*$ is the circular convolution in θ. K induces the bilinear functional

$$\hat{D}(\varphi, \psi) = \int_{\Gamma} K(\omega, R; \theta - \theta') \cdot \varphi(\theta') \psi(\theta) d\theta' d\theta. \tag{33}$$

If we consider the circle $r = R$ as an artificial boundary for the elimination of the exterior domain $r > R$, then (32) is the exact of theoretical radiation condition, which is necessarily nonlocal. After finite element discretization, a non-local operator becomes a full matrix with the storage requirement $O(N^2)$, N being the number of boundary degrees of freedom. Due to the convolutional nature of the operator, in the present case of a circle, the resulting matrix is circulant and requires only $O(N)$ storage. However, due to the analytical complexity of the kernel, the computational effort is always expensive. Hence, much interest has recently been taken in the study of the approximations of non-local boundary conditions by local ones, aiming at reasonable accuracy at a reasonable espense. From the point of view of compatibility with the variational formulation and FEM for elliptic problems, it should be required that the approximation of (32) be expressed as

$$\frac{\partial u}{\partial n} = Cu = \sum_{j=0}^{m} (-1)^j C_j \frac{\partial^{2j} u}{\partial \theta^{2j}} \tag{34}$$

with the corresponding approximation of the trace variational form (33) by

$$\hat{D}_c(\gamma_0 u, \gamma_0 v) = \sum_{j=0}^{m} \int_{\Gamma} c_j \frac{\partial^j u}{\partial \theta^j} \frac{\partial^j v}{\partial \theta^j} dx. \tag{35}$$

A possible approach for the case of large ω and R is to start from the asymptotic expansion of Hankel functions for large arguments

$$H_n^{(1)}(x) = \left(\frac{2}{\pi x}\right)^{1/2} e^{i\left(x - \frac{1}{2}nx - \frac{1}{4}x\right)} \sum_{p=0}^{\infty} \left(\frac{i}{2x}\right)^p (n, p),$$

where

$$(n, p) = \frac{1}{p!} \prod_{k=1}^{p} \left(n^2 - \left(\frac{2k-1}{2}\right)^2\right)$$

is an even polynomial in n of degree $2p$. One can then deduce an asymptotic expansion for

$$-\omega \frac{H_{|n|}^{(1)'}(\omega R)}{H_{|n|}^{(1)}(\omega R)} = -i\omega \sum_{p=0}^{\infty} \left(\frac{i}{2\omega R}\right)^p a_p(n^2),$$

where

$$a_0(n^2) = a_0(n^2) = 1, a_1(n^2) = 2\left(n^2 - \frac{1}{4}\right), a_2(n^2) = -4\left(n^2 - \frac{1}{4}\right),$$
$$a_k(n^2) = (2k-2)(n, k-1) - a_2(n^2)(n, k-2) - \cdots - a_{k-1}(n^2)(n, 1).$$

Take the mth truncation

$$K_m(n^2) = -i\omega \sum_{p=0}^{m} \left(\frac{i}{2\omega R}\right)^p a_p(n^2);$$

then the successive asymptotic radiation conditions are

$$A_m : -\frac{\partial u}{\partial r} = K_m\left(-\frac{\partial^2}{\partial \theta^2}\right)u, \quad m = 0, 1, \cdots$$

In particular,

$$A_0 : -\frac{\partial u}{\partial r} = K_0 u = -i\omega u,$$

$$A_1 : -\frac{\partial u}{\partial r} = K_1 u = \left(-i\omega + \frac{1}{2R}\right)u,$$

$$A_2 : -\frac{\partial u}{\partial r} = K_2 u = \left(-i\omega + \frac{1}{2R} - \frac{i}{8\omega R^2}\right)u - \frac{i}{2\omega R^2}\frac{\partial^2 u}{\partial \theta^2},$$

$$A_3 : -\frac{\partial u}{\partial r} = K_3 u = \left(-i\omega + \frac{1}{2R} - \frac{i}{8\omega R^2} - \frac{1}{8\omega^2 R^3}\right)u - \left(\frac{i}{2\omega R^2} + \frac{1}{2\omega^2 R^3}\right)\frac{\partial^2 u}{\partial \theta^2}.$$

As a comparison we quote the absorbing radiation conditions, based on the factorization technique of pseudo-differential operators, given by Engquist and Majda[3],

$$E_1 : -\frac{\partial u}{\partial r} = \left(-i\omega + \frac{1}{2R}\right)u,$$

$$E_2 : -\frac{\partial u}{\partial r} = \left(-i\omega + \frac{1}{2R}\right)u - \left(\frac{i}{2\omega R} + \frac{1}{2\omega^2 R^3}\right)\frac{\partial^2 u}{\partial \theta^2},$$

and the sequence, based on the asymptotic expansion of solutions of the wave equation, given by Bayliss and Turkel[1],

$$B_1 u = \frac{\partial u}{\partial r} + \left(-i\omega + \frac{1}{2R}\right)u = 0,$$

$$B_2 u = \frac{\partial^2 u}{\partial r^2} + \left(2i\omega + \frac{3}{R}\right)\frac{\partial u}{\partial r} + \left(\frac{-3i\omega}{R} - \omega^2 + \frac{3}{4R^2}\right)u = 0,$$

$$B_k u = \left(\frac{\partial}{\partial r} - i\omega + \frac{4k-3}{2r}\right)B_{k-1}u = 0, \quad k = 2, 3, \cdots$$

Note that A_0 is the Sommerfeld condition, A_1, E_1 and B_1 are the same. Starting from index 2 the three sequences diverge, and, starting from $i = 3$, the E_i and B_i are not expressible in the required form (34). The differential operator K_{2p+1} has the-same order as K_{2p} but is of higher accuracy, and so is preferable.

It is to be remarked that the conventional boundary condition of the third kind $\partial u/\partial n = c_0 u$, usually expressing the so-called elastic coupling between the system and its environment, is simply the crudest approximation to the full coupling (32) in the present context. The next approximation $\partial u/\partial n = c_0 u - c_1 \partial^2 u/\partial\theta^2$, which reflects the coupling with the environment much better and involves hardly any more additional effort in the FEM implementation, deserves attention. The coefficients c_1, in addition to c_0, should be theoretically predictable as well as experimentally determinable, they are likely to have potentially wide applications in practice. In this sense, the approximate boundary condition A_3 seems to be the most interesting.

For FEM solutions and the related numerical analysis for the canonical integral equations here described, see [6,10,11].

References

[1] Bayliss A. and Turkel E., Radiation Boundary Conditions for Wave-Like Equations, *Comm. Pure and Appl. Math.* **33**(6)(1980), pp. 707-725.

[2] Birkhoff G., Albedo Functions for Elliptic Equations, In: R. Langer(ed), *Boundary Problems in Differential Equations*, Madison, 1960.

[3] Engquist B. and Majda A., Absorbing Boundary Conditions for Numerical Simulation of Waves, *Math. Comp.* **31**(1977), pp. 629-651.

[4] Feng Kang, Differential vs Integral Equations and Finite vs Infinite Elements, *Mathematica Numerica Sinica* **2** (1)(1980),pp.100-105.

[5] Feng Kang, Canonical Boundary Reduction and Finite Element Method. In: *Proceedings of Symposium on Finite Element Method* (an international invitational symposium held in Hefei, China, May, 1981), Science, Press, Beijing, and Gordon and Breach,New York, 1982, pp. 330-352.

[6] Feng Kang and Yu De-hao, Canonical Integral Equations of Elliptic Boundary Value Problems and Their Numerical Solutions, In:Feng Kang and J.L. Lions (eds.), *Proceedings of China-France Symposium on Finite Element Method, April* 1982, *Beijing*, Science Press, Beijing, and Gordon and Breach, New York, 1983, pp. 211-252.

[7] Hadamard J., *Leçons sur le calcul des variations*, Paris, 1910.

[8] Hilbert D., *Integralgleichungen*, Teubner, Berlin, 1912.

[9] Levy P., *Leçons d'analyse fonctionelle*, Paris, 1922.

[10] Yu De-hao, Canonical Integral Equations of Biharmonic Boundary Value Problems, *Mathematica Numerica Sinica* **4**(3)(1982),pp. 330-336.

[11] Yu De-hao, Numerical Solutions of Harmonic and Biharmonic Canonical Integral Equations in Interior or Exterior Circular Domains, *Journal of Computational Mathematics* **1**(1)(1983), pp. 52-62, published by Science Press, Beijing.

14. Asymptotic Radiation Conditions for Reduced Wave Equation[①]

约化波动方程的渐近辐射条件

Abstract

In this note the exact non-local radiation condition and its local approximations at finite artificial boundary for the exterior boundary value problem of the reduced wave equation in 2 and 3 dimensions are discussed. Based on the asymptotic expansion of Hankel functions for large arguments, an approach for the construction of local approximations is suggested and gives expression of the normal derivative at spherical artificial boundary in terms of linear combination of Laplace-Beltrami operator and its iterates,i.e. tangential derivatives of even order exclusively. The resulting formalism is compatible with the usual variational principle and the finite element methodology and thus seems to be convenient in practical implementation.

Boundary value problems of P.D.E. involving infinite domain occur in many areas of applications, e.g., fluid flow around obstacles, coupling of structures with foundation and environment, scattering and radiation of waves and so on. For the numerical solution of this class of problems, the natural approach is to cut off an infinite part of the domain and to set up, at the computational boundary of the remaining finite domain, appropriate artificial boundary conditions. In the usual treatment, the latter is carried out, however, in an oversimplified way without sufficient justification. Along this line of approach, there is recent interest and progress leading to a latter understanding of the nature of the problem and several sequences of improved artificial boundary conditions. In the following we shall discuss briefly, for the reduced wave equation with spherical computational boundary, the exact integral boundary condition at the spherical computational boundary, and suggest, using asymptotic expansions of Hankel functions, a method for deriving a sequence of approximations of the non-local boundary operator by means of tangential differential operators on the boundary, in a form which is compatible with the variational form and the

---

① 原载于 Journal of Computational Mathematics, 2:2, 1984. pp130-138.

finite element method for the original problem.

$$\mathrm{I}$$

The general solution of the 2-D reduced wave (Helmholtz) equation

$$\Delta_2 u + \omega^2 u = 0, \Delta_2 = \frac{\partial^2}{\partial x^2} + \frac{\partial^2}{\partial y^2} = \frac{1}{r}\frac{\partial}{\partial r}r\frac{\partial}{\partial r} + \frac{1}{r^2}\frac{\partial^2}{\partial \theta^2}, \tag{1.1}$$

in the exterior $\Omega_a = \{r > a\}$ to the circle $\Gamma_a = \{r = a\}$ of radius a satisfying the radiation condition at infinity

$$
\begin{aligned}
u &= O(r^{-1}),\\
u_r + i\omega u &= o(r^{-\frac{1}{2}}) \text{ as } r \to \infty
\end{aligned}
\tag{1.2}
$$

can be represented as a Fourier series

$$u(r,\theta) = \sum_{-\infty}^{\infty} A_n H_n^{(2)}(\omega r)e^{in\theta}, \tag{1.3}$$

where $H_n^{(2)}$ is the Hankel function of the 2nd kind of order n, and in particular,

$$u(a,\theta) = \sum_{-\infty}^{\infty} A_n H_n^{(2)}(\omega a)e^{in\theta}. \tag{1.4}$$

So (1.3) can be written as

$$u(r,\theta) = \sum_{-\infty}^{\infty} \left(\frac{H_n^{(2)}(\omega r)}{H_n^{(2)}(\omega a)}\right) A_n H_n^{(2)}(\omega a)e^{in\theta}.$$

(1.4) and (1.5) together give the Poisson integral formula

$$u = P\hat{u} \tag{1.5}$$

expressing the solution $u = u(r,\theta)$ in domain Ω_a in terms of its Dirichlet data $\hat{u} = u(a,\theta)$ on boundary Γ_a, or explicitly

$$u(r,\theta) = P(\theta) * u(a,\theta) = \int_0^{2\pi} P(\theta - \theta')u(a,\theta')d\theta', \quad 0 \leqslant \theta \leqslant 2\pi, r > a, \tag{1.6}$$

where

$$P(\theta) = \frac{1}{2\pi}\sum_{-\infty}^{\infty}\left(\frac{H_n^{(2)}(\omega r)}{H_n^{(2)}(\omega a)}\right)e^{in\theta}, \tag{1.7}$$

* denotes the circular convolution

$$f(\theta) * g(\theta) = \int_0^{2\pi} f(\theta - \theta')g(\theta')d\theta'.$$

Differentiation of (1.3) gives

$$u_r(r, \theta) = \sum_{-\infty}^{\infty} A_n \omega H_n^{(2)'}(\omega r) e^{in\theta} \tag{1.8}$$

and

$$u_r(a, \theta) = \sum_{-\infty}^{\infty} A_n \omega H_n^{(2)}(\omega a) e^{in\theta} = \sum_{-\infty}^{\infty} \left(\omega \frac{H_n^{(2)}(\omega a)}{H_n^{(2)}(\omega a)} \right) A_n H_n^{(2)}(\omega a) e^{in\theta}. \tag{1.9}$$

(1.4) and (1.9) together give the integral relation

$$\hat{u}_\nu = -\hat{u}_r = K\hat{u} \tag{1.10}$$

expressing the solution's normal derivative $\hat{u}_\nu = -\hat{u}_r = u_r(a, \theta)$($\nu$ is directed to the exterior of the domain Ω_a), i.e. the Neumann data on Γ_a, of the solution u in terms of the corresponding Dirichlet data $\hat{u}$, or explicitly

$$-u_r(a, \theta) = K(\theta) * u(a, \theta) = \int_0^{2\pi} K(\theta - \theta') u(a, \theta') d\theta', \tag{1.11}$$

where

$$K(\theta) = \frac{1}{2\pi} \sum_{-\infty}^{\infty} \left(-\omega \frac{H_n^{(2)'}(\omega a)}{H_n^{(2)}(\omega a)} \right) e^{in\theta}. \tag{1.12}$$

The integral in (1.11) is highly singular of non-integrable type, it is to be understood in the sense of regularization of divergent integrals in the theory of distributions, K is in fact a pseudo-differential operator of order 1 on the boundary maniford Γ_a and defines a linear continuous map

$$K{:}H^s(\Gamma_a) \to H^{s-1}(\Gamma_a). \tag{1.13}$$

Thus the differential operator $\Delta_2 + \omega^2$ in the domain Ω_a induces an operator K, called the canonical integral operator, on the boundary Γ_a. The canonical integral operator induced by elliptic operator preserves all the essential properties of the latter, and plays a crucial role in the reduction of elliptic problems to boundary integral equations[1,2].

Parallel to the association of the operator $\Delta_2 + \omega^2$ in domain Ω_a with the bilinear functional

$$D(u, v) = \int_{\Omega_a} (\nabla u \cdot \nabla \bar{v} + \omega^2 u \bar{v}) dx = \int_a^\infty r \, dr \int_0^{2\pi} \left(u_r \bar{v}_r + \frac{1}{r^2} u_\theta \bar{v}_\theta + \omega^2 u \bar{v} \right) d\theta, \tag{1.14}$$

there is also an association of the operator K on boundary Γ_a with the linear functional

$$\hat{D}(\varphi, \psi) = a \int_0^{2\pi} \bar{\psi}(\theta) d\theta \int_0^{2\pi} K(\theta - \theta') \varphi(\theta)' d\theta, \tag{1.15}$$

which is inherently related to $D(u, v)$ by the equality

$$D(u, v) = \hat{D}(\hat{u}, \hat{v})$$

for every solutions u, v satisfying (1.1),(1.2).

From the facts above follows immediately the equivalence of the exterior boundary problem, the Neumann problem, say,

$$\Omega : \Delta_2 u + \omega^2 u = 0; u = O(r^{-1}), u_r + i\omega u = o(r^{-1/2}), r \to \infty, \tag{1.16}$$

$$\Gamma : u_\nu = f, \tag{1.17}$$

where Ω is the domain exterior to the bounded closed curve Γ, ν is the normal on Γ, directed to the exterior of Ω, to the reduced boundary value problem

$$\Omega_a' : \Delta_2 u + \omega^2 u = 0, \tag{1.18}$$

$$\Gamma : u_\nu = f, \tag{1.19}$$

$$\Gamma_a : u_r = -Ku, \tag{1.20}$$

where Ω_a' is the remaining bounded part of the domain Ω by deleting the infinite part $\bar{\Omega}_a = \{r \geqslant a\} \subset \Omega, \Gamma_a$ is the thereby created computational boundary, which, together with Γ, form the complete boundary of the reduced domain $\Omega_a' = \Omega \backslash \bar{\Omega}_a$. The variational formulations of (1.16)−(1.17) and (1.18)−(1.20) are

$$D(u, v) = \int_{\Omega = \Omega_a' \cup \bar{\Omega}_a} \left(\nabla u \cdot \nabla \bar{v} + \omega^2 u \bar{v} \right) dx = \int_\Gamma f \bar{v} dx$$

for every test function u in Ω, and

$$D'(u, v) = \int_{\Omega_a'} \left(\nabla u \cdot \nabla \bar{v} + \omega^2 u \bar{v} \right) dx + \hat{D}(\hat{u}, \hat{v}) = \int_\Gamma f \bar{v} dx$$

for every test function u in Ω_a', respectively.

Thus we see that, upon deletion of the infinite domain $\Omega_a = \{r > a\}$,(1.20) is the exact radiation condition to be imposed on the computational boundary Γ_a, which, on the one hand, accounts for the full interaction of the deleted and remaining parts, and, on the other hand, has a formalism compatible with the variational formulation and the finite element method (FEM) for solving the original problem.

The boundary operator K is non-local, so, after FEM discretization, it becomes a full matrix with storage requirement $O(N^2)$, N is the number of boundary degrees of freedom. In the present case of circular boundary due to the convolutional nature of the operator, the resulting matrix is circulant, requiring only $O(N)$ storage. However, due to the analytical complexity of the kernel, the computational effort is always expensive. So it is disirable to approximate the exact but non-local radiation condition by local, i. e. , differential boundary conditions. Moreover, the approximate boundary conditions, like the exact one, should be put in a form which is compatible with the original variational formulation and the FEM, so, we look for the approximations in the following form

$$-u_r = K\hat{u} \sim -u_r = K_p\hat{u} = \sum_{q=0}^{p}(-1)^q\alpha_q\partial_\theta^{2q}u(a,\theta), \tag{1.21}$$

and correspondingly

$$\hat{D}(\hat{u},\hat{v}) \sim \hat{D}_p(\hat{u},\hat{v}) = a\int_0^{2\pi}\sum_{q=0}^{p}\alpha_q\partial_\theta^q u(a,\theta)\cdot\partial_\theta^q\bar{v}(a,\theta)d\theta. \tag{1.22}$$

To this end, for the case of large ωa, a heuristic approach, based on asymptotic expansions of Hankel functions for large arguments, is as follows. We start from the asymptotic series for large ωa of the Fourier coefficient of the kernel $K(\theta)$,

$$-\omega\frac{H_n^{(2)\prime}(\omega a)}{H_n^{(2)}(\omega a)} = i\omega\sum_{q=0}^{\infty}c_q(\lambda_n)\tau^q, \quad \tau = \frac{1}{2i\omega a}, \quad \lambda_n = n^2 - \frac{1}{4}, \tag{1.23}$$

where $c_q(\lambda)$ are polynomials in λ, and

$$c_0(\lambda) = c_1(\lambda) = 1,$$
$$c_2(\lambda) = 2\lambda, c_3\lambda = -4\lambda,$$
$$c_4(\lambda) = -2\lambda(\lambda - 6), c_5(\lambda) = 16\lambda(\lambda - 3),$$
$$c_6(\lambda) = 4\lambda\left(\lambda^2 - 28\lambda + 60\right), c_7(\lambda) = -16\lambda\left(4\lambda^2 - 51\lambda + 90\right), \tag{1.24}$$
$$\cdots\cdots$$

A discussion will be given in section III, Truncate the series at finite term

$$\left(-\omega\frac{H_n^{(2)\prime}(\omega a)}{H_n^{(2)}(\omega a)}\right) \sim i\omega\sum_{q=0}^{p}c_q(\lambda_n)\tau^q =: K_p(\lambda_n), \tau = \frac{1}{2i\omega a}. \tag{1.25}$$

Note that $\partial_\theta^2 = \Lambda_1 = $ Laplace-Beltrami operator on the unit circle and

$$\lambda_n e^{in\theta} = \left(n^2 - \frac{1}{4}\right)e^{in\theta} = \left(-\Lambda_1 - \frac{1}{4}\right)e^{jn\theta},$$
$$c_q(\lambda_n)e^{in\theta} = c_q\left(-\Lambda_1 - \frac{1}{4}\right)e^{in\theta},$$
$$K_p(\lambda_n)e^{in\theta} = K_p\left(-\Lambda_1 - \frac{1}{4}\right)e^{in\theta},$$

we have then, from (1.4),(1.5)

$$-u_r(a,\theta) = \sum_{n=-\infty}^{\infty}\left(-\omega\frac{H_n^{(2)\prime}(\omega a)}{H_n^{(2)}(\omega a)}\right)A_nH_n^{(2)}(\omega a)e^{in\theta}$$

$$\sim \sum_{n=-\infty}^{\infty}K_p(\lambda_n)A_nH_n^{(2)}(\omega a) = K_p\left(-\Lambda_1 - \frac{1}{4}\right)u(a,\theta).$$

So we obtain for large ωa a family of approximate differential boundary conditions, called the asymptotic radiation conditions, in the desired form of (1.21):

$$\Gamma_a : -u_r = K_p u, i.e. - u_r(a, \theta) = K_p \left(-\Lambda_1 - \frac{1}{4} \right) u(a, \theta), \tag{1.26}$$

$$p = 0, 1, 2, \cdots .$$

In particular,

$$(K_0) - u_r = K_0 u = i\omega u,$$

$$(K_1) - u_r = K_1 u = \left(i\omega + \frac{1}{2a} \right) u,$$

$$(K_2) - u_r = K_2 u = \left(i\omega + \frac{1}{2a} + \frac{i}{8\omega a^2} \right) u + \frac{i}{2\omega a^2} \Lambda_1 u,$$

$$(K_3) - u_r = K_3 u = \left(i\omega + \frac{1}{2a} + \frac{i}{8\omega a^2} - \frac{1}{8\omega^2 a^3} \right) u + \left(\frac{i}{2\omega a^2} - \frac{1}{2\omega^2 a^3} \right) \Lambda_1 u,$$

$$(K_4) - u_r = K_4 u = K_3 u - \frac{1}{16\omega^3 a^4} \left(\frac{25}{8} u + 13 \Lambda_1 u + 2 \Lambda_1^2 u \right),$$

$$(K_5) - u_r = K_5 u = K_4 u + \frac{1}{32\omega^4 a^5} (13u + 56 \Lambda_1 u + 16 \Lambda_1^2 u),$$

$$\cdots \cdots$$

We may compare this family of asymptotic radiation conditions with the family of absorbing boundary conditions of Engquist and Majda[3], based on the factorization of pseudo-differential operators,

$$(E_1) \quad -u_r = \left(i\omega + \frac{1}{2a} \right) u,$$

$$(E_2) \quad -u_r = \left(i\omega + \frac{1}{2a} \right) u - \left(-\frac{i}{2\omega a^2} + \frac{1}{2\omega^2 a^3} \right) \partial_\theta^2 u,$$

$$\cdots \cdots$$

and with the family of Bayliss and Turkel[4], based on the asymptotics of the solution of the wave equation

$$(B_1) \ B_1 u = u_r + \left(i\omega + \frac{1}{2a} \right) u = 0,$$

$$(B_2) \ B_2 u = u_{rr} + \left(-2i\omega + \frac{3}{a} \right) u_r + \left(\frac{3i\omega}{a} - \omega^2 + \frac{3}{4a^2} \right) u = 0,$$

$$\cdots \cdots$$

$$(B_k) \ B_k u = \left(\frac{\partial}{\partial r} + i\omega + \frac{4k - 3}{r} \right) B_{k-1} u = 0, \quad k = 2, 3, \cdots .$$

Note that K_0 is simply the formal Sommerfeld condition, K_1, E_1, B_1 are the same. For $i \geqslant 2$, the three sequences K_i, E_i, B_i diverge. For $i \geqslant 3, E_i$ and B_i are not expressible in the required form. From the table of the polynomials $c_q(\lambda)$ we see that the differential operator

K_{2p+1} has the same order as that of K_{2p} but with formally higher accuracy, so it is more preferable.

A remark on the integral boundary condition (1.20) $u_\nu = -K_u$ and its local approximation of the form (1.21) is in order. The former represents the complete coupling of the system based on Ω with its environment accross the interface $\Gamma = \partial\Omega$, it is a generalization of the conventional boundary condition of the third kind $u_\nu = -a_0 u$. The latter always expresses, in certain sense and in certain degree, the coupling of the system and its environment, for example, elastic coupling in elasticity, impedance coupling in electromagnetism, law of cooling, ete.; it is, however, merely the crudest approximation in the form (1.21). The next approximation $u_\nu = -\alpha_0 u + \alpha_1 \partial_\theta^2 u$, which represents the coupling much better and involves hardly and more additional effort in the FEM implementation, deserves attention. The coefficients c_1, in addition to c_0, should be theoretically predictable as well as experimentally determinable. This kind of improved approximation is expected to have potentially wide applications.

II

The treatment of $3 - D$ case is analogous to that of $2 - D$, so it will be only briefly indicated. The general solution of reduced wave equation

$$\Delta_3 u + \omega^2 u = 0, \tag{2.1}$$

$$\Delta_3 = \frac{\partial^2}{\partial x^2} + \frac{\partial^2}{\partial y^2} + \frac{\partial^2}{\partial z^2} = \frac{1}{r^2}\frac{\partial}{\partial r}r^2\frac{\partial}{\partial r} + \frac{1}{r^2}\Lambda_2,$$

$$\Lambda_2 = \frac{1}{\sin\theta}\frac{\partial}{\partial\theta}\left(\sin\theta\frac{\partial}{\partial\theta}\right) + \frac{1}{\sin^2\theta}\frac{\partial^2}{\partial\varphi^2}$$

satisfying the radiation condition

$$u = O(r^{-2}), u_r + i\omega u = o(r^{-1}) \tag{2.2}$$

in the exterior domain $\Omega_a = \{r > a\}$ of the sphere $\Gamma_a = \{r = a\}$ can be represented as a series in spherical functions

$$u(r,\theta,\varphi) = \sum_{n=0}^{\infty}\sum_{m=-n}^{n} A_{nm}\zeta_{n+\frac{1}{2}}^{(2)}(\omega r)Y_{nm}(\theta,\varphi), \tag{2.3}$$

where

$$\zeta_{n+\frac{1}{2}}^{(2)}(x) = \sqrt{\frac{\pi}{2x}}H_{n+\frac{1}{2}}^{(2)}(x), Y_{nm}(\theta,\varphi) = P_n^{(m)}(\cos\theta)e^{im\varphi},$$

$$P_n^{(m)}(x) = \frac{(1-x^2)^{\frac{m}{2}}}{2^n n!}\frac{d^{n+m}}{dx^{n+m}}(x^2-1)^n. \tag{2.4}$$

Then follows

$$u(a,\theta,\varphi) = \sum_{n=0}^{\infty}\sum_{m=-n}^{n} A_{nm}\zeta_{n+\frac{1}{2}}^{(2)}(\omega a)Y_{nm}(\theta,\varphi) = \hat{u}, \tag{2.5}$$

$$u(r, \theta, \varphi) = \sum_{n=0}^{\infty} \sum_{m=-n}^{\infty} \left(\frac{\zeta_{n+\frac{1}{2}}^{(2)}(\omega r)}{\zeta_{n+\frac{1}{2}}^{(2)}(\omega \alpha)} \right) A_{nm} \zeta_{n+\frac{1}{2}}^{(2)}(\omega a) Y_{nm}(\theta, \varphi) = \boldsymbol{P} \hat{u}, \qquad (2.6)$$

$$- u_r(a, \theta, \varphi) = \sum_{n=0}^{\infty} \sum_{m=-n}^{n} \left(-\omega \frac{\zeta_{n+\frac{1}{2}}^{(2)'}(\omega a)}{\zeta_{n+\frac{1}{2}}^{(2)}(\omega a)} \right) A_{nm} \zeta_{n+\frac{1}{2}}^{(2)}(\omega a) Y_{nm}(\theta, \varphi) = \boldsymbol{K} \hat{u}. \qquad (2.7)$$

We want to approximate the canonical integral operator $\boldsymbol{K}$ by tangential differential operators, analogous to the form (1.20). since

$$\frac{\zeta_{\nu}^{(2)'}(x)}{\zeta_{\nu}^{(2)}(x)} = -\frac{1}{2x} + \frac{H_{\nu}^{(2)'}(x)}{H_{\nu}^{(2)}(x)},$$

let

$$c_q^*(\lambda) = c_q(\lambda), \quad q \neq 1, \quad c_1^*(\lambda) = 1 + c_1(\lambda) = 2,$$

$c_q(\lambda)$ are the same polynomials in λ given by (1.24), see also section III. So we have

$$c_0^*(\lambda) = 1, \quad c_1^*(\lambda) = 2, \quad c_q^*(\lambda) = c_q,$$

$$\left(-\omega \frac{\zeta_{n+\frac{1}{2}}^{(2)'}(\omega a)}{\zeta_{n+\frac{1}{2}}^{(2)}(\omega a)} \right) = i\omega \left[\tau + \sum_{q=0}^{\infty} c_q(\lambda_{n+\frac{1}{2}}) \tau^q \right] = i\omega \sum_{q=0}^{\infty} c_q^*(\lambda_{n+\frac{1}{2}}) \tau^q,$$

$$\tau = \frac{1}{2i\omega a}, \quad \lambda_{n+\frac{1}{2}} = \left(n + \frac{1}{2} \right)^2 - \frac{1}{4} = n(n+1), \qquad (2.8)$$

Take finite truncation on the L. H. S., we get the approximations

$$\left(-\omega \frac{\zeta_{n+\frac{1}{2}}^{(2)'}(\omega a)}{\zeta_{n+\frac{1}{2}}^{(2)}(\omega a)} \right) \sim i\omega \sum_{q=0}^{p} c_q^*(\lambda_{n+\frac{1}{2}}) \tau^q =: K_p^*(\lambda_{n+\frac{1}{2}}), \tau = \frac{1}{2i\omega a},$$

$$p = 0, 1, 2, \cdots. \qquad (2.9)$$

Using the eigenvalue property of the Laplace-Beltrami operator Λ_2 on the unit sphere

$$\lambda_{n+\frac{1}{2}} Y_{nm}(\theta, \varphi) = n(n+1) Y_{nm}(\theta, \varphi) = -\Lambda_2 Y_{nm}(\theta, \varphi),$$
$$K_p^*(\lambda_{n+\frac{1}{2}}) Y_{nm}(\theta, \varphi) = K_p^*(-\Lambda_2) Y_{nm}(\theta, \varphi),$$

we get

$$- u_r(a, \theta, \varphi) = \sum_{n=0}^{\infty} \sum_{m=-n}^{n} \left(-\omega \frac{\zeta_{n+\frac{1}{2}}^{(2)'}(\omega a)}{\zeta_{n+\frac{1}{2}}^{(2)}(\omega a)} \right) A_{nm} \zeta_{n+\frac{1}{2}}^{(2)}(\omega a) Y_{nm}(\theta, \varphi)$$

$$\sim \sum_{n=0}^{\infty} \sum_{m=-n}^{n} K_p^*(\lambda_{n+\frac{1}{2}}) A_{nm} \zeta_{n+\frac{1}{2}}^{(2)}(\omega a) Y_{nm}(\theta, \varphi)$$

$$= K_p^*(-\Lambda_2) u(a, \theta, \varphi),$$

which leads to a family of asymptotic radiation conditions

$$-u_r(a, \theta, \varphi) = K_p \hat{u} = K_p^*(-\Lambda_2) u(a, \theta, \varphi), \quad p = 0, 1, 2, \cdots, \tag{2.10}$$

K_p^* are differential operators as linear combinations of the Laplace-Beltrami operator Λ_2 and its iterates Λ_2^k exclusively. In particular,

$$(K_0^*) - u_r = i\omega u,$$

$$(K_1^*) - u_r = \left(i\omega + \frac{1}{a}\right) u,$$

$$(K_2^*) - u_r = \left(i\omega + \frac{1}{a}\right) u + \frac{i}{2\omega a^2} \Lambda_2 u,$$

$$(K_3^*) - u_r = \left(i\omega + \frac{1}{a}\right) u + \left(\frac{i}{2\omega a^2} - \frac{1}{2\omega^2 a^3}\right) \Lambda_2 u,$$

$$(K_4^*) - u_r = \left(i\omega + \frac{1}{a}\right) u + \left(\frac{i}{2\omega a^2} - \frac{1}{2\omega^2 a^3} - \frac{3i}{2\omega^3 a^4}\right) \Lambda_2 u + \frac{i}{8\omega^3 a^4} \Lambda_2^2 u,$$

$$(K_5^*) - u_r = \left(i\omega + \frac{1}{a}\right) u + \left(\frac{i}{2\omega a^2} - \frac{1}{2\omega^2 a^3} - \frac{3i}{2\omega^3 a^4} + \frac{3}{2\omega^4 a^5}\right) \Lambda_2 u$$

$$+ \left(\frac{i}{8\omega^3 a^4} + \frac{1}{2\omega^4 a^5}\right) \Lambda_2^2 u,$$

$$\cdots\cdots$$

III

Hankel function $H_\nu^{(2)}(x)$ of the 2nd kind of complex order ν has an asymptotic expansion, for large real argument x, written formally as (see, e.g., [5])

$$H_n^{(2)}(x) = \sqrt{\frac{2}{\pi x}} e^{-i\left(x - \frac{\nu\pi}{2} - \frac{\pi}{4}\right)} \sum_{k=0}^{\infty} b_k(\lambda_\nu) \tau^k, \tau = \frac{1}{2ix}, \lambda_\nu = \nu^2 - \frac{1}{4}, \mathrm{Re}\,\nu > -\frac{1}{2}, \tag{3.1}$$

$b_k(\lambda)$ is a polynomial of degree k in λ defined as

$$b_0(\lambda) = 1, b_k(\lambda) = \frac{1}{k!} \prod_{j=1}^{k} (\lambda - j(j-1)), \quad k = 1, 2, \cdots, \tag{3.2}$$

so that

$$b_0(\lambda_\nu) = 1, b_k(\lambda_\nu) = \frac{1}{k!} \prod_{j=1}^{k} \left(\nu^2 - \left(j - \frac{1}{2}\right)^2\right), \quad k = 1, 2, \cdots.$$

From this we deduce the asymptotic expansion

$$\frac{H_\nu^{(2)\prime}(x)}{H_\nu^{(2)}(x)} = -i \sum_{k=0}^{\infty} c_k(\lambda_\nu) \tau^k, \quad \tau = \frac{1}{2ix}, \quad \lambda_\nu = \nu^2 - \frac{1}{4}, \tag{3.3}$$

where $c_k(\lambda)$ are polynomials in λ to be determined, we need only the cases $\nu = \pm n$ and $\nu = n + \dfrac{1}{2}, n = 0, 1, 2, \cdots$, in sections I and II respectively.

Using the relation $H_\nu^{(2)'}(x) = \dfrac{1}{2}\left[H_{\nu-1}^{(2)}(x) - H_{\nu+1}^{(2)}(x)\right]$, and assuming Re $\nu > \dfrac{1}{2}$, we obtain from (3.1) the asymptotic expansion

$$H_\nu^{(2)'}(x) = -i\sqrt{\frac{2}{\pi x}}e^{-i(x-\frac{\nu\pi}{2}-\frac{\pi}{4})}\sum_{k=0}^{\infty} a_k(\lambda_\nu)\tau^k. \tag{3.4}$$

where

$$a_k(\lambda_\nu) = \frac{1}{2}\left[b_k\left(\lambda_{\nu-1}\right) + b_k\left(\lambda_{\nu+1}\right)\right] = \begin{cases} 1, k = 0, \\ b_k(\lambda_\nu) - (2k-1)b_{k-1}(\lambda_\nu), k \geqslant 1. \end{cases} \tag{3.5}$$

(3.4) and (3.5) are valid too for $\nu = 0$ and $\nu = \dfrac{1}{2}$ by direct verification.

Setting now

$$\frac{H_\nu^{(2)'}(x)}{H_\nu^{(2)}(x)} = -i\frac{\displaystyle\sum_0^\infty a_k(\lambda_\nu)\tau^k}{\displaystyle\sum_0^\infty b_k(\lambda_\nu)\tau^k} = -i\sum_0^\infty c_k(\lambda_\nu)\tau^k,$$

we have

$$a_k = b_0c_k + b_1c_{k-1} + \cdots + b_kc_0, \quad k = 0, 1, 2, \cdots.$$

From which $c_k = c_k(\lambda) = c_k\left(\lambda_\nu\right)$ can be determined recursively

$$c_0 = 1,$$

$$c_1 = a_1 - b_1 = b_0 = 1,$$

$$\cdots\cdots$$

$$c_k = a_k - b_k - b_{k-1}c_1 - b_{k-2}c_2 - \cdots - b_1c_{k-1}$$

$$= (2k-1)b_{k-1} - b_{k-1}c_1 - b_{k-2}c_2 - \cdots - b_1c_{k-1}, k = 2, 3, \cdots.$$

Thus far we have determined the asymptotic expansion of $\dfrac{H_\nu^{(2)'}(x)}{H_\nu^{(2)}(x)}$ for all $\nu = n$ and $\nu = n + \dfrac{1}{2}, n = 0, 1, \cdots$. Since

$$\frac{H_{-n}^{(2)'}(x)}{H_{-n}^{(2)}(x)} = \frac{H_n^{(2)'}(x)}{H_n^{(2)}(x)},$$

so the expansions are determined for all $\nu = n = 0, \pm 1, \pm 2, \cdots$, and $\nu = n + \dfrac{1}{2}, n = 0, 1, 2, \cdots .c_k = c_k(\lambda)$ for $k \leqslant 6$ are given in (1.24). For $k \geqslant 2$, all $c_k(\lambda)$ are polynomials in λ without constant term. Computational evidences suggest the conjecture that both

$c_{2p}(\lambda)$ and $c_{2p+1}(\lambda)$ are polynomials of degree p in λ. This is so for all the practical useful (in sections I and II) cases, it has not yet been proved, however, for the general case. Estimates of the remainder C_p for the expansion (3.3)

$$\frac{H_\nu^{(2)'}(x)}{H_\nu^{(2)}(x)} = -i\left\{\sum_{k=0}^{p-1} c_k(\lambda_\nu)\tau^k + C_p\right\}$$

can be obtained indirectly from those of the remainder B_p for the expansion (3.1)

$$H_\nu^{(2)}(x) = \sqrt{\frac{2}{\pi x}}e^{-i(x-\frac{\nu x}{2}-\frac{\pi}{4})}\left\{\sum_{k=0}^{p-1} b_k(\lambda_\nu)\tau^k + B_p\right\},$$

for which one is referred to [5].

References

[1] Feng Kang, Differential vs. integral equations and finite vs. infinite elements, *Math. Numer. Sinica*, 2:1(1980), 100-105.

[2] Feng Kang, Yu De–hao, Canonical integral equations for elliptic boundary value problems and their numerical solutions, in "Proc. China-France Symposium on Finite Element Method, April, 1982, Beijing", Feng Kang and J.L. Lions, ed., Science Press, Beijng and Gordon and Breach Publishers, New York, 1983, 211-252.

[3] B. Engquist, A. Majda, Absorbing boundary conditions for numerical simulation of waves, *Math. Comp.*, 31(1977), 629-651.

[4] A. Bayhiss, E. Turkel, Radiation boundary conditions for wave-like equations, *Comm, Pure and Appl. Math.*, 33: 6(1980), 707-725.

[5] G. N. Watson, Treatise on the Theory of Bessel Functions, Cambridge, 1946.

15. 现代数理科学中的一些非线性问题

Some Nonlinear Problems in Modern Mathematics And Physics

物理世界的典型现象为平衡、振动和波动传播等问题, 在数学上大致分为两大类: 线性和非线性. 当问题限于小变形的平衡, 或微振动或微扰波时, 可以归结为线性数学方程, 这时适合线性迭加原理, 一般说来恒有唯一解. 经典的电磁场、小变形弹性力学及现代的量子力学等都是线性理论的范例. 自从发明微积分以来, 特别经过十九世纪, 对于线性微分方程已发展积累了比较成熟的解法和理论,它和物理与技术的发展一直是密切配合相互促进的. 20 世纪 20 年代柯朗与希尔伯特的著作《数学物理方法》作了阶段性总结, 它对于当时酝酿中的物理学的重大突破即量子力学的诞生起了推动作用.

由于现代科学技术的发展, 无论在物理、力学、技术科学或在地学、化学、生物学中, 愈来愈多地面临本质上非线性现象, 如大变形的平衡、大振幅波、非线性耦合共振或形态突变等. 爱因斯坦、玻恩、海森堡等人也都设想物理的基本规律应该是非线性的. 但是, 非线性问题的数学难度很大, 这时线性迭加原则不再成立, 方程可以有解, 也可以没有解, 也可以有多重解. 除了特殊情况外, 至今没有系统化的解法和理论, 这就限制了数学方法对于科学技术的深入应用.

近年来, 在一些非线性问题上特别是非线性失稳、分岔和突变现象以及非线性波包括耗散波和色散波等等, 呈现了新苗头, 取得了若干数学上有独特色彩并有启发意义的成果. 这些征兆表明, "非线性关"并非高不可攀,难不可克. 以下将尽可能用统一的观点作简单说明, 并提出一些看法, 未必正确.鉴于这些问题都具有突出的典型性和宽广的物理背景, 因此可以设想, 这些方面的研究进展对于科学技术的许多领域会有相当大的意义甚至可能推动一些新的突破.

1. 非线性失稳、分岔与对称破坏

在弹性力学、流体力学、激光物理、凝聚态物理、高能物理以至化学反应动力学、生物化学、生态学、地貌学等等不同的科学领域内有一系列的现象, 它们的物理背景、运动规律和数学方程形式各不相同, 但却具有相同的或非常相似的数学上的本质特征,例如工程梁柱的超载屈曲, 桥梁结构的崩坍, 星体自转加快时形状的自发演变, 铁磁化以及其他相变临界现象等等. 这些体系的平衡状态都受控于一个参数, 当参数变至某个临界点时,本来稳定的平衡状态变为不稳定而由某种新的几何形式的稳定状态所代替, 这就是失稳与分岔现象. 与此同时, 体系本身具有一定的对称性, 本来的稳定平衡也必具有相应的对称性, 但失稳分岔后的新的平衡态却成为不对称的, 这就是对称性的自发破坏, 近年来它在凝聚态物理和高能物理中被重视, 事实上则是宏观自然界的常见现象. 又例如热对流中细胞状流纹, 超临界黏性流的涡旋流纹, 第二类超导体的涡旋图纹, 圆柱壳体超载的屈曲波纹, 土壤干燥化时的龟裂, 背风波鳞片状云纹, 某些催化反应中呈现的螺卷结构以及晶体的螺旋生长等等也都是物理机理互异, 但在几何的表观上有惊人的相似, 也是有共同的失稳、分岔和对称破坏等数学特征. 因此有必要也有可能建立起统一的数学方法和理论. 事实上, 19 世纪末彭加勒以来发展的分岔理论以及朗道的相变理论等已经作了准备, 在现代数学分析和拓扑方法的基础上已经取得进展, 包括以下的 2.

2. 构造稳定性与突变理论

20 世纪 30 年代苏联安德罗诺夫 (力学家) 和庞特利亚金 (数学家) 提出了构造稳定性的概念, 即当一切可能影响到一个体系的行为的因素作微小变化时, 体系行为的定性的 (拓扑的) 结构应该不变. 近年法国数学家托姆强调这一概念对于一切自然科学的认识论上的重要性, 并在此基础上提出了突变的几何理论作为研究各门科学中的形态变化的数学方法. 一切过程总是含有缓进的、量变的阶段以及急剧跳跃或质变环节即突变. 缓进阶段具有构造稳定性, 微积分就是处理这类过程的合适的数学工具, 但对突变现象就不合适. 托姆提出了定性的、几何的、拓扑的方法. 托姆证明了对于一类特定的突变, 当外部控制参数的个数不超过 4 时只有七种基本模式, 而不论体系的内部状态是如何复杂. 这一理论有很大的应用潜力, 尤其是对高度复杂的现象. 物理学中朗道的相变理论实质上是突变理论的先行. 但后者具有更大的概括性和普适性和更鲜明的直观性. 特别适合于唯象理论分析. 突变理论在西方引起轰动, 毁誉参半. 看来这一理论的主导思想基本上是符合辩证法的. 它强调了定性方法特别是 "形象思维" 对科学理论分析的重要性. 在数学上, 突变理论还在初创阶段, 但已经是非线性分岔理论的一大进展. 如能把这些定性的、几何的方法与定量的、分析的方法辩证地统一起来必将使分岔理论提到新的高度.

3. 非线性耗散波与反应扩散方程

近年来逐渐明确, 不论是物理学的或化学的或甚至生物学的、生态学的反应过程都具有相似的数学机理, 在空间均匀的情况下归结为含有反应速率项的常微分方程组. 当考虑到空间效应时还要增加扩散项而得到所谓反应扩散方程, 这是非线性抛物型偏微分方程组, 例如核反应堆中子扩散, 激光辐射的模式竞争与合作现象, 爆轰波传播, 火焰传播、催化反应、神经脉冲传播, 传染病传播, 遗传基因传播以至于生态学中种群竞争与合作现象, 数理人口论中的动态波等等都是背景各殊而数学特征相似, 都是包含种类的增殖衰减即生与灭的动态过程. 反应扩散方程是活性介质即可激发介质中波动传播的方程, 它在化学、生物学中的重要性是和经典的波动方程在物理力学中的重要性相当. 反应扩散过程是在一个或多个控制参数的支配下进行的. 当达到临界值时, 原有的平衡态失稳分岔而自发形成具有较高组织性的新的稳定的结构形态. 经过一次二次或更多次的分岔可以逐次演进到愈来愈高级的结构层次. 经典的热对流, 贝纳细胞状结构以及更为复杂化的结构的逐次形成就是一例. 近年来引人注意的查波金斯基化学反应中显示了层状以至于旋卷状等更为丰富多采的结构形式. 1977 年获得诺贝尔奖的普里戈金提出的耗散结构理论正是试图用这种通过逐次分岔逐次提高组织结构层次的思想来说明物理的、化学的以至于生物的进化.

4. 非线性色散波与孤立子

近年来对于另一类非线性波即色散波方程发现了一系列具有丰富内容和独特色彩的数学性质并有多方面的物理应用, 引起了广泛重视. 在波动过程中, 非线性效应与色散效应各自引起不同性质的波形畸变, 但也可能达致平衡而形成波形不变的脉冲波即孤立波, 发现于 19 世纪. 最近则发现不同的孤立波经过相互作用后波形与速度保持不变, 具有象粒子那样的高度稳定性, 这就是孤立子, 并且这是一大类非线性色散波方程的通性. 与此同时还建立了非线性波方程与线性波方程本征值问题的独特联系, 从而创造了求解非线性波方程的系统化的"散射反演方法", 这也是非线性方程理论上的重大突破. 由于孤立子是具有某种结构形态的数学解, 具有很大的直觉启发性, 适合于唯象理论分析的需要, 因此很快地被应用到流体力学、固体力学、等离子学、激光物理、非线性光学、位错、超导、超流、液晶、磁畴以至于量子场论、基本粒子理论等等, 影响极大.

孤立波导源于浅水力学, 曾经是 19 世纪后半期欧洲学术界关心和争论的一个主题, 经过了几十年的沉寂后, 现在以孤立子的新面貌和远为活跃的姿态和声势重登现代科学舞台, 显示了广阔的科学意义和发展前景. 如能对更多的非线性场方程找到更多的孤立子解或类似的结构性的解并在理论上取得更大进展的话, 则数学物理的面貌必将大为改观.

非线性问题的困难也在于因为缺少解法而使人们对于问题的感性认识异常贫乏, 因此就谈不到系统理论的发展. 电子计算机的出现和计算方法的应用使人们能够用数值解的手段获得和积累有关方程的解的定性定量的感性材料, 这就大有助于理论的发展. 对于上面谈到的非线性失稳分岔和非线性波的理论发展, 情况确是如此. 最突出的是人们利用计算机求色散波方程的数值解并将其结果用电影显示, 从而"发现"了孤立子. 当然, 更为主要的是, 在这种感性材料的基础上, 通过人的主观能动性, 通过人的理论思维, 才能得到真正的发明创造.

16. 非协调有限元空间的
Poincaré, Friedrichs 不等式 [①]

Poincaré And Friedrichs Inequalities in
Nonconforming Finite Element Spaces

§1　多项式的同阶嵌入

设 C 是一平面三角形, 其边记为 $\partial C.P$ 是定义在 C 上的多项式空间

$$P = \left\{u|u = \sum_{p,q} a_{pq}x^p y^q\right\}.$$

则

$$|u|_{k,\partial C} \leqslant kh^{-\frac{1}{2}}|u|_{k,C} \quad \forall\, u \in P, \tag{1.1}$$

其中 $h = \mathrm{diam}C.K = \mathrm{const} > 0$ 与 h 无关.

证明　首先在标准三角形 $\hat{C}$ 上,

$$|\hat{u}|^2_{0,\partial\hat{C}} = \int\limits_{\partial\hat{C}} \left(\sum_{p,q} a_{pq}\hat{x}^p\hat{y}^q\right)^2 ds$$

$$= A_0(\cdots a_{pq}\cdots) \leqslant \lambda_{\max} \sum_{\substack{p,q \\ p+q\geqslant 0}} a^2_{p,q},$$

其中 $A_0(\cdots a_{pq}\cdots)$ 是关于 $a_{pq}(p+q \geqslant 0)$ 的一个非负定的二次型, 而 $\lambda_{\max}$ 是其最大特征值. 同样地

$$|\hat{u}|^2_{0,\hat{C}} = \iint\limits_{\hat{C}} \left(\sum_{p,q} a_{pq}\hat{x}^p\hat{y}^q\right)^2 d\hat{x}d\hat{y}$$

$$= A_1(\cdots a_{pq}\cdots) \geqslant \mu_{\min} \sum_{\substack{p,q \\ p+q\geqslant 0}} a^2_{pq},$$

[①] 本文根据冯康先生生前手稿, 由王烈衡整理.

其中 $A_1(\cdots a_{pq} \cdots)$ 是关于 $a_{pq}(p+q \geqslant 0)$ 的一个正定二次型, 而 $\mu_{\min} > 0$ 是其最小特征值. 从而

$$|\hat{u}|_{0,\partial\hat{C}}^2 \leqslant \lambda_{\max} \sum_{p,q} a_{pq}^2 \leqslant \frac{\lambda_{\max}}{\mu_{\min}} |\hat{u}|_{0,\hat{C}}^2.$$

因此

$$|\hat{u}|_{0,\partial\hat{C}} \leqslant \hat{K}|\hat{u}|_{0,\hat{C}} \hat{k} = \left(\frac{\lambda_{\max}}{\mu_{\min}}\right)^{\frac{1}{2}} = \text{const.} > 0.$$

类似地有

$$|\hat{u}|_{k,\partial\hat{C}} \leqslant \hat{K}|\hat{u}|_{k,\hat{C}}.$$

利用标准三角形与一般三角形单元上半范数的关系 (n 维情形)

$$|u|_{k,C} \leqslant K_1 h^{\frac{n}{2}-k}|\hat{u}|_{k,\hat{C}}, |\hat{u}|_{k,\hat{C}} \leqslant K_2 h^{k-\frac{n}{2}}|u|_{k,C},$$

则当 $n = 2$ 时, 我们就有

$$|u|_{k,\partial C} \leqslant K_1 h^{\frac{1}{2}-k}|\hat{u}|_{k,\partial\hat{C}} \leqslant K_1 \hat{K} h^{\frac{1}{2}-k}|\hat{u}|_{k,\hat{C}}$$
$$\leqslant K_1 K_2 \hat{K} h^{\frac{1}{2}-k} h^{k-1}|\hat{u}|_{k,C} = K h^{-\frac{1}{2}}|u|_{k,C}.$$

即得证明.

附注 对 n 维空间情形, 同阶嵌入不等式 (1.1) 仍成立, 而且常数 K 与维数 n 无关.

§2 对于矩形区域, 矩形部分的 Poincaré, Friedrichs 不等式

设 $\Omega = [0 < x < a, 0 < y < b], x_i = ih, i = 0, 1, \cdots, n, y_j = jh, j = 0, 1, \cdots, m,$
(x_i, y_j) 是 Ω 的剖分顶点. 设 S_h 是对应的有限元空间, 并假定 (x_i, y_j) 为 0 阶连续点 (即 $v \in S_h, v$ 在顶点 (x_i, y_j) 处连续).

2.1 Poincaré 不等式

$$\iint_\Omega v^2 dxdy \leqslant K_1 \sum_C |v|_{1,C}^2 + K_2 \left(\iint_\Omega vdxdy\right)^2, \quad \forall\, v \in S_h. \tag{2.1}$$

其中 $K_1, K_2 = \text{const.} > 0$ 与 h 无关, C 为区域 Ω 的剖分单元: $C = [ih < x < (i+1)h, jh < y < (j+1)h], 0 \leqslant i \leqslant n-1, 0 \leqslant j \leqslant m-1$.

证明 设 (x,y) 和 (x',y') 为 Ω 中的任意两点, 令 $\alpha(x)$ 为唯一数 x_i, 使得
$x_i \leqslant x < x_{i+1}$, 即 $i = \left[\frac{x}{h}\right], \beta(y)$ 为唯一数 y, 使得
$y_i \leqslant y < y_{j+1}$, 即 $j = \left[\frac{y}{h}\right]$, 则对于 $(x,y), (x',y') \in \Omega$, 有 (见图 2.1)

$$v(x',y') - v(x,y) = I_1 + I_2 + I_3 + I_4 + I_5 + I_6,$$

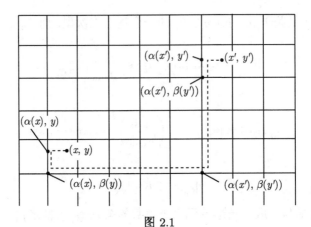

图 2.1

其中

$$I_1 = v(\alpha(x), y) - v(x, y) = \int_x^{\alpha(x)} v_x(\xi, y)d\xi,$$

$$I_2 = v(\alpha(x), \beta(y)) - v(\alpha(x), y) = \int_y^{\beta(y)} v_y(\alpha(x) + 0, \eta)d\eta,$$

$$I_3 = v(\alpha(x'), \beta(y)) - v(\alpha(x), \beta(y)) = \int_{\alpha(x)}^{\alpha(x')} v_x(\xi, \beta(y) + 0)d\xi,$$

$$I_4 = v(\alpha(x'), \beta(y')) - v(\alpha(x'), \beta(y)) = \int_{\beta(y)}^{\beta(y')} v_y(\alpha(x') + 0, \eta)d\eta,$$

$$I_5 = v(\alpha(x'), y') - v(\alpha(x'), \beta(y')) = \int_{\beta(y')}^{y'} v_y(\alpha(x') + 0, \eta)d\eta,$$

$$I_6 = v(x', y') - v(\alpha(x'), y') = \int_{\alpha(x')}^{x'} v_x(\xi, y')d\xi.$$

上面积分式中出现的 $\alpha(x) + 0$ 等表示在格网线 $x = \alpha(x)$ 的上岸, 而 $\beta(y) + 0$ 等则表示在格网线 $y = \beta(y)$ 的右岸. 而 I_3, I_4 的积分表达式的合理性, 是由于 v 在剖分格网顶点处连续.

这样, 我们有

$$v^2(x', y') + v^2(x, y) - 2v(x, y) \cdot v(x', y') \leqslant 6 \sum_{k=1}^{6} I_R^2.$$

将上式两端积分 $\displaystyle\sum_C \iint_C dxdy \sum_C \iint_C dx'dy'$ 即得

$$\iint_\Omega dxdy \iint_\Omega v^2(x', y')dx'dy' + \iint_\Omega dx'dy' \iint_\Omega v^2(x, y)dxdy$$

$$- 2 \iint_\Omega v(x', y')dx'dy' \iint_\Omega v(x, y)dxdy$$

$$\leqslant 6 \sum_{k=1}^{6} \left\{ \sum_C \iint_C dx' dy' \left(\sum_C \iint_C I_k^2 dx dy \right) \right\}. \tag{2.2}$$

下面估计式 (2.2) 右端含有 I_k^2 的各项. 由于

$$I_1^2 = \left| \int_x^{\alpha(x)} v_x(\xi, y) d\xi \right|^2 \leqslant |x - \alpha(x)| \int_x^{\alpha(x)} v_x^2(\xi, y) d\xi \leqslant h \int_{\alpha(x)}^{\alpha(x)+h} v_x^2(\xi, y) d\xi,$$

从而

$$\sum_C \iint_C I_1^2 dx dy \leqslant h \sum_C \iint_C dx dy \left(\int_{\alpha(x)}^{\alpha(x)+h} v_x^2(\xi, y) d\xi \right)$$

$$= h \sum_{i=0}^{n-1} \int_{ih}^{(i+1)h} dx \int_{\alpha(x)}^{\alpha(x)+h} \left(\sum_{j=0}^{m-1} \int_{jh}^{(j+1)h} v_x^2(\xi, \eta) d\eta \right) d\xi,$$

当 $ih \leqslant x < (i+1)h$ 时, $\alpha(x) = ih$, 则

$$\int_{ih}^{(i+1)h} dx \int_{\alpha(x)}^{\alpha(x)+h} \left(\int_{jh}^{(j+1)h} v_x^2(\xi, \eta) d\eta \right) d\xi$$

$$= \int_{ih}^{(i+1)h} dx \left(\int_{ih}^{(i+1)h} \int_{jh}^{(j+1)h} v_x^2(\xi, \eta) d\eta d\xi \right)$$

$$= h \int_{jh}^{(j+1)h} \int_{ih}^{(i+1)h} v_x^2(\xi, \eta) d\xi d\eta.$$

因此

$$\sum_C \iint_C I_1^2 dx dy \leqslant h^2 \sum_{i=0}^{n-1} \sum_{j=0}^{m-1} \int_{jh}^{(j+1)h} \int_{ih}^{(i+1)h} v_x^2(\xi, \eta) d\xi d\eta$$

$$= h^2 \sum_C \iint_C v_x^2(\xi, \eta) d\xi d\eta.$$

所以

$$\sum_C \iint_C dx' dy' \left(\sum_C \iint_C I_1^2 dx dy \right) \leqslant A h^2 \sum_C \iint_C v_x(\xi, \eta) d\xi d\eta,$$

$$A = \sum_C \iint_C dx' dy' = \iint_\Omega dx' dy'.$$

现在估计含有 I_2 的项.

$$I_2^2 = \left| \int_y^{\beta(y)} v_y(\alpha(x)+0, \eta) d\eta \right|^2 \leqslant |y - \beta(y)| \int_y^{\beta(y)} v_y^2(\alpha(x)+0, \eta) d\eta$$

$$\leqslant h \int_{\beta(y)}^{\beta(y)+h} v_y^2(\alpha(x)+0,\eta)d\eta.$$

利用同阶嵌入不等式 (1.1),

$$\int_{\beta(y)}^{\beta(y)+h} v_y^2(\alpha(x)+0,\eta)d\eta \leqslant Kh^{-1}\int_{\alpha(x)}^{\alpha(x)+h}\int_{\beta(y)}^{\beta(y)+h} v_y^2(\xi,\eta)d\xi d\eta,$$

因此

$$I_2^2 \leqslant K\int_{\alpha(x)}^{\alpha(x)+h}\int_{\beta(y)}^{\beta(y)+h} v_y^2(\xi,\eta)d\xi d\eta.$$

从而

$$\sum_C \iint_C I_2^2 dxdy \leqslant K\sum_{i=0}^{m-1}\sum_{j=0}^{m-1}\int_{x_i}^{x_{i+1}}\int_{y_j}^{y_{j+1}}\left(\int_{\alpha(x)}^{\alpha(x)+h}\int_{\beta(y)}^{\beta(y)+h} v_y^2(\xi,\eta)d\xi d\eta\right)dxdy$$

$$= Kh^2\sum_{i=0}^{n-1}\sum_{j=0}^{m-1}\int_{x_i}^{x_{i+1}}\int_{y_j}^{y_{j+1}} v_y^2(\xi,y)d\xi d\eta$$

$$= Kh^2\sum_C \iint_C v_y^2(\xi,\eta)d\xi d\eta,$$

上式中第一个等号, 是由于当 $x_i \leqslant x < x_{i+1}$ 时 $\alpha(x)=x_i, y_j \leqslant y < y_{j+1}$ 时 $\beta(y)=y_j$. 因此

$$\sum_C \iint_C dx'dy'\left(\sum_C \iint_C I_2^2 dxdy\right) \leqslant AKh^2\sum_C \iint_C v_y^2(\xi,\eta)d\xi d\eta.$$

下面估计含有 I_3 的项.

$$I_3^2 = \left|\int_{\alpha(x)}^{\alpha(x)'} v_x(\xi,\beta(y)+0)d\xi\right|^2 \leqslant |\alpha(x')-\alpha(x)|\int_{\alpha(x)}^{\alpha(x)'} v_x^2(\xi,\beta(y)+0)d\xi$$

$$\leqslant a\sum_{l=0}^{n-1}\int_{lh}^{(l+1)h} v_x^2(\xi,\beta(y)+0)d\xi$$

$$\leqslant a\sum_{l=0}^{n-1}Kh^{-1}\int_{lh}^{(l+1)h}\int_{\beta(y)}^{\beta(y)+h} v_x^2(\xi,\eta)d\xi d\eta,$$

上面最后不等式又利用了同阶嵌入 (1.1). 从而

$$\sum_C \iint_C I_3^2 dxdy$$

$$\leqslant aKh^{-1}\sum_C \iint_C \left(\int_0^a\int_{\beta(y)}^{\beta(y)+h} v_x^2(\xi,\eta)d\xi d\eta\right)dxdy$$

$$= aKh^{-1}\sum_{i=0}^{n-1}\int_{ih}^{(i+1)h} dx\sum_{j=0}^{m-1}\int_{jh}^{(j+1)h}\left(\int_0^a\int_{\beta(y)}^{\beta(y)+h} v_x^2(\xi,\eta)d\xi d\eta\right)dy$$

$$= a^2 K h^{-1} \sum_{j=0}^{m-1} h \int_0^a \int_{jh}^{(j+1)h} v_x^2(\xi, \eta) d\xi d\eta$$

$$= a^2 K \sum_C \iint_C v_x^2(\xi, \eta) d\xi d\eta.$$

因此

$$\sum_C \iint_C dx' dy' \sum_C \iint_C I_3^2 dx dy \leqslant a^2 KA \sum_C \iint_C v_x^2(\xi, \eta) d\xi d\eta.$$

同样可有

$$\sum_C \iint_C dx' dy' \sum_C \iint_C I_4^2 dx dy \leqslant b^2 KA \sum_C \iint_C v_y^2(\xi, \eta) d\xi d\eta,$$

$$\sum_C \iint_C dx' dy' \sum_C \iint_C I_5^2 dx dy \leqslant KA h^2 \sum_C \iint_C v_y^2(\xi, \eta) d\xi d\eta,$$

$$\sum_C \iint_C dx' dy' \sum_C \iint_C I_6^2 dx dy \leqslant A h^2 \sum_C \iint_C v_x^2(\xi, \eta) d\xi d\eta.$$

这样, 由 (2.2) 及上述估计就可得到

$$2A \iint_\Omega v^2 dx dy - 2 \left(\iint_\Omega v dx dy \right)^2 \leqslant K' \sum_C \iint_C (v_x^2 + v_y^2) dx dy.$$

由此 (2.1) 即得证.

2.2 Friedrichs 不等式 (I)

设 $v \in S_h$, 且 $\wedge_0 v|_{\partial\Omega} = 0$, 则有

$$\iint_\Omega v^2 dx dy \leqslant K_1 \sum_C \iint_C (v_x^2 + v_y^2) dx dy, \tag{2.3}$$

其中 K_1 与 v 及 h 无关, $\wedge_0$ 是以顶点为节点的分片双线性插值算子.

证明　由于 $\wedge_0 v|_{x=0} = 0$,

$$v(x, y) = v(x, y) - v(0, \beta(y)) = I_1 + I_2 + I_3$$

其中 (参考图 2.2)

$$I_1 = \int_0^{\alpha(x)} v_x(\xi, \beta(y) + 0) d\xi,$$

$$I_2 = \int_{\beta(y)}^y v_y(\alpha(x) + 0, \eta) d\eta,$$

$$I_3 = \int_{\alpha(x)}^x v_x(\xi, y) d\xi.$$

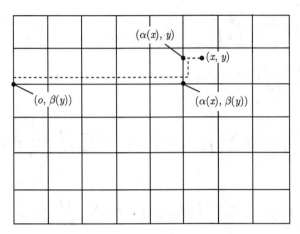

图 2.2

从而

$$v^2(x,y) \leqslant 3(I_1^2 + I_2^2 + I_3^2),$$

$$\iint_\Omega v^2(x,y)dxdy \leqslant 3 \sum_C \iint_C (I_1^2 + I_2^2 + I_3^2)dxdy \tag{2.4}$$

而

$$I_1^2 = \left| \int_0^{\alpha(x)} v_x(\xi, \beta(y)+0)d\xi \right|^2 \leqslant |\alpha(x)| \int_0^{\alpha(x)} v_x^2(\xi, \beta(y)+0)d\xi$$

$$\leqslant a \int_0^a v_x^2(\xi, \beta(y)+0)d\xi,$$

$$\int_{jh}^{(j+1)h} I_1^2 dy \leqslant a \int_{jh}^{(j+1)h} dy \left(\int_0^a v_x^2(\xi, \beta(y)+0)d\xi \right)$$

$$= a \int_{jh}^{(j+1)h} dy \int_0^a v_x^2(\xi, y_j + 0)d\xi$$

$$= ah \int_0^a v_x^2(\xi, y_j + 0)d\xi \leqslant ah \cdot Kh^{-1} \int_0^a \int_{y_j}^{y_{j+1}} v_x^2(\xi, \eta)d\xi d\eta$$

$$= aK \int_0^a \int_{y_j}^{y_{j+1}} v_x^2(\xi, \eta)d\xi d\eta,$$

上式最后的不等式利用了同阶嵌入 (1.1). 从而

$$\sum_C \iint_C I_1^2 dxdy = \sum_{k=0}^{n-1} \sum_{j=0}^{m-1} \int_{kh}^{(k+1)h} \int_{jh}^{(j+1)h} I_1^2 dxdy$$

$$\leqslant aK \sum_{k=0}^{n-1} \int_{kh}^{(k+1)h} dx \sum_{j=0}^{m-1} \int_0^a \int_{y_j}^{y_{j+1}} v_x^2(\xi, \eta)d\xi d\eta$$

$$= a^2 K \sum_{i=0}^{n-1} \sum_{j=0}^{m-1} \int_{x_i}^{x_{i+1}} \int_{y_j}^{y_{j+1}} v_x^2(\xi, \eta) d\xi d\eta$$

$$= a^2 K \sum_C \iint_C v_x^2(\xi, \eta) d\xi d\eta.$$

同理

$$\sum_C \iint_C I_2^2 dx dy \leqslant K h^2 \sum_C \iint_C v_y^2(\xi, \eta) d\xi d\eta,$$

$$\sum_C \iint_C I_3^2 dx dy \leqslant h^2 \sum_C \iint_C v_x^2(\xi, \eta) d\xi d\eta.$$

因此由 (2.4) 及上述估计可得

$$\iint_\Omega v^2 dx dy \leqslant K_1 \sum_C \iint_C (v_x^2 + v_y^2) dx dy.$$

2.3 痕迹嵌入定理与 Frildrichs 不等式 (II)

设 $\Gamma \subset \partial \Omega$ 是矩形区域 Ω 的一段边界, 则 $\forall u \in S_h$,

$$\int_\Gamma u^2 ds \leqslant K \left\{ \iint_\Omega u^2 dx dy + \sum_C |u|_{1,C}^2 \right\}, \tag{2.5}$$

$$\iint_\Omega u^2 dx dy \leqslant K' \left\{ \int_\Gamma u^2 ds + \sum_C |u|_{1,C}^2 \right\}. \tag{2.6}$$

证明 设 $\Gamma = \{x = 0, b_1 < y < b_2\}$, 其上的剖分点为 $y_{m_1} = b_1, y_{m_1+1}, \cdots, y_{m_2} = b_2$. 设 $(0, y') \in \Gamma, y_{k'} \leqslant y' < y_{k'+1}$, 则 (见图 2.3)

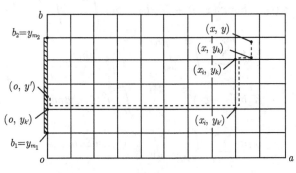

图 2.3

$$u(0, y') = u(x, y) + \int_y^{y_k} u_y(x, y) d\eta + \int_x^{x_i} u_x(\xi, y_k) d\xi$$

$$+ \int_{y_k}^{y_{k'}} u_y(x_i, \eta) d\eta + \int_{x_i}^{x_0} u_x(\xi, y_{k'}) d\xi + \int_{y_{k'}}^{y'} u_y(x_0, \eta) d\eta. \tag{2.7}$$

由此即得

$$\frac{1}{6} u^2(0, y') \leqslant u^2(x, y) + h \int_{y_k}^{y_{k+1}} u_y^2(x, \eta) d\eta + h \int_{x_i}^{x_{i+1}} u_x^2(\xi, y_k) d\xi$$

$$+ b \int_0^b u_y^2(x_i, \eta) d\eta + a \int_0^a u_x^2(\xi, y_{k'}) d\xi + h \int_{y_{k'}}^{y_{k'+1}} u_y^2(x_0, \eta) d\eta$$

$$\leqslant u^2(x, y) + K_1 h \cdot h^{-1} \int_{x_i}^{x_{i+1}} \int_{y_k}^{y_{k+1}} u_y^2(\xi, \eta) d\eta d\xi$$

$$+ K_1 h h^{-1} \int_{x_i}^{x_{i+1}} \int_{y_k}^{y_{k+1}} u_x^2(\xi, \eta) d\eta d\xi + K_1 h h^{-1} \int_{x_0}^{x_1} \int_{y_{k'}}^{y_{k'+1}} u_y^2(\xi, \eta) d\eta d\xi$$

$$+ K_1 b \cdot h^{-1} \int_{x_i}^{x_{i+1}} \int_0^b u_y^2(\xi, \eta) d\eta d\xi + a K_1 h^{-1} \int_{y_{k'}}^{y_{k'+1}} \int_0^a u_x^2(\xi, \eta) d\xi d\eta$$

$$\leqslant u^2(x, y) + K_1 \int_{x_i}^{x_{i+1}} \int_{y_k}^{y_{k+1}} u_y^2(\xi, \eta) d\eta d\xi + K_1 \int_{x_i}^{x_{i+1}} \int_{y_k}^{y_{k+1}} u_x^2(\xi, \eta) d\eta d\xi$$

$$+ K_1 \int_{x_0}^{x_1} \int_{y_{k'}}^{y_{k'+1}} u_y^2(\xi, \eta) d\eta d\xi + K_1 b \, h^{-1} \int_{x_i}^{x_{i+1}} \int_0^b u_y^2(\xi, \eta) d\eta d\xi$$

$$+ K_1 a \, h^{-1} \int_{y_{k'}}^{y_{k'+1}} \int_0^a u_x^2(\xi, \eta) d\xi d\eta,$$

上面第二个不等式利用了同阶嵌入 (1.1). 将上式两端对 y' 积分于 Γ 上:

$$\int_{b_1}^{b_2} \cdots dy' = \sum_{k'=m_1}^{m_2-1} \int_{y_{k'}}^{y_{k'+1}} \cdots dy' = \int_\Gamma \cdots ds,$$

即得

$$\frac{1}{6} \int_\Gamma u^2 ds \leqslant (b_2 - b_1) u^2(x, y) + K_1 (b_2 - b_1) \int_{y_k}^{y_{k+1}} \int_{x_i}^{x_{i+1}} (u_x^2 + u_y^2) d\xi d\eta$$

$$+ K_1 h \sum_{k'=m_1}^{m_2-1} \int_{x_0}^{x_1} \int_{y_{k'}}^{y_{k'+1}} u_y^2(\xi, \eta) d\eta d\xi$$

$$+ K_1 b (b_2 - b_1) h^{-1} \int_{x_i}^{x_{i+1}} \int_0^b u_y^2(\xi, \eta) d\eta d\xi$$

$$+ K_1 a \sum_{k'=m_1}^{m_2-1} \int_{y_{k'}}^{y_{k'+1}} \int_0^a u_x^2(\xi, \eta) d\xi d\eta.$$

将上式两端再对 x, y 积分于 Ω:

$$\iint_\Omega \cdots dx dy = \sum_C \iint_C \cdots dx dy = \sum_{i=0}^{n-1} \sum_{k=0}^{m-1} \int_{y_k}^{y_{k+1}} \int_x^{x_{i+1}} \cdots dx dy,$$

即得

$$\frac{ab}{6} \int_\Gamma u^2 ds$$

$$\leqslant (b_2 - b_1) \iint_\Omega u^2 dxdy + K_1(b_2 - b_1)h^2 \sum_{i=0}^{n-1}\sum_{k=0}^{m-1} \int_{y_k}^{y_{k+1}}\int_{x_i}^{x_{i+1}} (u_x^2 + u_y^2)d\xi d\eta$$

$$+ K_1 abh \sum_{i=0}^{n-1}\sum_{k=0}^{m-1} \int_{y_k}^{y_{k+1}}\int_{x_i}^{x_{i+1}} u_y^2(\xi, \eta)d\xi d\eta$$

$$+ K_1 b^2(b_2 - b_1) \sum_{i=0}^{n-1}\sum_{k=0}^{m-1} \int_{y_k}^{y_{k+1}}\int_{x_i}^{x_{i+1}} u_y^2(\xi, \eta)d\xi d\eta$$

$$+ K_1 a^2 b \sum_{i=0}^{n-1}\sum_{k=0}^{m-1} \int_{y_k}^{y_{k+1}}\int_{x_i}^{x_{i+1}} u_x^2(\xi, \eta)d\xi d\eta,$$

$$\leqslant K_1' \left\{ \iint_\Omega u^2 dxdy + \sum_C \iint_C (u_x^2 + u_y^2)dxdy \right\},$$

从而式 (2.5) 得证.

至于式 (2.6) 的证明完全同上, 只是将 (2.7) 改写成下式

$$u(x,y) = u(0, y') - \int_y^{y_k} u_y(x, \eta)d\eta - \int_x^{x_i} u_x(\xi, y_k)d\xi$$

$$- \int_{y_k}^{y_{k'}} u_y(x_i, \eta)d\eta - \int_{x_i}^{x_0} u_x(\xi, y_{k'})d\xi - \int_{y_{k'}}^{y'} u_y(x_0, \eta)d\eta, \tag{2.7'}$$

然后有

$$\frac{1}{6}u^2(x,y)$$

$$\leqslant u^2(0, y') + \left(\int_y^{y_k} u_y(x, \eta)d\eta\right)^2 + \left(\int_x^{x_i} u_x(\xi, y_k)d\xi\right)^2$$

$$+ \left(\int_{y_k}^{y_{k'}} u_y(x_i, \eta)d\eta\right)^2 + \left(\int_{x_i}^{x_0} u_x(\xi, y_{k'})d\xi\right)^2 + \left(\int_{y_{k'}}^{y'} u_y(x_0, \eta)d\eta\right)^2.$$

以下的估计完全如前, 只是常数 K' 不同于 K, 但仍与 u 及 h 无关, 而只依赖于 Ω 及 Γ.

§3　对于多边形区域, 三角形剖分的 Poincaré, Friedrichs 不等式

3.1　三角形剖分的拓扑及度量性质

设 Ω 是平面多边形区域, Γ' 是 $\overline{\Omega}$ 中的一段折线, π_h 是 Ω 的三角形剖分, 并相容于 Ω 及 Γ' 的结构, $h_C = \mathrm{diam}C, C \in \pi_h, h = h_{\max} = \max_C h_C, h' = h_{\min} = \min_C h_C,$

$$\frac{h_{\max}}{h_{\min}} = \frac{h}{h'} < K_1 < \infty.$$

考虑到平面多边形区域和三角形剖分的拓扑的及度量的性质, 可以引入两个条形"正交"族

$$\mathscr{F} = \{F_1, \cdots, F_N\}, \quad \mathscr{F}' = \{F_1', \cdots, F_{N'}'\}.$$

使得

(i) 每个条形 F_i 或 F_k' 是单元 $C_j \in \pi_h$ 的一个连通集合,

$$F_i = C_{j_1} + C_{j_2} + \cdots + C_{j_{n_i}}, F_{i_1} \bigcap F_{i_2} = \varnothing \text{ 对于 } i_1 \neq i_2,$$
$$F_k' = C_{l_1} + C_{l_2} + \cdots + C_{lm_k}, F_{k_1}' \bigcap F_{k_2}' = \varnothing \text{ 对于 } k_1 \neq k_2$$

(ii) $F_i \bigcap F_k' \neq \varnothing, \quad \forall i, k.$

(iii) 每个条形 F_i 或 F_k' 的侧向 "宽度" $\leqslant K_2 h$, 而 $K_2 = \text{const.} > 0$ 与 i, k 及 h 无关.

(iv) $\sum_{i=1}^{N} F_i = \sum_{i=1}^{N} \sum_{C_i \subset F_i} C_j = \Omega \sum_{j=1}^{N_2} C_j$, 即族 $\mathscr{F}$ 覆盖 Ω.

(v) 族 $\mathscr{F}'$ 横截于 Γ': 每个 F_k' 交 Γ' 于一条棱 B_{p_k}, 而且这些棱覆盖 Γ', 即 $\sum_{k=1}^{N'} B_{p_k} = \Gamma'$.

举例图示见图 3.1.

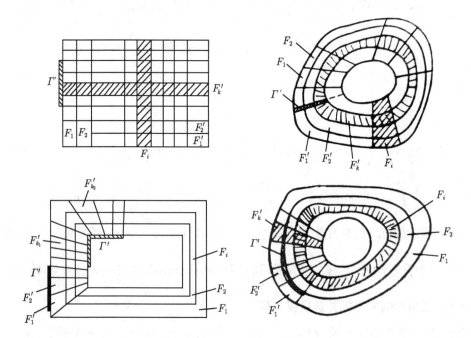

图 3.1

考虑到上述性质, 对每一对点 $P \in \Omega, P' \in \Gamma'$, 则存在唯一的一对 F_i, F_k', 使得 $P \in F_i, P' \in F_k', F_i \bigcap F_k' \neq \phi$, 且至少包含一个单元 C_j(不一定唯一) , C_j 包含一个点 Q(不一定

唯一). 这样, 可以指定两条路径 (分别在条形 F_i, F_k' 内) $\overline{PQ} = \overline{QP} \subset F_i, \overline{P'Q} = \overline{QP'} \subset F_k'$. 每一条路径 (比如 $\overline{PQ}$) 是一条连接其端点 (P, Q) 的折线:

$$\overline{PQ} = \overline{P_0 P_1} + \overline{P_1 P_2} + \cdots + \overline{P_{m-1} P_m}, P_0 = P, P_m = Q,$$

其中每个线段 $\overline{P_{r-1} P_r}$ 落在某个单元 $C_r \in F_i$ 中, 而且连接点 $P_1, \cdots, P_{m-1}$ 是 S_h 中函数的零阶连续点, 即 $\forall\, u \in S_h, u(P_r - 0) = u(P_r + 0)$. 对于

$$\overline{P'Q} = \overline{P_0' P_1'} + \overline{P_1' P_2'} + \cdots + \overline{P_{n-1}' P_n'}, P_0' = P', P_n' = Q,$$

具有类似的性质.

3.2 痕迹嵌入定理及 Friedrichs 不等式

设对应于剖分 π_h 的有限元空间 S_h 中的函数, 在单元的每条棱上至少有一个零阶连续点. 则

$$\int_{\Gamma'} u^2 ds \leqslant K \left\{ \iint_{\Omega} u^2 dxdy + \sum_C |u|_{1,C}^2 \right\}, \quad \forall\, u \in S_h, \tag{3.1}$$

$$\iint_{\Omega} u^2 dxdy \leqslant K' \left\{ \int_{\Gamma'} u^2 ds + \sum_C |u|_{1,C}^2 \right\}, \quad \forall\, u \in S_h, \tag{3.2}$$

其中 $K, K' = \text{const.} > 0$ 与 h 无关.

证明 对任意给定的 $P \in \Omega, P' \in \Gamma'$,

$$u(P') = u(P) + \int_{\overrightarrow{PQ}} u_s ds + \int_{\overrightarrow{QP'}} u_s ds,$$

从而

$$\frac{1}{3} u^2(P') \leqslant u^2(P) + \left(\int_{\overrightarrow{PQ}} u_s ds \right)^2 + \left(\int_{\overrightarrow{QP'}} u_s ds \right)^2$$

$$\leqslant u^2(P) + L \int_{\overrightarrow{PQ}} u_s^2 ds + L \int_{\overrightarrow{P'Q}} u_s^2 ds,$$

其中 L 是族 $\mathscr{F}$ 及 $\mathscr{F}'$ 中的路径的最大长度, 而

$$\int_{\overline{PQ}} u_s^2 ds = \sum_{r=1}^{m} \int_{\overline{P_{r-1} P_r}} u_s^2 ds \leqslant \sum_{r=1}^{m} K_1 h^{-1} \iint_{C_r} (u_x^2 + u_y^2) dxdy$$

$$\leqslant K_1 h^{-1} \sum_{C \subset F_i} \iint_C (u_x^2 + u_y^2) dxdy, \quad F_i = F_i(P),$$

在上式中 $\overline{P_{r-1}P_r} \subset C_r$, 最后第二个不等式利用了同阶嵌入不等式 (1.1).

类似地有

$$\int_{\overline{P'Q}} u_s^2 ds \leqslant K_1 h^{-1} \sum_{C \subset F_k'} \iint_C (u_x^2 + u_y^2) dx dy, \quad F_k' = F_{k(P')}'.$$

那么

$$\frac{1}{3} u^2(P') \leqslant u^2(P) + L K_1 h^{-1} \left\{ \iint_{F_{i(P)}} (u_x^2 + u_y^2)\, dx dy + \iint_{F_{k(P')}'} (u_x^2 + u_y^2)\, dx dy \right\}$$

$$\leqslant u^2(P) + L K_1 h^{-1} \left(|u|_{1,F_{i(P)}}^2 + |u|_{1,F_{k(P')}'}^2 \right).$$

将上面不等式两端, 对 P' 在 Γ' 上积分, 而对 P 在 Ω 上积分, 并注意

$$\int_{\Gamma'} dP' \iint_{\Omega} dP(\cdots) = \sum_{k=1}^{N'} \int_{B_{P_k}} dP' \sum_{i=1}^{N} \iint_{F_i} dP(\cdots),$$

则有

$$\int_{\Gamma'} dP' \iint_{\Omega} dP \left(\frac{1}{3} u^2(P') \right) = \frac{1}{3} A \int_{\Gamma'} u^2 ds, \quad A = \Omega \text{ 的面积},$$

$$\int_{\Gamma'} dP' \iint_{\Omega} dP(u^2(P)) = L' \iint_{\Omega} u^2 dx dy, \quad L' = \Gamma' \text{ 的长度},$$

$$\int_{\Gamma'} dP' \iint_{\Omega} dP(|u|_{1,F_{i(P)}}^2) = L' \sum_{i=1}^{N} \iint_{F_i} |u|_{1,F_{i(P)}}^2 dP$$

$$= L' \sum_{i=1}^{N} \text{area} F_i |u|_{1,F_i}^2 \leqslant L' K_2 h \sum_{i=1}^{N} |u|_{1,F_i}^2$$

$$\leqslant L' K_2 h \sum_{C} |u|_{1,C}^2,$$

其中第三个不等式中的最后第二个不等式, 是由于 $\text{area} F_i \leqslant K_2 h, i = 1, 2, \cdots, N$. 而

$$\int_{\Gamma'} dP' \iint_{\Omega} dP(|u|_{1,F_{k(P')}'}^2) = A \sum_{k=1}^{N'} \int_{B_{P_k}} |u|_{1,F_{k(P')}'}^2 dP'$$

$$= A \sum_{k=1}^{N'} (\text{length} B_{p_k}) |u|_{1,F_{p_k}'}^2$$

$$\leqslant A K_3 h \sum_{k=1}^{N'} |u|_{1,F_{p_k}'}^2 \leqslant A K_3 h \sum_{C} |u|_{1,C}^2.$$

综合起来, 就有

$$\frac{A}{3} \int_{\Gamma'} u^2 ds \leqslant L' \iint_{\Omega} u^2 dxdy + K_4 \sum_C |u|^2_{1,C},$$

由此式 (3.1) 得证.

(3.2) 的证明类似于 (2.1) 的证明.

3.3 Poincaré 不等式

在 3.2 节开头关于 S_h 的假设条件下,

$$\iint_{\Omega} u^2 dxdy \leqslant K \left\{ \sum_C |u|^2_{1,C} + \left(\iint_{\Omega} udxdy \right)^2 \right\}, \quad \forall\, u \in S_k, \tag{3.3}$$

其中 K 与 h 无关.

证明 类似于上述 Friedrichs 不等式 (3.2) 的证明, 所不同的只是将两个条形族 $\mathscr{F}$ 和 $\mathscr{F}'$ 的地位调换一下. 将 3.1 节中性质 (i)—(iii) 仍保留, 而将 (iv) 改成

$$\sum_{k=1}^M F'_k = \Omega, \text{即 } \mathscr{F}' \text{ 覆盖 } \Omega.$$

对任意给定的 $P \in \Omega, P' \in \Omega$ 有

$$u(P') - u(P) = \int_{\overrightarrow{PQ}} u_s ds + \int_{\overrightarrow{QP'}} u_s ds.$$

那么

$$(u(P') - u(P))^2 = u^2(P') + u^2(P) - 2u(P) \cdot u(P')$$

$$\leqslant 2 \left(\int_{\overrightarrow{PQ}} u_s ds \right)^2 + 2 \left(\int_{\overrightarrow{QP'}} u_s ds \right)^2$$

$$\leqslant 2L \int_{\overline{PQ}} u_s^2 ds + 2L \int_{\overline{QP'}} u_s^2 ds.$$

关于上式右端两个积分的估计完全同 3.2 节, 然后积分 $\iint_{\Omega} dP' \iint_{\Omega} dP(\cdots)$, 即可得到

$$A \iint_{\Omega} u^2(P')dP' + A \iint_{\Omega} u^2(P)dP - 2 \iint_{\Omega} u(P')dP' \cdot \iint_{\Omega} u(P)dP$$

$$= 2A \iint_{\Omega} u^2 dxdy - 2 \left(\iint_{\Omega} udxdy \right)^2$$

$$\leqslant K_5 \sum_C |u|_{1,C}^2.$$

从而得证.

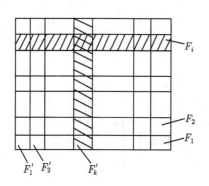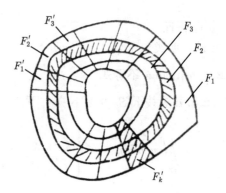

图 3.2

3.4 痕迹嵌入定理及 Friedrichs 不等式 (续)

有限元空间 S_h 仍如 3.2 节, 令 Λ_0 是以零阶连续点为插值节点的分片线性插值算子, 即

$$u - \Lambda_0 u = 0 \quad 在 C 上 \quad \forall\, u \in P_1(C), \quad C \in \pi_h.$$

则由同阶嵌入不等式 (1.1) 及插值误差估计, 可见

$$|u - \Lambda_0 u|_{0,B} \leqslant K h^{\frac{1}{2}} |u|_{1,C} \quad \forall\, B \subset \partial C, C \in \pi_h, u \in S_h. \tag{3.4}$$

我们有下述形式的痕迹嵌入定理及 Friedrichs 不等式.

$$\int_{\Gamma'} (\Lambda_0 u)^2 ds \leqslant K \left\{ \iint_\Omega u^2 dx dy + \sum_C |u|_{1,C}^2 \right\}, \quad \forall\, u \in S_n, \tag{3.5}$$

$$\int_\Omega u^2 dx dy \leqslant K' \left\{ \int_{\Gamma'} (\Lambda_0 u)^2 ds + \sum_C |u|_{1,C}^2 \right\}, \quad \forall\, u \in S_h. \tag{3.6}$$

证明 以证明 (3.5) 为例

$$\Lambda_0 u(P') = (\Lambda_0 u - u)_{P'-0} + u(P) + \int_{\overrightarrow{PQ}} u_s ds + \int_{\overrightarrow{QP'}} u_s ds,$$

则

$$\frac{1}{4} (\Lambda_0 u(P'))^2 \leqslant (\Lambda_0 u - u)_{P'-0}^2 + u^2(P) + \left(\int_{\overrightarrow{PQ}} u_s ds \right)^2 + \left(\int_{\overrightarrow{QP'}} u_s ds \right)^2.$$

因此, 我们只要估计

$$\int_{\Gamma'} dP' \iint_{\Omega} dP(\Lambda_0 u - u)^2_{P'-0}$$

$$= A \int_{\Gamma'-0} (u - \Lambda_0 u)^2 ds$$

$$= A \sum_{k=1}^{m} \int_{B_{P_k}} (u - \Lambda_0 u)^2 ds \leqslant KAh \sum_{k=1}^{m} \iint_{C'_k} (u_x^2 + u_y^2) dx dy$$

$$\leqslant KAh \sum_{C} |u|^2_{1,C},$$

上式最后第二个不等式利用了估计式 (3.4). 从而得证.

§4 高阶导数的积分不等式

设有限元函数空间 S_h 具有下述性质: 在单元顶点处, 函数连续, 而在单元的公共边上至少有函数的法向导数的一个连续点. 那么以前的不等式对于 $u \in S_h$ 仍然成立:

$$\int_{\Gamma'} (\Lambda_0 u)^2 ds \leqslant K_1 \left\{ \iint_{\Omega} u^2 dx dy + \sum_{C} |u|^2_{1,C} \right\},$$

$$\iint_{\Omega} u^2 dx dy \leqslant K_2 \left\{ \int_{\Gamma'} (\Lambda_0 u)^2 ds + \sum_{C} |u|^2_{1,C} \right\},$$

$$\iint_{\Omega} u^2 dx dy \leqslant K_3 \left\{ \left(\iint_{\Omega} u dx dy \right)^2 + \sum_{C} |u|^2_{1,C} \right\}.$$

现在我们要证明, 将 u 替换成 u_x, u_y 时上述不等式仍成立.

过去的证明, 利用了恒等式

$$v(P') = v(P) + \int_{\overrightarrow{PQ}} v_s ds + \int_{\overrightarrow{QP'}} v_s ds, \tag{4.1}$$

其中
$$\overrightarrow{PQ} \subset \mathscr{F}_{i(p)}, \overrightarrow{P'Q} \subset \mathscr{F}'_{k(p')},$$

$$\overrightarrow{PQ} = \overrightarrow{P_0 P_1} + \overrightarrow{P_1 P_2} + \cdots + \overrightarrow{P_{m-1} P_m}, P_0 = P, P_m = Q,$$

$$\overrightarrow{P'Q} = \overrightarrow{P'_0 P'_1} + \overrightarrow{P'_1 P'_2} + \cdots + \overrightarrow{P'_{n-1} P'_n}, P'_0 = P', P'_n = Q,$$

而中间点 $P_1, P_2, \cdots, P_{m-1}$ 以及 $P'_1, P'_2, \cdots, P'_{n-1}$ 均取为函数 v 的连续点, 故恒等式 (4.1) 是正确的. 现在 $v = u_x$ 或 u_y, 则在线元上一般可以没有连续点.

现取 $P_1, \cdots, P_{m-1}$ 及 $P_1', \cdots, P_{n-1}'$ 均为 u 的法向导数连续点, 即 u_n 连续, 但 u_s 可能间断. 因此 u_x, u_y 在这些点都可能有 "跳跃性" 间断. 这样对于 $v = u_x$, 等式

$$\int_{\overrightarrow{PQ}} v_s ds = \sum_{r=1}^{m} \int_{\overrightarrow{P_{r-1}P_r}} v_s ds$$

不再成立, 而应代之以

$$\int_{\overrightarrow{PQ}} v_s ds = \sum_{r=1}^{m} \int_{\overrightarrow{P_{r-1}P_r}} v_s ds + \sum_{r=1}^{m-1} [v]_{P_r}, \tag{4.2}$$

其中

$$[v]_{P_r} = [u_x]_{P_r} = v(P_r + 0) - v(P_r - 0) = u_x(P_r + 0) - u_x(P_r - 0). \tag{4.3}$$

为了估计 $[u_x]_{P_r}$, 只需估计 $[u_s]_{P_r}$, 因为 $[u_n]_{P_r} = 0$, 为此, 首先给出 Lagrange–Hermite 插值的几个误差估计式, 设 Λ 是 Lagrange–Hermite 插值算子, 且

$$u - \Lambda u = 0, \text{在 } C \in \pi_h \text{ 上}, \forall\, u \in P_k(C),$$

$P_k(C)$ 是定义在单元 C 上的次数 $\leqslant k$ 的多项式全体. 则对 $B \subset \partial C$, 单元 C 的边界,

$$\begin{cases} \max_B |u - \Lambda u| \leqslant K h^{k+\frac{1}{2}} |u|_{k+1,B}, \\ \max_B |u_s - (\Lambda u)_s| \leqslant K h^{k-\frac{1}{2}} |u|_{k+1,B}, \\ |u - \Lambda u|_{0,B} \leqslant K h^{k+1} |u|_{k+1,B}, \\ |u_s - (\Lambda u)_s|_{0,B} \leqslant K h^k |u|_{k+1,B}, \end{cases} \tag{4.4}$$

其中 K 是与 u 及 h 无关的常数. 当 $k = 1$ 时, 即为一次插值, 即有

$$\begin{cases} \max_B |u - \Lambda_0 u| \leqslant K h^{\frac{3}{2}} |u|_{2,B}, \\ \max_B |u_s - (\Lambda_0 u)_s| \leqslant K h^{\frac{1}{2}} |u|_{2,B}, \\ |u - \Lambda_0 u|_{0,B} \leqslant K h^2 |u|_{2,B}, \\ |u_s - (\Lambda_0 u)_s|_{0,B} \leqslant K h |u|_{2,B}. \end{cases} \tag{4.5}$$

现在估计 (参考图 4.1)

$$[u_s]_{P_r} = u_s(P_r + 0) - u_s(P_r - 0)$$
$$= (u_s - (\Lambda_0 u)_s)_{P_{r+0}} - (u_s - (\Lambda_0 u)_s)_{P_{r-0}}.$$

由估计式 (4.5) 及同阶嵌入不等式 (1.1),

$$\max_{B_\pm} |u_s - (\Lambda_0 u)_s| \leqslant K h^{\frac{1}{2}} |u|_{2,B\pm},$$

故

$$|[u_s]_{P_r}| \leqslant K h^{\frac{1}{2}}(|u|_{2,B_+} + |u|_{2,B_-})$$
$$\leqslant K_1'(|u|_{2,C_+} + |u|_{2,C_-}).$$

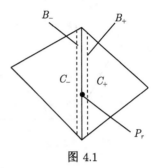

图 4.1

因此

$$|[u_x]_{P_r}|^2 \leqslant K_1(|u|_{2,C_+}^2 + |u|_{2,C_-}^2),$$

同样

$$|[u_y]_{P_r}|^2 \leqslant K_1(|u|_{2,C_+}^2 + |u|_{2,C_-}^2)$$

其中 C_+, C_- 为邻接 P_r 的两个面元. 因此有

$$\left(\sum_{r=1}^{m-1} [u_x]_{P_r}\right)^2 \leqslant m \sum_{r=1}^{m-1} [u_x]_{P_r}^2$$
$$\leqslant K h^{-1} \sum_{r=1}^{m-1} (|u|_{2,C_r^+}^2 + |u|_{2,C_r^-}^2) \leqslant 2 K h^{-1} \sum_{C \subset F_{i(P)}} |u|_{2,C}^2.$$

其他各项类似处理, 然后按 $\int_{\Gamma'} dP' \iint_{\Omega} dP(\cdots)$ 积分, 即可得

$$\sum_{r' \subset \Gamma'} \int_{\gamma'} u_x^2 ds \leqslant K \left\{ \sum_C \iint_C u_x^2 dx dy + \sum_C |u|_{2,C}^2 \right\}.$$

同样

$$\sum_{\gamma' \subset \Gamma'} \int_{\gamma'} u_y^2 ds \leqslant K \left\{ \sum_C \iint_C u_y^2 dx dy + \sum_C |u|_{2,C}^2 \right\},$$

因此

$$\sum_{\gamma' \subset \Gamma'} |u|_{1,\gamma'}^2 \leqslant K \sum_C \|u\|_{2,C}^2. \tag{4.6}$$

由于在单元的顶点, 函数 $u \in S_h$ 连续, 而在单元公共边界上至少有 u_n 的一个连续点, 故可定义 $(\Lambda_0 u)_s$ 及 $\Lambda_1 u_n$, 其中 Λ_0 是以单元三顶点为节点的线性插值算子, 而 Λ_1 是以 u_n 连续的点为节点的线性插值算子. 则命, 在 ∂C 上,

$$\widetilde{A}_0 u_x = -\sin\theta (\Lambda_0 u)_s + \cos\theta \cdot \Lambda_1 u_n,$$
$$\widetilde{A}_0 u_y = \cos\theta \cdot (\Lambda_0 u)_s + \sin\theta \cdot \Lambda_1 u_n,$$

(见图 4.2). 则同样地可证 (如 3.4 节)

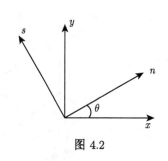

图 4.2

$$\sum_{\gamma' \subset \Gamma'} \int_{\gamma'} (\widetilde{\Lambda}_0 u_x)^2 ds \leqslant K \sum_C \|u\|_{2,C}^2,$$

$$\sum_{\gamma' \subset \Gamma'} \int_{\gamma'} (\widetilde{\Lambda}_0 u_y)^2 ds \leqslant K \sum_C \|u\|_{2,C}^2,$$

由此即得

$$\sum_{\gamma' \subset \Gamma'} |\widetilde{\Lambda}_0 u|_{1,\gamma'}^2 \leqslant K \sum_C \|u\|_{2,C}^2.$$

完全类似地可证下述 Friedrichs 不等式

$$\sum_C |u|_{1,C}^2 \leqslant K \left\{ \sum_{\gamma' \subset \Gamma'} |u|_{1,\gamma'}^2 + \sum_C |u|_{2,C}^2 \right\},$$

以及

$$\sum_C |u|_{1,C}^2 \leqslant K \left\{ \sum_{\gamma' \subset \Gamma'} \int_{\gamma'} ((\widetilde{\Lambda}_0 u_x)^2 + (\widetilde{\Lambda}_0 u_y)^2) ds + \sum_C |u|_{2,C}^2 \right\}.$$

编者注　本节结论也完全适用于 Zienkiewicz 非协调元空间 (不要求三平行方向剖分). 而且证明可更简单, 只要取路径的中间点 $P_1, \cdots, P_{m-1}$ 及 $P_1', \cdots, P_{n-1}'$ 为剖分顶点即可. 这个结论对于 TRUNC 有限元方法是有用的.

17. 非协调元空间的一个 Sobolev 嵌入定理 [①]

A Sobolev Imbedding Theorem in Nonconforming Finite Element Spaces

在这篇短文中，我们给出具有一定性质的非协调元空间的一个 Sobolev 嵌入定理及其证明. 首先假设平面区域 Ω 具有性质: 对任一点 $Q \in \Omega$, 存在一条过 Q 的直线段 $\Gamma = \Gamma_Q \subset \Omega$, 使得

$$|\Gamma_Q| = \Gamma_Q \text{ 的长设} > q > 0, \quad \forall Q \in \Omega; \tag{1}$$

且存在一个以 Γ_Q 为一边的平行四边形 $D = D_Q \subset \Omega$, 使得

$$|D_Q| = D_Q \text{ 的面积} > q' > 0, \quad \forall Q \in \Omega, \tag{2}$$

其中 q, q' 为与 Q 无关的正常数.

设 π_h 是区域 Ω 的一个正则剖分且满足反假设, S_h 是对应的有限元空间, 具有下述性质: 在剖分的顶点处, S_h 中的函数 u 连续; 而且在剖分单元的公共边上, 至少有一点, 使得 S_h 中函数 u 的法向导数 u_n 连续. 这样, 我们有

定理 在区域 Ω 及有限元空间 S_h 的上述假设下, 成立下述形式的 Sobolev 嵌入定理,

$$|u(Q)| \leqslant k \sum_C \|u\|_{2,C}, \quad \forall Q \in \Omega, \tag{3}$$

其中 $K = \text{const.} > 0$ 与 $Q \in \Omega, u \in S_h$ 及 h 无关.

证明 对任意给定的 $Q \in \Omega$, 按假定存在直线段 $\Gamma_Q = \Gamma \subset \Omega$. 在 Γ 上任取一点 P, 则直线段 $\overline{PQ} \subset \Gamma$. 令

$$\overline{PQ} = \overline{P_0 P_1} + \overline{P_1 P_2} + \cdots + \overline{P_{n-1} P_n}, P_0 = P, P_n = Q,$$

使得 $\overline{P_{i-1} P_i}$ 含在单元内部, 而 $P_1, P_2, \cdots, P_{n-1}$ 在单元边上或在顶点上 (见图 1). 那么

$$u(Q) = u(P) + \int_{\overrightarrow{P_0 P_1}} u_s ds + [u]_{P_1} + \int_{\overrightarrow{P_1 P_2}} u_s ds + [u]_{P_2} + \cdots + [u]_{P_{n-1}} + \int_{\overrightarrow{P_{n-1} P_n}} u_s ds$$

---

① 本文根据冯康先生生前手稿中的思想, 由王烈衡整理并完成.

$$= u(P) + \sum_{i=1}^{n} \int_{\overrightarrow{P_{i-1}P_i}} u_s ds + \sum_{i=1}^{n-1} [u]_{P_i}, \tag{4}$$

其中 $[u]_{P_i}$ 为 u 在点 P_i 处的 "跳跃值", 其具体表达式将在下面给出.

我们分两种情形来估计 $[u]_{P_i}, i = 1, 2, \cdots, n-1$.

(i) 当 P_i 在两个单元 C^+, C^- 的公共边 B 上时 (例如图 1 中的 P_2 点)(见图 2), 则

$$[u]_{P_i} = u(P_i + 0) - u(P_i - 0),$$

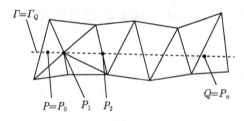
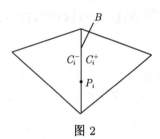

图 1　　　　　　　　　　　　　　　　图 2

其中

$$u(P_i + 0) = u|_{C_i^+}(P_i),$$

$$u(P_i - 0) = u|_{C_i^-}(P_i).$$

令 Λ_0 是以剖分 π_h 的顶点为节点的分片线性插值算子, 则 $\Lambda_0 u(P_i+0) = \Lambda_0 u(P_i-0)$, 从而

$$[u]_{P_i} = (u - \Lambda_0 u)(P_i + 0) - (u - \Lambda_0 u)(P_i - 0).$$

因此由反不等式及线性插值误差估计 ([1],[2]), 有

$$\begin{aligned}
[u]_{P_i}^2 &\leqslant 2(u - \Lambda_0 u)^2(P_i + 0) + 2(u - \Lambda_0 u)^2(P_i - 0) \\
&\leqslant K_1' h^{-2}(|u - \Lambda_0 u|_{0,C^+}^2 + |u - \Lambda_0 u|_{0,C^-}^2) \\
&\leqslant K_1 h^2(|u|_{2,C_i^+}^2 + |u|_{2,C_i^-}^2).
\end{aligned} \tag{5}$$

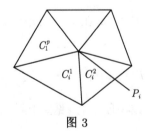

图 3

(ii) 当 P_i 在顶点时 (例如图 1 中的 P_1 点)(见图 3), 则跳跃 $[u]_{P_i}$ 应通过有限个单元 $C_i^1, C_i^2, \cdots, C_i^p$ 的边 $B_i^1 \subset \partial C_i^1, \cdots, B_i^p \subset \partial C_i^p$ 上的跳跃来表示

$$[u]_{P_i} = \sum_{k=1}^{p} [u]_{P_i \in B_i^k},$$

同样地, 我们有

$$[u]_{P_i}^2 \leqslant K_2 h^2 \sum_{k=1}^{p} |u|_{2,C_i^k}^2. \tag{6}$$

于是, 考虑到剖分的拟一改性, 以同一顶点为共同顶点的单元个数 $\leqslant \gamma < \infty$, 而 γ 与 h 无关,

$$\frac{1}{3}u^2(Q) \leqslant u^2(P) + \left\{\sum_{i=1}^{n} \int_{\overrightarrow{P_{i-1}P_i}} u_s ds\right\}^2 + \left\{\sum_{i=1}^{n-1} [u]_{P_i}\right\}^2$$

$$\leqslant u^2(P) + L\sum_{i=1}^{h} \int_{\overrightarrow{P_{i-1}P_i}} u_s^2 ds + n\sum_{i=1}^{n-1} [u]_{P_i}^2$$

$$\leqslant u^2(P) + L\sum_{i=1}^{n} \int_{\overrightarrow{P_{i-1}P_i}} u_s^2 ds + K'h\sum_{C} |u|_{2,C}^2, \tag{7}$$

其中 $L = \mathrm{diam}\Omega$, 而 $n = 0(h^{-1})$. 现将上式对 P 在 $\Gamma = \Gamma_Q$ 上积分, 可得

$$\frac{1}{3}|\Gamma|u^2(Q) \leqslant \int_{\Gamma} u^2 ds + L^2 \int_{\Gamma} u_s^2 ds + LK'h\sum_{C} |u|_{2,C}^2 \tag{8}$$

其中

$$\int_{\Gamma} u_s^2 ds = \sum_{i=1}^{N} \int_{\overrightarrow{P_{i-1}P_i}} u_s^2 ds, \quad (N \geqslant n).$$

由痕迹嵌入定理 ([1])

$$\int_{\Gamma} u^2 ds \leqslant K_1(\|u\|_{0,D}^2 + |u|_{1,D,h}^2),$$

$$\int_{\Gamma} u_s^2 ds \leqslant K_2(|u|_{1,D,h}^2 + |u|_{2,D,h}^2),$$

其中

$$|u|_{k,D,h}^2 = \sum_{C,C\bigcap D\neq\phi} |u|_{k,c}^2, k = 1, 2,$$

同时由 [1] 中可见 K_1, K_2 与 $D = D_Q$ 的面积成反比, 因而由假设 $\mathrm{area}D_a > q' > 0, \forall Q \in \Omega$, 可见 K_1, K_2 可取为与 $Q \in \Omega$ 无关的常数. 综合上述及 (8) 可见

$$u^2(Q) \leqslant \frac{3}{q}\left\{K_1\|u\|_{0,D}^2 + (K_1 + L^2K_2)|u|_{1,D,h}^2 + L^2K_2|u|_{2,D,h}^2 + LK'h\sum_{C}|u|_{2,C}^2\right\}$$

$$\leqslant K\sum_{C}\|u\|_{2,C}^2.$$

从而定理得证.

参 考 文 献

[1] 冯康, 非协调有限元空间的 Poincaré, Friedrichs 不等式, 本文集.

[2] P. G. Ciarlet, The Finite Element Method for Elliptic Problems, North-Holland, Amsterdam, 1978.

18. 非协调元的分数阶 Sobolev 空间 [①]

Fractional Order Sobolev Spaces for Nonconforming Finite Elements

本文对非协调元空间, 定义了分数阶 Sobolev 范数并证明了分数阶迹嵌入定理. 假定平面多边形区域 Ω 的剖分是正则的且满足反假设, 对应的有限元空间 S_h 具有下述性质: 对于 $u \in S_h, u$ 在区域 Ω 的剖分 π_h 的每个线元上至少有一个连续点. 设 $\Gamma \subset \partial\Omega$ 为 Ω 的边界的一直线段.

定义

$$\|u\|_{\frac{1}{2},\Gamma}^2 = \|u\|_{0,\Gamma}^2 + \sum_{\mu=1}^{N}\sum_{\nu=1}^{N}\int_{B_\mu} dP \int_{B_\nu}\left(\frac{u(P)-u(P')}{r(P,P')}\right)^2 dP' \tag{1}$$

其中 $\Gamma = \overline{QQ'} = \sum_{i=1}^{N} B_\mu, B_\mu$ 为边界上的线元, 而

$$r(P,P') = \left((x_P-x_{P'})^2 + (y_P-y_{P'})^2\right)^{1/2}, P=(x_P,y_P), P'=(x_{P'},y_{P'}).$$

定理 设区域 Ω 具有性质: 可作一个以 Γ 为斜边的直角三角形, 使得它整个包含在 Ω 中 (见图 1), 则下述不等式成立.

$$\sum_{\mu=1}^{N}\sum_{\nu=1}^{N}\int_{B_\mu} dP \int_{B_\nu}\left(\frac{u(P)-u(P')}{r(P,P')}\right)^2 dP' \leqslant K\sum_C |u|_{1,C}^2 \quad \forall\, u \in S_h, \tag{2}$$

即

$$\|u\|_{\frac{1}{2},\Gamma}^2 \leqslant K\sum_C \|u\|_{1,C}^2 \quad \forall\, u \in S_h, \tag{3}$$

其中 $K = \text{const.} > 0$ 与 u 及 h 无关.

为了证明定理, 需要两个引理.

引理 1 (Hardy 不等式)(见 [3, p270])

---

① 本文根据冯康先生生前手稿中的思想, 由王烈衡整理并完成.

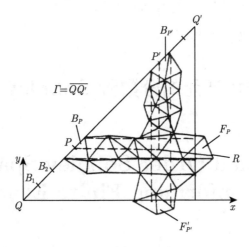

图 1

(i) 积分形式

$$\int_0^A \left(\frac{\int_0^x f(\xi)d\xi}{x}\right)^2 dx < 4\int_0^A f^2(x)dx, \tag{4}$$

其中 $0 < A \leqslant \infty$;

(ii) 级数形式

$$\sum_{k=1}^M \left(\frac{\sum_{i=1}^k a_i}{k}\right)^2 < 4\sum_{k=1}^M a_k^2, \tag{5}$$

其中 M 为自然数或 ∞, 只要上述二式右端有意义且不为零.

引理 2　(同阶嵌入定理)(见 [1],[4])

设 C 是一平面三角形, 边界为 $\partial C, P$ 是定义在 C 上的一个多项式空间. 则

$$|u|_{k,2C} \leqslant kh^{-\frac{1}{2}}|u|_{k,C} \quad \forall\, u \in P \tag{6}$$

其中 $h = \mathrm{diam}C, k = \mathrm{const}, > 0$ 与 h 无关.

定理的证明　对于任意给定的 $P,P' \in \Gamma$, 且 P' 在 P 的上方, 即 $y_{P'} \geqslant y_P$ 时, 作直角三角形, 为简单计不妨设为直角等腰三角形, $PRP' \subset \Omega$, 则存在两条"纵","横"带 $F_P, F'_{P'}$, 它们分别由单元组成, 使得 $PR \subset F_P\ \forall\, P \in B_P, P'R \subset F'_{P'}\ \forall\, P' \in B_{P'}, B_P$ 及 $B_{P'}$ 分别为包含 P 及 P' 的线元, 而 F_P 及 $F'_{P'}$ 的宽度为 $O(h)$, 即

$$|F_P| = F_P \text{ 的面积}, |F'_{P'}| = F'_{P'} \text{ 的面积} \leqslant Kh \quad \forall\, P,P' \in \Gamma, \tag{7}$$

其中 K 是与 P,P' 的选取无关且与 h 无关的正常数. 而且考虑到剖分的拟一致性, 当 h 足够小时, 对任何单元 $C \in \pi_h$, 共享它的带 F_P(或 $F'_{P'}$) 的个数 $\leqslant q < \infty$, 常数 q 与 h 无关.

现设 $\overrightarrow{PR} = \overrightarrow{P_0P_i} + \overrightarrow{P_1P_2} + \cdots + \overrightarrow{P_nP_{n-1}}, P_0 = P, P_h = R; \overrightarrow{P'R} = \overrightarrow{P_0'P_1'} + \overrightarrow{P_1'P_2'}$ $+\cdots+ \overrightarrow{P_{m-1}'P_m'}, P_0' = P', P_m' = R$, 而 $P_1, P_2, \cdots, P_{n-1}$ 及 $P_1', P_2', \cdots, P_{m-1}'$ 分别在 F_P 及 $F_{P'}'$ 的单元的边界上 (见图 1).

那么 $\overrightarrow{PP'} = \overrightarrow{PR} + \overrightarrow{RP'}$,

$$u(P) - u(P') = \sum_{i=1}^{n} \int_{\overrightarrow{P_{i-1}P_i}} u_s ds + \sum_{i=1}^{n-1} [u]_{P_i}$$

$$- \sum_{j=1}^{m} \int_{\overrightarrow{P_{j-1}'P_j'}} u_s ds - \sum_{j=1}^{m-1} [u]_{P_j'}$$

$$= \int_{\overrightarrow{PR}} u_s ds + \sum_{j=1}^{n-1} [u]_{P_i} - \int_{\overrightarrow{P'R}} u_s ds - \sum_{j=1}^{m-1} [u]_{P_j'},$$

其中 $[u]_{P_i}$ 为 u 在 P_i 处的跳跃值, 其具体表达式见下面文中. 从而

$$\frac{1}{4}\left(\frac{u(P)-u(P')}{r(P,P')}\right)^2 \leqslant \left(\frac{\int_{\overrightarrow{PR}} u_s ds}{r(P,P')}\right)^2 + \left(\frac{\sum_{i=1}^{n-1}[u]_{P_i}}{r(P,P')}\right)^2 + \left(\frac{\int_{\overrightarrow{P'R}} u_s d_s}{r(P,P')}\right)^2 + \left(\frac{\sum_{j=1}^{m-1}[u]_{P_j}}{r(P,P')}\right)^2 \quad (8)$$

将上式右端前两项, 对 P' 在 $\overrightarrow{PQ'} \subset \Gamma$ 上积分. 首先考察第一项

$$\int_{\overrightarrow{PQ'}} \left(\frac{\int_{\overrightarrow{PR}} u_s d_s}{r(P,P')}\right)^2 dP' \leqslant \int_{\overrightarrow{PQ'}} \left(\frac{\int_{x_P}^{x_{P'}} |u_x(\xi, y_P)|d\xi}{\sqrt{2}|x_{P'} - x_P|}\right)^2 dP'$$

$$= \frac{1}{\sqrt{2}} \int_{x_P}^{x_{Q'}} \left(\frac{\int_{x_P}^{x_{P'}} |u_x(\xi, y_P)|d\xi}{|x_{P'} - x_P|}\right)^2 dx_{P'}$$

$$< 2\sqrt{2} \int_{x_P}^{x_{Q'}} u_x^2(\xi, y_P)d\xi \leqslant K_1 h^{-1} \iint_{F_P} u_x^2 dxdy, \quad (9)$$

其中

$$\iint_{F_P} u_x^2 dxdy = \sum_{C \in F_P} \iint_{C} u_x^2 dxdy, \quad (10)$$

(9) 式倒数第二个不等式是由于积分形式的 Hardy 不等式, 而最后的不等式是利用了同阶嵌入不等式, 以后凡是出现 K, K', K_1, K_2 等等均为绝对常数与 u 及 h 无关, 且不同之处可能取不同的值. 其次估计 (8) 式右端第二项对 P' 在 $\overline{PQ'}$ 上的积分

$$\int_{\overline{PQ'}} \left(\frac{\sum_{i=1}^{n-1}[u]_{P_i}}{r(P,P')} \right)^2 dP' \leqslant \frac{1}{\sqrt{2}} \int_{x_P}^{x_{Q'}} \left(\frac{\sum_{i=1}^{n-1}|[u]_{P_i}|}{|x_{P'}-x_P|} \right)^2 dx_{P'}. \tag{11}$$

由于

$$|x_{P'}-x_P|^2 \geqslant \sum_{i=1}^{n}|x_{P_i}-x_{P_{i-1}}|^2 \geqslant K'nh^2,$$

$$\int_{x_P}^{x_{Q'}}(\cdots)dx_{P'} = \sum_{n=1}^{N'}\int_{x_{P_{n-1}}}^{x_{P_n}}(\cdots)dx_{P'}, x_{P_0}=x_P, \quad x_{P_{N'}}=x_{Q'},$$

从而由级数形式的 Hardy 不等式,

$$\int_{x_P}^{x_{Q'}} \left(\frac{\sum_{i=1}^{n-1}|[u]_{P_i}|}{|x_{P'}-x_P|} \right)^2 dx_{P'} = \sum_{n=1}^{N'}\int_{x_{P_{n-1}}}^{x_{P_n}} \left(\frac{\sum_{i=1}^{n-1}|[u]_{P_i}|}{|x_{P'}-x_P|} \right)^2 dx_{P'}$$

$$\leqslant K_1 h^{-1}\sum_{n=1}^{N'}(n\cdot|x_{P_n}-x_{P_{n-1}}|) \left(\frac{\sum_{i=1}^{n-1}|[u]_{P_i}|}{n-1} \right)^2$$

$$< 4K_1 h^{-1}\sum_{n=1}^{N'}[u]_{P_n}^2, \tag{12}$$

这里还应注意到 $n|x_{P_n}-x_{P_{n-1}}| \leqslant K' \ \forall\, 1 \leqslant n \leqslant N'$. 现在给出 $[u]_{P_n}$ 的具体表达式并估计 $[u]_{P_n}^2, n=1,\cdots,N'$. 设 P_n 在单元 C_+, C_- 的公共边 B 上, 按 S_h 的性质存在一点 $M_n \in B$, 使得 u 在 M_n 处连续 (见图 2), 从而

$$[u]_{P_n} = u(P_n+0)-u(P_n-0)$$
$$= (u(P_n+0)-u(M_n+0))$$
$$\quad - (u(P_n-0)-u(M_n-0))$$
$$= |\overline{P_n M_n}|(u_s(\xi^+)-u_s(\xi^-))$$

其中 $\quad u(P_n+0)=u|_{C^+}(P_n), u(P_n-0)=u|_{C^-}(P_n)$, 而 $u_s(\xi^+)=u_s|_{C^+}(\xi), u_s(\xi^-)=u_s|_{C^-}(\xi)$, 从而由反不等式 ([2])

$$|[u]_{P_n}|^2 \leqslant K'h^2 \left(\max_{C^+}|\nabla u|^2 + \max_{C^-}|\nabla u|^2 \right)$$

$$\leqslant K' \left(|u|_{1,C^+}^2 + |u|_{1,C^-}^2 \right). \tag{13}$$

当 P_n 为单元 $C_{1,P_n}, C_{2,P_n}, \cdots, C_{l,P_n}$ 的公共顶点时 (见图 3), 则可同样地证明

$$|[u]_{P_n}|^2 \leqslant K' \left(|u|_{1,C_{1,P_n}}^2 + \cdots + |u|_{1,C_{l,P_n}}^2 \right). \tag{13'}$$

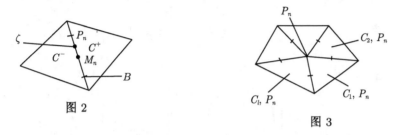

图 2   图 3

考虑到剖分的拟一致性质, 上面的 $l \leqslant r < \infty$, 而 r 与顶点无关, 且与 h 无关, 因此由 (12),(13)(或 (13')) 可见

$$\int_{x_P}^{x_{Q'}} \left(\frac{\sum\limits_{i=1}^{n-1} |[u]_{P_i}|}{|x_{P'} - x_P|} \right)^2 dx_{P'} \leqslant K'h^{-1} \sum_{C \in F_P} |u|_{1,C}^2,$$

从而

$$\int\limits_{\overline{PQ'}} \left(\frac{\sum\limits_{i=1}^{n-1} [u]_{P_i}}{r(P,P')} \right)^2 dP' \leqslant K_1 h^{-1} \sum_{C \in F_P} |u|_{1,C}^2. \tag{14}$$

综合 (9),(10) 及 (14), 可见

$$\int\limits_{\overline{PQ'}} \left(\frac{\int\limits_{\overrightarrow{PR}} u_s ds}{r(P,P')} \right)^2 dP' + \int\limits_{\overline{PQ'}} \left(\frac{\sum\limits_{i=1}^{n-1} [u]_{P_i}}{r(P,P')} \right)^2 dP'$$

$$\leqslant K_1 h^{-1} \left(\iint\limits_{F_P} u_x^2 dx dy + \sum_{C \in F_P} |u|_{1,C}^2 \right)$$

$$\leqslant K_1 h^{-1} |u|_{1,F_P}^2 = K_1 h^{-1} |u|_{1,F_{\mu(P)}}^2, \quad \forall P \in B_\mu \tag{15}$$

当 P' 在 P 的下方时, 同样可有 (图 4), 只是注意到此时 F_P 为 "纵" 条,

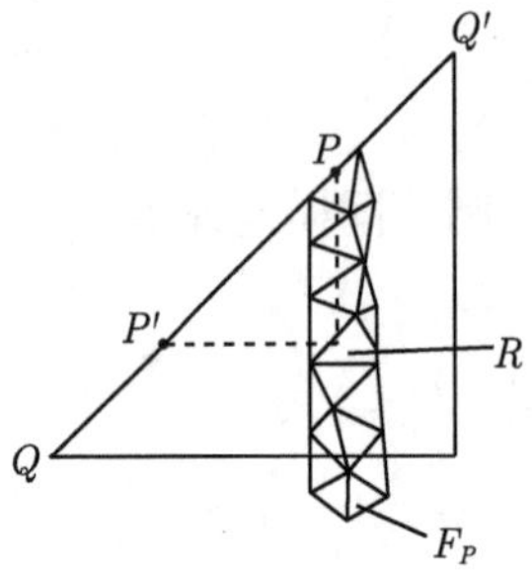

图 4

$$\int_{\overline{PQ'}} \left(\frac{\int_{\overrightarrow{PR}} u_s ds}{r(P,P')} \right)^2 dP' + \int_{\overline{PQ}} \left(\frac{\sum_{i=1}^{n-1} [u]_{P_i}}{r(P,P')} \right)^2 dP'$$

$$\leqslant K_1 h^{-1} \left(\iint_{F_P} u_y^2 dxdy + \sum_{C \in F_P} |u|_{1,C}^2 \right)$$

$$\leqslant K_1 h^{-1} |u|_{1,F_{\mu(P)}}^2 \qquad \forall\, P \in B_\mu. \tag{16}$$

由 (15),(16) 可见

$$\int_\Gamma dP \int_\Gamma \left\{ \left(\frac{\int_{\overrightarrow{PR}} u_s ds}{r(P,P')} \right)^2 + \left(\frac{\sum_{i=1}^{n-1} [u]_{P_i}}{r(P,P')} \right)^2 \right\} dP'$$

$$= \int_{\overline{QQ'}} dP \left(\int_{\overline{PQ'}} + \int_{\overline{PQ}} \right) \{\cdots\} dP'$$

$$= \sum_\mu \int_{B_\mu} \left(\int_{\overline{PQ'}} + \int_{\overline{PQ}} \right) \{\cdots\} dP'$$

$$\leqslant K_1 h^{-1} \sum_\mu h |u|_{1,F_{\mu(P)}}^2 \leqslant K_1 \sum_C |u|_{1,C}^2. \tag{17}$$

至于 (8) 式右端最后两项的积分, 注意到交换积分变量,

$$\int_\Gamma dP \int_\Gamma \left\{ \left(\frac{\int_{\overrightarrow{P'R}} u_s ds}{r(P,P')} \right)^2 + \left(\frac{\sum_{j=1}^{m-1} [u]_{P_j'}}{r(P,P')} \right)^2 \right\} dP' = \int_\Gamma dP' \int_\Gamma \{\cdots\} dP$$

然后同上面一样可得

$$\iint_{\Gamma\Gamma} \left\{ \left(\frac{\int_{\overrightarrow{P'R}} u_s ds}{r(P,P')} \right)^2 + \left(\frac{\sum_{j=1}^{m-1} [u]_{P_j'}}{r(P,P')} \right)^2 \right\} dPdP' \leqslant K_1 \sum_C |u|_{1,C}^2. \tag{18}$$

由 (17),(18) 及 (8) 即得

$$\frac{1}{4}\iint\limits_{\Gamma\Gamma}\left(\frac{u(P)-u(P')}{r(P,P')}\right)^2 dP'dP \leqslant K_1\sum_C |u|^2_{1,C},$$

这就证明了 (2). 再利用 [1] 中的痕迹嵌入定理, 即得证 (3) 式.

  附注 1 定理的条件可放宽为, 可作一个以 Γ 为一边的三角形整个地包含在 Ω 中 (图 5). 此时以该三角形的另外两边作为仿射坐标 (x,y), 来替代原来的直角坐标 (x,y), 其余过程完全相同.

  附注 2 对于 Γ 由折线组成 (而不是一直线段) 时, 只要对每相邻两段直线具有附注 1 的类似性质, 即可作一个四边形整个地包含在 Ω 中, 而该两段直线为此四边形的两边时 (图 6), 定理结论依然正确. 为此只要注意到当 P,P' 不在相邻两段直线段上时, 则 $r(P,P') \geqslant q' > 0$, 从而

$$\iint\limits_{\Gamma_1\Gamma_3}\left(\frac{u(P)-u(P')}{r(P,P')}\right)^2 dP'dP$$

$$\leqslant \frac{2}{(q')^2}\left(|\Gamma_3|\int\limits_{\Gamma_1} u^2(P)dP + |\Gamma_1|\int\limits_{\Gamma_3} u^2(P')dP'\right)$$

$$\leqslant K\sum_C \|u\|^2_{1,C},$$

其中最后不等式利用了 [1] 中的痕迹嵌入定理.

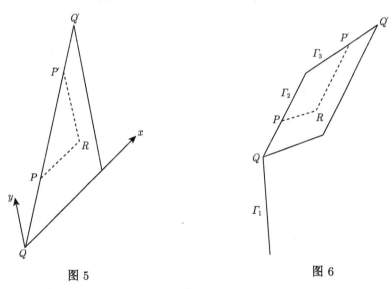

图 5   图 6

参 考 文 献

[1] 冯康, 非协调有限元空间的 Poincaré, Friedrichs 不等式, 本文集.

[2] P. G. Ciarlet, The Finite Element Method for Elliplic Problems, North-Holland, Amsterdam, 1978.

[3] 哈代等, 不等式, 越民义译, 科学出版社, 1965 年.

[4] F. Stummel, The gemeralized patch test, SIAM J. Numer, Anal. 16, 449-471, 1979.

19. 关于调和方程自然积分算子的一个定理[①][②]

A Theorem for the Natural Integral Operator of Harmonic Equation

Abstract

In this paper an important theorem on the relationship between the boundary natural integral operator $\mathscr{K}$ of harmonic equation and the Laplace-Beltrami operator Δ_Γ on boundary is given: $\mathscr{K}^2 = -\Delta_\Gamma$, which holds for arbitrary simply connected domain.

§1 引　言

许多微分方程边值问题可以归化为边界上的积分方程. 通过不同途径可得到相应于同一边值问题的不同的边界积分方程. 边界归化的途径很多. 由本文作者首创并发展的自然边界归化在许多途径中有其特殊的地位. 它完全不同于国际流行的其他边界归化方法而有许多独特的优点. 它保持了能量泛函不变量, 从而与有限元方法能自然而直接地耦合. 与一般边界归化得到的边界积分方程也取决于归化途径及所选择的基本解不同, 边界自然积分方程是由原边值问题唯一确定, 即对同一边值问题只能得到同一个自然积分方程. 这一方程准确反映了此边值问题的互补的 Dirichlet 边值与 Neumann 边值之间的本质联系[1-3].

今考察以 Γ 为边界的区域 Ω 上的 Laplace 方程的 Dirichlet 边值问题

$$\begin{cases} \Delta u = 0, & \Omega \text{ 内,} \\ u = u_0, & \Gamma \text{ 上} \end{cases} \tag{1}$$

及 Neumann 边值问题

$$\begin{cases} \Delta u = 0, & \Omega \text{ 内,} \\ \dfrac{\partial u}{\partial n} = u_n, & \Gamma \text{ 上,} \end{cases} \tag{2}$$

---

① 本文给出的定理系由冯康先生在遗稿中提出, 由余德浩完成证明.
② 原载于《计算数学》, Math. Numer. Sinica, 16: 2, pp221-226, 1994. Jointly with Yu De-hao.

其中 u_n 满足相容性条件 $\int_\Gamma u_n ds = 0$ 且 (2) 的解可差一任意常数.

通过自然边界归化可得, 同一调和函数的这两类互补边值间的关系, 即自然积分方程

$$u_n = \mathscr{K} u_0, \tag{3}$$

及 Poisson 积分公式

$$u = P u_0, \tag{4}$$

其中 $\mathscr{K}$ 及 P 分别为边界自然积分算子及 Poisson 积分算子. 易见 (4) 等价于边值问题 (1), 而 (3) 及 (4) 等价于原边值问题 (2).

在边界 Γ 上, 除了上述边界自然积分算子 $\mathscr{K}$ 外, 还可定义 Laplace-Beltrami 算子

$$\Delta_\Gamma = \frac{d^2}{ds^2}, \tag{5}$$

其中 s 为 Γ 上的弧长参数. $\mathscr{K}$ 与 Δ_Γ 分别为 Γ 上的 1 阶拟微分算子及 2 阶微分算子. 那么 $\mathscr{K}$ 与 Δ_Γ 间是否存在某种关系?

当 Ω 为上半平面区域及半径为 R 的圆内或圆外区域时, 专著 [3] 已给出了 $\mathscr{K}$ 的表达式及 $\mathscr{K}$ 与 Δ_Γ 间的关系, 即当 Ω 为上半平面时 Γ 为 x 轴,

$$\mathscr{K} = -\frac{1}{\pi x^2}*, \tag{6}$$

$$\mathscr{K}^2 = -\frac{d^2}{dx^2} = -\frac{d^2}{ds^2} = -\Delta_\Gamma; \tag{7}$$

当 Ω 为半径为 R 的圆内或圆外区域时, Γ 为半径为 R 的圆周,

$$\mathscr{K} = -\frac{1}{4\pi R \sin^2 \dfrac{\theta}{2}}*, \tag{8}$$

$$\mathscr{K}^2 = -\frac{1}{R^2}\frac{d^2}{d\theta^2} = -\frac{d^2}{ds^2} = -\Delta_\Gamma. \tag{9}$$

于是我们猜测, 对一般的区域 $\Omega, \mathscr{K}$ 与 Δ_Γ 间也有这样的关系.

§2 两个引理

引理 1 若保角映射 $W = F(z)$ 映区域 Ω 为半径为 R 的圆内区域 $\widetilde{\Omega}$, 映边界 Γ 为圆周 $\widetilde{\Gamma}$, 则 Γ 上点 a 处的曲率为

$$k(a) = \frac{|F'(a)|}{R} - \frac{d}{ds}[\arg F'(a)], \tag{10}$$

其中 $\arg F'(a)$ 表示复数 $F'(a)$ 的幅角.

证 设 a, b 为 Γ 上邻近点,

$$F(a) = \tilde{a}, \quad F(b) = \tilde{b}.$$

设 $\Delta\alpha$ 及 Δs 分别为沿 Γ 由 a 到 b 时切线方向改变的角度及 a、b 间弧长. 则由定义 [4]

$$k(a) = \lim_{b \to a} \frac{\Delta\alpha}{\Delta s}.$$

于是由

$$\frac{1}{R} = \tilde{k} = \lim_{\tilde{b} \to \tilde{a}} \frac{\Delta\tilde{\alpha}}{\Delta\tilde{s}},$$

及 [5]

$$\Delta\tilde{\alpha} = \Delta\alpha + \arg F'(b) - \arg F'(a),$$
$$\Delta\tilde{s} = |F'(a)|\Delta s,$$

可得

$$\frac{1}{R} = \frac{1}{|F'(a)|} \left\{ \frac{d\alpha}{ds} + \frac{d}{ds}\left[\arg F'(a)\right] \right\}$$
$$= \frac{1}{|F'(a)|} \left\{ k(a) + \frac{d}{ds}\left[\arg F'(a)\right] \right\}.$$

由此便得 (10). 证完.

引理 2   若 u 为 Ω 上的调和函数,n 为边界 Γ 上的外法线方向,k 为 Γ 的曲率, 则

$$\frac{\partial^2 u}{\partial s^2} = -k\frac{\partial u}{\partial n} - \frac{\partial^2 u}{\partial n^2}. \tag{11}$$

证   设 Γ 可表示为参数方程

$$\begin{cases} x = x(s), \\ y = y(s), \end{cases}$$

Γ 上的单位切向量及外法向量分别为 $\vec{t} = (t_1, t_2)$ 及 $\vec{n} = (n_1, n_2)$, 则

$$\frac{\partial u}{\partial s} = \frac{\partial u}{\partial x}\frac{\partial x}{\partial s} + \frac{\partial u}{\partial y}\frac{\partial y}{\partial s} = \nabla u \cdot \vec{t}.$$

从而

$$\frac{\partial^2 u}{\partial s^2} = \left(\frac{\partial}{\partial s}\nabla u\right) \cdot \vec{t} + \nabla u \cdot \frac{d\vec{t}}{ds} = \nabla\left(\frac{\partial u}{\partial s}\right) \cdot \vec{t} + \nabla u \cdot (-k\vec{n})$$
$$= \frac{\partial^2 u}{\partial t \partial s} - k\frac{\partial u}{\partial n} = \frac{\partial^2 u}{\partial t^2} - k\frac{\partial u}{\partial n}.$$

由于

$$\frac{\partial^2 u}{\partial n^2} + \frac{\partial^2 u}{\partial t^2} = \Delta u = 0,$$

故

$$\frac{\partial^2 u}{\partial s^2} = -\frac{\partial^2 u}{\partial n^2} - k\frac{\partial u}{\partial n}.$$

证毕.

例如,Ω 为单位圆内区域,Γ 为单位圆周,$u = r^2\cos 2\theta$, 易验证在 Γ 上 $(r = 1,$ $s = \theta)$

$$\frac{\partial^2 u}{\partial s^2} = \frac{\partial^2 u}{\partial \theta^2} = -4\cos 2\theta,$$

$$-k\frac{\partial u}{\partial n} = -\frac{1}{r}\frac{\partial u}{\partial r} = -2\cos 2\theta,$$

$$-\frac{\partial^2 u}{\partial n^2} = -\frac{\partial^2 u}{\partial r^2} = -2\cos 2\theta,$$

可见 (11) 式成立.

§3　定理及其证明

定理　设 Ω 为以 Γ 为边界的平面单连通区域, $\mathscr{K}$ 为调和方程的边界自然积分算子, Δ_Γ 为 Γ 上的 Laplace-Betrand 算子, 则

$$\mathscr{K}^2 = -\Delta_\Gamma. \tag{12}$$

证　由 Riemann 定理, 平面上的单连通区域除了整个平面或去掉一个点的平面外均可通过保角映射化为单位圆内部区域 [5], 则必存在解析函数 $F(z)$, 映射 $W = F(z)$ 映 Ω 为半径为 R 的圆内区域 $\tilde{\Omega}$. 已知半径为 R 的圆内区域的调和方程的边界自然积分算子为 [1,3]

$$\widetilde{\mathscr{K}} u(\tilde{a}) = \int_{\tilde{\Gamma}} \widetilde{K}(\tilde{a}, \tilde{b}) u(\tilde{b}) d\tilde{s}(\tilde{b}), \tag{13}$$

其中 $\tilde{a} = Re^{i\theta}, \tilde{b} = Re^{i\theta'}$ 为 $\tilde{\Gamma}$ 上点的复数表示,

$$\widetilde{K}(\tilde{a}, \tilde{b}) = -\frac{1}{4\pi R\sin^2\dfrac{\theta - \theta'}{2}}. \tag{14}$$

从而 Ω 上调和方程的边界自然积分算子为 [3]

$$\mathscr{K} u(a) = \int_\Gamma K(a, b) u(b) ds(b), \tag{15}$$

其中

$$K(a, b) = |F'(a)F'(b)|\widetilde{K}(\tilde{a}, \tilde{b}). \tag{16}$$

这里 $a, b \in \Gamma, \tilde{a}, \tilde{b} \in \tilde{\Gamma}, \tilde{a} = F(a), \tilde{b} = F(b)$. 由 (16) 可得

$$\frac{\partial}{\partial n_a} K(a, b) = \frac{\partial}{\partial n_a}\left\{|F'(a)F'(b)|\widetilde{K}(\tilde{a}, \tilde{b})\right\}$$

$$= \frac{\partial|F'(a)|}{\partial n_a}|F'(b)|\widetilde{K}(\tilde{a}, \tilde{b}) + |F'(a)F'(b)|\frac{\partial}{\partial n_a}\widetilde{K}(\tilde{a}, \tilde{b})$$

$$= \frac{\partial\ln|F'(a)|}{\partial n_a}|F'(a)F'(b)|\widetilde{K}(\tilde{a}, \tilde{b}) + |F'(a)^2 F'(b)|\frac{\partial}{\partial n_{\tilde{a}}}\widetilde{K}(\tilde{a}, \tilde{b}).$$

注意到

$$\ln |F'(z)| + i \arg F'(z) = \ln F'(z)$$

为 Ω 上解析函数, 由 Cauchy-Riemann 条件有

$$\frac{\partial}{\partial n_a} \ln |F'(a)| = \frac{\partial}{\partial s} \arg F'(a).$$

于是

$$
\begin{aligned}
\frac{\partial}{\partial n_a} K(a,b) &= \left[\frac{\partial}{\partial s} \arg F'(a) \right] |F'(a)F'(b)| \, \widetilde{K}(\tilde{a}, \tilde{b}) + |F'(a)^2 F'(b)| \frac{\partial}{\partial R} \widetilde{K}(\tilde{a}, \tilde{b}) \\
&= \left[\frac{\partial}{\partial s} \arg F'(a) \right] K(a,b) + |F'(a)^2 F'(b)| \frac{1}{4\pi R^2 \sin^2 \dfrac{\theta - \theta'}{2}} \\
&= \left[\frac{\partial}{\partial s} \arg F'(a) \right] K(a,b) - \frac{1}{R} |F'(a)^2 F'(b)| \, \widetilde{K}(\tilde{a}, \tilde{b}) \\
&= \left[\frac{\partial}{\partial s} \arg F'(a) - \frac{1}{R} |F'(a)| \right] K(a,b).
\end{aligned}
$$

由引理 1 即得

$$\frac{\partial}{\partial n_a} K(a,b) = -k(a)K(a,b), \tag{17}$$

其中 $k(a)$ 为 a 处 Γ 的曲率. 从而由 (15) 得

$$\frac{\partial}{\partial n} \mathscr{K} = -k\mathscr{K}. \tag{18}$$

今设 $u_0(s)$ 为 Γ 上的函数. 由调和方程的 Dirichlet 问题的解的存在唯一性知 $u = Pu_0$ 为 Ω 上的调和函数, 其中 P 为 Poisson 积分算子, 且 $u|_\Gamma = u_0, \frac{\partial u}{\partial n}|_\Gamma = \mathscr{K} u_0$. 引进 Γ 的管状邻域 Ω_1 及其中的 (s, ν) 坐标系, 这里 ν 为法向坐标, $\nu = 0$ 相应于边界 $\Gamma, u(s, 0) = u_0(s)$. 由于

$$\frac{\partial^2}{\partial n^2} u(s, \nu) = \frac{\partial}{\partial n} [\mathscr{K}(\nu) u(s, \nu)] = \left[\frac{\partial}{\partial n} \mathscr{K}(\nu) \right] u(x, \nu) + \mathscr{K}(\nu) \frac{\partial}{\partial n} u(s, \nu)$$

及 (18), 可得

$$\frac{\partial^2}{\partial n^2} u(s, \nu)|_\Gamma = -k\mathscr{K} u_0 + \mathscr{K}^2 u_0. \tag{19}$$

又由引理 2 知

$$\frac{\partial^2}{\partial n^2} u(s, \nu)|_\Gamma = -k\mathscr{K} u_0 - \frac{d^2}{ds^2} u_0(s). \tag{20}$$

结合 (19) 与 (20) 便得到

$$\mathscr{K}^2 u_0 = -\Delta_\Gamma u_0.$$

证毕.

注: 对调和函数 u, 尽管有 $\dfrac{\partial u}{\partial n}|_\Gamma = \mathscr{K}\,(u|_\Gamma)$, 却一般 $\dfrac{\partial^2 u}{\partial n^2}|_\Gamma \neq \mathscr{K}\,^2(u|_\Gamma)$. 这是因为

$$\mathscr{K}\,^2(u|_\Gamma) = \mathscr{K}\,\mathscr{K}\,(u|_\Gamma) = \frac{\partial}{\partial n}\left[P\mathscr{K}\,(u|_\Gamma)\right]_\Gamma = \frac{\partial}{\partial n}\left[P\left(\frac{\partial u}{\partial n}|_\Gamma\right)\right]_\Gamma,$$

而一般地

$$P\left(\frac{\partial u}{\partial n}|_\Gamma\right) \neq \frac{\partial u}{\partial n}.$$

这里左边必为调和函数, 而右边却未必是调和函数. 例如, Ω 为单位圆内部, $u = r^2\cos 2\theta$ 为调和函数,

$$\frac{\partial u}{\partial n} = \frac{\partial}{\partial r}u = 2r\cos 2\theta,$$

而

$$P\left(\frac{\partial u}{\partial n}|_\Gamma\right) = P(2\cos 2\theta) = 2r^2\cos 2\theta.$$

于是

$$\left.\frac{\partial^2 u}{\partial n^2}\right|_\Gamma = \frac{\partial}{\partial r}(2r\cos 2\theta)\Big|_\Gamma = 2\cos 2\theta,$$

但

$$\mathscr{K}\,^2(u|_\Gamma) = \mathscr{K}\,^2(\cos 2\theta) = \mathscr{K}\,(2\cos 2\theta) = 4\cos 2\theta,$$

二者并不相等.

参 考 文 献

[1] Feng Kang, Yu De-hao, Canonical integral equations of elliptic boundary value problems and their numerical solutions, Proc, of China-France Symp. on FEM, Science Press, Beijing, 1983, 211-252.

[2] Feng Kang, Finite element method and natural boundary reduction, Proc. of the International Congress of Mathematicians, Warszawa, 1983, 1439-1453.

[3] 余德浩, 自然边界元方法的数学理论, 科学出版社, 1993.

[4] 吴大任, 微分几何讲义, 高等教育出版社, 1965.

[5] H. И. 普里瓦洛夫, 闵嗣鹤等译, 复变函数引论, 人民教育出版社, 1956.

20. 自然边界归化与区域分解[①]

Natural Boundary Reduction and Domain Decomposition

Abstract

The standard technology for solving boundary-value problem is the finite element method. However, for complex problems involving infinite and/or cracked subdomains, reentrant corners, intersecting interfaces, etc, the computing cost could be high. One may conceive an integrated FEM system with coupled BEM. There are many different ways of boundary reduction, the best one seems to be the natural boundary reduction: to delete a troublesome subdomain by using Green function of first kind to get the artificial boundary condition with hyper-singular kernel of Hadamard finite part divergence, seemingly discouraging. The real merits are: 1. The boundary reduction leaves the variational functional invariant, so the coupling between the boundary elements and the remaining well-behaved domain finite elements is direct and natural. 2. The hyper-singularity actually improves stability and effective quadratures are available. Natural boundary reduction can be directly used as a variant of domain decomposition plus deletion and indirectly applied to preconditioning problems.

§1 自然边界归化

解微分方程边值问题的标准技术是有限元方法. 可是对无界区域或含断裂及凹角区域的较复杂的问题, 有限元方法往往会遇到困难, 为了获得必要的精度, 必须付出很高的计算代价. 即使近年发展迅速的区域分解算法, 对无界区域问题也往往无能为力, 因为无论怎样划分为子区域, 总有一个子区域仍为无界区域. 而通过边界归化将微分方程边值问题化为边界上的积分方程然后离散化求解的边界元方法, 却有适于处理无界区域及含断裂、凹角区域的优点.

---

① 本文系根据冯康生前撰写的英文摘要由余德浩完成.Jointly with Yu De-hao.

有许多种不同的边界归化途径, 从而导致不同的边界元方法. 在这些途径中, 通过利用第一类 Green 函数及 Green 公式得到带 Hadamard 有限部分积分的超奇异积分方程的归化方法看来是最好的一种. 作者提出的这一方法完全不同于国际流行的其他方法, 它保持了原边值问题的许多特性而且能与有限元方法自然而直接地耦合, 从而被称为自然边界归化. 由此发展的边界元方法则称为自然边界元方法 [1-3,10].

今以边界为 Γ_0 的无界区域 Ω 上的 Laplace 方程的 Neumann 边值问题为例说明之. 边值问题

$$\begin{cases} \Delta u = 0, & \Omega \text{ 内}, \\ \dfrac{\partial u}{\partial n} = g, & \Gamma_0 \text{ 上}, \end{cases} \tag{1}$$

其中 g 满足相容性条件 $\displaystyle\int_{\Gamma_0} g ds = 0$, 可以归化为边界上的自然积分方程

$$\mathscr{K} u_0 = g, \tag{2}$$

其中 $u_0 = u|_{\Gamma_0}$. 由 (2) 解得 u_0 后再应用 Poisson 积分公式

$$u = P u_0 \tag{3}$$

即可得区域内的解函数. 这里 $\mathscr{K}$ 和 P 分别称为自然积分算子及 Poisson 积分算子. 特别当 Ω 为半径为 R 的圆外区域时, 自然积分方程及 Poisson 积分公式有如下简单的表达式 [10]:

$$u_n(\theta) = -\frac{1}{4\pi R} \int_0^{2\pi} \frac{u_0(\theta')}{\sin^2 \dfrac{\theta - \theta'}{2}} d\theta' \tag{4}$$

及

$$u(r, \theta) = \frac{r^2 - R^2}{2\pi} \int_0^{2\pi} \frac{u_0(\theta')}{R^2 + r^2 - 2Rr \cos(\theta - \theta')} d\theta', \quad r > R. \tag{5}$$

§2   自然边界元与有限元耦合法

尽管边界元方法有降维及适于处理无界及断裂区域的优点, 但由于其依赖于基本解或 Green 函数, 有很大的局限性. 更好的方法是将边界元法与有限元法相结合. 由于有很多种不同的边界元方法, 边界元与有限元的耦合法也就有很多种. 自然边界元与有限元的耦合法显然是其中最好的一种.[6,8-10] 这是因为自然边界归化保持了能量泛函不变量, 它与有限元方法的耦合是自然而直接的, 而其他类型的边界元与有限元耦合法却不具备这一优点.

仍以边值问题 (1) 为例. 作半径为 R 的圆周 Γ_R 包围 Γ_0, 将 Ω 分为 Γ_R 与 Γ_0 间的有界子区域 Ω_1 及无界的圆外域 Ω_2. 设双线性型

$$D(u, v) = \int_\Omega \nabla u \cdot \nabla v dx,$$

$$D_i(u, v) = \int_{\Omega_i} \nabla u \cdot \nabla v dx, \quad i = 1, 2,$$

$$\hat{D}_2(u_R, v_R) = \int_{\Gamma_R} v_R \mathscr{K} u_R ds.$$

于是根据 Green 公式可得

$$D(u,v) = D_1(u,v) + D_2(u,v)$$
$$= D_1(u,v) + \hat{D}_2(\gamma_R u, \gamma_R u), \tag{6}$$

其中 γ_R 为 $u \to u|_{\Gamma_R}$ 的迹算子. 从而无界区域 Ω 上的原边值问题 (1) 等价于有界子区域 Ω_1 上的如下变分问题:

$$\begin{cases} 求 \quad u \in H^1(\Omega_1) \quad 使得 \\ D_1(u,v) + \hat{D}_2(\gamma_R u, \gamma_R v) = \int_{\Gamma_0} gv ds, \forall\, v \in H^1(\Omega_1). \end{cases} \tag{7}$$

对子区域 Ω_1 作有限元剖分并使其在人工边界 Γ_R 上的节点与 Γ_R 的等分点相一致,(7) 的离散化便导致自然边界元与有限元耦合法. 这样得到的线性代数方程组的系数矩阵恰好是 Ω_1 上的有限元系数矩阵与圆周 Γ_R 上的自然边界元系数矩阵的直接迭加.

　　这一耦合方法在适于用有限元法求解的有界子区域作有限元剖分, 而在规则的无界子区域应用自然边界归化, 不仅保证了归化得到的边界积分方程与未归化的区域椭圆方程自然地兼容, 同时也保证了在计算方法上边界有限元与区域有限元自然地兼容, 由此形成一个有限元与边界元兼容并蓄而自然耦合的整体性系统, 能够灵活适用于复杂问题, 便于分解计算.

§3　人工边界条件及区域删除

　　上节所述耦合法也可看作一种区域删除方法, 即将求解区域分为若干子区域, 然后设法删除引起麻烦的子区域而仅在剩下的子区域内求解. 简单地删除某个子区域当然会严重影响计算结果. 而自然边界归化正是将要删除的子区域上的问题准确地归化到人工边界上. 因此有界子区域 Ω_1 上的变分问题 (7) 与无界区域 Ω 上的原问题完全等价. 这样的区域删除并不包含任何近似.

　　变分问题 (7) 相当于求解 Ω_1 上的如下边值问题:

$$\begin{cases} \Delta u = 0, & \Omega_1 \ 内, \\ \dfrac{\partial u}{\partial n} = g, & \Gamma_0 \ 上, \\ \dfrac{\partial u}{\partial n} = \mathscr{K}\, u, & \Gamma_R \ 上, \end{cases} \tag{8}$$

其中在人工边界 Γ_R 上的边界条件是一个积分边界条件. 我们也可通过将人工边界上的这一边界条件适当简化, 即用其近似微分边界条件来代替, 然后再用有限元方法求解之[4,5,7]. 这样做的好处是将人工边界上满的边界元系数矩阵稀疏化, 但由于用近似微分边界条件代替准确的积分边界条件, 当然要产生误差. 而为提高计算精度使用较高阶的近似微分边界条件则必然增加计算量. 尽管如此, 这一方法显然比简单删除无界子区域 Ω_2 要好得多, 因为后者实际上是对人工边界上的积分边界条件作了最粗糙的 0 阶近似.

§4 有限元与自然边界元交替的区域分解算法

由于有限元区域分解算法只适用于有界区域 [12]，而边界元方法却适于处理无界区域问题，因此为了将区域分解算法推广到无界区域，[11] 提出了如下有限元与边界元交替求解的区域分解算法. 这里自然边界元方法又是各种边界元方法中的最佳选择.

仍以无界区域 Ω 上的 Laplace 方程的边值问题为例. 作半径为 R_1 及 R_2 的圆周 Γ_1 及 Γ_2 包围边界 $\Gamma_0, R_1 > R_2$. 设 Ω_1 为 Γ_0 与 Γ_1 间的有界区域，Ω_2 为 Γ_2 外部的无界区域，$\Omega_1 \bigcup \Omega_2 = \Omega, \Omega_1 \bigcap \Omega_2 \neq \phi.\Omega_1$ 可取得较小，Ω_2 则是一个规则的无界区域. 于是原问题分解为两个有重叠部分的子区域上的子问题. 在 Γ_1 上任取初始边界条件，结合 Γ_0 上的已知边界条件，求解 Ω_1 上的边值问题，得到 Γ_2 上的函数值后再求解 Ω_2 上的问题，又得 Γ_1 上的函数值，再求解 Ω_1 上的问题……如此进行 Schwarz 交替求解. 在有界子区域 Ω_1 上可用标准有限元方法，而在无界子区域 Ω_2 上则可直接应用自然边界归化的已有结果.

上述方法有如下一些优点：

i) 将通常适用于有界区域的区域分解算法推广到无界区域；

ii) 吸取了有限元方法及自然边界元方法的优点而克服了各自的缺点；

iii)Ω_1 可取得较小，从而用有限元法求解的工作量也小，而 Ω_2 尽管为无界区域但已有自然边界归化的结果可直接应用，根本不必求解方程组；

iv) 应用 Poisson 积分公式由 Γ_2 上的节点值求 Γ_1 上的节点值可以相互独立、完全并行地进行.

理论分析及数值试算表明此算法是收敛的. 只要 R_1/R_2 取得不是太接近 1，收敛得也很快. R_1/R_2 越大，收敛得越快 [11].

§5 结　　论

自然边界归化的真正的优点在于：

1) 边界归化保持了变分泛函不变量，对引起麻烦的子区域作边界归化得到的边界元与剩下的好区域上的有限元的耦合是自然而直接的；

2) 积分核的超奇异性事实上改善了稳定性而使有效求解成为可能.

自然边界元与有限元耦合法是当前与并行计算相关而兴起的区域分解算法的先驱工作. 应用自然边界归化得到人工边界上的近似边界条件可用于区域删除. 有限元与自然边界元分别在有界子区域及无界子区域进行 Schwarz 交替求解将区域分解算法推广到无界区域. 这些都是自然边界归化对区域分解算法的直接应用. 至于它对预条件问题的间接应用则是今后值得研究的问题.

参 考 文 献

[1]　冯康, 论微分与积分方程以及有限与无限元, 计算数学, 2:1(1980), 100-105.

[2] Feng Kang, Yu De-hao, Canonical integral equations of elliptic boundary value problems and their numerical solutions, Proc. of China-France Symp. on FEM, Science Press, Beijing, 1983, 211-252.

[3] Feng Kang, Finite element method and natural boundary reduction, Proc. of the International Congress of Mathematicians, Warszawa, 1983, 1439-1453.

[4] Feng Kang, Asymptotic radiation conditions for reduced wave equation, *J.Comp.Math*, 2:2 (1984), 130-138.

[5] Han Hou-de, Wu Xiao-nan, The approximation of the exact boundary conditions at an artifical boundary for linear elastic equations and its application, *Mathematics of Computation*, 59: 199(1992), 21-37.

[6] Yu De-hao, Coupling canonical boundary element method with FEM to solve harmonic problem over cracked domain J. Comp. Math, 1: 3(1983), 195-202.

[7] Yu De-hao, Approximation of boundary conditions at infinity for harmonic equation, *J.Comp. Math*, 3:3(1985), 219-227.

[8] Yu De-hao, A direct and natural coupling of BEM and FEM, *Boundary Elements* XII, *Computational Mechanics Publications, Southampton*, 1991, 995-1004.

[9] 余德浩, 无界区域上 Stokes 问题的自然边界元与有限元耦合法, 计算数学, 14: 3(1992), 371-378.

[10] 余德浩, 自然边界元方法的数学理论, 科学出版社, 1993.

[11] 余德浩, 有限元与自然边界元交替的区域分解算法, 第 4 届全国工程中的边界元法会议论文集, 河海大学出版社, 1994, 1-5.

[12] 吕涛、石济民、林振宝, 区域分解算法, 科学出版社, 1992.